北京地下水典型污染物迁移转化规律与保护研究

刘培斌　贺国平　任大朋　姚旭初　等　编著

U0284048

中国水利水电出版社
www.waterpub.com.cn

·北京·

内 容 提 要

　　本书对北京地下水污染源进行了系统调查，探明地下水主要污染物分布特征、典型污染物迁移转化规律及区域水质演化规律，并通过对地下水更新能力、地下水防污性能和地下水环境容量的研究，揭示了地下水污染成因及机理。在此基础上，科学划定地下水功能区和水源地保护区，提出地下水保护与管理对策。本书成果可为地下水资源保护和污染治理与修复提供科学依据。

　　本书可供从事地下水资源保护利用管理和相关专业技术人员参考，也可供高等院校相关专业师生参阅。

图书在版编目（ＣＩＰ）数据

北京地下水典型污染物迁移转化规律与保护研究 /
刘培斌等编著. -- 北京：中国水利水电出版社，2023.7
　ISBN 978-7-5226-1311-6

　Ⅰ．①北… Ⅱ．①刘… Ⅲ．①地下水污染－污染物－
迁移－研究－北京②地下水污染－污染防治－研究－北京
　Ⅳ．①X523

中国国家版本馆CIP数据核字(2023)第131228号

书　　　名	**北京地下水典型污染物迁移转化规律与保护研究** BEIJING DIXIASHUI DIANXING WURANWU QIANYI ZHUANHUA GUILÜ YU BAOHU YANJIU	
作　　　者	刘培斌　贺国平　任大朋　姚旭初　等 编著	
出 版 发 行	中国水利水电出版社 （北京市海淀区玉渊潭南路 1 号 D 座　100038） 网址：www.waterpub.com.cn E - mail：sales@mwr.gov.cn 电话：(010) 68545888（营销中心）	
经　　　售	北京科水图书销售有限公司 电话：(010) 68545874、63202643 全国各地新华书店和相关出版物销售网点	
排　　　版	中国水利水电出版社微机排版中心	
印　　　刷	北京中献拓方科技发展有限公司	
规　　　格	184mm×260mm　16 开本　29.75 印张　724 千字	
版　　　次	2023 年 7 月第 1 版　2023 年 7 月第 1 次印刷	
定　　　价	**278.00 元**	

《北京地下水典型污染物迁移转化规律与保护研究》编写委员会

序

北京属资源型重度缺水城市，水资源不足已成为首都经济社会发展的制约性因素。为应对水资源短缺危机，北京市加大地下水开发利用程度，有效支撑了经济社会的快速发展，但地下水超采、水质恶化也导致了一系列地质环境问题。

随着南水北调中线、东线工程相继建成通水，我国北方地区开展地下水污染治理的条件日渐成熟，但相关理论研究、技术体系构建及管理制度设计等方面仍显滞后，特别是在较大区域范围内开展地下水污染治理与修复方面缺少实践经验。

本书针对北京地下水污染存在的突出问题，将水量水质统筹规划，地表地下协同治理，工程措施与管理措施有机结合，建立了区域地下水保护与修复的理论技术框架体系。本书具有以下特点：

一是研究体系的完整性。本书从地下水污染源调查与识别技术入手，系统研究了地下水更新能力、污染物迁移转化规律及水质演化规律等，揭示了地下水污染机理与成因，将其成果应用于地下水功能区和水源地保护区划定，提出地下水保护与管理对策，其成果丰富和发展了区域地下水保护和修复理论体系。

二是技术方法的创新性。本书在大尺度区域开展的地下水保护与修复研究，在国内尚属首次，其基础理论研究体系的构建、工程与管理体系的提出均具有示范意义。研发的地下水数值模型、地下水溶质运移模型，地下水水量水质耦合模型、防污性能评价 RSVA 模型、地下水环境容量计算模型，以及开发的并行算法等处于领先水平。揭示的典型区地下水水质演化规律、再生水入渗的水质标准、地下水环境容量等均为原创性成果，填补了相关研究领域的空白。

三是研究成果的实用性。面向水资源规划设计管理实际，提出了地下水压采水源替代工程建设方案、地下水典型污染物控制工程建设方案、地下水监测计量体系建设方案等，已应用于北京市水污染防控政策文件和相关规划，为北京地下水资源保护管理提供了重要的技术支撑。

本书系统总结了北京地下水资源保护与治理工作，为地下水保护及相关领域的科技进步起到积极的推动作用，具有重要学术价值和实践意义，相信该书的出版会对读者有所裨益。

中国工程院院士
中国农业大学教授

2023 年 7 月

前言

随着经济社会的快速发展，水资源供需矛盾日益突出。党中央、国务院高度重视水资源管理工作，先后发布了《中共中央、国务院关于加快水利改革发展的决定》（中发〔2011〕1号）、《国务院关于实行最严格水资源管理制度的意见》（国发〔2012〕3号）等政策文件，党的十八大将生态文明建设纳入中国特色社会主义事业"五位一体"总体布局，提出建设美丽中国的伟大构想，对水资源管理工作提出了新的更高要求。

地下水资源在北京市供水系统中具有重要作用。在南水北调中线工程通水前，地下水供水量一度在全市供水系统中占到70％以上。在南水北调通水后，地下水供水量也约占全市新水供水量的一半。地下水是首都供水安全的基石，地下水资源的节约、利用、保护、管理始终是首都水资源管理的重要课题。

北京市地下水管理面临水量、水质双重压力。21世纪初期监测结果表明，平原区已形成了多条地下水污染带，地下水污染呈现从城区向郊区延伸、从浅层向深层扩散的趋势。南水北调中线工程通水，外调水源进京为北京市开展地下水涵养保护、污染治理提供了新的契机。但是同时也提出了诸如区域地下水更新能力、地下水水质演化机理、地下水回补水质标准、地下水环境容量、地下水防污性能与污染风险、地下水功能区划分与管理保护等一系列新课题，给北京市地下水资源管理带来了新的挑战。

北京市水利规划设计研究院多年来一直致力于地下水资源领域的规划设计研究工作，先后承担多项国家及省部级重大科技专项，与清华大学、北京师范大学、中国地质大学、中国农业大学及中国科学院地质与地球物理研究所、北京市水文总站、北京市水科学技术研究院、北京市水文地质工程地质大队等科研院所密切合作，开展联合攻关，提出多项地下水模拟与评价理论和技术方法，并在地下水污染修复与保护规划中应用。

本书共11章：

第1章为自然地理与水文地质条件，主要介绍北京市自然地理概况、地质与水文地质条件及地下水开发利用状况。

第2章为地下水污染调查与分布，包括污染源调查与分布特征、地下水化学类型及地下水质量分布特征。

第3章为平原区地下水更新能力研究及应用，采用多种方法对地下水更新能力进行定性与定量评价。

第4章为地下水系统"三氮"迁移转化规律研究，通过试验与数值模拟研究，揭示了区域地下水中"三氮"迁移转化规律。

第5章为典型区地下水水质演化规律研究，对污染物进行溯源分析，揭示了区域地下水质演化机理。

第6章为再生水入渗对地下水水质影响研究，综合采用同位素示踪技术和数值模拟技术，提出再生水回补地下水水质建议标准。

第7章为地下水防污性能与污染风险评价研究及应用，建立地下水污染风险评价指标体系和评价模型，对地下水污染风险区进行划分，并提出污染防控策略。

第8章为地下水系统环境容量研究与应用，建立地下水水量水质耦合模型，并将其应用于典型区，提出了典型污染物排放限值。

第9章为地下水源地保护区划分技术及应用，建立地下水数值模拟模型，研发并行算法，并将其应用于典型地下水水源地保护区划分。

第10章为地下水功能区划定，分析北京市地下水功能区划分成果，并开展地下水功能区水量水质达标评价。

第11章为地下水管理与保护研究，总结地下水管理的经验和问题，以地下水保护规划为依据，提出地下水保护的工程措施和管理措施。

本书由刘培斌、贺国平统稿，各章节编著人员：

第1章　刘培斌　贺国平　任大朋　姚旭初

第2章　杨忠山　黄振芳　周　东　窦艳兵　贺国平

第3章　王金生　翟远征　胡立堂　刘培斌

第4章　陈鸿汉　刘明柱　刘培斌　姚旭初

第5章　贺国平　刘培斌　姚旭初　任大朋

第6章　孟庆义　梁　藉　刘培斌

第7章　谢振华　李志萍　叶　超　刘培斌

第8章　叶　超　李志萍　谢振华　刘久荣

第 9 章　董艳辉　徐海珍　李国敏　孙晋炜

第 10 章　贺国平　孙晋炜　汪　珊　任大朋

第 11 章　刘培斌　孙晋炜　任大朋　姚旭初

本书编撰过程中，得到北京市水务局原副局长张寿全研究员、华北水利水电大学孙绪金教授和中国地质大学钟佐燊教授的指导，在此一并表示衷心感谢并致以崇高敬意！

地下水资源的开发、利用、保护、管理是一个复杂的系统工程。随着科技的发展，地下水研究的新理论、新方法和新技术还将不断涌现。鉴于作者的时间和水平所限，书中难免会存在疏漏和不足，敬请广大读者不吝赐教。

作者

2023 年 7 月

目录

第 1 章

概　述

1.1　基本概况

1.1.1　自然地理

北京市位于华北平原的西北边缘，除东南部地区与天津市接壤外，其余地区均与河北省毗邻。其东、西、北三面环山，东南为平原，地理坐标为：东经 115°20′～117°30′，北纬 39°28′～41°05′。北京市是我国的首都，全国的政治和文化中心，是世界著名的古都和现代国际化大都市。

全市总面积 16410km²，分为城区、近郊区和远郊区。城区有东城、西城 2 个区，近郊区有朝阳、海淀、丰台、石景山 4 个区，城区及近郊区称之为城六区；远郊区有门头沟、房山、昌平、怀柔、顺义、平谷、通州、大兴、密云、延庆 10 个区。

1.1.2　地形地貌

北京市地形西北高、东南低，西部和北部为山区，多属中低山地形。西部为太行山脉的西山，山脊平均高程为 1400.00～1600.00m，山脉总体走向为 NE50°～NE55°，贯穿于房山、门头沟的西北部。北、东北部为燕山山脉的军都山，山地呈环形分布，山脊平均高程为 1000.00～1500.00m，走向是 ENE70°～E90°，横穿于延庆、怀柔、密云、平谷的北部。上述山脊相连平均高程约 1000.00m，将北京市分为山前、山后两部分，山前为迎风区，山后为背风区。延庆盆地镶嵌于西北山地中，高程 490.00～520.00m，盆地地势由东北向西南缓倾。沿山前一带都有少量的残山分布。东南部为平原，由山前向南、东南倾斜，山前高程 60.00～80.00m，平原地势平坦开阔，高程 20.00～60.00m 不等，坡降 1/1000。最低处在通州的南部，高程 10.00m 左右。

北京市由西向东、由北向南地貌由中山、低山、丘陵过渡到冲洪积台坡地和平原。山区山脉层叠，地势呈阶梯状下落。由于山脉交接、断裂、下陷和侵蚀作用，形成了古北口、南口、永定河入口 3 个通道，影响北京气候。

1.1.3 气象水文

1. 气象

北京市属暖温带大陆季风气候，其特点是：春季干旱多风，夏季炎热多雨，秋季天高气爽，冬季寒冷干燥，且山区和平原略有差异。多年平均气温 11.7℃，日极端最高气温达 43.5℃，日极端最低气温达−27.4℃。

北京境内多年平均降水 585mm（1956—2000 年系列），受水气补充条件和地理位置、地形等条件的影响，境内降水具有时空分布不均、丰枯交替发生等特点。年降水量最小为 242mm（1869 年），最大为 1100mm（1954 年）。丰枯连续出现的时间一般为 2～3 年，最长连丰年可达 6 年，连枯年可达 9 年，历史记载最长枯水期为 20 年。汛期（6—9 月）降水量占全年降水总量的 80%以上。

降水是北京市水资源的主要来源，也是影响北京市水资源变化的主要因素之一。全球变暖趋势对北京市的降水影响非常大，连续干旱直接导致了水资源减少。

通过对 1950—2009 年降水资料进行统计分析，北京降水量为 400～700mm，其中 400～500mm 降水量出现频率最高，共出现过 20 年。

2. 水文

北京市属海河流域，河网发育，市内共有干、支河流 100 余条，分属五大水系，即永定河水系、潮白河水系、蓟运河水系、北运河水系以及大清河水系。五大水系基本流向为西北向东南，其中除北运河水系发源于北京境内，其余均发源于境外。

（1）永定河水系。永定河上游有桑干河、洋河两大支流，桑干河发源于山西高原北部宁武县管涔山，洋河发源于内蒙古高原南缘，两河于河北省怀来县朱官屯汇合称永定河。永定河在官厅附近纳妫水河，经官厅山峡于三家店进入平原，斜穿北京东南部，由大兴出境。北京境内流域面积 3168km²，其中山区流域面积 2491km²，是流经本市最长的河流。新中国成立以来，在永定河河道上进行了大量的水利工程建设。1954 年官厅水库建成后，永定河流量得到控制，之后陆续修建了三家店拦洪闸、卢沟桥分洪闸、平原滞洪水库，大幅提高了防洪能力，其中水库包括大宁水库、稻田水库和马厂水库。三家店拦洪闸与永定河引水渠建成后，大量的永定河水被输送到北京近郊区，致使三家店以下流量锐减，20世纪 80 年代以后常年干枯。

（2）潮白河水系。潮白河为流经本市的第二大河，市内长为 90km，其上游为潮河和白河。白河发源于河北省沽源县，流经赤城县，进入北京境内，流经延庆、怀柔汇入密云水库；潮河发源于河北省丰宁县，经滦平、密云注入密云水库。潮河、白河出库后在密云河槽村汇合为潮白河，后经顺义、通州出北京，进入河北境内。潮白河在北京境内流域面积 5613km²，其中平原区流域面积 1008km²。密云水库下游有怀河、箭杆河、雁栖河、小东河等支流汇入其中。

1981 年以前平原河道中常年有水。1982 年密云水库停止向天津、河北供水后，8 月潮白河河水断流，仅在个别年份密云水库及沙厂水库放水弃水时，河道内才短期有水。1985 年在潮白河河道中建立向阳闸，主要拦蓄怀河溢流和上游水库的弃水。自 1999 年以来降水量较少，且地下水开采量增加，基流消失。

（3）蓟运河水系。蓟运河流经本市的河流主要为沟河、错河和金鸡河。沟河发源于河北省兴隆县青灰岭，由平谷进入北京境内，先后接纳错河、金鸡河，经平谷马坊出境。蓟运河在北京境内流域面积 1377km²，其中平原面积 688km²。

蓟运河水系上游建有海子水库、黄松峪水库、西峪水库，近几年来水量较少，水库无弃水。泃河在西沥津、龙家务一带汇集地下水溢出，形成地表水；错河发源于密云，在胡家营南变为潜流，至中桥溢出地表，又转化为地表水，中桥以下常年有水，是排泄洪水和地下水的主要河道。近几年由于连续干旱，泃河、错河溢出消失，河道中污染物为城市污水。

（4）北运河水系。北运河为人工河，上游的温榆河发源于昌平军都山一带，支流有温榆河、通惠河、凉水河等。温榆河、通惠河在通州东关汇合后称北运河，从通州出境。北运河在北京境内长约 50km，境内流域面积 4423km²。北运河为常年有水河流，由于北京近郊区的大部分污水通过其支流汇入北运河，使之成为一条污水河，自 1993 年底高碑店污水处理厂一期工程建成运营后，对河水水质起到了一定的改善作用。

（5）大清河水系。大清河主要支流有拒马河、大石河、小清河。大清河水系在北京的流域面积为 2219km²，其中山区的流域面积为 1615km²，平原流域面积为 604km²。拒马河为大清河的主要支流之一，发源于河北省涞源县，进入北京境内后，于房山张坊镇分为北拒马河、南拒马河；大石河、小清河分别发源于房山区和丰台区。目前拒马河、大石河沿途只有农业引水，尚未建设大型水库，但大石河进入平原区以后近年来常年干枯。

目前除大清河水系外，山区大部分地表径流已被控制，平原河道除丰水季节外，地表径流已经不多或干枯。北京地区现有大小水库共 85 座，主要有官厅水库、密云水库、白河堡水库、怀柔水库、海子水库等，总库容为 93 亿 m³。

1.2　地质与水文地质条件

1.2.1　地质概况

北京地区地质构造复杂，大致可分为以下类型：

（1）阴山纬向构造体系。阴山纬向构造体系分布在北部山区，构造形迹表现为强烈挤压的褶皱和断裂。

（2）祁吕贺兰山山字型构造体系。祁吕贺兰山山字型构造体系为一系列走向北东的复式褶皱及压性断裂。

（3）新华夏构造体系。新华夏构造体系主体是走向北北东的隆起带和沉降带，是一个规模宏大的构造体系，有房山断裂带、延庆海坨山断裂及北京凹陷、大兴隆起等。

出露地层除普遍缺失震旦系、奥陶系上统、志留系、泥盆系、石炭系下统、白垩系上统及新近系古新统外，其余地层均发育齐全。

1.2.2　第四系地层分布

平原区第四系沉积物的分布主要受基岩地质构造和永定河、潮白河为主的河流作用控制。主要特征表现如下：

（1）第四系厚度由西向东逐渐加厚，但局部变化显著，主要受古地形的控制及地质构造影响。八宝山至东直门以南地区变化比较均匀，西部厚约 20m，向东渐增到 100m 以上。在八宝山以北，局部沉积厚度在 200m 以上。东部来广营、酒仙桥、高碑店及以东地区第四系厚度最大，达 300m 以上。在西部公主坟、白堆子、北郊龙王堂一带，因基底凸起，厚度仅有 10～40m。

（2）冲洪积层受永定河河流作用控制明显。近期古河床分布地段在衙门口、卢沟桥、丰台一带，第四系厚度较薄。中期古河床分布地段在城区和丰台以南地区，第四系厚度较大。早期古河床分布地段在西黄庄、廖公庄、闵家庄一带，第四系沉积厚度大。一般来说，河流作用的时间长短和频繁程度决定了冲积层的厚度和沉积物颗粒的粗细分布，并且因地而异。

（3）除沿山麓一带形成宽度不等的坡积、坡积-洪积层外，广大平原区均以冲洪积层为主。冲洪积层由西向东，岩性由粗变细，层次由少变多。西部地区以单一砂卵砾石层为主；中部到东部地区，地层岩性逐渐由砂砾石与黏性土互层渐变为以黏性土为主，层次由一层逐渐增多到数层以至数十层。

总体说来，平原区第四系沉积物主要受基岩地质构造、气候变化和永定河与潮白河为主的河流作用控制。在山前地带主要以残坡积相和坡洪积相的砂、砾石和黏性土为主构成洪积扇或者台地，平原则为冲积相或冲洪积相的砂、砾石、卵石和黏土构成的扇形平原。第四系岩性和厚度变化表明了冲洪积平原的特征。

从平原区西、北部到东、南部，沉积厚度逐渐增大，层次增多，沉积物颗粒变细。在西、北部山前地带和河流冲洪积扇的中上部，第四系厚度一般为 20～40m，为单一的砂、卵砾石层或砂、卵砾石层顶部覆盖薄层黏性土。在冲洪积扇的中下部，第四系厚度逐渐增大，到东南部和河北省交界处可达到 300～400m，岩性也逐渐过渡为黏性土夹多层砂、砂砾石。此外，在受地质构造控制的凹陷地区第四系厚度更大，可达 500m 以上。

1.2.3　平原区水文地质条件

平原区主要由永定河、潮白河、沟河、温榆河、拒马河、大石河冲洪积作用形成。这些冲洪积扇交错沉积、相互切割，致使包气带岩性、含水层岩性分带较复杂，沉积厚度和岩性各地变化不一，总的变化规律是：从山前至平原，沉积厚度由薄变厚，颗粒由粗变细，由单一的砂砾石层变为多层砂和黏性土互层，水位埋深由大变小，地下水类型也由单一的潜水变为多层的承压水（图 1-1）。

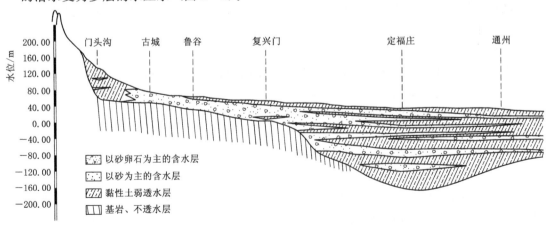

图 1-1　永定河冲洪积扇典型地层剖面图

目前地下水开采深度大部分都在150m以内，根据150m以内含水层的岩性、结构及富水性，划分为6个不同的富水区（图1-2）。

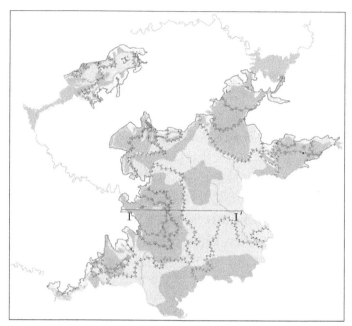

图1-2 平原区第四系孔隙水含水层结构及富水性分区示意图

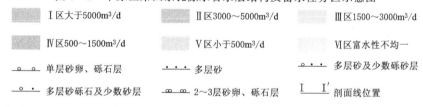

（1）富水性大于5000m³/d（Ⅰ区）。Ⅰ区分布在永定河、潮白河、拒马河、大石河和沟河冲积、洪积扇中上部。含水层主要为单一或1~2层砂卵石、砂砾石层，厚度各地不一。含水层渗透系数为300~500m/d，透水性好。地下水多为潜水，水位埋深在山前为15~30m，向下游逐渐变浅。该区砂卵石埋藏较浅，在上游地区直接裸露地表，极易接受降雨及河水的渗入补给，是地下水的良好补给区，也是平原地下水资源最丰富的地区。

（2）富水性3000~5000m³/d（Ⅱ区）。Ⅱ区多分布在上述地区的外围，如：大石河芦村、丁各庄、交道镇一带；北京城区东部，大兴黄村一带；南口以南土楼、北小营一带；顺义杨各庄、南彩；平谷杨桥、岳各庄、马坊等地。含水层主要由2~3层砂砾石或多层砂砾石组成，主要含水层顶板埋藏深度小于20m，累积厚度20~50m。

（3）富水性1500~3000m³/d（Ⅲ区）。Ⅲ区分布面积最大，约占平原面积的二分之一。含水层主要由多层砂砾石、砂组成。层次多而薄，单层厚度一般小于10m，累积厚度一般都在30m以上，顺义、通县一带则大于50m。

（4）富水性500~1500m³/d（Ⅳ区）。Ⅳ区主要分布于沙河、昌平一带；大兴的黄村东南，庞各庄以东及礼贤、采育一带；通州永乐店以南地区。含水层岩性以砂为主，夹少量砂砾石层，层次多而薄，单层厚度小于10m，累积厚度30~50m，渗透性差，为承压水，水头埋深一般小于5m。

（5）富水性小于500m³/d（Ⅴ区）。Ⅴ区仅分布在昌平百善庄以北和永丰屯一带。含水层多由粉、细砂组成，层次少而薄，是比较缺水的地区。

（6）富水性不均一（Ⅵ区）。Ⅵ区零星分布在山前地带。

1.2.4　地下水补径排条件

地下水补给来源有大气降水、河水入渗、农业灌溉水入渗回归、山前侧向径流补给、地表水库渗漏补给等。地下水排泄方式有自然排泄及人工开采，其中自然排泄包括蒸发及向下游的侧向流出，人工开采包括城镇生活、工业开采和农业的季节性开采。地下水流向与地形坡降方向基本一致，总体流向为西北—东南。

平原区潜水具有典型的潜水动态变化特征，年内地下水位动态变化主要受当地降水量影响，8、9月出现最高水位，5月底至6月初出现最低水位，年变幅4～6m。水库向河道放水也会影响沿岸地下水位，水位变化与河道有水时间及流量大小有关。地下水水位多年变化规律受气象、水文等自然因素影响，同时也受人为开采的影响。

1980—1998年，平原区地下水埋深由7.7m缓慢下降到12.36m，累计下降4.66m，年均降幅为0.25m；1998—2015年，由于遭遇连续枯水年，地下水位进入快速下降区，累计下降了13.39m，年均降幅为0.74m；南水北调进京后，地下水开采压力得到一定程度缓解，地下水位进入回升阶段，2015—2019年，地下水位累计回升3.04m，年均回升0.61m。北京市降水量及地下水埋深过程如图1-3所示。

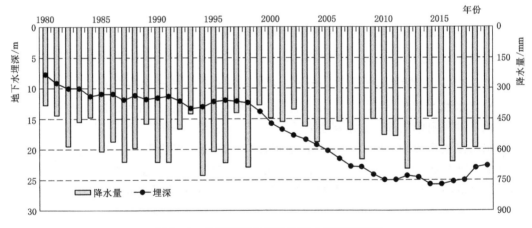

图1-3　北京市降水量及地下水埋深过程图

1.3　地下水开发利用状况

1.3.1　地下水开发利用现状

20世纪50年代末期，北京市地下水年开采量为4亿m³，到60年代，地下水开采规模逐步扩大，1961—1970年地下水年均开采量为10.79亿m³，其中近郊区发展最快。进入70年代，北京市地下水开采程度大幅度提高，从1971年开采量13.8亿m³，飙升到

1978 年 25.59 亿 m³，近郊区十年内地下水储存量减少 12.42 亿 m³，地下水出现超采。其他各区地下水开采量也有较大增长，但未出现近郊区这样严重超采的现象。20 世纪 80—90 年代，地下水开采量增加到 26 亿～28 亿 m³，其中近郊区年开采量最高达到 9.52 亿 m³。从 1981 年起，由于水源八厂输水进城和节水制度的实施，近郊区地下水开采量由 70 年代至 80 年代初期的 8.5 亿～9.5 亿 m³，逐渐降至 7.0 亿～8.0 亿 m³。

进入 21 世纪，全市地下水开采量逐渐得到控制，2001—2016 年地下水年平均开采量 22.51 亿 m³。平原区（6400km²，不含延庆盆地）年平均地下水开采量 20.38 亿 m³，占全市的 91%，其中常规地下水开采 18.72 亿 m³，应急开采 1.66 亿 m³；山区年平均地下水开采量 2.13 亿 m³，占全市的 9%，其中延庆山间盆地开采 0.55 亿 m³，一般山丘区开采 0.43 亿 m³，岩溶山区开采 1.15 亿 m³。2014 年南水北调水进京以后，通过水源置换，已累计压减地下水超过 4 亿 m³，有效涵养了地下水水源。近年来全市加强节水和地下水涵养，各区 2007—2019 年历年地下水开采量逐年也呈减少趋势。典型年地下水开采量变化如图 1-4 所示。

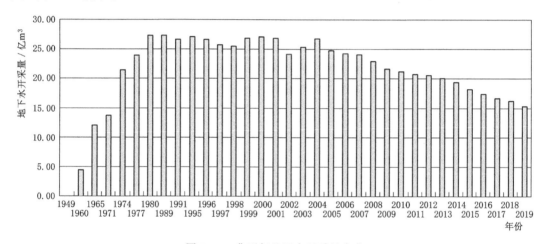

图 1-4 典型年地下水开采量变化

1.3.2 地下水开发利用存在的问题

（1）水量持续超采。1999—2010 年，北京市遭遇了连续 12 年干旱，年平均降水量 475mm，比多年平均减少 20%，形成的水资源量为 22 亿～25 亿 m³，比多年平均衰减 40%。

为保障供水安全，不得不大量超采地下水。据监测，平原区地下水每年超采 5 亿～6 亿 m³，地下水位年均下降 1.1m，截至 2003 年，地下水位平均埋深已达 25m，累计超采 70 亿 m³，形成了以朝阳黄港、长店至顺义米各庄为中心的五大地下水降落漏斗，面积达 1057km²，由此引发了地面沉降等一系列环境地质问题。

（2）水质污染不断加剧。据 2003 年调查：全市有垃圾填埋场 1034 处，其中非正规垃圾填埋场 964 处，占总数的 93%；农业化肥施用强度 580kg/hm²，其中氮肥施用量比全国高出 50% 以上；全市现有储油设施 1706 座，一般使用 15 年后均存在不同程度的漏油现象；每年大量的再生水用于河道景观补水，约 1.5 亿 m³ 入渗补给地下水；另外，城区排水管网每年约 2 亿 m³ 污水渗漏地下，对地下水安全构成严重威胁。

地下水已呈现多条污染带，主要超标因子是总硬度、溶解性总固体、硝酸盐、氨氮。地下水污染呈现从城区向郊区延伸、从浅层向深层扩散的趋势。

（3）地下水资源保护与管理工作有待进一步加强。

1）监管方面存在不足。全市机井由 2003 年的 4.9 万眼猛增到 2010 年的约 6 万眼，其中相当一部分水源热泵机井无法 100％ 回灌，造成了水资源的浪费，同时也造成了含水层间的交叉污染。另外，由于施工降水直接排入下水道，造成大量的浪费。

2）缺乏系统科学的地下水开发利用保护技术手段。如：①水源地保护区划定、地下水功能分区、区域地下水开采控制总量和允许污染物排放控制总量的确定缺乏科学依据和技术手段；②地下水污染防控与修复缺乏系统的技术支撑；③地下水监测系统、地下水综合管理平台，以及地下水管理制度需进一步完善。

第 2 章

地下水污染调查与分布

2.1 污染源调查与分布特征

为了了解地下水污染源分布及污染途径，2003 年项目组组织开展了北京市地下水环境评价，对全市范围的入河排污口、工业废水、垃圾填埋场、农业非点源、畜禽养殖、储油设施等污染源与污染途径开展了调查研究。

2.1.1 入河排污口

根据调查，北京市各水系均遭受不同程度的污染，入河排污口的分布基本与五大水系的分布一致。2003 年入河排污总量为 10.3 亿 m^3，其中：生活污水量为 1.89 亿 m^3，占总量的 18.3%；工业废水为 0.54 亿 m^3，占总量的 5.3%；混合废污水为 7.87 亿 m^3，占总量的 76.4%。五大水系废污水排放量统计见表 2-1。

表 2-1   五大水系废污水排放量统计表   单位：万 m^3

污水类型	废污水排放量					
	永定河水系	大清河水系	北运河水系	潮白河水系	蓟运河水系	合计
生活污水	786	610	15428	747	1354	18925
工业废水	159	1962	2601	155	494	5371
混合废污水	5588	9125	60244	1916	1859	78732
合计	6533	11697	78273	2818	3707	103028

从各水系排污口的排放量看，北运河水系的纳污量最大，为 7.83 亿 m^3，远高于其他水系的纳污量，占地表水系总纳污量的 76%，其次为大清河水系、永定河水系、蓟运河水系，潮白河水系的纳污量最小。按照污水类型，北运河水系容纳的生活、工业和混合废污水量均远超过其他水系相同类型的纳污量。

2.1.2　工业废水

根据北京市工业现状、不同类型工业废水的主要污染组分及浓度，及其对浅层地下水水质潜在的影响程度，将排污企业分为化工工业、电镀业、造纸业、制革业、机械制造业、纺织印染业、食品制造业等 7 类对地下水污染具有严重威胁的行业（以下简称重污染工业）；排放废污水对地下水污染程度较小的企业统一归为其他类（以下简称次污染工业）。

工业废水调查共涉及 975 家企业。其中，化工工业、机械制造业和食品制造业无论是涉及企业个数，还是废水排放量，均占据较大的比重，这 3 类污水占所调查的工业废水总量的 73.4%；而制革业、造纸业、纺织印染业和电镀业所占的比重较小，只占工业废水总量的 4.0%，但这些工业类型废水的污染物浓度极高，对人体健康和生态环境具有严重危害。

2.1.3　垃圾填埋场

按照垃圾类型将垃圾填埋场分为生活垃圾、工业垃圾、建筑垃圾和混合垃圾 4 种，共调查垃圾填埋场 1034 处，垃圾总存量共计 4022 万 t。其中，生活垃圾 2137 万 t，工业垃圾 633 万 t，建筑垃圾 899 万 t，混合垃圾 353 万 t。从各类型垃圾占据的比重看，生活垃圾占总垃圾量的 53.1%（图 2-1），比重最大。

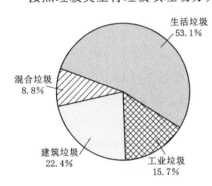

图 2-1　北京市各类型垃圾量所占比重

由于非正规垃圾填埋场无衬砌，垃圾渗滤液对地下水造成严重污染，是本书研究的重点。根据调查，北京市非正规垃圾填埋场有 943 处，总垃圾填埋堆放量约为 2767 万 t。其中，填埋堆放量大于 1 万 t 的有 114 处，垃圾填埋堆放量 2674 万 t，占非正规垃圾填埋堆放量的 96.6%。填埋堆放量大于 1 万 t 的非正规垃圾填埋场中：工业垃圾填埋场有 3 处，位于丰台和石景山，垃圾成分主要为首钢公司的废弃钢渣，填埋堆放量 633 万 t；建筑垃圾填埋场 26 处，填埋堆放量为 898 万 t；混合垃圾填埋场 24 处，填埋堆放量为 252 万 t；生活垃圾填埋场 61 处，填埋堆放量为 983 万 t。

大多数非正规垃圾填埋场在废弃的砂石坑基础上形成，填埋场底部为渗透性能较好的砂砾石层或砂层，垃圾淋滤液易污染地下水，丰台的北天堂垃圾填埋场就是一个较为典型的实例：北天堂垃圾填埋场下游的地下水已明显遭受垃圾淋滤液的污染，且污染源正不断向下游方向扩展。

不同类型的垃圾对地下水环境影响程度差异较大，非正规垃圾填埋场分布情况示意图如图 2-2 所示。丰台未防渗的垃圾总存量最大，为 1100 万 t；其次为石景山、海淀、朝阳、昌平，四区未防渗的垃圾总存量为 220 万～510 万 t；其余各区中除大兴为 101 万 t 外，均小于 100 万。就生活垃圾总存量而言，丰台未防渗的生活垃圾量最大，为 397 万 t，其次为海淀、大兴、石景山。

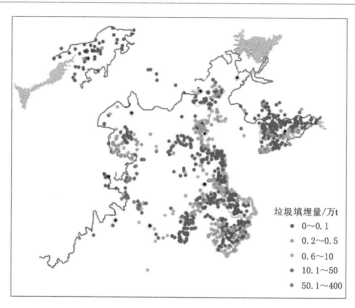

图 2-2　非正规垃圾填埋场分布情况示意图

2.1.4　农业非点源

平原区农田总面积为 383 万亩，其中，顺义的农田面积最大，为 81.2 万亩，占总面积的 21.2%；其次为通州，农田面积为 65.6 万亩，占总面积的 17.1%；朝阳、丰台、石景山和门头沟的农田面积较小，均小于 10 万亩，其中石景山的农田面积仅有 0.5 万亩。平原区各区农田面积分布见表 2-2。

表 2-2　　　　　　　　　　　平原区各区农田面积分布

行政区	昌平	朝阳	延庆	怀柔	顺义	通州	大兴
农田面积/万亩	23.4	4.9	40.5	13.8	81.2	65.6	48.6
行政区	房山	海淀	平谷	门头沟	石景山	密云	丰台
农田面积/万亩	40.3	11.0	29.8	1.9	0.5	14.4	7.0

平原区各种作物种植面积占比（图 2-3）来看，大部分区的农田仍以大田作物为主，部分区的果树或蔬菜占据较大比例，果树占有较大种植面积的区有平谷、房山、怀柔、顺义、大兴等，蔬菜占有较大种植面积的区有大兴、顺义、朝阳、平谷等。2004 年开展的污染源调查统计了平原区 14 个区农田内的化肥、农家肥、农药施用量，并对统计数据进行了分析评价。

1. 化肥

经调查，2004 年平原区农田化肥总施用量为 43.1 万 t，折纯量为 14.3 万 t。各区农田年化肥施用总量及亩均施用量如图 2-4 所示。

不同区的亩均化肥施用量差别大。平谷、大兴和石景山的亩均化肥施用量最大，分别为 212kg、210kg 和 200kg；顺义、延庆、房山、密云、怀柔、昌平的亩均化肥施用量较小，均小于 100kg，其中昌平、怀柔的亩均化肥施用量仅为 46kg 和 43kg；其余区的亩均

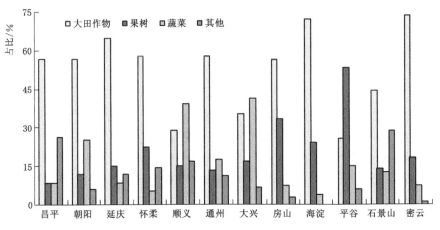

图 2-3　平原区各种作物种植面积占比

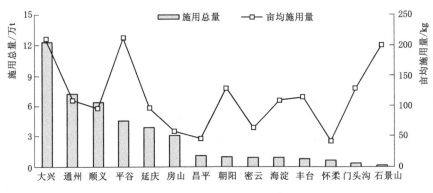

图 2-4　各区农田年化肥施用总量及亩均施用量

化肥施用量为 100~200kg。

2. 农家肥

据统计，平原区各区农家肥的年施用总量约为 830 万 t，折纯量为 15.5 万 t。顺义年农家肥施用量远远多于其他区，为 322 万 t，约占平原区各区农家肥施用总量的 38.8%；其次为大兴、通州和平谷，施用量分别为 191.9 万 t、84.1 万 t 和 80.5 万 t；其余区均小于 50 万 t。农家肥施用量最小为石景山，仅为 0.3 万 t。各区农家肥亩均施用量如图 2-5 所示。

3. 农药

据调查，平原区各区农田年农药施用总量为 1124t，通州的年农药施用总量最大，为 168.1t，占平原区农药施用总量的 15.0%；其次为顺义、房山、海淀，施用量分别为 153.2t、132.5t 和 121.9t；其余各区农药的施用量均小于 100t，其中石景山的施用量最少，仅 5.7t。

2.1.5　畜禽养殖

北京市畜禽养殖场共 810 个，主要集中在顺义、平谷、房山、延庆、大兴这 5 个区。

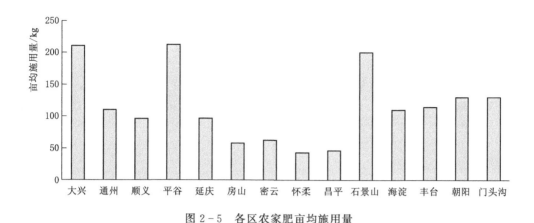

图 2-5　各区农家肥亩均施用量

北京市全年产生畜禽粪便量 295.22 万 t，其中顺义畜禽产生的粪便量最多，占北京市畜禽粪便总量的 36.4%；大兴、延庆，分别占总量的 13.14% 和 10.2%。各区畜禽粪便产生量比较如图 2-6 所示。

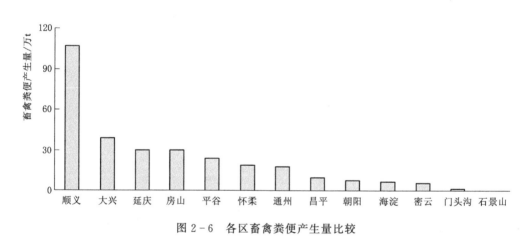

图 2-6　各区畜禽粪便产生量比较

全市 92.6% 的畜禽粪便回归农田作为农家肥使用，仅有 2.6% 的畜禽粪便进入化粪池无害化处理，另有部分养殖场的粪便属于简易堆肥，粪便在露天堆放下自然发酵，没有防渗、防淋失措施，在通州、大兴等区还有一部分粪便直接随养殖场内的污水流走，对周边环境以及地下水造成了严重的污染。

2.1.6　储油设施

调查北京市 609 家加油站、12 家油库。朝阳加油站数量最多，为 83 家；其次为房山区和顺义区，分别为 74 家和 62 家；门头沟和石景山加油站数目最少，分别为 12 家和 11 家。城区加油站 207 家，占全市加油站总数的 34%。

全市绝大多数加油站和油库基本上都位于平原区。平原区加油站分布密度约为 9 家/100km^2，城区加油站更加密集，其分布密度为 15 家/100km^2，如此高的加油站分布密度，对土壤和地下水环境构成严重威胁。

2.2 地下水化学类型

2.2.1 浅层地下水化学类型

据2004年调查，平原区第四系浅层地下水化学类型的变化具有复杂性，表现为：远郊区地下水化学类型较简单，近郊区地下水化学类型多样。北京平原区浅层地下水化学类型分区示意图如图2-7所示。

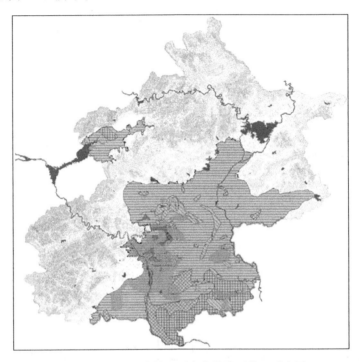

图2-7 平原区浅层地下水化学类型分区示意图

北京近郊区地下水由于多年过量开采以及人为污染严重，水化学类型以西郊石景山、丰台地区以及城区（天坛公园以南地段）和东郊朝阳化工区最为复杂，存在着 $HCO_3 \cdot SO_4 - Ca \cdot Mg$（$Ca \cdot Na$）、$Cl - Ca \cdot Mg$（$Ca \cdot Na$）以及 $HCO_3 \cdot Cl - Ca \cdot Mg$（$Ca \cdot Na$）型水，在海淀六郎庄等局部地段还出现了 $SO_4 - Ca \cdot Mg$（$Mg \cdot Ca$）型水。

远郊区地下水化学类型较简单，多为 $HCO_3 - Ca \cdot Mg$ 型。在北郊昌平沙河-顺义天竺镇等局部地段出现 $HCO_3 - Ca \cdot Na$（$Na \cdot Ca$ 或 Na）型水，昌平中滩附近出现阴离子 $HCO_3 \cdot SO_4$ 型水，平谷平家疃地段出现 $HCO_3 \cdot Cl$ 型水；在地下水排泄区的大兴及通州地段，地下水化学类型多为 $HCO_3 - Mg \cdot Na$（$Mg \cdot Ca$ 或 Na）型水，在通州还出现了阴离子类型 $HCO_3 \cdot SO_4$ 型水；房山潜水及潜水承压水过渡地段出现 $HCO_3 \cdot SO_4$ 型水；延庆盆地多为 $HCO_3 - Ca \cdot Mg$ 型水，仅在西阳坊、西五里营局部地区出现 $HCO_3 - Mg \cdot Ca$（$Na \cdot Ca$）型水。

2.2.2 深层地下水化学类型

平原区深层地下水化学类型受地下水径流影响，具有较明显的分带性，深层地下水化学类型分区示意图如图 2-8 所示。水化学类型总体变化规律为从北部山前潜水的 HCO_3-$Ca \cdot Mg$ 型水逐渐过渡到径流区的 HCO_3-$Ca \cdot Mg \cdot Na$（$Ca \cdot Na \cdot Mg$ 或 $Ca \cdot Na$）以及排泄区的 HCO_3-Na（$Na \cdot Ca$ 或 $Na \cdot Mg$）型水。在东南远郊区大兴东白塔-通州付各庄-大庄户局部地段出现了 $HCO_3 \cdot SO_4$-Na 型水。

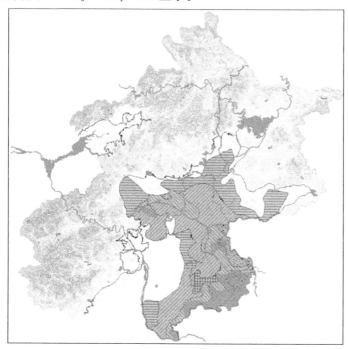

图 2-8 平原区深层地下水化学类型分区示意图

2.3 地下水质量分布特征

2005—2006 年共布置：无机采样井 915 眼，其中浅层水井 690 眼，深层水井 225 眼；有机采样井 241 眼，其中浅层水井 176 眼，深层水井 65 眼。

2.3.1 评价标准与评价方法

评价参数包括 pH 值、NH_4^+-N、NO_3^--N、NO_2^--N、Cl^-、SO_4^{2-}、F^-、总硬度、溶解性总固体、高锰酸盐指数、氰化物、挥发酚、As、Zn、Cr^{6+}、Hg、Cu、Pb、Cd、Fe、Mn 等 21 项指标。以《地下水质量标准》（GB/T 14848—2017）为依据，将评价方法分为单项指标评价和多项指标综合评价。

2.3.2 浅层地下水质量

1. 单项指标评价

根据浅层地下水质量全分析的检测结果，按照单项指标的评价方法对其进行分析，评价结果显示水质类别有 3 种，即Ⅲ类、Ⅳ类及Ⅴ类。符合Ⅲ类水的水井占浅层采样井总数的 58.6%；而符合Ⅳ类、Ⅴ类水质的水井所占比例为 41.4%。

根据浅层地下水质量类别评价结果，绘制平原区浅层地下水质量类别分区示意图（图

2-9)。区内尚未满足Ⅳ类、Ⅴ类浅层地下水占平原区面积的 36.7％，主要是由于氨氮、总硬度、溶解性总固体及铁、锰等单项指标超标所致。

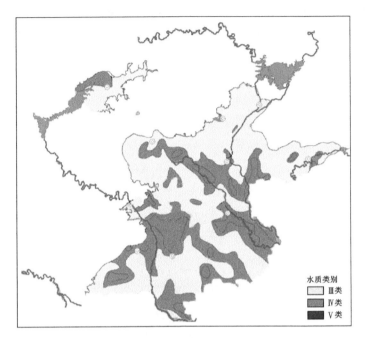

图 2-9　浅层地下水质量类别分区示意图

2. 单项超标指标检出情况及其分布特征

根据浅层地下水质量的检测结果，主要超标项目为氨氮、总硬度，其次为硝酸盐氮、溶解性总固体及铁、锰，个别采样点检出的超标项目还有氟化物、砷、亚硝酸盐氮、氯化物、硫酸盐、高锰酸盐指数及汞等。

（1）氨氮。氨氮是浅层地下水中主要的超标因子，在浅层 690 眼地下无机采样水井中，氨氮检出率为 91.2％，检出浓度值以Ⅲ类为主，占 81.5％；检出值大于 0.2mg/L 的Ⅳ类、Ⅴ类超标井点有 128 眼，超标率为 18.6％。

氨氮超标面积约 1510km²，超标区主要分布于远郊区及丰台部分地区。浅层地下水氨氮分布示意图如图 2-10 所示。

（2）硝酸盐氮。硝酸盐氮检出率为 88.41％，检出含量为 0.08～71.9mg/L。检出浓度值以Ⅰ～Ⅲ类为主，占浅层无机采样水井总数的 90.87％。检出值大于 20mg/L 的超标井有 63 眼，超标率为 9.13％。浅层地下水硝酸盐氮分布示意图如图 2-11 所示，其超标区面积约 450km²。

3. 多项指标综合评价

采用国标的多项指标综合评价法对浅层水水质进行综合评价，将区内所有采样点的综合评价值（F 值）计算结果以等值线形式表示（图 2-12）。从图中可以看出：平原区浅层地下水质量分化明显，除密云外，其他地区地下水质均存在较差甚至极差水。良好水质主要分布在密云、怀柔、平谷、海淀北部、顺义北部以及昌平、朝阳等局部地段，其余区

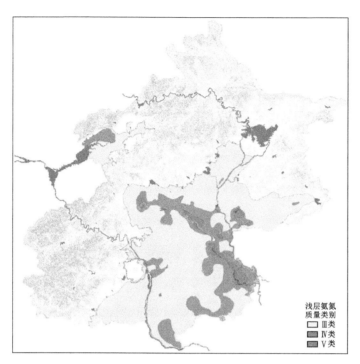

图 2-10　浅层地下水氨氮分布示意图

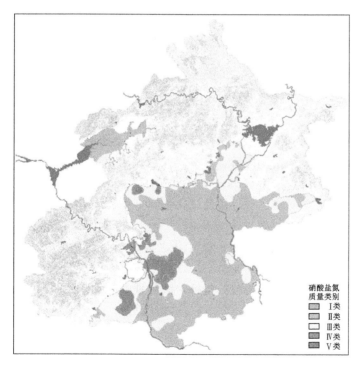

图 2-11　浅层地下水硝酸盐氮分布示意图

分布较少；较差水质、极差水质主要分布在近郊区、通州、大兴、房山以及顺义、昌平、延庆等部分地区，尤以丰台、通州水质最差。

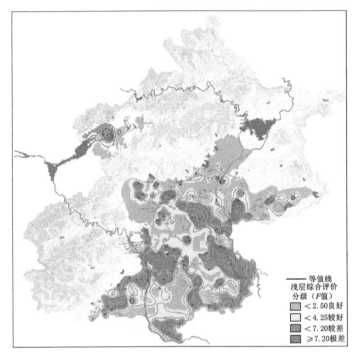

图 2-12　浅层地下水质量综合评价等值线示意图

2.3.3　深层地下水质量

1. 单项指标评价

深层无机采样水井中，满足Ⅲ类的水井有 142 眼，占深层井的比例为 63.11%；满足Ⅳ类、Ⅴ类的水井分别为 55 眼、28 眼，所占比例分别为 24.45%、12.44%。

深层地下水质量类别分区示意图如图 2-13 所示，Ⅲ类水主要分布在大兴、朝阳西部、海淀、昌平西北部、怀柔、密云、平谷以及通州东南部局部地段，面积约 3028km^2；Ⅳ类、Ⅴ类深层水超标面积约为 800km^2，主要分布于东部远郊区及大兴、昌平局部地段，Ⅳ类、Ⅴ类深层水主要是氨氮、铁、锰及氟化物等单项指标超标。

2. 单项超标指标检出情况及其分布特征

深层水主要超标项目有氨氮、铁、锰，其次为氟化物、总硬度、砷，有机组分均未检出。

氨氮是平原区深层地下水主要超标指标，满足Ⅲ类水质标准的水井占检测水井总数的 78.22%。深层地下水氨氮分布示意图如图 2-14 所示。

3. 多项指标综合评价

水质综合评价表明，较差、极差的水质主要分布在通州北部、顺义东南部、昌平小汤山地段、大兴南部以及朝阳东部等局部地段。深层地下水质量综合评价等值线示意图如图 2-15 所示。

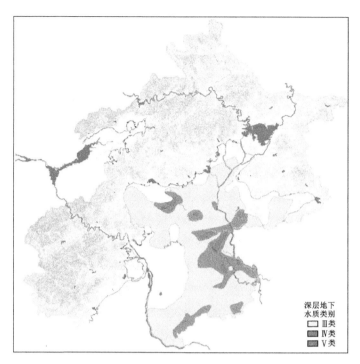

图 2-13 深层地下水质量类别分区示意图

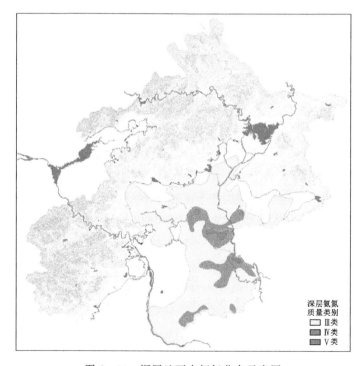

图 2-14 深层地下水氨氮分布示意图

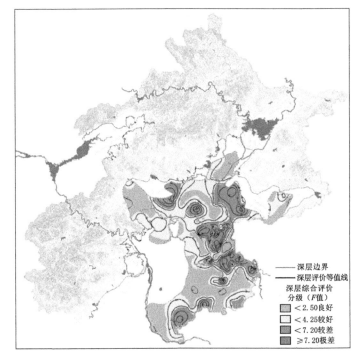

图 2-15　深层地下水质量综合评价等值线示意图

2.4　本章小结

（1）开展了全市地下水污染源调查，查明各类污染源分布。污染源主要包括入河排污口、工业废水、垃圾填埋场、农业非点源、畜禽养殖、储油设施等。

（2）分析评价了浅层及深层地下水化学特征，绘制了水化学类型分布图。结果显示：北京近郊区浅层地下水由于多年过量开采以及人为污染严重，水化学类型复杂多样，存在着 $HCO_3 \cdot SO_4 - Ca \cdot Mg$（$Ca \cdot Na$）、$Cl - Ca \cdot Mg$（$Ca \cdot Na$）、$HCO_3 \cdot Cl - Ca \cdot Mg$（$Ca \cdot Na$）、$SO_4 - Ca \cdot Mg$（$Mg \cdot Ca$）等多种类型水；远郊区浅层地下水化学类型较简单，多为 $HCO_3 - Ca \cdot Mg$ 型。深层地下水化学类型受地下水径流影响，具有较明显的分带性，其总体变化规律为从北部山前潜水的 $HCO_3 - Ca \cdot Mg$ 型逐渐过渡到径流区的 $HCO_3 - Ca \cdot Mg \cdot Na$（$Ca \cdot Na \cdot Mg$ 或 $Ca \cdot Na$）以及排泄区的 $HCO_3 - Na$（$Na \cdot Ca$ 或 $Na \cdot Mg$）型水。

（3）对地下水水质进行了分层评价，绘制了平原区浅层与深层地下水质量类别分区图。结果显示：Ⅳ类、Ⅴ类浅层地下水占平原区面积的 36.7%，主要是由于氨氮、总硬度、溶解性总固体及铁、锰等单项指标超标所致；Ⅳ类、Ⅴ类深层水超标面积约为 $800km^2$，主要是氨氮、铁、锰及氟化物等单项指标超标。

第3章

平原区地下水更新能力研究及应用

3.1 国内外研究进展

地下水是水资源的重要组成部分，是世界上许多国家和地区人类社会经济发展所依赖的主要供水来源，在干旱半干旱地区尤其如此。但是，不同地区地下水的更新能力因气候和地下水埋藏条件等的差异而不同。因此，研究地下水通过全球水循环不断得到补充而得以交替更新的能力，即地下水更新能力，就成为水资源可持续利用研究中的一个核心任务。

评价地下水更新能力，首先要确定评价指标，即什么参数能够客观真实地反映地下水的更新能力，从而可以作为评价和判断地下水更新能力的凭据；其次才是如何获得指标值，即更新能力研究的方法论问题。

1. 地下水更新能力的概念

国外对地下水更新能力（Renewability of Groundwater）的研究开始较早。1993 年，Danilo 在 *Thirsty Cities* 一书中对地下水更新能力作了明确定义，即"在一定的开采条件下，含水层维持自身保持一定水量的能力"；对影响更新能力大小的因素作了定性分析。地下水的更新有两种实现途径：含水层之间的水量传递和接受外界的补给（主要为大气降水和地表水体等的入渗）。地下水的更新是含水层能够满足长期高强度开采的一个最重要条件。但是，单靠含水层之间的水量传递，任何含水层都无法满足长期高强度开采的要求，而必须依靠外界水源的补给。

2006 年，*Non-Renewable Groundwater Resources* 中将地下水更新周期作为地下水更新能力大小的判断依据，具体为更新周期大于 500 天的地下水被视为不可更新的；小于 500 天的被视为可更新的，且更新周期越短，更新能力越强。

Groundwater Age 一书中在介绍地下水年龄在地下水研究中的作用时指出：在判断地下水更新能力大小方面，地下水年龄信息具有其他方法无可比拟的优势。虽然该书并未明确地下水更新能力的定义，但从其研究实例看，是将地下水补给速率作为评价指标，具体为补给速率越大更新能力越强，反之则越弱。

由此可见，地下水更新能力这一概念的定义并不一致。

我国对地下水更新能力的研究开始于 1997 年的"国家重点基础研究发展计划（973计划）"项目——"黄河流域水资源演化规律和可再生性维持机理"。该项目首次在国内全面系统地研究了黄河流域的地下水更新能力。该问题相关研究在我国引起广泛关注。

到目前为止，我国对地下水更新能力的认识并不统一，集中反映在几个方面：①术语不统一，目前有地下水更新能力、更新性、再生能力、再生性等几种说法；②定义较多，且彼此间差别较大；③评价指标不统一。

在我国，地下水更新能力的定义出现于 2000 年以后，目前有几种代表性认识：①在一定时间尺度上，地下水资源的可更新程度或可恢复性；②地下水获得补给的能力以及对水分传输能力的综合反映；③地下水在水循环过程中不断得到更新和恢复的能力，包括水质和水量两个方面，依据影响因素的不同，又可分为天然更新能力和人类活动影响下的更新能力；④地下水资源通过天然循环和人工调节被人类反复利用的属性。

2. 地下水更新能力评价指标

地下水更新能力评价的首要工作是选定评价标准，即评价指标。地下水更新能力的评价指标应该是统一的，或者用不同的评价指标得到的关于更新能力的结论应该是一致的。然而，由于目前对更新能力问题的认识存在差异，因此就出现了多个评价指标。

地下水均衡状况可以定性地反映地下水更新能力的大小，该水均衡包括含水层之间的补排均衡和含水层与其他水体（如地表水）之间的均衡。对于长期开发利用的含水层，影响其地下水更新能力的关键因素主要为经由地表补给（来自河流、湖泊、降水、融雪等）的水量的多少，而这些又受到众多自然和人为因素的影响，如补给区降水量、盆地上游来水量、地表渗透能力、坡度、水文网的发育情况、植被、人工建筑物和水位埋深等。地下水更新能力强的几种情况，包括有丰沛的降水、接受的补给广泛和排泄量少等。以上这些仅仅是对地下水更新能力强弱和影响因素的定性描述，没有具体指出可以用来定量地反映地下水更新能力强弱的参数。

国外对地下水更新能力的定量研究始于 1996 年国际原子能机构（IAEA）开展的国际合作研究项目（Co-ordinated Research Project，CRP）。该项目对叙利亚、英国、塞内加尔、尼日利亚、墨西哥、埃及、澳大利亚、印度、南非、突尼斯和约旦等国家的缺水地区地下水的更新能力进行了研究。该项目中用于评价地下水更新能力的指标有地下水补给速率（Recharge Rate）、地下水更新速率（Renewal Rate）和地下水周转时间（Turnover Time）等。需要特别指出的是，由于这三个指标间有着密切的数量关系，只是侧重点不同，因此在进行地下水更新能力评价时每次只选其中一个。

联合国教科文组织（UNESCO）的长期国际间水文合作计划——国际水文计划（IHP）项目，也于 1996 年启动了对不可更新的地下水资源的研究工作，具体涉及中东地区、撒哈拉沙漠，以及博茨瓦纳、澳大利亚大自流盆地和智利等干旱半干旱地区。该计划的研究报告将"不可更新的地下水资源"定义为"那些在含水层中有较大储量，在一定时期内能够满足人类社会供水需求，但是所能接受的现代补给非常有限（更新周期大于 500 年，即年平均更新速率小于 0.2%）的地下水资源"。更新周期小于 500 年的地下水资源，即可视为"可更新的地下水资源"。该报告同时强调，从严格意义上讲，地下水资源都是可更新的，作出这种划分，只是为了同人类活动和水资源规划管理的时间尺度等相适应。由此可见，该计划中评价地下水更新能力的指标是更新周期或年平均更新速率（两者为倒数关系）。更新周期越短（也即平均更新速率越大），更新能力越强；反之，则越弱。

Aggarwal P K 等用同位素技术进行地下水研究时，将地下水更新速率和地下水滞留时间作为评价地下水更新能力的指标。Edmunds 在研究干旱半干旱地区的地下水资源，以及总结地球化学技术在解决水资源问题中的重要作用时，将地下水的补给量和更新速率作为识别和判断地下水更新能力的依据。Gholam 等对地下水年龄在地下水研究中的应用作了系统总结，认为其最重要的作用就是评价地下水更新能力或估算地下水补给量，并且将地下水补给速率或地下水平均滞留时间作为地下水更新能力的评价指标。

综合国外现有研究实例可以看出，在评价地下水更新能力时，普遍认为是否接受现代水源，尤其是大气降水的补给，以及补给量的多少，是影响地下水更新能力的决定性因素。因此，地下水更新能力的评价指标也就集中在补给量、更新速率、滞留时间和更新周期等几个参数上。

跟国外相比，我国用来评价地下水更新能力的指标更多。张光辉等、陈宗宇等以地下水更新速率作为评价指标；朱芮芮等以地下水更新周期作为评价指标；陈宗宇等、Chen等、贾秀梅等和聂振龙等（2010）以地下水年龄作为评价指标；苏小四等以地下水周转时间作为评价指标；也有人认为以上这些参数皆可单独作为评价指标，只是关注的重点有所不同。

2008 年以来，部分研究成果选取了影响地下水更新能力的若干影响因素作为指标，建立了综合指标体系作为地下水更新能力的评价指标，即天然补给可用率、回归补给率、调蓄系数、采补平衡率、地下水贮留时间和导水系数等 6 个指标在内的综合评价指标体系，作为地下水更新能力的评价指标，对准噶尔盆地南缘地下水的更新能力进行评价。

总的来看，对于地下水更新能力评价指标的选择，国内外目前有两类观点：一是主张用地下水补给速率、更新速率、更新周期、年龄、滞留时间或周转时间等 6 个参数中的 1个作为地下水更新能力的评价指标；二是主张建立一套综合指标体系作为地下水更新能力的评价指标。前一类观点代表了当前的主流认识，但指标不一致。

对一种客观现象（地下水更新能力）的评价之所以会出现不同的评价指标，根本原因在于：一方面，人们较为熟悉的这些参数在单独用于评价地下水更新能力时，都具有一定的优点和意义，却又因为存在一定的不足（为参数固有）而缺乏足够的说服力；另一方面，因人们认识能力的制约，目前还没有更具说服力的参数能够取代以上参数作为地下水更新能力的评价指标。

地下水更新能力评价的实质就是用适当的方法求取评价指标值。因此，地下水更新能力评价方法就是地下水更新能力评价指标的求取方法。目前使用的评价指标较多，有什么样的评价指标，就相应会有什么样的评价方法。

目前的评价指标（地下水更新能力、地下水补给速率、地下水更新速率、地下水更新周期、地下水年龄、地下水滞留时间）按求取方法可分为两组：①前四个为一组，这组参数值的求取以地下水补给量的计算为前提和基础；②后两个为一组，这组参数值的求取即是对地下水定年。因此，归根结底，地下水更新能力的评价方法可分为两类：计算地下水补给量的方法；计算地下水年龄的方法。

3. 存在问题

综合分析国内外的研究现状可知，地下水更新能力研究有待进一步完善，主要包括以下几个方面：

（1）地下水更新能力研究涉及水量交换或更替过程中的水量问题，但是否要兼顾水质还存在争议，主张水量和水质兼顾的只是少数，大部分学者主张只研究水体更新过程中的水量交换过程。

（2）目前选定的用于评价地下水更新能力的指标不一致，尽管这些指标间普遍存在一定的数量关系，但由这些指标评价得到的结果往往存在不同程度的差异。

（3）目前用于计算评价指标的方法尽管较多，但精度普遍较低，有较大的改善和提高空间。

3.2　地下水更新能力评价方法研究

3.2.1　表征参数

本书涉及更新能力的表征参数定义如下：

（1）地下水更新能力。地下水系统中的水资源通过补给作用得以交换或置换的快慢。

（2）地下水补给速率。含水层单位时间（通常为年）内接受补给的水的深度或厚度，常用单位为 mm/年，是地下水系统接受水源补给强度的直接反映。

（3）地下水更新速率。单位时间内地下水系统接受的补给量占地下水系统中能够提供的地下水总储量的比例，与地下水更新周期互为倒数，常用单位为%/年。

（4）地下水更新周期。地下水系统中的水完全更新一次所需的时间，与地下水更新速率互为倒数，常用单位为年。

需要指出的是，尽管水循环作用最终能使地下水系统中所有的水都得到更新或更替，但由于同一地下水系统中，不同位置的地下水存在形式和径流路径不同，导致在一定时期，有些地下水可能已经更新多次，而有些则并没有得到更新。在一个较厚的含水层中，上部的地下水通常周转较快，下部的水体几乎是停滞的，实际很难将已更新地下水同未更新地下水严格区分开来。因此，地下水更新只是反映整个地下水系统中可扰动的部分，而且含水层中的附着水和结晶水在重力作用下也难更替。地下水更新周期可表示为

$$T = \frac{Q}{R} \tag{3-1}$$

式中　T——地下水系统更新周期，T；

Q——地下水系统中能够提供的地下水总储量，L^3；

R——单位时间内地下水系统获得的补给量，L^3/T。

（5）地下水年龄。从水分子进入地下水系统那一刻起（此刻起该水分子始称"地下水"），到研究时刻止（此刻该水分子仍在地下水系统中，即仍叫"地下水"）的这一段时间间隔，常用单位为年。这个年龄也叫作地下水绝对年龄，常用具体数字表示。

与地下水绝对年龄相对应，地下水相对年龄指不同地下水或不同时期的同一地下水年

龄值的相对大小，常用年轻或古老等定性词描述。

（6）地下水滞留时间。从水分子进入地下水系统那一刻起（此刻起该水分子始称"地下水"），到离开地下水系统那一刻止（此刻后其不再被称为"地下水"）的时间间隔，常用单位为年。

地下水年龄和地下水滞留时间概念示意图如图 3-1 所示。图中，沿流线 A-B-C 运动的地下水，其滞留时间都等于其从 A 点运动到 C 点所经历的时间。由此可以看出，地下水年龄、寿命预期和滞留时间之间存在着如下关系，即

$$a_R = a + a_E \qquad (3-2)$$

式中　　a_R——地下水滞留时间，T；

　　　　a——地下水年龄，T；

　　　　a_E——地下水寿命预期，T。

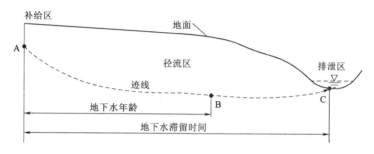

图 3-1　地下水年龄和地下水滞留时间概念示意图

如果将地下水年龄比作人的年龄，那么地下水滞留时间相当于人的寿命，而且和人的寿命只有一个一样，每个地下水分子的滞留时间也只有一个。地下水年龄与滞留时间之间的区别和联系，也同人的年龄和寿命之间的区别和联系一样。很显然，除了排泄点处的地下水，其他地下水的年龄与滞留时间都是不相等的。因此，地下水定年所得到的绝大多数是地下水年龄而不是地下水滞留时间。

3.2.2　影响因素

地下水的整个更新过程涉及地下水的补给、径流和排泄三个环节，这三个环节相互影响并彼此制约，最终共同对地下水的更新起到决定性影响。

为便于讨论，将影响地下水更新能力的因素分为气候、地理和地质三类（图 3-2）。

3.2.2.1　气候

1. 降水

大气降水是地下水最重要的补给来源，只有那些能够不断接受大气降水补给，且补给量能达到一定程度的地下水才具有可持续开发利用意义。

影响大气降水入渗补给的因素非常复杂，且各因素间存在着非线性关系，同时降水入渗系数存在明显的滞后和延迟效应。降水量、降水持续

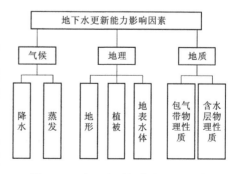

图 3-2　地下水更新能力影响因素

时间和降水强度等都会对地下水补给量产生影响，因此大气降水入渗补给量是一个受多因素综合影响的动态函数。已有许多学者提出了计算大气降水入渗补给量的方法，并研究了次降水入渗补给系数和各影响因素间的关系。

Margat等曾以降水量的多寡作为划分可更新地下水和不可更新地下水的依据（降水量小于300mm/年的地区的地下水是不可更新的；相反，则是可更新的）。虽然这种划分过分强调了大气降水的重要性而忽视了其他实际条件（因为很多含水层中的地下水缺少大气降水的补给，更重要的原因不在于大气降水少，而是含水层水力连通性差而使补给水难以传输），但大气降水对地下水更新能力影响的重要性却可见一斑。人们普遍认为，大气降水的主要来源是海洋的蒸发，而陆地水的主要排泄去向是海洋。

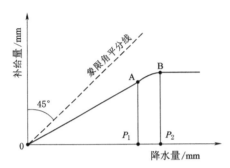

图3-3　大气降水量与地下水补给量之间的关系

大气降水量与地下水补给量之间也并非是简单的线性关系，即地下水补给量不会随着降水量的增加而持续增多，而是存在一个阈值（图3-3）。当降水量达到阈值后，降水量的增加将不再引起地下水补给量的增加。当降水量较少（小于P_1）时，降水能够及时渗入地下，若这时包气带条件有利于降水入渗，则这些水会最终补给到地下水（下渗过程中会有一部分蒸发掉），这种情况在干旱区（尤其是沙漠地区）较为常见；当降水量达到一定程度（$P_1 \sim P_2$）时，包气带水分逐渐增加会逐渐不利于降水的大量入渗，但总的来说入渗量还是随着降水量增加而增多的；而当降水量继续增加到一定程度（大于P_2），包气带透水能力将达到极限，在这种情况下降水量的增加只会导致地表径流（超渗产流）的增加，而不会导致入渗量的增加。

由于大气降水入渗补给地下水的过程又受地形和包气带等众多条件的影响，因此不同地区的降水量阈值会有不同。即使在同一地区，由于单次降水特征的不同，阈值（即图3-3中的P_1和P_2）也会各异，且很难确定。

因此，很难定量描述降水量与地下水更新能力之间的具体数量关系。

2. 蒸发

蒸发是地下水重要的排泄途径，为水源的补给提供了更多的储水空间。因此，蒸发对地下水更新能力也有重要影响，具体表现为蒸发作用越强烈，就越有利于地下水的排泄，进而越有利于地下水的更新。

影响潜水蒸发的因素包括气候、潜水埋藏深度和包气带岩性等。气候越干燥，相对湿度越小，潜水的蒸发越强烈。潜水埋藏深度越浅，蒸发越强烈。包气带岩性主要通过对毛细上升高度和速度的控制来影响潜水的蒸发，其中：砂的最大毛细上升高度太小，而亚黏土和黏土的毛细上升速度又太慢，均不利于潜水蒸发；粉质亚砂土和粉砂等组成的包气带，毛细上升高度大，且毛细上升速度较快，故潜水蒸发最为强烈。

3.2.2.2　地理

大气降水对地下水的补给属于面状补给，影响该补给过程的因素很多。在一定气候条件下，有多少大气降水能够通过入渗过程补给到达地下水面，取决于地形、下垫面和包气带等诸多因素，而且，地理因素对地下水的径流和排泄过程也有重要影响。因此，地理因素与地下水更新之间存在密切的关系。

1. 地形

地形对地下水更新过程的影响具有双重作用：一方面，较缓的地形有利于大气降水和地表水入渗补给地下水，即有利于地下水补给，进而促进地下水的更新；另一方面，较缓的地形却不利于地下水的径流和排泄，从而限制了地下水的更新。因此，地形与地下水更新能力之间不是简单的线性和单调关系，需要视具体情况而定。

2. 植被

地表植被同时影响降水入渗和地下水蒸发，因此对地下水更新能力也有重要影响。

森林和草地一方面会阻止大气降水降落到地表，从而削减大气降水入渗补给量；另一方面也可滞留地表坡流与保护土壤结构，而这些又都有利于降水入渗。另外，浓密的植被，尤其是农作物，以蒸腾的方式强烈消耗包气带水和浅层地下水会造成大量水分亏缺，从而为地下水接受补给提供空间，即有利于地下水的更新。由此可见，地表植被对地下水更新能力的影响也具有双重作用，而不是简单的单调关系。

3. 地表水体

地表水体经常是地下水的重要补给来源，而且有相当一部分大气降水也会经由地表水间接补给地下水，因此地表水体对地下水更新能力也有重要影响。河水补给地下水时，补给量的大小取决于透水河床的长度与浸水周界（相当于过水断面）的乘积、河床透水性（渗透系数）、河水位与地下水位的高差（水力梯度），以及河床过水时间等。当地下水的侧向径流很强烈，而河床透水性相对较差时，即使地表有常年有水的河流，也可以发生非饱和渗漏补给，水丘始终处于河床下一定深度，潜水位与河水位并不相连。

3.2.2.3 地质

地质因素对地下水的补径排均产生重要影响，从而成为影响地下水更新能力的重要因素。包气带是地下水接受补给的通道，因此这个通道的过水能力就成为影响地下水补给量的主要因素，可以称为地下水接受补给的"咽喉"或"瓶颈"。而含水层不但是地下水的储存场所，也是其流动载体，因此含水层的储水能力和导水能力均是影响地下水更新能力的重要因素。

1. 包气带物理性质

包气带物理性质主要包括空隙度、导水能力、含水率和厚度等。对于包气带对大气降水入渗补给地下水的影响问题，很多学者都做过相关理论分析和试验研究，并得到了许多重要认识：①包气带空隙度越大，越有利于水的入渗，对地下水的补给更新也就越有利；②渗透性越好，越有利于降水和地表水的入渗补给；③含水率越高，越不利于水的下渗；④厚度越大，入渗时间越长，降水对地下水的补给就越滞后，使有限时间内地下水获取的入渗补给量越小，但从多年均衡考虑，厚度的影响不是逐渐累加的，而是多年相互抵消的，因此总体上看影响是有限的。包气带厚度较大（大于潜水蒸发极限深度）时，其厚度增加对入渗速率影响较弱，但对入渗时间和有限时间内补给量的影响较大。包气带厚度越大，入渗径流越长，通过零通量面的水分全部入渗补给地下水所需的时间越长，有限时间内地下水获得的入渗补给量也越小。但如果包气带厚度过小，则潜水埋深也过浅，这种情况下毛细饱和带会到达地面，也不利于降水和地表水的入渗。

2. 含水层物理性质

在其他条件相同的情况下，含水层物理性质越有利于地下水的流动，即透水性越好，则地下水的更新能力就越强，反之则越弱。而根据达西定律，地下水流动的快慢取决于水力梯度和渗透系数。因此，含水层的渗透系数是影响地下水更新能力的一个重要因素。

地下水径流路径对其更新能力也有重要影响，在其他条件相同的情况下，径流路径越短，则地下水完成一次更新所经历的时间也越短，地下水更新能力也就越强，反之则越弱。因此，从整个地下水系统来看，同一地下水系统中不同地下水径流路径上地下水的更新能力也各异。一般来讲局域地下水的更新能力强于区域的，而区域的又强于流域的。

另外，降水和地表水的入渗补给是浅层地下水的主要补给来源，而深层地下水的补给来源主要是侧向径流和浅层地下水的越流。隔水层分布不稳定时，在其缺失部位的相邻含水层之间通过"天窗"发生水力联系；在隔水层比较稳定的基岩中，松散沉积物和基岩都有可能存在透水的"天窗"。因此，切穿隔水层的导水断层往往成为基岩含水层之间的联系通道。而且相邻含水层之间的水头差越大，弱透水层厚度越小且其垂向透水性越好，则单位面积单位时间内的流量越大，因此也越有利于深层地下水的更新。

3.2.2.4　影响因素间的相互关系

在地下水的补径排三个环节中，补给和排泄过程直接与其他水体之间发生水力联系，

图 3-4　水循环与地下水更新
过程之间的关系

具体表现为水圈中其他水体中的水通过地下水补给过程进入地下水系统，地下水系统的水通过地下水排泄作用又离开地下水系统而进入水圈中其他水体（图3-4）。地下水的补径排过程并非彼此孤立，而是存在相互制约关系，且影响其中某个过程的因素，也会影响到其他过程，如地形对地下水的补径排均产生影响。更重要的是，气候因素、地理因素和地质因素三者之间也并非相互独立。因此，识别各影响因素对整个地下水更新过程的影响机理，对选定合理的地下水更新能力评价指标至关重要。

大气降水为陆地提供水源，包气带为这些水源渗入到达地下水面提供通道，而适宜的水文地质条件为到达地下水面的水的纵深和水平传输提供必要的条件。大气降水和包气带条件都受到地理条件的影响。一般情况下，干旱半干旱地区地下水的补给更新主要受气候条件的制约，而湿润地区地下水的补给更新主要受水文地质条件的制约。

3.2.3　评价方法及适用条件

3.2.3.1　指标体系法

指标体系法是围绕影响地下水更新能力的因素建立的一套地下水更新能力评价指标体系，对各项影响指标的权重评价和赋值，最终加权而得到地下水更新能力。基于GIS技

术的地下水更新能力多指标综合评价模型的具体建模步骤如下：

第一步：依据一定的指标选取原则，以地下水更新能力的评价目的为导向，围绕地下水更新能力的影响因素，建立一套适宜的地下水更新能力评价指标体系，结合北京市平原区水文地质条件应用 GIS 将筛选和提取出的评价指标数字化，制作专题图。

第二步：根据各指标的相对重要性确定权重。本书选用层次分析法确定各指标的权重。

第三步：通过对专题数据进行标准化和量化处理，采用加权求和的方法来实现地下水更新能力的定量化评价。加权求和式为

$$GWRI = \sum_{j=1}^{m} \sum_{i=1}^{n} (W_j X_i) \qquad (3-3)$$

式中　$GWRI$——地下水更新能力综合评价值；

　　　X_i——评价指标中第 i 个类别的标准化值；

　　　W_j——第 j 个指标的权重值；

　　　n——评价指标对应的类别数；

　　　m——评价指标的个数。

计算采用 ARCGIS 软件。按照合适的网格大小生成栅格图层，将生成的栅格图层重新分类实现标准化，按照式（3-3）进行空间叠加分析。

1. 指标选取的原则

地下水更新能力评价指标的选取主要考虑影响更新能力的因素。地下水更新能力的影响因素很多，各因素的数据来源不同，对地下水更新能力的影响程度不同，且相互之间又可能存在联系。为了能客观地评价地下水更新能力，评价指标的选取遵循以下原则。

（1）科学性。地下水更新能力的评价按地下水系统进行，选取的指标应有具体清晰的概念和科学意义，所选指标必须与地下水更新能力密切相关，能客观真实地反映地下水更新能力。

（2）完整性。应尽可能将影响地下水更新能力的因素都纳入到评价指标体系中，使评价结果具有较好的客观性和较高的可靠性。

（3）主导性。评价指标不宜过多，指标越多评价的工作量越大，所消耗的人力、物力和财力就越多，技术要求也越高。因此指标体系的建立需在充分研究地下水更新能力各影响因素关联度的基础上，选择主导因子，保持指标间相对独立，避免相互重叠和相互关联等问题。

（4）可操作性。所选取的指标应能够通过可靠的计算方法或较为简单的统计手段获取，尽量不用难以量化的指标。同时，为了能确定统一的评价标准，对各地区地下水更新能力进行比较，所选指标应该具有可比性。应考虑具体情况，保证所选指标的相关资料易获取。

（5）敏感性。地下水更新能力评价的目的是要区别各地区地下水更新速率的快慢，分析影响地下水更新能力的因素，为保障地下水供水安全和实施地下水污染防控提供科学依据，评价指标须与地下水更新能力直接相关，且其值的变化应该能引起地下水更新能力发生相应变化。

2. 指标的确定与量化

地下水更新能力的影响因素包括气候因素、地理因素和地质因素三类。其中气候因素主要指降水和蒸发，地理因素主要指地形、植被和地表水体，地质因素主要指包气带物理性质和含水层物理性质。

这些因素虽然基本上涵盖了影响地下水更新能力的各个方面，但不能全部作为地下水更新能力的评价指标。其原因如下：

（1）各因素与地下水更新能力不是呈简单的正相关或负相关关系，即与地下水更新能力不是单调函数关系，如地形、植被和包气带厚度等，其指标值达到多少对地下水的更新是否有利要视具体情况而定。

（2）在不同的自然地理背景和水文地质条件下，地下水更新能力的决定因素不同，如在平原区，地形的影响有时可以忽略不计，又如潜水含水层和承压含水层地下水的主要补给来源不同，潜水含水层主要受大气降水的补给，而承压含水层主要受侧向补给和越流补给。

（3）地下水更新能力不是静止不变的，而是随时间变化的，且强烈的人类活动将改变地下水的入渗通道，加快地下水的径流速度，使地下水的天然流场发生变化。

因此，地下水更新能力指标的选取需因地制宜，并同时考虑时间变化，尽可能体现地下水更新能力的主控因素，同时避开双向相关因素。

3. 指标体系法的适用条件

指标体系法宏观评价地下水更新能力，反映区域内更新能力的相对强弱，缺点在于指标体系法可操作性较差，且评价结果不比单个参数作为评价指标时更具有说服力。

3.2.3.2　同位素分析法（定年法）

以岩石内各种寿命的同位素经衰变后形成的新物质在地下水中的数量来判断地下水所经历的时间，进而来确定地下水年龄；或以宇宙成因的短寿命同位素随大气降水渗入地下，经衰变后减少的数量判断地下水所经历的时间，进而确定地下水年龄。

研究表明，如氢、氧、碳、氮和硫等同位素，作为示踪剂用于研究水文过程、生物地球化学过程，以及水和溶质的滞留时间等有着十分重要的作用。其基本原理为，地下水中（包括水分子本身和溶质）的化学元素（包括同位素）通常是随时间和空间（尤其是沿补径排路径）变化的，因此可根据地下水中某种或某些化学元素的时空变化特征建立地下水流模型，来反演地下水流动过程，并由元素含量的前后变化求得地下水年龄。

考虑到地下水滞留时间尺度、目前各同位素定年法的定年范围，以及人类寿命和人类社会存在的时间尺度，一些学者将地下水定年法分为年轻（60年以内）地下水定年法、古老（60～5万年）地下水定年法和非常古老（5万～100万年尺度）地下水定年法三类。地下水示踪定年法分类如图3-5所示。

1. 同位素分析法的优点

同位素分析法作为目前地下水研究中的一种常用方法，有以下突出优点：

（1）在缺乏地下水长期观测资料的情况下，可以弥补资料缺乏的不足，比较便捷。

（2）由该法获得的地下水年龄等信息可以用来进一步率定含水层的相关参数，如渗透系数、径流路径、流速和表示补给和排泄的参数等，也可以用于校正数值模型。

（3）同位素定年方法是反映地下水运动经历的时间，直观反映地下水更新快慢，能较好地反映出区域与局部地下水流动系统的特征，尤其是地下水年龄分布可以较好地反映区域地下水流动模式和对人类活动干扰的响应情况。

2. 同位素分析法的局限性

同位素分析法在对地下水定年时也存在不少局限性：

（1）由于地下水的混合作用在自然界几乎不可避免，因此用于定年的地下水都是不同年龄的地下水混合在一起的混合水。地下水在事实上并不具有一个离散的且唯一的年龄值，而只能是年龄分布。尽管截至目前人们已经发展了针对不同混合情况的地下水混合模型，但由于地下水混合过程的复杂性和不可见性，这些模型尚需改进。

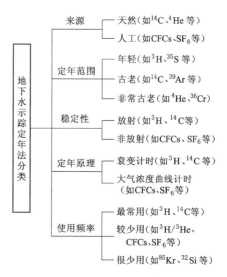

图 3-5 地下水示踪定年法分类

（2）无论人的主观判断，还是野外实际操作，都很难保证按上下游位置关系设计的采样点在同一流线，甚至是同一径流层上，因此用这些采样点信息（多为地下水年龄或地下水滞留时间）建立起的地下水流场和径流模式模型的可靠性就不可避免地受到该影响因素的困扰。

（3）该方法的理论依据是地下水中某种（或某些）核素（包括元素和同位素）在地下水中迁移时呈现出的随时间变化的某种规律，而在人类活动（尤其是开采地下水，还有污染）的影响下，地下水天然流场或/和其中一些目标核素的浓度和迁移规律已不同程度地发生改变，因而据该法建立的地下水流场模型的可靠性备受质疑。

（4）同位素分析法往往只是通过建立一个简单的模型来求解，中间包括了对水流和溶质运移等一些重要自然过程的简化，这很可能会导致对一些现象的解释不准确。

3.2.3.3 水均衡法

地下水更新速率指的是单位时间内地下水系统接受的补给量占地下水系统中能够提供的地下水总储量的比例，因此，地下水更新速率评价其实是计算地下水系统补给量与储量。

地下水总储量可以通过公式计算求得。其中，潜水含水层和承压含水层中低于隔水顶板部分的地下水的体积称为容积储存量，其计算公式为

$$W_1 = \mu V = \sum_{i=1}^{n} \mu_i F_i H_i \qquad (3-4)$$

承压含水层中除了容积储存量，还有弹性储存量，其计算公式为

$$W_2 = \sum_{j=1}^{m} \mu_j^* F_j h_j \qquad (3-5)$$

式中　W_1、W_2——地下水容积储存量和弹性储存量，m^3；

　　　　μ——含水层的给水度，无量纲；

　　　　V——含水层的体积，m^3；

μ_i——第 i 层含水层的给水度；

F_i——第 i 层含水层的分布面积，m^2；

H_i——第 i 层含水层的厚度，m；

μ_j^*——第 j 层承压含水层的贮水（或释水）系数，无量纲；

F_j——第 j 层承压含水层的面积，m^2；

h_j——第 j 层承压含水层中自其顶板算起的压力水头高度，m。

地下水补给量主要包括大气降水垂向入渗补给量、山区侧向径流补给量、地表水体渗漏补给量、农业灌溉回归量、人工回灌补给量等，一般采用水均衡法计算。

水均衡法原理简单，所需资料容易获取，且不需考虑水经过包气带时的运移机制而只需注重结果，即地下水位的升降，因此其应用广泛。另外，由于一个观测井的水位一般可以代表其所在地周围一定范围内的地下水位情况，因此该法可以被看成是一种综合法。应用水均衡法时要求：①地下水系统的补给、排泄边界比较清楚；②补给与排泄的各项变量能够通过测量和定量分析计算得到；③评价区域大气降水、孔隙水和水位动态资料数据必须能够满足计算和评价精度要求。

水均衡法也存在明显的局限性：

（1）该法计算结果的可靠性极大程度上取决于地下水位等相关信息的可靠性，而且受给水度和贮水系数等表示含水层储水能力的参数的准确性的影响，由于目前技术条件的限制，无论是获得的地下水位信息（如水位图）还是含水介质参数信息，都存在较大的不确定性，从而使计算结果也带有较大不确定性。

（2）该法要求有比较丰富（包括时间和空间分布）的水位资料和含水层参数资料（主要为给水度和贮水系数等的三维空间分布），这在实际研究中有时难以满足。

3.2.3.4　数值法

用数值法定量估算地下水的运移时间和地下水年龄已有几十年的历史，这种方法在大型沉积盆地非常古老的地下水和浅层含水层中的年轻地下水研究中都有应用。近些年来，随着环境问题的日益严重、更加先进的数值模拟方法的发展和更多的年轻地下水定年法的出现，地下水定年研究主要集中在年轻地下水污染问题和地下水与地表水的相互作用问题等方面。

地下水数值法是利用有限差、有限元和积分有限差等理论，根据地下水的补给和排泄条件，计算地下水位和水量随时间的变化，再根据地下水更新能力的定义来评价地下水更新能力。用数值法解决地下水实际问题，在国内外已有 50 年的历史，积累了丰富的成果并对生产实践起到了重要的指导作用，截至目前已成为应用最为广泛的地下水研究手段之一。该法的最大优点为：在模拟地下水流系统对外部影响因素的响应，以及预测未来气候变化和人类活动影响条件下地下水流动系统的变化过程时，具有其他方法不可比拟的优势。

由于地下水的运动依赖于所赋存的地下多孔介质系统，具有相对的隐蔽性和不可见性，因此对复杂地下水系统的认知具有较大难度，这就使数值法存在一些局限性，最主要表现为，数值模型只是定量刻画地下水系统变化过程的工具，模拟结果的合理性和可靠性除了方法本身，从根本上取决于对水文地质概念模型概化（如对含水层结构、水文地质参数、边界条件和补排条件等的识别）的合理性，从而使模型用于预测时的可信度受到一定影响。

3.3 地下水更新能力评价结果及应用

3.3.1 评价结果
3.3.1.1 指标体系法

1. 评价指标

北京市平原区第四系地层受沉积作用的影响，冲洪积扇顶部地区为单一的砂卵砾石层，冲洪积扇中下部及冲洪积平原地区，地层沉积以砂、砂砾石、黏性土层相互交错出现。据统计，北京潜水的补给来源主要是大气降水入渗补给，其次是山区侧向补给、农田灌溉补给、河水入渗补给、渠系和城市管网渗漏补给和人工回灌补给。其中大气降水入渗补给量占总补给量的 47.9%，山区侧向补给占 24.8%，河水入渗补给占 11.2%。可见，北京市平原区潜水的更新关键在于大气降水入渗补给、山前侧向补给和河水的入渗。大气降水入渗补给可用降水量和降水入渗系数来综合反映，山前侧向补给可用水力梯度和渗透系数来反映，而河水入渗则用河流密度来确定。因此，潜水更新能力评价指标为降水量、降水入渗系数、水力梯度、渗透系数和河流密度。

与潜水不同，承压含水层埋藏在地面以下一定深处，其上存在隔水顶板。隔水顶板透水性较差，承压水的补给来源包括侧向补给，也包括垂向上潜水对承压水的渗透补给。承压水的更新能力评价指标围绕影响承压水侧向补给和垂向越流补给的因素来确定。对侧向补给来说，和潜水一样，水力梯度和含水层渗透系数依然是两个重要指标。而对于上部潜水的越流补给来说，弱透水层的渗透系数、厚度以及与潜水的水头差成为越流补给量的控制因子。弱透水层的渗透系数越大，厚度越小，与潜水的水头差越大，越流补给量就越大。因此，承压水更新能力评价指标为弱透水层的厚度、水力梯度和含水层渗透系数。

（1）降水量。降水是地下水的主要补给来源，降水量的多少是决定其更新能力强弱的主要因素之一。选择 1956—2000 年多年平均降水量分布作为自然条件和 2000 年作为开采条件下的降水量指标值（图 3-6），用 2008 年降水量分布作为 2008 年开采条件的降水量指标值（图 3-7）。

其中，1956—2000 年北京市平原区多年平均降水量分为 550mm 以下、550～600mm、600～650mm、650～700mm、700～750mm 5 个级别，最大降水量集中在北部冲洪积扇的扇顶，最小降水量集中在东南部冲洪积扇的扇缘。而 2008 年北京市平原区降水量可分为 400～500mm、500～600mm、600～700mm、700～800mm、800～900mm、900～1000mm 6 个级别，最大和最小降水量的分布与 1956—2000 年多年平均降水量的分布一致，但降水量有所增大。

（2）降水入渗系数。选择降水入渗系数作为表征潜水含水层接受大气降水的主要因子。降水入渗系数集中反映了地形、植被、包气带岩性和厚度等多个指标信息，且能反映人类对土地利用的信息，避免了指标与地下水更新能力不呈单调函数关系的问题，也避免了多指标相互之间存在关联的问题。

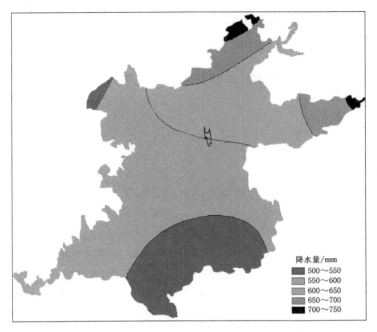

图3-6 平原区多年平均降水量分布示意图

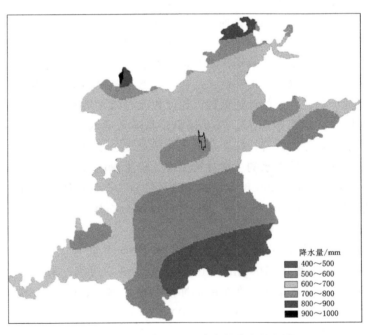

图3-7 2008年平原区降水量分布示意图

随着人类活动的影响，降水入渗系数也是在不断发生变化。受资料所限，选择中荷合作项目"中国地下水信息中心能力建设"中的北京市平原区降水入渗系数图（北京市地质环境监测总站，2005）统一作为天然状态下以及2000年和2008年开采条件下的地下水更新能力降水入渗系数指标值。

北京市平原区降水入渗系数可分为 6 个级别，系数分别是 0.07～0.15、0.15～0.25、0.25～0.35、0.35～0.45、0.45～0.55 和 0.55～0.65，如图 3-8 所示。

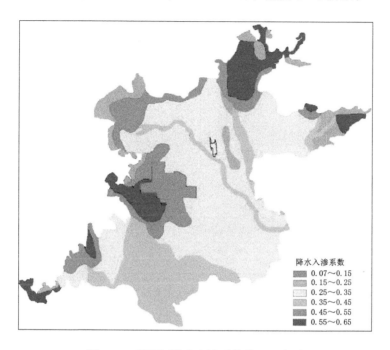

降水入渗系数
- 0.07～0.15
- 0.15～0.25
- 0.25～0.35
- 0.35～0.45
- 0.45～0.55
- 0.55～0.65

图 3-8 平原区降水入渗系数分区示意图

（3）水力梯度。水力梯度越大，地下水径流速度越快，水动力条件越好，地下水的更新能力越强。为了便于地下水更新能力的综合评价计算，并直观反映人类开采对地下水流场的影响，类比地形坡度的概念，认为某一点的地下水水力梯度是过该点的地下水切平面与水平面的夹角，通过 ARCGIS 软件的坡度提取功能，基于地下水位图制作地下水的水力梯度图。

北京市平原区地下水位在 20 世纪 60 年代之前基本呈天然状态，因此将 1965 年的地下水更新能力作为天然更新能力，其水力梯度指标值 5 个级别为 0～0.5‰、0.5‰～0.8‰、0.8‰～1.1‰、1.1‰～1.8‰ 和 1.8‰～2.7‰，如图 3-9 所示。

而 2000 年和 2008 年平原区潜水水力梯度示意图如图 3-10、图 3-11 所示。

为了便于不同条件地下水更新能力的比较，将其分类标准统一为天然条件下的分级，即 0.5‰ 以下、0.5‰～0.8‰、0.8‰～1.1‰、1.1‰～1.8‰ 和 1.8‰ 以上 5 个级别。

（4）渗透系数。在地下水的侧向补给速率计算中，含水层渗透系数是与水力梯度同等重要的参数。同等条件下，含水层渗透系数越大，地下水的径流速度越快，地下水的更新能力越强。但是与其他参数不同的是，含水层的渗透系数基本不随时间变化。对天然状态下以及 2000 年和 2008 年开采条件下的地下水更新能力评价采用统一的含水层渗透系数值，划分为 5 个级别，分别是 10m/d 以下、10～25m/d、25～30m/d、30～50m/d 和 50～80m/d，如图 3-12 所示。

（5）河流密度。河流密度是指单位流域面积上河流的总长度，反映水系分布的密

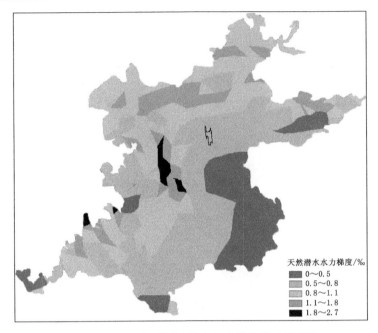

图 3-9   1965 年平原区潜水水力梯度分区示意图

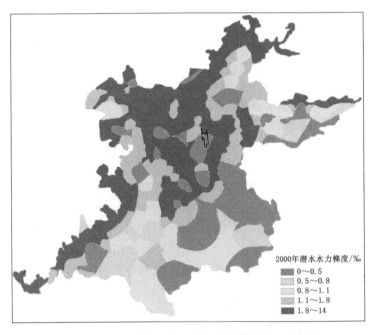

图 3-10   2000 年平原区潜水水力梯度分区示意图

度。河流密度越大,地下水的地表水体补给源越多,地下水更新能力就越大。根据北京市平原区潜水的补给量计算,北京市平原区的多年平均河水入渗量为 3.10 亿 m³,占潜水总补给量的 11.2%,因此在北京市平原区,河水入渗是其潜水更新能力评价的一个重要因素。

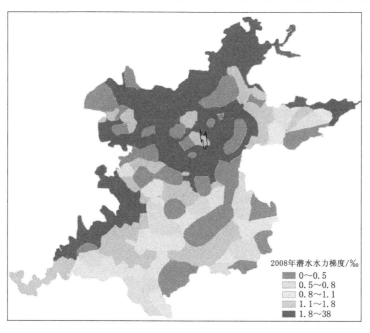

图 3-11 2008 年平原区潜水水力梯度分区示意图

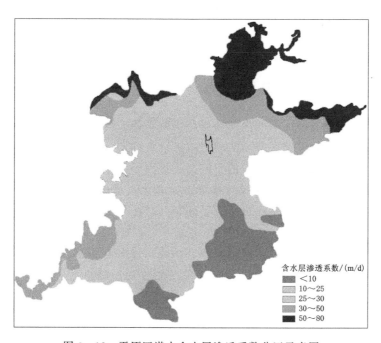

图 3-12 平原区潜水含水层渗透系数分区示意图

严格来说，河流密度是一个动态的变量。不同的气候条件下，不同的人类开发利用条件下，河流的密度不同，但是有关北京市平原区河流密度的动态变化分析不多，不同年份下的河流密度图更是少有研究，因此将选用 SRTM 地形数据，提取北京市平原区水系。由 ARCGIS 软件制成河流密度图，如图 3-13 所示。

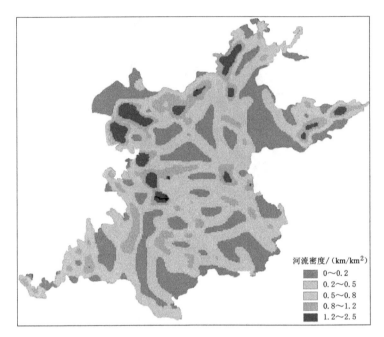

图 3 - 13 平原区河流密度分区示意图

2. 评价指标数据的标准化

考虑到各指标数据的性质不同，量纲各异，不能直接进行数据叠加，需要按照一定的标准分级归并，根据各级别对地下水更新能力的贡献程度大小，从低到高赋予相应的分值。

由于分级只能体现参评因子的内部差异，仍然不便于各个因子间的相互比较，因此还需要根据不同参评因子的等级区分，实现统一标准下的定量化表达，使其在参与多因子综合分析计算时，不至于因其分级数量的不同而失去因子要素间的公平与合理性。因此做如下规定：无论因子内容划分为多少级，其整体标准化定量值均居于 0～100。这样，避免了原始数据绝对值差异较大而无法进行因子间相互对比与综合分析的困难，也避免了分级数量不等带来的麻烦。

对于降水量、降水入渗系数、渗透系数、河流密度和水力梯度这 5 个正向评价指标，其标准化量化公式为

$$X_i = \frac{S_i - S_{\min}}{S_{\max} - S_{\min}} \times 100 \qquad (3-6)$$

式中 X_i——评价指标第 i 等级的评分值；

    S_i——该指标在第 i 等级的实际值；

  $S_{\min}$——该指标在所有等级中的实际最小值；

  $S_{\max}$——该指标在所有等级中的实际最大值。

按照以上公式可得到天然条件下更新能力评价指标标准化值，见表 3 - 1。

表 3-1 天然条件下更新能力评价指标标准化值

评价指标	指标分级值	标准化值	评价指标	指标分级值	标准化值
降水量/mm	500~550	0	水力梯度/‰	0.8~1.1	27
	550~600	25		1.1~1.8	59
	600~650	50		>1.8	100
	650~700	75	渗透系数/(m/d)	<10	0
	700~750	100		10~25	21
降水入渗系数（无量纲）	0.07~0.15	0		25~30	29
	0.15~0.25	25		35~50	57
	0.25~0.35	43		50~80	100
	0.35~0.45	62	河流密度/(km/km^2)	0~0.2	0
	0.45~0.55	81		0.2~0.5	13
	0.55~0.65	100		0.5~0.8	26
水力梯度/‰	<0.5	0		0.8~1.2	43
	0.5~0.8	14		1.2~2.5	100

3. 评价指标权重的确定

由于地下水更新能力评价指标对评价结果的重要程度不同，数据来源不同，其评价指标不能一概而论，结果不能直接叠加，需根据具体情况赋以权重，确保评价结果准确，具有指导性，因此，权重的确定非常重要。

层次分析法（AHP）用系统的观点将问题系统化和模型化，适合应用于地下水可更新能力评价这类相互联系并制约的多因素复杂问题。本书采用层次分析法确定权重，将评价的各指标按其关联隶属关系建立递阶层次结构模型，构造两两比较的判断矩阵，即

$$T = \begin{bmatrix} 5.5/5.5 & 5.5/5.0 & 5.5/4.5 & 5.5/4.5 & 5.5/4.0 \\ 5.0/5.5 & 5.0/5.0 & 5.0/4.5 & 5.0/4.5 & 5.0/4.0 \\ 4.5/5.5 & 4.5/5.0 & 4.5/4.5 & 4.5/4.5 & 4.5/4.0 \\ 4.5/5.5 & 4.5/5.0 & 4.5/4.5 & 4.5/4.5 & 4.5/4.0 \\ 4.0/5.5 & 4.0/5.0 & 4.0/4.5 & 4.0/4.5 & 4.0/4.0 \end{bmatrix} \qquad (3-7)$$

据此求出各指标权重并检验和修正判断矩阵的一致性。具体步骤如下：

（1）建立判断矩阵。采用层次分析法对指标体系中的各指标赋予权重。根据 9/9-9/1 标度值体系，如果指标 i 比指标 j 一样、稍微、明显、强烈、极端重要，则分别给予矩阵表格中 C_{ij} 位置 1、3、5、7、9 的分值，介于上述相邻两级之间重要程度分别给予 2、4、6、8 的分值。反之，如果指标 j 比指标 i 一样、稍显次要、明显次要、强烈次要、极端次要，则分别给予矩阵表格中 C_{ji} 位置 1、1/3、1/5、1/7、1/9 的分值，介于两级之间分别给予 1/2、1/4、1/6、1/8 的分值。

该标度值体系的重要程度分值相差较大，导致所计算出来的权重分配距离拉大，形成某几个权重大的指标主导性太强，失去了其他指标的意义。本书将在 9/9-9/1 标度值体系的基础上，增加 0.5 的小数标度（如 4.5/5、5/3.5 等），以提高标度的灵活性，并使评

价的结果更加合理有效。

在潜水更新能力的评价中，作为地下水更新能力根本动力的大气降水入渗、山区侧向入渗和河水补给分别占其补给量的 47.9%、24.8% 和 11.2%。大气降水入渗的指标最重要，山区侧向入渗的指标较重要，河水补给的指标一般重要。其中在大气降水入渗的指标中，降水量是决定性因素，因此要比降水入渗系数的重要性大，而在山区侧向入渗补给的指标中，水力梯度和含水层渗透系数共同决定地下水的径流速度，其重要性应该是一致的。

综上所述，对于潜水来说，其更新能力评价指标的重要性排序为降水量、降水入渗系数、水力梯度、渗透系数和河流密度，各指标重要程度见表 3-2。

表 3-2　　　　　　　潜水更新能力评价指标的重要程度

指　　　标	重要程度	指　　　标	重要程度
降水量	5.5	渗透系数	4.5
降水入渗系数	5.0	河流密度	4.0
水力梯度	4.5		

（2）计算权重。将评判矩阵按行相乘得到一列向量，每个向量开 n 次方，所得即是权向量，即

$$w_i = \frac{\left(\prod_{j=1}^{n} a_{i,j}\right)^{\frac{1}{n}}}{\sum_{k=1}^{n}\left(\prod_{j=1}^{n} a_{k,j}\right)^{\frac{1}{n}}} \tag{3-8}$$

其中 $i=1$，2，$\cdots$，n。

为了使矩阵具有满意的一致性，需进行一致性检验，即通过相容比（CR）指标检验比较矩阵的相容性（一致性），见表 3-3。

其中

$$CR = CI/RI \tag{3-9}$$

式中　CI——相容指数；

　　　RI——随机指数。

表 3-3　　　　　　　平均随机一致性指标 RI（1000 次随机结果）

阶数	1	2	3	4	5	6	7	8	9	10
RI	0.00	0.00	0.58	0.90	1.12	1.24	1.32	1.41	1.45	1.49

相容指数 CI 定义为

$$CI = \frac{\lambda_{\max} - n}{n - 1} \tag{3-10}$$

$$\lambda_{\max} = \frac{1}{n} \sum_{i=1}^{n} \frac{(AW)_i}{w_i} \tag{3-11}$$

式中　RI——随机生成的比较矩阵的 CI 的平均值（可查表 3-3）；

　　　$\lambda_{\max}$——最大特征根。

若 CR 值大于 0.10，则意味着结果是不可信的；若 CR 值小于或等于 0.10 被认为是可以接受的。按照上述方法，可得到潜水更新能力评价指标判别矩阵，见表 3-4，其中 λ_{max} 值为 5，CR 值等于 0 且小于 0.1。

表 3-4　　　　　　　　　　　潜水更新能力评价指标判别矩阵

指标	降水量	降水入渗系数	水力梯度	渗透系数	河流密度	权重
降水量	5.5/5.5	5.5/5	5.5/4.5	5.5/4.0	5.5/4.0	0.23
降水入渗系数	5.0/5.5	5.0/5	5.0/4.5	5.0/4.0	5.0/4.0	0.21
水力梯度	4.5/5.5	4.5/5	4.5/4.5	4.5/4.0	4.5/4.0	0.19
渗透系数	4.5/5.5	4.5/5	4.5/4.5	4.5/4.0	4.5/4.0	0.19
河流密度	4.0/5.5	4.0/5	4.0/4.5	4.0/4.0	4.0/4.0	0.17

4. 评价结果

应用 ARCGIS 对各数字化的图层进行栅格转换，重分类赋以标准化值，最终进行空间叠加，并按照天然条件下的分类统一划分等级（表 3-5），得到平原区潜水天然状态下以及 2000 年和 2008 年开采条件下的更新能力综合评价图（图 3-14～图 3-16）。

表 3-5　　　　　　　　　　　平原区地下水更新能力等级划分

指标化值/分	81～100	61～80	41～60	21～40	0～20
更新能力等级	好	较好	一般	较差	差

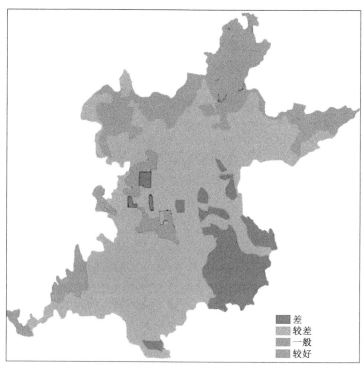

图 3-14　1965 年平原区潜水更新能力分区示意图

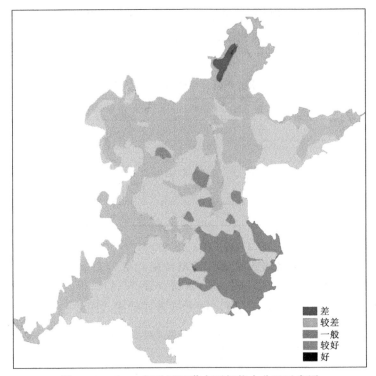

图 3-15 2000 年平原区潜水更新能力分区示意图

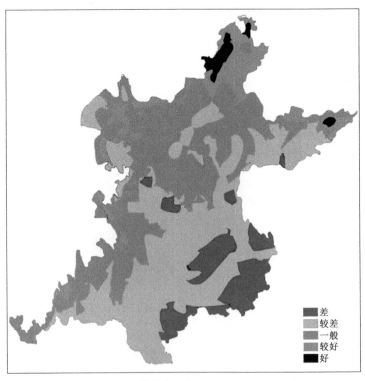

图 3-16 2008 年平原区潜水更新能力分区示意图

同时，将不同条件下的地下水更新能力评价结果进行面积统计，结果见表3-6，并据此绘制北京市平原区潜水及承压水更新能力评价结果面积统计图，如图3-17、图3-18所示。

表 3-6　　　　　　北京市平原区地下水更新能力评价结果面积统计

等级	面积所占比例/%					
	潜　水			承　压　水		
	1965 年	2000 年	2008 年	1965 年	2000 年	2008 年
好	0.00	0.75	1.38	0.36	14.19	13.29
较好	3.12	6.47	8.35	13.52	22.99	22.89
一般	17.65	33.85	35.53	64.37	42.39	48.01
较差	67.19	46.58	43.30	19.91	19.94	14.72
差	12.04	12.35	11.44	1.84	0.49	1.10

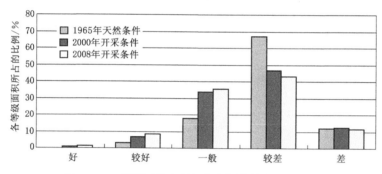

图 3-17　平原区潜水更新能力评价结果面积统计

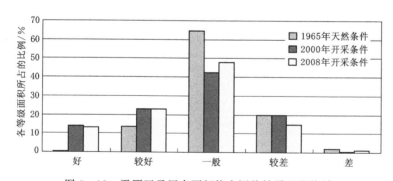

图 3-18　平原区承压水更新能力评价结果面积统计

由图3-14～图3-16可见，不同条件下的北京市平原区潜水更新能力在潮白河、永定河和拒马河冲洪积扇的顶部都是最强的。结合指标值可知，该地区降水量、降水入渗系数、水力梯度、渗透系数和河流密度都是最大的，故其地下水更新能力也是最大的。相比之下，在潮白河和永定河冲洪积扇的扇缘部分、潮白河流域西部和北京市中心部分地区潜水更新能力最差。这是因为冲洪积扇下部降水量最少，渗透系数和水力梯度最小，再加上河流较少，所以其更新能力差。而潮白河流域的西部主要受降水量影响，北京市中心部分地区随着城市的不断发展，路面硬化导致降水入渗系数减小，在一定程度上限制了其潜水更新能力。总体上来看，北京市平原区潜水更新能力基本上会沿着冲洪积扇从上到下逐渐减弱。若从表 3-6 不同开采条件下潜水更新能力评价结果的面积比较来看，2008 年、2000 年、1965 年的潜水更新能力依次减弱，这与地下水井采程度增大有很大关系，此外还与 2008 年的降水量多于 1956—2000 年的多年平均降水量有关。可见，人类活动对地下水更新能力造成了很大的影响：地下水开采程度越大，地下水更新能力就会越强。

　　从供水安全的角度考虑，该指标体系得到的地下水更新能力综合评分可以反映地下水开发利用后新水补给地下水的快慢，即评分越高，新水补给的速度越快，可持续开采的能力越强。在可视为天然条件的 1965 年，从冲积扇的扇顶到扇缘，地下水的恢复速度逐渐减慢。但是在人类活动频繁，地下水供水强度增大的 2000 年和 2008 年，朝阳靠近中心城区的承压水因被大量开采加速了其侧向补给，从而成为更新速度较快的地区。结合当地的开采情况，这种靠超采增大的更新能力不代表该区供水就安全了，它需要根据不同地区地下水补给强度与开采量的比较来进一步补充说明，因此后续章节中对地下水更新能力的定量评价显得更为重要。

3.3.1.2　同位素分析法

1. 浅层地下水

　　结合已有研究成果和本书测得的地下水中的 ^3H 数据，得到平原区浅层地下水年龄分布示意图（图 3-19）。

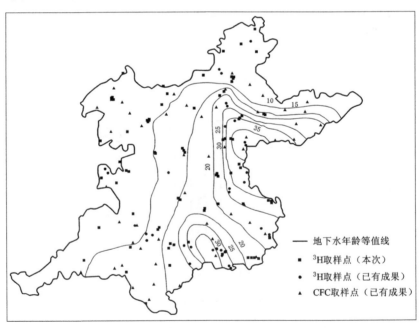

图 3-19　平原区浅层地下水年龄分布示意图

　　整个研究区的浅层地下水的年龄大致在 40 年以内，可以说十分年轻，该结果也表明研究区浅层地下水参与水循环的程度十分活跃，因而普遍具有很强的更新能力。具体来看，研究区浅层地下水的年龄分布与地下水流场分布比较吻合，即沿着地下水流向，地下水年龄逐渐增大。但是，由于从山前到平原腹地，含水介质的渗透性总体上经历了由强到弱的变化，地下水径流速度逐渐变小，水平径流强度逐渐变弱，因此地下水年龄梯度沿着地下水流向急剧增大。

根据已有浅层地下水中的 CFC 定年法测定的地下水年龄成果，单独制成了平原区浅层地下水中 CFC 年龄等值线分布示意图（图 3-20）。对比可以发现，尽管采用的定年方法不同，但是得到的浅层地下水年龄分布图却有一定程度的相似性，主要表现在浅层地下水的年龄在两张图中均有自西北向东南增大的趋势。

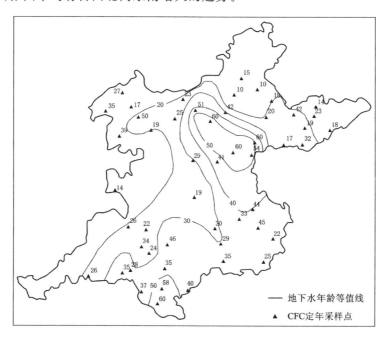

图 3-20 平原区浅层地下水中 CFC 的年龄等值线分布示意图

2. 深层地下水

结合本次及已有研究成果，分析得到平原区深层地下水年龄分布示意图（图 3-21）。

北京市平原区深层地下水中的 ^{14}C 年龄有几个特征：①地下水年龄等值线分布与流向具有较高的一致性，即年龄沿着地下水流向逐渐增大；②地下水年龄梯度沿着地下水流向逐渐增大，具体表现为等值线越来越密集，这是由于从山前到平原腹地，含水介质的渗透性总体上经历了由强到弱的变化，地下水径流速度逐渐变小，水平径流强度逐渐变弱的缘故（原理详见附录中地下水年龄梯度部分介绍）；③从整个平原区看，深层地下水年龄有自北部、西北部和西部向南部、东南部和东部增大的趋势；④同一地点深层地下水的年龄与浅层地下水的年龄相差甚远，这是因为与浅层地下水相比，深层地下水的补径排条件发生了很大变化，导致深层地下水的补给速度远不如浅层地下水。

3.3.1.3 水均衡法

1. 地下水补给量

由于地下水开采量是依据行政区统计的，用水规划也以此为单元编制。为便于水资源管理部门参考，将北京市平原区地下水系统划分为 14 个相对独立的计算区（中心城区为

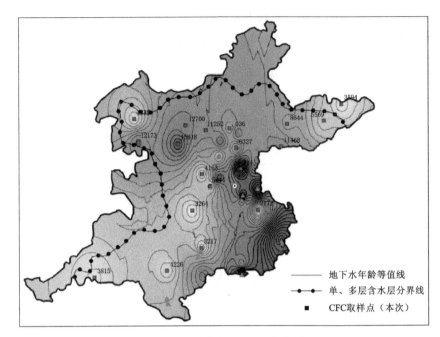

图 3-21 平原区深层地下水年龄分布示意图

一个区，其他区均为独立计算区），并根据各计算区内地下水位上升或下降所代表的地下水体积，用地下水动态均衡法对地下水的补给量进行计算。

由于自然界中含水层的形状多是不规则的，且水头也常呈现区域性差异，因此人工计算地下水总储量时，常存在较大误差。GIS 软件的空间分析功能为解决这一问题提供了方便。以收集到的钻孔资料为基础，对含水层进行离散化处理，进而用 ARCGIS 软件对平原区地下水的总储量进行计算。

由平原区地下水排泄量和开采量随时间变化图（图 3-22）可见，平原区地下水的排泄近些年以人工开采为主，兼有蒸发、溢出和通过边界的侧向流出等少量天然排泄。在因集中开采而形成的区域性地下水位降落漏斗区，地下水力梯度较大，形成强径流带。

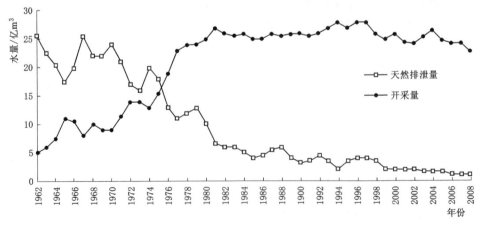

图 3-22 平原区地下水排泄量和开采量随时间变化图

　　平原区的水文地质条件研究程度较高，且具有多年采补动态资料，为水均衡法计算地下水补给量提供了方便。将计算结果同相关文献计算的部分对应年份的数据和北京市各年水资源公报公布的数据进行对比，发现误差较小，因此认为较为可靠，可用于进一步研究。

　　地下水补给量存在明显的时空变化，以时间变化为例，1994 年达到 27.50 亿 m³，而 2009 年只有 15.08 亿 m³；1981—2010 年、1981—1990 年、1991—2000 年和 2001—2010 年的年均补给量分别为 21.17 亿 m³、23.03 亿 m³、23.05 亿 m³ 和 17.43 亿 m³；21 世纪前 10 年的年均补给量仅为 20 世纪 90 年代平均水平的 76%。这种悬殊的年际变化，尤其是过去十多年的连年偏旱，给社会供水带来了极大的不确定性，进而使供水压力剧增。

　　2. 地下水更新周期

　　已知研究区内各计算区的面积和各分区内地下水的补给量，可进一步计算得到各计算区内地下水平均更新周期和更新速率（表 3-7）。

表 3-7　　　　　　　平原区地下水平均更新周期和更新速率（1981—2010 年均值）

分区	开采层		整个含水层		分区	开采层		整个含水层	
	更新周期/年	更新速率/(%/年)	更新周期/年	更新速率/(%/年)		更新周期/年	更新速率/(%/年)	更新周期/年	更新速率/(%/年)
东城、西城	63.97	1.56	79.05	1.27	通州	48.46	2.06	112.78	0.89
朝阳	34.66	2.88	42.83	2.33	顺义	31.48	3.18	53.78	1.86
海淀	22.04	4.54	27.24	3.67	平谷	25.21	3.97	77.93	1.28
丰台	21.25	4.71	26.77	3.74	密云	18.39	5.44	31.42	3.18
石景山	8.88	11.26	10.98	9.11	怀柔	24.07	4.15	41.13	2.43
房山	13.55	7.38	13.55	7.38	昌平	20.67	4.84	31.49	3.18
大兴	32.89	3.04	56.10	1.78	门头沟	7.69	13.01	7.69	13.01

　　由表 3-7 可见，不同计算区内地下水的更新周期和更新速率均有很大不同。综合来看，研究区第四系含水层中地下水的平均更新周期为 46.43 年，即每经历约 46 年的时间，含水层所接受的总补给量理论上可以将其中的地下水置换一遍，或者说约有 2.15%/年的水因与水圈中的其他水体发生水力联系而完成了一次更新。

　　然而，由于地下水赋存条件具有特殊性，因而经历一个理论上的更新周期后，深层地下水不一定完成了一次更新，而浅层地下水可能已完成了多次更新。简单地讲，浅层地下水参与水循环活跃，更新能力也强，因此在 46 年内可以完成多次更新，越靠近浅部，完成的更新次数越多；深层地下水参与水循环微弱，更新能力也弱，因此在 46 年内不可能完成一次更新，越靠近深部，完成一次更新所需的时间越长。因此，表中计算得出的研究区内整个垂向上地下水的更新周期或更新速率只表示全区和各计算区内整个垂向上地下水更新能力的平均水平，而不表示某处地下水的实际更新情况。

　　截至目前，人们对研究区内地下水的开采主要集中于地表以下 150m 以内范围（开采层）。由于受成本的制约以及生态环境和地质环境问题等的限制，地表以下 150m 至更深层的地下水作为常规供水水源的意义不大。因此，开采层内地下水的更新能力更加引人关注，对其评价也更有意义，基于此考虑，对这部分地下水的更新周期和更新速率也做了计算。

从表3-7中可以看出，研究区开采层地下水总体上具有较强的更新能力（更新周期和更新速率分别为26.17年和3.82%/年）。

3. 地下水补给速率

地下水更新周期和更新速率有助于人们从整体上把握地下水补给量和储量间的数量关系，进而评价地下水的整体更新能力，但它们均不能直观地反映出一定时期内地下水接受补给量的多少，而地下水补给速率为人们建立了直观的补给量和水位的概念，因而更有助于人们对地下水开采量的控制和管理，进而实现对地下水位的合理调控。因此，更新周期和补给速率等参数的联合使用更有助于对地下水更新能力的深入认识。计算得到的平原区全区地下水补给速率的时间变化如图3-23所示。

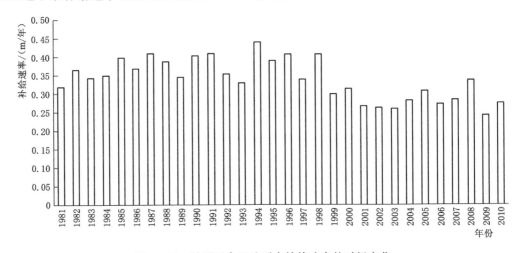

图3-23 平原区全区地下水补给速率的时间变化

通过综合分析可知，平原区东北部山前（密云和平谷）和西部山前（石景山和门头沟）等冲洪积扇顶部河流出山口地区地下水的补给速率最大，中心城区、南部和东南部等细土平原区地下水的补给速率最小，北部（怀柔和顺义）、西北部（昌平）、西部（海淀）和西南部（房山）等平原区与山区的结合部等地地下水的补给速率居中。

从地下水补给速率不同时段的对比情况还可以看出，2001—2010年地下水补给速率与20世纪90年代相比明显减小，幅度超过三分之一。2001—2010年地下水的年均补给速率比20世纪80—90年代平均减小了0.09m/年。研究区内不同地区的地下水接受补给的能力有明显差别，总体上呈现出从北部、西北部和西部到南部、东南部和东部由大到小的特点。

3.3.1.4 数值法

1. 地下水系统模型构建

数值法计算精度非常高，当模拟计算完成每个网格的补给量和储存量之后，可以得到网格尺度的地下水更新能力，能进一步计算出各行政区的地下水更新能力。然而，地下水更新能力是一个随补给量变化的量，在预测目标年降水入渗等参数的基础上，可以提出该年度的地下水更新能力，直接用于各行政区的地下水开发利用规划；在研究地下水的生态水位阈值和地质环境灾害水位阈值基础上，通过数值计算获得各行政区的地下水可持续开采量，为地下水动态预警提供技术支撑，如在建立地下水模型之后，研究不同降水序列和压采方案下的地下水变化规律，提出合适的地下水压采方案。

（1）地下水系统概念模型。研究区的范围在平面上包括北京市整个平原区，其西、北和东北等方向以山区和平原区的自然边界为界，其南和东南方向以北京与河北省接壤的行政区边界为界，模型区面积约 6200km²；共收集到钻孔数据 1000 多个，筛选出 474 眼代表性的钻孔柱状图作为数值模型确定地层结构的依据。

按照水文地质条件，同时考虑到实际收集地下水监测数据的代表性，将研究区划分为 6 层水文地质结构，分别为种植土层弱透水层、潜水含水层（砂砾石）、弱透水层（砂黏土、黏土）、第一承压含水层（砂土）、弱透水层（黏土等）、第二承压含水层（砂土），取第四系底界为模型底边界。研究区在山前接受山区的侧向径流入渗补给和降水入渗补给，这种补给季节性变化较大。因此，平原区和山区的边界设定为流量边界。

在研究区的下游边界，由于近些年通州和大兴大量开采 150m 深度内的地下水，使得此边界处地下水流场十分复杂。毗邻的河北省地下水位资料难以收集，因此，在模型概化时，将南部边界作为流量边界。

垂向上，潜水含水层在系统的上边界接受河渠渗漏补给、农田灌溉回归补给、大气降水入渗补给、沙石坑回灌补给等，在地下水浅埋区处发生蒸发排泄。将第四系底界作为模型垂向边界的下边界，此边界与下部第三系基岩在房山、北京西郊和平谷地区有一定的水量交换，因其量难以确定，模型取为隔水边界。

研究区地下水系统处于不平衡状态，建立的模型为非均质各向异性、空间三维非稳定、饱和-非饱和地下水系统概念模型。平面上，离散单元为三角形构成的泰森多边形，单层为 7620 个单元，在水源三厂和八厂附近区域进行加密剖分。

模型采用 TOUGH2 系列软件中 EOS9 并行版进行计算，考虑到网络剖分粗细可能对饱和-非饱和流计算产生影响，将 6 层水文地质结构再次细剖分，将每个模拟层划分为岩性相同、厚度等厚的 5 层，即共有 30 个模拟层，结点总数为 228600 个，773370 个单元链接。在水源三厂和八厂附近区域进行加密剖分，模拟区网格剖分和剖面线平面位置如图 3-24 所示。

（2）模型前处理。将 2000 年作为模型参数率定期，利用 2000 年地下水开采量和地下水动态监测数据确定地下水流场和水文地质参数。

1）模拟层厚度。模拟分为 6 层水文地质结构，根据选定的钻孔剖面图中对模拟层厚度的划分，采用克立格方法进行插值，得到模拟层的厚度等值线图。

2）模拟层水文地质参数。参考北京市地下水已有相关研究成果的水文地质分区图，划分 6 层水文地质结构（图 3-25）。各水文地质参数对应岩性及饱和渗透系数见表 3-8。

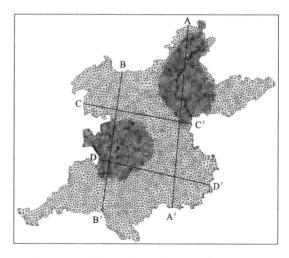

图 3-24　模拟区网格剖分和剖面线平面位置

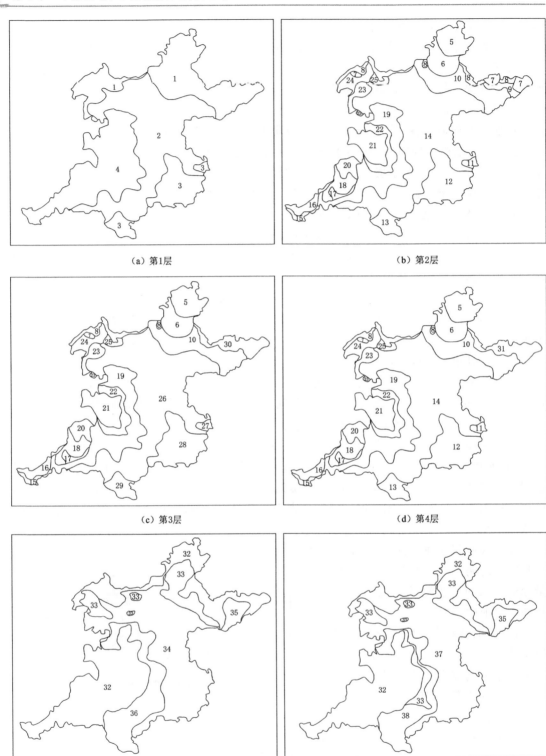

图 3－25　模拟区水文地质参数分区

表 3-8   各水文地质参数对应岩性及饱和渗透系数   单位：m/d

分区号	岩性	$K_{xx}(k_{yy})$	k_{zz}	分区号	岩性	$K_{xx}(k_{yy})$	k_{zz}
1	种植土	5	1	20	砂岩	46	23
2	黏泥和黑泥土	1	0.2	21	砂卵砾石	51	25
3	细砂土	10	2	22	砂卵砾石	43	21
4	种植土层和水泥土	5	1	23	砂砾石	54	54
5	砂卵石、砾石	83	83	24	砂卵砾石	49	49
6	砂卵石	77	77	25	砂卵砾石	32	16
7	砂卵石	81	81	26	砂土	25	13
8	风化基岩	5	5	27	砂土	12	6
9	砂卵砾石	76	76	28	砂土	9	5
10	砂砾石	59	29	29	砂土	11	5
11	砂土	12	6	30	风化基岩	2	0.4
12	砂土	9	5	31	风化基岩	1	0.2
13	砂土	11	5	32	砂岩	5	1
14	砂土及砂砾石	25	13	33	砂砾石	13	7
15	砂卵砾石	29	14	34	泥土	10	2
16	风化基岩	46	23	35	黏土	15	3
17	砂卵石	32	16	36	砂砾石	62	30
18	砂卵砾石	57	28	37	砂土	78	78
19	砂砾石	27	13	38	砂卵砾石	62	30

模拟采用的是饱和-非饱和地下水数值模型。对于非饱和带，采用 Van Genuchten 水分特征曲线。对于饱和带的渗透系数参数依据水文地质参数分区初始估计值。实际输入 TOUGH2 程序中时，需根据水动力黏度和密度值将渗透系数转化为渗透率。非饱和土的水分特征曲线采用 Van Genuchten 的经验公式为

$$\theta = \theta_r + \frac{\theta_s - \theta_r}{[1 + (\alpha |h|^n)]^m}$$

$$n = \frac{1}{1-m}, \quad \alpha = \frac{1}{h_b}(2^{1/m} - 1)^{1-m}$$

(3-12)

式中 θ——体积含水率；

θ_r——最大分子持水率（相当于凋萎系数）；

θ_s——饱和含水率；

h——压力水头；

h_b——泡点负压水头；

m——由水特征曲线确定；

α——水分特征参数；

n——孔径指数。

对于非饱和带水分特征曲线，部分采用国际上的试验参数值，重点参考了美国国家盐分实验室（U. S. Salinity Laboratory）开发的非饱和土壤水力性质数据库，该数据库汇集了从砂土到黏土共11种不同质地土壤的物理性质（水分特征曲线、水力传导率、土壤水扩散度、颗粒大小分布、容重和有机质含量等）数据，包含了实验室与田间试验的脱湿数据试验数据。在上述数据库的基础上，结合北京市土壤结构和颗粒组成进行了修正，用于本次模拟试验，饱和含水量与残余含水量取值见表3-9，水分特征曲线参数 α 和孔径指数 n 取值见表3-10。

表3-9 饱和含水量与残余含水量取值表

土壤类型	饱和含水量				残余含水量			
	平均值 (X)	标准偏差 (SD)	变化系数 (CV)/%	样品大小 (N)	平均值 (X)	标准偏差 (SD)	变化系数 (CV)/%	样品大小 (N)
耕植土	0.38	0.09	24.1	460	0.068	0.034	49.9	353
黏壤土	0.41	0.09	22.4	364	0.095	0.010	10.1	363
亚黏土	0.43	0.10	22.1	735	0.078	0.013	16.5	735
砂壤土	0.41	0.09	21.6	315	0.057	0.015	25.7	315
粉砂土	0.46	0.11	17.4	82	0.034	0.010	29.8	82
粉壤土	0.45	0.08	18.7	1093	0.067	0.015	21.6	1093
粉黏土	0.36	0.07	19.6	374	0.070	0.023	33.5	371
黏壤土	0.43	0.07	17.2	641	0.089	0.009	10.6	641
砂	0.43	0.06	15.1	246	0.045	0.010	22.3	246
砂质黏土	0.38	0.05	13.7	46	0.100	0.013	12.9	46
砂质黏壤土	0.39	0.07	17.5	214	0.100	0.006	6.0	214
砂质壤土	0.41	0.09	21.0	1183	0.065	0.017	26.6	1193

表3-10 水分特征曲线参数（α 和 n）取值表

土壤类型	参数 α				参数 n			
	平均值 (X)	标准偏差 (SD)	变化系数 (CV)/%	样品大小 (N)	平均值 (X)	标准偏差 (SD)	变化系数 (CV)/%	样品大小 (N)
耕植土	0.08	0.012	160.3	400	1.09	0.09	7.9	400
黏壤土	0.019	0.015	77.9	364	1.31	0.09	7.2	364
亚黏土	0.036	0.021	57.1	735	1.56	0.11	7.3	735
砂壤土	0.124	0.043	35.2	315	2.28	0.27	12.0	315
粉砂土	0.106	0.007	45.0	82	1.37	0.05	3.3	82
粉壤土	0.020	0.012	64.7	1093	1.41	0.12	8.5	1093
粉黏土	0.005	0.005	113.6	374	1.09	0.06	5.0	374
黏壤土	0.010	0.006	61.5	641	1.23	0.06	5.0	641
砂	0.145	0.029	20.3	246	2.68	0.29	20.3	246
砂质黏土	0.027	0.017	61.7	46	1.23	0.10	7.9	46
砂质黏壤土	0.059	0.038	64.6	214	1.48	0.13	8.7	214
砂质壤土	0.075	0.037	49.4	1183	1.89	0.17	9.2	1183

3）地下水观测井信息。选取 38 眼地下水位观测井信息，其位置分布如图 3-26 所示，包括潜水和承压含水层观测井。对于潮白河-蓟运河-温榆河地下水系统、永定河地下水系统和大石河-拒马河地下水系统三个系统来说，均存在承压含水层水头低于潜水水位的现象。

图 3-26 模拟区地下水观测井位置分布示意图

HG19 和 HG21 孔位于同一地理位置的不同层位，即潜水和承压含水层，2000 年平均地下水头分别为 16.82m 和 8.69m，相差约 8m；HG25 和 HG27 孔也是位于同一地理位置的潜水和承压含水层，2000 年平均地下水头分别为 26.44m 和 0.73m，相差约 25m；位于大石河-拒马河地下水系统的 HG17（潜水）水位比 HG18（承压水）高 1m 左右。数据表明承压含水层地下水开采大，在整个平原区地下水开采强度分布不均，潜水和承压含水层之间存在较明显的隔水层。

4）地下水开采量。2000 年北京市曾开展过系统的地下水开采量统计，各类水井共约 5.17 万眼，其中地下水水源厂开采井 472 眼，城镇工业生活自备井 7320 眼，农业井 4.39 万眼。平原区 2000 年地下水总开采量约 24.65 亿 m³，其中城镇工业生活用水 8.85 亿 m³，农业分散用水 15.79 亿 m³，见表 3-11。

5）初始条件。平原区地下水系统长期处于超采状态，即地下水位为持续下降状态。对于非平衡系统给定初始水头条件是一个复杂的科学问题，先利用地下水有限元模拟软

表 3-11　　　　　　　　2000 年北京市平原区各区地下水开采量　　　　单位：万 m³

行政区	城镇工业生活用水	农业分散用水	行政区	城镇工业生活用水	农业分散用水
昌平	6700.74	11713.16	平谷	2554.47	10271.01
大兴	3110.33	31466.09	通州	4254.22	19873.50
房山	5906.15	21467.38	城区	30508.64	18111.52
怀柔	2096.30	9144.36	水源三厂	8878.90	—
密云	2541.26	3625.00	水源八厂	16408.80	—
顺义	5575.64	32254.00	合计	88535.45	157926.02

件（FEFLOW）进行饱和流动的地下水数值模型计算，进行模型参数调整与拟合，然后再利用 TOUGH2-EOS 并行版软件进行饱和-非饱和流数值模型的计算工作，计算时将潜水面处和模型顶面设为一类边界，采用稳定流模型获取非饱和层的初始压力和水分分布，之后以模型顶面大气压为一类边界，加入所有源汇项数据运行模型，再进行结果分析。

　　（3）模型拟合和参数率定，包括模型选择、模型网格生成方法等方面内容。

　　1）模型选择。国内外常用地下水流的数值模型包括 Visual MODFLOW、GMS、PMWIN、TOUGH2、FEFLOW、PGMS 等，考虑到非饱和带的模拟和大规模计算的需求，选择美国劳伦斯伯克利实验室开发的 TOUGH2-MP 软件进行计算。

　　TOUGH2 程序采用了一种积分有限差方法进行空间离散的多相流模拟软件，这种方法可以通过内置几何数据处理适应不同裂隙介质的模拟。在概念上，这种最简单的方法包括一种明确的裂隙描述，即将裂隙描述为具有大渗透性与大孔隙度的基本呈平面的区域，垂直于裂隙平面具有很"小"的空间。这种裂隙的明确描述只对裂隙很少的流动系统可行。而对于到处都有裂隙连通的流动系统，要明确描述其裂隙特性实际上既不可能也没有必要，只能采用连续体模型取而代之。

　　与其他模拟软件比较，TOUCH2 具有以下的优势：①软件比较成熟，可模拟地下水流、地热、CO_2 地质封存、天然气水合物等方面；②其并行版 TOUGH2-MP 是目前文献中已报道的唯一成功应用于大规模精细模拟（具有几十万到上千万网格的模型）的软件，已成功地应用于多个实际示范和研究工程，并行版的计算速度可以是一般版本的十倍到上百倍；③TOUCH2 软件采用积分差分法进行模拟，区别于其他有限元法或有限差分法，它在模拟区域离散方面可以采用任何形状的网格，非常灵活，很容易也很精确的刻画钻孔、断层、复杂边界、及各种非均匀的地质体。

　　本书采用 TOUGH2 系列软件中 EOS9 并行版进行计算。

　　2）模型网格生成方法。本书在参考国际上著名软件地下水模拟系统（GMS 和 FE-FLOW）的基础上，研发了 TOUGH2 的自动生成网格和获取数据表等前处理功能，具体研发描述如下。

　　对于二维平面三角网格自动生成，从 20 世纪 70 年代开始，国内外学者做了大量的研究，相关技术相当成熟，有 Delaunay 法、波前推进法、正规法、向量偏移法、有限四（八）叉树法等。Delaunay 法因为方法简便，对于带约束条件的三角剖分更显得灵活自由，同时容易编程实现，适合作为区域三角剖分的方法，然而目前的方法仍不能较好地考虑相邻单元的垂心在单元内，即保证三角形为非钝角三角形。对带约束的任意多边形Delaunay三角剖分算法进行了改进，基于结点尺度设计，提出了一种简单的平面区域结点尺度自动确定的方法，在三角单元形成过程中，特别地考虑了三角形状的自动修正和编辑问题。而且大多数有限元软件都有平面三角形网格生成的功能，可完成区域的离散化工作。

根据介质的水力性质对其进行分区，主要参数包括孔隙度、绝对渗透率、参数 m、残余含水量 θ_r 和参数 α。

考虑到网络剖分粗细对饱和-非饱和流计算会产生影响，将 6 层水文地质结构再次细剖分，将每个模拟层划分为岩性相同、厚度等厚的 5 层，即共有 30 个模拟层，单元总数为 228600 个。

2. 数值模拟结果验证

(1) 模拟识别和参数校核。并行版程序选择在北京师范大学神威 3000A 高性能计算机上运行，该工作点有 108 个计算节点（2CPU 至强 4 核 E5472），峰值运算性能为 10.36TFLOPS。

在获取初始水头条件的计算过程中，72 个节点计算，稳定态运行需要约 20h，数据量较大。模拟识别后参数列表见表 3-12。

表 3-12 模拟识别后参数列表

分区号	介质类型	孔隙度	绝对渗透率 $k_x(k_y)$ /m²	绝对渗透率 k_z /m²	参数 m	残余含水量 θ_r	参数 α
1	种植土	0.38	5.94×10^{-12}	2.97×10^{-12}	8.26×10^{-2}	1.79×10^{-1}	1.67×10^{-4}
2	黏泥和黑泥土	0.43	1.19×10^{-12}	5.94×10^{-13}	3.59×10^{-1}	1.81×10^{-1}	3.33×10^{-5}
3	细砂土	0.43	1.19×10^{-11}	5.94×10^{-12}	6.27×10^{-1}	1.05×10^{-1}	6.67×10^{-3}
4	种植土和水泥土	0.38	5.94×10^{-12}	2.97×10^{-12}	8.26×10^{-2}	1.79×10^{-1}	3.33×10^{-5}
5	砂卵石、砾石	0.43	9.86×10^{-11}	4.93×10^{-11}	6.27×10^{-1}	1.05×10^{-1}	5.00×10^{-2}
6	砂卵石	0.43	9.15×10^{-11}	4.58×10^{-11}	6.27×10^{-1}	1.05×10^{-1}	5.00×10^{-2}
7	砂卵石	0.43	9.63×10^{-11}	4.81×10^{-11}	6.27×10^{-1}	1.05×10^{-1}	5.00×10^{-2}
8	风化基岩	0.38	1.43×10^{-12}	7.13×10^{-13}	8.26×10^{-2}	1.79×10^{-1}	3.33×10^{-5}
9	砂卵砾石	0.43	9.03×10^{-11}	4.52×10^{-11}	6.27×10^{-1}	1.05×10^{-1}	5.00×10^{-2}
10	砂砾石	0.43	7.01×10^{-11}	3.51×10^{-11}	6.27×10^{-1}	1.05×10^{-1}	2.50×10^{-2}
11	砂土	0.43	4.16×10^{-11}	2.08×10^{-11}	6.27×10^{-1}	1.05×10^{-1}	1.67×10^{-2}
12	砂土	0.43	1.43×10^{-11}	7.13×10^{-12}	6.27×10^{-1}	1.05×10^{-1}	1.67×10^{-2}
13	砂土	0.43	4.75×10^{-11}	2.38×10^{-11}	6.27×10^{-1}	1.05×10^{-1}	1.67×10^{-2}
14	砂土及砂砾石	0.43	5.94×10^{-11}	2.97×10^{-11}	6.27×10^{-1}	1.05×10^{-1}	1.67×10^{-2}
15	砂卵砾石	0.43	3.45×10^{-11}	1.72×10^{-11}	6.27×10^{-1}	1.05×10^{-1}	5.00×10^{-2}

续表

分区号	介质类型	孔隙度	绝对渗透率 $k_x(k_y)$ /m²	绝对渗透率 k_z /m²	参数 m	残余含水量 θ_r	参数 α
16	风化基岩	0.38	1.78×10^{-12}	8.91×10^{-13}	8.26×10^{-2}	1.79×10^{-1}	3.33×10^{-5}
17	砂卵石	0.43	3.80×10^{-11}	1.90×10^{-11}	6.27×10^{-1}	1.05×10^{-1}	5.00×10^{-2}
18	砂卵砾石	0.43	6.77×10^{-11}	3.39×10^{-11}	6.27×10^{-1}	1.05×10^{-1}	5.00×10^{-2}
19	砂砾石	0.43	1.78×10^{-11}	8.91×10^{-12}	6.27×10^{-1}	1.05×10^{-1}	5.00×10^{-2}
20	砂岩	0.43	1.19×10^{-12}	5.94×10^{-13}	6.27×10^{-1}	1.05×10^{-1}	3.33×10^{-3}
21	砂卵砾石	0.43	6.06×10^{-11}	3.03×10^{-11}	6.27×10^{-1}	1.05×10^{-1}	5.00×10^{-2}
22	砂卵砾石	0.43	4.75×10^{-11}	2.38×10^{-11}	6.27×10^{-1}	1.05×10^{-1}	5.00×10^{-2}
23	砂砾石	0.43	3.56×10^{-11}	1.78×10^{-11}	6.27×10^{-1}	1.05×10^{-1}	5.00×10^{-2}
24	砂卵砾石	0.43	5.35×10^{-11}	2.67×10^{-11}	6.27×10^{-1}	1.05×10^{-1}	5.00×10^{-2}
25	砂卵砾石	0.43	2.97×10^{-11}	1.49×10^{-11}	6.27×10^{-1}	1.05×10^{-1}	5.00×10^{-2}
26	砂土	0.43	1.19×10^{-11}	5.94×10^{-12}	6.27×10^{-1}	1.05×10^{-1}	1.67×10^{-2}
27	砂土	0.43	2.38×10^{-11}	1.19×10^{-11}	6.27×10^{-1}	1.05×10^{-1}	1.67×10^{-2}
28	砂土	0.43	9.51×10^{-12}	4.75×10^{-12}	6.27×10^{-1}	1.05×10^{-1}	1.67×10^{-2}
29	砂土	0.43	1.31×10^{-11}	6.54×10^{-12}	6.27×10^{-1}	1.05×10^{-1}	1.67×10^{-2}
30	风化基岩	0.38	4.75×10^{-12}	2.38×10^{-12}	8.26×10^{-2}	1.79×10^{-1}	3.33×10^{-5}
31	风化基岩	0.38	3.56×10^{-12}	1.78×10^{-12}	8.26×10^{-2}	1.79×10^{-1}	3.33×10^{-5}
32	砂岩	0.43	2.38×10^{-12}	1.19×10^{-12}	6.27×10^{-1}	1.05×10^{-1}	3.33×10^{-3}
33	砂砾石	0.43	3.56×10^{-11}	1.78×10^{-11}	6.27×10^{-1}	1.05×10^{-1}	5.00×10^{-2}
34	泥土	0.38	5.94×10^{-13}	2.97×10^{-13}	1.87×10^{-1}	2.63×10^{-1}	3.33×10^{-5}
35	黏土	0.38	3.56×10^{-12}	1.78×10^{-12}	1.87×10^{-1}	2.63×10^{-1}	3.33×10^{-5}
36	砂砾石	0.43	4.75×10^{-11}	2.38×10^{-11}	6.27×10^{-1}	1.05×10^{-1}	5.00×10^{-2}
37	砂土	0.43	6.54×10^{-11}	3.27×10^{-11}	6.27×10^{-1}	1.05×10^{-1}	1.67×10^{-2}
38	砂卵砾石	0.43	4.16×10^{-11}	2.08×10^{-11}	6.27×10^{-1}	1.05×10^{-1}	5.00×10^{-2}

1）观测孔拟合曲线。观测与模拟地下水水头的相关曲线如图3-27所示，模拟结果良好。由于北京市地下水具有五十多年的开采历史，不同时期的地下水开采井抽水层位差距较大，大部分为混合开采，调查与统计很难得到各层的开采量，模拟过程中，开采量分布和所属层位无从对应，因此，造成部分观测孔水头模拟存在误差。

2）饱和度和水头变化。非饱和带地下水饱和度随高程变化如图3-28所示。从模拟和实际监测的潜水位等值线数值观察，两者拟合程度良好，但存在几个明显的水位漏斗，分布于海淀、朝阳、通州等区域。

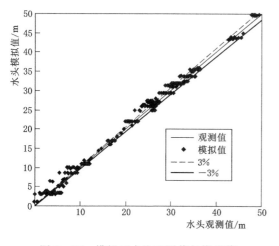

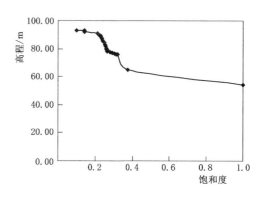

图 3-27　模拟区水头观测值与模拟值
相关曲线

图 3-28　模拟区非饱和带地下水饱和度
随高程变化

3) 地下水均衡分析。2000 年北京市平原区地下水补给和排泄统计情况见表 3-13。

表 3-13　　　　　　　　**2000 年北京市平原区地下水补给和排泄统计情况表**　　　　单位：亿 m³

地下水补给	水　　量	地下水排泄	水　　量
降水入渗补给量	9.07	边界流出量	0.97
河渠入渗量	2.26	潜水蒸发量	0.67
坝下渗漏量	1.68	地下水开采量	24.65
灌溉回归补给量	2.69		
边界流入量	3.40		
合计	19.10	合计	26.29

研究区内总的补给量为 19.10 亿 m³，其中降水入渗补给量为 9.07 亿 m³，占 47.49%；总的排泄量为 26.29 亿 m³，其中地下水开采量为 24.65 亿 m³，约占 94%。因此，平原区地下水为负均衡，亏损 7.19 亿 m³。

(2) 模型运行结果与实测值的比较。以 2008 年作为模型验证期，模型参数和边界条件保持不变，地下水补给量和排泄量采用 2008 年《北京市水资源公报》统计的数据，具体数据见表 3-14，地下水补给量按区统计，包括大气降水量和河水入渗量，总补给量达 21.10 亿 m³；地下水排泄量为 22.90 亿 m³。

表 3-14　　　　　　　　**2008 年北京市平原区地下水补给和排泄统计情况表**　　　　单位：亿 m³

区　　域	近郊区	昌平	房山	大兴	通州	平谷	密怀顺	合计
地下水补给量	5.69	1.98	2.60	2.25	1.61	3.34	3.63	21.10
地下水排泄量								22.90

地下水位初始条件是 2007 年底实测值，模拟时间为 1 年。模拟计算的 2008 年末潜水位等值线与实测数据拟合效果较好，所建模型可用于地下水预测。

3. 不同开采条件下地下水更新能力预测

为计算地下水开采对地下水更新能力的影响，设置 4 种降水序列和 2 种开采情景，经组合，共有 8 种情景，见表 3 - 15。

表 3 - 15　　　　　　　　　　　模 拟 情 景 设 置

情景	降 水 序 列	开 采 量
0101	2000—2009 年降水序列	2009 年开采量
0102		变压采方案
0201	1990—1999 年降水序列	2009 年开采量
0202		变压采方案
0301	1950—1959 年降水序列	2009 年开采量
0302		变压采方案
0401	多年平均降水量序列	2009 年开采量
0402		变压采方案

降水序列包括重复 2000—2009 年降水序列、重复 1990—1999 年降水序列、重复 1950—1959 年降水序列和多年平均降水量（585mm/年）序列（10 年）4 种组合，其中前三种序列降水量情况如图 3 - 29 所示。开采量拟定为 2014 年前维持 2009 年的开采量，2014 年后分为一次性压采 4 亿 m^3 开采量和自备井每年压采 20% 比例 2 种情景，计算时间为 2008—2020 年。

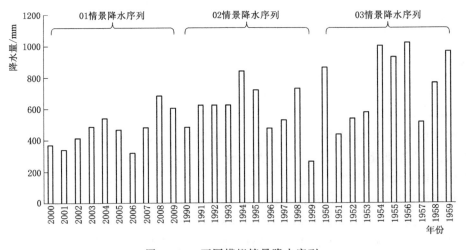

图 3 - 29　不同模拟情景降水序列

（1）潜水位等值线动态变化。不同情景下模型预测的 2020 年末潜水位与 2008 年初潜水位变化情况如图 3 - 30 所示。

总体来说，潜水位下降值最大的区域在房山，通州和大兴部分区域下降值最小，甚至有微小上升。0101 和 0102 情景、0201 和 0202 情景、0301 和 0302 情景、0401 和 0402 情景结果相近，其中：0101 和 0102 情景对应的降水序列（2000—2009 年）为枯水期，降水入渗补给量少，潜水位下降最快；0301 和 0302 情景对应的降水序列（1990—1999 年）为丰水期，降水入渗补给量较大，潜水位下降最缓慢。

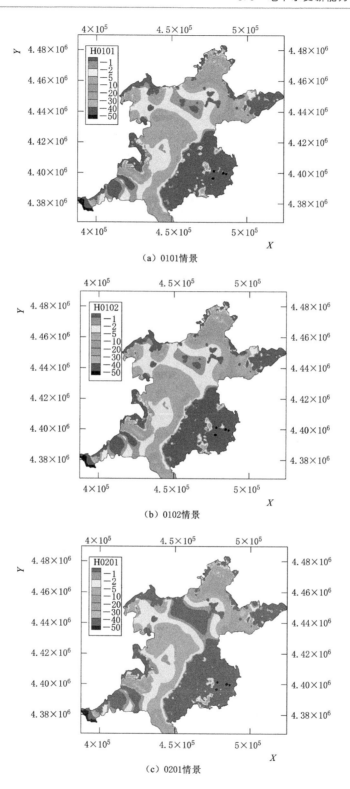

（a）0101情景

（b）0102情景

（c）0201情景

图 3-30（一） 不同情景下模型预测的潜水位变化

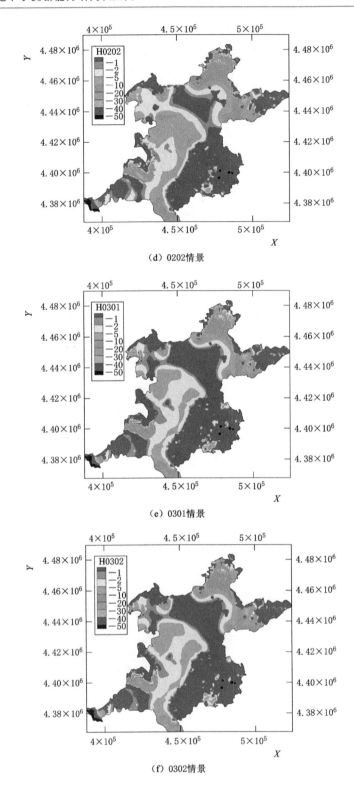

（d）0202情景

（e）0301情景

（f）0302情景

图 3-30（二）　不同情景下模型预测的潜水位变化

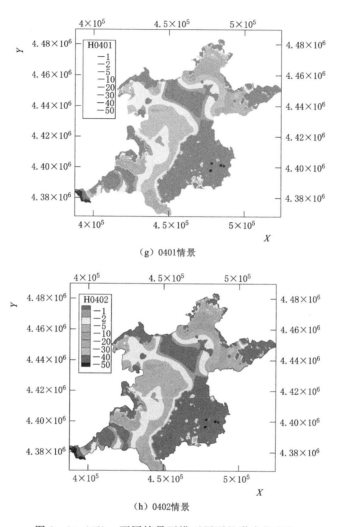

（g）0401情景

（h）0402情景

图 3-30（三）　不同情景下模型预测的潜水位变化

（2）观测孔水位动态预测。0101 情景对应的典型观测孔水位变幅如图 3-31 所示，其情况可理解为现状条件，HG37 孔位于平谷应急水源地附近，地下水水位在 2014 年前持续下降，此后开始上升，其他孔呈现不同程度的下降，降幅在 0.5m/年以内。其他情景典型观测孔相对于 0101 情景的水位变幅如图 3-32 所示。HG19（通州）和 HG35（怀柔）水位变化不大，0102 情景对应 0101 情景，其他孔水位有小幅度下降，最大下降值在 0.6m 左右；其他情景下孔动态对比 0101 情景有微小程度的上升，最大值在 4m 左右。

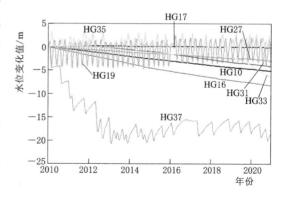

图 3-31　0101 情景观测孔水位变幅

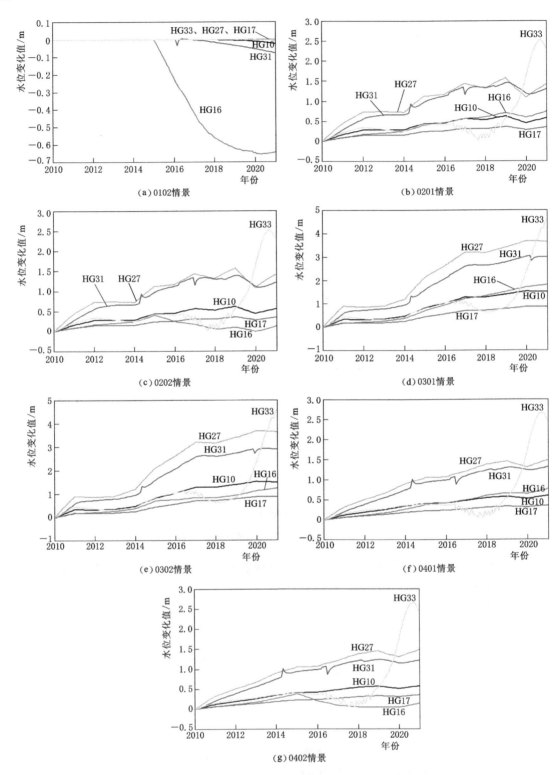

图 3-32　其他情景典型观测孔相对于 0101 情景水位变幅

各情景地下水压采是针对地下水水源地设计的，当各水源地压采时，其附近地下水头响应快，因此选择各水源地附近孔，分析水头变化趋势，模拟结果如图 3-33 所示。对于八厂、怀柔、平谷、马池口水源地来说，地下水压采时地下水头回升，响应较快；对于三厂和张坊水源地来说，地下水恢复较慢，只是下降趋势变缓了。丰水期（03 序列）对应

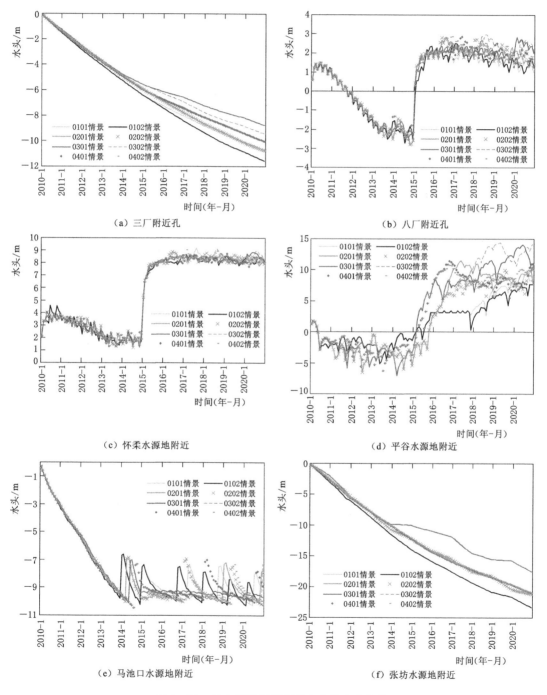

图 3-33 各水源地附近地下水水位变化趋势

的地下水头回升较快，枯水期（01 序列）地下水头最低。一次性压采比变压采方案的地下水头回升速度快。

（3）地下水更新能力变化。地下水更新能力是随时间变化的，地下水的补给速率是最主要的指标，因此可用地下水补给速率来反映地下水更新能力的变化，模型计算的不同情景对应的地下水更新能力变化如图 3-34 所示。

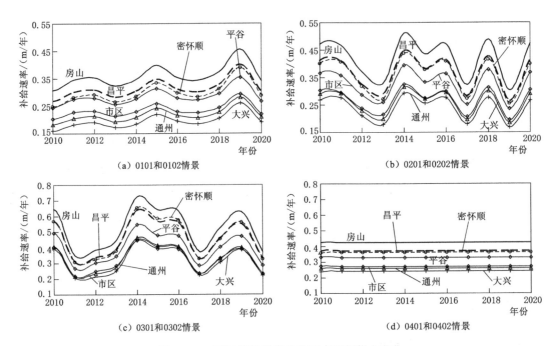

图 3-34　不同情景对应的地下水更新能力变化

由图 3-34 可见，房山、昌平、密云、怀柔、顺义地区能力最强，平谷、市区地下水更新能力次之，通州和大兴能力最弱。由于降水量是来自于不同的序列，因此更新能力是变值，0301 和 0302 情景对应的各区更新能力强，在 0.25～0.55m/年；0201 和 0202 情景对应的更新能力次之，为 0.22～0.45m/年；0101 和 0102 情景、0401 和 0402 情景对应的各区地下水更新能力最低，为 0.2～0.4m/年。

地下水在运动过程中，经历非饱和带到潜水和承压含水层，而且由于开采强度和介质非均质性等条件的差异，用来表示地下水更新能力的补给速率是随着深度发生变化的。选取现状条件下（2008 年条件）未压采时模拟 10 年的结果，来展示补给速率垂向的变化。模拟典型孔地下水垂向补给速率随高程变化如图 3-35 所示。

按照垂向补给速率随高程的变化特点可分为三类：第一类包括密怀顺、昌平和市区，其补给速率基本上是先升高，再达到稳定速率（最大值），最后再下降，主要原因为开采强度大，引起饱和含水层地下水运动速率加大，加快了补给的速度；第二类包括大兴和通州，其特点为补给速率先呈微小上升，然后再下降达到稳定速率，最后又下降，主要原因为开采强度不大，在地面入渗时，其补给速率增大，在达到稳定的补给速率时足以支持开采强度；第三类包括房山和平谷，其特点是补给速率逐渐降低，因为地下水开采强度低，

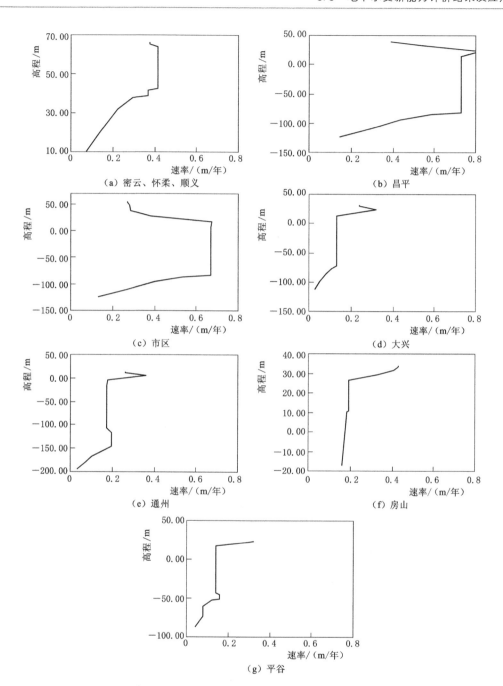

图 3-35 模拟典型孔地下水垂向补给速率随高程变化

地表水源从地面入渗补给，在运动中由于介质阻力速率逐渐减小。

3.3.2 在地下水管理中的应用

3.3.2.1 地下水补给强度与开采强度间的关系

基于 2000 年地下水位埋深，利用地下水数值模型计算各行政区平均地面高程、平均地下水位、地下水垂向与侧向补给强度，得到各计算区地下水更新能力和开采强度，见表

3-16。从表中可知，北京市平原区，房山总补给强度最大，市区（含门头沟）、昌平、密怀顺区其次，大兴和通州地下水更新能力最小；平谷侧向补给量占总补给量的比例最大，大兴所占比例最小。所有区的开采强度均大于总补给强度，有的甚至达到2倍。依照侧向补给量占总补给量的比例，将行政区分为3类，即Ⅰ区、Ⅱ区和Ⅲ区，比例分别为大于45%、25%～45%、小于25%。侧向补给量所占比例大，说明在同一行政区地下水开采强度大于垂向补给强度时会袭夺邻区地下水的补给量，从而维持该子区内地下水的水量平衡。

表 3-16　　　　　北京市平原区各计算区 2000 年地下水更新能力和开采强度

分区	行政区	平均水位 /m	总补给强度 /m	垂向补给强度 /m	侧向补给量占总补给量比例/%	开采强度 /m
Ⅰ	平谷	28.66	0.17	0.10	46.29	0.5
Ⅱ	市区（含门头沟）	31.00	0.16	0.10	37.94	0.36
	昌平	43.15	0.20	0.15	29.79	0.47
	房山	37.64	0.26	0.19	26.99	0.28
Ⅲ	通州	6.26	0.12	0.10	22.12	0.27
	密云、怀柔、顺义	31.40	0.21	0.19	10.86	0.41
	大兴	16.54	0.11	0.11	3.47	0.33

地下水的垂向补给量是随着气象水文条件变化的，对于各行政区地下水开采强度不应超过垂向补给量，因此基于 2000 年补给条件，为维持地下水良性发展，必须进行地下水压采或回补。各计算区地下水压采与回补量见表 3-17，总量达 15.98 亿 m³。由于北京地区现有开采地下水的设施能力很大，而人工回灌能力有限，因此回灌量无法超过抽水能力。在保持现有抽水设施运行的情况下，每回灌 1 亿 m³ 水，与不进行回灌但减少抽水 1 亿 m³，效果基本等价。因此，建议以压采为主进行实施，从地下水均衡方面分析可知，2000 年地下水资源的开发利用方案是不安全的。

表 3-17　　　　　北京市平原区各计算区地下水压采与回补量

分区	行政区	2000 年开采强度/m	应压采/回补地下水量/亿 m³
Ⅰ	平谷	0.36	0.93
Ⅱ	市区（含门头沟）	0.47	4.49
	昌平	0.28	0.89
	房山	0.41	1.43
Ⅲ	通州	0.27	1.52
	密云、怀柔、顺义	0.50	4.41
	大兴	0.33	2.31

3.3.2.2　地下水系统对压采的响应

利用模型计算不同降水序列和压采方案对应各区平均地下水位的变化，不同情景下各计算区地下水变幅如图 3 - 36 所示。密怀顺地区平均水头降幅最大，为 -0.70 ~ -0.20m/年；其次是市区、房山、大兴、平谷，范围在 -0.45 ~ 0.1m/年；昌平相对降幅最小，为 -0.40 ~ 0.40m/年；通州相对来说地下水位有所恢复，上升幅度约 0.2m/年。从各情景对应的不同降水序列引起的补给增加量和不同压采方案对应的开采减少量来说，不同压采方案引起的地下水位变幅差异小，如 0101 和 0102 情景（0201 和 0202 情景、0301 和 0302 情景，0401 和 0402 情景），各区水头变幅差别不大。相反，降水序列引起的地下水补给量对水头变幅影响显著，如 03 系列情景对应的 1950—1959 年降水序列（丰水期）地下水位上升明显，01 系列情景对应的 00 降水序列（枯水期）地下水位仍呈下降趋势。

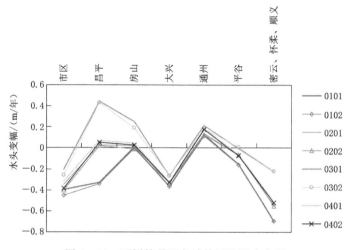

图 3 - 36　不同情景下各计算区地下水变幅

3.3.2.3　地下水供水安全分析

基于 2008 年和 2009 年地下水开采数据，按照北京市水资源规划，目前能在 2020 年前压采 4 亿 m³ 地下水，其压采力度是紧凑的，相对地下水多年的超采量和应压采和回补的地下水量来说数量（16 亿 m³）是较小的。各情景是相对于主要水源地而言，各水源地水量消减力度不大，在降水因素不确定情景下，地下水供水不能保证其安全性，地下水供水存在风险。

由 0101 和 0102 情景地下水总补给量和总排泄量（图 3 - 37）可知，整个平原区地下水总排泄量仍大于总补给量，地下水仍呈负均衡，整个平原区地下水仍处于下降趋势，地下水供水不安全。

从水资源供水安全角度来说，在地下水总补给量和排泄量相等的情景下地下水供水方案合理。从平水年（04 序列）反映的地下水均衡项逐年变化中可知，2011 年平均补给量和排泄量基本相等，说明地下水采补数量是相等的，情景设置是合理的，从长远来说地下水供水方案是合理的。由于北京市平原区地下水开发有五十多年历史，地下水超采十多年时间，在该情景下地下水系统需要经历相当长的一段时间才能保持地下水系统重新达到平衡状态，而达到平衡态以前地下水头仍呈下降状态。

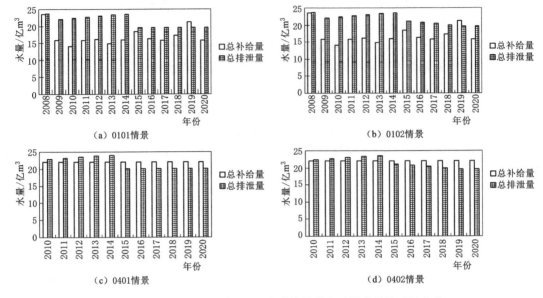

图3-37　不同规划情景下地下水总补给量和总排泄量的时间变化

3.4　本章小结

通过对地下水更新能力理论、影响因素、适用范围的系统分析，开展了地下水更新能力评价方法的比较研究，提出适宜评价方法和评级参数。利用 TOUGH2/EOS9 软件建立了平原区地下水饱和—非饱和流数值模型，模拟和预测分析了平原区地下水变化趋势和供水安全。主要结论如下：

（1）对用于地下水更新能力评价的指标体系法、同位素分析法、水均衡法、数值法等做了比较研究，结果表明：数值法和同位素分析法相结合是定量评价地下水更新能力更为有效的方法，其结果对地下水安全供水、持续利用和科学管理具有重要意义。

（2）从区域分布看，北京市平原区东北部山前和西部山前等冲洪积扇顶部地下水更新能力较强，中心城区、南部和东南部等细土平原区地下水更新能力较弱，其他地区地下水更新能力一般。

（3）利用所建立的平原区地下水数值模型，预测了不同降水条件、不同开采情景下的地下水位动态，分析了地下水开采对于供水安全的影响。

第 4 章

地下水系统"三氮"迁移转化规律研究

4.1　国内外研究进展

4.1.1　氮素的迁移转化机制

在地质学、环境学和农学领域中均存在关于氮素迁移转化机理的研究。农业方面研究在施肥之后，氮肥中的 $NH_4 - N$、$NO_3 - N$ 等在灌溉及降水作用下，随着入渗水体在土壤-水-植物之间的变化情况，重点是植物根系相对发达的土壤表层内的氮素变化情况。环境方面主要研究：①灌溉条件下（或降水入渗补给条件下）农田中氮肥或回灌污水随补给水体在土壤包气带、饱水带中的迁移转化规律；②垃圾淋滤液中的氮素在包气带、含水层中的迁移转化规律；③地表水体出现氮素污染后，其下部潜水含水层中氮素的迁移转化规律。地质学方面，关于氮素迁移转化的研究主要集中在两个方面：①作为氮循环的重要组成部分，氮素在地表以下的迁移转化对氮循环的贡献率为多少；②地表以下氮素分布情况，对于岩石成因和类型的判断、矿产成因及物质来源的确定等方面的示踪作用。

氮素的迁移是物理过程，主要指无机氮的运移；氮素的转化是微生物作用下的化学过程，即生物化学过程，主要包括矿化、固持、硝化、反硝化等作用。

包气带中氮素迁移转化是氮循环的一部分，且是其中的重要组成部分。在包气带中，氮素可分为有机形态氮和无机形态氮。其中有机形态氮是其主要组成部分，无机形态氮一般占全氮的 $1\% \sim 5\%$。有机形态氮可以分为半分解的有机质、微生物躯体和腐殖质，其中以腐殖质为主。有机形态的氮大部分必须经过土壤微生物的转化作用，变成无机形态的氮才能为植物吸收利用。一般来说，一年中有 $1\% \sim 3\%$ 的氮释放出来供植物利用。无机形态氮主要是氨氮和硝态氮，有时有少量亚硝态氮的存在。氮素在包气带中的迁移转化过程涉及有机氮的矿化作用、硝化作用、反硝化作用、铵氮的挥发作用、离子吸附作用及淋滤作用等几个方面的转化作用。

1. 有机形态氮的矿化作用

有机形态氮的矿化作用为在土壤微生物作用下，土壤中有机态化合物转化为无机态化合物过程的总称。该作用主要分为两个阶段。

第一阶段是氨基化作用。在该阶段，复杂的含氮有机质通过微生物作用形成简单有机态氨基化合物。以蛋白质为例，其简单形式表示式为

$$蛋白质 \longrightarrow RCHNH_2COOH(或 R-NH_2)+CO_2+其他产物+能量$$

第二阶段是铵化阶段，或称铵化作用。在该阶段，各种简单的氨基化合物分解成氨，同时还可能产生有机酸、醇、醛等较简单的中间产物。

在充分通气条件下为

$$RCHNH_2COOH+O_2 \longrightarrow RCOOH+NH_3+CO_2+能量$$

在厌气条件下为

$$RCHNH_2COOH+2H^+ \longrightarrow RCH_2COOH+NH_3+能量$$

一般水解作用为

$$RCHNH_2COOH+H_2O \longrightarrow RCH_2OH+NH_3+CO_2+能量$$

2. 硝化作用

硝化作用也分为两个阶段。第一个阶段是 NH_4^+ 在亚硝化杆菌属作用下氧化成 NO_2^-，第二个阶段是 NO_2^- 在硝化杆菌属的作用下氧化成 NO_3^-，即

$$NH_4^+ +1.5O_2 \longrightarrow 2H^+ +H_2O+NO_2^- +能量$$

$$NO_2^- +0.5O_2 \longrightarrow NO_3^- +能量$$

3. 反硝化作用

参与反硝化作用的细菌有自养和异养两种类型，以异养型为主，其细胞合成所需的能量主要来自于有机物，适宜于厌氧环境。

NO_3-N 的生物还原过程有一系列的中间产物，包括 NO_2^-、NO、N_2O、N_2，其表示式可写为

$$2HNO_3 \xrightarrow[-2H_2O]{+4H^+} 1HNO_2 \xrightarrow[-2H_2O]{+2H^+} 2NO \xrightarrow[-H_2O]{+2H^+} N_2O \xrightarrow[-H_2O]{+2H^+} N_2$$

4. 铵氮的挥发作用

铵盐具有相对高的挥发性，尤其在碱性条件下，更容易转化为气体氨，即

$$NH_4^+ +OH^- \longrightarrow H_2O+(NH_3)g$$

5. 离子吸附作用

土体对水中离子具有一定的吸附作用。在氮素中，氨氮具有较强的吸附性，属阳离子吸附。

6. 淋滤作用

由于水进入包气带中，水岩作用下，使部分氨氮及硝态氮随水体穿过包气带进入地下水含水层中。

氮素迁移转化过程如图 4-1 所示。

4.1.2　氮素在包气带与地下水中的迁移转化规律

人类对污染物在包气带中迁移转化规律的研究始于 20 世纪 80 年代，美国、英国等西方发达国家在非饱和带水分运动的基础上，开始研究污染物在包气带中的迁移规律。通过大量的室内及野外土柱试验，确定了非饱和带垂向一维弥散系数和衰减系数，此阶段的示踪剂大都采用保守性物质。随着研究工作的深入，逐步开始研究重金属在非饱和带的迁移

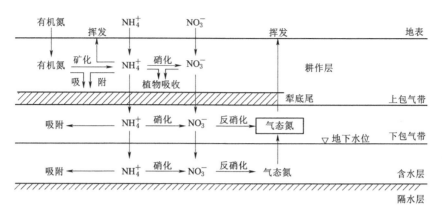

图 4-1 氮素迁移转化过程示意图

转化规律，考虑土壤液相和固相浓度的分配系数，并借助于 Henry、Freundlich 和 Langmuir 的等温吸附模式来表示液相和固相浓度吸附和解吸问题。对于弥散系数的研究，Pickens 和 Grisak 又将恒定常数扩展为随时空变化的动态参数。对土壤介质结构的研究，由结构不变的刚性体，发展为研究可变的介质体，由均质土壤研究到分层土壤。在土壤水分运动方面，由非饱和带的平均孔隙速度发展到研究可动水体和不可动水体，并综合考虑水、气、污染物及土壤四者之间相互作用关系。在数学模型求解方面也在不断发展，由非饱和带的简单解析解发展到考虑复杂因素的数值解，求解的初始条件和边界条件也在不断改进，使之更加接近于污染物迁移的实际情况。

我国对污染物在包气带中迁移转化的研究已开始重视起来，尤其是氮、磷、重金属和有机农药污染方面受到农学家们的高度重视，对于它们在土壤作物系统的吸附、迁移、转化、归宿和分布规律方面的研究，都取得了较大的进展。最初的研究方法侧重于盆栽试验和田间试验，其目的在于搞清楚氮肥施入农田后的去向即作物吸收与利用多少、土壤残留多少、深层渗漏多少、挥发多少，其研究重点侧重于氮素的转化，如：朱济成用盆栽法研究了我国北方氮肥地下流失率；吴岳在青铜峡县河西七条沟利用从水体取样分析的办法对灌溉条件下氮、磷、钾随水流失污染水体进行了初步研究；聂永丰用数值模拟的方法研究了污染物氪在下包气带非饱水条件下的迁移转化问题。近几年，我国土壤物理学者在室内外开展了一些溶质运移的试验研究，如：叶自桐、黄康乐分别对饱和包气带溶质运移进行了试验研究数值模拟；叶自桐还对传输函数模型（TFM）进行了简化，提出了适于研究入渗条件下土壤盐分对流运移的传输函数修正模型，根据田间不同矿化度灌溉入渗试验结果，得到了盐分通过 $0\sim6cm$ 土层时的时间概率函数；吕家珑等对土壤中磷的运移进行了研究；王亚男等对含磷污水淋滤条件下土壤中磷迁移转化进行了模拟试验，结果表明，可溶态磷进入土壤后，主要随水分作溶质迁移，在迁移的同时，不断转化为吸附态磷和各种沉淀态磷，吸附态磷由可溶态磷生成，与可溶态磷一起发生化学沉淀反应生成沉淀态磷，并固着于土壤颗粒上不发生迁移，沉淀态磷由可溶态磷和吸附态磷生成，在土壤中主要参与化学转化，沉淀态磷在土壤中有随水分迁移的现象；王福利在一维垂直土柱上，研究了降水淋溶条件下，溶质在土壤中运移的问题时，仅考虑了对流、弥散二因素的影响，研究结果表明，降水量越大，溶质被淋洗的深度愈大，当溶质以液态形式加入土壤时，降水强度对溶质淋洗的影响小，而当溶质以固态形式加入土壤时，则降水强度越小，溶质淋溶效果越好，这是因为降水量相同时，雨强越小，雨水与固态接触而溶解的时间越长，溶解越充分。

20 世纪 60 年代后期，为了研究地下水水质，人们把数学模型应用进来。首先由 Bel 对孔隙介质中水动力弥散进行了详细研究，指出了水动力弥散可由纵向弥散和横向弥散系数来表征。Fried 进一步研究了经典模型与水动力弥散方程，该方程是建立在宏观孔隙介质连续的前提下的，据此认为：孔隙介质的每个无穷小单元体都是由固体物质与孔隙构成的，并提出了考虑固体物质与孔隙分界面是浓度与浓度梯度跳跃的新水动力弥散模型，导致水动力弥散方程中增加了补充项。可预测含水层中污染浓度的复杂数学模型由 Konikon 等在 1978 年研制出来。1977 年 Wills 和 Neumman 在一系列论文中提出了分散参数系统内地下水质动态管理的通用模型。近年来，国内外学者在地下水溶质运移理论及试验研究方面又取得了新的进展，如：对污染物迁移的弥散系数提出了与时空有关的表达式；通过大量的试验研究使得迁移方程中衰减、离子交换、生物、化学反应项的系数取值更为合理，考虑的因素更为全面；对于污染物中固液相浓度的相互转化关系进行了深入的研究，吸附条件由平衡等温模式发展到考虑非平衡吸附模式；边界条件和初始条件的设定也更趋于合理和全面。随着研究的深入，国外对污染物迁移转化的随机模型也展开广泛的研究，新的成果不断问世。在迁移载体水分运动方面，又发展到考虑可动和不可动水体等因素。

我国地下水水质模拟研究工作是最近 40 年来的事情，1980 年初首先由山东省地质矿产开发局等单位在济宁市郊区进行了现场试验研究工作，并建立了我国第一个为预测地下水污染发展趋势的地下水水质模型。1982 年武汉水利电力学院应用伽辽金有限元法求解了在渗流区有抽水井条件下的二维溶质迁移及在自由表面上有入渗补给时二维渗流中的溶质迁移问题。这以后许多学者开始进行这方面的理论和工程应用研究，其中对流弥散模型是使用最多的数学模型，研究者将该模型加以修正以使模型适用于不同的工程情况，目前的对流弥散模型的主要应用有：越流含水层中的污染迁移；裂隙岩体中的溶质迁移；海水入侵引起的变密度溶质迁移；填埋场渗滤液的迁移；地下放射性核废料的迁移模拟等。

4.1.3 地下水溶质运移数值模拟

1952 年，Lapidus 和 Amundson 提出了一个类似于对流-弥散方程（CDE）的模拟模型，揭开了溶质运移研究的序幕。1954 年，Scheidigg 将 Lapidus 的方程扩张到三维的情况，并推导出了反映溶质运移的概率密度函数，同时考虑了溶质运移时的水动力弥散作用，使溶质运移理论的研究向前推进了一步。1956 年，Rifai 在 Scheidigg 研究成果的基础上，又考虑了溶质运移的分子扩散作用，并引入了弥散度的概念（弥散度为水动力弥散系数与孔隙水流速度的比值，即 $\alpha = D/V$），使溶质运移理论的研究更加深入。1960 年，Nielson 和 Biggar 从理论上推导建立了对流—弥散方程，并据实验结果，对 Lapidus、Scheidigg、Nielson 模型进行了比较分析，结果表明：对流-弥散方程能较好地描述非反应性物质在多孔介质中的迁移规律。Nielson 首次系统地论述了对流-弥散方程的科学性和合理性，在溶质运移研究历史上，建立了第一个丰碑。

在随后的几十年里，影响溶质运移的各种因素被广泛研究，并耦合到对流-弥散方程模型中。吸附作用首先被成功的模拟，并且被广泛应用。可利用等温吸附条件下的 Henry 线性方程、Langmuir 方程和 Freundlich 方程耦合到对流-弥散方程中再用来模拟平衡吸附作用，因为在地下水环境中大多数吸附作用可以满足局部瞬时平衡的假设，近年来，限速吸附作用，即所谓的"慢吸附"也开始被研究，用来模拟非瞬时平衡的吸附作用。放射性衰变问题是在核废料处置的模拟研究中遇到的，研究结果表明核素衰变利用一级动力学方程可以成功的耦合到对流-弥散方程中。生物降解作用是通过一级动力学方程或者 Monod 方程来耦合到对流-弥散方程中，而且可以考虑生物的抑制作用，这样的模型用来模拟氯代烃、苯系物等多种有机物的生物降解作用。另外研究较多的还有溶解沉淀、氧化还原、离子交换等。

地下水溶质运移模型一个重要进展就是溶质运移模型和水文地球化学模型的耦合。在地下水系统中，水-岩相互作用是影响地下水化学组分的重要因素，各组分不但要符合对流、弥散等作用，而且也符合基本的水化学原理，包括质量守恒、质量作用定律、电荷守恒。考虑两者的共同作用才能准确模拟地下水中溶质运移过程中的物理-化学过程。在溶质运移和水文地球化学耦合研究上许多学者做了大量的工作，但模型多局限于稳态流速的一维、二维流场问题，耦合模型是近些年发展起来的，许多问题仍处在理论探讨中，较少应用于实际问题。

4.1.4 存在问题

（1）重视地下水中的研究，忽略包气带中的研究，尤其是机理方面的研究相对较弱。

（2）包气带中"三氮"研究以室内及野外表层（耕作层以上）柱试验为主，缺少对整个包气带剖面上的研究。

（3）在定量研究方面，主要以模型模拟为主，模型中考虑岩性介质为均质各向同性，而实际中介质为非均质各向异性。对氮污染物的数值模拟多为只考虑"三氮"之中的某一个元素来进行模拟，对多种氮元素同时考虑来进行模拟，同时考虑硝化、反硝化反应的很少。

4.2 包气带中"三氮"与微生物分布

4.2.1 样点布设与分析方法

4.2.1.1 包气带取样剖面布设

根据 2005 年普查成果，结合高安屯、东坝、地坛、高碑店、方庄、潮县等地的野外现场调查，设置 14 个取样孔，主要分布在温榆河通州段流域以及向市区辐射方向。各取样孔基本情况见表 4-1。

表 4-1 各取样孔基本情况

设计取样孔编号	实际取样孔编号	x 坐标	y 坐标	地　址	钻孔深度/m	污染区类型
T01	7#	116.535	40.046	孙河乡政府	8.6	V
T02	5#	116.619	39.940	楼梓庄与东窑交汇处	8.3	Ⅲ

续表

设计取样 孔编号	实际取样 孔编号	x 坐标	y 坐标	地　　址	钻孔深度 /m	污染区 类型
T03	4#	116.603	39.989	高安屯垃圾场	11.8	V
T04	10#	116.772	39.818	姚辛庄村东南侧	7.5	V
T05	9#	116.731	39.874	东方化工厂旁边果园	4.5	V
T06	3#	116.554	39.894	南花园苗圃附近	13.2	V
T07	11#	116.491	40.055	何各庄北部果园内	20.4	IV
T08	6#	116.569	40.016	金港赛车场东侧	6.0	IV
T09	12#	116.517	39.986	环铁附近	18.0	III
T10	13#	116.576	39.954	东坝公园东北角	14.4	III
T11	16#	116.502	39.946	辛庄寸东部，铁路线附近	12.0	III
T12	14#	116.436	39.976	芍药居地铁附近	7.2	III
T13	15#	116.463	39.966	牛王庙村	12.0	IV
T14	水源一厂	116.436	39.947	水源一厂附近	13.0	III

4.2.1.2　取样与测试方法

1. 取样方法

野外土样样品的采集主要采用两种方式来完成。在地表 30cm 范围内，取样较密，每隔 5cm 取一个样品，从地表往下 5cm 处开始，30cm 处结束，共 6 个样品，主要采用挖坑的方式来实现样品的采集（图 4-2）；地表 30cm 以下的包气带内，由于深度增加，不便于挖坑取样，这里主要通过钻机来完成取样工作，待钻机取上岩样后，在钻杆内取土壤样品（图 4-3），钻杆内取出岩样长度约 1m，其取样个数据岩性情况来确定，若钻杆内岩性基本不变，则每米内取 1 个样品，若岩性变化较大，则取样较密，每种岩性内取 1 个样品。

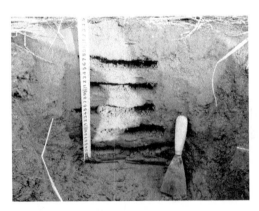

图 4-2　表土取样

图 4-3　层土取样剖面

包气带土样收集分两种方式进行。部分土壤样品在野外直接剖分取样管，现场取样，所取样品一部分用铝盒密封保存，用于测试含水率及氧化还原电位；另一部分则直接装入袋中，用封口膜密封样品袋，并将样品放在阴暗处；另一部分则利用 Groprobe 钻机获取包气带样品，所取原状样品主要存放在 PVC 管中，将 PVC 管带回室内进行室内剖分，在剖分 PVC 管过程中，首先在管中钻孔，监测不同深处的氧化还原电位，待电位测试完毕之后，用剖分器沿着 PVC 管纵向将管剖分为上下两部分，根据岩性变化情况，从地表开始，依此向下取样，取样过程中仍分为两部分进行：一部分放入铝盒内，待测试含水量；另一部分装入密封袋内，待测试各理化指标及氮素等地球化学指标。

采样和装填样品时，应避免采样被污染，采集后应立即密封样品。每个样品贴上标签，写明取样地点、时间、编号和采样人，样品于当天运回实验室保存。

2. 样品前处理

采集的土样，在阴凉通风处风干，除去大颗粒物质及草根杂物后磨碎，过 10 目筛，将样品装入样品袋内待分析使用。

水溶性盐制取。依据《土壤水溶性盐的分析》方法，称取 50g 风干土样，放入 500mL 塑料瓶中，按 1：5 土水比加水 250mL，手摇 3min。将液体倒入离心管，以 3500r/min 的转速离心 15min，随后用 0.45μm 的水相滤膜过滤。用带塞三角瓶收集滤液，加盖，放入冰箱，在 4℃下保存，待测。样品在一周内完成测试分析。

3. 测试指标及方法

土壤样品测试理化指标与方法见表 4-2。

表 4-2　　　　　　　　　　　土壤样品测试理化指标与方法

理化指标	测试方法	理化指标	测试方法
含水量	质量法	硝态氮、总氮	紫外分光光度法
pH 值	电位法	亚硝态氮	N-(1-萘基)-乙二胺光度法
氧化还原电位	电位法 1	阳离子	感耦等离子体原子发射光谱法
总有机碳	重铬酸钾氧化外加热法	HCO_3^-	滴定法
颗粒组成	比重计法	其他阴离子	离子色谱
氨氮	纳氏比色法		

注　表中总氮主要是指氨氮、硝态氮、氨基酸、酰胺和易水解的蛋白质氮的总和。

4. 数据处理及分析

(1) 根据剖面整体情况，结合实际情况，剔除部分影响因素明显的异常点。

(2) 利用 excle 图表，分析了解各指标及氮素在垂向剖面上的变化情况。

(3) 通过统计描述方法，了解区内氮素分布情况。

(4) 通过主成分分析，了解影响氮素分布的主要因素。

4.2.2　包气带中"三氮"分布特征

剖面土壤样品浸出液中的可溶性氮素主要包括氨氮、硝态氮、亚硝态氮。氮素形态不同其在包气带中的分布情况也各不相同，以下将分别介绍各形态氮素在研究区各剖面中的总体分布状况及垂向分布特征，并分析包气带中"三氮"分布影响因素。

4.2.2.1　氨氮总体分布状况及垂向分布特征

由氨氮统计结果可知，各取样孔中氨氮普遍存在，平均浓度变化范围在 1.13～

19.03mg/kg 之间。含量较高的为 11#、15# 取样孔，平均浓度分别为 19.03mg/kg、13.69mg/kg；最高浓度 73.25mg/kg 出现在 11# 取样孔 12.94m 深的粉土层中；氨氮含量较低的取样孔为 7#、5# 和 14#，平均浓度均小于 2mg/kg，最高浓度在 6.00mg/kg 左右。其中取样孔 11# 与 15# 均处于浅层地下水氨氮Ⅳ类区，5# 和 14# 位于浅层地下水氨氮Ⅲ类区。由此可知包气带中氨氮在一定程度上影响着地下水中氨氮的污染状况。各取样孔氨氮分布见表 4-3。

表 4-3　　　　　　　　　　　　　各取样孔氨氮分布

取样孔编号	剖面样品数量	氨氮浓度/(mg/kg)		
		最小值	最大值	平均值
水源一厂	13	0.41	13.88	3.52
15#	15	1.53	65.51	13.69
14#	8	0.58	5.59	1.96
16#	22	—	68.30	8.76
13#	23	0.30	49.49	10.28
12#	28	—	68.84	11.39
6#	15	1.00	56.80	10.96
11#	39	0.42	73.25	19.03
3#	23	0.06	12.24	4.22
9#	9	1.58	12.73	6.35
10#	14	3.02	19.14	9.92
4#	18	2.17	20.56	10.85
7#	16	0.13	3.82	1.13
5#	19	—	6.27	1.62

根据各取样孔剖面土壤样品浸提液中氨氮在垂向深度上的变化情况，将氨氮的分布规律分为两类。

（1）上低下高型。上低下高型底部出现累积峰，研究区 14 个取样孔中有 9 个取样孔剖面氨氮垂向分布规律符合此类型，占总数的 64.3%（图 4-4）。该类剖面中氨氮垂向上表现为含量随着深度增加有递增的趋势，在一定深度范围内出现明显的含量峰值区。如 15# 取样孔剖面 6.90m 黏土层中出现浓度最高值 65.51mg/kg，该层位之下氨氮含量逐渐降低；16# 取样孔则以 6.70m 为界，其上氨氮变化幅度较小，其浓度在 3.00mg/kg 左右波动，平均值为 3.14mg/kg，而 6.70m 以下的深度中氨氮含量明显增加，变化幅度较大，6.70~10.2m 的黏土层氨氮平均浓度高达 23.64mg/kg。综合各取样孔岩性特征可以发现此类取样孔剖面中岩性各不相同，但氨氮的分布具有一致性，表明存在其他的因素影响了其分布。

（2）其他类型。14 个取样孔中有 5 个取样孔剖面氨氮垂向分布规律为其他类型（图 4-5）。4# 和 5# 取样孔氨氮随深度呈双峰波动变化型；14# 和 10# 取样孔呈 S 形；3# 取样孔则呈中间高，上下两端低的单峰变化型。对比 4#、5# 和 14# 取样孔可发现，三钻孔上

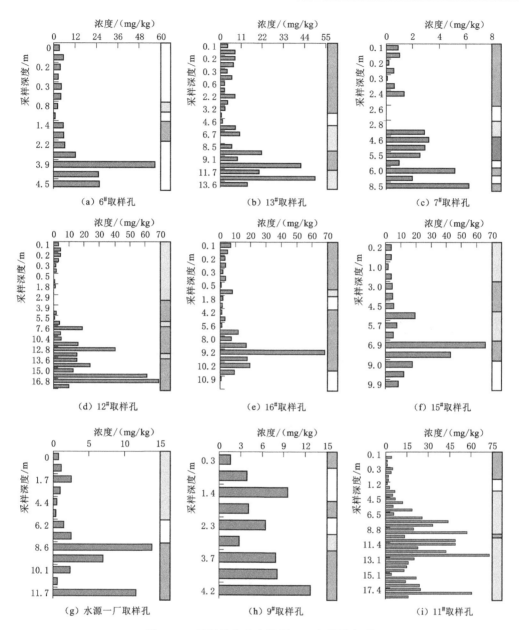

图 4-4 氨氮垂向分布特征——上低下高型

部氨氮含量较高区与细质地黏土区相对应,而下部层位中尽管岩性介质不均一,仍出现了不同程度的氮素累积。

4.2.2.2 硝态氮分布特征

各取样孔硝态氮分布见表 4-4,由表可知,包气带剖面中硝态氮普遍存在且含量变化幅度较大,平均浓度变化范围在 0.34～49.20mg/kg。含量较高的为 3# 和 16# 取样,平均浓度分别为 49.20mg/kg 和 12.11mg/kg;最高浓度 227.12mg/kg 出现在 3# 取样孔表层 0.1m 深的粉质亚黏土层中;硝态氮含量较低的取样孔为 7# 和 4#,平均浓度均小于 4mg/kg。

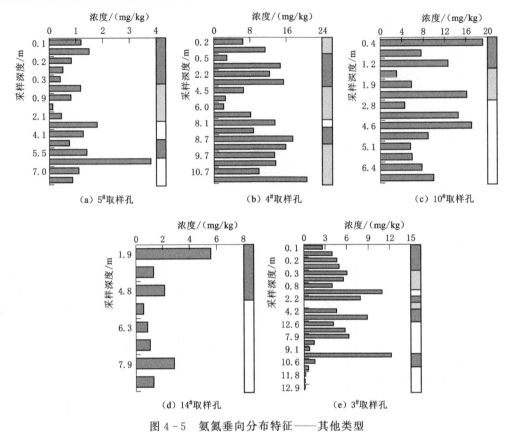

图 4 - 5　氨氮垂向分布特征——其他类型

表 4 - 4　　　　　　　　　　　　各取样孔硝态氮分布

取样孔编号	剖面样品数量	硝态氮浓度/（mg/kg）		
		最小值	最大值	平均值
水源一厂	13	2.89	11.89	5.22
15#	15	3.95	14.91	7.41
14#	8	—	9.81	3.38
16#	22	2.37	56.02	11.46
13#	23	2.85	28.57	9.44
12#	28	2.23	22.19	6.42
6#	15	1.32	12.03	5.19
11#	39	2.83	20.50	7.80
3#	23	1.27	227.12	49.20
9#	9	1.53	13.12	5.19
10#	14	0.02	80.06	12.11
4#	18	—	22.74	3.06
7#	16	—	1.20	0.34
5#	19	—	58.08	7.51

根据研究区内各取样孔剖面土壤样品浸提液中硝态氮在垂向深度上的分布情况，将研究结果分为三类。

（1）上高下低型。表层硝态氮含量高，随深度递减，30cm以下随深度波动较小。研究区内6个取样孔土壤硝态氮剖面分布符合此规律，占取样孔数的42.9%（图4-6）。从图中可以看出，此类剖面的不同土层中，硝态氮浓度差别明显，总体表现为随剖面深度的加深而明显降低，表层土壤0～30cm范围内的含量最高，波动较大，30cm以下土层中硝态氮含量较低，变化较为缓和，仅个别层位存在异常值，如12#取样孔的0.5m处硝态氮明显高于其上层含量。

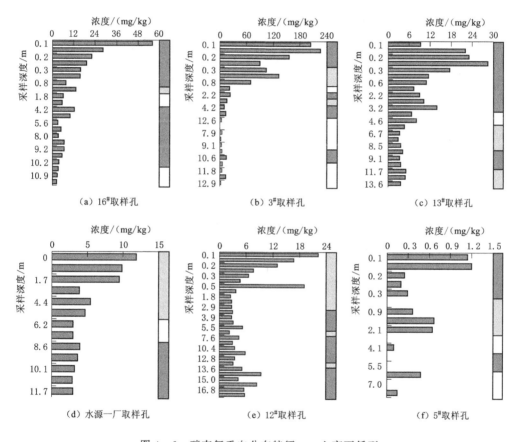

图4-6 硝态氮垂向分布特征——上高下低型

不同取样孔的土壤剖面硝态氮分布特征差异不明显，硝态氮有在表层富集的趋势，其垂向分布与岩性特征无明显相关关系。据研究，硝态氮的迁移及蓄存受土壤质地、含水量、有机质含量、氧化还原条件、降水强度等多重因素的影响。研究区位于平原区南部，据北京各气象站1991—2003年降水量资料统计，该区年降水量较小，为500mm左右，年内降水多集中在6—9月。本研究采样时间大部分处于雨水较少的4—5月，利于土壤中的氮素氧化成硝态氮；而土壤的表层为耕作层，农田氮肥的施用主要集中在这一层位，从而使得硝态氮在土壤表层积累，含量高于其下大部分土层。这与其他许多研究者野外及室内试验结果一致。

（2）单峰型。此类取样孔剖面中硝态氮在垂向上呈顶底两端硝态氮含量较低，中间含量较高的单峰型分布特征（图 4-7）。如剖面 10# 取样孔的高浓度区主要集中在 1.88～4.56m，该区中硝态氮总量为剖面硝态氮总量的 87%，平均浓度高达 29.50mg/kg；剖面 4# 的高浓度区主要出现在 4.50～7.77m，此深度范围内各层位中硝态氮总量为剖面硝态氮总量的 80%，浓度平均值高达 10.90mg/kg。

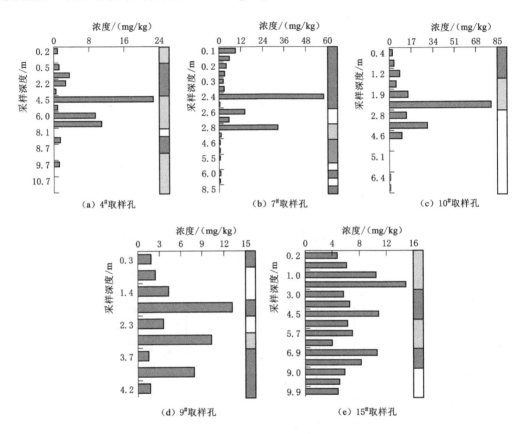

图 4-7　硝态氮垂向分布特征——单峰型

（3）其他类型。此类取样孔剖面土壤中硝态氮垂向分布规律随深度含量变化波动不大，仅个别层位出现高浓度值（图 4-8）。

4.2.2.3　亚硝态氮分布特征

采用统计描述的方法分别对各取样孔剖面中亚硝态氮进行简单统计，在所研究的 14 个取样孔共计 262 个样品中除 5# 和 7# 共计 35 个样品中亚硝态氮未检出外，其余 227 个样品中均有亚硝态氮的检出。亚硝态氮是硝化反应的一个中间产物，状态不稳定，易发生转化，一般情况下含量都相对较低。本研究区各剖面中亚硝态氮含量亦普遍较低，浓度平均值在 0.19～1.62mg/kg 范围波动，其中除 9# 和 10# 取样孔外其余取样孔中亚硝态氮浓度平均值均小于 1.00mg/kg，最大值 4.43mg/kg 出现在 12# 取样孔距地表深度为 4.56m 的黏土层中。各取样孔亚硝态氮分布见表 4-5。

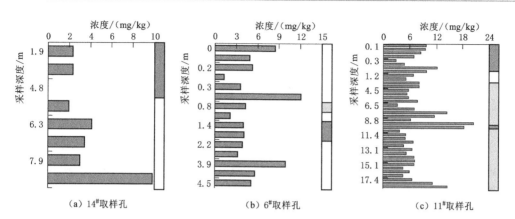

图 4-8 硝态氮垂向分布特征——其他类型

表 4-5 各取样孔亚硝态氮分布

取样孔编号	剖面样品数量	亚硝态氮浓度/(mg/kg)		
		最小值	最大值	平均值
水源一厂	13	0.17	0.67	0.37
15#	15	0.05	0.51	0.28
14#	8	0.17	0.39	0.28
16#	22	0.03	0.48	0.19
13#	23	0.05	0.77	0.25
12#	28	0.04	4.43	0.77
6#	15	0.15	1.24	0.40
11#	39	0.09	1.45	0.42
3#	23	0.09	0.94	0.30
9#	9	0.49	2.64	1.32
10#	14	0.25	4.38	1.62
4#	18	0.09	0.99	0.44
7#	19	—	—	—
5#	16	—	—	—

4.2.2.4 包气带中"三氮"分布影响因素分析

1. 岩性特征

在区内影响氮素在垂向分布的主要因素是岩性。氨氮、硝氮在垂向分布上均与区内黏土、亚黏土、砂土的分布情况有密切联系。如在 7# 取样孔中，5.52m、6.04m 以及 8.5m 处，二者含量普遍较高，而 5.7m、8.1m 等处含量相对较低。这是因为土壤是永久电荷表面与可变电荷表面共存的体系，可以吸附阳离子，也可以吸附阴离子。而且土壤颗粒越细，比表面积相应增大，土壤对各离子的吸附量也随之增大。就剖面中出现的各类土体而言，砂土中含砂量大，细粒含量较少，吸附量较少，因此其中氨氮、硝氮含量相应较少，而黏土、亚黏土则刚好与其相反。

2. 氧化还原电位

氧化还原电位（Eh）是沉积物氧化还原环境的标志。Eh 越高，沉积物越氧化，反之，层级环境越还原。由氨氮、硝氮分布图及 Eh 分布图来看，Eh 与氨氮对应关系较好。从分析结果来看，氨氮与 Eh 在分布上表现为：Eh 较高的地方，氨氮含量相对较低，Eh 较低的地方，氨氮含量相对高。据资料显示，土中 Eh 变化范围为 $200\sim700\mathrm{mV}$，大致以 $300\mathrm{mV}$ 为分界线，大于 $300\mathrm{mV}$ 时以氧化反应占优势，小于 $300\mathrm{mV}$ 时则以还原作用为主，而当 Eh 小于 $200\mathrm{mV}$ 时则开始进行强烈的还原过程，大于 $700\mathrm{mV}$ 时则为完全的氧化条件。因此，在野外钻孔中，Eh 较高的地方处于氧化环境，有利于氨氮发生硝化反应，降低氨氮的含量，使硝氮含量相应升高；而 Eh 较低的地方，硝化反应较弱，尤其在 Eh 小于 $200\mathrm{mV}$ 时，硝化反应基本停止，反硝化作用加强，其中氨氮含量增加，硝氮含量降低。因此，在 Eh 较低的黏土、亚黏土中氨氮含量较高，而硝氮含量较低。而 Eh 相对较高的砂土中氨氮含量较低，而硝氮含量较高。

3. 含水率

由分析结果来看，氨氮含量高低与含水率有着较为显著的相关水平。这是由于土中的水可以分为矿物中的结合水与土孔隙中的水两类，而孔隙中的水一部分为结合水，还有一部分为非结合水。结合水是土孔隙中的水与土粒表面接触时，由于细小土粒表面的静电引力作用，及水分子的极性，使水分子被极化，并被吸附于土粒周围，形成的水膜。而非结合水主要是指距土粒表面较远的分子，几乎不受或者完全不受土粒表面静电引力的影响，主要受重力控制的保持自由活动能力的水体。影响含水率测试效果的主要是结合水与非结合水。在黏性、亚黏性土层中，细粒含量较多，对水分子吸附作用较强，含水率相对较高，同时，细粒土对阳离子铵氮具有吸附作用，细粒含量越多，土体对氨氮的吸附量越大，因此在黏性、亚黏性土层中呈现含水率、氨氮含量相对较高的趋势。在液相中氨氮浓度相同时，含水率越高，氨氮含量相应也越多，而颗粒越细，颗粒间孔隙越多，孔隙度相对较高，其含水率也相应增大，氨氮含量相应增大。

4.2.3　包气带中的微生物特性

4.2.3.1　样品采集

采样区位于温榆河畔与北京东城郊区之间，土壤共选取三个样品采样点（图 4-9）。

野外采样于 2010 年 4 月进行，所有土壤样品均利用 Groprobe 钻机获得，采集到的包气带土壤样品存于 PVC 管内，标明土壤层位由上至下的具体走向。采集自各站点的原状土壤样品所在的 PVC 管于实验室内进行剖分，按岩性变化，由地表依此向地下取样。一部分放入铝盒内，待测试含水量；另一部分装入密封袋内，备测土壤无机离子及"三氮"含量。各采样点土壤的野外采集过程中，土壤样品 pH 值及电导率等参数利用哈纳 HI83200 多参数测定仪（HANNA，Italia）进行现场测定。样品采集完成后，迅速置于统一无菌盒中，贴好标签密封放入冰盒内于 $-70\mathrm{℃}$ 超低温冰箱内长期保存，用于后续微生物计数及核酸提取。

4.2.3.2　实验研究方法

实验研究方法包括土壤样品地质生物化学特征分析、土壤总细菌数量的 DAPI 方法计数、土壤样品总 DNA 的提取、土壤总 DNA 的提取、基因组总 DNA 的检测和纯化、总

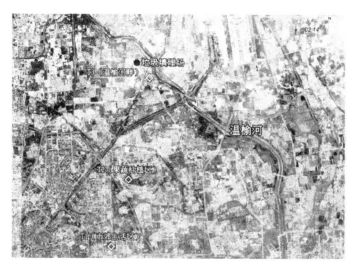

图 4 - 9　华北平原温榆河畔北纬 39°附近采样点

DNA 16SrDNAV3 区 PCR 扩增、细菌 16SrDNAV3 可变区片段的变性凝胶电泳（DGGE）分离。

4.2.3.3 实验结果分析

1. 土壤样品细菌总数统计及环境理化因素测定

研究区包气带 3 个采样点共 12 个土壤样品的总微生物经 DAPI 染色计数（图 4 - 10），得到的数据表明，土壤样品中的细菌总数在 $1.60 \times 10^5 \sim 8.87 \times 10^9$ 的范围内。不同采样点的菌落计数如图 4 - 11～图 4 - 13 所示。图中数据显示，土壤样品总细菌的数量随地层深度增加基本呈递减趋势，T1 采样点土壤的微生物总量随地层深度加深明显减少，说明细菌数量随地层增加、有机质含量减少而减少，这与以往的研究结果一致。同时，数据还反映出，相同深度不同位点剖面的总细菌量为同等数量级，说明研究区内部水平方向微生物菌群分布基本均匀。但土层样品细菌总数分布受地层深度因素对微生物总量的影响并不唯一，其中 T2 采样点中深层位点（地表下 8m）与中层位点（地表下 3m）的细菌总量同

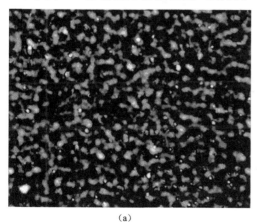

(a)

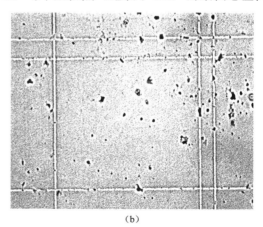

(b)

图 4 - 10　包气带土壤样品总微生物的 DAPI 检测

属一个数量级，说明土壤颗粒组成变化引发的其他因素的改变，如污染氮素的异常积累、土壤含水率及溶氧量等，与土壤中细菌的数量变化密切相关，这些因素同时还影响着深层地区微生物的活性。T3 采样点同样存在特例，表层的细菌总数略低于地下浅层的细菌总数，土壤样品中细菌的含量并未随地层加深而增多，此时影响其变化的主要因素是采样点中土壤颗粒组成的变化。

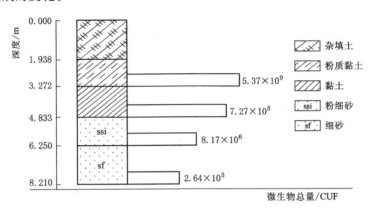

图 4-11　T1 采样点的菌落计数

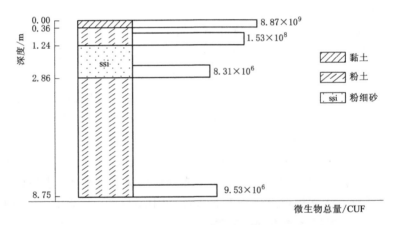

图 4-12　T2 采样点的菌落计数

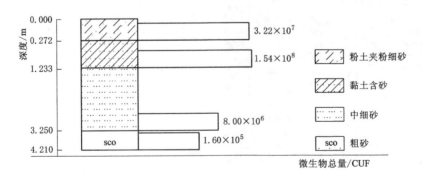

图 4-13　T3 采样点的菌落计数

通过对研究区剖面土壤样品各环境因素的测定，得到各采样点理化参数及微生物数量统计表（表4-6）。结果反映出，各采样点土壤样品的pH值均大于8，含水量在各点的变化较小，均在15%以上，土壤环境中部分无机离子含量过高，其主要形态为NO_2-N，NO_3-N，NH_4-N，SO_4^{-2}等。氨氮含量及硝氮含量在T2采样点及T3采样点积累均较为明显，T1采样点"三氮"含量检出较T2与T3采样点明显减少，同时亚硝氮在T3采样点的表层位点含量较高，在T1采样点及T2采样点中没有明显积累。3个站点中硫酸盐含量不均，含量在6.62～448.05mg/kg。结果表明研究区土壤剖面环境处于氮素及无机盐类污染状态，极有可能威胁到该区的地下水环境。

表4-6　　　　　　　　　　各采样点理化参数及微生物数量统计

采样点	土壤岩性	细菌总数CUF	深度/m	pH值	含水率/%	Eh/mV	NH_4-N 干重/(mg/kg)	NO_3-N 干重/(mg/kg)	NO_2-N 干重/(mg/kg)	SO_4^{-2} 干重/(mg/kg)
T1-1	粉质黏土	5.37×10^9	1.94	8.73	20.53	247.00	2.24	0.46	0.08	56.22
T1-2	黏土夹砂	7.27×10^8	3.27	8.73	16.75	201.00	0.52	0.47	0.12	36.61
T1-3	粉细砂	8.17×10^6	7.45	8.63	18.34	133.10	0.42	0.69	0.13	9.82
T1-4	细砂	2.64×10^5	8.21	8.68	17.26	107.20	0.53	1.96	0.12	6.62
T2-1	黏土	8.87×10^9	0.95	8.14	17.77	566.00	21.04	22.21	16.88	19.04
T2-2	粉土	1.53×10^8	2.21	8.71	17.75	187.60	4.88	5.09	0.35	24.38
T2-3	粉细砂	8.31×10^6	4.00	8.33	3.83	284.00	9.97	2.04	0.43	49.83
T2-4	粉土	9.53×10^6	8.15	8.56	9.83	226.00	66.59	11.61	0.81	33.29
T3-1	黏土夹砂	3.22×10^7	0.27	8.55	0.17	491.00	0.46	4.56	1.34	448.05
T3-2	粉土含砂	1.54×10^8	1.23	8.63	19.17	372.00	1.11	4.06	2.47	29.10
T3-3	中细砂	8.00×10^6	3.25	8.62	18.02	90.70	2.48	3.21	0.59	45.75
T3-4	粗砂	1.60×10^5	4.21	8.73	16.87	86.00	5.16	3.68	0.52	28.00

2. 土壤样品细菌总DNA提取及纯化结果

从12个土壤样品中进行环境基因组的提取，获得DNA片段的大小约在15kbp，用试剂盒纯化所得的目的片段的条带比较单一，表明所提DNA条带非特异性扩增较少，可利用其进行后期的实验分析。分别在砂质土壤及黏质土壤样品中各选取2个所得DNA样品进行琼脂糖凝胶电泳检测，得到包气带土壤样品粗DNA的电泳检测图谱，如图4-14所示。

3. 细菌16SrDNAV3区PCR扩增结果

PCR是一种级联反复循环的DNA合成反应过程，由三个步骤组成：模板的热变形，寡核苷酸引物复性到单链靶序列上以及由热稳定DNA聚合酶催化的复性引物引导的新生DNA链延伸聚合反应。降低PCR体外扩增过程中模板热变形时的退火温度，可以减少PCR过程中非特异性引物存在而造成的非目的条带的产生。以纯化得到的土壤样品总

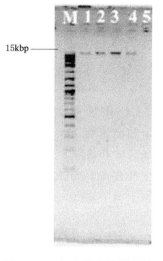

15kbp

图4-14　包气带土壤样品粗DNA的电泳检测图谱

DNA 为模板，进行 16SrDNAV3 区扩增，退火温度在由一般的 65℃降至 55℃时，得到的 PCR 条带（长度约为 230bp），即 16SrDNAV3 区的特异性片段（含"GC 夹子"）。

4. 菌群落多样性的 DGGE 条带分离

对三个采样点（T1、T2、T3）12 个土层进行 DGGE 测定，泳道中产生的条带均聚集在胶体的中间部位（该区域的变性浓度属于高低混合），胶体中条带反映出三个采样点的土壤细菌群落具有较为明显的差异。DGGE 图谱如图 4 - 15 所示，图谱中共出现 85 条可见条带，分别代表土壤样品中优势细菌 16SrDNA 的目的片段，条带的数量反映出细菌群落组成中的优势群体的数量，条带的强度代表细菌种群中细菌的含量，与模板 DNA 片段含量成正比。

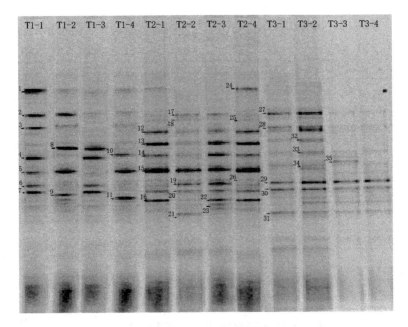

图 4 - 15　DGGE 图谱

注：泳道 T1 - 1～T1 - 4 分别为选自靠近城区的生活潜在污染区的土壤样品；泳道 T2 - 1～T2 - 4 为选自偏市区的果蔬种植场地的土壤样品；泳道 T3 - 1～T3 - 4 为选自靠近河岸及垃圾填埋厂污染区域的土壤样品。

DGGE 图谱反映出：采样点 T1 中表层土壤及浅层土壤的 DGGE 条带图谱分布较为相似，相比泳道 T1 - 1 所代表的表层土壤，泳道 T1 - 2 中条带 1 和条带 3 的亮度明显减弱，而条带 4 和条带 6 显然不存在于 T1 - 2 泳道代表的浅层土壤中，说明条带 1、3、4、6 代表主要存在于表层土壤中的优势细菌种群；同时浅层土壤中出现的条带 8 及条带 9 没有在表层土壤中检出，而是与表层土壤中存在的条带 4、条带 6 及条带 7 代表的细菌种群共同作为深层土壤中的优势菌群出现在 T1 - 3 泳道中；随着地层的加深，除条带 5 对应的优势细菌外，地下深层以上的土壤中优势种群在底层土壤中均非优势，而在其他层位中没有出现的条带 10 及条带 11，则代表底层土壤的两类优势菌群。由此说明包气带土壤剖面表层至底层之间表现出不同的微生物多样性，这与土壤颗粒结构改变造成的有机质积累变化相关。同时表现在DGGE图谱中，采样点T2各层位的条带随层位加深变化并不明显，除部分菌群（条带17、条带18、条带19、条带21、条带24）为个别层位的特别优势菌群外，其他菌群均贯穿于所有层位土壤之中（条带12、条带13、条带14、条带15、条带20），这与该位点各层位相似的土壤颗粒组成（表层至底层多以黏土及粉质黏土为主），及相似的污染物积累状态（"三氮"积累较为明显）关系密切。采样点T3在DGGE图谱中的条带分布表明，表层及浅层土壤的细菌群落分布相似性很高，条带27～34所对应的细菌菌群在两层位中的含量存在差异，但细菌种类几乎没有改变，但该层位见水较浅，且土壤颗粒变化较大，因此表层及浅层中大量存在的优势细菌群落在位处浅层饱水带的T3-3及T3-4层位中逐渐消亡，仅有少量优势菌群存在（条带29、条带30、条带31）并新增一种优势菌（条带35），这说明该位点土壤颗粒对细菌细胞吸附力随剖面加深变大而减弱，同时较深层位浓度过大的污染对细菌存活的干扰，是造成土壤剖面细菌多样性分布差异明显的主要原因。

综合分析DGGE图谱及三个采样点土壤地质条件表明：①T1采样点浅层以上地层的土质以黏性土壤为主，并随着地层的加深转变为细砂为主，表现在条带分布主体随包气带土壤剖面逐渐减少；②T2采样点的各层位土质变化不明显，以黏土及粉土为主，因此条带除少数为各层位的特殊优势群体外，大部分条带分布变化不大；③土质随地层变化较大的T3采样点由于土壤颗粒组成变化较大，较深地层主要为砂质土壤导致细菌群落分布较少，因而多数条带集中分布在黏性土壤为主的表层及浅层土壤中。由此说明三个潜在污染区中，土壤细菌群落分布规律受土壤颗粒变化导致的有机质积累及氧含量差异影响显著。

5. GGE图谱的UPGMA聚类分析

使用软件NTsys version 2.0根据DGGE图谱中每条带的有无所建立的矩阵进行聚类分析，通过UPGMA聚类分析表明三个采样点及其各不同层位之间，微生物群落的相似程度均存在变化（图4-16）。

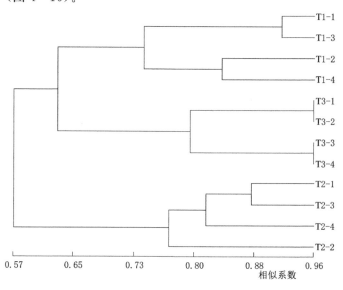

图4-16　利用NTsys软件对DGGE图谱进行的UPGMA聚类分析结果

采样点 T1 表层 T1-1 与 T1-3 的微生物群落结构最相近，相似度为 90% 左右，说明 T1-3 中部分微生物种群在较深地层仍然存在，地下浅层 T1-2 与表层 T1-1 相比，微生物群落结构变化稍明显，相似度为 86%，而随着地层的加深底层 T1-4 的微生物群落分布明显不同于另外三层，相似度只有约 75%。同样采样点 T2 各层位的微生物群落结构也存在差异，T2-2 层与其他三层差别最明显，相似度只有 76% 左右，而地层 T2-4 与 T2-1 及 T2-3 两层的群落结构相似度则保持在 80% 以上，其中表层 T2-1 与地下深层 T2-3 的微生物群落结构相似度最高，达 88%。采样点 T3 的各层位群落结构差异较为明显，反映在图谱中的各层分布差异较大，表层 T3-1 与 T3-2 之间的相似度达到 96%，而深层 T3-3 与 T3-4 之间的群落结构相似度同样为 96%，但较浅两层与较深两层之间的差异明显，只达到 80%，说明浅层与深层土壤剖面的微生物群落结构变化较大。

反映在三个采样点之间的群落结构相似性为：采样点 T1 与采样点 T3 的群落结构较为接近，相似度达到 75%，而采样点 T2 与其他两个采样点 T1、T3 差异较大，相似度只有 57%。微生物菌群在采样点 T1 及 T2 之间变化不大，但采样点 T3 与采样点 T1 及 T2 的细菌群落结构分布差异均比较明显，原因在于采样点 T3 紧靠温榆河畔，包气带地层见水层位较浅，土质多为砂质土壤，造成采样点 T3 的微生物群落结构变化明显。

4.2.4 包气带中微生物多样性及时空分布

4.2.4.1 样品采集

样品为经变性梯度凝胶电泳分离的土壤样品细菌总 DNA 片段。

4.2.4.2 菌株和载体

Top10 菌株购自权氏金公司，110-T 载体购自大连宝生物公司。

4.2.4.3 实验方法

实验方法为优势条带的切胶回收、菌 16SrDNA 基因克隆文库的构建及测序、群落结构系统发育分析、垂直分布与环境因子的典范对应分析（CCA）、隆序列统计分析。

4.2.4.4 实验结果与分析

1. 优势序列的测序结果

选取优势条带 1~35 号进行回收测序，共获得 107 个序列，通过 Check-Chimera 检测，81 个属于正常可用的 16SrDNA 序列。正常序列与 NCBI 基因库中的 BLAST 比对，将所得到序列与比对后的最近亲缘关系序列绘制细菌序列系统发育关系树状图。

基于 16s rDNA 基因序列相似性不小于 98% 的准则，三个采样点共 12 个点位的土壤样品的 81 个克隆归类为 54 种不同亲缘类型（OUTs），将系统发育类型代表的部分重要非重复序列提交至 GenBank，获得从 HQ916750 到 HQ916804 的序列号（Accession Number）。

2. 包气带土壤细菌多样性的系统发育分析

细菌 16SrDNA 序列的系统发育分析表明，实验中所获得的细菌 16SrDNA 序列基本来源于土壤及水体环境，主要分属于 11 个细菌分类单元，分别是 α-变形菌（Alpha proteobacteria）、β-变形菌（Beta proteobacteria）、γ-变形菌（Gamma proteobacteria）、δ-变形菌（Delta proteobacteria）、厚壁菌（Firmicutes）、酸杆菌（Acidobacteria）、放线菌（Actinobacterium）、绿弯菌（Chloroflexi）、拟杆菌（Bacteroidetes）、产黄杆菌（Flavobacteria)、芽饱杆菌（Gemmatimonadetes）和未分类细菌（Unidentified bacteria）。细菌分类单元如图 4-17 所示。

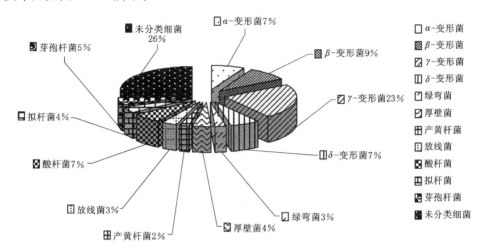

图 4-17 细菌分类单元

注：百分比为不同细菌种群在总 OUTs 中所占比值。

3. 包气带土壤细菌的空间分布情况

细菌类群在不同采样点和层位中的分布存在显著差异（图 4-18）。T1 采样点 4 个层位样品中的优势细菌类群是 γ-变形菌、δ-变形菌、绿弯菌、厚壁菌和芽孢杆菌。其中 γ-变形菌所占比例最大为 36.4%，其次是厚壁菌占到 18.2%，而绿弯菌与未分类细菌也占到 13.6%，芽孢杆菌所占比例为 9%。产黄杆菌及 δ-变形菌所占总菌类的占比仅为 4.5%，α-变形菌、β-变形菌、拟杆菌、放线菌和酸杆菌均未在 T1 采样点中被发现。

T1 采样点靠近城区且表层覆盖有建筑垃圾杂填土，浅层土壤颗粒为粉质黏土，深层主要由粉细砂、细砂组成，地下污染氮素及以硫酸根离子为代表的无机盐在粉质黏土及黏

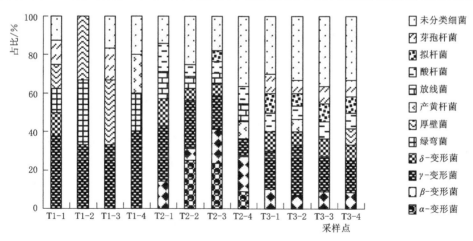

图 4-18 采样点各层位细菌组成统计

注：T1-1~T3-4 分别代表采样点 T1~T3 各层位土壤样品。

土层积累明显，在以细砂为主的土层中含量迅速降低。厚壁菌类细菌与来自植物根系土壤的细菌亲缘性较高，其中芽饱杆菌属是一类与氮循环密切相关的异养脱氮细菌。受土壤颗粒的限制，厚壁菌类细菌仅存在于除底层 T1-4 以外的 3 个富含氮素的细颗粒土壤层位中。被认为在硫循环中具有重要的作用的除硫单胞菌属，同样仅存于土质为粉质黏土和黏土夹细砂的 T1-1 及 T1-2 层位中，说明相对砂质土壤硫酸根离子蓄积量较高的黏土质土壤为该类细菌生存的首选环境。而在土壤颗粒为细砂的底层中特异存在一类具有脱氮作用的产黄杆菌，可将下渗迁移过程中的氨态氮逐渐氧化以硝态氮形式积累在底层，其生长条件相比土壤颗粒形态，受硝态氮含量的影响更为显著。

T2 采样点 4 个层位样品中的最优势细菌类群是 β-变形菌（21.6%）、γ-变形菌（19.6%）和 α-变形菌（17.6%）。δ-变形菌、放线菌、酸杆菌、拟杆菌和产黄杆菌所占的比例分别为 5.9%、7.8%、7.8%、2% 和 2%。绿弯菌、芽孢杆菌及厚壁菌未在其中检测出。随着层位的增加，层位 T2-2、T2-3 和 T2-4 中优势菌的种类增加了 α-变形菌。经过序列分析发现，地下深层 T2-3 检出的优势菌群包括特异性的拟杆菌，而作为其他三层的优势菌种 δ-变形菌在 T2-4 层位几乎检测不到。

T2 采样点位于城郊果蔬种植园，长期受到含氮类农药污染，在对以粉细砂-黏土类型为主的土层剖面环境分析时，发现该区氨态氮积累极为严重，尤其在地下浅层与饱和带之间氨态氮更加显著。该位点总氮含量由浅至深增长，是土壤深层包括固氮菌等多种变形菌 α 亚纲细菌增多的主要原因。值得注意的是，T2 采样点土壤中硝态氮及亚硝态氮含量随层位加深呈递减趋势，说明这些层位的土壤微环境中发生了较为明显的反硝化作用，其中占绝对优势的细菌均属于反硝化细菌类别，如分属于 γ-变形菌的假单胞菌和分属 α-变形菌的一类异养硝化-好氧反硝化菌 Paracoccus pantotrophus ATCC 35512。相关报道证明，该细菌能够利用氧气、硝酸根、亚硝酸根、氮氧化物作为末端电子受体，能以还原性硫化物为能源生长，在无氧条件下也能生成亚硝酸根，其存在解释了采样点 T2 中亚硝态氮随层位增加的现象。γ-变形菌门的高度耐盐菌盐单胞菌生存于硫酸盐含量较高的 T2 采样点粉质土壤中，与其亲缘关系最近的物种来自于苯乙酸废水的高盐污泥，这类细菌的存在多数受污染盐类含量的影响。T2 采样点的各层位中还存在着各类有机污染的降解菌，如地杆菌、放线菌和 β-变形菌，以及拟杆菌等，这些门类的细菌多来自混合污染土壤及淤泥中。但草地土壤、农田等环境中常见细菌绿弯菌、芽孢杆菌及厚壁菌未在 T2 采样点检测出。

T3 采样点 4 个层位样品中 γ-变形菌占较大优势，达总菌量的 17.6%，δ-变形菌、β-变形菌、芽孢杆菌、拟杆菌和酸杆菌所占比例均在 8.0% 左右，厚壁菌及产黄杆菌所占比例仅 2.1%，而未分类的细菌所占的比例为三个采样点中同类比例最大，达 33.3%。

剖面表层 T3-1、T3-2 层位的优势细菌群组成属于群落多样性较为丰富的一层，这是由于毗邻河道的采样点 T3，与 T1 及 T2 采样点相比，饱水带层位较浅，土壤密度较大，砂含量较高。由于主要颗粒组成为粉土夹粉细砂的表层土壤 T3-1，相比有黏土夹层的浅层土壤 T3-2 积累污染物质及吸附微生物的能力略差，其表层的污染氮素含量及细菌总数、多样性均略低于地下浅层。土壤理化数据测定结果表明，采样点 T3 氨态氮含量由浅层到深层饱和层逐渐增加，黏质土壤层位 T3-1 中硝态氮及亚硝态氮也有明显积累，微生物数量和种类较为丰富，但随着层位的加深，土壤受污染程度加大，包气带砂质土壤中微生物吸附能力衰减，使微生物群落活性降低，造成硝化反应程度减弱，氨态氮转化为硝态氮及亚硝态氮的程度也随之降低。

4. 包气带土壤细菌分布与环境因子的典范对应分析（CCA 分析）

各细菌类群与环境关系的 CCA 二维排序如图 4 - 19 所示。图中箭头表示环境因子，箭头所处的象限代表环境因子与排序轴之间的正负相关性，箭头连线的长度代表某个环境因子与研究对象分布相关程度的大小，连线越长，代表这个环境因子对研究对象的分布影响越大，箭头连线与排序轴的夹角代表该环境因子与排序轴的相关性大小，夹角越小，相关性越高；三角图标代表文库所包含的所有微生物种群分属的门类。

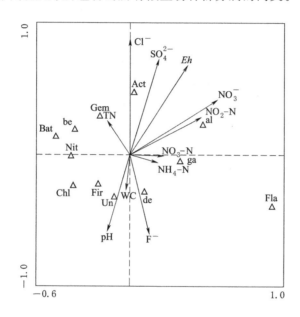

图 4 - 19　各细菌类群与环境关系的 CCA 二维排序图

TN—总氮；NO_3 - N—硝基氮；NO_2 - N—亚硝基氮；NH_4 - N—氨氮；

WC—含水量；pH—pH 值；F^-—氟离子；Cl^-—氯离子；SO_4^{2-}—硫酸根离子；NO_3^-—无机盐氮；

Act—放线菌；Un—未分类序列；ga—γ -变形菌；Bat—拟杆菌；al—α -变形菌；

be—β -变形菌；de—δ -变形菌；Fir—厚壁菌；Chl—绿弯菌；Nit—亚硝化菌；

Gem—芽单胞菌；Fla—产黄杆菌

CCA 分析的结果表明，包气带土壤生态系统中的微生物种群在二维排序图中的分布与土壤各理化因子具有明显的相关性。位于二维排序图左上方的细菌分属 β -变形菌、放线菌、芽单胞菌和拟杆菌等几个门类，在研究区土壤中的分布与总氮含量呈明显正相关。放线菌及 α -变形菌的分布则与阴离子因素有一定的相关性，同时 α -变形菌的分布随硝基氮含量增加而增长。而亚硝基氮含量及氨氮含量是影响排序图中右下方 γ -变形菌分布的关键参数。δ -变形菌与含水量具有显著的正相关性，与其他阴离子因素，如氟离子等，有一定的相关性，表明这类细菌主要分布在盐类含量较高的地区。图左下方的绿弯菌、厚壁菌受含水量及 pH 值影响较大，这两种参数值的平稳与否决定了两类菌群生长的状态。

研究区存在的未分类菌群分布受 pH 值及含水量影响较大，同时与亚硝基氮及氨氮含量负相关。

5. 包气带土壤细菌克隆序列统计分析

基于 16s rDNA 基因的 218 个有效序列以相似性不小于 98% 的准则归类为 54 种不同的可操作分类单元（OUTs），其中有 38 个 OTU 类型代表单克隆，其他的 16 个 OTU 类型代表 2 个或者多个克隆，最多的类型包括 11 个克隆。同时将文库中的所有序列代表的克隆利用 Dotur 软件进行多样性指数分析，主要选取辛普森指数 Simpson（$1/D$）、香农-威纳指数 Shannon-Wiener（H'）、均匀度 Evenness（J'）、丰度覆盖率（ACE）及偏差矫正指数（Chao 1）等统计参数对土壤细菌多样性进行非参数的估算。

地层剖面各采样点细菌 16SrDNA 基因多样性指数见表 4-7，数据表明，偏差矫正指数在 3～40 变换，而丰度覆盖率在 3%～82%，辛普森指数变动范围在 2～18，香农威纳指数则浮动于 0～2.5，而各采样点序列的均匀度均保持在 0.75 以上。由此说明研究区包气带土壤样品的微生物群落多样性根据采样点及层位的不同表现出明显的差异，其中辛普森指数及香农威纳指数的数值越高，说明该点的细菌群落多样性在序列水平上表现丰富，如采样点 T1 的层位 T1-1、T1-2，采样点 T2 的层位 T2-1、T2-3、T2-4 及 T3 采样点的 T3-1、T3-2 层位。同样由表中其他数据可知，在所研究的 12 个层位中，T1-2、T2-1、T3-1 及 T3-2 4 个层位的多样性指数较高，T1-3、T1-4、T2-2 较低，这样的分布特征与土壤样品的土质及污染积累情况有着密切关系。

表 4-7　　　　　　　　　　　地层剖面各采样点细菌 16SrDNA 基因多样性指数

采样点	辛普森指数（$1/D$）	香农-威纳指数（H'）	均匀度（J'）	丰度覆盖率（ACE）/%	偏差矫正指数（Chao 1）
T1-1	13.99	1.73	0.77	12 (8, 21)	8 (6, 22)
T1-2	15.00	1.55	0.83	3 (3, 5)	5 (4, 19)
T1-3	5.00	1.24	0.75	11 (4, 70)	7 (4, 28)
T1-4	4.99	1.06	0.85	15 (6, 82)	8 (5, 28)
T2-1	17.16	1.77	0.81	9 (7, 22)	8 (7, 22)
T2-2	2.10	0.79	0.77	7 (3, 44)	4 (3, 16)
T2-3	13.64	1.83	0.81	7 (5, 22)	6 (5, 13)
T2-4	11.32	1.31	0.81	10 (7, 27)	13 (8, 40)
T3-1	20.93	2.06	0.82	11 (9, 26)	11 (9, 25)
T3-2	19.00	1.94	0.78	9 (8, 21)	9 (8, 18)
T3-3	13.14	1.22	0.82	14 (12, 17)	12 (10, 24)

4.2.5　综合分析与评价

（1）不同剖面中，氮素在垂向分布上具有一定的相似性，但是其分布形态随着氮素形态的不同而呈现不同规律。其中氨氮在垂向上表现为含量降到某值后，氨氮含量随着深度

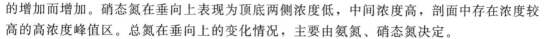

的增加而增加。硝态氮在垂向上表现为顶底两侧浓度低，中间浓度高，剖面中存在浓度较高的高浓度峰值区。总氮在垂向上的变化情况，主要由氨氮、硝态氮决定。

（2）岩性与包气带中各形态氮素之间存在较好的对应关系，主要表现为：黏土中含量普遍高于砂土，黏土为各形态氮素的累积层位。这是由于黏性土具有"吸附性能"，可以吸附水体及其中各离子。

（3）*Eh* 与氮素之间也存在较好的对应关，主要表现为：氧化环境中，包气带氮素以硝态氮为主，而还原环境中则以氨氮为主。在垂向剖面上，随着 *Eh* 的不断减小，氨氮含量不断增大，而硝态氮含量则不断减少。

（4）水位对硝态氮在垂向上的分布具有重要作用，水位埋深较浅时，硝态氮高浓度区间主要出现在水位附近，随着水位的增加，硝态氮高浓度区间出现在水位以上剖面中，水位附近硝态氮含量大大降低，水位埋深较大时，水位附近土中硝态氮含量几乎为 0。此外，在水位以下深度中硝态氮含量随着深度的增加而不断减少，甚至降为 0。

（5）相关分析结果表明，黏粒与氨氮之间为正相关关系，而 *Eh* 与氨氮之间为负相关关系，表明黏粒与 *Eh* 是影响氨氮分布的主要因素。硝态氮与总氮之间的正相关关系，表明在区内，水溶性氮素中以硝态氮为主。此外，硝态氮、总氮及水溶盐之间也存在一定的正相关关系，这表明，硝态氮在包气带中迁移能力较强，影响硝态氮分布的因素与影响水溶盐分布的因素相同。

（6）从主成分分析结果来看，氨氮受岩性、*Eh* 及含水率等影响明显，硝态氮受岩性、*Eh* 影响明显，总氮含量高低与硝态氮及氨氮密切相关。

（7）将荧光显微技术应用于土壤样品总微生物计数中，所得微生物总量的准确度较高，减少了培养计数中样品微生物量的缺失。对比了三个采样点共 12 个土壤样品微生物总量的变化，对微生物总量的成层分布进行分析讨论。结合土壤理化性质的改变，分析出影响土壤微生物群落分布的主要因素，结果揭示包气带土壤微环境中土壤结构组成的改变是影响土壤中污染物的迁移转化及微生物群落分布的重要因素。

（8）包气带土壤研究中，土壤样品的微生物群落分布并非单纯受地层加深的影响，采用基于 16SrDNAV3 区碱基检测技术的 PCR-DGGE 法对样品总 DNA 进行扩增分离测定。结果表明，土壤细菌的群落多样性随污染物积累的程度影响更为明显，污染氮素及硫酸盐含量是土壤细菌种群聚集的主要原因。因此土壤细菌群落的分布对环境质量及污染物质的迁移转化规律具有明显的生物指示作用。

（9）进一步对 DGGE 技术分离出的优势序列进行系统发育分析，将三个采样点的每个土壤样品中的优势菌群在分子水平上进行细化研究，利用克隆文库的构建、环境因子与菌群分布的典范对应分析以及多样性参数的统计，系统研究了包气带土壤细菌的群落组成结构，揭示了土壤细菌群落分布与环境因子的具体相关原因，并在某些层位发现参与氮素循环及硫循环过程的优势细菌菌种。分析结果表明，研究区土壤中优势细菌种群分属于 11 个常见细菌门类，而其中不乏降解菌群的存在，对后期包气带土壤污染的治理工作提供数据支撑，并为进一步研究地下水生态系统的防污性能及自净能力评估奠定重要的理论基础。

4.3　包气带中"三氮"迁移转化试验与数值模拟研究

4.3.1　非均质包气带中"三氮"迁移转化室内实验

模拟试验主要进行了以下几个方面的研究：

利用自行设计的砂槽，运用染色示踪技术，在石英砂及实际砂土两种介质条件下对非均质包气带中的水分运移过程进行物理模拟，通过观测不同时刻的土水势、湿润峰运移模式，分析湿润峰运移速率、含水量剖面分布特征，研究含细质地透镜体的包气带中水分运移规律。

利用自行设计的砂箱装填含有细质地透镜体的粗细交错的非均质砂土，通过氨氮连续入渗污染及间歇污染两种运行方式，模拟恒定浓度氨氮污染源随降水入渗氮素在包气带中的迁移转化过程；通过晰出、土壤溶液及土中氮素、pH 值等理化参数的分析确定氮素在其中的富集、迁移和转化规律，为建立研究区地下水中"三氮"迁移转化数值模拟提供基础数据。

在污染运移规律研究基础上，进行降水入渗对已污染包气带土层中"三氮"淋滤过程的物理模拟研究，探讨非均质包气带中氮污染物在降水淋溶作用下的迁移转化规律，为野外包气带氮素空间分布规律研究提供参考。

4.3.1.1　实验设计

水分运移实验，氨氮连续污染、间歇污染及降水淋溶实验所用实验装置及运行方式均相同。

1. 实验材料与装置

实验装置主要由实验用砂箱、降雨模拟器及晰出收集系统三部分组成。

实验用砂箱由 PVC 材料组建而成，大小为 20cm×40cm×60cm。箱壁一侧布设 21 个孔径大小为 25mm 的土样取样孔（A1～G3）和 6 个孔径大小为 8mm 的土壤溶液取样孔（由上到下编号依次为 $1^{\#}$～$6^{\#}$），其中 $2^{\#}$、$5^{\#}$ 位于透镜体中部，$1^{\#}$、$4^{\#}$ 和 $3^{\#}$、$6^{\#}$ 分别位于透镜体上、下表面（距黏-砂界面 5mm）。实验用砂箱示意如图 4-20 所示。

降雨模拟器储水空间大小为 20cm×40cm×0.5cm。采用容积 10L 的棕色下口瓶供水，由导水管通过蠕动泵与上板进水口（a 和 a'）相连，下板均匀安装 50 个 5 号医用针头使降雨分布均匀。控制蠕动泵流量为 30rpm，降雨强度为 1.72cm/h，该降雨强度下水分全部入渗，无积水现象，土柱下端排水口自然排水，确保实验在稳定非饱和渗流状态下运行，并于降雨前后分别取土壤溶液以测定其中"三氮"含量及相应的 pH 值等参数。降雨模拟器示意如图 4-21 所示。

2. 供试土样基本性质

实验中的理想介质为粒径大小分别为 0.25mm 和 0.15mm 的市售白色石英砂；实际介质采用北京近郊区细砂和亚黏土，均为扰动土，取回后经晾干、碾磨、筛分后作为物理性质分析及污染物背景值测定。供试土样的基本物理性质、矿物成分、背景值参数见表 4-8～表 4-10。

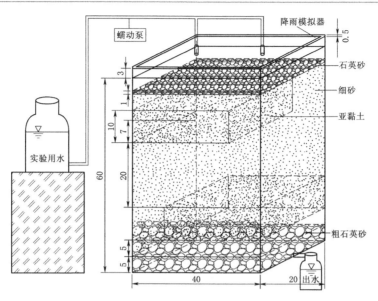

图 4-20　实验用砂箱示意图（单位：cm）

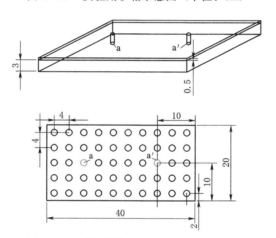

图 4-21　降雨模拟器示意图（单位：cm）

表 4-8　　　　　　　　　　　　　　　　供试土样基本物理性质

介质	控制干容重/(g/cm³)	孔隙度/%	风干含水率/%	土壤机械组成/%				渗透系数/(cm/min)
				<0.002mm	0.002~0.02mm	0.02~0.2mm	0.2~2mm	
亚黏土	1.50	45	0.72	10.8	29	59.7	0.5	0.0039
细砂	1.56	43	0.58	1.4	3.6	89.3	5.7	0.1

表 4-9　　　　　　　　　　　　　　　　供试土样矿物成分

介质	矿物种类含量/%							黏土矿物总量/%
	石英	钾长石	斜长石	方解石	白云石	黄铁矿	角闪石	
亚黏土	48.3	5.6	18.4	5.3	3.2	2.4	2.6	14.2
细砂	38.1	20.4	21.8	3.4	8.0	—	3.9	4.4

表 4 - 10　　　　　　　　　　　　供 试 土 样 背 景 值

介质	pH 值	背景值/(mg/kg)			
		$NH_4 - N$	$NO_3 - N$	$NO_2 - N$	Cl^-
亚黏土	8.31	30.68	10.13	1.11	25.2
细砂	8.58	9.99	6.36	0.24	3.45

3. 介质的装填

理想介质石英砂按自然堆积密度，实际介质按控制容重（表 4 - 11）及图设尺寸、位置分层称重装填并均匀夯实，介质装填示意如图 4 - 22 所示。其中 2 个亚黏土透镜体大小相同，均为 10cm×30cm×20cm，交互排列。为防止层与层之间形成人为界面，在装入上层土层前，需将夯实的界面抓毛。砂槽底部装填 5cm 粗石英砂为承托层，顶部铺设 1 层软质纱布和粗石英砂以保证水体缓慢渗入，防止股状流和优先流的产生。

表 4 - 11　　　　　　　　　　　　实 际 介 质 容 重 控 制

介质	装填质量/g	装填高度/cm	装填体积/cm^3	控制容重/(g/cm^3)
细砂	10000	8	6400	1.56
亚黏土	9000	10	6000	1.5

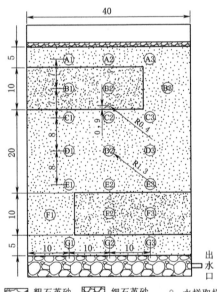

图 4 - 22　介质装填示意图（单位：cm）

实际介质装填砂槽时在 A1、B1 和 B3 位置分别安装张力计用于水分运移过程中水势观测，同时在 1# ~ 6# 土壤溶液采样点分别安装根际土壤溶液取样器（Rhizon - SMS）以抽取土壤溶液进行相关测试。

4. 测试指标及分析方法

本实验主要的分析项目为水样及土样中的 $NH_4 - N$、$NO_3 - N$、$NO_2 - N$、pH 等，各分析指标严格按《水和废水监测分析方法（第四版）》规定的标准进行分析。$NH_4 - N$ 采用纳氏试剂光度法，$NO_3 - N$ 采用紫外分光光度法，$NO_2 - N$ 采用 N -(1 -萘基)-乙二胺光度法，"三氮"的测试均使用 UV - 8453 紫外分光光度计。测试项目及分析方法见表 4 - 12。

土壤样品中土壤浸提液的制备方法为：风干土样按土水比为 1：5（质量比）加入 1mol/L KCl 溶液进行浸提，震荡 2h，悬液静置 30min 后将上清液倒入离心管，以 3500r/min 的转速离心 15min 制得无色透明浸提液。若浓度较高，可按比例加入蒸馏水稀释，土壤浸提液中氮素测试方法同水样中氮素测试方法相同。

表 4 - 12 测试项目及分析方法

项目	分 析 方 法		备 注
	水样	土样	
$NH_4 - N$	纳氏试剂光度法	1mol/L KCl 浸提—纳氏试剂光度法	紫外分光光度计 UV - 8453
$NO_3 - N$	紫外分光光度法	1mol/L KCl 浸提—紫外分光光度法	紫外分光光度计 UV - 8453
$NO_2 - N$	N -(1-萘基)-乙二胺光度法	1mol/L KCl 浸提—分光光度法	紫外分光光度计 UV - 8453
Cl^-	离子色谱法	—	离子色谱 DX - 120
pH	玻璃电极法	—	酸度计 PB - 10
含水率	—	烘干法	

4.3.1.2 水分运移实验观测内容与方法

氮素转化运移过程与土壤水分运移密不可分，要研究非均质包气带中氮素运移规律，首先需要了解对应条件下的水分运动及分布特征。因此，在研究氮素运移转化规律之前，采用染色剂示踪的方法，对砂箱非均匀介质中水分流动特性进行了观测，在此基础上研究和探讨了含透镜体的非均匀介质中水流和溶质的非均匀运动规律。

1. 实验设计

实验主要分为两部分（表 4 - 13）：①以 60 目和 100 目白色石英砂作为理想介质代替实验用介质装填砂槽，进行了 1 次干砂、2 次湿砂的染色示踪实验；②以实际土壤介质装填砂槽进行水分运移和染色示踪实验。水分运移实验过程中在 A2、B2、B3 分别安装 2100F 袖珍土壤张力计，在水分运移过程中观测张力计变化，实验结束后 0h、24h 取土测定含水率。

表 4 - 13 水 分 运 移 实 验 设 计

实验	实验命名	介质	条件	观测内容
理想介质	干砂染色	白色石英砂	干燥	湿润峰
	湿砂染色Ⅰ		湿润	湿润峰
	湿砂染色Ⅱ		湿润	湿润峰
实际介质	干土水分运移	细砂、亚黏土	干燥	水势、湿润峰及含水率
	湿土染色		湿润	湿润峰

2. 理想介质染色实验

以 100 目的石英砂代替粒径较细的亚黏土模拟细介质透镜体，60 目石英砂代替粒径较粗的细砂模拟粗介质，从而构成由上下两个透镜体交错存在的理想包气带非均质结构模式，旨在初步把握水分运移模式。实验供水水源采用 Brilliant Blue 食品染色剂与蒸馏水配制而成的浓度为 5g/L 的染色溶液，由砂槽顶部的降雨模拟器以 1.72cm/h 的模拟降雨强度均匀分布于介质表面形成一个连续的非饱和供水装置。随后在渗流槽的一面用记号笔将不同时刻的湿润锋分布勾画出来，并采用数码照相方式记录染色示踪剂所形成的水流运动空间模式，过后进行详细测量并利用 MapGIS 软件将实验照片进行矢量化处理，测记过程直到实验结束。

3. 实际介质染色实验

实际介质填装同时在 A2、B2、B3 分别安装 2100F 袖珍土壤张力计,平衡 24h 后记录初始状态各观测点张力值,之后用蒸馏水以设定的降雨强度 1.72cm/h 进行水分运移的观测实验。实验过程中观测张力计读数变化情况,湿润峰观察和记录方式与同石英砂染色实验相同。干土水分运移实验结束后 0h、24h 取土样测定含水率。静置排水 24h 后同样以染色示踪的方式进行了 1 次湿土染色实验,模拟湿润条件下的水分流动模式。

4. 实验结果分析

(1) 湿润峰运移速率。湿润峰运移时间见表 4-14,给出了湿润峰运行至槽底的总时间、穿透透镜体时间、在细-粗交界面处停滞时间及平均运移速度。两次湿砂染色的运行总时间均为 430min,平均运移速度为 0.12cm/min,较干砂染色(0.13cm/min)要慢;干土水分运移湿润峰推进速度为 0.10cm/min;湿土染色湿润峰运移速度为 0.08cm/min,此实验过程中水分均未穿透亚黏土透镜体。

表 4-14 湿润峰运移时间

实验命名	运行总时间 /min	穿透透镜体时间 /min	交界面处停滞时间 /min	平均运移速度 /(cm/min)
干砂染色	390	50	50	0.13
湿砂染色Ⅰ	430	80	80	0.12
湿砂染色Ⅱ	430	80	80	0.12
干土水分运移	500	100~130	40~80	0.10
湿土染色	600	未穿透	—	0.08

数据表明介质湿润条件下湿润峰运移速度小于干燥条件下,主要是在水分集中补给条件下,水流入渗的基本特征以非饱和孔隙水流为主,水分在土壤中运移的主要驱动力为干湿土壤之间的水势梯度及重力梯度。干燥条件下湿润峰处干湿土壤之间的水势梯度大,水分的运移速率也大;湿润条件下湿润峰处土壤间的水势梯度减小而重力梯度不变,故其水分运移速度亦逐渐减小。实际介质中湿润条件下水分未穿透亚黏土透镜体是由于其黏粒含量高,某些土壤黏粒水化后发生膨胀,使黏土夹层紧实而土壤孔隙减小。在黏土夹层中水分子之间和水分与土粒之间的摩擦力较大,致使土壤的饱和导水率降低,阻碍水分下渗。

(2) 湿润峰运移模式。理想介质水分运移模式如图 4-23 所示,由图可以看出,无论是干、湿砂染色还是干土水分运移及湿土染色实验,砂箱中均出现了明显的水分绕流现象。在入渗的初始阶段,由于砂槽顶部 5cm 为均匀的细砂介质,湿润峰以垂向迁移为主,水平方向各处迁移速度基本一致,表现为经典"活塞式"向下推移的运动方式。

湿润峰到达粗-细交界面(下透镜体上界面)时,干、湿砂染色两种条件下的表现规律有所不同:在干燥条件下,亚黏土透镜体中湿润峰的推进速度大于同层位细砂,以干土水分运移 [图 4-24 (a)] 下部透镜体表现最为明显。这是由于土壤质地上层粗下层细的情况,当湿润峰到达上、下两层土壤的界面时,下渗受控于下层土壤。下层黏土层土壤干燥、孔隙细小吸力大,吸水快,因而出现了上层土壤中的下渗速度小于下层土壤水力传导度的情况,在交界面上未产生临时积水,湿润峰可以较快穿过界面;而在湿润条件下湿润

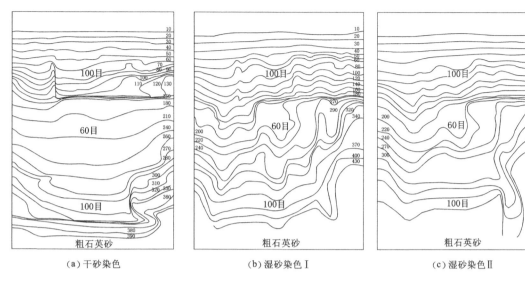

(a)干砂染色 (b)湿砂染色Ⅰ (c)湿砂染色Ⅱ

图4-23 理想介质水分运移模式图（单位：min）

峰推进速度有所减小，尤以湿土染色中表现最为明显［图4-24（b）］。在实验进行的12h内，湿润峰推进距离仅为1cm左右，推进缓慢，这是由于质地细的土壤较黏重，经过水分运移后蓄存有大量的水分，导致其内部含水率高，导水率接近饱和导水率，而其饱和导水率远小于上层细砂介质，因此会对水分的进一步向下移动产生阻碍，表现为湿润峰达到这一层时，入渗速率减小，即黏土夹层的存在具有阻渗作用。

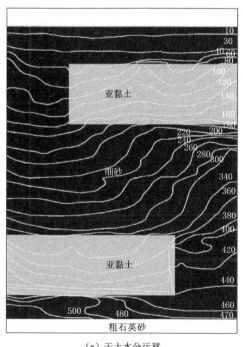

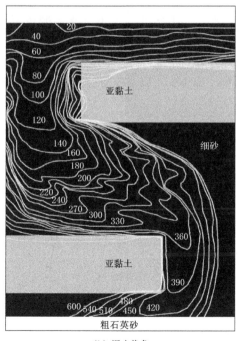

(a)干土水分运移 (b)湿土染色

图4-24 实际介质水分运移模式图（单位：min）

当湿润峰穿过细质地透镜体到达细-粗交界面（上透镜体下界面）时，由于细介质的进水吸力大于粗介质，湿润峰处的基质吸力尚不满足粗介质的进水要求，故在此出现停滞（王春颖等，2010）；与此同时粗介质中运行的湿润峰到达细-粗交界面水平位置时，入渗水分在水平方向上受基质吸力作用发生横向扩散，表现为湿润峰在向下推进的同时也横向推进。

综合以上分析不难发现，理想介质和实际介质两种条件下系统中均出现了较明显的水分绕流即优先流现象，其中湿润条件下绕流现象较干燥条件下更为明显，而实际介质由于粗-细介质颗粒粒径差距更大因此表现出的绕流现象更为显著。由此可见土壤孔隙、质地和土壤结构直接影响土壤水流特征，在自然条件下粗-细介质层交互排列的包气带中，土壤水流以及其携带的溶质可以优先流的方式很快穿透土层出现在土壤底层，进而造成深层土壤及地下水的污染。

（3）土壤水势变化规律。土壤水的数量常用基质吸力（负的基质势）表示，而不直接用基质势表示。测定基质势最常用的方法是张力计法，田间和室内均可使用。本实验选用的 2100F 袖珍土壤张力计，其多孔陶瓷头直径仅为 6mm，长为 2.5cm，具有反应灵敏、对土壤扰动小、干扰半径小的优点，特别适合于土壤表层附近土壤吸力的监测。张力计经过前期安装、校正，在装填介质过程中即布设于前述位置，保证多孔陶瓷头与周围土壤介质紧密接触，确保张力计灵敏度。

在干土水分运移实验过程中观测张力计随时间的变化读数，得到土壤水势随时间变化如图 4-25 所示。由图 4-25 张力计变化先后顺序可以判断系统中水分运移途径：初始时刻细砂中张力计（1 号和 3 号）测得土壤吸力相同均为 6kPa，2 号张力计测得的初始黏土吸力值为 7.8kPa，而细砂和亚黏土的初始含水率分别为 0.58% 和 0.72%，可见在初始含水率相近的情况下，细质土的基质势远大于粗质土。土壤干燥条件下，水分运移的主要动力是重力势和基质势。3 号张力计降雨开始后 20min 即降到 0.5kPa，其次是 1 号，最后是 2 号，反映了介质基质势的变化先后顺序依次为 3＞1＞2。

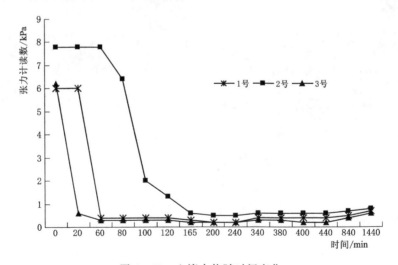

图 4-25 土壤水势随时间变化

张力计读数变化与湿润峰运行时间一致。入渗水流首先通过最上层 5cm 厚的均质细砂，水平位置各处湿润峰推进速度基本一致，位于此层 A2 位置的 3 号张力计读数最先发生变化；40min 时到达砂-黏界面，湿润峰运移速度出现差异，细砂中推进速度明显快于亚黏土。60min 时已经到达 B3 位置处，1 号张力计由 6kPa 下降到 0.4kPa，而与 B3 同水平位置的 B2 处水分没有到达，2 号张力计仍为 7.8kPa。运行至 80min 时湿润峰到达 B2 处，此时张力计下降到 6.5kPa，随着实验的运行，入渗水分逐步填充亚黏土层孔隙，基质吸力逐渐减小。165min 时孔隙基本被水充满，毛细管力不再起作用，吸力值降至最低。从而可知，相比同层透镜体内 B2 水流优先到达 B3。

（4）含水量分布规律。滞后效应对水分再分布有明显影响，尹娟等从肥液连续入渗与间歇入渗实测的土壤含水量分布研究发现，24h 内水分再分布剧烈，再分布 24h 后，土壤含水率已基本达到稳定状态。本实验测定了干土水分运移实验结束后 0h 及 24h 的土壤含水率，以反映土壤中水分再分布特征。水分运移结束后土壤含水率等值线如图 4-26 所示，可以看出，不同时刻土壤含水量在砂箱土层中的分布规律不同，水分运移刚刚结束时（0h）可以观察到等值线沿着远离两亚黏土透镜体方向由密到疏分布，含水率由高到低，亚黏土透镜体中含水率最高达 29％。质地较细的亚黏土透镜体中含水率明显高于其周围质地较粗的细砂介质，在上亚黏土透镜体下部细砂介质中出现了明显的水分低值区，C1 取样孔处的含水率仅为 4.23％，C2 和 C3 处的含水率约为 10％，再次说明此处发生了明显的水分绕流。

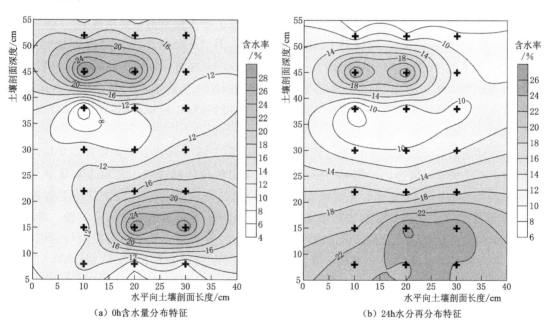

（a）0h含水量分布特征　　　　　　（b）24h水分再分布特征

图 4-26　水分运移结束后土壤含水率等值线图

随着再分布时间的延长系统水分分布发生了较明显的变化，上部土层中含水量明显降低，下部土层中含水量明显增高：砂槽顶部 5cm 均质细砂介质中的含水率从 14.61％降至 8.28％，明显减小；砂槽底部含水率由原来的 10％增大至 23％。这是由于供水结束后土壤剖面仍存在水势梯度，水分在水势梯度作用下，仍继续移动和重新分配，上层土壤含水量较高，水分在重力势梯度的作用下继续垂向运移从而增大了下部土壤的含水率。

两透镜体含水率均有所减小，上亚黏土透镜体的含水率从28％降至24％左右，下亚黏土透镜体的含水率从28％左右降至26％，下降幅度均不大。这是因为细质土中细孔隙较多、表面能较大且孔隙分布比较均匀，故能吸持较多的水分使孔隙排水比较缓慢（Baver L.D，1972）。上亚黏土透镜体下部的低含水区范围明显增大，C1取样孔处的含水率增大至6.63％，C2和C3处的含水率分别降低到8.23％和9.40％，说明高含水区的土壤水分在基质势梯度作用下横向运移从而增大了C1处的含水率。整个再分布过程中出水口无排水，水分仅在土层内部重新分布。

一般而言，若亚黏土层水平连续，则在下渗水流未达到其最大持水能力前，均质砂层可阻止水流继续向下层渗流，使得细砂层土壤含水量保持较低水平。本实验中亚黏土层的含水率为28.5％小于其饱和含水率，未达到其最大持水能力。而深度在20～40cm间的均质细砂层含水率随深度的增加而增加，说明该系统中存在利于水流向下继续流动的途径，从而增大了深层位的土壤含水量；当达到细砂的最大持水能力后，细砂层的阻水作用即消失。综合湿润峰运移模式及含水率等值线图可知在系统中透镜体同层位粒径较细的细砂层可形成优先水流通道，下渗水流可绕过透镜体快速进入下层介质中。

4.3.1.3　模拟降雨条件下非均质包气带中"三氮"污染试验研究

1. 试验设计

氮素在非均质包气带中迁移转化的室内物理模拟试验主要分为两个阶段：

第一阶段分为氨氮连续穿透试验（2010年7月16—31日）与间歇降雨污染试验（2010年8月27日—11月23日）。试验装置及砂箱装填方式同水分运移试验。以人工配制的NH_4-N浓度为100mg/L水溶液（分晰纯NH_4Cl与蒸馏水配制而成）为试验用水，模拟地表污染源中的氨氮随降雨入渗污染包气带的过程，模拟降雨强度同水分运移阶段为1.72cm/h。

连续穿透试验采用24h不间歇连续供水方式，历时15天晰出氨氮浓度稳定在最高值，同时测定Cl^-及晰出流速，绘制Cl^-穿透曲线及晰出流速历时曲线。之后重新填装介质，蒸馏水连续淋滤3天以消除本底值影响，为模拟包气带所处的好氧与缺氧的更替环境，2010年8月27日—11月23日进行了23个周期共计89天的间歇降雨运行试验。降雨期内以模拟降雨强度1.72cm/h的雨量均匀布水12h，间歇期3.5天使砂箱表面与空气自然接触，如此循环即4天为1个周期，降雨期与间歇期天数比为0.5：3.5。每个降雨期前后分别取土壤溶液分析NH_4-N、NO_3-N、NO_2-N，同时历时监测出水中"三氮"及pH值等。待晰出"三氮"浓度基本稳定后停止试验，静置3天后取土样，自然风干后测试土壤中NH_4-N、NO_3-N及NO_2-N含量。平行槽运行条件与运行方式同槽1，平行槽隔周期取样测试（2、4、6……双周期取样测试）。

第二阶段为降雨淋溶试验研究。槽1在第一阶段结束后再取土样测试土中"三氮"含量，分析土层中"三氮"累积分布规律；槽2进水换为蒸馏水间歇周期运行进行淋溶试验研究，取样方式与第一阶段类似。

2. 氨氮连续穿透试验研究

吸附是化学物质的分子或离子被固体表面束缚的物理化学过程，吸附会阻滞土壤溶质的运移，使土壤溶质的运移速度比土壤水分的运移速度慢。吸附作用对土壤溶质迁移的滞留效应用迟滞因子来描述。迟滞因子定义为土壤水和土壤溶质在多孔介质中的运移速度之比，即

$$R_d = \frac{v}{v^*} \tag{4-1}$$

式中 R_d——迟滞因子，无量纲；

v——土壤水的平均孔隙流速，cm/min；

v^*——土壤溶质的迁移速度，cm/min。

连续穿透试验结果如图 4-27 所示。

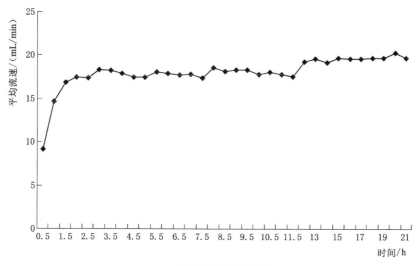

（a）断出流速时间变化

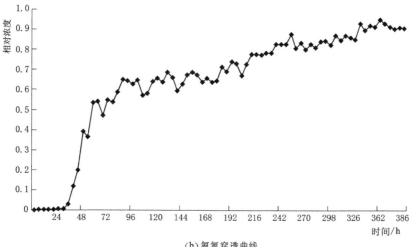

（b）氨氮穿透曲线

图 4-27（一） 连续穿透试验结果

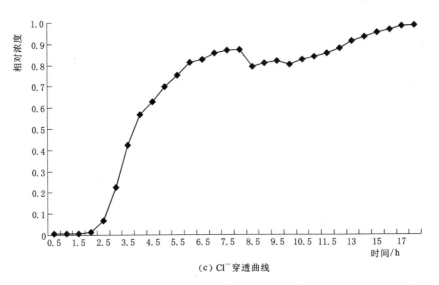

（c）Cl⁻穿透曲线

图 4-27（二）　连续穿透试验结果

对比连续穿透试验中三组曲线可以看出：NH_4^+ 的迁移速度远远小于水分的迁移速度，晰出在 3h 后水分的迁移速度即达到稳定的平均流速 19.7mL/min 左右；Cl⁻ 在 6.5h 后接近完全穿透，晰出浓度约为 250mg/L 接近初始浓度；氨氮在晰出后 15 天接近完全穿透，晰出浓度为 90mg/L，接近初始浓度 100mg/L。为更好地体现 NH_4-N 相对于 Cl⁻ 的滞后效应，本次试验利用 Cl⁻ 与 NH_4^+ 达到稳定相对浓度一半时所用的时间比来计算 NH_4^+ 的阻滞系数（刘明柱，2002），即

$$R_d = \frac{T_{0.5NH_4^+\text{-N}}}{T_{0.5Cl^-}} \tag{4-2}$$

NH_4^+ 的迟滞因子 R_d 为 15，由于具阳离子性的氨氮易被吸附到带负电荷的土壤颗粒上，使其在土壤中的迁移明显滞后于 Cl⁻ 的迁移，当介质对其吸附饱和后仍可随水流迁移进入地下水中造成污染。

连续穿透试验结束后在土样取样孔取土样，一部分用于含水率的测定，一部分用于土壤中氨氮的测定，并绘制含水量及氨氮分布等值线图（图 4-28）。

试验表明，连续穿透后含水量的分布和水分运移结束后含水量分布规律相似，相关系数 p 为 0.844，达到 0.01 显著相关水平，历经 15 天系统结构运行相当稳定。土壤含水率及风干土中氨氮含量见表 4-15。整体而言上层土体含水率低（8.01%～11.23%），下层土体含水率高（10.33%～31.50%）；亚黏土透镜体中含水率相对较高，上亚黏土透镜体中平均含水率为 27.46%，同比该层位的细砂含水率为 13.59%，下亚黏土透镜体中平均含水率为 43.91%，同比该层位细砂含水率为 21.98%；在上亚黏土透镜体下部出现低含水区，含水率由小到大依次为 C1、C2、C3。

连续穿透试验结束后土壤水分-氨氮剖面分布状态如图 4-29 所示。由图 4-28（b）可以看出，氨氮的累积分布与水分富集状态相似，两透镜体中含量相对较高，两透镜体之间出现低浓度区，相关性分析表明含水率与氨氮含量相关系数 p 为 0.711，达到 0.01 显

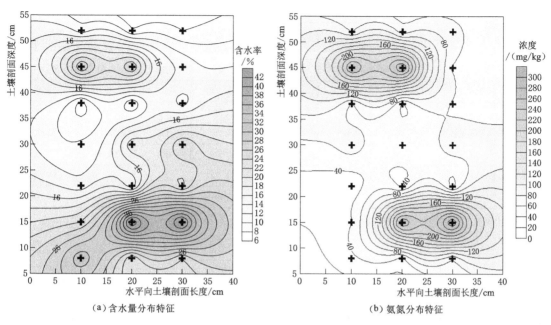

（a）含水量分布特征　　　　　　　　（b）氨氮分布特征

图 4-28　含水量及氨氮分布等值线图

著相关水平。由于 24h 连续进水，上部降雨模拟器将系统封闭，而进水中溶解氧的作用几乎可以忽略，试验主要在缺氧条件下运行，系统中仅发生氨氮的物理吸附及水动力弥散作用，不发生微生物的硝化反硝化作用，图 4-29 所示氨氮分布规律，反映了无生物作用条件下的氨氮吸附累积状态，质地细密的亚黏土透镜体中氨氮累积量较高。

3. 氮间歇污染晰出"三氮"周期变化规律

（1）晰出"三氮"周期变化规律。土壤是生物的天然富载体。陈登美研究发现：土地处理的启动驯化阶段，经过吸附-吸附饱和-穿透-微生物生长-微生物成熟，约需一个月的时间。而本试验填装的土壤介质采集后经过了晾晒等预处理，使得土壤中原有的生物在预处理过程中失去了本来的活性。根据晰出"三氮"的变化将历时 23 个周期 89 天的间歇污染试验分为 3 个阶段（图 4-30），即 16 天的

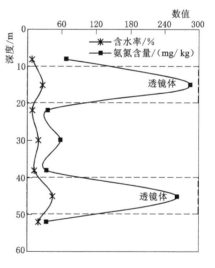

图 4-29　连续穿透试验结束后
土壤水分-氨氮剖面分布状态

微生物驯化期（1～5 周期），44 天的微生物快速生长期（5～16 周期），29 天的平衡稳定期（16～23 周期）。

由图 4-30 可以看出试验运行的前 5 个周期，晰出硝态氮和亚硝态氮含量很低，基本在检出限附近，可以判断此阶段微生物作用很弱，进入包气带的氨氮主要被吸附并保存在土壤中，随着介质吸附能力渐趋减弱，晰出氨氮含量迅速增加。进水中只有氨氮，试验开

表4-15　　　　连续穿透试验后土壤含水率及风干土中氨氮含量

取样孔	含水率/%	氨氮含量/(mg/kg)	取样孔	含水率/%	氨氮含量/(mg/kg)	取样孔	含水率/%	氨氮含量/(mg/kg)
A1	10.82	78.43	A2	8.15	67.62	A3	8.01	68.70
B1	**28.49**	**268.66**	**B2**	**26.44**	**286.71**	B3	13.59	56.02
C1	7.00	56.13	C2	8.15	35.90	C3	11.23	58.43
D1	10.33	72.35	D2	19.75	57.70	D3	24.22	73.23
E1	12.77	26.31	E2	12.34	34.39	E3	19.41	32.95
F1	21.98	38.36	**F2**	**44.44**	**262.52**	**F3**	**43.39**	**306.08**
G1	31.50	35.64	G2	19.96	32.95	G3	21.91	60.78

注　粗体标记为亚黏土透镜体取样孔位置。

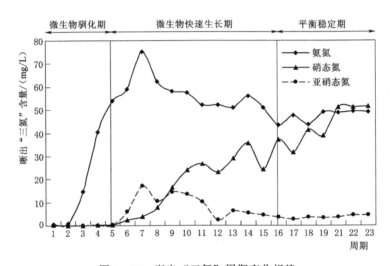

图4-30　晰出"三氮"周期变化规律

始时首先通过淋溶处理使得介质中硝态氮和亚硝态氮本底值接近零，而硝态氮和亚硝态氮在第5周期后开始被明显检出，标志着经过5个周期（16天）的驯化，土壤中的微生物活性逐渐增强，硝化反应开始进行。5～16周期内，介质吸附量逐渐趋于饱和，而介质中的微生物还未完全成熟，生物作用还不强烈故晰出平均氨氮在第7周期增至最高为75.07mg/L，之后随着硝化反应的加强氨氮开始缓慢下降，硝态氮迅速增长于第16周期上升至30mg/L左右。7～13周期亚硝态氮出现较明显的累积峰，最高浓度达17mg/L。

第16周期后砂槽介质中的物理和生物作用达到相对平衡稳定的状态，晰出"三氮"浓度稳定，氨氮降至1/2初始浓度后基本稳定在49mg/L左右，硝态氮经历小幅波动后浓度也基本稳定在51mg/L左右，此阶段亚硝态氮基本维持在3.5mg/L左右，说明在本研究条件下，系统中微生物活动能力趋于最大，系统基本达到吸附-硝化反硝化-吸附的稳定状态。

将各周期晰出"三氮"平均浓度含量所占比例绘制，晰出氮素综合分析如图4-31所示。整体而言，晰出"三氮"之和随初始阶段（1～6周期）晰出总氮量（"三氮"之和）

逐渐增大,其中氨氮所占比例最大,随着周期的运行,晰出总氮量达到较高的水平,之后呈现波动缓慢下降的变化趋势,氨氮所占"三氮"的比例逐渐减小,硝态氮比例逐渐增大,亚硝态氮在出现了小段累积后逐渐降低最终平稳。

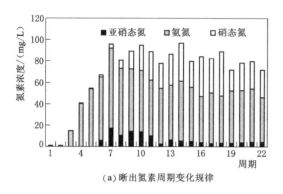
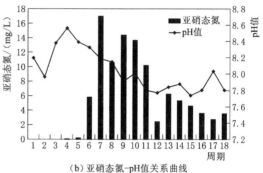

(a) 晰出氮素周期变化规律 (b) 亚硝态氮-pH值关系曲线

图 4-31 晰出氮素综合分析图

整体来看亚硝态氮含量水平相对较高,1～5 周期内含量低于 0.2mg/L,7～11 周期内一直处于较高的水平(＞10mg/L)随后急剧下降并稳定在较低的水平(3.5～4.0mg/L)。本实验中出现了明显的亚硝态氮累积现象。吴耀国等认为土壤中硝化过程仍然是遵从两阶段硝化规律,在一般土壤中亚硝态氮的累积极低,只有在碱性土壤中,由于硝酸菌的活性受到抑制,亚硝酸盐才有可能出现累积。硝化作用最佳 pH 值范围是 6.4～7.9,当 pH 值大于 7.9 时一般只产生 NH_4^+ 氧化为 NO_2^-,而反硝化的最佳 pH 值为 8～8.6。从本实验观测的 pH 值结果来看 [图 4-31(b)]:1～10 周期平均 pH 值均在 8.0 以上,对比硝态氮和亚硝态氮变化可以得出 1～5 周期内亚硝态氮含量低是由于此阶段硝化作用很弱,微生物很不活跃。随后硝化反应增强,而较高的 pH 值又抑制了硝化菌的活性,同时此时土壤系统中吸附累积的氨氮含量高,高 pH 值和高浓度氨氮共同作用,使实验过程中出现了明显的亚硝态氮累积,实验后期 pH 值降低稳定在 7.8～8.0,晰出亚硝态氮含量也对应降低。

研究表明,干湿交替过程通过影响土壤物理性质及微生物的特性从而对氮素在土壤中的累积、迁移、损失等过程有重要影响,是驱动氮素在环境中转化的重要因子。本研究中采用周期为 4 天,降雨期与间歇期比例为 0.5∶3.5 的运行模式,形成了干湿交替的环境。总体而言,系统在间歇期不断从外界获得氧的补充,维持系统环境特征的稳定,保证其中各种化学、生物作用的稳定从而利于氨氮的硝化反应;降雨期水流淋溶作用将前一周期硝化产生的 NO_3-N 和 NO_2-N 淋洗出系统,此时进入土壤中的氨氮主要发生吸附反应,当土壤对氨氮的吸附量达到最大值时,会停止对氨氮的吸附,在入渗水流的作用下未吸附氨氮可能进入地下水中。从本实验晰出"三氮"变化结果可以推出野外特定条件下地下水中可能出现氨氮污染及硝化作用的终极产物 NO_3-N 和中间产物 NO_2-N。

(2) 晰出"三氮"周期内历时变化规律。在每个阶段中选取 1～2 周期为例,绘制晰出氨氮周期内历时变化规律图,如图 4-32 所示。图 4-32(a)所示为单个周期内晰出氨氮质量浓度历时变化规律:1～5 周期内晰出氨氮随降雨的进行浓度逐渐增大。1～5 周期处于微生物驯化期，砂槽内硝化作用较弱，此时氨氮的吸附作用居于主导地位，随着降雨的进行，进入的氨氮浓度不变而介质吸附氨氮能力逐渐减弱，从而导致晰出氨氮浓度随时间逐渐增大。7～23周期处于微生物快速生长期和平衡稳定期，晰出氨氮周期内随时间变化规律一致，呈先增加后减小的变化趋势，降雨期的12h内：1～5h逐渐增大，6～12h逐渐减小，增加的速率大于减小的速率，且均小于进水的氨氮浓度，最高值均出现在降雨后的第5个小时。

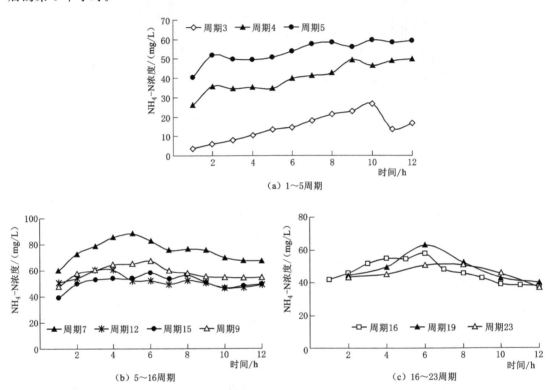

图4-32 晰出氨氮周期内历时变化规律图

由水分运移实验可知间歇期过后开始降雨前，土壤水分在重力和扩散作用下再分布，系统下部土层含水量较高。降雨初期晰出主要是前一周期砂槽内的蓄水，而间歇期硝化作用使得系统溶液中及介质颗粒上的氨氮含量降低，故随降雨进入砂槽中的氨氮首先与土壤胶体颗粒接触后被大量吸附，下渗水流中氨氮含量降低；随着降雨的持续，上部土壤含水量增加，砂槽上下含水量趋于均匀化，土壤氨氮离子随着水分在土壤中的运移以对流为主，运移速度较快，溶液中大量氨氮离子来不及被土壤吸附就随着水溶液向前移动，致使晰出氨氮浓度逐渐增大；随着降雨的持续，系统土壤颗粒中发生微生物的硝化作用，空出一部分吸附位致使进水中部分氨氮被吸附，晰出氨氮浓度又有所降低，但幅度不大。

晰出硝态氮和亚硝态氮周期内历时变化如图4-33所示，可以看出，单个周期内晰出硝态氮和亚硝态氮质量浓度历时变化规律一致，均呈中间高，两端低的"峰形"变化规律，最大浓度峰值出现在降雨的第5或第6小时，与非饱和条件下硝态氮的穿透曲线相似。降雨期进入系统的氨氮被土体颗粒吸附，间歇期土壤中硝化作用比较旺盛，系统中产生硝态氮及亚硝态氮。在非饱和条件下，土壤中一部分孔隙的水分处于非饱和状态，部分孔隙被空气占据，在降雨期进入系统的下渗水流首先进入大孔隙部分，通过对流-弥散作用系统中的硝态氮及亚硝态氮慢慢地在重力势梯度和溶质势梯度的作用下被排出土体。在降雨期初期晰出硝态氮、亚硝态氮含量均较低；随着降雨的持续，上部土体中产生的硝态氮和亚硝态氮在重力势梯度和溶质势梯度共同作用下随水流排出砂槽，至晰出第 5、6 小时浓度达到最高，之后随着土体中硝态氮和亚硝态氮含量的降低，晰出中二者的浓度迅速回落至一定浓度范围。

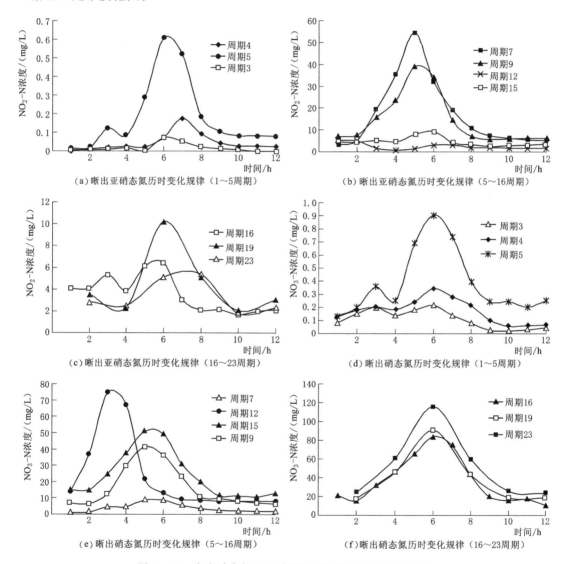

图 4-33 晰出硝态氮和亚硝态氮周期内历时变化规律图

晰出氮素曲线呈较明显的不对称性。由于硝态氮在土壤中运移时不被土壤颗粒所吸附，故可推断曲线的不对称性是物理原因造成的。在入渗过程中，土壤中的溶质运移通常可以用一维的对流-弥散方程描述。据土壤动水与不动水原理，溶质的对流-弥散运动只在动水区进行，而动水与不动水之间的溶质交换则以弥散（扩散）机制来实现。不流动水体与流动水体的溶质交换是以弥散（扩散）作用完成的，其交换速率显著低于对流运移速率。土壤质地越黏重，孔隙越细小，不动水分含量就越高。由水分运移实验可知，系统中存在两种形式的运动：①在细砂介质中以较快流速运行，存在优先水流；②在透镜体内缓慢渗入。受细质地透镜体不动水的影响导致溶质的运移速度变小是造成晰出浓度变化曲线不对称的主要原因。

硝态氮和亚硝态氮各个周期均有明显的拖尾现象，起始出流浓度 C1 和出流结束时的浓度 C2 均大于 0mg/L。硝态氮在土壤中的运移规律基本不受阳离子化合价的影响，而主要与土壤中的水分含量、土壤的物理性质有关，故可排除实验进水中较高浓度的 NH_4^+ 的影响。拖尾现象产生的原因是由于土壤内部粗细介质不同及绕流引起的溶质优先运移。当亚黏土中氮素的释放达到相对平衡时，出流液中 C1 和 C2 在一恒定范围内波动。

第 12 周期由于操作失误导致降雨量加大，相当于原来的 2 倍，致使晰出硝态氮峰形明显左偏，第 3 小时出现峰值，之后的周期又恢复到原来的状态，水是可溶态氮素向下迁移的载体，由于降雨强度的加大，土壤孔隙中含水量增大，氮素的运移速率也就加快，峰值提前。但此次失误并未影响系统的稳定性，后续继续按照原方式运行系统又恢复到原来状态，说明系统稳定性强。

（3）土壤溶液中"三氮"周期变化规律。由于土壤水分是溶质的载体，所以其运动是溶质运移的原动力。降雨前后取透镜体上下表面和中间位置中的土壤溶液（1#～6# 取样孔）测试"三氮"。根据测试要求，一次抽取 10mL 左右溶液，可以认为抽取的是土壤中的不动水部分。此时，土壤液相中"三氮"与土壤固体颗粒上"三氮"之间存在动态平衡，液相中"三氮"含量一定程度上反映了土壤固相"三氮"的富集状态。将各取样孔1～23 周期的"三氮"分别做降雨前和降雨后的相关性分析以表征每个取样孔降雨前后的规律性（表 4-16），从表中可以看出除 1# 和 5# 亚硝态氮降雨前后相关性较差，未达到0.01 显著相关水平外，其他各值相关性均达 0.01 显著水平，相关性分析表明"三氮"降雨前后随周期运行变化规律相似。

表 4-16　　　　　1#～6# 取样孔"三氮"降雨前后相关性分析

氮素	1#	2#	3#	4#	5#	6#
NO_2-N	0.336	0.771①	0.753①	0.814①	0.373	0.889①
NO_3-N	0.903①	0.987①	0.780①	0.973①	0.985①	0.994①
NH_4-N	0.773①	0.970①	0.905①	0.979①	0.952①	0.858①

① 表示 0.01 显著相关水平。

（4）各取样孔氨氮周期变化。各取样孔氨氮周期变化规律如图 4-34 所示，可以看出单个取样孔降雨前后两条曲线变化规律一致，说明氨氮随周期变化规律相似，而单个取样孔规律各有不同。1#～6# 取样孔中氨氮明显增加但开始时间不同：第 2 周期 1# 取样孔即有明显检出；3# 和 4# 取样孔均在第 5 周期后氨氮质量浓度明显增高；第 8 周期后 2#、5# 和 6# 取样孔中氨氮含量明显增高。综合前述分析可以推断氨氮迁移路径与水分相同，绕过上亚黏土透镜体优先通过两透镜体之间的细砂介质向下迁移，在迁移过程中由于氨氮易被土壤胶体所吸附，故在上亚黏土透镜体的上下表面（1#和 3#），下亚黏土透镜体的上表面（4#）最先累积；而两透镜体的中部（2#和 5#）由于亚黏土渗透性弱，吸附性强，土壤溶液中出现氨氮累积的时间较晚。

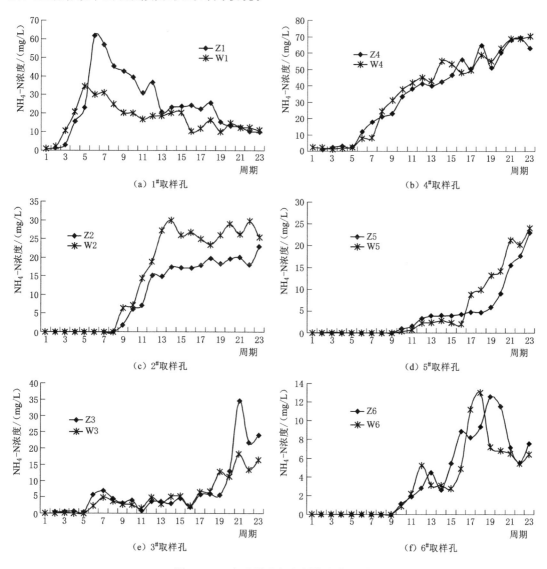

图 4-34 各取样孔氨氮周期变化规律

注：Z 代表降雨前，W 代表降雨后。

1#取样孔氨氮在前期表现为快速增长，至第 7 周期达到峰值，后期逐渐下降，至最后趋于稳定；4#和 5#取样孔呈持续增长的趋势；2#取样孔中氨氮从第 8 周期开始快速增长，第 14 周期开始波动上升，至最后 3 个周期趋于稳定状态；3#取样孔中氨氮从第 5 周期有明显检出并保持了很长时间的低值至第 18 周期开始才突然升高，但升高幅度不是很大；6#取样孔从第 9 周期开始快速上升至第 18 周期达到峰值很快又下降。杨绒等认为硝化反应基本上在土壤表层进行，由于氧源的限制，土壤深层的硝化反应较弱。位于较深位

置的 $4^\#$、$5^\#$、$6^\#$ 取样孔中氨氮含量较低,硝化作用亦不明显。

在本实验中历经 7 个周期 28 天的微生物驯化,位于最上部的 $1^\#$ 取样孔即发生明显的硝化作用,氨氮浓度开始降低至最后稳定。上亚黏土透镜体中部($2^\#$)在氨氮出现累积后 6 周开始发生硝化反应,使氨氮浓度趋于稳定,说明上部土层系统中已经达到吸附—硝化—吸附—硝化的平衡状态。

(5)各取样孔硝态氮周期变化。进水中并不含硝态氮,实验开始前历经 3 天的蒸馏水淋洗后检测系统中硝态氮本底值已很低,而经历一定周期后 $1^\# \sim 6^\#$ 取样孔中均有出现硝态氮,说明系统中发生了硝化反应。$2^\#$、$4^\#$、$5^\#$、$6^\#$ 取样孔中的硝态氮浓度降雨前后随周期曲线变化规律相似,随周期逐渐升高,降雨前硝态氮浓度均小于降雨后所测值。各取样孔硝态氮周期变化规律如图 4-35 所示,可以看出 $2^\#$、$4^\#$、$5^\#$、$6^\#$ 取样孔中硝态氮含

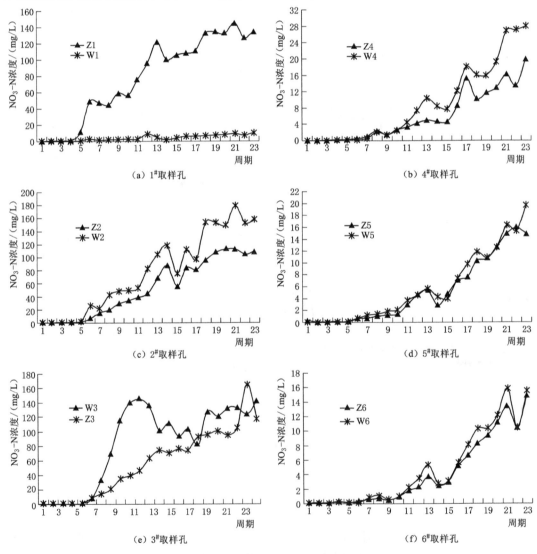

图 4-35　各取样孔硝态氮周期变化规律

注:Z 代表降雨前,W 代表降雨后。

量随周期呈递增趋势，说明降雨过程中上层土体中的溶液在向下运移时对原有土壤中的硝态氮具有淋洗作用，将上层土壤中原有固体硝态氮溶解并带到下层，导致下层硝态氮含量增大。

1#和3#取样孔硝态氮明显变化不一致，尤其是1#取样孔降雨前土壤溶液中的硝态氮浓度明显大于降雨后。这是因为间歇期水分再分布，1#取样孔位于土壤系统上部，土壤含水率逐渐减小，通气性变好，土壤中部分氨氮发生硝化反应转化为硝态氮，从而增加了土壤中硝态氮浓度。降雨后土壤中硝态氮浓度明显降低是由于上部土壤直接接受降雨淋洗，硝态氮带负电荷，不易被土壤颗粒吸附，主要通过对流作用随土壤水分迁移，降低上部土体中硝态氮含量。3#取样孔降雨后的曲线一直呈增长趋势，只是降雨前在第11周期后出现较平缓的波动变化趋势。这是由于在间歇期，土壤水分发生再分布过程，湿润锋继续下移，在下一个周期开始供水时，会有部分空气在再湿润过程中被封闭在前周期已经排出气体的孔隙中，而位于上部的3#取样孔比位于下部的4#～6#取样孔获取的氧气多；另一方面降雨期的入渗水流可将间歇期赋存于上部土层中的氧气带入内部土体，在水流优先流经3#取样孔使该孔位可以发生较强的硝化作用，至后期达到稳定状态，在图上表现为历经6～11周期持续增长后曲线呈较平稳的波动。

（6）各取样孔亚硝态氮周期变化。1～5周期内硝化作用很弱，亚硝态氮含量相对较低（0～2mg/L）。第7周期开始硝化作用逐渐增强，7～16周期内大部分取样孔均出现了明显的亚硝态氮累积，其中1#和2#取样孔高达120mg/L。实验后期亚硝态氮累积情况明显好转。1#～6#取样孔亚硝态氮随周期变化的规律整体相似，均呈前期迅速升高达到峰值后下降的"波形"变化规律，与前述晰出亚硝态氮周期变化一致，而各个取样孔检出时间、峰值时间和波形形态略有不同。与氨氮迁移累积对应，1#～3#取样孔在第5周期亚硝态氮即有明显检出（>1.0mg/L），4#取样孔略晚，5#和6#取样孔均是在第9周期左右开始明显增多；1#～3#取样孔在第9周期左右出现峰值，时间较一致，4#和5#取样孔在第12周期左右达到峰值，而6#取样孔则晚于二者在第14周期出现峰值。1#取样孔中亚硝态氮浓度降雨前远高于降雨后，两者之间保持较大的梯度，说明在间歇期1#取样孔生成了大量的亚硝态氮，而降雨期在淋溶作用下大量淋失。2#～5#取样孔降雨后亚硝态氮浓度大于降雨前，说明上层土壤中的亚硝态氮淋溶作用居于主导地位。由前述分析可知在特定的条件下，氨氮在包气带中转化可累积生成亚硝态氮，进而造成土壤及地下水中亚硝态氮的污染。各取样孔亚硝态氮周期变化规律如图4-36所示。

（7）土壤溶液中"三氮"累积分布规律分析。将降雨前后1#～6#土壤溶液取样孔1～23周期"三氮"值分别加和计算周期平均值，各土壤溶液取样孔中"三氮"分布如图4-37所示，可以看出，在本实验系统中，"三氮"累积层位明显，降雨前后累积层位略有差异。对于NH_4-N而言降雨前后其累积层位基本不变，两透镜体中NH_4-N含量从上到下逐渐降低，依次为1#、2#、3#、4#、5#、6#；上亚黏土透镜体NH_4-N含量高于下黏土透镜体，依次为2#、5#、3#、6#，这是由于NH_4-N具有很强的吸附和转化能力，在均质土壤中随着深度的增加含量逐渐减少；而两透镜体的中部黏土层和下表面（黏-砂界面）位置土壤溶液中也有NH_4-N检出，说明随着时间的延长，水流仍可以进入渗透系数较小的亚黏土透镜体；下亚黏土透镜体上表面4#取样孔测得NH_4-N含量高于上

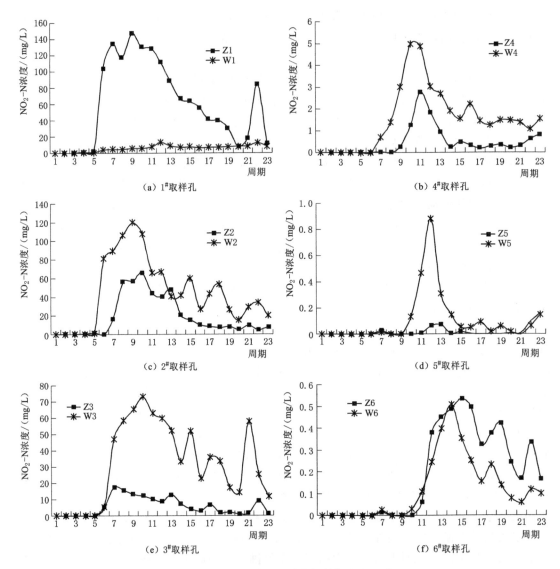

图 4-36　各取样孔亚硝态氮周期变化规律

注：Z 代表降雨前，W 代表降雨后。

亚黏土透镜体，依次为 4# 取样孔、1# 取样孔、2# 取样孔、3# 取样孔，这是由于入渗水流下渗过程中遇到渗透性较弱的亚黏土层时分为两部分，一部分水流在重力作用下直接渗入亚黏土层中，下渗速度缓慢且入渗量小；另一部分水流在黏土层上表面发生侧向流动，进入透镜体右侧渗透性较强的细砂介质后优先向下部细砂介质垂向流动。而水流携带的 NH_4-N 在此过程中被介质吸附，故 4# 取样孔 NH_4-N 含量相对较高，又因 4# 取样孔位于系统下部，透气性差，硝化反应较弱故 NH_4-N 累积较 1# 取样孔明显。

　　NO_3-N 和 NO_2-N 累积规律相似，降雨前后含量变化较大。整体而言无论降雨前后，NO_3-N 和 NO_2-N 含量均为上亚黏土透镜体高于下亚黏土透镜体，二者均在上亚黏土透镜体累积。降雨前后二者含量变化表明，上亚黏土透镜体的上表面（1#）NO_3-N 和

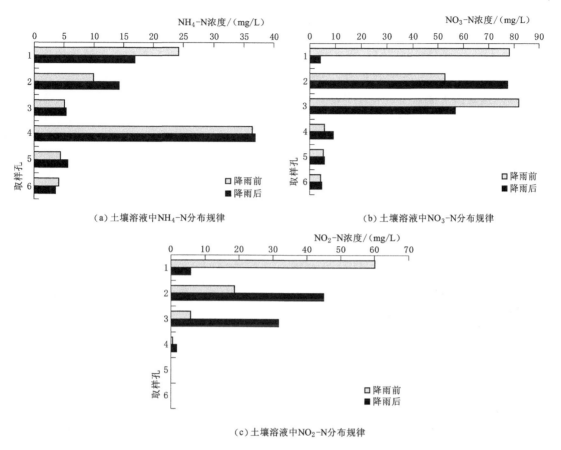

（a）土壤溶液中NH₄-N分布规律   （b）土壤溶液中NO₃-N分布规律

（c）土壤溶液中NO₂-N分布规律

图 4-37 各土壤溶液取样孔中 "三氮" 分布

NO_2-N 含量降雨后明显小于降雨前，NO_3-N 从 78.05mg/L 下降到 4.15mg/L 减少了 94.7%，NO_2-N 从 60.15mg/L 下降到 5.16mg/L 减少了 91.4%。这是由于该层位相对较浅，NH_4-N 经硝化作用转化成 NO_3-N 和 NO_2-N，不易被土壤吸附固定，随水流迁移性强而遭淋洗。上亚黏土透镜体的中部 NO_3-N 和 NO_2-N 含量降雨后明显大于降雨前，NO_3-N 从 52.67mg/L 上升到 77.51mg/L 增加了 47.2%，NO_2-N 从 18.56mg/L 上升到 44.96mg/L 增加 1.4 倍。这部分 NO_3-N 和 NO_2-N 可能来源于上部细砂层 NO_3-N 的淋洗以及间歇期亚黏土内部吸附 NH_4-N 的转化。上亚黏土透镜体下表面（3#）NO_3-N 含量降雨前大于降雨后，NO_2-N 则相反，说明间歇期 3# 取样孔富氧条件较好，硝化作用较强，产生的 NO_3-N 含量高而 NO_2-N 含量低，降雨期下渗水流侧向流经透镜体下表面时，部分 NO_3-N 随水流发生迁移。对于下亚黏土透镜体 NO_3-N 和 NO_2-N 含量均呈现降雨后大于降雨前的规律，且其中部和下表面一直处于很低的浓度水平，NO_3-N 浓度在 5mg/L 左右，NO_2-N 浓度在 0.1mg/L 左右，这主要因降雨期下渗水流将上部土层中产生的 NO_3-N 和 NO_2-N 淋洗进入下部土层中少量被土壤持留。

（8）土中 "三氮" 累积分布规律分析。氨氮周期污染试验结束后第 3 天在土样取样孔取样测试土中 "三氮" 含量，土中 "三氮" 含量空间分布等值线如图 4-38 所示。从图中可以看出"三氮"富集规律明显：30cm 以下土壤氨氮明显大于上部 30cm 土壤，下亚黏土透镜体中 NH_4-N 浓度最高达到 90.33mg/kg，从透镜体边缘向外 NH_4-N 等值线由密变疏，NH_4-N 含量逐渐降低。上亚黏土透镜体下部细砂 C1 和下亚黏土透镜体的下部细砂 G3 处测得 NH_4-N 浓度分布为 7.7mg/kg 和 13.9mg/kg，相比同层位的 NH_4-N 含量为最低。这是由于亚黏土饱和导水系数远小于细砂，故对下渗水流起到阻滞作用，大部分水流绕过亚黏土透镜体向下不断迁移，在透镜体下部由于重力作用强于基质吸力作用，水

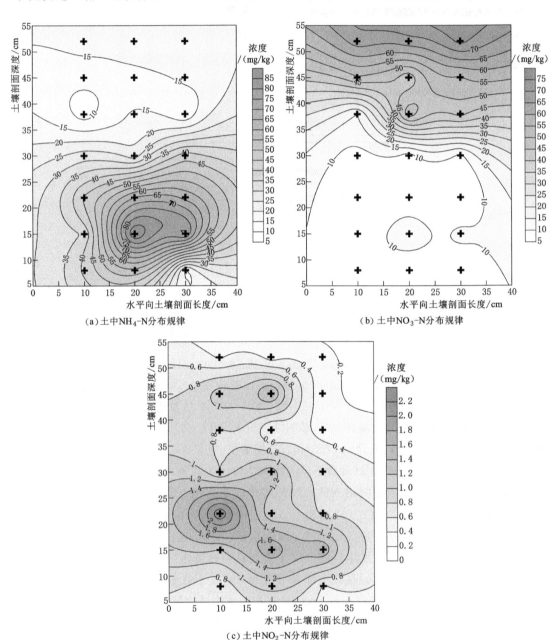

（a）土中NH_4-N分布规律

（b）土中NO_3-N分布规律

（c）土中NO_2-N分布规律

图 4-38　土中"三氮"含量空间分布等值线

分横向运移远小于垂向运移，故进入到 C1 和 G3 处的水分较少，此处为含水量低值区。而上层土壤未吸附氨氮随水流向下迁移到达 C1 和 G3 处的含量也相对较少，故吸附到对应点位介质上的 NH_4-N 相对也较少，可见层状结构对水分及 NH_4-N 的迁移与富集具有重要影响。NO_3-N 和 NO_2-N 累积层位恰好相反：从上到下 NO_3-N 含量随深度的增加而递减，上亚黏土透镜体中 NO_3-N 比同层位砂土中 NO_3-N 含量略低，下亚黏土透镜体中 NO_3-N 含量比同层位砂土含量高；上部土壤 NO_2-N 含量小于下部土壤 NO_2-N 含量，亚黏土透镜体中 NO_2-N 含量比同层位细砂中高。

硝化细菌由好气性微生物控制着硝化作用的速率，其活性受土壤中氧分压的强烈影响。有研究发现人工快渗池中微生物活性在 $0\sim20cm$ 处高于其他位置土层，硝化、反硝化强度 $0\sim20cm$ 土层处高于其他位置土层。本实验系统上部土壤 NH_4-N 和 NO_2-N 含量相比下部土壤低，NO_3-N 含量相比下部土壤含量高，主要是由于上部土壤与空气直接接触富氧充足，好氧硝化菌活性强，有利于土壤中吸附富集的 NH_4-N 发生硝化反应而含量减少，NO_3-N 含量增加。由于氧源的限制，土壤深层的硝化反应较弱（杨绒等，2007），产生的 NO_3-N 含量相对较少。质地细密的亚黏土透镜体相比同层位砂土，含水量较高、含氧量较低、通气条件差，水-土系统的厌氧程度提高，硝化作用受抑制，NH_4-N 和 NO_2-N 含量相对较高。王燕枫（2003）对低铵（浓度为 $12\sim14mgNH_4-N/L$）污水灌溉下的土壤进行硝化实验研究发现土壤中硝化作用主要是在表层 30cm 内发生的，张春辉等（2001）在包气带模拟中同样得出硝化作用主要发生在包气带土层上部、反硝化作用贯穿于整个包气带和含水层的结论。

实验前期浸润稳定实验使得两透镜体中水的初始饱和度较高，也就是说在初始状态下，细质地层内已蓄积了大量水分。但当污染物进入系统后，细层滞留氮素的能力仍然大于粗质地的细砂层。在不考虑生物作用前提下，细层对氨氮的滞留作用十分明显［图 4-39（d）］。图 4-39（a）、（b）、（c）为中间位置（$x=20cm$）处，土壤水分和氮素的剖面图，可以看出，上下透镜体对"三氮"的影响规律存在差异：硝态氮和氨氮的分布规律相似，均表现为上透镜体中的含水率出现最大值而氨氮和硝态氮含量相对较低，下透镜体中无论水分还是氮素均出现最大值；对于亚硝态氮在上下透镜体中的累积与水分一致。综合连续穿透实验氨氮分布规律及水分运移规律可知：细质地透镜体对于水分和氮素具有阻滞和滞留作用；氨氮在土壤中可发生生物作用进而转化为硝态氮等其他形态氮素，而土壤中微生物活性和群落结构受到土壤氧化还原状况的强烈影响，系统氮素的分布特征是介质质地、结构及微生物作用等因素共同影响的结果。

（9）透镜体上下表面氮素分布规律。取砂槽中部（A2～G2，$1^\#\sim6^\#$）纵向剖面土壤样品氮素数据绘制土中"三氮"垂向分布，如图 4-40 所示。可以看出在两透镜体上下表面"三氮"累积规律明显不同。

上亚黏土透镜体的上下表面 NH_4-N 含量明显高于透镜体内且高于对应纵向位置细砂中 NH_4-N 含量即 $1^\#>A2>2^\#$，$3^\#>C2>2^\#$，这可能是介质吸附作用和水流绕流共同作用的结果，下亚黏土透镜体中部氨氮高于其他层位。NO_2-N 分布规律与 NH_4-N 基本相同，上亚黏土透镜体的上下表面含量高于对应黏土中部及上下细砂层，取样孔含量由多到少依次为 $1^\#$、$2^\#$、A2，$3^\#$、$2^\#$、C2，下亚黏土透镜体中部 NO_2-N 含量高于其他层

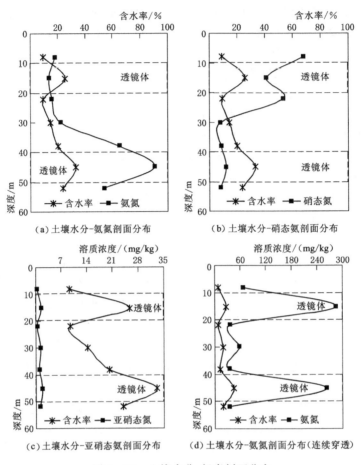

图 4-39 土壤水分-氮素剖面分布

位。上亚黏土透镜体上下表面 NO_3-N 含量小于透镜体内部及对应纵向位置细砂中的 NO_3-N 含量即 $1^\#<2^\#<A2$，$3^\#$、$2^\#$、$C2$，下亚黏土透镜体中的各取样孔含量相差不大，总体表现为亚黏土中硝态氮含量高于细砂。上亚黏土透镜体的上下表面出现了 NH_4-N 和 NO_2-N 累积，而下亚黏土透镜体中部"三氮"均有明显累积。综合以上分析说明系统中的土壤质地，粗-细交互结构、水分运移、溶解氧等对微生物的活性具有重要影响，最终导致氮素在其中出现不同的累积分布规律。

4.3.1.4 模拟降雨条件下非均质包气带中"三氮"淋溶实验研究

以实验用蒸馏水为试验用水，模拟降雨强度为 1.72cm/h 模拟已污染的包气带介质中的氮素在降雨淋溶作用下的迁移转化富集规律，取样和测试方式同前述实验。

1. 晰出"三氮"变化规律

晰出"三氮"变化规律如图 4-41 所示，在降雨淋溶作用下晰出氨氮、硝态氮及亚硝态氮均呈迅速下降的趋势，降低幅度很大。

第9周期氨氮浓度已经由第1周期的 32.87mg/L 减少到 3.10mg/L，降低了 90.6%；硝态氮由最初的 49.02mg/L 减少到 3.95mg/L，降低了 91.9%；而亚硝态氮则由最初的

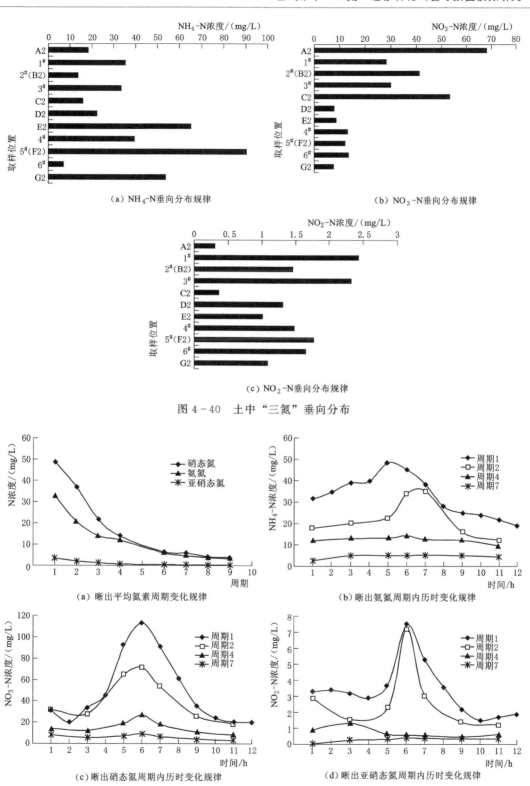

（a）NH₄-N垂向分布规律

（b）NO₃-N垂向分布规律

（c）NO₂-N垂向分布规律

图 4-40 土中"三氮"垂向分布

（a）晰出平均氮素周期变化规律

（b）晰出氨氮周期内历时变化规律

（c）晰出硝态氮周期内历时变化规律

（d）晰出亚硝态氮周期内历时变化规律

图 4-41 晰出"三氮"变化规律

3.33mg/L减少到0.27mg/L，降低了91.9%。说明在本实验模拟降雨强度下，淋溶作用可将介质中赋存氮素迅速淋洗出系统，从而可以推断在野外包气带条件下，介质中的氮污染物在降雨淋溶作用下易行成地下水氮的污染。

周期内晰出氮素随时间变化规律与污染间歇期相似，晰出"三氮"浓度随时间均呈中间高两端低的"峰形"变化规律，最高浓度值出现在降雨后第5或第6小时。随着周期降雨淋溶的运行，晰出"三氮"浓度越来越低，单个周期内"三氮"浓度随时间变化不明显，其分布状态曲线产生显著的趋势性下移，峰值消失，历时曲线渐趋平缓。

2. 土壤溶液中"三氮"累积分布规律

降雨前后各取样孔土壤溶液中"三氮"的累积分布规律如图4-42所示。整体来看，随着降雨周期的运行，各取样孔氮素均呈递减的趋势，这与晰出氮素变化规律一致，其分布状态曲线产生显著的趋势性下移，表明降雨水流对上部土层吸附的氮素具有显著的淋洗效应，而亚黏土层的存在可阻滞氮素的下移。

4.3.1.5 "三氮"均衡的计算

土壤溶质作为土壤环境系统的重要组成部分，它的迁移过程影响着土壤与环境之间物质和能量的交换，土壤内的溶质通过各种途径与环境之间进行交换，处于一种动态的变化过程，但是无论土壤溶质存在的形态和迁移途径如何，土壤溶质总是服从质量守恒定律。

均衡模型根据某一考察系统（土壤、农田或一个区域）中溶质的输入和输出，定量反映该系统在一定时段内溶质储量的变化。该模型不考虑溶质运移的机制或动力学特征，模型较简单，参数相对较少，是一种只考虑系统输入输出的黑箱模式，氮均衡方程可表示为

进入总氮量＝晰出总氮量＋土壤残留总氮量＋反硝化损失氮量＋挥发总氮量

在本次试验中，采用100mg/L NH_4-N的蒸馏水溶液作为进水氮源，试验介质经前期蒸馏水淋溶处理可认为氮素本底值为零。试验过程中测定晰出、土壤溶液及土壤中的各形态氮素含量，并采用误差分析对质量平衡计算结果做出评价，下面将详细讨论各形态氮素的计算。

1. 晰出流失氮素计算

研究采用周期间歇运行的方式，周期晰出测得的硝态氮和亚硝态氮可认为是此前周期累积赋存在系统中的氨氮转化而来，故晰出流失氮素可表示为

$$\sum TN = [\sum C_i(NO_3-N) + \sum C_i(NO_2-N) + \sum C_i(NH_4-N)]Q_i \tag{4-3}$$

式中　i——第i周期；

　　C_i——第i周期晰出氨氮、硝态氮、亚硝态氮浓度，mg/L；

　　Q_i——第i周期总晰出流量，L；

　　TN——第i周期三种形态氮素总量。

由实验可知进晰出总量基本相同，因此式（4-3）可化简为

$$\sum C_i(TN) = \sum C_i(NO_3-N) + \sum C_i(NO_2-N) + \sum C_i(NH_4-N) \tag{4-4}$$

而进水氨氮浓度恒定为100mg/L，为方便比较取i个周期平均氮累积浓度$\overline{C}_i(TN)$与进水氨氮浓度相比较，可得

$$\overline{C}_i(TN) = \frac{\sum C_i(TN)}{i} \tag{4-5}$$

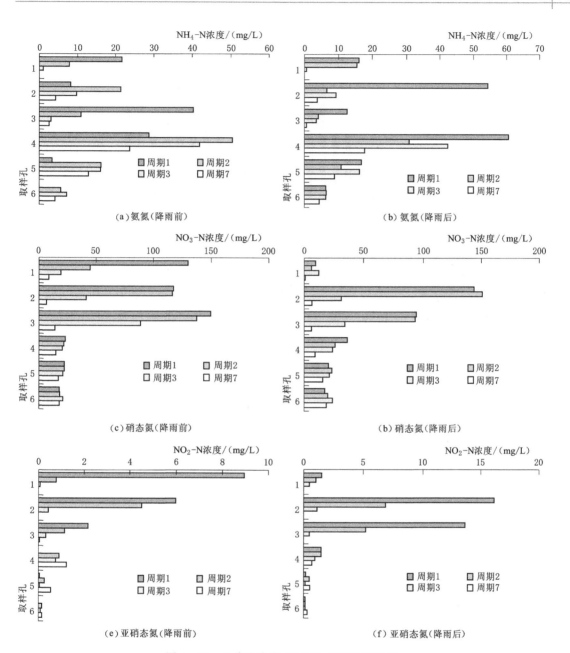

图 4-42 土壤溶液中"三氮"累积分布规律

通过计算并绘制得到土中"三氮"累积分布规律如图 4-43 所示，由图中可以看出随着周期的运行，初期晰出平均氮累积量很低，99%的氮素赋存于系统中未随晰出流失。4～12 周期平均累积氮量快速增长，13～18 周期仍在增长但增长速率减缓，之后趋于稳定，稳定时晰出平均氮累积浓度为 70mg/L 左右，为进水氮浓度的 70%，其中硝态氮和亚硝态氮约为 33%。说明经历了长达 23 个周期 89 天的物理化学及生物作用，系统中发生了明显的氮素转化，进入的氨氮经硝化反应生成了硝态氮和亚硝态氮。

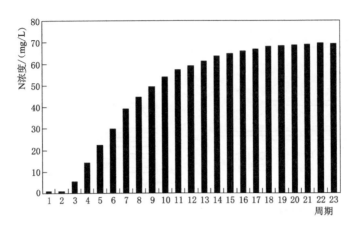

图 4-43　土中"三氮"累积分布规律

每个降雨期进入系统中的水量总体积为 16L，进水氮浓度为 100mg/L，故单个周期进入总氮量为 1600mg，23 个周期进入系统的总氮量为 36800mg，至第一阶段实验结束时，23 个周期晰出平均总氮浓度为 70mg/L，可以计算出此阶段晰出损失氮量为 25760mg。

2. 挥发氨的计算

采用静态吸收法捕获氨气。在容积为 25mL 的小坩埚内盛 15mL 2‰ 硼酸混合指示剂，降雨结束后立即将其置于砂槽介质表面（小坩埚下表面与介质接触面积小可忽略），用以吸收系统挥发出来的 NH_3，上扣 10cm×10cm 的密封盒，盒口附近用介质密封压实，防止氨逸出。间歇期结束后取出小坩埚，用 0.02mol/L 硫酸标准液滴定测定氨吸收量，然后更换坩埚中的硼酸吸收液并于降雨结束后再次放入砂槽上进行下一周期氨挥发的测定。氨的挥发量为

$$N = \frac{14MV}{S_1} S_2 \tag{4-6}$$

式中　N——氨挥发量，mg；

$\quad\quad M$——标准酸的摩尔浓度，mol/L；

$\quad\quad V$——滴定时标准酸的体积，mL；

$\quad\quad S_1$——密封盒口面积，10cm×10cm；

$\quad\quad S_2$——砂槽水平横截面积，20cm×40cm。

由式（4-6）可估算出各个周期系统氨挥发量并可计算出其挥发量占总进水氮量的百分比，第一阶段即氨氮污染间歇期氨总挥发量为 170.35mg。氨挥发量周期变化规律如图 4-44 所示，可以看出，在污染初期氨挥发量最高可达 21.5mg，之后随周期的运行氨挥发量逐渐降低，至实验后期氨挥发量基本稳定在 2.5～3.0mg。总体来看相对于进入系统的总氮量，挥发所占的比例很小，最高仅为 1.3%，尤其是在第一阶段后期挥发率基本在 0.2% 左右，故挥发损失可忽略，后期的降雨淋溶实验没有再进行氨挥发的研究。

3. 土壤残留氮量计算

利用土壤中氮素的测定结果计算第一阶段氨氮间歇污染结束后土壤中氮素累积总

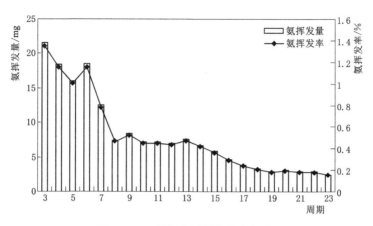

图 4-44 氨挥发量周期变化规律

量，即

$$TN_{残} = \sum_{j=1}^{n} C_{sj}(TN)\rho_{sd}V_{sj} + \sum_{j=1}^{n} C_{Lj}(TN)\rho_{Ld}V_{Lj} \tag{4-7}$$

式中　ρ_{sd}——装填砂土的控制容重，$1.56g/cm^3$；

　　　V_{sj}——第 j 层砂土的体积，cm^3；

　　　ρ_{Ld}——装填亚黏土的控制容重，$1.50g/cm^3$；

　　　V_{Lj}——第 j 层黏土的体积；

$C_{sj}(TN)$——第 j 层砂土中硝态氮、氨氮和亚硝态氮质量浓度之和；

$C_{Lj}(TN)$——第 j 层亚黏土中硝态氮、氨氮和亚硝态氮质量浓度之和。

　　由式（4-7）可估算间歇污染结束后残留于系统土壤中的氮素总量为 4617mg。

　　综合以上计算可知，进入系统总氮量为 36800mg，晰出总氮量为 25760mg，是进入系统总氮量的 70%，土壤残留总氮量为 4617mg，是进入系统总氮量的 12.5%，挥发总氮量为 170mg，是进入系统总氮量的 0.46%。计算出反硝化损失氮量为 6253mg，占进入系统总氮量的 17%。因此可以说明在本实验条件下，氨挥发比例很小，基本可以忽略。进入系统的氮素绝大多数可在降雨期随晰出流出系统，晰出中硝态氮和亚硝态氮含量相对较高，说明系统中发生了明显的硝化反应；反硝化损失的氮素所占比例不是很高，说明反硝化反应不是十分强烈。

　　降雨结束后仍有部分氮素残留在土壤中进而形成潜在污染源。通过计算可得 9 个周期降雨淋溶总氮量为 4235.66mg，占土壤残留总氮量的 91.7%，说明较短的时间内，在淋溶作用下，系统中残留的大部分氮素已迁移出系统，说明在野外包气带条件下，残存于包气带介质中的氮污染物极易被降雨淋溶，造成地下水污染。

4.3.2　非均质包气带中"三氮"迁移转化数值模拟

　　本次模拟用美国农业部盐土实验室开发的模拟饱和与非饱和介质中水分、热、溶质运移的二维有限元模型 Hydrus-2D，对实验设计条件下"三氮"的迁移转化规律进行模拟。在北京市包气带剖面氮素分布规律研究基础上，考虑到自然状态下包气带非饱和、非均质的复杂性，以含有透镜体的非均质包气带结构为对象设计和开展的室内砂箱实验模拟，就恒定降雨强度下，砂箱中水分运移、氨氮污染和淋溶过程中氮素迁移转化及在砂箱中富集分布规律进行数值模拟。

4.3.2.1 参数选取

1. 土壤水分运动参数选择

本书以实际土壤的粒径分析和容重数据为基础，用 HYDRUS-2D 自带的 Rosetta 模块来预测土壤水分特征曲线的参数，实验土壤水力参数预测结果见表 4-17。

表 4-17 实验土壤水力参数预测结果

介质	Q_r /(cm³/cm³)	Q_s /(cm³/cm³)	α /cm	n	K_s /(cm/d)	L^*
细砂	0.0504	0.3674	0.0328	3.5684	30.8979	0.5
亚黏土	0.0418	0.3736	0.0256	1.4288	1.37625	0.5

注 *水力传导度函数中孔隙连通性参数 1 对许多土壤的平均值约为 0.5。

由上述预测结果可以得到细砂和亚黏土的水分特征曲线方程。

细砂为

$$\theta=0.0504+\frac{(0.3674-0.0504)}{[1+(0.0328h)^{3.5684}]^{1-1/3.5684}} \tag{4-8}$$

亚黏土为

$$\theta=0.0418+\frac{(0.3768-0.0418)}{[1+(0.0256h)^{1.4288}]^{1-1/1.4288}} \tag{4-9}$$

2. 纵向弥散度和横向弥散度的选取

弥散度受实验或观测尺度的影响较大，因此实验室测试弥散度的意义不大。野外尺度实验的数据显示纵向弥散度随观测尺度变化而增加，示踪实验尺度下（0.1~1m）纵向弥散度的值在 0.5~20cm。横向弥散度的值比纵向弥散度的值小，并且也受观测尺度的影响。根据可靠性资料显示横向弥散度的值大概是纵向弥散度的 1/10~1/3，当亚黏土纵向弥散度在 1.2~1.5 时数值模拟的结果较符合实际情况。根据土壤性质和以往经验值取实验土壤纵向弥散度和横向弥散度值，见表 4-18。

表 4-18 实验土壤纵向弥散度和横向弥散度值

介质	纵向弥散度 D_L/cm	横向弥散度 D_T/cm
砂土	2	0.5
亚黏土	0.5	0.1

3. 氮素迁移转化参数的选择

土壤氮素运移参数以及模型设定参数，参照相关文献资料确定。模型值考虑氨氮的吸附，不考虑亚硝氮和硝氮的吸附，并且假定氨氮在液相中的反应速率常数与吸附相中相等。实验土壤氮素迁移转化参数见表 4-19。

表 4-19 实验土壤氮素迁移转化参数取值

介质	参数名称	取值	单位
砂土	氨氮分配系数 K_d	0.3	cm^3/mg
	氨氮在液相中反应速率常数 $SinkL_1^*$	0.001~0.1	d^{-1}
	氨氮在吸附相中反应速率常数 $SinkS_1^*$	0.001~0.1	d^{-1}
	亚硝态氮反应速率常数 $SinkL_2^*$	0.01~0.5	d^{-1}
	硝态氮反应速率常数 $SinkL_3^*$	0.0000~0.0007	d^{-1}
亚黏土	氨氮分配系数 K_d	4.5	cm^3/mg
	氨氮在液相中反应速率常数 $SinkL_1^*$	0.001~0.05	d^{-1}
	氨氮在吸附相中反应速率常数 $SinkS_1^*$	0.001~0.05	d^{-1}
	亚硝态氮反应速率常数 $SinkL_2^*$	0.008~0.25	d^{-1}
	硝态氮反应速率常数 $SinkL_3^*$	0.0006~0.0008	d^{-1}

注 *表示分区给的值,土壤中氮反应参数分区如图4-45所示。

实验土壤各分区氮素迁移转化参数取值见表4-20。

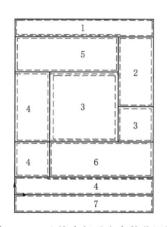

图 4-45 土壤中氮反应参数分区图

表 4-20 实验土壤各分区氮素迁移
转化参数取值

分区	参 数 取 值			
	$SinkL_1$	$SinkS_1$	$SinkL_2$	$SinkL_3$
1	0.1	0.1	0.5	0.00007
2	0.08	0.08	0.4	0.00007
3	0.04	0.04	0.2	0.0007
4	0.001	0.001	0.01	0.0007
5	0.05	0.05	0.25	0.0006
6	0.001	0.001	0.008	0.0008

4.3.2.2 定解条件

初始条件和边界条件构成定解条件,定解条件不同,同一溶质的运移规律也不同。结合溶质运移理论和 HYDRUS-2D 模型给出该实验条件下的定解状态。

1. 初始条件

模拟假定初始条件为稳定状态时砂箱各处土壤压力水头为-100cm,初始"三氮"浓度为零。

2. 边界条件

结合实验设计及运行情况,砂箱的边界情况概化如下:

(1)水分运移过程。连续穿透试验时:上边界接受降雨,为定通量边界,通量为 41.28cm/d;间歇污染时上边界是大气边界(忽略蒸发作用和植物蒸腾作用),降雨量随时间变化。排水孔处是自由排水边界,其余边界均是隔水边界。水分运移边界条件如图

4 – 46 所示。

（2）溶质运移过程。上边界和排水孔处都是第三类边界，其余边界是隔水边界。溶质运移边界条件如图 4 – 47 所示。

图 4 – 46　水分运移边界条件　　　　图 4 – 47　溶质运移边界条件

4.3.2.3　土壤水分运移数学模型

1856 年法国工程师达西（Darcy）通过砂柱试验发现了水的宏观流动规律，用达西定律表达为

$$Q = k_s A \frac{\Delta H}{\Delta L} \tag{4-10}$$

也可表达为

$$v = \frac{Q}{A} = k_s \frac{\Delta H}{\Delta L}$$

式中　Q——流量；

　　　A——砂柱的横截面积；

$\Delta H / \Delta L$——水力坡降；

　　　k_s——渗透系数或者水力传导度；

　　　v——达西流速（或地下水渗透流速），它是包括固体颗粒在内的过水断面上的平均流速。

在不饱和带中，水分在大孔隙中的运移速度比在小孔隙中大，因此，非饱和带中的水力传导度比饱和带中的传导度小很多。在含水率很低的土壤中，连续的水流通道可能不存在，水分可以在气相状态下运动。因此不饱和水力传导度是含水率 $k(\theta)$ 或负的压力水头 $k(h)$ 的函数。最初的达西定律只能适用于饱和土壤中的恒定流动，在饱和土壤中，土壤具有的压力势是静水压力，为正值。1907 年，Buckingham 对其进行了修正，使它能应用于非饱和土壤，修正后的形式为

$$q（或\ v）= -k(h) \frac{\partial H}{\partial z} = -k(h) \frac{\partial (h+z)}{\partial z} = -k(h)\left(\frac{\partial h}{\partial z} + 1\right) \tag{4-11}$$

$$H = h + z \qquad (4-12)$$

式中　H——总水头，可表示总水势；

　　　h——静水压力水头，以观测点在地下水面以下的深度表示；

　　　z——相对于基准面的位置水头；

　　负号——水流方向与水势梯度方向相反。

在建立模型时，采用了经典的 Richards 方程来描述土壤水分运移过程，假定土壤各向同性、土壤中气相作用和蒸发作用的影响可以忽略，垂直向上方向为正，考虑降雨条件下水分的垂向和水平向运移，结合定解条件，建立数学模型为

$$
\begin{cases}
\dfrac{\partial \theta}{\partial t} = \dfrac{\partial}{\partial x}\left[K_x(h)\dfrac{\partial h}{\partial x} \right] + \dfrac{\partial}{\partial z}\left[K_z(h)\dfrac{\partial h}{\partial z} \right] + \dfrac{\partial K(h)}{\partial z} \\[2mm]
\quad -k(h)\left(\dfrac{\partial h}{\partial z} - 1 \right) = q; \ 0 \leqslant x \leqslant 40, \ z = 0, \ t > 0 \\[2mm]
\dfrac{\partial h}{\partial z} = 0; \ 0 \leqslant x \leqslant 40, \ z = 50, \ t = 0 \\[2mm]
h(x,z,0) = -100; \ 0 \leqslant x \leqslant 40, \ 0 \leqslant z \leqslant 50; \ t = 0
\end{cases}
\qquad (4-13)
$$

式中　θ——土壤体积水分含量，cm^3/cm^3；

　　　q——水流的源汇项，即流进或流出单位体积土壤中的体积流量，cm^3/d；

K_x，K_z——不饱和土壤的水力传导率函数，cm/d。

　　K_x、K_z 表达式为

$$K(h,x,z) = K_s(x,z)K_r(h,x,z)$$

式中　K_r——相对水力传导率，cm/d；

　　　K_s——该土壤的饱和水力传导率，cm/d。

4.3.2.4　溶质运移模型

在模拟中考虑"三氮"在土壤中的运移和转化过程，采用传统的对流弥散方程（Convection – Dispersion Equation，CDE）来描述溶质运移过程。设定水的运动为垂直方向和水平方向的稳定单相二维流，以对流弥散为主，考虑土壤吸附、硝化作用和反硝化作用。

对于 NH_4^+，考虑吸附、硝化作用，假定反应发生在液相和吸附相，则其迁移转化的数学模型为

$$
\begin{cases}
\dfrac{\partial \theta C_1}{\partial t} + \dfrac{\partial \rho s_1}{\partial t} = \dfrac{\partial}{\partial x}\left(\theta D_{xx}\dfrac{\partial C_1}{\partial x} + \theta D_{xz}\dfrac{\partial C_1}{\partial z} \right) + \dfrac{\partial}{\partial z}\left(\theta D_{zz}\dfrac{\partial C_1}{\partial z} + \theta D_{zx}\dfrac{\partial C_1}{\partial x} \right) \\[2mm]
\quad -\left(\dfrac{\partial q_x c_1}{\partial x} + \dfrac{\partial q_z c_1}{\partial z} \right) + q_s C_1 - \mu_{w,1}\theta C_1 - \mu_{s,1}\rho S_1 \\[2mm]
C_1(x,z,0) = 0; \ 0 \leqslant x \leqslant 40, \ 0 \leqslant z \leqslant 50, \ t = 0 \\[2mm]
-\left(\theta D\dfrac{\partial C}{\partial z} - q_i C_1 \right) = q_s C_1; \ 0 \leqslant x \leqslant 40, \ z = 50, \ t = 0 \\[2mm]
-\left(\theta D\dfrac{\partial C}{\partial z} - q_i C_1 \right) = 0; \ 0 \leqslant x \leqslant 40, \ z = 0, \ t = 0
\end{cases}
\qquad (4-14)
$$

对于 NO_2^-，考虑硝化，对流弥散方程为

$$\begin{cases} \dfrac{\partial \theta C_2}{\partial t} = \dfrac{\partial}{\partial x}\left(\theta D_{xx}\dfrac{\partial C_2}{\partial x} + \theta D_{xz}\dfrac{\partial C_2}{\partial z}\right) + \dfrac{\partial}{\partial z}\left(\theta D_{zz}\dfrac{\partial C_2}{\partial z} + \theta D_{zx}\dfrac{\partial C_2}{\partial x}\right) \\ \quad -\left(\dfrac{\partial q_x c_2}{\partial x} + \dfrac{\partial q_z c_2}{\partial z}\right) - \mu_{w,2}\theta C_2 + \mu_{w,1}\theta C_1 + \mu_{s,1}\rho S_1 \\ C_2(x,z,0)=0;\ 0\leqslant x\leqslant 40,\ 0\leqslant z\leqslant 50,\ t=0 \\ -\left(\theta D\dfrac{\partial C}{\partial z} - q_i C_2\right)=0;\ 0\leqslant x\leqslant 40,\ z=50,\ t=0 \\ -\left(\theta D\dfrac{\partial C}{\partial z} - q_i C_2\right)=0;\ 0\leqslant x\leqslant 40,\ z=0,\ t=0 \end{cases} \quad (4-15)$$

对于 NO_3^-，考虑反硝化作用，对流弥散方程为

$$\begin{cases} \dfrac{\partial \theta C_3}{\partial t} = \dfrac{\partial}{\partial x}\left(\theta D_{xx}\dfrac{\partial C_3}{\partial x} + \theta D_{xz}\dfrac{\partial C_3}{\partial z}\right) + \dfrac{\partial}{\partial z}\left(\theta D_{zz}\dfrac{\partial C_3}{\partial z} + \theta D_{zx}\dfrac{\partial C_3}{\partial x}\right) \\ \quad -\left(\dfrac{\partial q_x c_3}{\partial x} + \dfrac{\partial q_z c_3}{\partial z}\right) - q_i C_3 - \mu_{w,3}\theta C_2 + \mu_{w,2}\theta C_2 \\ C_3(x,z,0)=0;\ 0\leqslant x\leqslant 40,\ 0\leqslant z\leqslant 50,\ t=0 \\ -\left(\theta D\dfrac{\partial C}{\partial z} - q_i C_3\right)=0;\ 0\leqslant x\leqslant 40,\ z=50,\ t=0 \\ -\left(\theta D\dfrac{\partial C}{\partial z} - q_i C_3\right)=0;\ 0\leqslant x\leqslant 40,\ z=0,\ t=0 \end{cases} \quad (4-16)$$

式中　　　θ——土壤体积水分含量，cm^3/cm^3；

C_1，C_2，C_3——溶液中氨氮、亚硝氮和硝酸盐氮的浓度，mg/L；

$\quad\quad D_{xx}$——土壤 xx 方向上的弥散度，cm；

$\quad\quad q_s$——水流的源汇项，即流进或流出单位体积土壤中的体积流量，cm^3/d；

$\quad q_x$，q_z——x 和 z 方向上的达西流速，cm/d；

$\mu_{w,1}$，$\mu_{s,1}$——氨氮在液相和吸附相中的硝化反应速率常数，L/d；

$\quad\quad \mu_{w,2}$——亚硝氮的硝化反应速率常数，L/d；

$\quad\quad \mu_{w,3}$——硝氮的反硝化反应速率常数，L/d。

4.3.2.5　模型空间离散

根据研究区的边界条件、水力条件，模型设定节点距离为 1cm，共剖分得到 3724 个节点，77706 个单元格。

4.3.2.6　模拟期的选择

模型分三个阶段进行：①连续降雨条件下水分和氨氮的穿透试验；②间歇降雨条件下非均质包气带中氨氮污染试验；③模拟降雨条件下非均质包气带中"三氮"淋溶试验。

4.3.2.7　模拟结果及验证

1. 连续降雨条件下的水分穿透试验

（1）试验设计。试验采用 24h 不间歇连续供水方式，历时 15 天。试验结束静置 3 天后从各取样孔取土样，测定土壤的含水量和土壤中氨氮的浓度。

（2）模拟结果。土壤含水量分布如图 4-48 所示。

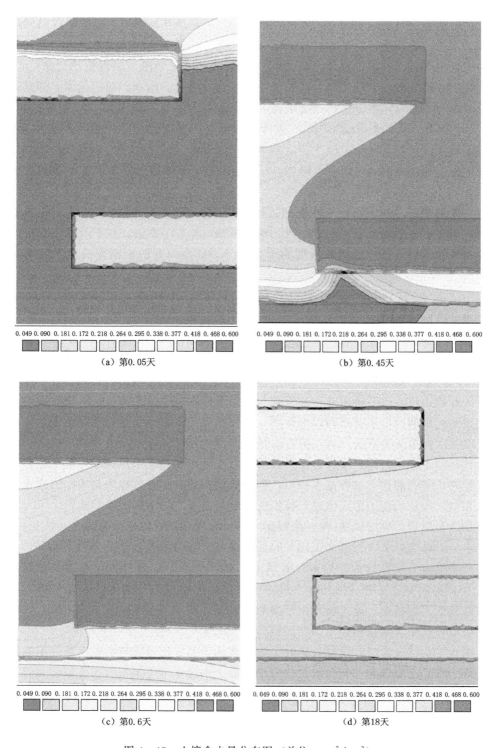

图 4-48　土壤含水量分布图（单位：cm^3/cm^3）

初始时刻，在假设初始压力水头为-100cm的条件下，由于亚黏土颗粒致密，有效空隙大，含水量相对高。由图4-48可以看出：在入渗的初始阶段，湿润峰以垂向迁移为主，水平方向各处迁移速度基本一致，表现为经典"活塞式"向下推移的运动方式，水分运移到亚黏土界面时，由于渗透系数突然变小，水分下渗受阻，出现绕流现象；第0.45天水分完全穿透砂箱，透镜体和上部砂土中含水量几乎达到饱和，两透镜体下部靠近砂箱处由于亚黏土的阻隔，水分运移速度缓慢，含水量最低；运移过程第0.6天后达到稳定，砂箱底部匀速排水，系统稳定；第16天降雨停止，砂箱自由排水，系统中含水率降低，由于砂土释水性大于亚黏土，砂土中含水量首先下降，下降幅度也大于亚黏土中；第18天时砂土中含水量由饱和含水量下降到0.254cm³/cm³，亚黏土中含水量由饱和含水量下降到0.377cm³/cm³左右。

（3）模型验证。在建立整个模型的过场中，模型的识别与检验是非常关键的一步工作，通常需要不断的修改土壤水力参数、渗透系数（K）等参数，并不断地调整模型不确定的均衡项才能获得比较理想和合理的拟合效果。此次模型的识别与检验使用间接的方法，即试估-校正法。

应用试估-校正法进行模型拟合的过程为：将建立的概念模型输入HYDRUS-2D（即在HYDRUS-2D中建立概念模型），用所选取的参数和边界条件作为模型的初值，按程序所要求的输入数据依次输入，输出每个观测孔的压力水头和含水量在各时段的变化值和模拟期结束时的流场情况。把计算所得含水量值和实际观测值对比，如果相差很大，则修改参数、边界条件，再一次进行模拟计算。如此反复调试，直到拟合误差小于某一给定的标准为止。这时所用的一套参数和边界条件就被认为是符合实际情况的。

模型的识别和验证主要遵循以下原则：①模拟的地下水流场要与实际地下水流场基本一致，即要求模拟压力水头（或土壤含水量）等值线与实测压力水头（或土壤含水量）等值线形状相似；②识别的土壤水力学参数要符合实际水文地质条件；③模拟土壤含水量的动态过程要与实测的动态过程基本相似，即要求模拟的含水量过程线与实际的含水量过程线形状相似；④从均衡的角度出发，模拟的区域均衡变化与实际要基本相符。

根据以上原则，应用试估-校正法对建立的砂箱模型进行识别和验证。

以水分运移实验来进行模型识别和验证土壤水力学参数以及边界条件：以Rosetta模型预测的土壤水力学参数为初始值，砂箱上下边界分别为定通量和自由排水边界，运行18天，得出各时刻砂箱各观测孔含水量等值线图，把模拟值与实测值对比分析，进而识别模型并验证模型精度。通过反复调整参数，确定了模型结构和参数。第18天（模拟期末）土壤取样孔中含水量模拟值与实测值对比如图4-49所示。

从图4-49可以发现：模拟得到的土壤含水量动态变化趋势与实验室条件下的实测值变化趋势一致。绝对误差和相对误差比较小，砂土中含水量模拟值与实测值吻合较好，亚黏土中模拟值比实测值稍低。G1、G2和G3 3个取样孔处模拟值与实测值相差较大，这可能是排水口位置的影响：实际的出水口的大小是1cm，而模型中设置的出水口的大小是2cm，因此模拟过程中出水口附近的含水量相对实际情况低。

模拟值与实测值的吻合程度用均方误差（Root Mean Square Error，RMSE）来定量，即

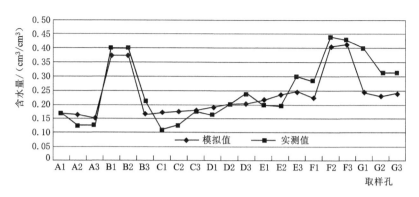

图 4-49 第 18 天土壤取样孔中含水量模拟值与实测值对比

$$RMSE = \sqrt{\frac{1}{N} \sum_{i=1}^{N} (Y_i - Y_i^{\cdot})^2} \qquad (4-17)$$

式中 Y_i——实测值；

$Y_i^{\cdot}$——模拟值；

N——观测样本数。

按照上式计算得到此次模拟的土壤含水率的均方误差在 $0 \sim 0.40$，说明拟合效果很好。

综上所述：本次建立的包气带数值模型符合实际的水文地质条件，满足精度要求，能够反映砂箱中水流场随时间和空间的变化，可以用该模型对砂箱中水分运移进行预测，也可以在此模型的基础上建立氮素运移模型。

2. 连续降雨条件下氨氮穿透试验

(1) 试验设计。以人工配制的 NH_4-N 浓度为 100mg/L 水溶液（分析纯 NH_4Cl 与蒸馏水配制而成）为试验用水，模拟地表污染源中的氨氮随降雨入渗污染包气带的过程，模拟降雨强度为 41.28cm/d。采用 24h 不间歇连续供水方式，历时 15 天。试验结束静置 3 天后从各取样孔取土样，测定土壤的含水量和土壤中氨氮的浓度。

(2) 模拟结果。假设模拟的初始期砂箱中的氨氮含量为零，上边界与下边界均为第三类边界，上边界浓度为 $0.1mg/cm^3$。砂箱中氨氮分布如图 4-50 所示。

由图 4-50 可以看出，土壤中氨氮的运移过程与水分运移过程相似，变化趋势也较一致。初始状态系统中氨氮含量为零，降雨开始后，由于降雨中污染物的下渗，系统中开始出现氨氮；第 0.05 天，氨氮最大下移距离为 5.6cm，到达上亚黏土透镜体的上表面，砂箱上表面浓度最高为 $0.1mg/cm^3$，从上到下浓度逐渐降低，在未到达砂-黏分界面以前，由于砂土各处性质基本一致，溶质在其中主要以"活塞式"运移，同一水平上各处含量相等；到达粗-细介质分界面时，由于亚黏土的渗透系数和弥散度均比砂土中小，溶质在其中迁移速度较慢，开始出现绕流现象，经过 0.45 天，砂土中溶质锋面下移了 29.04cm，而亚黏土中仅下移了 2.36cm，绕流现象明显；连续降雨第 15 天后，溶质穿透砂箱，系统上部氨氮含量高于下部，上亚黏土透镜体中含量同比同层位砂土中低，下透镜体中含量同比同层位砂土中高，这是土壤性质和硝化反应的共同作用结果；第 16 天起停止降雨，系

0.000 0.009 0.018 0.027 0.035 0.044 0.058 0.062 0.071 0.080 0.089 0.098

（a）第0.05天

0.000 0.009 0.018 0.027 0.035 0.044 0.058 0.062 0.071 0.080 0.089 0.098

（b）第0.45天

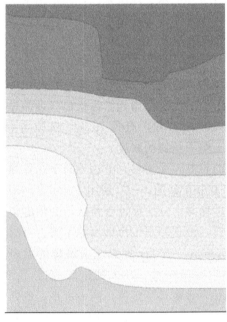

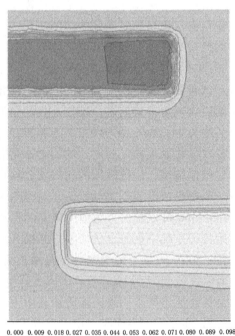

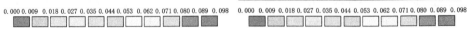

0.000 0.009 0.018 0.027 0.035 0.044 0.053 0.062 0.071 0.080 0.089 0.098

（c）第15天

0.000 0.009 0.018 0.027 0.035 0.044 0.053 0.062 0.071 0.080 0.089 0.098

（d）第18天

图 4-50　砂箱中氨氮分布图（单位：mg/cm³）

统自由排水，经过 3 天与空气充分接触，砂箱中硝化反应强烈，由于砂土疏松多孔，氧气含量较亚黏土中高，因此其中的硝化作用也较亚黏土中强烈，氨氮残留较少，上亚黏土透镜体中最终的氨氮含量比下透镜体中高，这是因为上部透镜体排水速度较下部快，含水量比下亚黏土中低，氨氮浓度则相对较高。

（3）模型验证。为检验模型的正确性，取第 18 天土壤取样孔中氨氮浓度实测值与模拟值对比，如图 4-51 所示。

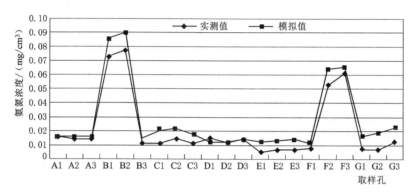

图 4-51 第 18 天土壤取样孔中氨氮浓度实测值与模拟值对比

可以看出，模拟值与实测值拟合较好，相对误差为 $0.02\%\sim1.25\%$，这说明模型的选择和参数的选取能反映系统的实际情况。

3. 间歇降雨条件下非均质包气带中氨氮污染试验

（1）试验设计。首先用蒸馏水连续淋滤 3 天以消除本底值影响，模拟包气带所处的好氧与缺氧的更替环境，进行 23 个周期共计 89 天的间歇降雨运行试验。降雨期内以降雨强度 41.28cm/d、氨氮浓度为 100mg/L 的降雨，均匀布水 0.5 天，间歇期 3.5 天使砂箱表面与空气自然接触，如此循环即 4 天为 1 个周期，降雨期与间歇期时间比为 0.5：3.5。待晰出"三氮"浓度基本稳定后停止试验，静置 6 天后取土样，自然风干后测试土壤中 NH_4-N、NO_3-N 及 NO_2-N 含量。

假设模拟的初始期砂箱中的氨氮含量为零，上边界和排水边界都是第三类边界，降雨中氨氮浓度为 $0.1mg/cm^3$。

（2）土壤中氨氮含量模拟结果。土壤中氨氮分布如图 4-52 所示。

从图中可以看出：土壤初始状态下 NH_4-N 的浓度为零，第 0.5 天时第一次降雨结束时，NH_4-N 锋面向下运移了 35.43cm。砂箱表面处 NH_4-N 浓度为 0.1mg/L，锋面前缘处浓度为 0.009mg/L，绕流现象明显，上下两亚黏土透镜体中的 NH_4-N 含量为零；试验运行的第 4 天，即第 1 周期的最后一天，经过 3.5 天的间歇期，无外来氨氮的补给，土壤与氧气充分接触，土壤中硝化作用强烈，氨氮含量降低，最高值分布在 38.79～44.68cm，这是因为这个区域水分运移速度和硝化作用相对上部砂土中低，最低值依然在溶质锋面的前缘，约为 0.009mg/L，间歇期虽然降雨停止，但是砂箱自由排水，氨氮依然随着水分向下运移，3.5 天仅向下运移了 1.18cm，这也间接说明水流是溶质运移的载体，溶质运移的速度受水流速度的控制；第 89 天是间歇污染的最后一天，经过 23 个周期

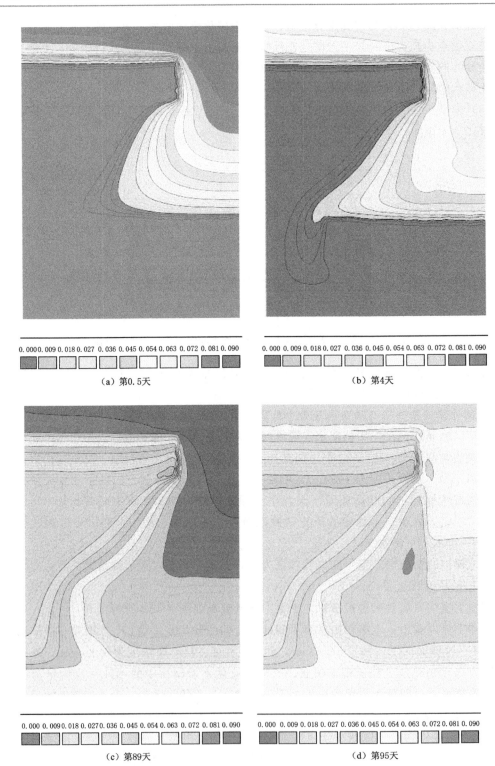

图 4-52　土壤中氨氮分布图（单位：mg/L）

的降雨与间歇期的运行，氨氮已经穿透砂箱，砂箱上表面接受降雨补给，氨氮含量最高，与降雨中的污染物浓度相等，最低值出现在上亚黏土透镜体下部，约为 0.005mg/L，这是由于亚黏土饱和渗透系数远小于细砂，故对下渗水流起到阻滞作用，大部分水流绕过亚黏土透镜体向下不断迁移，在透镜体下部由于重力作用强于基质吸力作用，水分横向运移远小于垂向运移，故进入到该区域中的水分较少，此处为含水量低值区，而上层土壤未吸附的氨氮随水流向下迁移到达该区处的含量也相对较少，故吸附到对应点位介质上的 NH_4-N 相对也较少，可见层状结构对水分及 NH_4-N 的迁移与富集具有重要影响，下亚黏土透镜体中氨氮的含量相对上透镜体中的高，这是因为随深度增加土壤中氧气含量降低，硝化作用减弱，氨氮累积；对比第 89 天和第 95 天土壤氨氮分布图可以看出，砂箱经过 6 天的间歇期，与氧气充分接触，硝化作用强烈，氨氮含量降低，砂箱上表面氧含量最高，硝化作用最强，氨氮的减小幅度最高，由降雨结束时的 0.1mg/L 降到 0.045mg/L，上亚黏土透镜体下部氨氮低值区浓度降低到 0.009mg/L，且低值区的范围增大，下亚黏土透镜体中由于含氧量相对较低，硝化作用弱，因此其浓度降低不明显。

（3）土壤中氨氮含量模型验证。第 95 天土壤取样孔中氨氮浓度实测值与模拟值对比如图 4-53 所示。

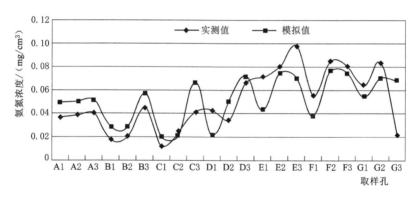

图 4-53 第 95 天土壤取样孔中氨氮浓度实测值与模拟值对比

从图中可以看出，除 G3 取样孔以外各取样孔氨氮浓度的模拟值与实测值的曲线形状相似，并且升降趋势基本吻合。G3 取样孔的模拟值与实测值相差较大，这可能是试验误差的原因。该结果表明所建立的数学模型和所采用的数值方法及参数的取值能够较好地在总体上描述模拟试验条件下氨氮在土壤中的运移过程。

（4）土壤中亚硝态氮含量模拟结果。土壤中亚硝态氮分布如图 4-54 所示。

从图中可以看出，亚硝态氮的分布与氨氮的分布呈相关关系。第 0.5 天降雨结束时土壤中亚硝态氮的含量为零，这是因为在降雨的 0.5 天中砂箱上表面的持续降雨使砂箱形成一个封闭的系统，氧气无法进入，不能发生硝化反应；从第 4 天土壤亚硝态氮的含量分布图可以看出经过 3.5 天的间歇期，土壤与氧气充分接触，系统中发生硝化作用，土壤中有亚硝态氮产生，检出亚硝态氮的最大深度是距离上表面 34.76cm 处，含量最高处位于上亚黏土透镜体的上部，这部分区域氧气含量充足硝化反应强烈且由于亚黏土透镜体的阻滞作用，水分和亚硝态氮不易下渗，因此在此处积累；从第 89 天含量分布图可以看出砂箱

0.000 0.017 0.034 0.052 0.069 0.086 0.108 0.120 0.137 0.155 0.172 0.189

（a）第0.5天

0.000 0.017 0.034 0.052 0.069 0.086 0.108 0.120 0.137 0.155 0.172 0.189

（b）第4天

0.000 0.017 0.034 0.052 0.069 0.086 0.108 0.120 0.137 0.155 0.172 0.189

（c）第89天

0.000 0.017 0.034 0.052 0.069 0.086 0.108 0.120 0.137 0.155 0.172 0.189

（d）第95天

图 4 - 54　土壤中亚硝态氮分布图（单位：cm^3/cm^3）

中亚硝态氮含量都很低，范围是 $0\sim0.052cm^3/cm^3$，上部砂土中含量最低，上透镜体中和下透镜体下部的含量次之，上透镜体下部含量最高，这是由于第 88.5 天的降雨过程对土壤中的亚硝态氮有淋洗作用，砂土中渗透系数和弥散系数较黏土中的高，因此更易淋洗，透镜体对水流的阻滞作用使得其下面的区域水分不易进入，水流速度缓慢，因此亚硝态氮的含量也相对较高；第 95 天土壤中亚硝态氮含量较第 89 天的含量高，一方面是因为硝化作用的持续进行产生更多的亚硝态氮；另一方面是因为土壤中自由排水使系统中含水量较低，溶质的运移速度较水分运移慢，使得溶质的浓度相对较高。

（5）土壤中亚硝态氮含量模拟结果验证。第 95 天土壤取样孔中亚硝态氮浓度实测值与模拟值对比如图 4-55 所示。

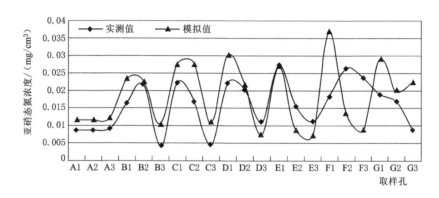

图 4-55　第 95 天土壤取样孔中亚硝氮浓度实测值与模拟值对比

由取样孔亚硝态氮含量拟合结果可以看出，各个取样孔模拟计算的氨氮含量分布曲线与实测的曲线形状相似，并且升降趋势基本吻合。由此可以确定所建立模型模拟结果较好，可以用其作为溶质运移模拟的基础。

（6）土壤中硝态氮含量模拟结果。土壤中硝态氮分布如图 4-56 所示。

从上图可以看出土壤中硝态氮的分布受氨氮和亚硝态氮分布的影响。第 0.5 天，土壤中硝态氮浓度为零，具体原因与亚硝态氮分布类似；第 4 天土壤中出现硝态氮的积累，浓度在 $0\sim0.051mg/cm^3$；第 89 天土壤中硝态氮含量很低，浓度值在 $0\sim0.017mg/cm^3$，这主要是由于该时刻降雨刚结束，土壤中残余的硝态氮被降雨淋洗；第 95 天在上透镜体中硝态氮含量最高，其上部砂土中含量次之，其下部的砂土中含量较低。下亚黏土透镜体中浓度很低几乎为零，这主要是硝化作用和反硝化作用的共同影响：砂箱上部氧气含量高，硝化作用强烈反硝化作用弱，使硝态氮累积，下部氧气含量低，硝化作用弱反硝化作用强烈，不易硝态氮的累积。

（7）土壤中硝态氮含量模拟验证。第 95 天土壤取样孔中硝态氮浓度实测值与模拟值对比如图 4-57 所示。

由取样孔氨氮含量拟合结果可以看出，各取样孔模拟计算的硝态氮含量分布曲线与实测的曲线形状相似，并且升降趋势基本吻合。由此可以确定所建立模型模拟结果较好，可以用以作为溶质运移模拟的基础。

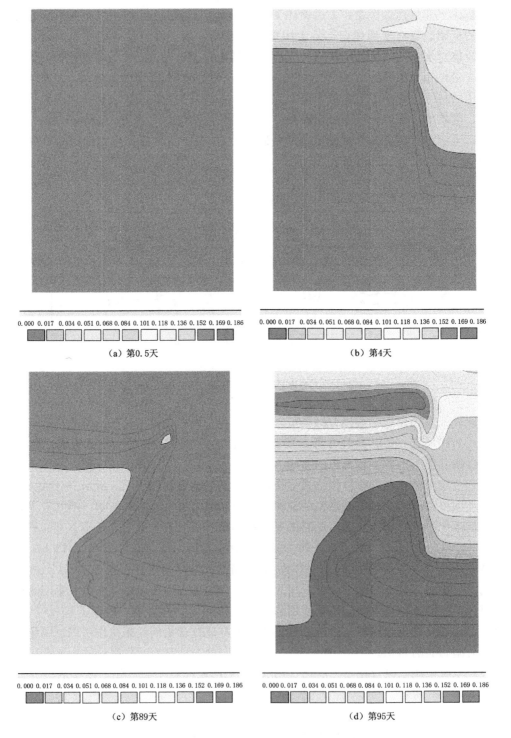

图 4-56 土壤中硝态氮分布图 （单位：mg/cm^3）

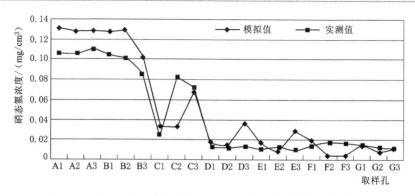

图 4-57 第 95 天土壤取样孔中硝态氮浓度实测值与模拟值对比

4. 模拟降雨条件下非均质包气带中"三氮"淋滤试验

（1）试验设计。污染物进入地下水中的主要途径是土壤的淋滤。为了模拟降雨淋滤对污染物迁移转化的影响，把进水换为蒸馏水，模拟降雨强度为 41.28cm/d，间歇期（降雨期与间歇期时间比为 0.5∶3.5）运行，进行淋溶试验研究。

（2）模拟条件及结果。以连续降雨模拟和间歇污染模拟参数为基础，模拟已污染的包气带介质中的氮素在降雨淋溶作用下的迁移转化规律。模型的模块、建立的基本方程及率定和检验的方法与间歇试验相同。模型以间歇试验第 95 天土壤含水率和"三氮"含量作为模型的初始条件。

1）氨氮淋洗模拟结果。淋洗模拟过程中氨氮分布如图 4-58 所示。

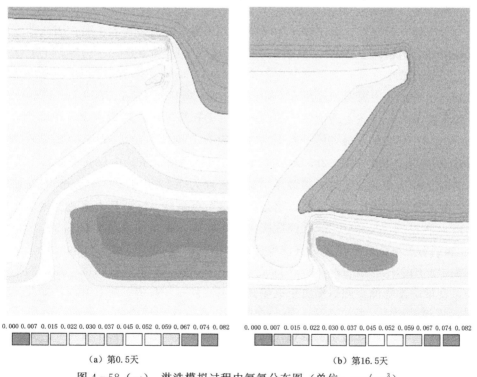

（a）第0.5天 　　　　　　　　　　　　（b）第16.5天

图 4-58（一） 淋洗模拟过程中氨氮分布图（单位：mg/cm³）

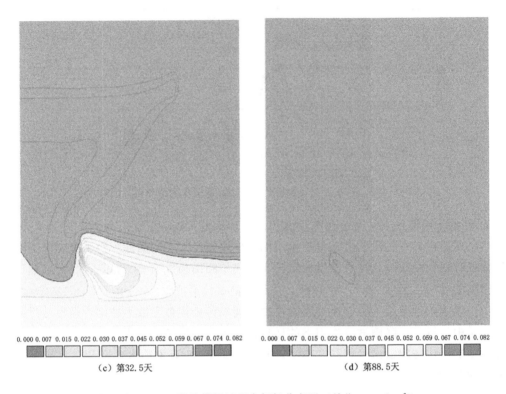

(c) 第32.5天　　　　　　　　　　　　(d) 第88.5天

图 4-58（二）　淋洗模拟过程中氨氮分布图（单位：mg/cm³）

第 0.5 天第一次降雨，由于砂土的吸附能力和持水能力较亚黏土弱，因此砂土中的氨氮浓度先降低，透镜体上部的和透镜体同层位的砂土中氨氮浓度几乎为零，上亚黏土透镜体仅在上边缘有浓度降低，其下部分由于降雨量小，均未受影响；第 16.5 天，经历 5 次间歇降雨，上透镜体中氨氮浓度由 0.074mg/cm³ 下降到 0.022mg/cm³，上部砂土中的氨氮完全被淋洗下去，仅在上透镜体下部的水分运动较慢的区域还有剩余，浓度为 0.007～0.022mg/cm³，下亚黏土透镜体中氨氮含量也有显著降低，由最初的 0.082mg/cm³ 降低到目前的 0.074mg/cm³；第 32.5 天，经历 9 次间歇降雨，系统中仅在下亚黏土透镜体及其之下的砂土中残余少量氨氮，透镜体中氨氮浓度为 0.022～0.059mg/cm³，亚黏土和砂土过渡边界的下端点周围含量最高，这是因为这个点是驻点，此处水流速度最低，污染物得以滞留；第 88.5 天，经历 23 次间歇降雨，系统中氨氮全部被淋洗出去。

2）亚硝态氮淋洗模拟结果。淋洗模拟过程中亚硝态氮分布如图 4-59 所示。

系统中亚硝态氮含量很低，且不易被吸附，因此较易被淋洗出系统。在降雨期系统中亚硝态氮含量急剧降低，间歇期由于亚硝化作用的存在，其浓度略有升高，如此反复，到 90 天被全部淋洗出系统。第 0.5 天，第一次降雨，系统中亚硝态氮含量最高值位于上下两透镜体之间的区域，此处由于上透镜体的阻滞水流缓慢，上透镜体中亚硝化产生的亚硝态氮及上部砂土中的亚硝态氮随水流运移到此，产生累积；第 12.5 天，第 4 次降雨，系统中亚硝态氮几乎全部被淋洗出去，仅在上透镜体下部靠近隔水边界的区域还有少量存在，

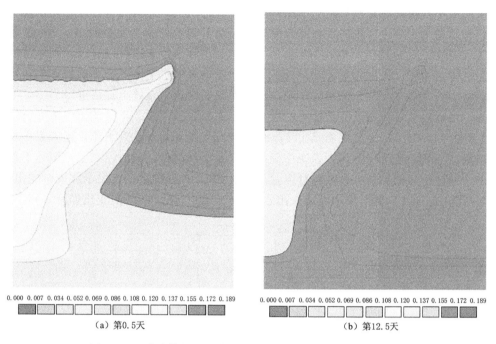

0.000 0.007 0.034 0.052 0.069 0.086 0.108 0.120 0.137 0.155 0.172 0.189   0.000 0.007 0.034 0.052 0.069 0.086 0.108 0.120 0.137 0.155 0.172 0.189

（a）第0.5天　　　　　　　　　　　　　　　（b）第12.5天

图 4-59　淋洗模拟过程中亚硝态氮分布图（单位：mg/cm³）

浓度由第 0.5 天的 0.069mg/cm³ 降低到 0.017mg/cm³；第 20.5 天系统中亚硝态氮浓度继续降低；第 89 天系统中亚硝态氮全部被淋洗，系统中浓度为零。

3）硝态氮淋洗模拟结果。淋洗模拟过程中硝态氮分布如图 4-60 所示。

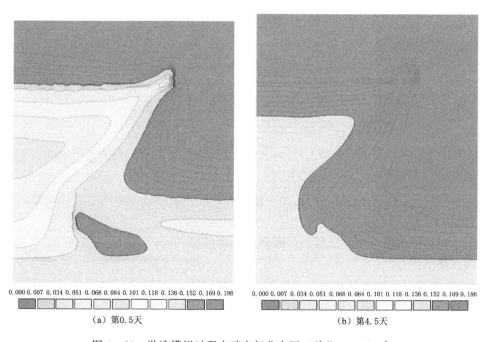

0.000 0.007 0.034 0.051 0.068 0.084 0.101 0.118 0.136 0.152 0.169 0.186   0.000 0.007 0.034 0.051 0.068 0.084 0.101 0.118 0.136 0.152 0.169 0.186

（a）第0.5天　　　　　　　　　　　　　　　（b）第4.5天

图 4-60　淋洗模拟过程中硝态氮分布图（单位：mg/cm³）

硝态氮不易被土壤介质吸附，易随水流迁移，降雨期硝态氮随水分迁移，系统中含量降低。间歇期由于硝化作用的存在系统中硝态氮含量略有增加，如此反复，第45天全部被淋洗出系统。对比第0天和第0.5天系统中硝态氮含量分布图可以看出，硝态氮极易被水淋滤。降雨前硝态氮主要累积在系统上部，含量最高值位于上亚黏土透镜体中，下亚黏土透镜体中浓度几乎为零。降雨后，硝态氮分布显著变化，系统上部浓度降为零，下部含量增加。上透镜体下部靠近隔水边界的区域中硝态氮含量最高。下透镜体中浓度由最初的0增加到$0.034mg/cm^3$。这主要是由于上部的硝态氮随降雨淋滤到下部，还未来得及排出所致。第4.5天，第2次降雨，系统中硝态氮含量继续降低，此时仅在上透镜体下部的水分滞留区残余少量硝态氮，其余各处含量为零。第45天系统中硝态氮全部被淋洗出去。

4）出水口处"三氮"模拟结果。出水口处"三氮"浓度随时间变化如图4-61所示。

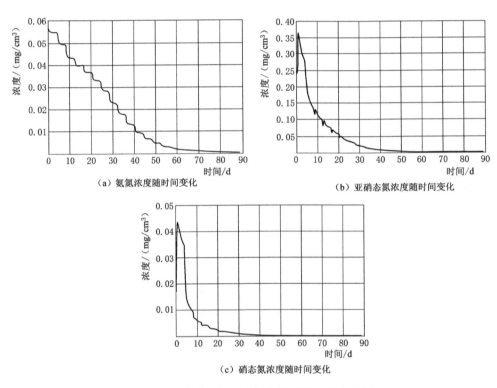

图4-61　出水口处"三氮"浓度随时间变化图

从上图可以看出，出水口处"三氮"浓度随时间逐渐降低，中间略有波动是硝化作用和反硝化作用的影响。

4.3.3　不同结构包气带中"三氮"迁移转化数值模拟

4.3.3.1　模型概化

根据非均质包气带室内试验和非均质砂箱"三氮"迁移转化数值模拟，结合北京市平原地区冲洪积扇地层结构，把永定河冲洪积扇的上、中、下缘地层结构概化，剖面示意如图4-62所示，土层深为1600cm，宽为80000cm，其中蓝色是砂土，黄色是黏土。土样室内分析结果见表4-21、表4-22。模拟期是7300天（20年）。

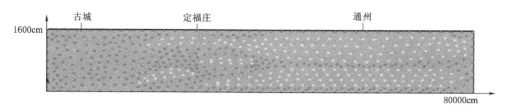

图 4-62 永定河冲洪积扇剖面示意图

表 4-21 土 壤 物 理 性 质

介质	残余含水量	饱和含水量	Alph（VG 方程参数）	N（VG 方程参数）	饱和渗透系数
砂土	0.0504	0.45	0.06	2.4684	100
黏土	0.068	0.5	0.05	1.4288	10

表 4-22 土 壤 运 移 和 反 应 参 数

介质	容重/(g/cm³)	纵向弥散度/cm	横向弥散度/cm	铵的吸附系数/(g/mL)	铵转化成亚硝态氮的速率/d⁻¹	亚硝态氮转化成硝态氮的速率/d⁻¹	反硝化反应速率/d⁻¹
砂土	1.56	20	5	0.3	0.0004	0.02	0.00007
黏土	1.5	5	15	3	0.00001	0.0008	0.0006

4.3.3.2 参数及定解条件

结合实际情况和室内砂箱的数值模拟试验确定模型的定解条件。模型所用的参数均来自前节中获取的数据。

1. 边界条件

水流模拟。上边界是定通量边界，流量是 0.16cm/d（按北京地区平均降水量每年 600mm 给定）。

溶质运移模拟。上边界和下边界都是第三类边界，为了更清楚地显示污染物在包气带中迁移转化的量，本次模拟以 1mg/mL 作为上边界氨氮的输入浓度，亚硝态氮和硝态氮的浓度均为零。

2. 初始条件

初始压力水头。土壤剖面各处的初始水头均为 -100.00cm（干土），污染物初始浓度均为零。

4.3.3.3 模拟结果

1. 氨氮

不同时刻土壤中氨氮浓度示意如图 4-63 所示。在冲洪积扇的上部，剖面中主要是砂土，氨氮在其中的运移速度快，第 20 年就几乎穿透包气带到达含水层，含水层易污染。冲洪积扇的中部黏土透镜体较多，呈现砂、黏互层的结构，氨氮在其中的迁移受到阻滞，迁移速度相对较慢；冲洪积扇的下部主要以黏土为主，砂土层较薄，氨氮在其中的迁移速

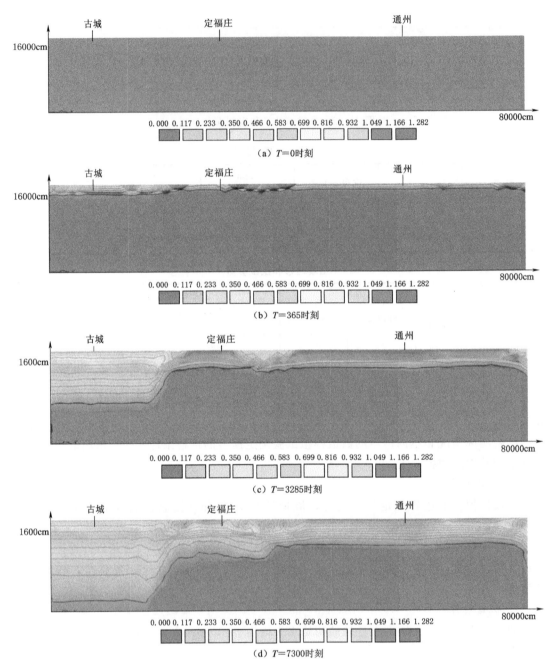

图 4-63　不同时刻土壤中氨氮浓度示意图（单位：mg/cm³）

度最慢，同一剖面中相同时间内氨氮在此处穿透的距离最短。

2. 亚硝态氮

不同时刻土壤中亚硝态氮浓度示意如图 4-64 所示。

氨氮在包气带中经过亚硝化反应生成亚硝态氮，亚硝态氮不能被吸附，在包气带中迁

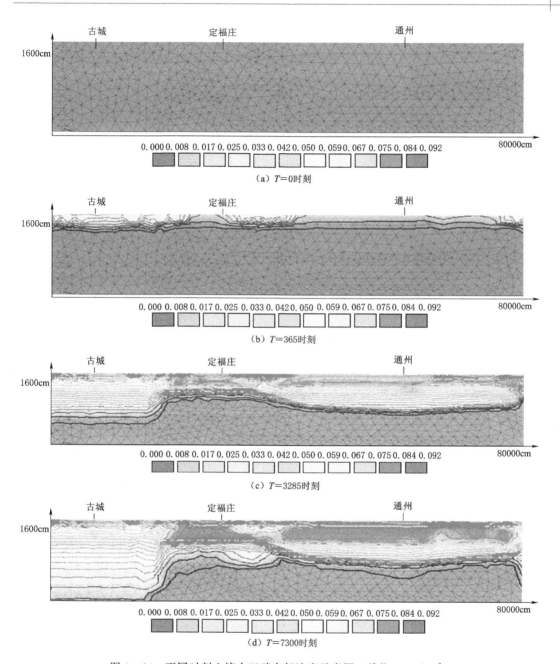

图 4-64 不同时刻土壤中亚硝态氮浓度示意图（单位：mg/cm³）

移速度较快，但极易被氧化成硝态氮。由图 4-64 可以看出，相同时间内冲洪积扇的不同部位亚硝态氮的累积量不同：在冲洪积扇的上部以砂土为主，亚硝态氮在其中迁移速度快，20 年即可穿透包气带到达含水层；冲洪积扇的中部和下部由于黏土层的阻滞，亚硝态氮在其中的迁移速度较慢且在砂土和黏土的界面处累积。

3. 硝态氮

不同时刻土壤中硝态氮浓度示意如图 4-65 所示。

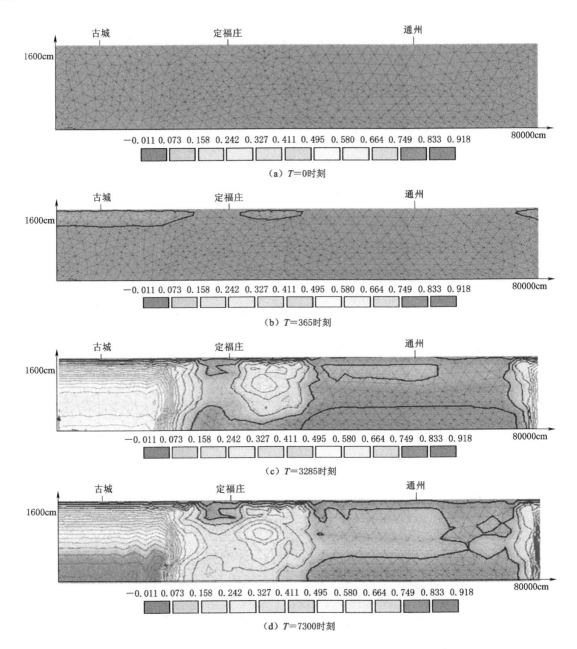

图 4-65　不同时刻土壤中硝态氮浓度示意图（单位：mg/cm^3）

亚硝态氮转化成硝态氮的反应是个耗氧过程，砂土结构疏松氧气含量充足，硝化反应强烈，反硝化反应被抑制。因此，在冲洪积扇的上部硝态氮累积，此处含水层极易被污染。

4.3.4　模拟结果与分析

在非均质砂箱进行物理模拟中，即非均质结构条件下的包气带水分运移、氮素连续污染、间歇污染及已污染包气带的降雨淋溶过程，揭示了水分、氮素在非均质介质包气带中的绕流、蓄积、转化等规律。综合起来，有以下几点：

（1）通过理想介质与实际介质的水分运移实验研究结果表明，实验所设计的粗细相间的非均质结构中存在利于水分优先运移的通道；粗细介质颗粒粒径差距越大，水分绕流越明显；细层对水分的迁移起阻滞作用，但其本身对水分的滞留能力却要大于粗层。氨氮连续穿透试验亦表明，细质地透镜体对氨氮的滞留能力大于质地较粗的细砂层。可以推测自然条件下，粗细相间的非均质结构可促使水分及其携带的污染物质以优先流方式快速穿透，进而造成深层土壤及地下水的污染。

（2）氨氮间歇污染实验表明，系统中发生了明显的微生物作用。历时 23 个周期 89 天经过吸附饱和-穿透-微生物生长-微生物成熟几个阶段基本达到吸附-硝化反硝化-吸附的稳定状态。而在降雨淋溶作用下，9 个周期降雨淋溶总氮量占土壤残留总氮量的 90%，氨氮减少了 90.6%，硝态氮降低 91.9%，说明残存于非均质包气带中的氮污染物极易被降雨淋溶进入地下水造成污染。

（3）氮平衡计算结果表明：晰出总氮量占进入系统总氮量的 70%，土壤残留总氮量为 12.5%，挥发总氮量为 0.46%，基本可以忽略，反硝化损失氮量占进入系统总氮量的 17%，本实验条件下，硝化反应强烈，反硝化作用相对较弱，大部分氮素以氨氮、硝态氮和亚硝态氮的形态随晰出流失。

（4）针对连续穿透试验和间歇污染实验，用建立的数学模型对这两个过程中"三氮"的迁移转化进行模拟，再在前两个实验的基础上预测"三氮"随间歇降雨的淋滤过程。模拟结果显示，包气带氮素的迁移和分布受介质的非均匀性影响明显：系统上层土壤溶液中"三氮"累积较多，由于淋溶作用降雨前后累积层位略有差异；同野外氮素分布规律相似，砂箱系统上层土壤中硝态氮累积较多，氨氮和亚硝态氮在砂箱深层土壤中得到累积，并不断地随水流向下运移，最终可能形成地下水污染源；同时在上亚黏土透镜体的上下表面土壤中出现较明显的氨氮和亚硝态氮累积；在粗介质中存在的细质地透镜体对氮素的运移起阻滞和滞留作用，综合硝化反硝化作用，氮素的运移和累积分布随透镜体的位置发生了变化。

（5）在室内试验和数值模拟的基础上，对永定河冲洪积扇包气带剖面中"三氮"迁移转化规律进行数值模拟，模拟结果显示：冲洪积扇上部为单层砂土结构，污染物在其中的迁移转化速率较快，此处含水层易污染；冲洪积扇的中部和下部由于黏土层的阻隔，污染物在其中迁移速度慢且多累积在黏土层的下部，黏土层越厚污染物迁移的速度越慢，该处的含水层越不易被污染。

4.4 地下水中"三氮"迁移转化数值模拟研究

4.4.1 研究区氮污染物来源分析

地下水在天然状态下氮物质含量极小，其中的"三氮"物质主要是细菌分解由动植物起源的各种有机物而形成的，也有部分来源于沉积地层中地质成因的氮物质。在人类活动区，由于人为进行地下水开采、废弃物排放等行为，致使地下水系统的原始状态受到破坏，"三氮"含量逐渐增多，造成污染。结合研究区地质条件、水文地质概况及以往的研究调查，分析总结研究区地下水系统中的"三氮"污染主要来源于城市生活污染源、农业污染源、工业污染源等方面。

1. 城市生活污染源

从20世纪以来，北京城市规模大幅度增长，城市人口急剧增多，城市化水平不断增高，已成为超大型城市。人口的增长导致与之相应的生活垃圾排放量也急剧上升。据调查资料显示，北京垃圾产生量从1993年的256.5万t逐年增长至2006年的538万t，具体数值见表4-23。

表4-23　　　　　　　　　　北京1993—2006年垃圾产生量

年　份	1993	1994	1995	1996	1997	1998	1999
垃圾产生量/万t	256.5	268.5	277.7	278	281.8	284.7	290.4
年　份	2000	2001	2002	2003	2004	2005	2006
垃圾产生量/万t	296	309	321	361.4	496	537	538

目前对于城市生活垃圾的处理方式主要有卫生填埋、焚烧和堆肥三种。在北京主要通过卫生填埋的方法处理。据统计，北京市目前共有23座生活垃圾处理设施，其中包括6座生活垃圾转运站、13座生活垃圾卫生填埋场、2座生活垃圾堆肥厂、2座生活垃圾焚烧厂，总设计处理能力为15710t/d，生活垃圾无害化处理率为92.5%。城市生活垃圾中含有大量的氨氮污染物以及硝酸盐氮污染物，这些物质随着城市生活垃圾，通过垃圾填埋场、排污管道等途径渗入到地下水系统中，造成地下水的污染。因此，城市生活污染源已经成为地下水"三氮"污染的重要来源。

2. 农业污染源

地下水"三氮"污染的农业污染源主要包括农业灌溉回归水中所携带的氮元素和农业施用化肥和农药中的氮元素两部分。

目前农业灌溉为了增产基本使用污水灌溉，可根据农田类型将农业灌溉回归水分为粮田农灌水、菜田农灌水和果园农灌水三类，这些农业灌溉污水中含有大量氮元素，氮污染物随着农灌水通过地表淋滤进入到地下水系统，对地下水系统造成了严重的污染。根据对平原区农村的水质调查，可发现菜田农灌水中硝酸盐氮含量最高，平均含量为8.66mg/L，超标率高达36%，粮田农灌水硝酸盐氮含量最低，果园农灌水硝酸盐氮含量在二者之间。

过量施用氮肥是北京农田氮污染的另一个重要因素，尤其是菜田的氮肥施用量严重超标，每年约1732kg/hm²，达到蔬菜对氮素所需吸收量的4.47倍。在粮田中氮肥施用量一般为4612kg/hm²，这也超过了农作物对氮元素的需求量，已经达到小麦氮素吸收量的1.45倍。氮肥的过量施用直接导致了硝酸盐氮在土壤的大量累积，并进入地下水系统，造成含水层的污染。

由此可见，农田类型不同，对地下水污染程度也不同，一般氮肥施用量高、污水浇灌面积大的农田所含氮污染物也越多，就本研究区而言，菜田污染源是最严重的农业污染。

3. 工业污染源

北京的主要工业污染源主要是位于通州的首钢工业区和位于朝阳东郊的众多化工厂，

包括北京有机化工厂、北京炼焦化学厂、北京化工实验厂和北京化二股份有限公司。这些工业园区污水年排放量可达上千万吨，各工厂污水经过处理排放到污水处理厂以及各河流中。北京市 2000 年工业入河污水量统计见表 4-24。

表 4-24　　　　　　　　北京市 2000 年工业入河污水量统计表　　　　　单位：万 t/d

河渠名称	通惠河	半壁店明渠	莲花河	新开渠	凉水河
工业污水排放量	2.81	3.14	3.99	9.89	14.31
河渠名称	小龙河	清河	万泉河	小月河	坝河
工业污水排放量	0.15	3.15	3.43	1.35	1.34
河渠名称	东直门灌河	长辛店明渠	二道沟明渠	大柳树明渠	永定河
工业污水排放量	0.12	4.12	0.43	1.75	5.26
河渠名称	前三门盖板	丰草河	马草河		
工业污水排放量	0.21	1.07	10.54		

4.4.2　模型概化

本次模拟采用 Visual MODFLOW 有限元软件，这是个能够建立三维地下水流动和污染物运移的模型，具有友好用户界面的优秀应用软件。它可以方便地将研究区的地质条件、水文地质条件数字化，通过指定模型性质和边界条件，建立概念模型，从而模拟研究区水流和污染物的运移情况，并可以用手工或自动技术校准模型，纠正井流速率和位置使抽水试验最优化，最后用二维或三维的图形显示结果。地下水流场模拟是进行地下水中溶质运移模拟的基础，因此首先要先根据已有的研究区数据资料，建立地下水流场模型。

4.4.2.1　研究区边界概化

1. 侧向边界

根据前文对研究区范围的描述，可以分析出研究区地下水系统的侧向边界主要以流量边界为主。其中西部和西北部边界是侧向补给边界，接受山前补给；东部在定福庄-东坝地区存在地下水降落漏斗，因此对于潜水含水层为排泄边界，而对于承压含水层，则为补给边界；南部为零通量边界；北部边界根据不同位置的不同含水层分别给定。

2. 垂向边界

模型的上边界为潜水含水层的自由水面，整个含水层系统通过这个边界可接受大气降水入渗补给、灌溉入渗补给以及蒸发排泄，与外界进行垂向的水力联系。

在研究区的潜水含水层和承压含水层中间夹有一个弱透水层，这是潜水和承压水进行水量交换的媒介，两个含水层在弱透水层中发生越流，产生水力联系，进行水量交换。

模型的底部边界是第四系沉积层底面，渗透性差，将其处理为隔水边界。

4.4.2.2　水文地质结构

研究区的水文地质结构主要是根据已有的观测孔剖面图获得的。由于研究区的含水层为非均质，需要根据各岩层的岩性进行归类，并结合垂向观测孔资料和剖面资料，合并同类别含水层，进行垂向分层、水平分区，概化出整个研究区的含水层空间分布情况。

在水平上可将整个研究区自西向东分为 3 个区。总的看来，这 3 个水文地质区的渗透系数由西向东呈减小趋势，透水性能减弱。在垂向上也将研究区分为 3 层，第一层为潜水含水层，在地面以下 0～30m 处；第二层为弱透水层，在地面以下 30～60m 处；第三层为承压含水层，在地面以下 60～150m 处。其中承压含水层为研究区的主要供水层，该层的开采量，在研究区的工业用水、农业用水和生活用水中占了很大比例。

4.4.2.3　地下水流场特征

地下水在整个流动过程当中，符合达西定律，并且遵循能量守恒定律和质量守恒定律。受地形影响，研究区地下水主要是从西部流入，从东部流出。由于研究区含水层的渗透系数由西向东逐渐减小，致使地下水流由西部的无压水流逐渐向东转变为承压或半承压水流，且流动速度也有所减慢。地下水系统的流动随着时间、空间变化而不同，属于非稳定流系统。

4.4.2.4　源汇项的确定

研究区的补给来源主要有大气降水补给，河流、湖、渠侧向补给，山前侧向流入量，灌溉回归补给；排泄方式主要包括蒸发排泄和地下水开采。

1. 大气降水补给

根据经验公式，大气降水量计算方法为

$$Q_i^k = 10^3 \alpha_i P_i^k F_i \tag{4-18}$$

式中　α_i——第 i 个分区对应的降水入渗系数；

　　　P_i^k——第 i 个分区第 k 个月降水量，mm；

　　　F_i——第 i 个分区的计算区面积，km^2；

　　　Q_i^k——第 i 个分区第 k 个月降水入渗补给量，m^3。

根据前人工作成果和本次调查资料，分 3 个区给出大气降水入渗系数值，并通过收集 2004 年 7 月—2008 年 6 月的各月降雨量数据，计算出模型总的降雨入渗量。

本次模拟的研究区降雨入渗系数见表 4-25。

表 4-25　　　　　　　　　　　研究区降雨入渗系数表

分　区	砂卵石区	砂砾石区	中细砂及含砾砂区
降雨入渗系数 α	0.6	0.45	0.36

2. 河流、湖、渠侧向补给

河流、湖、渠的补给量可由达西公式计算，即

$$Q_c = KMBI \tag{4-19}$$

式中　Q_c——含水层的侧向流入流出量，m^3/d；

　　　K——边界附近含水层的渗透系数，m^3/d；

　　　M——含水层的厚度，m；

　　　B——边界的长度，m；

　　　I——边界附近的地下水水力梯度。

对于本次模拟研究区，侧向补给量可直接由之前的报告调查成果总结获得，最终得到

总的侧向补给量为 5344 万 m³/年。

3. 山前侧向流入量

在研究区西北山前地区会接收到山前侧向流入的补给，该补给量也可由达西公式计算得出，在本次模拟中，则根据已有的统计报告获得。

4. 灌溉回归补给

灌溉回归补给量为

$$Q_t = Q_g \beta \qquad (4-20)$$

式中　Q_t——灌溉水回渗补给量，万 m³/年；

　　　Q_g——实际的灌溉水量，万 m³/年；

　　　β——灌溉回归系数，由于资料限制，β 值取研究区的平均值 0.2。

灌溉回归量与灌溉渠含水层岩性、灌溉方式等因素有关，灌溉入渗系数则可由降雨入渗系数乘以一定的比例获得。一般来说，地表水的灌溉入渗系数为降雨入渗系数的三分之二，地下水的灌溉入渗系数则为降雨入渗系数的二分之一。

5. 蒸发排泄

潜水蒸发量为

$$Q_e = F \varepsilon_0 \left(1 - \frac{\Delta}{\Delta_0}\right)^n \qquad (4-21)$$

式中　Q_e——地下水蒸发排泄量，万 m³/年；

　　　Δ——埋深小于 4m 的平均水位埋深，m；

　　　Δ_0——地下水蒸发极限埋深，4m；

　　　F——地下水位埋深小于 4m 的区域面积，万 m²；

　　　ε_0——液面蒸发强度（自然水体水面蒸发强度即实际水面蒸发强度，为直径为 20cm 的蒸发皿测得蒸发强度的 60%），m/年；

　　　n——与岩性有关的指数（粉土、粉质黏土取 1.5，粉砂取 1.0）。

据研究总结，当潜水水位埋深大于 4m 时，蒸发量可以忽略。由于在本研究区，潜水位埋深均大于 4m，因此模型中不再考虑蒸发排泄量。

6. 地下水开采

地下水的开采量主要包括城镇生活用水量、工业开采量、农业开采量等。一般工农业用水量大，生活用水量较小。工业开采量基本稳定，不会因季节产生较大变动，农业开采量则由于季节不同，需求量有较大差异，在农灌期开采量大，在非农灌期开采量小，因此其随季节变化幅度较大。研究区地下水的开采主要集中在承压含水层，在城区用于饮用水，在郊区多用于农田灌溉。

4.4.3 地下水流数值模拟

4.4.3.1 概念模型

依据研究区的地下水水力特征，以及研究区地质概况，将本次模拟的含水层系统概化为非均质各向同性、三维非稳定地下水流系统，即地下水系统的概念模型。

4.4.3.2　数学模型

$$\begin{cases} S\dfrac{\partial h}{\partial t}=\dfrac{\partial}{\partial x}\left(K_x\dfrac{\partial h}{\partial x}\right)+\dfrac{\partial}{\partial y}\left(K_y\dfrac{\partial h}{\partial y}\right)+\dfrac{\partial}{\partial z}\left(K_z\dfrac{\partial h}{\partial z}\right)+\varepsilon & x,y,z\in\Omega,t\geqslant0 \\[2mm] \mu\dfrac{\partial h}{\partial t}=K_x\left(\dfrac{\partial h}{\partial x}\right)^2+K_y\left(\dfrac{\partial h}{\partial y}\right)^2+K_z\left(\dfrac{\partial h}{\partial z}\right)^2-\dfrac{\partial h}{\partial z}(K+p)+p & x,y,z\in\Gamma_0,t\geqslant0 \\[2mm] h(x,y,z,t)|_{t=0}=h_0 & x,y,z\in\Omega,t\geqslant0 \\[2mm] \dfrac{\partial h}{\partial \overline{n}}\bigg|_{\Gamma_1}=0 & x,y,z\in\Gamma_1,t\geqslant0 \\[2mm] K_n\dfrac{\partial h}{\partial \overline{n}}\bigg|_{\Gamma_2}=q(x,y,t) & x,y,z\in\Gamma_2,t\geqslant0 \end{cases}$$

$$(4-22)$$

式中　　　Ω——渗流区域；

　　　　　h——含水体的水位高程，m；

　　　　　K——渗透系数，m/d；

　　　　　K_n——边界面法向方向的渗透系数，m/d；

　　　　　S——自由面以下含水体储水率，1/m；

　　　　　μ——重力给水度；

　　　　　ε——源汇项，1/d；

　　　　　p——潜水面的蒸发和降水量，m/d；

　　　　　h_0——含水体的初始水位分布，m；

　　　　　Γ_0——渗流区域的上边界，即地下水的自由表面；

　　　　　Γ_1——含水体的一类边界；

　　　　　Γ_2——渗流区域的侧向边界；

　　　　　$\overline{n}$——边界面的法线方向；

$q(x,y,z,t)$——二类边界的单宽流量，流入为正，流出为负，隔水边界为0，$m^3/(d\cdot m)$。

4.4.3.3　模拟软件

　　本次水流模拟采用 Visual MODFLOW 4.2 有限差分软件中的 MODFLOW 模块。Visual MODFLOW 4.2 是 Visual MODFLOW 4.1 的升级版本，除了具备 Visual MODF-LOW 4.1 的所有功能外，Visual MODFLOW 4.2 还具有以下新特征：

　　(1) MIKE 11 模块。MIKE 11 模块是一个用来模拟河流、湖泊、水库、灌溉渠和其他内陆水流系统的多功能和工程化工具。现在将 MIKE 11 整合到 Visual MODFLOW 中，用来模拟地表水和地下水相结合的情况。

　　(2) PHT3D 模块。PHT3D 是一个模拟饱和介质中三维的多组分运移模块，并且将各组分间的相互迁移转化考虑在内。这个模块是将 MT3DMS 和 PHREEQC-2 两个模块结合起来的新模块，可用来模拟大区域的石油烃运移及多组分化学反应。

　　(3) MT3DMS 5.1 模块。MT3DMS 5.1 模块可用来模拟零阶降解反应，这种方法不仅可描述特定种类物质的生物化学反应过程，还可以直接模拟地下水年龄或对参数敏感性进行分析。

（4）MODFLOW 具有结构模块化、离散方法简单化和求解方法多样化等特点。它当中包含多种用于控制模型流量输入、边界控制等的子程序包。

4.4.3.4　模型前处理

1. 模型空间离散

在地下水系统概念模型的基础上进行模型剖分。根据研究区的边界条件、水力条件进行剖分，并在敏感区域，如水力梯度变化剧烈以及开采井附近区域将网格细化，最终将研究区剖分为 3 层，每层 72 行，100 列个网格，网格大小为 500m×500m。研究区空间离散图如图 4-66 所示。

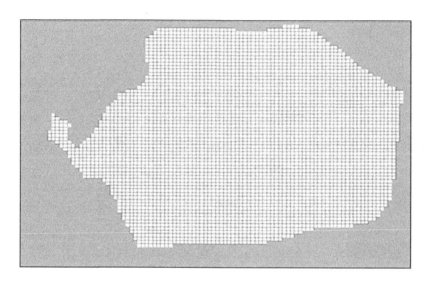

图 4-66　研究区空间离散图

2. 均衡要素计算

为方便模型赋值及运算，本次模拟将各均衡项分别计算，之后全部转换为井的开采量形式，通过叠加合并，分配到各个单元格。经过计算分配，模型中共设置 8854 口井。流量边界为 $1^{\#} \sim 189^{\#}$ 井，其中 $1^{\#} \sim 160^{\#}$ 井在第一层，$161^{\#} \sim 189^{\#}$ 井在第三层；开采井为 $190^{\#} \sim 286^{\#}$，主要分布在第三层承压含水层，共 97 口；第一层补给量转换为 $4549^{\#} \sim 8731^{\#}$，并分为 24 个区；第三层补给量转换为 $287^{\#} \sim 4390^{\#}$，分为 38 个区；河流、湖泊转换为 $8732^{\#} \sim 8854^{\#}$；河井转换为 $4391^{\#} \sim 4548^{\#}$，其中京密河边界井为 $4417^{\#} \sim 4467^{\#}$，永定河边界井为 $4513^{\#} \sim 4548^{\#}$。

3. 参数分区

根据前期对研究区水文地质概况资料的收集分析，可知研究区渗透系数范围在 $0 \sim 300\text{m/d}$。建立模型初期，水平渗透系数分区依据研究区含水层岩性分为 3 个区，并根据各区岩性特征给定初始值。模型潜水层给水度的分区主要是根据包气带的岩性赋值，承压含水层的弹性释水系数则依据含水层厚度和沉积规律，结合之前研究情况进行分区赋值。研究区初始参数分区见表 4-26。

表 4 – 26 研究区初始参数分区

分 区		砂卵石区	砂砾石区	中细砂及含砾砂区
参数	$K/(m/d)$	150～300	50～150	0.5～50
	S_y	0.3	0.2	0.1
	S		0.005～0.0005	

4. 初始流场选择

模型选取 2004 年 7 月的观测水位为初始水头，通过内插法和外推法，得到整个研究区潜水含水层和承压含水层的初始流场，如图 4 – 67 和图 4 – 68 所示。

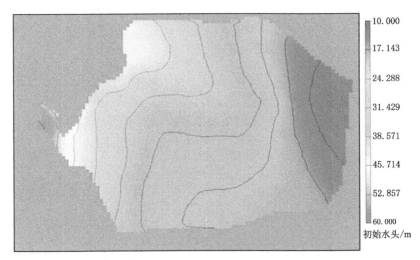

图 4 – 67 潜水含水层初始流场图

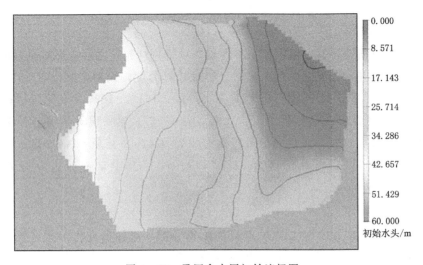

图 4 – 68 承压含水层初始流场图

5. 模拟期的选择

本次模拟选择 2004 年 7 月—2008 年 6 月为模拟期，共 8 个应力期，其中每年分为枯水期（7—10月）、丰水期（11月—次年6月）2个应力期，每个应力期内又包含若干个由模型自动控制的时间步长，严格控制每次迭代的误差。

6.模型的识别验证

模拟区分布有14口观测井，用来调整模型参数，控制模型模拟水位，研究区水位观测井分布如图4-69所示。经过多次反复调试，对模型参数进行校正，识别水文地质条件，最终确定了合理的模型结构、参数以及均衡要素。

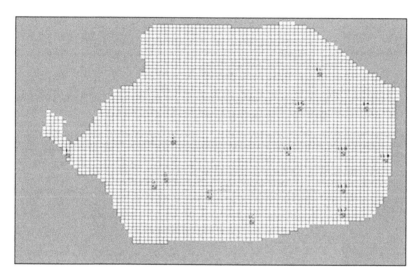

图4-69　研究区水位观测井分布图

7.参数分区结果

校正后研究区潜水含水层渗透系数、给水度，承压含水层渗透系数、弹性释水系数分区图分别如图4-70～图4-73所示。

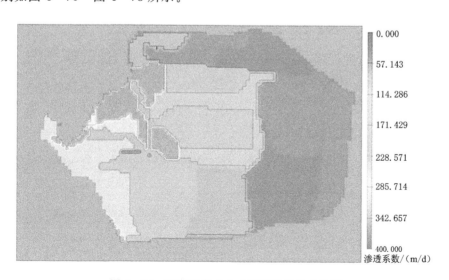

图4-70　研究区潜水含水层渗透系数分区图

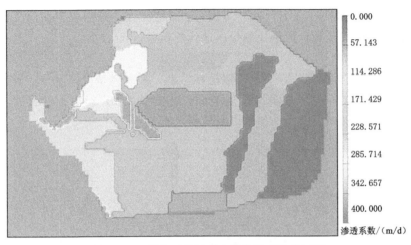

图 4-71 研究区承压含水层渗透系数分区图

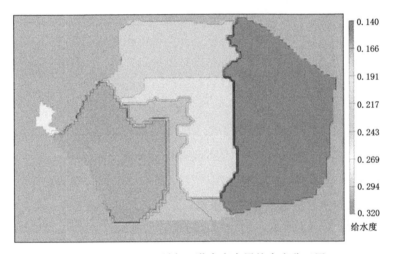

图 4-72 研究区潜水含水层给水度分区图

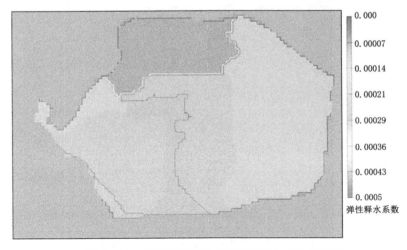

图 4-73 研究区承压含水层弹性释水系数分区图

8. 研究区流场拟合

对模拟期中期 2006 年 6 月的流场进行拟合，拟合结果如图 4-74 和图 4-75 所示。从流场拟合图可以看出，模型计算得到的流场与实际观测的流场基本一致。模拟流场较好地反映了模拟区的流场特征，地下水基本由西北向东南方向流动。在东南部山前地区，由于山前的侧向补给，该区水力梯度较大，因此等水位线较密。总体看来，模型模拟流场与实际流场形状相似，计算所得的流场可以体现模拟区地下水流动的趋势及特征，拟合较好，说明建立的模型达到精度要求。

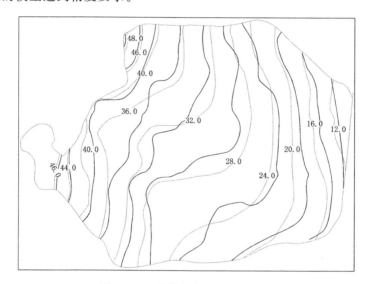

图 4-74 潜水含水层流场拟合图

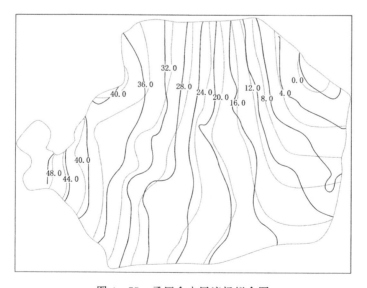

图 4-75 承压含水层流场拟合图

9. 观测孔拟合

(1) 计算值与观测值分散图表。计算值与观测值的分散图表是默认的拟合图表，这个图表绘制了模型的计算值（Y 轴）与实测的观测值（X 轴）在时间上的比较。采用分散图对本次模型模拟结果进行分析，模型的计算值与观测值误差较小，拟合误差在 95% 的置信区间内，且潜水含水层计算值与观测值相关系数为 0.991，承压水含水层计算值与观测值相关系数为 0.861，拟合结果好。

（2）观测孔拟合过程线。模型中共设定 14 个观测孔，其中潜水含水层有 8 个观测孔，承压含水层有 6 个观测孔。对观测孔水位进行拟合，在潜水含水层和承压含水层各选择 3 个观测孔的拟合结果进行分析，拟合水位图如图 4-76、图 4-77 所示。

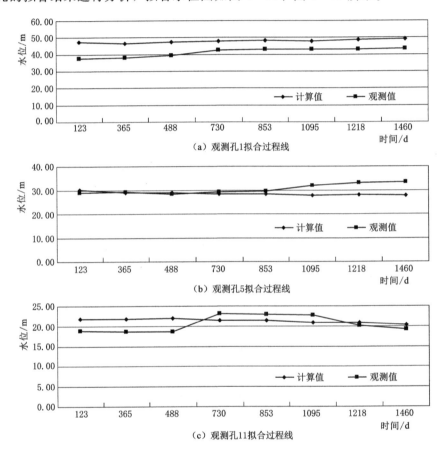

图 4-76　潜水含水层观测孔拟合水位图

由观测孔动态水位拟合结果可以看出，各个观测孔模拟计算的动态水位过程线与实测的动态水位过程线形状相似，并且升降趋势基本吻合。其中观测孔 5 潜水含水层水位拟合平均残差绝对值为 1.049m，承压含水层水位拟合平均残差绝对值为 2.15m，拟合效果虽不是十分理想，但误差基本在模型精度范围内。由此可以确定所建立模型模拟结果较好，可以用以作为溶质运移模拟的基础。

4.4.4　地下水中"三氮"迁移转化数值模拟

在获得稳定的地下水流场模型的基础上模拟地下水系统中"三氮"溶质的迁移转换过程。溶质运移模型采用 Visual MODFLOW 软件中的 MT3DMS 模块，它是一个适合于模

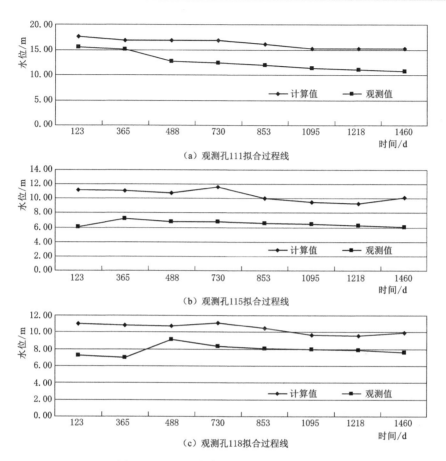

图 4-77 承压含水层观测孔拟合水位图

拟地下水系统多种污染物的水平对流、离散和化学反应的模型。

4.4.4.1 概念模型

1. 边界概化

由于研究区的流场模型边界基本均为通量边界,与之相对应的溶质运移模型的侧向边界也设定为质量通量边界。西北部为侧向流入边界,西南部的河流也作为溶质的侧向补给边界,东部为侧向排泄边界。

垂向上,大气降水浓度补给作为潜水面的定浓度面状补给源。由于研究区水位埋深普遍大于4m,蒸发量得以忽略,因此在溶质模型中也不考虑蒸发项。

河流、湖、渠与潜水面有直接的水力联系,其中的溶质也随着水流的运移而进入含水层。其中永定河等主要河流入渗量大,但单位入渗浓度较小;相反的,凉水河等河流则是入渗浓度高,但入渗量不大。京密引水渠和永定河引水渠等入渗浓度虽小,但也不可忽略。在模型中将这些河流湖渠概化为定浓度边界。

模型底部为承压含水层基岩底面,是隔水边界,与外界无水力联系,在溶质模型中可视为零通量边界。

根据前期资料,研究区有大小垃圾场100多处,其中有部分规模很小,垃圾填埋物入渗浓度小，另外有多处垃圾场底部有衬砌，与地下水系统无明显水力联系，对地下水的污染也很小，这些垃圾场的 "三氮" 入渗量也可忽略。经过筛选，模型中仅选取具有代表性的、污染规模大、污染时间长、入渗浓度大的 13 处垃圾填埋场，将其概化为定浓度点源边界。

灌溉回归水多处于农田地带，普遍为大面积灌溉，可将其概化为定浓度面状补给源。

2. 溶质运移特征

研究区地下水水流为三维非稳定流，"三氮" 在地下水中的吸附作用符合线性等温吸附过程，且 "三氮" 运移符合对流-弥散原理，而弥散作用又遵循费克定律。在模型中，"三氮" 的化学反应符合一阶不可逆降解反应。

4.4.4.2　数学模型

建立 "三氮" 迁移转化的数学模型，是研究 "三氮" 的运移以及修复治理的基础步骤，通过前面对 "三氮" 迁移转化规律的研究，确定氮污染物在含水层中的迁移转化包括生物过程、化学过程和物理过程。因此在建立氮污染物运移转化数学模型时要包括吸附作用的离子交换方程和生物化学反应过程的 DOUBLE-MONOD 方程。假定在天然条件下，"三氮" 之间的反应按照下面的序列进行，即

$$NH_4 \longrightarrow NO_2 \longrightarrow NO_3$$
$$2HNO_3 \longrightarrow 2HNO_2 \longrightarrow 2NO \longrightarrow N_2O \longrightarrow N_2$$

下面建立 "三氮" 迁移转换的数学模型。

1. 吸附方程

含氮污染溶液和多孔介质吸附项的函数关系为

$$\overline{c} = f(c) \tag{4-23}$$

式中　$\overline{c}$——固体颗粒吸附的污染物浓度。

由上式有

$$\frac{\partial \overline{c}}{\partial t} = k_f \frac{\partial c}{\partial t} \tag{4-24}$$

其中

$$k_f = \frac{\partial \overline{c}}{\partial c}$$

式中　K_f——固液分配系数。

固液分配系数是溶液和吸附相之间溶质运移的量度，与介质的岩性特征、矿物性质、溶液 pH 值及溶液浓度等因素有关。一般情况下，认为该过程是线性吸附过程，即将固液分配系数定为常数。

2. "三氮" 运移转化方程

"三氮" 运移转化方程为

$$R_{NH_4} \frac{\partial(\theta C^{NH_4})}{\partial t} = \nabla(D \nabla C^{NH_4} - V C^{NH_4}) + q_s C_s^{NH_4} + R_{nit}^{NH_4} \quad t>0 \tag{4-25}$$

$$R_{NO_2} \frac{\partial(\theta C^{NO_2})}{\partial t} = \nabla(D \nabla C^{NO_2} - V C^{NO_2}) + q_s C_s^{NO_2} + R_{nit}^{NO_2} + R_{den}^{NO_2} \quad t>0 \tag{4-26}$$

$$R_{NO_3} \frac{\partial(\theta C^{NO_3})}{\partial t} = \nabla(D \nabla C^{NO_3} - VC^{NO_3}) + q_s C_s^{NO_3} + R_{den}^{NO_3} \quad t > 0 \quad (4-27)$$

$$\begin{cases} C^k(x,y,z,t)\big|_{t=0} = C_0^k(x,y,z) & x,y,z \in \Omega \\ C^k(x,y,z) = C^k(x,y,z,t) & x,y,z \in \Gamma_1 \quad t \geqslant 0 \\ (VC^k - Dgrad^k)C\overline{n}\big|_{\Gamma_2} = g(x,y,z,t) & x,y,z \in \Gamma_2 \quad t \geqslant 0 \end{cases} \quad (4-28)$$

式中　　R_{NH_4}——氨氮的阻滞系数；

　　　　R_{NO_2}——亚硝酸盐氮的阻滞系数；

　　　　R_{NO_3}——硝酸盐氮的阻滞系数；

　　　　C^{NH_4}——溶质氨氮的浓度，mg/L；

　　　　C^{NO_2}——溶质亚硝酸盐氮的浓度，mg/L；

　　　　C^{NO_3}——溶质硝酸盐氮的浓度，mg/L；

　　　　D——水动力弥散系数张量，m^2/d；

　　　　V——地下水水流流速，m/d；

　　　　q_s——源和汇，L/d；

　　　　$C_s^{NH_4}$——源和汇中氨氮的浓度，mg/L；

　　　　$C_s^{NO_2}$——源和汇中亚硝酸盐氮的浓度，mg/L；

　　　　$C_s^{NO_3}$——源和汇中硝酸盐氮的浓度，mg/L；

　　　　$R_{nit}^{NH_4}$——氨氮的硝化反应；

　　　　$R_{nit}^{NO_2}$——亚硝酸盐氮的硝化反应；

　　　　$R_{den}^{NO_2}$——亚硝酸盐氮的反硝化反应；

　　　　$R_{den}^{NO_3}$——硝酸盐氮的反硝化反应；

　　　　C^k——k 组分的溶解相浓度，mg/L；

　　　　t——时间，d；

　　x，y，z——空间位置坐标，m；

$C_0^k(x,y,z)$——已知的初始深度分布；

　　　　Ω——整个模型区域；

　　　　Γ_1——定浓度边界；

　　　　Γ_2——通量边界；

　　　　$\overline{n}$——Γ 上的外单位法向量；

$g(x,y,z,t)$——已知函数，表示对流弥散通量。

4.4.4.3　模型前处理

1. 均衡要素计算

根据北京市各水系综合排污口和垃圾填埋堆放场的调查结果，并结合地下水污染源分布及水文地质条件，模型中将其按综合源强考虑，不再单独给出。

结合污染源分布以及水文地质条件，模型中按综合源强考虑，不再单独给出。

对于定浓度边界河渠湖泊以及引水渠，其"三氮"入渗值根据往年数据资料确定，河渠湖泊及引水渠"三氮"入渗浓度见表 4 - 27。

表 4 - 27　　　　　河渠湖泊及引水渠"三氮"入渗浓度（杨德贵，2008）

取 样 河 流	入渗浓度/(mg/L)		
	$NO_3 - N$	$NO_2 - N$	$NH_4 - N$
永定河	1.6	0.001	0.006
玉渊潭	0.35	0	0
龙潭湖	10.08	0.003	0.008
昆明湖	0.35	0	0
前后海	7.23	0.001	0.004
莲花池	22.41	0.005	0.001
紫竹院	0.35	0	0
永定引水渠	1.42	0.001	0.006
京密引水渠	0.3	0	0
坝河	2.24	0	0
青年湖	9.56	0.003	0.007
凉水河	2.82	0.002	0.007
通惠河	12.65	0.003	0.008

对于点源垃圾场，其"三氮"入渗浓度见表 4 - 28。

表 4 - 28　　　　　　　　点源垃圾场"三氮"入渗浓度

取 样 地 点	入渗浓度/(mg/L)		
	$NO_3 - N$	$NO_2 - N$	$NH_4 - N$
平谷垃圾填埋场	4.4	0.274	0.99
杨镇垃圾场	38.8	2.646	<0.1
看丹垃圾场	10.5	2.328	0.3
北天堂垃圾场	3.8	0.733	614.64
良乡垃圾场	12.3	0.005	0.1
红门转运站	69.6	0.66	0.48
马驹桥	55	0.309	1.09
红星砖场	41.2	0.501	0.17
马家湾	0.2	0.024	0.18
高安屯村北垃圾场	3.6	0.191	0.73
永顺垃圾场	23.1	0.19	0.1
头二营垃圾场	0.4	0.113	0.19
于庄垃圾场	0.2	0.072	0.18

对于定浓度污灌区，主要集中在东坝和双桥地区，根据实测浓度资料，一般硝酸盐氮浓度赋值为 $100 \sim 800$ mg/L，亚硝酸盐氮浓度为 0.005mg/L 左右，氨氮浓度为 1mg/L 左

右。由排水管网和供水管网造成的管网渗漏，可视为定浓度，这些管网主要在三环以内，根据资料，一般硝酸盐氮浓度赋值为 $30\sim100\mathrm{mg/L}$，亚硝酸盐氮浓度为 $0.001\mathrm{mg/L}$ 左右，氨氮浓度为 $0.005\mathrm{mg/L}$ 左右。

2. 参数分区

本溶质运移模型主要参数包括弥散度（α）、体积密度（P_b）、固液分配系数（K_d）。对硝酸盐氮要考虑一级动力学反硝化常数 K_1，对于亚硝酸盐氮和氨氮则主要考虑一级动力学硝化常数 K_2 和 K_3。

（1）体积密度 P_b。模型中利用 P_b 计算化学物质的延迟系数，即

$$R_i = 1 + \frac{P_b}{n} \times K_{d(i)} \qquad (4-29)$$

式中　R_i——第 i 种化学物质的延迟系数；

　　　P_b——土壤容重，$\mathrm{mg/L}$；

　　　n——土壤有效孔隙度，$\mathrm{m^3/m^3}$；

　　　$K_{d(i)}$——第 i 种化学物质的分配系数，$\mathrm{L/mg}$。

R_i 用来计算每种化学物质的滞留水流速度，从而计算出每种化学物质的平流运移，即

$$V_{R(i)} = \frac{V}{R_i} \qquad (4-30)$$

式中　$V_{R(i)}$——第 i 种化学物质的延迟系数；

　　　V——平均线性地下水水流速度，$\mathrm{m/d}$；

　　　R_i——第 i 种化学物质的延迟系数。

在 Visual MODFLOW 中，P_b 值一般默认为 $1700\mathrm{kg/m^3}$。

（2）弥散度 α。模型中弥散度赋值情况见表 $4-29$。

表 4-29　　　　　　　　　　模型中弥散度赋值情况表

纵向弥散度/(m/d)	10	垂向/纵向弥散度比值	0.01
横向/纵向弥散度比值	0.1	分子扩散系数	0.0

（3）分配系数 K_d 及一级动力学反应常数 K。模型中硝酸盐氮的分配系数 K_d 及反硝化常数 K_1 按照水平分区赋值，而亚硝酸盐氮和氨氮的分配系数 K_d 及硝化反应常数 K_2、K_3 则分层赋值。亚硝酸盐氮和氨氮参数见表 $4-30$，硝酸盐氮分配系数分区及反硝化常数分区分别如图 $4-78$、图 $4-79$ 所示。

表 4-30　　　　　　　　　　亚硝酸盐氮和氨氮参数表

离子种类	潜 水 含 水 层		承 压 水 含 水 层	
	$K_d/(\mathrm{L/mg})$	$K_2/[\mathrm{mg/(L \cdot d)}]$	$K_d/(\mathrm{L/mg})$	$K_3/[\mathrm{mg/(L \cdot d)}]$
亚硝酸盐氮	1.4×10^{-5}	10	1.4×10^{-5}	10
氨氮	4×10^{-5}	10	4×10^{-5}	5

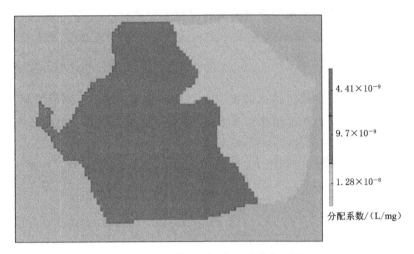

图 4 - 78　硝酸盐氮分配系数分区图

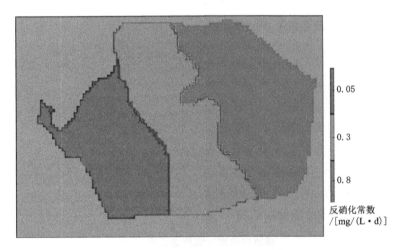

图 4 - 79　硝酸盐氮反硝化常数分区图

3. 初始浓度场选择

模型中选择 2004 年 7 月的"三氮"浓度场作为模拟的初始流场。硝酸盐氮潜水含水层和承压含水层中的初始浓度场如图 4 - 80 和图 4 - 81 所示。亚硝酸盐氮由于极易被氧化,在进入含水层前的包气带中就已有大部分被硝化为硝酸盐氮,因此进入潜水含水层的浓度很小,潜水含水层亚硝酸盐氮初始浓度场如图 4 - 82 所示。经过潜水含水层后,亚硝酸盐氮已经基本被完全氧化为硝酸盐氮,因此在模型中设定承压含水层中的亚硝酸盐氮含量为零。氨氮由于极强的吸附性,在包气带中被土壤大量吸附,进入含水层的浓度也较小,其在含水层中的初始浓度场如图 4 - 83、图 4 - 84 所示。

4. 模拟期的选择

与水流模型相同,本次对"三氮"溶质运移模型所选择的模拟期也是 2004 年 7 月—2008 年 6 月,共 8 个应力期。并且每年分为丰水期（7—10 月）、枯水期（11 月—次年 6 月）2 个应力期。

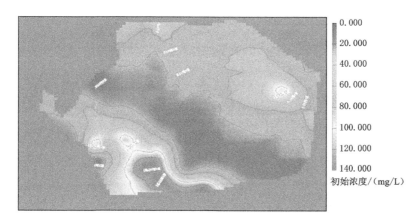

图 4-80 潜水含水层硝酸盐氮初始浓度场

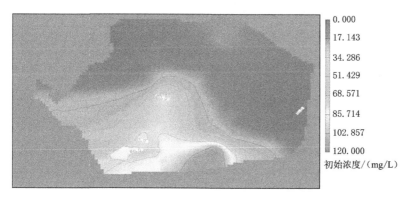

图 4-81 承压含水层硝酸盐氮初始浓度场

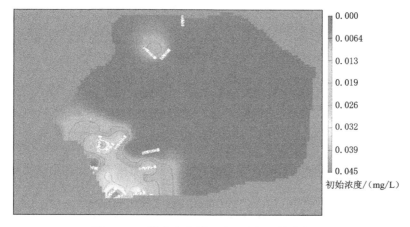

图 4-82 潜水含水层亚硝酸盐氮初始浓度场

5. 模型识别验证

与水流模型的识别验证一样，溶质运移模型也是通过反复修改模型参数，直到模拟结果与实际情况相一致来识别验证的。对溶质模型识别验证的方法仍然采用试估-校正方法。

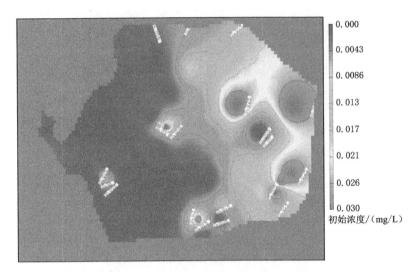

图 4-83   潜水含水层氨氮初始浓度场

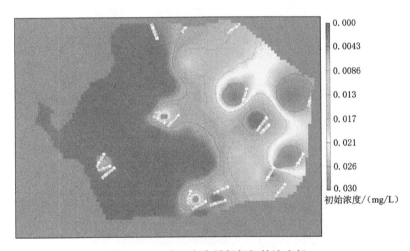

图 4-84   承压含水层氨氮初始浓度场

6. 参数识别验证

通过多次模拟校正，最终得到既符合研究区实际水位条件，又可模拟出较好结果的模型参数。模型中对弥散度和体积密度参数进行了调整，最终参数分布如图 4-85 和图 4-86 所示。分配系数和一级动力学反应常数基本没有调整，按照模型前处理中的分区进行赋值。

7. 观测孔拟合

采用观测孔浓度值进行动态拟合以提升模型的精度。本次选取了 4 个观测孔进行拟合，溶质观测孔分布如图 4-87 所示。

对各个观测孔"三氮"溶质运移过程线拟合较好，观测值与模型计算值相差不大，且观测值曲线与模拟值曲线变化规律相似，浓度升降趋势基本相同，模型成果可用于相关研究分析。

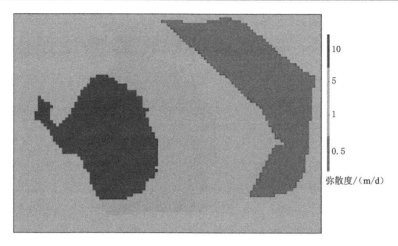

图 4-85　弥散度分区图

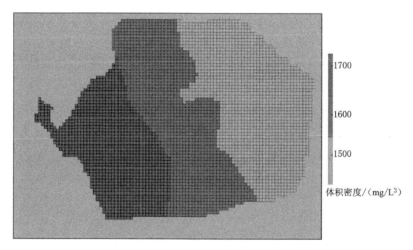

图 4-86　体积密度分区图

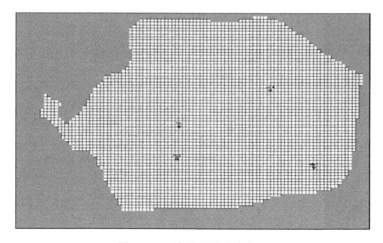

图 4-87　溶质观测孔分布图

由以上各图可以看出，"三氮"溶质运移过程线拟合较好。观测值与模型计算值相差不大，且观测值曲线与模拟值曲线变化规律相似，浓度升降趋势基本相同，可见该模型基本准确。

4.4.4.4　模拟结果与分析

1. 硝酸盐氮

硝酸盐氮末期浓度场如图4-88和图4-89所示。与硝酸盐氮初始浓度场相对比可以看出，2004年7月—2008年6月，地下水中硝酸盐氮的含量总体来说呈减小趋势。潜水含水层中，硝酸盐氮在研究区西部减小量较大，在东部地区浓度降低速率相对较低，甚至有少数地区硝酸盐氮浓度出现增高。在潜水含水层，硝酸盐氮浓度的降低一方面是由于反硝化作用使其得到降解而造成，由于潜水含水层基本为有氧环境，因此反硝化作用发生较少，另一方面硝酸盐氮浓度的降低主要是由于水流速度较大，硝酸盐氮进入含水层后被稀释而造成。其中西南山前地区硝酸盐氮浓度减小幅度较大，平均每年减少5mg/L左右，甚至部分地区每年减少20mg/L左右，最高浓度由模拟初期的140mg/L降低为120mg/L。承压含水层中，整个区域内硝酸盐氮含量也呈减小趋势，且减小幅度要高于潜水含水层。这是由于承压含水层是一个厌氧环境，有利于反硝化作用，导致更多进入含水层系统的硝酸盐氮通过反硝化作用得到降解。承压含水层的最高浓度由模拟初期的120mg/L减少至模拟末期的80mg/L。

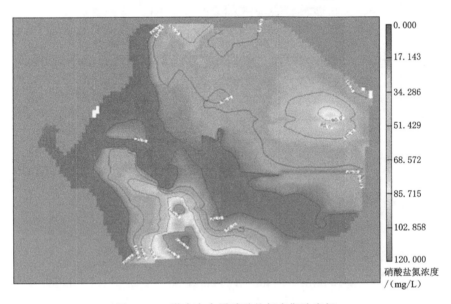

图4-88　潜水含水层硝酸盐氮末期浓度场

2. 亚硝酸盐氮

亚硝酸盐氮末期浓度场如图4-90所示。可以看出，2004年7月—2008年6月，亚硝酸盐氮在含水层中的含量呈快速减少趋势，研究区大部分地区的亚硝酸盐氮浓度已经降为零。只有研究区位置，还存有少量的亚硝酸盐氮。这是因为在潜水含水层中存在少量O_2，而亚硝酸盐氮化学性质特别活泼，很容易发生硝化作用，转化为硝酸盐氮。虽然污

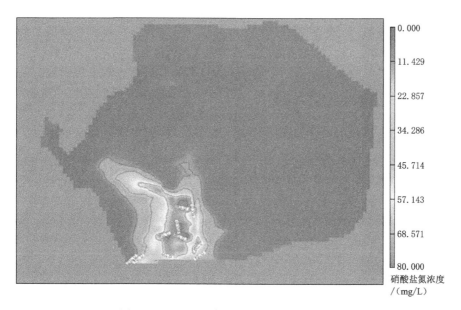

图 4-89 承压含水层硝酸盐氮末期浓度场

染源会携带新的亚硝酸盐氮进入地下水,但由于污染源中亚硝酸盐氮含量极小,进入含水层中会很快被硝化分解,因此总体看来,亚硝酸盐氮在潜水含水层中的含量逐年减少。而中部地区仍存在亚硝酸盐氮的原因,据推测应该是由于城区人口密度大,所排放的生活污染物中会携带大量亚硝酸盐氮。

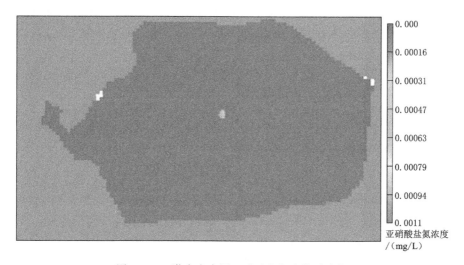

图 4-90 潜水含水层亚硝酸盐氮末期浓度场

3. 氨氮

氨氮在模拟末期浓度场如图 4-91 及图 4-92 所示。可以看出,2004 年 7 月—2008年 6 月,氨氮在潜水含水层和承压含水层均呈现下降趋势,且潜水含水层中氨氮含量降低速率明显大于承压含水层的下降速率。这是由于在潜水含水层的有氧环境下,有利于氨氮发生硝化作用，因此氨氮在进入含水层中后很快被硝化为硝酸盐氮，从而使含量降低。在某些浓度集中的点源地，如垃圾填埋场附近，由于污染源排入的氨氮含量很大，而含水层中 O_2 含量有限，因此这些大浓度氨氮进入含水层后只有部分可以被硝化降减，剩余的部分氨氮离子都保留在了地下水中。因此这些点源及其附近的潜水含水层中氨氮含量的降低幅度相对于其他地区要小。从图 4-91 可以看出，潜水含水层的氨氮浓度降低幅度较大，最高值由模拟初期的 0.03mg/L 降低到模拟末期的 0.0009mg/L。从图 4-92 可以看出，在承压含水层中，由于其 O_2 含量极小，为还原环境，氨氮不易发生硝化反应。因此承压水含水层中氨氮含量下降速度要小于潜水含水层，承压含水层中氨氮最大浓度由最初的 0.03mg/L 降低至模拟末期的 0.0016mg/L。

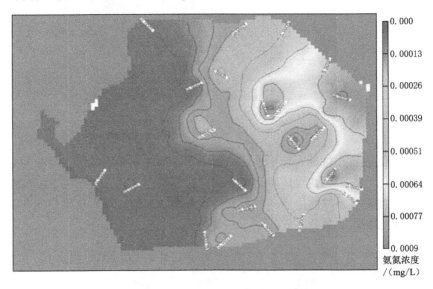

图 4-91　潜水含水层氨氮末期浓度场

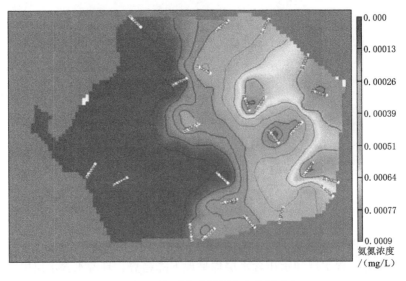

图 4-92　承压含水层氨氮末期浓度场

4.5 本章小节

根据调查资料，平原区地下水中氨氮超标面积约为 $1510km^2$，超标区主要分布于远郊区及丰台部分地段。硝酸盐氮超标面积约 $450km^2$，主要分布范围西起丰台张仪村、北天堂，东至体委训练局，北起龚王府、石景山瑞达公司，南至大兴狼垡、西黄村，海淀北辛庄、西冉村—巨山村、石景山后屯村均呈不规则面状分布。

通过土壤全芯取样技术查明包气带全剖面"三氮"分布，研究近郊区包气带–地下水系统中"三氮"迁移转化及富集规律；通过室内复合介质包气带中"三氮"迁移转化的物理模拟试验和近郊区地下水中"三氮"迁移转化数值模拟，模拟和预测近郊区地下水系统中"三氮"的时空分布特征与发展演化趋势，为研究区地下水系统污染防治和管理提供依据。

(1) 氨氮在各观测孔中普遍存在，平均浓度变化范围为 $1.13\sim19.03mg/kg$。在表层 30cm 处土壤中，氨氮浓度随深度增加而减少；30cm 以下，氨氮浓度随深度的增加而增加；离地下水位越近土体中吸附的氨氮越多。垂向上分布与 Eh、蒸发作用以及岩性有较好的对应关系，主要累积层位是黏性土层。

(2) 包气带剖面中硝态氮普遍存在且含量变化幅度较大，平均浓度变化范围为 $0.34\sim49.20mg/kg$。总体表现为随剖面深度的加深含量明显降低，表层土壤 $0\sim30cm$ 范围内的含量最高，波动较大，30cm 以下土壤中硝态氮含量较低，变化较为和缓；地下水位以上的包气带中硝态氮含量高于水位以下含水层中含量；黏性土对硝态氮运移具有阻碍作用，其分布受岩性、Eh 影响明显。

(3) 通过复合介质包气带物理模拟实验，可以推测自然条件下，粗细相间的非均质结构可促使水分及其携带的污染物质以优先流方式快速穿透，进而造成深层土壤及地下水的污染，包气带氮素的迁移和分布受介质的非均匀性影响明显。在降雨淋溶作用下，残存于非均质包气带中的氮污染物极易被降雨淋溶进入地下水造成污染。

(4) 用 Visual MODFLOW 软件中的 MODFLOW 模块和 MT3DMS 模块，建立北京近郊区水流和"三氮"迁移转化三维模型，模拟地下水中"三氮"的迁移转化规律。结果表明：硝酸盐氮浓度在潜水含水层和承压含水层均呈减小趋势，但在潜水含水层中减小速率较慢，在承压含水层增幅则较大；亚硝酸盐氮浓度在潜水含水层中呈现明显的下降趋势；氨氮浓度在潜水含水层中大幅度降低，大部分地区浓度为零，在承压含水层中的浓度降幅不及在潜水含水层中剧烈。

第 5 章

典型区地下水水质演化规律研究

5.1 国内外研究进展

硝酸盐（NO_3^-）污染已成为一个世界性的环境问题，引起了国际普遍关注。饮用含高浓度 NO_3^- 的水会危害人体健康，在人体内形成亚硝胺类物质，引发食管癌，对婴儿易引起高铁血红蛋白症。我国规定以地下水源为生活饮用水时，水中的 NO_3^- - N 浓度不得超过 20mg/L《生活饮用水卫生标准》（GB 5749—2022）。

NO_3^- 是北京市地下水的主要污染物之一，识别 NO_3^- 的来源及制定相关的污染防控措施对地下水可持续管理意义重大。NO_3^- 来源众多，包括大气、雨水中的尘埃、生活污水、工业废水、土壤、化肥、粪便以及工业生产过程中产生的含氮物质，不同来源的 NO_3^- 化学形式均一样。传统采用调查结合地下水中 NO_3^- 含量特征分析其来源具有不确定性。由于不同来源的 NO_3^- 由不同的 N 同位素组成，利用 ^{15}N - NO_3^- 可以识别 NO_3^- 的来源。国外在这方面的研究可追溯到 20 世纪 70 年代，Kohl 等第一次利用 ^{15}N 研究地表水中 NO_3^- 的来源，并用一个简单的混合模型估算化肥的贡献。该方法未考虑化肥在土壤中的分馏效应以及不同氮肥同位素组成差异性和其他氮源如降雨等因素，结论存在较大误差。但大量研究表明，当污染源中 $\delta^{15}N$ 值与背景值组成差异足够大时，这一方法是适用的。我国在这方面研究相对较晚，1990 年邵益生等率先应用 $\delta^{15}N$ 值研究了北京近郊区污水灌溉对地下水氮污染的影响，张翠云等应用 $\delta^{15}N$ 值识别了石家庄市与张掖市地下水 NO_3^- 污染源。由于污染源的 $\delta^{15}N$ 值是一个范围，不同来源的 $\delta^{15}N$ 值有时存在重叠，简单依据 $\delta^{15}N$ 值来识别 NO_3^- 来源存在多个解，而不同来源的 NO_3^- 中 O 同位素组成也存在显著差别，因此通过分析 NO_3^- 的 $\delta^{18}O$ 值可以弥补 $\delta^{15}N$ 值的不足，有助于地下水中 NO_3^- 来源的确定。Panno 等用 N、O 同位素法识别了密西西比河 NO_3^- 主要来源于化肥氮和土壤有机氮的矿化；周爱国等利用 N、O 同位素识别了河南省林州县地下水 NO_3^- 主要来自农家肥和化肥；刘君等结合 $\delta^{15}N$ 值和 $\delta^{18}O$ 研究了石家庄市地下水中的 NO_3^- 来源与反硝化作用，表明 NO_3^- 主要来源于化肥和动物粪肥。本书采用 N、O 同位素技术结合水化学方法，分析了永定河冲洪积扇地下水 NO_3^- 的来源，为 NO_3^- 的污染防控提供了依据。

5.2 典型区概况

5.2.1 水文地质条件

典型区位于北京中西部，西依太行山脉的西山，东接北京小平原，范围介于东经 $116°5'\sim116°40'$，北纬 $39°40'\sim40°5'$，包括东城、西城、朝阳与石景山 4 个区，以及海淀与丰台的部分地区，面积约 1085km²。永定河是本区主要河流，由西北向南经过研究区西部，永定河干流（北京境内）建有官厅水库和三家店拦河闸，致使三家店以下流量锐减，20 世纪 80 年代以后常年断流。区内属暖温带大陆季风气候，多年平均降水量 585mm，多年平均水面蒸发量 1200mm。水文地质及取样点分布示意图如图 5-1 所示。

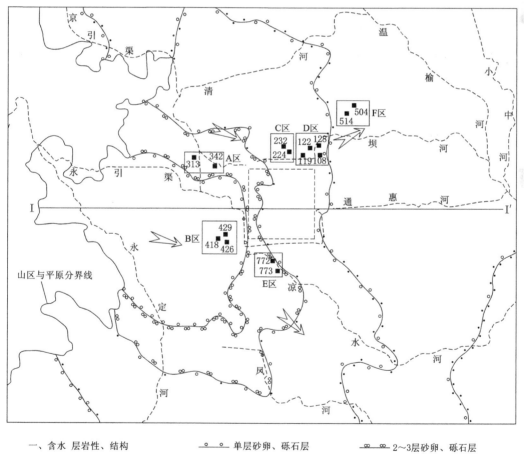

图 5-1 水文地质及取样点分布示意图

第四系孔隙水赋存于永定河冲洪积作用形成的砂与砂卵砾石层中，厚度由西向东逐渐增加，东西向地层Ⅰ—Ⅰ′剖面示意如图 5-2 所示。昆明湖-莲花池以西为潜水区，城区以西、黄庄-高丽营断裂西北至山前地带第四系沉积厚度较大，其中八宝山以北基底凹陷，第四系沉积厚度达 250m，卵砾石含水层累积厚度大于 100m，渗透系数可达 300~500m/d，单井出水量大于 5000m³/d。黄庄-高丽营断裂至大兴黄村一带第四系沉积厚度小于 70m，含水层厚度小于 30m。昆明湖-莲花池以东为承压水区，含水层岩性以多层砂为主，单井出水量为 1500~3000m³/d。

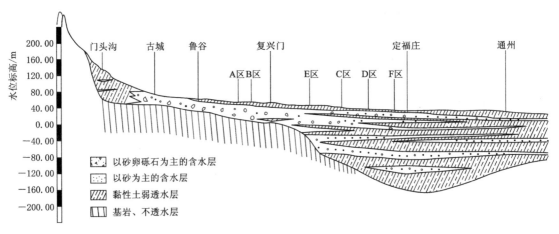

图 5-2　东西向地层Ⅰ—Ⅰ′剖面示意图

典型区地下水位动态以降水入渗开采型为主，水位变化受降水和人工开采因素的影响。一般 5—6 月地下水位年内最低，11 月地下水位年内最高。

从年际变化看，1970 年以前，地下水位保持相对稳定状态，1970 年以后水位持续下降，20 世纪 80 年代中期到达第一个波谷，之后水位逐渐回升，1996 年到达第二个波峰，此后地下水一直呈下降趋势，地下水位动态变化如图 5-3 所示。1970 年以前，地下水开采量少，水位季节性变化明显，处于自然平衡状态。1970 年以后，地下水开采量逐步增加。1980 年开始，永定河断流及连续降水偏枯，地下水补给量减少，地下水水位下降，

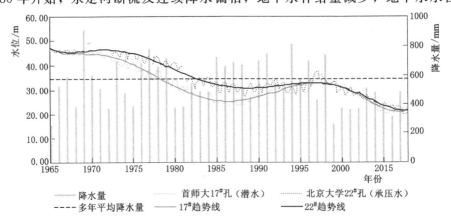

图 5-3　地下水位动态变化图

到 20 世纪 80 年代中期达到最低点。20 世纪 80 年代初，为缓解近郊区用水紧张，实施"引潮济京"并广泛开展城市节水工作，地下水开采量得到有效控制，加上 20 世纪 80 年代后期降水偏丰，地下水水位缓慢回升。1995—1996 年由于官厅水库大量弃水，地下水接受大量补给，地下水位出现第二个波峰。1999 年以来，连续多年干旱，虽然地下水总开采量得到了有效控制，但是受降雨量持续偏少的影响，地下水位持续快速下降。

永定河冲洪积扇是北京城区重要的供水水源地，分布着数个大规模地下水源地和数千眼生活与工农业自备井。2013 年研究区地下水开采量为 3.3 亿 m³，占新水供水总量的 26.6%。

5.2.2 典型水源区概况

5.2.2.1 水源 A 区

水源 A 区井群设计规模 50 万 m³/d，2008 年实际供水 6694 万 m³，在用水源井 99 眼，其中第四系井 61 眼，基岩井 38 眼。水源井分布于永定河冲洪积扇上部，井群区第四系厚度 100～250m。潜水位 15.00～20.00m，埋深约 25～30m。含水层以漂卵石、卵石、砾石、粗砂为主。水源 A 区地下水类型为潜水，地下水接受大气降水、河流入渗、侧向补给，主要排泄为人工开采及向下游径流排泄。

5.2.2.2 水源 D 区

水源 D 区井群设计规模 13 万 m³/d，2008 年实际供水量 170 万 m³。在用水源井 16 眼，分布在永定河冲洪积扇中部，井群区第四系厚度约 160m，承压水头 15.00～20.00m，埋深约 30m，含水层由多层砂砾石和少数砂层组成。

根据收集到 D 区 15 眼水源井的观测孔柱状图，观测孔的深度介于 66～140m。井群西部，含水层主要由砂砾石及粗砂构成；井群东部，含水层主要由中砂砾石、中砂、粉细砂构成。越往下游（东北部），粉砂、细砂互层越多。

在 140m 深度内多达 8 个含水层，包括 1 个潜水含水层、1 个微承压含水层和 6 个承压含水层。参考以往北京地下水资料将 140m 以内含水层分为 3 个含水层组。

第一含水层组。第一含水层组底板埋深约 16～32m，平均 24m，包括潜水含水层和微承压含水层，潜水含水层的东部、北部与西部岩性组合为细砂、粉砂，南部岩性以黏砂为主。微承压含水层主要分布在南部与东部，南部含水层岩性以砂砾石和中粗砂为主，东部含水层岩性以粉细砂为主。在北部，潜水含水层与微承压含水层之间有弱透水层，而在南部，潜水含水层直接与微承压含水层相连，水力联系密切。

第二含水层组。第二含水层组底界埋深 84～105m，平均 97m，由 5 个承压含水层组成，单层厚度 3～18m，累计平均厚度达 40m。含水层岩性主要由砂砾石、中粗砂组成。西部含水层埋深浅、厚度薄，东部含水层埋深大、厚度大。

第三含水层组（第六承压含水层）。第三含水层组位于第二含水层组以下至基底，根据观测孔 117#、125#、128#、133# 所揭露地层情况推测该含水层埋深介于 100～133m，平均厚度为 16m，东部厚度超过 20m，而在西部该含水层缺失。含水层富水性较好，岩性以粗砂卵砾石、砂砾石为主。

第一含水层组接受大气降水、河流入渗与侧向补给，主要排泄为人工开采。第二含水层组是主要开采层，并接受第一含水层组的越流及侧向补给。第三含水层组与上覆的第二含水层组间有一厚度达 5～10m 的黏性土层。研究区自备井大多数为混采井，当自备井停采时为含水层之间建立了补排通道。第三含水层组地下水主要消耗于开采。

水源 D 区三维地层结构示意如图 5-4 所示。

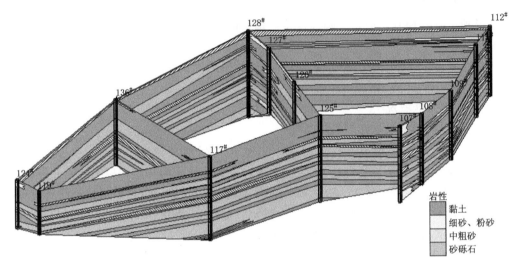

图 5-4　水源 D 区三维地层结构示意图

5.3　典型区地下水化学特征与硝酸盐溯源

5.3.1　不同含水层的地下水化学特征

监测井是地下水污染调查的基础，通过它可以确定地下水污染组分、分布范围以及迁移路径等许多重要参数。目前，国外地下水污染调查的监测井技术主要有丛式监测井、巢式监测井、连续多通道监测井、Waterloo 监测井、Westbay M P 监测井。巢式监测井是在一个观测孔中分别将多根不同长度的监测管下至选定的监测层位，通过分层填砾和止水，使几个监测井在一个观测孔中完成，从而达到分层采样和分层监测的目的。巢式监测井可以大大减少观测孔数量，节省成本。而连续多通道监测井、Waterloo 监测井、Westbay M P 监测井的地下水位测量和地下水水样采集均需要专用仪器设备。在我国丛式监测井和巢式监测井正逐渐得到应用。

由于城区水井均为混合开采井，而且可供施工的空间有限。为了了解各含水层的水质状况，2011 年 6 月，在水源 D 区施工 2 组巢式监测井，井距 3m，孔径 750mm，每组监测井下入 3 套孔径为 127mm 的钢管，分别监测 3 个不同含水层。S1 监测井钻探 125.29m，成井深度分别为 125m、102m 和 36m；S2 监测井钻探 92.3m，成井深度分别为 92m、59m 和 26m。巢式分层监测井结构如图 5-5 所示。

抽水试验表明，随着含水层埋深增大，承压水头依此降低，第 2～6 个承压水含水层颗粒较粗，出水量较大。其中，S2-1 贯穿第 3 与第 4 个承压水含水层，出水量达 338.8m³/(d·m)。分层监测井不同含水层抽水试验结果见表 5-1。

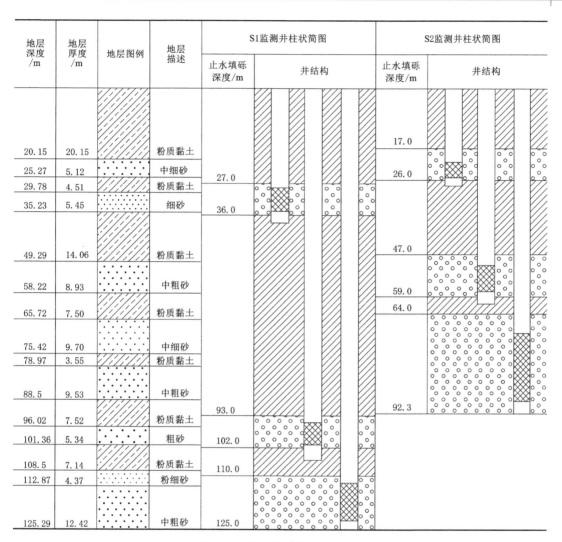

图 5-5 巢式分层监测井结构图

表 5-1 分层监测井不同含水层抽水试验结果

井号	成井深度 /m	监测层位	水头埋深 /m	含水层厚度 /m	渗透系数 /(m/d)	单位涌水量 /[m³/(d·m)]
S2-3	26	潜水	9.42	5.12	4.2	18.6
S1-3	36	第1承压水	26.4	5.45	5.0	23.2
S2-2	59	第2承压水	28.6	8.93	27.5	192.0
S2-1	92	第3、4承压水	29.62	19.23	22.6	338.8
S1-2	102	第5承压水	30.85	5.34	30.0	125.2
S1-1	125	第6承压水	31.82	9.13	27.9	198.6

丰水期各含水层水化学数据见表 5-2。各含水层阳离子浓度总和介于 6.6~13.9mg/L，从大到小的顺序依次为潜水（26m）、第5承压水（102m）、第6承压水（125m）、第2承

压水（59m）、第3、4承压水（92m）、第1承压水（36m）。潜水的离子浓度总和显著高于承压水。除第1承压水外，其他承压水中的 NO_3^-、Cl^- 与 SO_4^{2-} 浓度相差不大。从水化学类型来看，地下水中 Na^+ 和 Cl^- 相对含量较高，而埋深50m以下的承压水还具有较高的 NO_3^-。监测井地下水中常规组分浓度随深度的变化如图5-6所示。

表5-2 丰水期各含水层水化学数据

取样深度/m	阴离子浓度/(mg/L)						阳离子浓度/(mg/L)				地下水化学类型
	F^-	Cl^-	NO_3-N	SO_4^{2-}	HCO_3	NO_2-N	K^+	Na^+	Ca^{2+}	Mg^{2+}	
26	0.21	131.75	1.18	225.4	466.0	3.85	2.76	110.46	112.17	41.40	$HCO_3 \cdot Cl-Ca \cdot Na \cdot Mg$
36	0.66	52.66	3.80	43.6	266.9	—	2.28	37.78	58.13	24.50	$HCO_3 \cdot Cl-Ca \cdot Mg \cdot Na$
59	0.22	115.25	26.55	140.0	179.3	—	3.28	91.28	47.07	38.32	$Cl \cdot HCO_3 \cdot SO_4-Na \cdot Mg \cdot Ca$
92	0.4	121.34	32.04	114.8	130.8	—	3.45	68.95	55.83	38.88	$Cl \cdot SO_4 \cdot HCO_3-Mg \cdot Na \cdot Ca$
102	0.17	117.5	31.91	132.8	384.0	—	3.60	89.47	122.26	38.82	$HCO_3 \cdot Cl-Ca \cdot Na \cdot Mg$
125	0.19	117.21	32.68	122.8	197.2	—	3.62	78.88	66.63	40.25	$Cl \cdot HCO_3 \cdot SO_4-Na \cdot Ca \cdot Mg$

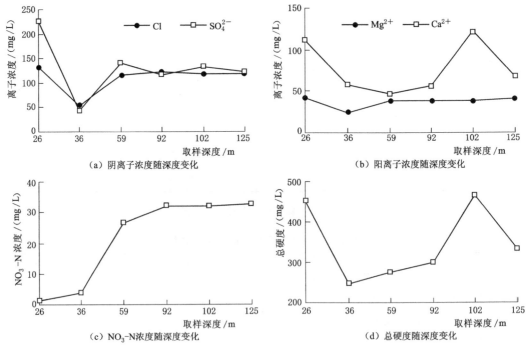

（a）阴离子浓度随深度变化

（b）阳离子浓度随深度变化

（c）NO_3-N浓度随深度变化

（d）总硬度随深度变化

图5-6 监测井地下水中常规组分浓度随深度的变化

潜水与第5承压水总硬度大于450mg/L，超过《生活饮用水卫生标准》（GB 5749—2022），其他承压水总硬度介于240~340mg/L。潜水中的 NO_3^- 浓度非常低，仅1.18mg/L，而 NO_2^- 浓度（以N计）非常高，超过《地下水质量标准》Ⅲ类（0.02mg/L）58倍，说明潜水为还原环境。除 NO_3-N 外，潜水中其他离子的浓度均高于承压水。第1承压水水质组分浓度较低，满足《地下水质量标准》Ⅱ类，说明监测井附近潜水污染严重，而潜水与承压水之间有稳定隔水层，天然状态下污染物难以进入承压水。埋深 50m 以下的承压水离子浓度差别不大，混合开采可能造成了承压水含水层间的水质混合。

5.3.2 不同含水层的地下水同位素分布特征

5.3.2.1 地下水的 TU 值特征

从分层监测井不同含水层的 TU 值可看出（图 5-7），不同含水层的 TU 值为 2.6～

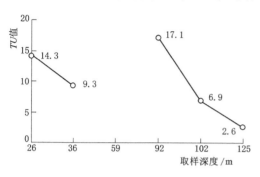

图 5-7 不同含水层的 TU 值

17.1，均为现代水。除了第 3、4 承压水（92m）外，随埋深增加，地下水年龄逐渐变老。相对于相邻的潜水与第 3、4 承压水，第 1 承压水年龄较老，TU 值为 9.3，说明该含水层相对封闭，地下水更新循环慢，即该承压含水层与相邻含水层水力联系不密切。第 3、4 承压水年龄最新，TU 值为 17.1，甚至比潜水年龄（TU 值为 14.3）还要新，说明地下水开采导致该层承压水循环更替快，是主要的开采层。从抽水实验资料得出，第 3、4 承压水含水层出水量占全部含水层出水量的 40%，与监测数据一致。

5.3.2.2 地下水的 $\delta^{15}N-NO_3^-$、$\delta^{18}O-NO_3^-$ 同位素特征

监测井各含水层地下水同位素测试数据见表 5-3。

表 5-3　　　　　　　　　　监测井各含水层地下水同位素测试数据

取样编号	$\delta^{15}N-NO_3^-$ 含量占比/‰	$\delta^{18}O-NO_3^-$ 含量占比/‰	NO_3-N 浓度/(mg/L)
26m	15.66	10.62	1.18
36m	12.8	12.2	3.80
59m	14.29	11.95	26.55
92m	17.67	13.25	32.04
102m	14.58	12.08	31.91
125m	16.44	12.09	32.68

不同埋深地下水中 $\delta^{15}N-NO_3^-$、$\delta^{18}O-NO_3^-$ 的分布特征如图 5-8 所示。

各层地下水的 $\delta^{15}N-NO_3^-$ 值为 +12.8‰～+17.67‰，平均为 +15.24‰，$\delta^{18}O-NO_3^-$ 值为 +10.62‰～+13.25‰，平均为 +12.03‰，是典型的受粪肥或生活污水影响的地下水，即地下水中 NO_3^- 主要来自粪肥或生活污水。

5.3.3 地下水水化学与同位素分布特征

5.3.3.1 水化学特征

2011 年 5 月，对研究区地下水进行了水样采集，共采集水样 16 件，其中 372# 井为岩溶水，其他水样为第四系地下水，取样点地下水水质组分浓度见表 5-4。

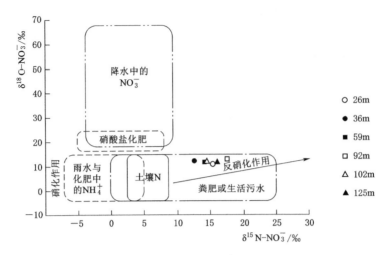

图 5-8　不同埋深地下水中 $\delta^{15}N-NO_3^-$、$\delta^{18}O-NO_3^-$ 的分布特征

注：降水、氨或化肥中的有机氮硝化、粪肥与生活污水中的 $\delta^{15}N-NO_3^-$ 值范围大。因为氧气和土壤水有较高的 $\delta^{18}O$ 值，相对地下水而言，大气水、土壤水有更高的 $\delta^{18}O-NO_3^-$ 值，且分布范围广。

表 5-4　　　　　　　　　　　　取样点地下水水质组分浓度

分组	地理位置	分区	井号	水质组分浓度/(mg/L)							
				K^+	Ca^{2+}	Mg^{2+}	Na^+	Cl^-	NO_3-N	SO_4^{2-}	HCO_3^-
第一组	老城区上游、冲洪积扇顶部	A区	313	3.29	129.70	47.16	72.78	129.36	30.31	158.04	274.27
			342	2.49	108.60	40.26	48.63	64.99	11.66	87.76	391.47
			372	1.34	52.38	25.55	21.03	20.36	2.12	64.13	219.87
		B区	418	3.46	137.40	45.48	76.43	91.09	25.27	137.53	413.14
			426	3.35	104.10	44.99	71.99	87.20	24.98	126.04	319.92
			429	3.72	146.30	47.33	78.19	123.19	25.31	135.81	401.37
第二组	老城区下游、冲洪积扇中部	D区	108	3.23	124.70	55.83	109.10	139.68	27.72	166.56	381.54
			119	3.23	117.50	51.22	98.47	107.39	28.86	126.08	410.33
			122	3.12	107.30	56.87	110.20	126.57	36.13	162.61	327.47
			128	2.84	114.30	50.84	62.04	95.53	33.24	87.35	351.98
		E区	772	4.76	165.00	54.45	104.10	157.19	37.44	191.70	382.01
			773	3.57	163.20	51.96	114.00	193.07	24.17	189.37	387.46
第三组	紧邻老城区、冲洪积扇中部	C区	224	2.60	109.60	45.33	50.65	88.85	13.06	110.15	349.88
			232	3.38	129.60	52.31	94.01	97.62	32.22	125.75	443.65
第四组	远离老城区、冲洪积扇下部	F区	504	1.95	81.38	36.93	31.93	62.02	1.32	109.53	217.32
			514	2.45	103.10	46.28	35.31	101.71	23.87	83.19	258.94

分析地下水水质组分可知，A 区、B 区、C 区、D 区、E 区、F 区的第四系地下水离子浓度总和分别是 12.26mg/L、13.60mg/L、13.21mg/L、14.00mg/L、17.41mg/L、9.54mg/L，A 区岩溶水离子浓度总和为 6.09mg/L。第四系地下水离子浓度总和最大的

是 E 区地下水，为 17.41mg/L，最小的是 F 区地下水，为 9.54mg/L。地下水水质满足《地下水环境质量标准》Ⅲ类的只有 A 区岩溶水和 F 区第四系地下水，其他水源区第四系地下水均超标，离子浓度总和均大于 12.00mg/L，地下水水质最差的是 E 区，其次是 D 区、B 区、C 区。各水源区地下水主要水质组分浓度比较如图 5-9 所示。

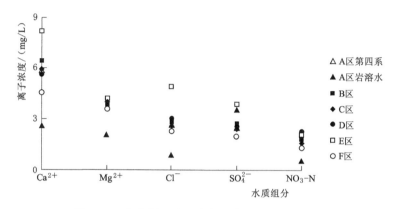

图 5-9　各水源区地下水主要水质组分浓度比较

典型区地下水 NO_3^--N 浓度最大值为 37.44mg/L，最小值为 1.32mg/L，平均值为 23.61mg/L。16 件样品中，13 件水样的 NO_3^--N 浓度超过《生活饮用水卫生标准》（20mg/L），占样品总数的 81%，表明研究区地下水受 NO_3^- 污染非常严重。

根据取样点地理位置，将取样点划分为 4 组。老城区下游的第二组取样点（D 区与 E 区）地下水受 NO_3^- 污染程度最强，NO_3^--N 浓度平均为 31.26mg/L；远离老城区的第四组取样点（F 区）地下水受 NO_3^- 污染程度相对较弱，NO_3^--N 浓度平均为 12.60mg/L；老城区上游的第一组取样点（A 区与 B 区）地下水 NO_3^--N 浓度平均为 23.51mg/L；紧邻老城区的第三组取样点（C 区）地下水 NO_3^--N 浓度平均为 22.64mg/L。第一组与第三组地下水受 NO_3^- 污染程度介于第二组与第四组之间。

5.3.3.2 地下水硝酸盐中的 N、O 同位素特征

1. 反硝化作用的判别

反硝化作用多发生在厌氧环境中，识别是否存在反硝化作用首先应判断地下水环境是否适宜反硝化作用的发生。在反硝化作用过程中，DO 可与 NO_3^- 竞争成为电子受体，从而影响反硝化作用的进行。Gillham 等在野外调查研究中统计分析认为，地下水环境中反硝化作用的 DO 上限为 2.0mg/L。研究区水样中的 DO 浓度为 4.1~6.89mg/L，并不利于反硝化作用。反硝化作用导致地下水中 NO_3^- 浓度降低及 N、O 同位素分馏，这两个特征也可以帮助判断反硝化作用是否发生。地下水中 $\delta^{15}N$-NO_3^-、$\delta^{18}O$-NO_3^- 分布特征如图 5-10 所示，如反硝化作用发生，残余 NO_3^- 的 $\delta^{18}O$ 和 $\delta^{15}N$ 会同步富集，$\delta^{18}O$ 与 $\delta^{15}N$ 比值大约是 1:2（图 5-10 中箭头方向），而研究区水样中的 $\delta^{18}O$ 与 $\delta^{15}N$ 分布并不具备这一特征（$\delta^{18}O=0.64\delta^{15}N+2.12$，$R^2=0.1$）。此外，地下水 $\delta^{15}N$-NO_3^- 与 NO_3^--N 的相关关系如图 5-11 所示，由图可知，不存在 $\delta^{15}N$-NO_3^- 值随 NO_3^--N 浓度降低而升高的趋势，说明大部分水样并没有发生显著的反硝化作用。因此，地下水的 $\delta^{15}N$-NO_3^- 值

基本反映了源的 N 同位素特征。

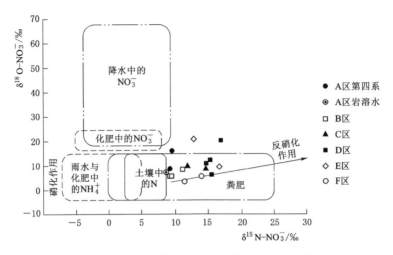

图 5-10　地下水中 $\delta^{15}N-NO_3^-$、$\delta^{18}O-NO_3^-$ 分布特征

2. 地下水的 $\delta^{15}N-NO_3^-$ 和 $\delta^{18}O-NO_3^-$ 分布特征

主要 NO_3^- 源的 $\delta^{15}N$ 典型范围为化肥为 $-4‰\sim+4‰$，矿化的土壤有机氮为 $+4‰\sim+8‰$，粪便与污水为 $+8‰\sim+20‰$。主要 NO_3^- 源的 $\delta^{18}O$ 典型范围为大气降水为 $+20‰\sim+70‰$，合成 NO_3^- 化肥为 $+18‰\sim+22‰$。1998 年，Kendall 第一次绘制了不同 NO_3^- 源的 $\delta^{15}N$ 和 $\delta^{18}O$ 值的典型范围（图 5-10），大大提高了同位素技术在实际应用中的可操作性。

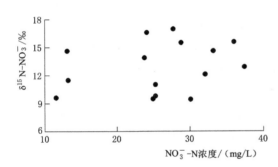

图 5-11　地下水 $\delta^{15}N-NO_3^-$ 与 NO_3^--N 的相关关系

一般地，对于受粪肥污染的地下水，往往呈现出 $\delta^{15}N-NO_3^-$ 较高，且 NO_3^--N 浓度也较高的"双高特征"；而受化肥和工业废水污染的地下水，则呈现 $\delta^{15}N-NO_3^-$ 较低而 NO_3^--N 浓度较高的特征；受生活污水和垦植土污染的地下水则呈现 $\delta^{15}N-NO_3^-$ 中等，且 NO_3^--N 浓度也中等的特征。如发生反硝化作用，地下水呈现出高 $\delta^{15}N-NO_3^-$ 而低 NO_3^--N 浓度的特征。地下水水样中同位素数据见表 5-5，$\delta^{15}N-NO_3^-$ 值为 $+9.38‰\sim+16.96‰$，均值为 $+12.87‰$，NO_3^--N 浓度为 $1.32\sim37.44mg/L$，均值为 $25.04mg/L$，呈现 $\delta^{15}N-NO_3^-$ 和 NO_3^--N 浓度均较高的"双高特征"，指示地下水中 NO_3^- 主要来自动物粪肥（图 5-10）。

土壤硝化作用产生 NO_3^- 中的 3 个氧原子中的 2 个来自 H_2O，1 个来自溶解 O_2。研究区地下水的 $\delta^{18}O$ 值范围为 $-11.9‰\sim-9.3‰$，分子氧中 $\delta^{18}O$ 为 $+23.5‰$，如果地下水中 NO_3^- 来自硝化作用的话，那么 $\delta^{18}O-NO_3^-$ 值应为 $-0.10‰\sim+1.63‰$。研究区地下水样品的 $\delta^{18}O-NO_3^-$ 值为 $+3.13‰\sim+21.18‰$，均值为 $+10.39‰$，高 $\delta^{18}O-NO_3^-$ 值

表明部分 NO_3^- 来自其他源，即 NO_3^- 化肥或降水。

表 5-5 地下水水样中同位素数据

分组	地理位置	分区	井号	NO_3-N 浓度 /(mg/L)	DO 浓度 /(mg/L)	$\delta^{15}N-NO_3^-$ 值/‰	$\delta^{18}O-NO_3^-$ 值/‰
第一组	老城区上游、冲洪积扇顶部	A 区	313	30.31	6.29	9.41	8.96
			342	11.66	6.89	9.52	15.96
			372	2.12		8.73	7.30
		B 区	418	25.27		11.04	8.16
			426	24.98	6.42	9.38	5.53
			429	25.31	5.9	9.74	5.55
第二组	老城区下游、冲洪积扇中部	D 区	108	27.72	4.58	16.96	20.81
			119	28.86		15.42	6.07
			122	36.13	4.65	15.57	13.17
			128	33.24	5.22	14.57	11.36
		E 区	772	37.44		12.83	21.18
			773	24.17	6.63	16.54	10.18
第三组	紧邻老城区、冲洪积扇中部	C 区	224	13.06		14.53	9.43
			232	32.22	6.7	12.09	10.53
第四组	远离老城区、冲洪积扇下部	F 区	504	1.32		11.51	3.13
			514	23.87	4.1	13.93	5.79

第一组取样点位于老城区上游的冲洪积扇顶部，包括 A 区和 B 区的 5 个第四系地下水和 A 区的 1 个岩溶水（372#）。岩溶水的 $\delta^{15}N-NO_3^-$ 值为 +8.73‰，$\delta^{18}O-NO_3^-$ 值为 +7.30‰，NO_3-N 浓度为 2.12mg/L，水质优良。一般地，硝酸盐浓度高于 3mg/L 是受到人类活动的影响，372# 地下水水质长期稳定，推断其硝酸盐应为地层中的本底值，即基岩水并未受到污染。基岩水主要来自西山灰岩接受大气降水补给与永定河断裂接受河水补给，由于基岩水埋藏较深，因此，基岩水在平原区并未受到地表污染源的影响。

A 区第四系地下水类型为潜水，A 区含水层为 2~3 层砂卵砾石，B 区为单一砂卵砾石。水样的 $\delta^{15}N-NO_3^-$ 值为 +9.38‰~+11.04‰，平均值为 +9.82‰，水样的 NO_3^--N 浓度为 11.66~30.31mg/L，平均浓度为 23.51mg/L，远高于自然土壤氮源，指示地下水中 NO_3^- 主要来自动物粪肥。水样的 $\delta^{18}O-NO_3^-$ 值为 +5.53‰~+15.96‰，平均值为 +8.83‰，高 $\delta^{18}O-NO_3^-$ 值表明部分 NO_3^- 来自化肥。综上所述，A 区和 B 区第四系地下水 NO_3^- 主要来自粪肥，其次是 NO_3^- 化肥。

第二组取样点位于老城区下游的冲洪积扇中部，包括 D 区和 E 区的 6 个水样。D 区地下水类型为承压水，含水层为多层砂砾石；E 区地下水类型为潜水，含水层为 2~3 层砂卵砾石。水样的 $\delta^{15}N-NO_3^-$ 值为 +12.83‰~+16.96‰，平均值为 +15.32‰；水样的 NO_3^--N 浓度为 24.17~37.44mg/L，平均浓度为 31.26mg/L。该组水样具有典型的"双高特征"，受粪肥的影响最严重。水样的 $\delta^{18}O-NO_3^-$ 值为 +6.07‰~+21.18‰，平均值为+13.80‰，是 4 组取样点里最高的，推断水样中 NO_3^- 有较大比例来自大气降水。D 区水井位于老城区东北的亮马河与坝河之间，E 区水井紧邻凉水河。2000 年以前，这些河流都是市区的排污河道，污染相当严重，同时，老城区历史上渗坑与渗井的残留污染物、大气降水中的氮类化合物是导致地下水高 NO_3^- 的主要原因。

第三组取样点位于紧邻老城区的冲洪积扇中部，包括 C 区的 2 个水样。C 区为单层向多层过渡区，含水层以砂砾石、粗砂为主。水样的 $\delta^{15}N - NO_3^-$ 平均值为+13.31‰，$\delta^{18}O - NO_3^-$ 平均值为+9.98‰，$NO_3^- - N$ 浓度平均为 22.64mg/L。从地下水流向来看，C 区位于 D 区上游，从 $\delta^{15}N - NO_3^-$ 值来看，C 区受粪肥的影响要弱于 D 区。

第四组取样点位于远离老城区的冲洪积扇下部，包括 F 区的 2 个水样。F 区地下水类型为承压水，含水层为多层中粗砂。水样的 $\delta^{15}N - NO_3^-$ 平均值为+12.72‰，$\delta^{18}O - NO_3^-$ 平均值为+4.46‰，$NO_3^- - N$ 浓度平均为 12.60mg/L。从 $\delta^{15}N - NO_3^-$ 值的分布来看，该组主要受粪肥的影响。水样的 $\delta^{18}O - NO_3^-$ 值很低，说明地下水中 NO_3^- 来自大气降水的比例相当低。

3. NO_3^- 污染源贡献的定量评价

地下水系统中 NO_3^- 的潜在污染源很多，并且各种污染源并没有固定的同位素组成，即便各种源的同位素组成是常数，在混合前或者混合后也会发生同位素分馏。因此，准确评价各种源的相对贡献是困难的。Deustch 等成功用双同位素方法量化了灌溉农田水、地下水和大气沉降 3 种 NO_3^- 源对德国某条河 NO_3^- 的贡献。Voss 等应用双同位素方法研究了波罗的海河流的 NO_3^- 输入，量化了污水、大气沉降和原始土壤对河流 NO_3^- 的贡献。他们的共同点都是应用双同位素和物质平衡混合模型来定量评价主要污染源的贡献。

研究区地下水 NO_3^- 主要来源是粪肥，其次是 NO_3^- 化肥与大气降水。假定氮转化过程中同位素组成（$\delta^{15}N - NO_3^-$ 和 $\delta^{18}O - NO_3^-$）没有发生较大变化，地下水 NO_3^- 的混合比例可采用如下质量守恒方程计算，即

$$\begin{cases} \delta^{15}N = f_c\delta^{15}N_c + f_m\delta^{15}N_m + f_a\delta^{15}N_a \\ \delta^{18}O = f_c\delta^{18}O_c + f_m\delta^{18}O_m + f_a\delta^{18}O_a \\ 1 = f_c + f_m + f_a \end{cases} \tag{5-1}$$

式中　　　　f——各种源所占比例；

下标 c，m，a——化肥、粪肥、大气降水。

由于区域 NO_3^- 源中的 N、O 同位素组成相差较大，计算中各种源的 $\delta^{15}N$、$\delta^{18}O$ 采用极值，即：粪肥的 $\delta^{15}N - NO_3^-$ 采用+20‰，$\delta^{18}O - NO_3^-$ 采用+1‰；化肥的 $\delta^{15}N - NO_3^-$ 采用-4‰，$\delta^{18}O - NO_3^-$ 采用+18‰；大气降水的 $\delta^{15}N - NO_3^-$ 采用-4.6‰，$\delta^{18}O - NO_3^-$ 采用+70‰。

据统计，天然条件下华北平原浅层地下水 $NO_3^- - N$ 浓度为 4.4mg/L，这个天然背景值是判别浅层地下水是否受氮污染的客观标准。504[#]地下水 $NO_3^- - N$ 浓度为 1.32mg/L，可以认为地下水未受到污染，不参与污染源定量评价。定量计算表明：老城区上游的 A 区和 B 区，地下水中的 NO_3^- 58%来自粪肥、41%来自化肥；老城区下游的 D 区与 E 区，地下水中的 NO_3^- 81%来自粪肥、18%来自大气降水；紧邻老城区的 C 区，地下水中的

NO_3^- 72%来自粪肥、20%来自化肥；距离老城区较远的 F 区，地下水中的 NO_3^- 75%来自粪肥，24%来自化肥。混合模型中采用的 $\delta^{15}N-NO_3^-$、$\delta^{18}O-NO_3^-$ 值及各种源所占的比例见表 5-6。

表 5-6　　混合模型中采用的 $\delta^{15}N-NO_3^-$、$\delta^{18}O-NO_3^-$ 值及各种源所占的比例

NO_3^- 源	$\delta^{15}N-NO_3^-$ 值 /‰	$\delta^{18}O-NO_3^-$ 值 /‰	各种 NO_3^- 源的比例/%			
			A 区、B 区	D 区、E 区	C 区	F 区
粪肥	+20	+1	58	81	72	75
化肥	-4	+18	41	1	20	24
大气降水	-4.6	+70	1	18	8	1

5.4　典型区地下水水质变化规律分析

5.4.1　地下水水位、开采量与降水量的变化规律

5.4.1.1　历年降水量变化规律

典型区多年平均降水量（1956—2008 年）为 582.4mm。1984—2008 年的 25 年间，1985—1988 年、1990—1991 年、1994—1996 年、1998 年与 2008 年 11 年降水偏丰，其余年份降水偏枯。特别是 1999—2007 年持续 9 年降水偏枯，年平均降水量仅 446.6mm，为多年平均降水量的 76.7%。历年降水量情况如图 5-12 所示。

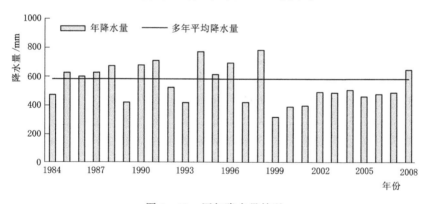

图 5-12　历年降水量情况

5.4.1.2　水源 D 区地下水开采量与水位的变化规律

1984—2008 年水源 D 区出现了 3 个开采高峰，分别为 1984—1988 年、1994 年和 2002—2005 年，共 10 年。3 个高峰期的年均开采量分别为 766.4 万 m^3、693.0 万 m^3、711.4 万 m^3，相应的 3 个波谷开采量分别为 209.1 万 m^3、370.1 万 m^3、258.6 万 m^3，所对应的时间段分别为 1989—1993 年、1995—2001 年、2006—2008 年。水源 D 区开采量、降水量与承压水头埋深变化关系如图 5-13 所示。

D 区地下水承压水头经历了上升下降 2 个周期。第一个周期为 1987—1994 年，承压水头受开采量和降水偏丰的双重影响。1988 年开采量达到历史最大值 1188.3 万 m^3，

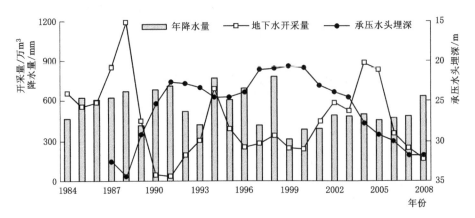

图 5-13 水源 D 区开采量、降水量与承压水头埋深变化关系图

承压水头为历史最低。1988 年后开采量大幅度减少，1991 年仅为 41.8 万 m³，同时降水偏丰，承压水头达到历史最高。此后开采量有所增加，1994 年到达第二个峰值，与此相应，承压水头也到达第二个波谷，埋深为 24.6m。第二个周期为 1994—2008 年，持续时间长，承压水头经历短暂的上升后持续下降。1994—2000 年，年均开采量比较小，仅 370.1 万 m³，承压水头稳中有升，埋深从 1994 年的 24.6m 减少到 2000 年的 20.8m，水头年均上升 0.51m。2001—2005 年年均开采量 711.4 万 m³，承压水头快速下降。2006—2008 年虽然年均开采量仅 258.6 万 m³，但北京已连续 7 年干旱，导致承压水头继续下降。2000—2008 年承压水头年均下降 1.4m，2008 年末承压水头埋深达到 31.7m。

5.4.1.3 水源 A 区地下水开采量与水位的变化规律

1980 年至今，水源 A 区开采量整体呈下降趋势，开采量、降水量与潜水位埋深变化关系如图 5-14 所示。第一个阶段为 1980—1998 年，A 区年开采量由 1980 年的 13804 万 m³下降到 1990 年的 9119 万 m³，然后又上升到 1998 年的 10981 万 m³。此期间后几年供水能力增大的原因一是受降水偏丰地下水位上升的影响，井出水能力增加；二是 1995 年 10

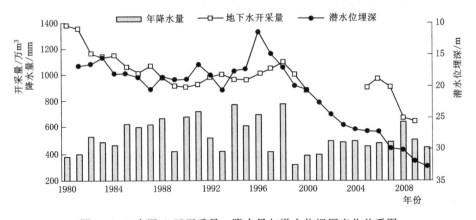

图 5-14 水源 A 区开采量、降水量与潜水位埋深变化关系图

月—1997 年 6 月，A 区新打水源井 26 眼，增加 10 万 m³/d 的供水能力。第二阶段为 1998—2008 年，受降水偏少地下水位持续下降的影响，水厂供水量衰减迅速，开采量由 1998 年的 10981 万 m³ 衰减到 2009 年的 6515 万 m³。2003 年受漏油事故的影响，A 区停止供水 1 年，此后通过换土与拦截等修复措施，有效控制了地下水油污染，并于 2005 年恢复供水。与此同时，2005 年 1—7 月，新打水源井 19 眼，增加供水能力 5 万 m³/d，因此 2006 年开采量明显增加。

20 世纪 80 年代 A 区潜水位整体处于动态均衡状态。1995—1996 年由于上游水库大量弃水，地下水接受大量河水补给，潜水位出现波峰。1999 年以后受降水量持续减少的影响，地下水位下降迅速，潜水位埋深由 1996 年的 11.4m 增大到 2010 年的 32.8m，潜水位年均下降 1.5m。

5.4.1.4　水位与开采量、降水量的相关性

水源 D 区地下水承压水头埋深与地下水开采量呈正相关，两者几乎同时出现波峰与波谷，即开采量越大，承压水头埋深越大。D 区承压水头与区域降水量关系不密切，承压水受降水的补给存在滞后，所以 D 区承压水头的变化主要受开采量的影响。

水源 A 区潜水位埋深与开采量呈弱负相关，而与降水量无明显相关性。潜水位主要受河道补给、降水、开采等综合影响，1995—1996 年由于上游水库大量弃水，地下水迅速上升。1999 年后降水量持续偏少，永定河冲洪积扇地下水持续处于超采状态，导致潜水位与降水量的相关性并不明显。

地下水开采量与水位的相关性如图 5 - 15 所示。

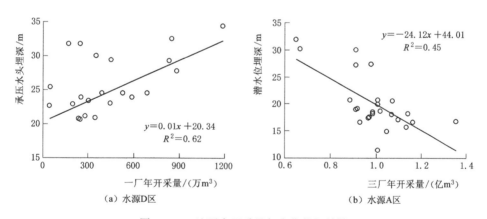

（a）水源 D 区　　　　　　　　　（b）水源 A 区

图 5 - 15　地下水开采量与水位的相关性

地下水水位与降水量的相关性如图 5 - 16 所示。

5.4.2　地下水水质时间演化规律

5.4.2.1　水源 D 区

通过对水源 D 区井群 1960—2008 年间地下水的总硬度、TDS、硝酸盐（$NO_3 - N$）进行统计分析，可知年均总硬度为 337.9～625.9mg/L，平均为 528.7mg/L；年均 TDS 为 475.3～1117.5mg/L，平均为 879.3mg/L；年均 $NO_3 - N$ 浓度为 7.3～37.6mg/L，平均浓度为 24.1mg/L。水源 D 区主要水质因子特征值见表 5 - 7。

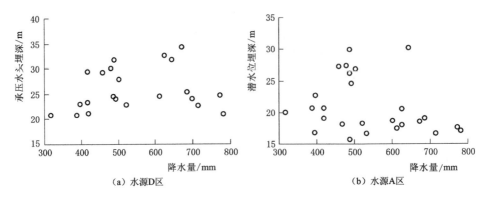

图 5-16 地下水水位与降水量的相关性

表 5-7 水源 D 区主要水质因子特征值

特征值	年均总硬度/(mg/L)	年均 TDS/(mg/L)	年均 NO₃-N 浓度/(mg/L)
最大值	625.9	1117.5	37.6
最小值	337.9	475.3	7.3
平均值	528.7	879.3	24.1

1960—2008 年期间，D 区地下水年均总硬度与年均 NO₃-N 总的变化趋势一致，大体可以分为快速污染期、相对稳定期、缓慢变好期三个时期。水源 D 区典型水质组分浓度的变化趋势如图 5-17 所示。

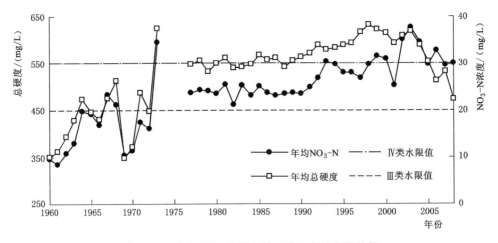

图 5-17 水源 D 区典型水质组分浓度的变化趋势

1. 快速污染期（1960—1976 年）

1960 年，D 区地下水年均总硬度、NO₃-N 浓度分别为 357.7mg/L、9.9mg/L，符合地下水Ⅲ类标准，随后水质呈快速污染趋势，1967 年水质达到地下水Ⅳ类标准。1973 年地下水水质污染程度达到峰值，年均总硬度、NO₃-N 浓度分别为 625.9mg/L、34.6mg/L，水质达到地下水Ⅴ类标准。

这期间区域地下水水质过程于 1966 年与 1969 年出现波动，其原因初步分析为：1969

年以前水源井深为 $66\sim116\mathrm{m}$，为第二含水层组受污染的承压水，而 1969 年后施工的水源井深为 $128\sim140\mathrm{m}$，已揭穿第三含水层组，水源井出水为第二、第三含水层组的混合水。第三含水层组为第 6 承压水，地下水符合Ⅱ类标准，因此，混合水水质优于第二含水层组承压水。

2．相对稳定期（1976—2003 年）

1976—2003 年期间水质有所波动，但总的趋势是总硬度与 NO_3-N 稳中有升。1977 年年均总硬度与 NO_3-N 浓度分别为 $547.6\mathrm{mg/L}$ 与 $23.7\mathrm{mg/L}$，2003 年达到第二高峰，浓度分别为 $619.2\mathrm{mg/L}$ 与 $37.6\mathrm{mg/L}$，达到地下水Ⅴ类标准。

3．缓慢变好期（2003—2008 年）

2003 年以后，水质组分浓度下降，水质逐渐变好。到 2008 年，年均总硬度、NO_3-N 浓度分别为 $456.7\mathrm{mg/L}$、$28.1\mathrm{mg/L}$，满足地下水Ⅳ类标准。

5.4.2.2 水源 A 区

通过对水源 A 区井群 1955—2008 年间地下水的总硬度、TDS、NO_3-N 进行统计分析，可知年均总硬度为 $290\sim527.7\mathrm{mg/L}$，平均为 $394.8\mathrm{mg/L}$；年均 TDS 为 $420.8\sim821.3\mathrm{mg/L}$，平均为 $595.7\mathrm{mg/L}$；年均 NO_3-N 浓度为 $4.0\sim17.4\mathrm{mg/L}$，平均为 $9.6\mathrm{mg/L}$。水源 A 区主要水质因子特征值见表 5-8。

表 5-8　　　　　　　　　　　水源 A 区主要水质因子特征值

特征值	年均总硬度/(mg/L)	年均 TDS/(mg/L)	年均 NO_3-N 浓度/(mg/L)
最大值	527.7	821.3	17.4
最小值	290.0	420.8	4.0
平均值	394.8	595.7	9.6

1955—2010 年期间，A 区水源井年均总硬度与 NO_3-N 总的变化趋势一致，大体可以分为相对稳定期、持续上升期、下降期三个时期。水源 A 区典型水质组分浓度的变化趋势如图 5-18 所示。

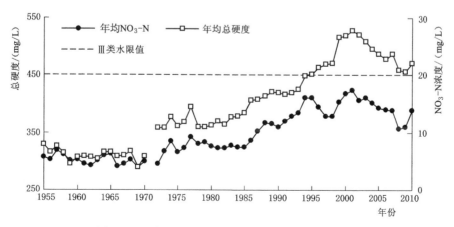

图 5-18　水源 A 区典型水质组分浓度的变化趋势

1. 相对稳定期（1955—1972年）

该时期特点是水质组分浓度较低，满足《地下水质量标准》Ⅲ类，有少许波动，但变化相对稳定。1955年，A区年均总硬度、NO_3-N浓度分别为329.8mg/L、5.8mg/L，1970年二者年均浓度分别为309.0mg/L、5.0mg/L。

2. 持续上升期（1972—2001年）

以1982年为界限，可分为2个区间。1972—1982年水质组分浓度总体呈缓慢上升趋势，1972年，A区年均总硬度、NO_3-N浓度分别为359.0mg/L、4.5mg/L，1982年二者年均浓度分别为364.6mg/L、7.3mg/L。1982—2001年，水质组分浓度呈快速上升趋势，2001年，A区年均总硬度、NO_3-N浓度分别为527.7mg/L、17.4mg/L，年上升速率分别为8.2mg/L、0.5mg/L。自1995年开始，总硬度超过《地下水质量标准》Ⅲ类。

1995—1997年期间，地下水NO_3-N浓度下降迅速，1998年后NO_3-N浓度又开始回升。原因是1995、1996年降水偏丰，同时上游水库大量弃水，区域地下水接受大量补给，地下水中的NO_3-N被稀释。

3. 下降期（2001—2010年）

2001年以后，水质组分浓度下降，水质逐渐变好。到2008年，年均总硬度、NO_3-N浓度分别为471.6mg/L、13.9mg/L，年下降速率分别为6mg/L、0.3mg/L。

2008年总硬度、NO_3-N浓度快速下降，2009年又开始升高。2008年是2000—2010年期间唯一的丰水年，年降水量645mm，超出该期间年均降水量38%，地下水接受大气降水的大量补给，使得地下水组分浓度下降迅速。

5.4.3 地下水水质平面空间变化规律

5.4.3.1 水源D区

根据D区收集到的资料及水质组分的变化规律，选择1960年、1973年、2003年与2008年4个典型年分析各水质组分在空间上的变化规律。

1. NO_3-N空间变化规律

1960年NO_3-N空间变化规律。NO_3-N浓度南部高北部低。地下水NO_3-N浓度为1.5~34.0mg/L，平均为8.1mg/L，仅东南角的107#井超标（以地下水Ⅲ类为基准，下同），浓度为34.0mg/L，超标0.7倍。其他水源井NO_3-N浓度小于20mg/L（Ⅲ类水），北部（面积约占二分之一）地下水的NO_3-N浓度小于5mg/L（Ⅱ类水）。

1973年NO_3-N空间变化规律。NO_3-N浓度南部高北部低。与1960年相比，各井的NO_3-N浓度快速上升。北部地区（面积约占二分之一）NO_3-N浓度仍然小于20mg/L（Ⅲ类水），南部（面积约占三分之一）NO_3-N浓度大于30mg/L（Ⅴ类水）。区域NO_3-N浓度为6.5~60.0mg/L，平均为26.7mg/L，超标0.3倍。上升最快为东南部的130#井（107#井的西南400m），浓度达到60mg/L，超标2.0倍；其次为东南部的108#井与西部124#井，NO_3-N浓度分别由1960年的1.5mg/L、3.5mg/L上升到40.0mg/L、44.0mg/L，NO_3-N浓度年均上升分别为3.0mg/L、3.1mg/L。

2003年NO_3-N空间变化规律。NO_3-N浓度整体南部高北部低。NO_3-N浓度为32.9~40.0mg/L，平均为37.7mg/L（Ⅴ类水），超标0.9倍。与1960年相比，NO_3-N

浓度年均上升 0.4mg/L。上升最快为北部的 122#井、128#井，NO_3-N 浓度分别由 10.0mg/L、6.5mg/L 上升到 38.1mg/L、32.9mg/L，年均上升均达到 0.9mg/L；其次为东北部的 112#井与中部的 126#井，NO_3-N 浓度分别由 11.0mg/L、13.0mg/L 上升到 34.5mg/L、35.8mg/L，年均上升均达到 0.8mg/L。107#井、108#井、124#井与 130# 井 NO_3-N 浓度下降，其中 130#井 NO_3-N 浓度下降最快，由 60mg/L 下降为 39.5mg/ L，年均下降 0.7mg/L。

2008 年 NO_3-N 空间变化规律。NO_3-N 浓度整体南部高北部低。区域 NO_3-N 浓度 为 13.8～33.5mg/L，平均为 28.9mg/L，超标 0.4 倍。NO_3-N 浓度快速下降，北部区 域（面积约占三分之一）NO_3-N 浓度降低到 30mg/L 以下（Ⅵ类水），与 2003 年相比，NO_3-N 浓度年均下降 1.8mg/L。下降最快为南部的 130#井，NO_3-N 浓度由 39.5mg/L 下降到 13.8mg/L，年均下降 5.2mg/L；其次为南部的 109#井与北部的 122#井，NO_3-N 浓度分别由 40.0mg/L、38.1mg/L 下降到 27.7mg/L、26.2mg/L，年均下降分别为 2.5mg/L、2.4mg/L。

水源 D 区 NO_3-N 空间分布如图 5-19 所示。

2. 总硬度空间变化规律

1960 年总硬度空间变化规律。总硬度南部高北部低，北部地区（面积约占五分之三） 总硬度小于 300mg/L（Ⅱ类水），东南角与西南角总硬度大于 550mg/L（Ⅴ类水）。区域 总硬度为 217.5～668.0mg/L，平均为 321.6mg/L，仅东南角的 107#井、西南的 119#井 超标（以地下水Ⅲ类为基准，下同），浓度分别为 668.0mg/L、552.0mg/L，分别超标 0.5 倍、0.2 倍。

1973 年总硬度空间变化规律。总硬度整体南部高北部低，除 119#井总硬度稍有下降 外，其余井的总硬度快速上升。北部地区（面积约占三分之一）虽然总硬度上升，但仍然 小于 450mg/L（Ⅲ类水），东部、南部及西边局部（面积约占三分之一）总硬度大于

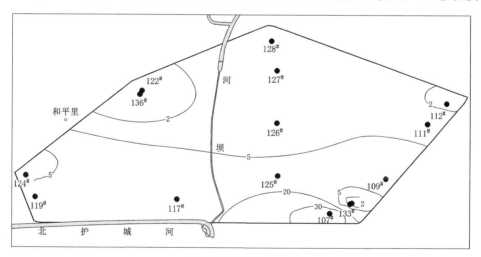

（a）1960年NO_3-N空间分布

图 5-19（一） 水源 D 区 NO_3-N 空间分布

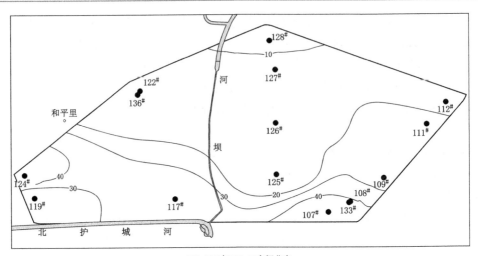

（b）1973年NO$_3$-N空间分布

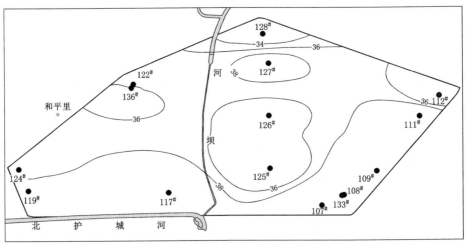

（c）2003年NO$_3$-N空间分布

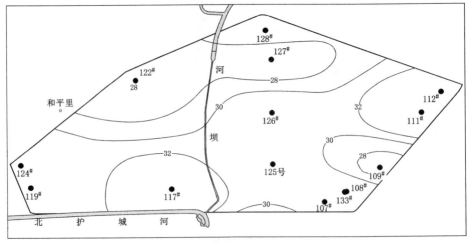

（d）2008年NO$_3$-N空间分布

图 5-19（二）　水源 D 区 NO$_3$-N 空间分布

550mg/L（Ⅴ类水）。区域总硬度平均为518.8mg/L，超标0.2倍。与1960年相比，总硬度年均上升15.2mg/L。上升最快为108#井，总硬度由217.5mg/L上升到680.0mg/L，年均上升35.6mg/L；其次为126#井，总硬度由230.0mg/L上升到610.0mg/L，年平均上升29.2mg/L。119#井总硬度稍有下降，由552.0mg/L下降到520.0mg/L。

2003年总硬度空间变化规律。总硬度整体东南部高北部低。除128#井、136#井外，其余井的总硬度均高于550mg/L（Ⅴ类水），浓度为510～710mg/L，平均为619.1mg/L，超标0.4倍。与1973年相比，总硬度年均上升3.3mg/L。上升最快的是125#井，总硬度由295.0mg/L上升到565.0mg/L，年均上升9.0mg/L；其次为128#井、122#井，总硬度分别由250.0mg/L、360.0mg/L上升到510.0mg/L、615.0mg/L，年均上升8.7mg/L、8.5mg/L。107#井与130#井总硬度下降，其中107#井总硬度下降最快，由845.0mg/L下降到710.0mg/L，年均下降4.5mg/L；130#井总硬度由680.0mg/L下降到617.5mg/L，年均下降2.1mg/L。

2008年总硬度空间变化规律。总硬度整体东北部高西部低。总硬度快速下降，西部、东南角区域（面积约占三分之一）总硬度低于450mg/L（Ⅲ类水）。总硬度高于550mg/L（Ⅴ类水）仅分布于东北角。区域总硬度浓度为420.0～605.0mg/L，平均为477.7mg/L，超标0.1倍。与2003年相比，总硬度年均下降28.3mg/L。下降最快为东部的108#井，总硬度浓度由702.5mg/L下降到420.0mg/L，年均下降56.5mg/L；其次为107#井、133#井，总硬度浓度分别由710.0mg/L、677.5mg/L下降到470.0mg/L、450.0mg/L，年均下降48.0mg/L、45.5mg/L。

水源D区总硬度空间分布如图5-20所示。

5.4.3.2 水源A区

根据A区收集到的资料及水质组分的变化规律，水井从1982年开始水质组分的浓度才开始明显上升，因此，仅分析1982年、2001年和2010年水质组分在空间上的变化规律。

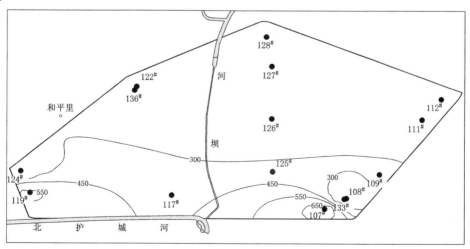

(a) 1960年总硬度空间分布

图5-20（一） 水源D区总硬度空间分布

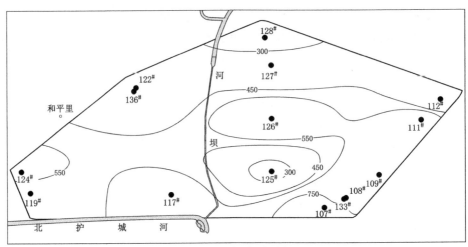

（b）1973年总硬度空间分布

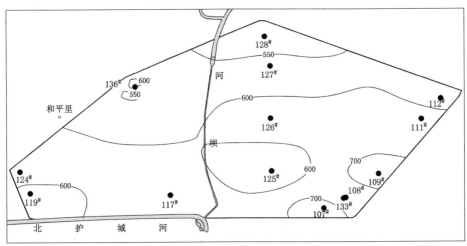

（c）2003年总硬度空间分布

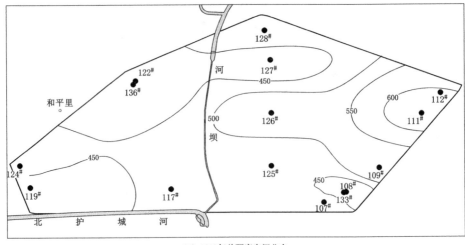

（d）2008年总硬度空间分布

图 5-20（二） 水源 D 区总硬度空间分布

1. NO$_3$-N 空间变化规律

1982 年 NO$_3$-N 空间变化规律。NO$_3$-N 浓度整体上西南高东北低。所有水井 NO$_3$-N 浓度均低于 10mg/L，平均为 7.4mg/L，满足地下水 Ⅲ 类（20mg/L）要求。西部高，308$^\#$井 NO$_3$-N 浓度为 12mg/L，北部、东部低，浓度小于 6mg/L。

2001 年 NO$_3$-N 空间变化规律。NO$_3$-N 浓度整体上西南高东北低。NO$_3$-N 浓度平均为 17.4mg/L，除了西南部的 308$^\#$井与 311$^\#$井 NO$_3$-N 浓度达到 26mg/L 之外，其他水井 NO$_3$-N 浓度仍然满足地下水 Ⅲ 类要求。与 1982 年相比，各井的 NO$_3$-N 浓度均升高，平均上升 9.9mg/L，西部上升较快，东部上升较慢。

2010 年 NO$_3$-N 空间变化规律。NO$_3$-N 浓度整体上西南高北部低。NO$_3$-N 浓度均满足地下水 Ⅲ 类要求。与 2001 年相比，除位于北部 332$^\#$井与东部 346$^\#$井外，其他井 NO$_3$-N 浓度开始下降，西部下降较快，东部下降较慢。NO$_3$-N 浓度下降最快的是 311$^\#$井，10 年间下降了 13.2mg/L，其次是 308$^\#$井，浓度下降了 7.7mg/L。

水源 A 区 NO$_3$-N 空间分布如图 5-21 所示。

2. 总硬度空间变化规律

1982 年总硬度空间变化规律。各井总硬度均低于 450mg/L，平均为 365.3mg/L，满足地下水 Ⅲ 类（450mg/L）要求。总硬度西部与东北角高，大于 400mg/L，中部、南部和北部低，最低的为 321$^\#$井，总硬度为 309mg/L。

2001 年总硬度空间变化规律。总硬度西部高中部低，总硬度平均为 527.7mg/L，超标 0.2 倍。与 1982 年相比，各井总硬度明显升高，平均上升 161.7mg/L，西部上升较快，中部、北部上升较慢。

2010 年总硬度空间变化规律。总硬度均满足地下水 Ⅵ 类要求。除中部 332$^\#$井与南部 305$^\#$井外，其他井总硬度下降，平均下降了 33mg/L。西部下降较快，东部下降较慢。与 2001 年相比，总硬度浓度下降最快的是 311$^\#$井，10 年间下降了 98.5mg/L；其次是 308$^\#$井，下降了 82.5mg/L。

水源 A 区总硬度空间分布如图 5-22 所示。

5.4.4 地下水水质垂向变化规律

选择水源 D 区不同地点 2 组不同开采层位的水井，每组水井相距不超过 50m，分析垂向不同含水层地下水水质随时间的变化规律。本节中开采层位是一个相对的概念，用浅、中、深来描述。

第一组为西部的 122$^\#$井与 136$^\#$井。122$^\#$井为浅深混采井，开采第 1、3 承压含水层；136$^\#$井为深水井，开采第 4、5 承压含水层。第二组为东南角的 107$^\#$井、108$^\#$井和 133$^\#$井。107$^\#$井为浅中深混采井，开采第 1、2、4 承压含水层；108$^\#$井为中深混采井，开采第 2、3、4、5 承压含水层；133$^\#$井为深水井，开采第 3、4、5、6 承压含水层。

水源井滤网位置与开采层位统计表见表 5-9。

5.4.4.1 第一组（122$^\#$井与 136$^\#$井）

(1) 2 眼井的水质组分浓度变化规律整体上是一致的。

(2) 2 眼井的水质组分浓度都有一定的年际波动，而且个别年份波动幅度较大。一般地，122$^\#$浅深混合井组分浓度的年际波动幅度要大于 136$^\#$深水井。水文地球化学作用非

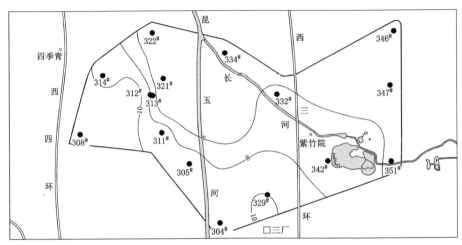

（a）1982年NO₃-N空间分布

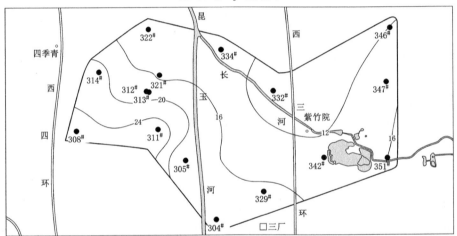

（b）2001年NO₃-N空间分布

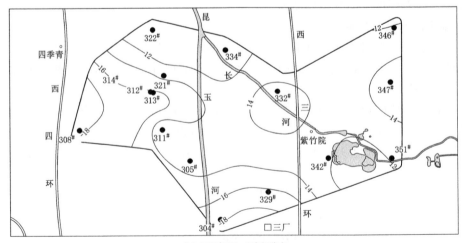

（c）2010年NO₃-N空间分布

图 5-21 水源 A 区 NO₃-N 空间分布

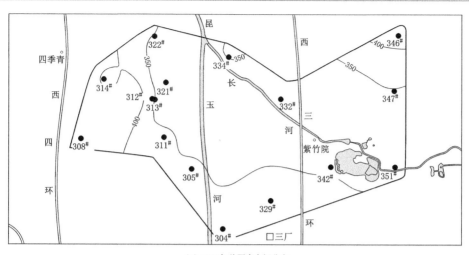

（a）1982年总硬度空间分布

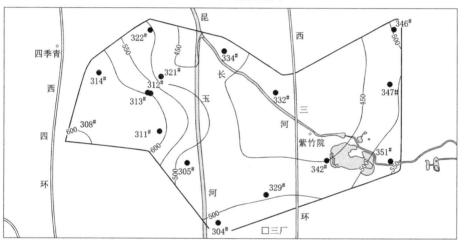

（b）2001年总硬度空间分布

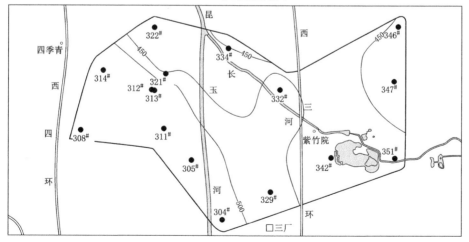

（c）2010年总硬度空间分布

图 5-22 水源 A 区总硬度空间分布

表 5 - 9　　　　　　　　　　　　水源井滤网位置与开采层位统计表

分组	井名	滤网 1 埋深/m		滤网 2 埋深/m		滤网 3 埋深/m		滤网 4 埋深/m		承压含水层开采层位	井属性
		顶部	底部	顶部	底部	顶部	底部	顶部	底部		
第一组	122#	31.0	37.0	42.0	46.0	64.0	72.0			1、3	浅深混合井
	136#	75.2	83.1	87.2	100					4、5	深水井
第二组	107#	35.0	45.0	54.5	59.0	80.0	85.5			1、2、4	浅中深混合井
	108#	53.1	58.7	68.2	73.8	79.5	88.1	96.5	102.1	2、3、4、5	中深混合井
	133#	70.5	74.4	78.5	86.1	98.1	101.1	113.7	133.3	3、4、5、6	深水井

常缓慢，地下水组分浓度的剧烈波动主要是人为污染造成的，如排水管网、排污河道、垃圾淋滤液的渗漏，使浅部含水层中的 Ca^{2+}、Mg^{2+}、Cl^-、SO_4^{2-} 浓度迅速变化，导致地下水水质组分的波动。深部含水层受排水管网、排污河道、垃圾淋滤液的影响较弱，污染来源主要是侧向径流、浅层含水层渗透补给深层、古老渗井渗漏，以及混合开采井引起浅深层水的混合。

（3）2 眼井相同年份，122# 井与 136# 井的 NO_3-N 浓度相差不大，而 122# 井的总硬度、SO_4^{2-} 与 Cl^- 浓度明显高于 136# 井，即浅深混采井水质组分浓度高于深水井，表明浅层污染程度要高于深层。而深水井中的高 NO_3-N 浓度极有可能是深部渗井造成的。

122# 井与 136# 井水质因子变化规律如图 5 - 23 所示。

2006 年以前，122# 井的水头略高于 136# 井，即浅层补给深层。浅层水的各组分浓度明显高于深层水，因此，浅层水有可能渗透补给深层水。2006 年以后，122# 井水头低于 136# 井水头约 6m，即深层补给浅层。由于 D 区地下水污染已较严重，D 区平时仅开采 1 眼井，因此，深层开采量大量减少，导致深层含水层的水头高于浅层含水层。122# 井与 136# 井承压水头比较如图 5 - 24 所示。

5.4.4.2　第二组（107# 井、108# 井与 133# 井）

（1）3 眼井相同年份，水质组分浓度由高到低依次为 107# 井、108# 井、133# 井，

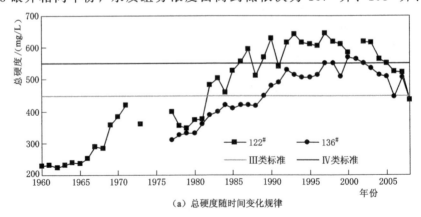

（a）总硬度随时间变化规律

图 5 - 23（一）　122# 井与 136# 井水质因子变化规律

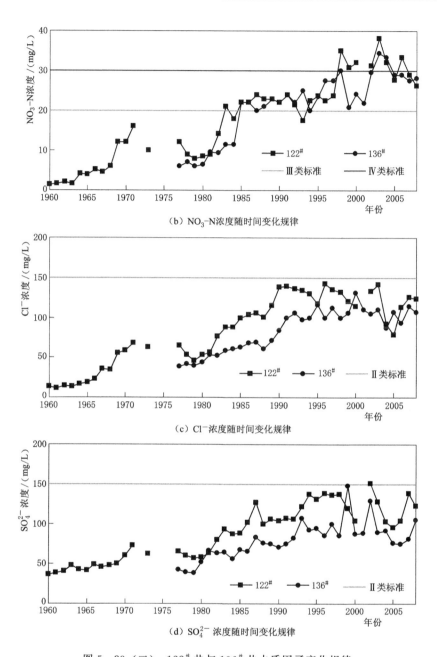

（b）NO₃-N浓度随时间变化规律

（c）Cl⁻浓度随时间变化规律

（d）SO₄²⁻浓度随时间变化规律

图5-23（二） 122#井与136#井水质因子变化规律

即：污染程度浅中深混合井大于中深混合井，中深混合井大于深水井。

（2）20世纪80年代以前，3眼井的水质组分浓度相差很大，此后，水质组分浓度差距逐渐缩小。进入21世纪以来，3眼井除 SO_4^{2-} 浓度仍然保持着较大差别外，总硬度、NO_3-N、和 Cl^- 浓度相差很小。

（3）2003年以后，3眼井的水质组分浓度呈下降趋势，其中总硬度下降更为迅速。

107#井、108#井与133#井水质因子变化规律如图5-25所示。

综上所述，D 区地下水水质变化的一般规律为：浅层含水层组分浓度高于深层含水层，污染由浅层向深层发展。混合开采井（特别是停采期）是不同层位地下水的补排通道。

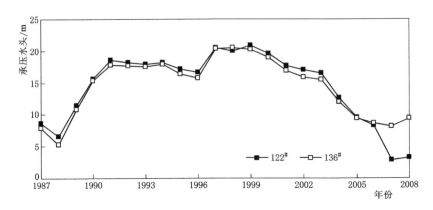

图 5 - 24　122# 井与 136# 井承压水头比较

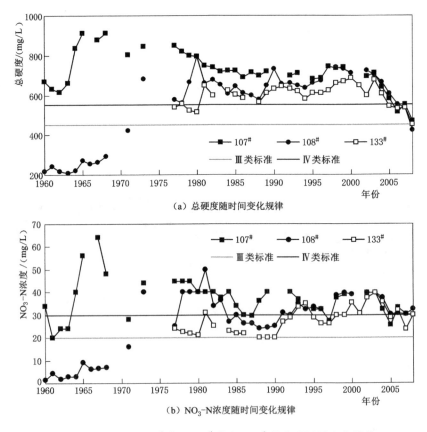

（a）总硬度随时间变化规律

（b）NO₃-N 浓度随时间变化规律

图 5 - 25（一）　107# 井、108# 井与 133# 井水质因子变化规律

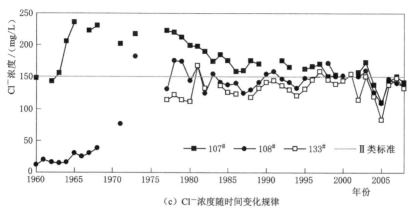

（c）Cl⁻浓度随时间变化规律

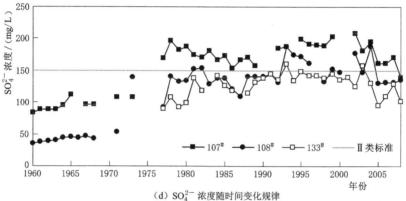

（d）SO₄²⁻浓度随时间变化规律

图 5-25（二） 107#井、108#井与133#井水质因子变化规律

5.5 地下水水质演化机理分析

5.5.1 地下水水化学类型演化

水源 A 区和 D 区水质变化规律表明地下水经历了天然状态到污染状态的演化，从水化学类型角度出发，研究地下水从天然状态到人为污染状态过程中，水化学类型的演化过程和演化序列。水化学类型判断采用舒卡列夫分类。

5.5.1.1 水源 A 区

选择水质监测资料时间系列较长的 4 眼井（305#、332#、334#和342#）进行分析，水源 A 区典型水井历年地下水水化学类型统计见表 5-10。

表 5-10　　水源 A 区典型水井历年地下水水化学类型统计

年份	水 化 学 类 型			
	305#井	332#井	334#井	342#井
1959	$HCO_3 - Ca \cdot Mg$	$HCO_3 - Ca \cdot Mg$	$HCO_3 - Ca \cdot Mg$	$HCO_3 - Ca \cdot Mg$
1960	$HCO_3 - Ca \cdot Mg$	$HCO_3 - Ca \cdot Mg$	$HCO_3 - Ca \cdot Mg$	$HCO_3 - Ca \cdot Mg$

续表

年份	水 化 学 类 型			
	305#井	332#井	334#井	342#井
1961	—	$HCO_3 - Ca \cdot Mg \cdot Na$	$HCO_3 - Ca \cdot Mg$	$HCO_3 - Ca \cdot Mg \cdot Na$
1962	—	$HCO_3 - Ca \cdot Mg$	$HCO_3 - Ca \cdot Mg$	$HCO_3 - Ca \cdot Mg$
1963	$HCO_3 - Ca \cdot Mg \cdot Na$	$HCO_3 - Ca \cdot Mg \cdot Na$	$HCO_3 - Ca \cdot Mg$	$HCO_3 - Ca \cdot Mg$
1964	$HCO_3 - Ca \cdot Mg \cdot Na$	$HCO_3 - Ca \cdot Mg \cdot Na$	$HCO_3 - Ca \cdot Mg$	$HCO_3 - Ca \cdot Mg$
1965	$HCO_3 - Ca \cdot Mg$	$HCO_3 - Ca \cdot Mg$	$HCO_3 - Ca \cdot Mg$	$HCO_3 - Ca \cdot Mg$
1966	$HCO_3 - Ca \cdot Na$	$HCO_3 - Ca \cdot Mg$	$HCO_3 - Ca \cdot Mg$	$HCO_3 - Ca \cdot Mg$
1967	—	$HCO_3 - Ca \cdot Mg$	$HCO_3 - Ca \cdot Mg$	$HCO_3 - Ca \cdot Mg$
1968	—	$HCO_3 - Ca \cdot Mg$	$HCO_3 - Ca \cdot Mg$	$HCO_3 - Ca \cdot Mg$
1969—1971	—	—	—	—
1972	—	$HCO_3 - Ca \cdot Mg$	—	$HCO_3 - Ca \cdot Mg$
1973	—	$HCO_3 - Ca \cdot Mg$	$HCO_3 - Ca \cdot Mg$	$HCO_3 - Ca \cdot Mg$
1974	—	$HCO_3 \cdot SO_4 - Ca \cdot Mg$	$HCO_3 \cdot SO_4 - Ca \cdot Mg$	$HCO_3 \cdot SO_4 - Ca \cdot Mg$
1975	—	$HCO_3 \cdot SO_4 - Ca \cdot Mg$	$HCO_3 \cdot SO_4 - Ca \cdot Mg \cdot Na$	$HCO_3 \cdot SO_4 - Ca \cdot Mg$
1976	—	$HCO_3 \cdot SO_4 - Ca \cdot Mg$	$HCO_3 \cdot SO_4 - Ca \cdot Mg$	$HCO_3 \cdot SO_4 - Ca \cdot Mg$
1977	—	$HCO_3 \cdot SO_4 - Ca \cdot Mg$	$HCO_3 \cdot SO_4 - Ca \cdot Mg$	$HCO_3 \cdot SO_4 - Ca \cdot Mg$
1978	$HCO_3 \cdot SO_4 - Ca \cdot Mg$	$HCO_3 \cdot SO_4 - Ca \cdot Mg$	—	$HCO_3 - Ca \cdot Mg$
1979	$HCO_3 \cdot SO_4 - Ca \cdot Mg$	$HCO_3 - Ca \cdot Mg$	$HCO_3 - Ca \cdot Mg$	$HCO_3 - Ca \cdot Mg$
1980	$HCO_3 \cdot SO_4 - Ca \cdot Mg$	$HCO_3 \cdot SO_4 - Ca \cdot Mg$	$HCO_3 - Ca \cdot Mg$	—
1981	$HCO_3 \cdot SO_4 - Ca \cdot Mg$	$HCO_3 - Ca \cdot Mg$	$HCO_3 - Ca \cdot Mg$	$HCO_3 - Ca \cdot Mg$
1982	$HCO_3 \cdot SO_4 - Ca \cdot Mg$	$HCO_3 - Ca \cdot Mg$	$HCO_3 - Ca \cdot Mg$	$HCO_3 - Ca \cdot Mg$
1983	$HCO_3 \cdot SO_4 - Ca \cdot Mg$	$HCO_3 - Ca \cdot Mg$	$HCO_3 - Ca \cdot Mg$	$HCO_3 - Ca \cdot Mg$
1984	—	$HCO_3 - Ca \cdot Mg$	$HCO_3 - Ca \cdot Mg$	$HCO_3 - Ca \cdot Mg$
1985	$HCO_3 \cdot SO_4 - Ca \cdot Mg \cdot Na$	$HCO_3 \cdot SO_4 - Ca \cdot Mg$	$HCO_3 \cdot SO_4 - Ca \cdot Mg \cdot Na$	$HCO_3 \cdot SO_4 - Ca \cdot Mg$
1986	$HCO_3 \cdot SO_4 - Ca \cdot Mg$	$HCO_3 \cdot SO_4 - Ca \cdot Mg$	$HCO_3 - Ca \cdot Mg$	$HCO_3 - Ca \cdot Mg$
1987	$HCO_3 \cdot SO_4 - Ca \cdot Mg$	$HCO_3 \cdot SO_4 - Ca \cdot Mg$	$HCO_3 \cdot SO_4 - Ca \cdot Mg$	$HCO_3 - Ca \cdot Mg$
1988	$HCO_3 \cdot SO_4 - Ca \cdot Mg$	$HCO_3 \cdot SO_4 - Ca \cdot Mg$	$HCO_3 \cdot SO_4 - Ca \cdot Mg$	$HCO_3 - Ca \cdot Mg$
1989	$HCO_3 \cdot SO_4 - Ca \cdot Mg$	$HCO_3 \cdot SO_4 - Ca \cdot Mg$	$HCO_3 - Ca \cdot Mg$	$HCO_3 \cdot SO_4 - Ca \cdot Mg$
1990	$HCO_3 - Ca \cdot Mg$	$HCO_3 \cdot SO_4 - Ca \cdot Mg$	$HCO_3 - Ca \cdot Mg$	$HCO_3 - Ca \cdot Mg$
1991	$HCO_3 - Ca \cdot Mg$	$HCO_3 - Ca \cdot Mg$	$HCO_3 - Ca \cdot Mg$	$HCO_3 - Ca \cdot Mg$
1992	$HCO_3 - Ca \cdot Mg$	$HCO_3 \cdot SO_4 - Ca \cdot Mg$	$HCO_3 - Ca \cdot Mg$	$HCO_3 - Ca \cdot Mg$
1993	$HCO_3 \cdot SO_4 - Ca \cdot Mg \cdot Na$	$HCO_3 - Ca \cdot Mg$	$HCO_3 - Ca \cdot Mg$	$HCO_3 - Ca \cdot Mg$
1994	$HCO_3 \cdot SO_4 - Ca \cdot Mg \cdot Na$	$HCO_3 - Ca \cdot Mg$	$HCO_3 - Ca \cdot Mg$	$HCO_3 - Ca \cdot Mg$

续表

年份	水 化 学 类 型			
	305#井	332#井	334#井	342#井
1995	$HCO_3 \cdot SO_4 - Ca \cdot Mg \cdot Na$	$HCO_3 \cdot SO_4 - Ca \cdot Mg$	$HCO_3 \cdot SO_4 - Ca \cdot Mg$	$HCO_3 - Ca \cdot Mg$
1996	$HCO_3 \cdot SO_4 - Ca \cdot Mg$	$HCO_3 \cdot SO_4 - Ca \cdot Mg$	$HCO_3 \cdot SO_4 - Ca \cdot Mg$	—
1997	$HCO_3 \cdot SO_4 - Ca \cdot Mg$	$HCO_3 - Ca \cdot Mg$	$HCO_3 \cdot SO_4 - Ca \cdot Mg$	$HCO_3 - Ca \cdot Mg$
1998	$HCO_3 \cdot SO_4 - Ca \cdot Mg$	—	—	$HCO_3 \cdot SO_4 - Ca \cdot Mg$
1999	$HCO_3 \cdot SO_4 - Ca \cdot Na \cdot Mg$	$HCO_3 \cdot SO_4 - Ca \cdot Mg$	$HCO_3 \cdot SO_4 - Ca \cdot Mg$	$HCO_3 - Ca \cdot Mg$
2000	—	$HCO_3 \cdot SO_4 - Ca \cdot Mg$	$HCO_3 \cdot SO_4 - Ca \cdot Mg$	—
2001	$HCO_3 \cdot SO_4 - Ca \cdot Mg$	$HCO_3 \cdot SO_4 - Ca \cdot Mg$	$HCO_3 \cdot SO_4 - Ca \cdot Mg$	
2002	$HCO_3 \cdot SO_4 - Ca \cdot Mg \cdot Na$	$HCO_3 \cdot SO_4 - Ca \cdot Mg$	$HCO_3 \cdot SO_4 - Ca \cdot Mg$	$HCO_3 - Ca \cdot Mg$
2003	$HCO_3 \cdot SO_4 - Ca \cdot Mg$	$HCO_3 \cdot SO_4 - Ca \cdot Mg$	$HCO_3 \cdot SO_4 - Ca \cdot Mg$	
2004	$HCO_3 \cdot SO_4 - Ca \cdot Mg \cdot Na$	$HCO_3 \cdot SO_4 - Ca \cdot Mg$	$HCO_3 \cdot SO_4 - Ca \cdot Mg$	$HCO_3 - Ca \cdot Mg$
2005	—	$HCO_3 \cdot SO_4 - Ca \cdot Mg$	$HCO_3 \cdot SO_4 - Ca \cdot Mg$	$HCO_3 - Ca \cdot Mg$
2006	$HCO_3 - Ca \cdot Mg \cdot Na$	$HCO_3 \cdot SO_4 - Ca \cdot Mg$	$HCO_3 \cdot SO_4 - Ca \cdot Mg$	$HCO_3 - Ca \cdot Mg$
2007	$HCO_3 \cdot SO_4 - Ca \cdot Mg$	$HCO_3 \cdot SO_4 - Ca \cdot Mg$	$HCO_3 \cdot SO_4 - Ca \cdot Mg$	$HCO_3 - Ca \cdot Mg$
2008	$HCO_3 - Ca \cdot Mg$	$HCO_3 \cdot SO_4 - Ca \cdot Mg$	—	$HCO_3 - Ca \cdot Mg$
2009	—	$HCO_3 - Ca \cdot Mg$	$HCO_3 \cdot SO_4 - Ca \cdot Mg$	$HCO_3 - Ca \cdot Mg \cdot Na$
2010		$HCO_3 \cdot SO_4 - Ca \cdot Mg \cdot Na$	$HCO_3 \cdot SO_4 - Ca \cdot Mg$	$HCO_3 - Ca \cdot Mg$

1974 年以前 4 眼井水化学类型除个别年份为 $HCO_3 - Ca \cdot Mg \cdot Na$ 型水外，绝大多数年份为 $HCO_3 - Ca \cdot Mg$ 型水，反映了冲积扇顶部的天然水化学特征。控制性阳离子为 Ca^{2+} 和 Mg^{2+}，且 Ca^{2+} 为主控阳离子，控制性阴离子为 HCO_3^-。1974 年以来，4 眼井地下水中 SO_4^{2-} 相对含量升高，表明区域地下水受工业污染程度增加；水化学类型少数年份为 $HCO_3 \cdot SO_4 - Ca \cdot Mg \cdot Na$，主要是地下水发生了轻微的离子交换，绝大多数年份为 $HCO_3 \cdot SO_4 - Ca \cdot Mg$ 型水。342#井位于紫竹院里，接受大量的地表水补给，地下水化学类型以 $HCO_3 - Ca \cdot Mg$ 型水为主。2008 年以后，305#井和 332#井个别年份出现了 $HCO_3 - Ca \cdot Mg$ 型水，说明污染程度有减轻的趋势。

因此，水源 A 区地下水从天然状态到污染状态过程中，地下水化学类型演化的一般序列为：$HCO_3 - Ca \cdot Mg \rightarrow HCO_3 \cdot SO_4 - Ca \cdot Mg (HCO_3 \cdot SO_4 - Ca \cdot Mg \cdot Na) \rightarrow HCO_3 - Ca \cdot Mg$，控制性阳离子为 Ca^{2+} 和 Mg^{2+}，主控阴离子为 HCO_3^-，在污染的地下水中，阴离子 SO_4^{2-} 相对含量升高。

5.5.1.2 水源 D 区

选择水质监测资料时间系列较长的 4 眼井（107#、108#、122#、128#）进行分析，107#井为浅中深混采井，108#井为中深混采井，128#井为深水井。水源 D 区典型水井历年地下水水化学类型统计见表 5-11。

表 5-11　　　　　　　水源 D 区典型水井历年地下水水化学类型统计

年份	水化学类型			
	128#井	108#井	122#井	107#井
1960	$HCO_3 - Mg \cdot Ca$	$HCO_3 - Mg \cdot Ca$	$HCO_3 - Mg \cdot Ca$	$HCO_3 \cdot Cl - Mg \cdot Ca$
1961	$HCO_3 - Mg \cdot Ca$	—	$HCO_3 - Mg \cdot Ca$	$HCO_3 \cdot Cl - Mg \cdot Ca$
1962	$HCO_3 - Mg \cdot Ca$	$HCO_3 - Mg \cdot Ca$	$HCO_3 - Mg \cdot Ca$	$HCO_3 \cdot Cl - Mg \cdot Ca$
1963	$HCO_3 - Mg \cdot Ca$	$HCO_3 - Mg \cdot Ca$	$HCO_3 - Mg \cdot Ca$	$HCO_3 \cdot Cl - Mg \cdot Ca$
1964	$HCO_3 - Mg \cdot Ca$	$HCO_3 - Mg \cdot Ca$	$HCO_3 - Mg \cdot Ca$	$HCO_3 \cdot Cl - Mg \cdot Ca$
1965	$HCO_3 - Mg \cdot Ca$	$HCO_3 - Mg \cdot Ca$	$HCO_3 - Mg \cdot Ca$	$HCO_3 \cdot Cl - Mg \cdot Ca$
1966	$HCO_3 - Mg \cdot Ca$	$HCO_3 - Mg \cdot Ca$	$HCO_3 - Mg \cdot Ca$	—
1967	$HCO_3 - Mg \cdot Ca$	$HCO_3 - Mg \cdot Ca$	$HCO_3 - Mg \cdot Ca$	$HCO_3 \cdot Cl - Mg \cdot Ca$
1968	$HCO_3 - Ca \cdot Mg$	$HCO_3 - Mg \cdot Ca$	$HCO_3 - Mg \cdot Ca$	$HCO_3 \cdot Cl - Mg \cdot Ca$
1969	$HCO_3 - Ca \cdot Mg$	—	$HCO_3 \cdot Cl - Mg \cdot Ca$	
1970	$HCO_3 \cdot SO_4 - Ca \cdot Mg$		$HCO_3 \cdot Cl - Mg \cdot Ca$	—
1971	—	$HCO_3 \cdot Cl - Mg \cdot Ca$	$HCO_3 \cdot Cl - Mg \cdot Ca$	$HCO_3 \cdot Cl - Mg \cdot Ca$
1972	$HCO_3 \cdot SO_4 - Ca \cdot Mg$		—	
1973	$HCO_3 \cdot SO_4 - Ca \cdot Mg$	$HCO_3 \cdot Cl - Mg \cdot Ca$	$HCO_3 \cdot Cl - Mg \cdot Ca$	$HCO_3 \cdot Cl - Mg \cdot Ca$
1974—1976	—	—	—	—
1977	—	$HCO_3 \cdot Cl - Mg \cdot Ca$	$HCO_3 \cdot Cl - Mg \cdot Ca$	$HCO_3 \cdot Cl - Mg \cdot Ca$
1978	—	$HCO_3 \cdot Cl \cdot SO_4 - Mg \cdot Ca$	$HCO_3 \cdot Cl - Mg \cdot Ca$	$HCO_3 \cdot Cl \cdot SO_4 - Mg \cdot Ca$
1979	$HCO_3 - Mg \cdot Ca$	$HCO_3 \cdot Cl - Mg \cdot Ca$	$HCO_3 - Mg \cdot Ca$	$HCO_3 \cdot Cl \cdot SO_4 - Mg \cdot Ca$
1980	$HCO_3 - Mg \cdot Ca$	$HCO_3 \cdot Cl - Mg \cdot Ca$	$HCO_3 - Mg \cdot Ca$	$HCO_3 \cdot Cl \cdot SO_4 - Mg \cdot Ca$
1981	$HCO_3 \cdot Cl - Mg \cdot Ca$	$HCO_3 \cdot Cl \cdot SO_4 - Mg \cdot Ca$	$HCO_3 - Mg \cdot Ca$	$HCO_3 \cdot Cl \cdot SO_4 - Mg \cdot Ca$
1982	$HCO_3 - Mg \cdot Ca$	$HCO_3 \cdot Cl \cdot SO_4 - Mg \cdot Ca$	$HCO_3 \cdot Cl - Mg \cdot Ca$	$HCO_3 \cdot Cl \cdot SO_4 - Mg \cdot Ca$
1983	$HCO_3 \cdot Cl - Mg \cdot Ca$	$HCO_3 \cdot Cl \cdot SO_4 - Mg \cdot Ca$	$HCO_3 - Mg \cdot Ca$	$HCO_3 \cdot Cl \cdot SO_4 - Mg \cdot Ca$
1984	$HCO_3 - Mg \cdot Ca$	$HCO_3 \cdot Cl \cdot SO_4 - Mg \cdot Ca$	$HCO_3 \cdot Cl - Mg \cdot Ca$	$HCO_3 \cdot Cl - Mg \cdot Ca$
1985	$HCO_3 \cdot Cl - Mg \cdot Ca$	$HCO_3 \cdot Cl \cdot SO_4 - Mg \cdot Ca$	$HCO_3 \cdot Cl - Mg \cdot Ca$	$HCO_3 \cdot Cl \cdot SO_4 - Mg \cdot Ca$
1986	$HCO_3 \cdot Cl - Mg \cdot Ca$	$HCO_3 \cdot Cl - Mg \cdot Ca$	$HCO_3 \cdot Cl - Mg \cdot Ca$	$HCO_3 \cdot Cl \cdot SO_4 - Mg \cdot Ca$
1987	$HCO_3 - Mg \cdot Ca$	$HCO_3 \cdot Cl - Mg \cdot Ca$	$HCO_3 \cdot Cl - Mg \cdot Ca$	$HCO_3 \cdot Cl \cdot SO_4 - Mg \cdot Ca$
1988	$HCO_3 \cdot Cl - Mg \cdot Ca$	$HCO_3 \cdot Cl \cdot SO_4 - Mg \cdot Ca$	$HCO_3 \cdot Cl - Mg \cdot Ca$	$HCO_3 \cdot Cl \cdot SO_4 - Mg \cdot Ca$
1989	$HCO_3 \cdot Cl - Mg \cdot Ca$	$HCO_3 \cdot Cl \cdot SO_4 - Mg \cdot Ca$	$HCO_3 \cdot Cl - Mg \cdot Ca$	$HCO_3 \cdot Cl \cdot SO_4 - Mg \cdot Ca$
1990	$HCO_3 \cdot Cl - Mg \cdot Ca$	$HCO_3 \cdot Cl - Mg \cdot Ca$	$HCO_3 \cdot Cl - Mg \cdot Ca$	—
1991	$HCO_3 \cdot Cl - Mg \cdot Ca$	$HCO_3 \cdot Cl \cdot SO_4 - Ca \cdot Mg$	$HCO_3 \cdot Cl - Mg \cdot Ca$	—
1992	$HCO_3 \cdot Cl \cdot SO_4 - Mg \cdot Ca \cdot Na$	$HCO_3 \cdot Cl - Mg \cdot Ca$	$HCO_3 \cdot Cl - Mg \cdot Ca$	$HCO_3 \cdot Cl \cdot SO_4 - Mg \cdot Ca$
1993	$HCO_3 \cdot Cl - Mg \cdot Ca$	$HCO_3 \cdot Cl \cdot SO_4 - Mg \cdot Ca$	$HCO_3 \cdot Cl \cdot SO_4 - Mg \cdot Ca$	$HCO_3 \cdot Cl \cdot SO_4 - Mg \cdot Ca$
1994	$HCO_3 \cdot Cl - Mg \cdot Ca$	$HCO_3 \cdot Cl \cdot SO_4 - Mg \cdot Ca$	$HCO_3 \cdot Cl \cdot SO_4 - Mg \cdot Ca$	—

年份	水 化 学 类 型			
	128$^{\#}$井	108$^{\#}$井	122$^{\#}$井	107$^{\#}$井
1995	$HCO_3 \cdot Cl - Mg \cdot Ca$	$HCO_3 \cdot Cl \cdot SO_4 - Mg \cdot Ca$	$HCO_3 \cdot Cl \cdot SO_4 - Mg \cdot Ca$	$HCO_3 \cdot Cl \cdot SO_4 - Mg \cdot Ca \cdot Na$
1996	$HCO_3 \cdot Cl \cdot SO_4 - Mg \cdot Ca$	$HCO_3 \cdot Cl \cdot SO_4 - Mg \cdot Ca$	$HCO_3 \cdot Cl \cdot SO_4 - Mg \cdot Ca$	$HCO_3 \cdot Cl \cdot SO_4 - Mg \cdot Ca$
1997	$HCO_3 \cdot Cl - Mg \cdot Ca$	—	$HCO_3 \cdot Cl - Mg \cdot Ca$	$HCO_3 \cdot Cl \cdot SO_4 - Mg \cdot Ca$
1998	$HCO_3 \cdot Cl - Mg \cdot Ca$	$HCO_3 \cdot Cl \cdot SO_4 - Mg \cdot Ca$	$HCO_3 \cdot Cl \cdot SO_4 - Mg \cdot Ca$	$HCO_3 \cdot Cl \cdot SO_4 - Mg \cdot Ca$
1999	$HCO_3 \cdot Cl - Mg \cdot Ca$	$HCO_3 \cdot Cl - Mg \cdot Ca$	$HCO_3 \cdot Cl - Mg \cdot Ca \cdot Na$	$HCO_3 \cdot SO_4 \cdot Cl - Mg \cdot Ca$
2000	$HCO_3 \cdot Cl - Mg \cdot Ca$	$HCO_3 \cdot Cl - Mg \cdot Ca$	$HCO_3 \cdot Cl - Ca \cdot Mg$	—
2001	$HCO_3 \cdot Cl - Mg \cdot Ca$	—	—	—
2002	$HCO_3 \cdot Cl - Mg \cdot Ca$	$HCO_3 \cdot Cl \cdot SO_4 - Mg \cdot Ca$	$HCO_3 \cdot Cl \cdot SO_4 - Ca \cdot Mg \cdot Na$	$HCO_3 \cdot Cl \cdot SO_4 - Ca \cdot Mg \cdot Na$
2003	$HCO_3 \cdot Cl - Ca \cdot Mg$	$HCO_3 \cdot Cl - Mg \cdot Ca$	$HCO_3 \cdot Cl - Ca \cdot Na$	$HCO_3 \cdot Cl \cdot SO_4 - Mg \cdot Ca$
2004	$HCO_3 \cdot Cl - Mg \cdot Ca$	$HCO_3 \cdot Cl \cdot SO_4 - Ca \cdot Mg$	$HCO_3 \cdot Cl - Ca \cdot Mg$	$HCO_3 \cdot Cl \cdot SO_4 - Ca \cdot Mg$
2005	$HCO_3 \cdot Cl - Mg \cdot Ca$	$HCO_3 \cdot Cl \cdot SO_4 - Mg \cdot Ca$	$HCO_3 \cdot Cl \cdot SO_4 - Ca \cdot Mg$	$HCO_3 \cdot Cl \cdot SO_4 - Ca \cdot Mg$
2006	$HCO_3 \cdot Cl - Ca \cdot Mg$	$HCO_3 \cdot Cl - Mg \cdot Ca$	$HCO_3 \cdot Cl - Ca \cdot Mg$	$HCO_3 \cdot Cl \cdot SO_4 - Ca \cdot Na \cdot Mg$
2007	$HCO_3 \cdot Cl - Ca \cdot Mg \cdot Na$	$HCO_3 \cdot Cl - Ca \cdot Na \cdot Mg$	$HCO_3 \cdot Cl - Ca \cdot Na \cdot Mg$	$HCO_3 \cdot Cl \cdot SO_4 - Ca \cdot Na \cdot Mg$
2008	$HCO_3 \cdot Cl - Ca \cdot Na \cdot Mg$	$HCO_3 \cdot Cl - Ca \cdot Na \cdot Mg$	$HCO_3 \cdot Cl - Ca \cdot Na \cdot Mg$	$HCO_3 \cdot Cl - Ca \cdot Na \cdot Mg$

　　浅中深混采井。1960 年以前大多数浅中深混采井就已经遭到污染，如 1960 年 107$^{\#}$井地下水总硬度为 600mg/L，$NO_3^- - N$ 浓度为 20mg/L。1960—1977 年水化学类型为 $HCO_3 \cdot Cl - Mg \cdot Ca$，为受生活污染（主要是污水）影响的地下水类型；1978—2005 年水化学类型以 $HCO_3 \cdot Cl \cdot SO_4 - Mg \cdot Ca$ 为主，为生活污染和工业污染共同影响的地下水类型；2006—2008 年水化学类型为 $HCO_3 \cdot Cl \cdot SO_4 - Ca \cdot Na \cdot Mg$ 和 $HCO_3 \cdot Cl - Ca \cdot Na \cdot Mg$，阴离子中 SO_4^{2-} 相对含量降低，而阳离子中 Na^+ 相对含量升高，Mg^{2+} 相对含量降低，说明地下水受工业污染的程度减弱，同时地下水中发生了较强的阳离子交换作用。107$^{\#}$井地下水水化学类型演化序列为：$HCO_3 \cdot Cl - Mg \cdot Ca \rightarrow HCO_3 \cdot Cl \cdot SO_4 - Mg \cdot Ca \rightarrow HCO_3 \cdot Cl \cdot SO_4 - Ca \cdot Na \cdot Mg \rightarrow HCO_3 \cdot Cl - Ca \cdot Na \cdot Mg$。

　　中深混采井。大多数中深混采井从 60 年代后期才遭到污染，而之前可以认为是天然地下水，水化学类型清晰显示了从天然到污染的演化过程。以 108$^{\#}$井为例，1970 年前为天然地下水，此后遭到污染，水化学类型由天然地下水类型向污染的地下水类型演化。1960—1970 年水化学类型为 $HCO_3 - Mg \cdot Ca$，为天然地下水；1971—1980 年水化学类型为 $HCO_3 \cdot Cl - Mg \cdot Ca$，为受生活污染影响的地下水类型；1981—2006 年水化学类型主要为 $HCO_3 \cdot Cl \cdot SO_4 - Mg \cdot Ca$，为生活污染和工业污染共同影响的地下水类型；2007—2008 年水化学类型为 $HCO_3 \cdot Cl - Mg \cdot Ca \cdot Na$、$HCO_3 \cdot Cl - Na \cdot Ca \cdot Mg$，说明地下水主要受生活污染，同时发生了较强的阳离子交换作用。108$^{\#}$井地下水水化学类

型演化序列为 $HCO_3 - Mg \cdot Ca \rightarrow HCO_3 \cdot Cl - Mg \cdot Ca \rightarrow HCO_3 \cdot Cl \cdot SO_4 - Mg \cdot Ca \rightarrow$ $HCO_3 \cdot Cl - Mg \cdot Ca \cdot Na \rightarrow HCO_3 \cdot Cl - Na \cdot Ca \cdot Mg$。

深水井。深水井一般是从 70 年代末才受到污染。以 128# 井为例，1960—1980 年主要为 $HCO_3 - Mg \cdot Ca$ 型水，其中 1970—1973 年为 $HCO_3 \cdot SO_4 - Ca \cdot Mg$ 型水；1981—2006 年主要为 $HCO_3 \cdot Cl - Mg \cdot Ca$ 型水，仅个别年份 SO_4^{2-} 与 Na^+ 相对含量较高；2007 年与 2008 年地下水化学类型分别为 $HCO_3 \cdot Cl - Ca \cdot Mg \cdot Na$、$HCO_3 \cdot Cl - Ca \cdot Na \cdot Mg$。因此，深水井水化学类型演化的一般序列为 $HCO_3 - Mg \cdot Ca \rightarrow HCO_3 \cdot Cl - Mg \cdot Ca$ $\rightarrow HCO_3 \cdot Cl - Ca \cdot Mg \cdot Na \rightarrow HCO_3 \cdot Cl - Ca \cdot Na \cdot Mg$。

从上述分析结果可以看出，人为污染下地下水的演化与天然状态下完全不同，演化中阳离中出现了 $Ca \cdot Na \cdot Mg$ 或 $Ca \cdot Mg \cdot Na$ 新组合、阴离子出现了 $HCO_3 \cdot Cl \cdot SO_4$、$HCO_3 \cdot Cl$ 的新组合。值得注意的是，$HCO_3 \cdot Cl \cdot SO_4 - Mg \cdot Ca$、$HCO_3 \cdot Cl - Ca \cdot Mg \cdot$ Na、$HCO_3 \cdot Cl - Ca \cdot Na \cdot Mg$ 等地下水化学类型是人为污染下特有的类型。此外，$HCO_3 \cdot Cl - Mg \cdot Ca$（矿化度小于 $1.5g/L$）也为人为污染下的地下水化学类型。天然状态下，一般出现 $HCO_3 \cdot Cl$ 阴离子类型水，矿化度一般远远大于 $1.5g/L$。

5.5.2　Piper 三线图

Piper 三线图能直观地表达地下水中各阳离子和阴离子相对含量，可以用来分析地下水的演化规律。

5.5.2.1　水源 A 区

水源 A 区典型水井的 Piper 三线图如图 5-26 所示。分析发现，天然状态下 A 区控制性阳离子为 Ca^{2+} 和 Mg^{2+}，控制性阴离子为 HCO_3^-，水化学类型为 $HCO_3 - Ca \cdot Mg$ 型，反映了冲积扇顶部的天然地下水水化学组成特征，投影在 Piper 三线图上的 I 区。生活与工业污染的地下水，SO_4^{2-}、Cl^- 相对含量较高，水化学类型为 $HCO_3 \cdot SO_4 \cdot Cl - Ca \cdot$ Mg 或 $HCO_3 \cdot SO_4 - Ca \cdot Mg$（取决于 Cl^- 的相对含量），污染后的地下水一般投影在 Piper 三线图上的 II 区。A 区地下水由 I 区向 II 区演化过程中，阴离子 HCO_3^- 相对含量降低，而 SO_4^{2-}、Cl^- 相对含量升高。2008 年以来随着污染的减轻，部分井的地下水化学类型朝着 I 区演化。此外，A 区部分水井在个别年份也出现 $Ca \cdot Mg \cdot Na$ 阳离子组合，即地下水发生了阳离子交换作用。

在 Piper 三线图上，I 区为天然地下水类型，地下水的阳离子中，Na^+ 与 K^+ 相对含量一般小于 20%，Ca^{2+} 与 Mg^{2+} 相对含量大于 80%；阴离子中，Cl^- 与 SO_4^{2-} 相对含量为 20%～40%，HCO_3^- 相对含量为 60%～80%。II 区中的阳离子相对含量与 I 区并无显著差别，阴离中 Cl^- 与 SO_4^{2-} 相对含量为 30%～50%，HCO_3^- 相对含量为 50%～70%。II 区与 I 区相比，明显的变化是地下水中的 Cl^- 与 SO_4^{2-} 相对含量升高，HCO_3^- 相对含量降低，反映了生活与工业污染下的地下水特征。2008 年以来，部分井的地下水化学类型朝着 I 区演化。

综上所述，A 区地下水水化学经历了从天然到污染的演化过程，在 Piper 三线图中表现为从 I 区的天然地下水向 II 区生活与工业共同影响下的地下水演化。水化学类型演化的一般序列为：$HCO_3 - Ca \cdot Mg \rightarrow HCO_3 \cdot SO_4 - Ca \cdot Mg \rightarrow HCO_3 - Ca \cdot Mg$。

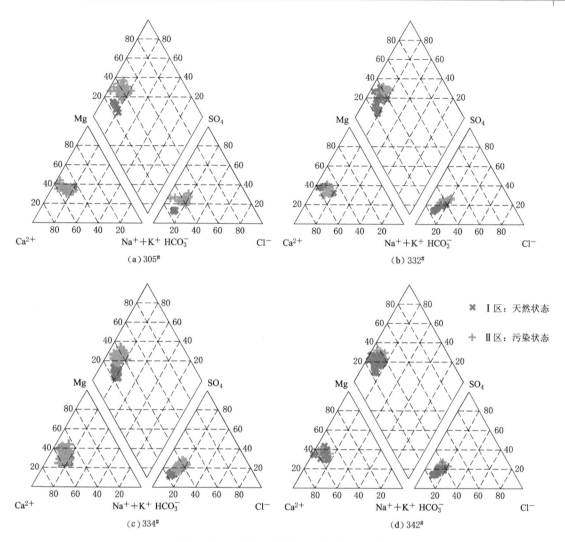

图 5-26 水源 A 区典型水井的 Piper 图

5.5.2.2 水源 D 区

水源 D 区典型水井的 Piper 三线图如图 5-27 所示。分析发现，天然状态下 D 区地下水中阴离子主要为 HCO_3^-，水化学类型为 $HCO_3 - Mg \cdot Ca$，投影在 Piper 三线图上的 I 区。生活污染的地下水，Cl^- 相对含量较高，水化学类型为 $HCO_3 \cdot Cl - Mg \cdot Ca$，工业污染的地下水，$SO_4^{2-}$ 相对含量较高，水化学类型为 $HCO_3 \cdot Cl \cdot SO_4 - Mg \cdot Ca$，污染后的地下水一般投影在 Piper 三线图上的 II 区。发生强阳离子交换的地下水，Na^+ 相对含量升高，Mg^{2+}、Ca^{2+} 相对含量降低，投影在 Piper 三线图上的 III 区。D 区地下水由 I 区向 II 区演化过程中，阴离子 HCO_3^- 相对含量降低，而 Cl^-、SO_4^{2-} 相对含量升高；地下水由 II 区向 III 区演化过程中，阳离子 Na^+ 相对含量升高，Mg^{2+}、Ca^{2+} 相对含量降低。

由于每眼井受污染的时间和程度都存在差异，因此，每眼井的 Piper 三线图也存在差异。60 年代，107# 浅中深混采井总硬度就高于 600mg/L，$NO_3 - N$ 浓度大于 20mg/L，

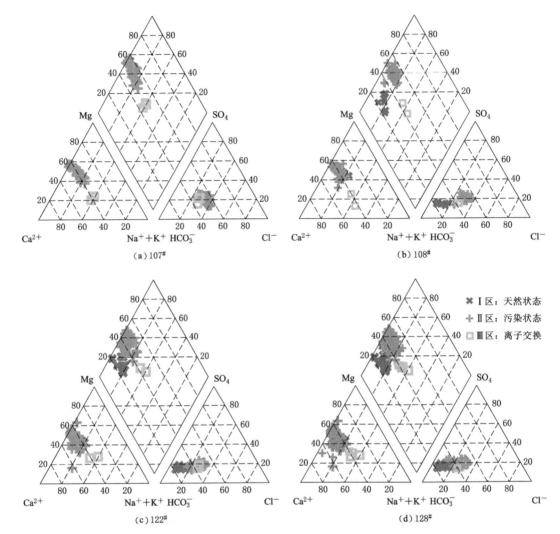

图 5-27 水源 D 区典型水井的 Piper 图

污染严重，因此，107# 井的 Piper 三线图上缺失 Ⅰ 区。108#、122# 中深混采井和 128# 深水井地下水的演化序列是一致的，都经历了从天然状态到污染状态，再到强阳离子作用的过程。开采层位越深，水化学类型演化相对要滞后。

在 Piper 三线图上，Ⅰ 区为天然地下水类型，地下水的阳离子中，Na^+ 与 K^+ 相对含量一般小于 20%，Ca^{2+} 与 Mg^{2+} 相对含量大于 80%；阴离子中，Cl^- 与 SO_4^{2-} 相对含量一般为 20%～40%，HCO_3^- 相对含量为 60%～80%。Ⅱ 区中的阳离子相对含量与 Ⅰ 区并无显著差别，阴离子中 Cl^- 与 SO_4^{2-} 相对含量一般为 40%～60%，HCO_3^- 相对含量为 40%～60%。Ⅱ 区与 Ⅰ 区相比，明显的变化是地下水中的 Cl^-、NO_3^-、SO_4^{2-} 相对含量大幅度升高，HCO_3^- 相对含量降低，反映了生活与工业污染下的地下水特征。Ⅲ 区中的阴离子相对含量与 Ⅱ 区并无显著差别，阳离子中 Na^+ 与 K^+ 相对含量为 30%～40%，Ca^{2+} 与 Mg^{2+} 相对含量为 60%～70%。Ⅲ 区与 Ⅱ 区相比，明显的变化是地下水中的 Na^+、

K^+ 相对含量升高，Ca^{2+}、Mg^{2+} 相对含量降低，反映了强阳离子交换作用下的地下水特征。

综上所述，D 区地下水水化学经历了从天然到污染到阳离子交换的演化过程，在 Piper 三线图中表现为从 I 区的天然地下水，向 II 区生活与工业共同影响下的地下水，再朝 III 区强阳离子交换作用影响下的地下水演化。水化学类型演化的一般序列为：$HCO_3 - Mg \cdot Ca \rightarrow HCO_3 \cdot Cl - Mg \cdot Ca \rightarrow HCO_3 \cdot Cl \cdot SO_4 - Mg \cdot Ca \rightarrow CO_3 \cdot Cl \cdot SO_4 - Mg \cdot Ca \cdot Na \rightarrow HCO_3 \cdot Cl \cdot SO_4 - Ca \cdot Na \cdot Mg \rightarrow HCO_3 \cdot Cl - Na \cdot Ca \cdot Mg$。

5.5.3　水文地球化学演化作用及影响因素分析

5.5.3.1　矿物溶解作用

研究区对地下水组分有影响的矿物为白云石、方解石和文石的溶解与沉淀，这 3 种矿物均为碳酸盐矿物，存在如下的矿物溶解平衡关系。

白云石矿物溶解平衡关系为

$$CaCO_3 + CO_2 + H_2O \rightarrow Ca^{2+} + 2HCO_3^-$$

方解石、文石矿物溶解平衡关系为

$$CaMg(CO_3)_2 + 2CO_2 + 2H_2O \rightarrow Ca^{2+} + Mg^{2+} + 4HCO_3^-$$

如果只是上述 3 种碳酸盐矿物溶解，则 $N(Ca^{2+} + Mg^{2+})$ 与 $N(HCO_3^-)$ 比值应是 1 : 1。这是地下水中常见碳酸盐矿物溶解理论上的平衡比例关系。如果 Ca^{2+}、Mg^{2+} 主要以非碳酸盐矿物，如硅酸岩溶解，则大于 1 : 1。另外如 Ca^{2+}、Mg^{2+} 以氯化物或硫酸盐形式进入地下水，则大于 1 : 1。受西山碳酸岩盖层沉积的影响，永定河冲洪积扇第四系含水层硅酸盐较少，因此，可以根据 $N(Ca^{2+} + Mg^{2+})$ 与 $N(HCO_3^-)$ 关系来定性分析 Ca^{2+}、Mg^{2+} 来源。

1. 水源 A 区

1960—2008 年水源 A 区地下水的 $N(Ca^{2+} + Mg^{2+})$ 与 $N(HCO_3^-)$ 比值变化如图 5-28 所示。变化趋势以 2000 年为界，2000 年以前，该比值总体呈上升趋势，2000 年以后，呈下降趋势。A 区地下水天然状态下，$N(Ca^{2+} + Mg^{2+})$ 与 $N(HCO_3^-)$ 比值为 1.1～1.2，地下水中 Ca^{2+}、Mg^{2+} 浓度主要受碳酸盐矿物溶解与沉淀控制。2000 年前后该比值达到 1.7～1.8，2010 年该比值下降到 1.4～1.5。$N(Ca^{2+} + Mg^{2+})$ 与 $N(HCO_3^-)$ 比值剧烈变化，说明 Ca^{2+}、Mg^{2+} 主要来自人为输入。

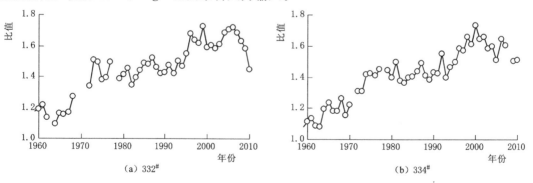

图 5-28　水源 A 区地下水的 $N(Ca^{2+} + Mg^{2+})$ 与 $N(HCO_3^-)$ 比值变化

2. 水源 D 区

1960—2008 年水源 D 区地下水 $N(Ca^{2+}+Mg^{2+})$ 与 $N(HCO_3^-)$ 比值变化如图 5 - 29 所示。$107^\#$ 井在 60 年代已污染严重，$N(Ca^{2+}+Mg^{2+})$ 与 $N(HCO_3^-)$ 比值大于 2.0，1965 年达到最大值 2.7，此后该比值总体呈下降趋势，2008 年已下降到 1.3。$108^\#$ 井在 60 年代早期为天然地下水，$N(Ca^{2+}+Mg^{2+})$ 与 $N(HCO_3^-)$ 比值为 1.1～1.3。70 年代污染严重，1981 年比值达到最大值 2.6，此后迅速下降，80 年代中期至 90 年代中期该值稳定在 2.0 左右。1998 年以后，该值持续快速下降，2008 年该值下降到 1.5。

从以上分析可以看出，D 区天然地下水中的 $N(Ca^{2+}+Mg^{2+})$ 与 $N(HCO_3^-)$ 比值为 1.1～1.3，地下水中 Ca^{2+}、Mg^{2+} 浓度主要受碳酸盐矿物溶解与沉淀控制；地下水污染后，$N(Ca^{2+}+Mg^{2+})$ 与 $N(HCO_3^-)$ 比值显著升高，最高达 2.7，地下水中 Ca^{2+}、Mg^{2+} 浓度主要来自人为输入；自 1998 年以后，该值持续快速下降，反映了地下水污染强度减弱，地下水水质逐渐变好，地下水中 Ca^{2+}、Mg^{2+} 浓度逐步回归碳酸盐矿物溶解与沉淀控制。

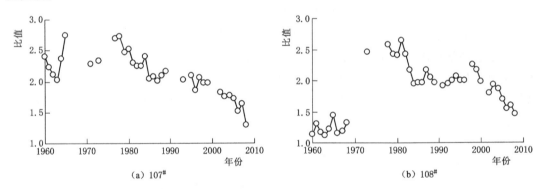

图 5 - 29 水源 D 区地下水的 $N(Ca^{2+}+Mg^{2+})$ 与 $N(HCO_3^-)$ 比值变化

5.5.3.2 阳离子交换作用

水源 A 区地下水中的 $N(Ca^{2+}+Mg^{2+})$ 与 $N(总阳离子)$ 主要集中在 0.8～0.9（图 5 - 30），阳离子交换作用不明显。

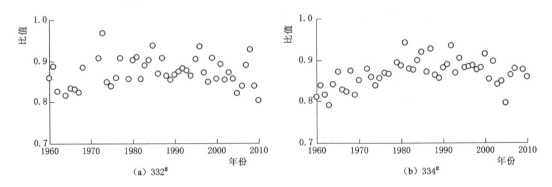

图 5 - 30 A 区水源井地下水中的 $N(Ca^{2+}+Mg^{2+})$ 与 $N(总阳离子)$ 比值变化

D区地下水中的 $N(Ca^{2+}+Mg^{2+})$ 与 N（总阳离子）比值变化如图 5-31 所示，比值整体呈下降趋势，特别是 2000 年以来，该值下降明显。在 1960 年 107# 浅中深混采井地下水的 $N(Ca^{2+}+Mg^{2+})$ 与 N（总阳离子）比值为 0.95 左右，2000 年下降至 0.80，2008 年为 0.58。1960—2000 年 108# 中深混采井地下水的 $N(Ca^{2+}+Mg^{2+})$ 与 N（总阳离子）比值一直在 0.90 上下波动，2000 以后快速下降，2008 年该值下降至 0.66。2000 年后，D区地下水中的 $N(Ca^{2+}+Mg^{2+})$ 与 N（总阳离子）比值快速下降固然与污染强度减弱有关，但阳离子交换作用也是不可忽略的重要因素。

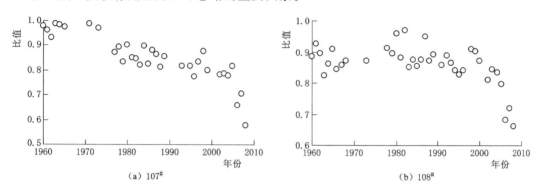

图 5-31　D区水源井地下水中的 $N(Ca^{2+}+Mg^{2+})$ 与 N（总阳离子）比值变化

5.5.4　地下水污染的水文地球化学指标

对水文地球化学作用的分析可以看出，研究区地下水从天然状态向污染状态变化过程中，人为化学成分的输入打破了原来的水文地球化学平衡。该过程中，有些指标可以作为城市地下水污染的特征指标。

1. 地下水水化学类型演化特征

永定河冲洪积扇顶部的地下水补给区（A区）。天然状态下，A区地下水中控制性阴离子为 HCO_3^-，控制性阳离子为 Ca^{2+}、Mg^{2+}；20 世纪 80 年代后，A区地下水主要受工业废水的影响，其次是生活污水的影响，地下水中控制性阴离子为 HCO_3^-、SO_4^{2-}。A区地下水水化学类型演化一般序列为：$HCO_3-Ca\cdot Mg \rightarrow HCO_3\cdot SO_4-Ca\cdot Mg \rightarrow HCO_3-Ca\cdot Mg$。

永定河冲洪积扇中部的地下水径流区（D区）。天然状态下，D区地下水中控制性阴离子为 HCO_3^-，控制性阳离子为 Mg^{2+}、Ca^{2+}；D区地下水主要受生活污水、工业废水的影响，地下水中控制性阴离子为 HCO_3^-、Cl^-、SO_4^{2-}。D区地下水水化学类型演化的一般序列为：$HCO_3-Mg\cdot Ca \rightarrow HCO_3\cdot Cl-Mg\cdot Ca \rightarrow HCO_3\cdot Cl\cdot SO_4-Mg\cdot Ca \rightarrow HCO_3\cdot Cl\cdot SO_4-Ca\cdot Na\cdot Mg \rightarrow HCO_3\cdot Cl-Ca\cdot Na\cdot Mg \rightarrow HCO_3\cdot Cl-Na\cdot Ca\cdot Mg$，反映了天然地下水先后受生活污水、工业废水、强阳离子交换作用的影响。

2. Piper 三线图中离子相对含量的分布特征

Piper 三线图中，A区地下水演化规律为天然状态的 Ⅰ 区 → 污染状态的 Ⅱ 区 → Ⅰ 区；D区地下水演化规律为天然状态的 Ⅰ 区 → 污染状态的 Ⅱ 区 → 强离子交换的 Ⅲ 区。地下水由 Ⅰ 区向 Ⅱ 区演化过程中，阴离子 HCO_3^- 相对含量降低，而 Cl^- 与 SO_4^{2-} 相对含量升高；

地下水由Ⅱ区向Ⅲ区演化过程中，阳离子 Na^+ 相对含量升高，Ca^{2+} 与 Mg^{2+} 相对含量降低。

3. $N(Ca^{2+}+Mg^{2+})$ 与 $N(HCO_3^-)$ 比值特征

反应碳酸岩矿物溶解作用的 $N(Ca^{2+}+Mg^{2+})$ 与 $N(HCO_3^-)$ 比值，在天然状态下 A 区该值为 1.1～1.2，D 区该值为 1.0～1.5；污染状态下，A 区该值达到 1.7～1.8，D 区该值大于 2.0。

以上特征可以定性反映研究区城市化进程中，地下水从天然状态到污染过程中水文地球化学的变化特征。

5.5.5   地下水水质变化成因分析

自然条件下，地下水水文地球化学演化是缓慢的过程，人为因素是驱动地下水水化学剧烈变化的主导因子。因此，查明地下水水化学变化与污染源之间的响应关系，是制订地下水污染防控方案的前提条件。

5.5.5.1   北京市产业结构与用水构成的变化

1. 产业结构的变化

从新中国成立至 20 世纪 70 年代末期，北京的经济建设始终是以发展大工业为指导思想，快速实现了从"消费城市"向"生产城市"的转变。80 年代初期至 90 年代中期，是北京经济发展思路和产业结构调整的酝酿准备期。这期间，一方面由于认识上的惯性以及国家改革开放背景下地方利益的明晰和强化，"大工业"战略意识仍然在很大程度上左右着首都的经济发展和城市建设；另一方面，"大工业"战略所带来的弊端进一步显现，生态环境迅速恶化，北京成为世界上空气污染最严重的十大城市之一。

改革开放以来，北京市的产业结构发生了巨大的变化，第一、第二、第三产业比例从 1978 年的 5：71：24 变化为 2009 年的 1：24：75。第一产业在 GDP 中所占的比重均在 10% 以下，特别是自 1988 年以来，第一产业所占的比重呈持续缓慢下降趋势（图 5-32）。2009 年，第一产业在 GDP 中所占的比重仅为 1.0%。

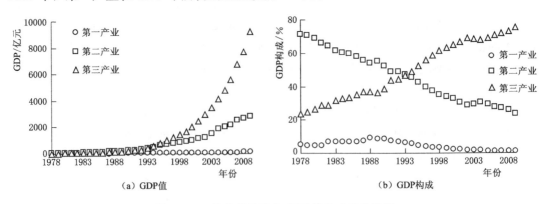

图 5-32   北京市各产业 GDP 值构成变化趋势

第二产业在 GDP 中所占的比重呈持续快速下降趋势，从 1978 年的 71.1% 下降到 2009 年的 23.5%。而第三产业在 GDP 中所占的比重呈持续快速上升趋势，从 1978 年的 23.7% 增长到 2009 年的 75.6%。从 1995 年始，第三产业在 GDP 中所占的比重即超过了 50%。

2. 用水构成的变化

北京市用水总量由 1988 年的 42.4 亿 m^3 下降到 2010 年的 35.2 亿 m^3，其中 2000 年以前年平均用水量 42.8 亿 m^3，2000 年后年平均用水量 35.3 亿 m^3。工业和农业用水量分别由 1988 年的 14.0 亿 m^3、22.0 亿 m^3 分别下降到 2010 年的 5.1 亿 m^3、11.38 亿 m^3，工业和农业用水所占比例分别降低了 19.5%、18.7%；生活用水由 1988 年的 6.4 亿 m^3 上升到 2010 年的 14.8 亿 m^3，生活用水所占比例增长了 27%。北京市各行业用水量变化趋势如图 5-33 所示。

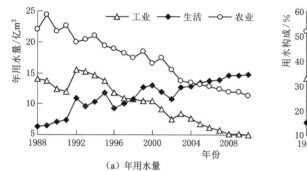
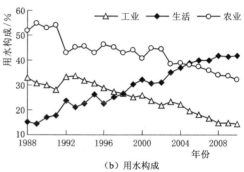

(a) 年用水量　　　　　　　　　(b) 用水构成

图 5-33　北京市各行业用水量变化趋势

5.5.5.2　污水排放量与处理率

生活污水量与城市人口密切相关。据北京市统计局资料，1949—2010 年，北京市常住人口由 420.1 万人增加到了的 1961.9 万人，绝对值增加了 1541.8 万人，增长了 3.7 倍（图 5-34）。

随着人口持续增长及生活水平的提高，生活污水排放量也持续增长。1986—1996 年期间，生活污水每年排放量为 4 亿～6 亿 m^3，1999 年增加到 7.66 亿 m^3，此后一直到 2006 年，生活污水排放量都较为稳定。2007 年后生活污水排放量又迅速增长，2010 年生活污水排放量达到 10.75 亿 m^3。

1986—1998 年期间，全市工业废水排放量总体呈稳步增长趋势，由 1986 年 4.66 亿 m^3 增加到 1998 年的 6.35 亿 m^3。

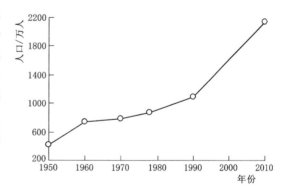

图 5-34　北京市人口增长变化情况

1998—2010 年，工业废水排放量呈稳步下降趋势，2010 年工业废水排放量仅为 3.42 亿 m^3。

北京市历年生活污水与工业废水排放情况如图 5-35 所示。

1992 年全市污水处理能力为 0.16 亿 m^3，处理率仅为 1.2%。1999 年全市污水处理能力达到 2.14 亿 m^3，处理率为 25.0%。北京市水务局组建后，加大了污水处理厂建设与河流水环境整治，污水处理能力快速增加。2010 年全市污水处理能力达到 13.30

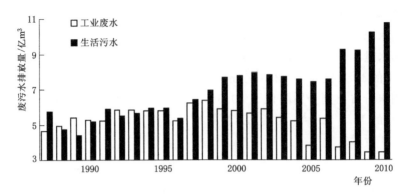

图 5-35　北京市历年生活污水与工业废水排放情况

亿 m³，处理率达到了 81.0%，其中，城区污水处理率达到 95.0%。北京市历年污水处理情况如图 5-36 所示。

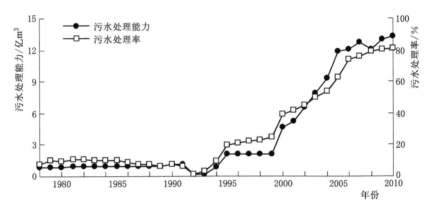

图 5-36　北京市历年污水处理情况

5.5.5.3　污水排放途径

1. 河道

水源 D 区所在区域是北京城区的排水走廊，年接纳入境和自产的生活污水和工业废水总量近 3.2 亿 m³，河流水质污染严重。2000 年前污水处理率低，污水主要通过河道排放，几乎所有河流水质均为劣 V 类。自 2000 年起，按照"治理一段，还清一段"原则，对一些河沟进行了整治，截至"十五"，完成了通惠河、亮马河、北土城沟等部分河段的整治和截污工程，坝河北岗子橡胶坝以上段 10.7km 河道综合治理，实现了局部水质还清。2006 年 3 月启动了北京朝阳奥运承载区水环境治理项目——坝河治理工程，同年 10 月，启动了亮马河综合治理工程。2010 年启动了北岗子桥至坝河入温榆河口段的坝河下段治理工程。

经过这些年的河道治理，原排污河道已建成集防洪、排水、生态、景观、人文于一体的多元化城市河流，实现"水清、岸绿、流畅"的目标，有效减少了对地下水的污染。

2. 排水管网漏失

管网漏失是国内外供排水行业普遍存在的问题，根据 1997 年我国城市供水统计年鉴

515 个城市的资料统计，管网平均漏失率为 11.3%。管网漏失与地质条件、管网铺设年限、管材、压力等因素有关。

据统计，中心城区共有地下排水管网 3807km，其中污水管道 1665km、雨水管道 1386km、雨污合流管道 756km。正在使用的老旧排水管道约 250km，占管网总长度的 6.6%，最老的管道约 600 年，这些老旧管道"跑、冒、滴、漏"比较严重。假定北京排水管网渗漏率为 8%，据此推算城区排水管网年漏失量约 1 亿 m^3。

北京市污水管道建设情况如图 5-37 所示。

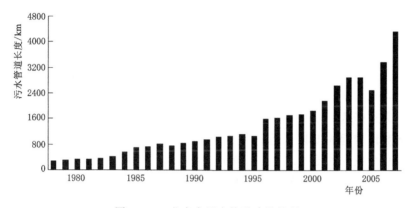

图 5-37　北京市污水管道建设情况

3. 渗坑与渗井

北京四合院的建设不仅是对空间的有效利用，在古代还起到了方便生活的作用。四合院内生活污水的排放多采用渗坑的形式，俗称渗井、渗沟。四合院内一般不设厕所，厕所多设于胡同之中，称"官茅房"。历史上的渗坑、渗井虽然已不复存在，但存留于包气带中的污染物（主要是 NO_3^-）在今后一段时期内仍将对地下水构成潜在污染。

4. 其他污染源

其他污染源包括垃圾、农田化肥与路面冲刷污水等。

在北京城市化进程中，大量建筑垃圾与生活垃圾掩埋在地下，可能成为地下水长期的污染源。20 世纪中期，永定河冲洪积扇顶部为农灌区，土壤中残留的化肥依然是地下水的潜在污染源。此外，北京市机动车数量增长迅速，机动车尾气中的氮氧化合物进入大气，随降雨降落地面进入河道系统，污染地下水。

综上分析，20 世纪 70 年代以前，人口急剧增长，生活污水通过河道与渗坑排放，城区地下水水质快速恶化；20 世纪 70 年代后期至 21 世纪初，人口稳步上升，污水处理率低，水质组分浓度稳中有升，污染物主要来自河道排放的生活污水与工业废水；21 世纪初期以来，随着污水处理厂的快速建设，六环路内河道水质的逐步还清，地下水水质朝好的方向发展，污染物主要来自排水管网渗漏。

5.6　本章小结

（1）采用数理统计方法系统分析了典型区 50 年的地下水水质资料，结合分层监测孔的施工技术、水化学技术、同位素技术和污染源调查，查明了典型区水质变化的规律及成因。典型区地下水水质演化均经历了三个阶段：①20 世纪 70 年代以前，人口急剧增长，生活污水通过河道与渗坑排放，D 区地下水水质快速恶化，而 A 区位于城区上游，未受到生活污水的影响；②20 世纪 70 年代后期至 21 世纪初期，人口稳步上升，污水处理率低，水厂水质主要受河道排放的生活污水与工业废水的共同影响；③21 世纪初期以来，随着污水处理厂的快速建设，六环路河道水质的逐步还清，水质朝好的方向发展，污染物主要来自管网渗漏。

（2）采用双同位素法（硝酸盐中的 ^{18}O 与 ^{15}N 同位素）对典型区地下水中硝酸盐的来源进行了辨识。对典型区 16 个地下水样测试分析表明，典型区地下水中的硝酸盐主要来自生活污水。D 区与 E 区离老城区最近，受生活污水的影响最大，地下水中硝酸盐 80%来自生活污水。西部的 A 区与 B 区位于老城区上游，受生活污水的影响最小，硝酸盐58%来自粪肥，41%来自化肥。老城区下游的 D 区与 E 区，地下水中的 NO_3^- 81%来自粪肥，18%来自大气降水。紧邻老城区的 C 区，地下水中的 NO_3^- 72%来自粪肥，20%来自化肥。距离老城区较远的 F 区，地下水中的 NO_3^- 75%来自粪肥，24%来自化肥。

（3）人为化学成分的输入改变了天然状态下地下水的水文地球化学演化作用，产生了新平衡。永定河冲洪积扇顶部的地下水补给区（A 区），天然状态下地下水中控制性阴离子为 HCO_3^-，控制性阳离子为 Ca^{2+}、Mg^{2+}。地下水水化学类型演化一般序列为：$HCO_3 - Ca \cdot Mg \rightarrow HCO_3 \cdot SO_4 - Ca \cdot Mg \rightarrow HCO_3 - Ca \cdot Mg$。永定河冲洪积扇中部的地下水径流区（D 区），天然状态下地下水中控制性阴离子为 HCO_3^-，控制性阳离子为 Mg^{2+}、Ca^{2+}。地下水水化学类型演化的一般序列为：$HCO_3 - Mg \cdot Ca \rightarrow HCO_3 \cdot Cl - Mg \cdot Ca \rightarrow HCO_3 \cdot Cl \cdot SO_4 - Mg \cdot Ca \rightarrow HCO_3 \cdot Cl \cdot SO_4 - Ca \cdot Na \cdot Mg \rightarrow HCO_3 \cdot Cl - Ca \cdot Na \cdot Mg \rightarrow HCO_3 \cdot Cl - Na \cdot Ca \cdot Mg$。

第 6 章

再生水入渗对地下水水质影响研究

6.1 国内外研究进展

再生水通过土壤含水层处理系统后回灌补给地下水已经在世界上很多国家得到应用。在欧洲利用天然渗漏河床进行污水回灌已有一百多年历史，即便是人工回灌也有半个世纪的时间。美国、以色列、德国、荷兰、奥地利、日本等国在再生水回灌方面开展了大量工作，取得了丰富的经验。

6.1.1 国内外再生水入渗补给地下水发展现状

1. 美国

20 世纪 70 年代初，美国引进了污水的再生回用计划，开始大规模回用污水，其大部分城市在环境运动中，将其污水处理厂更名为水回用厂。在加利福尼亚州、佛罗里达州、夏威夷州，及华盛顿州的法规和指南中有关于再生水补给地下水的规定，其中佛罗里达州与华盛顿州有为再生水用于地下水补给时对水质和处理方法的要求。加利福尼亚州和夏威夷州没有规定再生水补给地下水时污水处理方法，而是针对实际情况来确定。加利福尼亚州和夏威夷州健康服务署对补给工程的所有相关方面进行评估，主要包括处理方法、污水水质与水量、补给区面积、水文地质条件等。

加利福尼亚州洛杉矶县的地下水回灌工程位于洛杉矶县东南部，是比较典型的地表漫灌应用实例之一。2002—2003 年，San Jose 再生水厂三级处理的再生水以 19.4 万 m^3/d 被用于地下水补给。从再生水厂出来的再生水被排放到河流或者小溪中，自然流动到远离河道的回灌水池中，完全通过自然入渗涵养地下水。

加利福尼亚州橙县为了防止海水入侵，1972 年兴建了当时最大的深度处理厂（21 世纪水厂），设计能力为 $56780m^3/d$，再生工艺为化学澄清、再碳酸化、活性炭吸附、反渗透、加氯，于 1976 年运行。21 世纪水厂的净化水通过 23 座多套管井，81 个分散回灌点将再生水注入 4 个蓄水层，注水井位于距太平洋约 5.6km 的地方，再生水与深层蓄水层井以 2∶1 比例混合。该再生水回灌工程至今已成功运行 36 年。21 世纪水厂和再生水补给地下水系统是一个成功的再生水回用工程，根据其实践经验，加利福尼亚州健康署还制定了再生水补给地下水指南，为其他再生水补给地下水工程提供依据。

美国得克萨斯州的埃尔帕索，面对日益减少的含水层地下水供水量，该地区在1985年将再生水以超过3.8万 m^3/d 回补到 Hueco Bolson 含水层。最终，这些再生水经过2～6年的迁移后进入城市饮用水系统。虽然回灌入渗补给的再生水只占整个含水层体积的一小部分，但是长期的目标是为埃尔帕索提供需水总量的25%。

2. 以色列

以色列地处干旱和半干旱地区，人均水资源占有量仅为476m^3。早在20世纪60年代以色列便将所有污水回用列为一项国家政策，目前已建成200个规模大小不等的污水回用工程，全国共建有127座污水库，4座为地下蓄水库，并做到了再生水与其他水源联合调控使用。占全国污水处理总量46%的出水直接回用于灌溉，其余33.3%和约20%分别回灌于地下或排入河道，再生水水回用程度堪称世界第一。目前，以色列100%的生活污水和72%的市政污水得到了回用。

以色列沿海平原位于地中海南岸，含水层主要由隔层砂、砂石、石灰质砂石、红土、黏土组成。黏土将西部含水层分为4～6层，距离海岸线5～8km，中部和东部地区为均质含水层，砂石与石灰质砂石的高渗水性保证了回灌水于非饱和带的快速迁移。

Dan 地区污水再生工程位于特拉维夫南部，污水来自特拉维夫以及邻近的一些自治市，该地区人口约210万人，每年产生的污水量约为1.2亿 m^3，污水再生工程主要包括污水收集、处理、地下水回灌和回用，从回收井抽取的地下水主要输送到南部沿海平原以及北部的内盖夫地区，回用于农田灌溉。该工程是以色列最大的污水回用项目，也是世界上最大的污水回用项目之一。

Dan 地区污水再生工程先后经过几次扩建，最近一次扩建是在2003年，扩建后回灌点增加到5个，年回用水量可达1.4亿 m^3。该地区的地下水回灌工程也是 SAT 系统成功运行的一个案例，回灌的再生水通过渗流区垂直下渗进入饱和区，再生水在 SAT 系统的停留时间可达6～12个月，从而可以保持回用水较好的水质。

3. 德国

德国是欧洲开展再生水回灌较早的国家。早在20世纪60年代，德意志联邦共和国就利用被污染的河水通过由砂、砾石构成的河床实施地下水补给，通过与河道相隔一定距离的井取用循环后的地下水，取水量占总供水量的14%。德国回灌地下水主要有2种方法：一种是采用天然河滩渗漏；一种是修建渗水池、渗渠、渗水井等工程措施实施回灌。

德国许多水厂使用渗漏工程产生的人工地下水，整个国家使用这种方法生产的水占城市水厂总供水量的12%。主要方法是修建渗水池（如北鲁尔-威斯特伐利亚工业区）、渗渠（如汉堡-柯尔斯拉克厂）和渗水井（如威斯巴登-希尔斯坦水厂），将河水（受到轻度污染）通过渗漏工程回灌地下产生人工地下水。德国柏林将经过生物净化的污水投加氯化铁与助凝剂絮凝沉淀后，投加臭氧将有机物氧化，降解有机分子，同时杀灭细菌，再经无烟煤过滤，最后进行地下水回灌，经地质净化后作为饮用水重新抽取出来，该示范工程早在20世纪70年代已建成并投入使用。

朗根市为解决地下水位下降问题，将污水处理厂的二级出水通过曝气、沉淀、砂滤池过滤、臭氧氧化、活性炭吸附等措施深度处理后，利用土壤渗滤回灌补充地下水，该设施于 1979 年投入运行。

综上可以看到再生水回灌地下在国外已经得到广泛的应用，实践经验表明：再生水入渗补给地下水，体现了减量化、无害化的原则和可持续发展的战略思想，是扩大污水回用最为有益的方式。

4. 我国再生水利用发展现状及存在问题

目前我国是世界上污水排放量最大的国家，也是污水排放量增长速度最快的一个国家。污水处理和再生水利用将是我国未来水利科学研究重要的课题之一。我国再生水利用起步虽晚，但随着城市污水处理率的不断提高，以及水资源短缺加剧，城市再生水利用发展非常迅速。"十五"期间，开展了城市污水再生利用政策、标准和技术研究与示范的系列研究，并于 2002—2005 年先后出台了《城市污水再生利用　分类》（GB/T 18919—2002）、《城市污水再生利用　城市杂用水水质》（GB/T 18920—2020）、《城市污水再生利用　景观环境用水水质》（GB/T 18921—2019）、《城市污水再生利用　工业用水水质》（GB/T 19923—2005）、《城市污水再生利用　地下水回灌水质》（GB/T 19772—2016）系列标准。同时，北京、天津、西安、合肥、石家庄和青岛等城市建立起一批再生水景观环境示范工程，极大地推动了再生水利用。这期间的再生水利用主要以农业灌溉、工业利用、景观用水、城市杂用水为主，而对于再生水入渗的研究主要处于实验阶段。

以北京为例，20 世纪 90 年代末，以高碑店污水处理厂再生水回用项目建成为标志，开始了再生水利用第一阶段。到 2011 年北京市再生水利用量已达 7.1 亿 m^3，利用率为 60%，其中农业灌溉用水 3 亿 m^3，工业冷却循环用水 1.4 亿 m^3，市政用水 0.4 亿 m^3，环境用水 2.3 亿 m^3。2005 年《北京市节约用水办法》颁布实施，进一步明确"统一调配地表水、地下水和再生水"，首次将再生水正式纳入水资源进行统一调配，再生水成为了污水回用重要的组成部分。正是在政策的推动下，北京市再生水利用规模不断扩大。拓展再生水利用渠道，充分利用再生水资源是今后一段时间内发展的主要方向。为拓宽再生水利用渠道，加强再生水利用，2006 年北京市组织实施了温榆河水资源利用工程，该工程将温榆河城市污水经过膜生物反应器（MBR）处理后的再生水输送至顺义城北减河，用于城北减河和潮白河环境用水，同时增补地下水水源，2007 年 10 月建成通水后，每年有 3800 万 m^3 的再生水流入潮白河，目前已形成 300 万 m^3，约 1.5 个昆明湖般大的水面景观。该工程开启了中国再生水地表入渗回灌增补地下含水层实践。按照北京市有关部门的规划，将进一步拓展再生水利用计划，将北运河城市污水深度处理后调到潮白河上游，将清河和小红门污水处理厂再生水调往永定河。这一系列工程中，利用再生水入渗涵养地下水将成为其主要目的之一。

在再生水应用方面，北京市在全国处于较领先位置。"十一五"期间水专项课题就提出了污水处理工艺改选方案和运行的调控策略，基本解决再生水生产工艺和技术问题。

6.1.2　再生水入渗补给地下水潜在风险及研究进展

6.1.2.1　再生水入渗补给地下水潜在风险

1. 病原体

再生水中最常见的人类微生物病原体发源于肠道。肠道病原体主要是通过宿主的粪便进入环境。它可以通过两种途径进入水环境：①排便经下水道污水流入；②经土壤和地表渗入。

再生水中发现的肠道病原体类型有病毒、细菌、原生动物和蠕虫。病原体水传播风险依赖于许多因素，包括病原体数量及在水中散布状况、所需感染剂量、暴露人群的易感染性、排泄物污染水源概率，以及污水处理程度。

2. 病毒

肠道病毒是再生水中存在的最小病原体，它们必须寄生于细胞中。因此，肠道病毒首先找到合适的宿主，然后感染宿主的细胞，在细胞中不断地进行自身繁殖。由于肠道病毒不具备自身繁殖能力，因此它们在水中并不活跃。这类病毒通常大部分散布在粪便污染水中。

在一些发达国家，通过广泛的疫苗接种，野生型脊髓灰质炎病毒已经基本上被根除。绝大多数肠道病毒的宿主范围较小，这意味着再生水中的大部分病毒只会感染人类，因此人类粪便污水是人类病毒感染关注的焦点。

3. 细菌

细菌是再生水中最常见的病原体微生物。污水中存在大量的细菌病原体。细菌病原体很多起源于肠道，当然污水也存在导致非肠道疾病的细菌病原体，如军团菌、结核分枝杆菌、钩端螺旋体。细菌病原体新陈代谢旺盛，且具有自我复制能力。同其他肠道致病菌一样，它们常见的传播方式是通过受污染的水和食物，或者是人和人的直接接触传播。

4. 原生病原体

肠道原生病原体是单细胞真核生物病原体。肠道原生病原体脱离宿主后会进入持续休眠阶段，此时它们被称作胞囊或卵囊。在饮用水处理和污水再生利用时，原生病原体都会从水源中被分离出来。最常见的原生病原体有内阿米巴、肠贾第虫（以前被称为梨形鞭毛虫属）、隐孢子虫。

饮用受卵囊污染的水或食物，或者人与人直接接触，都能够导致感染上述3种原生病原体。肠贾第虫和隐孢子虫普遍存在于淡水或河口水域，并且全世界很多国家都发现过这2种原生病原体。世界各地都可以检测到内阿米巴，虽然它常见于热带地区。像细菌病原体一样，各种家畜和野生动物都是原生病原体感染源。

5. 寄生虫

肠虫（线虫类和绦虫）是常见的肠道寄生虫，它们通过排泄通道传播。在感染人类之前，这些寄生虫通常需要在中间宿主中生长。肠虫有很复杂的生命周期，需要在二级宿主中生长，因此不会影响到再生水。污水中会经常检测到蠕虫寄生虫，包括园虫（蛔虫）、钩蠕虫（十二指肠钩虫和美洲板口线虫）、鞭虫（毛首鞭形线虫），它们会造成很大的健康风险。这些蠕虫中生命周期简单的，不需要中级宿主，可直接通过排泄物通道造成感染。

污水再生利用中存在的微生物病原体造成的健康风险获得了卫生监管人员、农民以及公众普遍的关注。世界各地蠕虫感染的主要来源是使用了未经处理或部分处理的污水对农作物灌溉。在墨西哥，农民使用未经处理的污水进行农作物灌溉，他们被蠕虫感染的概率要大于普通人群。研究人员发现，成年人蠕虫感染率与污水处理的程度相关，污水处理程度越高，感染率越小。

再生水和有机污泥用于谷类作物灌溉确实引起了人们对病原体感染的公共关注和商业关注。如果食用部分处理污水灌溉生长的蔬菜没有多大的健康风险，那么可以推测食用再生水灌溉生长的谷类作物的微生物病原体感染风险会更低。更具体地说，在人类食用之前，谷物通常经过了进一步处理，这样进一步降低了健康风险。

6. 微量有机物和重金属

虽然许多国家，如澳大利亚和美国，在污水再生利用方面规定了相应的标准，但是这些标准往往将重点放在微生物病原体和营养物导致的健康风险和环境风险上。除了重金属污染物，其他微量化合物很少在再生水利用标准中被提到，而杀菌剂、毒剂的副产品和药用活性化学物也只是被简要提到。如今研究学者正关注它们可能对人类健康和环境造成的潜在风险。如果这些化学物在污水处理过程中没有完全消除，它们很可能在环境中积累，并且最终进入食物链。

重金属污染物很容易在污水处理过程中被除去。污水中绝大多数的重金属污染物在处理过程中被固化沉积，处理后的污水中仅仅残余浓度极低的重金属化合物。因此，再生水农业回用方面重金属污染物不会成为令人担忧的问题。如果再生水来源于工业废水或者是处理不完全的污水，那么重金属化学物需给予关注。这种再生水用于农业灌溉会造成土壤中大量聚集重金属离子，从而被农作物吸收。据调查，纤维作物，如亚麻和棉花，如果种植在重金属污染的土壤中，它们会吸收大量重金属离子，最终会导致减产。如果水稻生长的稻田直接用造纸厂的工业废水灌溉，稻粒中重金属含量会很高使其不能被食用，因此会对大米为主要饮食组成的群体造成健康风险隐患。

除了重金属污染物，引起公众普通关注的微量化合物有药学活性化合物（PhAC）、内分泌干扰物（EDCs）和消毒副产品（DBP）。这些药学活性化合物、内分泌干扰物通常来自工业或生活污水，消毒副产品产生于再生水的二次氯化处理。在处理后的再生水中，这些化学物的浓度往往很低（一般在 ng/L 的范围内），所以不会造成健康风险，除非是长期大剂量摄入才会导致临床效果。因此，微量化合物也是一个令人关注的卫生领域。

7. 内分泌干扰物

内分泌干扰物是一种外源性干扰内分泌系统的化学物质，进入动物或人体内可引起内分泌系统紊乱并造成生理异常。污水和环境中已知的内分泌干扰物包括雌性激素化合物（常见于避孕药中）、植物雌激素、杀虫剂以及化工原料，如双酚 A 和壬基苯酚和重金属。未经处理的污水是内分泌干扰物的主要来源，且浓度比其他水源的更高。

虽然内分泌干扰物存在于未经处理的污水中，但是它们的浓度远远低于体内天然激素，并且比天然激素的内分泌功能小。再生水二级处理可以除去污水中绝大多数的内分泌干扰物。内分泌干扰物在处理后的再生水中浓度很低，而且它们在环境中潜在的半衰期短暂，这意味着内分泌干扰物在再生水农业回用存在较小的风险。

虽然内分泌干扰物对人类健康的影响较小，但却会对常常接触到含有内分泌干扰物的野生动物（如美国佛罗里达州的短吻鳄、英国河流的鱼类）产生较大的影响。据调查，美国佛罗里达州的幼年短吻鳄被发现患上生殖腺问题，这与佛罗里达州沼泽地中存在雌性激素化合物相关。乔布林研究表明，在英国河流内发现雌雄同体的鱼类，这与水源中存在的内分泌干扰物有关。

8. 药学活性化合物

环境水域和污水中检测到的大多数药学活性化合物是用于治疗人类和动物的不同种类的药物。这些药物包括止痛药，如布洛芬、咖啡因、镇痛剂；降低胆固醇药物，如抗生素和抗抑郁药。这些药物可以通过不同途径进入环境，其中最常见的途径是污水。

类似于内分泌干扰物，药学活性化合物同样能够造成环境风险和人类健康风险问题，并且它们更加广泛的分布于污水和再生水中，因此需要给予更多的关注。有些药学活性化合物很容易通过污水处理清除，有些则会持久的存在于水源中。然而，不管怎样，处理后的再生水中药学活性化合物浓度很低，比日常药物使用和日常护理低很多，所以即便是再生水农业回用时被农作物摄取，它们也不会造成较大的人类健康风险。药学活性化学物主要关注的焦点在于它们增加了土壤和水中微生物对抗生素耐药性的抵抗性。

9. 营养物

污水中存在的主要一类污染物是有机和无机营养物。最常见的有机营养物是溶解性有机碳（DOC）。依据不同的污水来源，溶解性有机碳可以采取不同的形式。有机碳的来源也可以影响到营养物的生物利用度。例如，排放水中的溶解性有机碳比污水处理厂和食品加工厂中的更加顽固。据调查，再生水中的有机碳可以刺激土壤中微生物的活性。再生水中有机和无机营养物含有高比率的碳和氮，它们可以刺激土壤中的微生物，从而导致灌溉土壤的渗透系数下降。经研究，土壤中微生物通过过度生长和生物膜制造降低灌溉土壤的渗透系数，因为它们可以堵塞土壤颗粒之间的孔隙。在不同的研究中均指出莴苣类植物用含有高浓度无机营养物的再生水灌溉，其产量会比地下水灌溉的同类农作物的产量高。观察到谷类农作物用污水或部分稀释的污水灌溉要比用未处理地下水灌溉时产量高。Chakrabarti也在研究中指出，如果污水配合化肥使用，水稻最初的生长会更好，但是随着时间的过去，需要慢慢减少灌溉使用的养分，因为土壤中已经积累了大量营养物，尤其是氮。

很明显，更多的营养物质可以作为农作物的额外肥料，但是超额的养分，特别是碳和氮，会造成微生物活性过度，导致对农作物的不良影响。因此，再生水农业回用一定要注意水中营养物的浓度，避免对土壤的孔隙度造成负面影响。

10. 盐分

再生水回用时，其物理特性可能会对使用的环境造成影响。相关物理属性包括pH值、溶解氧和悬浮物。然而，再生水灌溉回用中的盐分，尤其是高浓度的钠，是目前最值得关注的问题。钠与其他形式的盐分化合物是再生水中存在最持久的污染物，也是最难除去的。盐分化合物的处理需要使用昂贵阳离子交换树脂或反渗透膜。然而，这类处理方法用于农作物或牧草再生水灌溉回用相对不经济。

再生水中的盐分会对土壤本身以及农作物的生长造成影响。钠盐可以通过膨胀和分散现象直接影响土壤的品质，因为钠离子是一个带正电的阳离子，它能够与带负电的黏土颗粒发生作用。钠离子浓度增加，导致黏土颗粒膨胀分散，从而影响土壤渗透性。钠离子浓度增加对黏土造成的效果不是统一形式，其效果是随着土壤特性而变化的。这些变化的原因是复杂的，涉及很多因素，包括土壤质地、矿物学、pH值、力学性能以及聚合黏合剂，如烙铁、氧化铝、有机聚合物。

　　盐分对土壤产生的主要影响之一就是降低土壤的渗透系数。盐分影响水渗入到土层剖面的能力，以及土壤的积水能力，从而降低农作物灌溉的有效性。灌溉高浓度盐分的再生水会导致土壤的土壤盐碱化，随后对黏土层造成的影响就是渗透系数降低。其他可以造成类似效果的物质是污水中的悬浮固体和营养物，因为营养物会造成土壤中微生物的过度增长，而悬浮固体则会与土壤剖面溶解有机质发生相互作用。

　　自由穿流良好的土壤，如果渗透系数不降低，有可能通过土层运动将盐分从土壤剖面排放到非承压含水层。再生水品质、土壤特性和地下水都在不同程度上影响了盐分对地下水的效果。如果地下水本来就是盐性或者含有较高浓度的盐，那么外来盐分的注入不会对地下水造成影响。地下水盐分浓度较低时，外来盐分的注入就容易对地下水造成影响，需要权衡污水再生利用所带来的风险和收益。

　　再生水中钠含量升高会对农作物的生长造成影响。谷物农作物，如小麦，与其他敏感农作物相比具有较强抗盐能力，因此再生水灌溉不会造成谷物减产，而其他敏感农作物，如玉米，对盐分抵抗能力较差，土壤中盐浓度上升会导致其大量减产。此外，土壤类型也可以影响农作物的产量，使用同等盐浓度的再生水灌溉，壤土中农作物产量比黏土的更大。Asch 等研究表明，与河水（$0.5 \sim 0.9 dS/m$ 导电性）培育水稻相比，用 $3.5 dS/m$ 导电性的再生水灌溉会大量减少粮食产量。如处理后的污水导电率小于 $1 dS/m$，再生水含盐度不会对农作物生长和产量产生负面影响，但土壤中盐分增加导致土壤盐碱化，这种问题更严重。因此需要采用更好的土壤管理办法，比如从土壤结构中浸出盐分，并且定期灌溉低盐度的水。

6.1.2.2　再生水入渗补给地下水研究进展

　　目前国际上关于再生水入渗回灌的研究主要集中在再生水入渗回灌单项技术研究，其中再生水资源时空分布及再生水水质控制主要体现在以下几个方面：

　　1. 土壤含水层系统对再生水的净化

　　对于补给地下水的再生水系统，污染物的去除是非常重要的过程。生物降解、吸附、过滤、离子交换、挥发、稀释、化学氧化和还原等过程都可以去除水中的污染物。美国水联合基金协会（AWWAEF）针对不同地域特点和不同预处理工艺的数个土壤-蓄水层（SAT）系统的可持续性展开调查，调查目的是：①检验评价 SAT 处理的再生水用作间接饮用水可持续性；②考察和总结渗透分界面、土壤过滤区域和底部地下蓄水层对再生水中有机物、氮和病毒的去除能力；③研究 SAT 处理和地面处理之间的相互关系。

　　该研究的主要成果如下：①存在于 SAT 再生水中的溶解性有机碳主要由天然有机物、可溶性的微生物代谢产物和其他微量有机物组成；②在 SAT 再生水中总溶解性有机碳主要来自天然物质，人工有机物的比重很小；③在 SAT 再生水中病原体的检出概率与其他地下水中病原体的检出概率相同；④通过厌氧氨氧化过程，可以实现对 SAT 中氮的部分去除；⑤再生水的预处理程度并不会影响最终 SAT 再生水的有机碳含量；⑥对于一般的 SAT 系统，缺氧条件下仍可以有效去除有机物，因此，渗流区域对于有机物去除并不需要设置，如果要求 SAT 系统对氮有一定的去除功能，就需要设置渗透区域；⑦在 SAT 再生水的氮消毒过程中，产生的消毒副产物的分布情况，受再生水中溴化物浓度的影响。

2. 再生水中溶解性有机物的组成与去除

在水处理领域，通常将水中小于 $0.45\mu m$ 的有机物称为溶解性有机物。由于其粒径很小难以检测，通常用分子质量（Molecular Weight，MW）表征有机物的大小。

城市污水经过污水处理厂和深度处理后的再生水仍含有一部分溶解性有机物（dissolved organic matter，DOM）。水中溶解性有机物是全球碳循环中的重要一环，它能与非饱和带中的有机污染物及重金属相互作用，也是在再生水加氯消毒过程中形成消毒副产物的主要前体物质，还可以是再生水中微生物的碳源。因此，DOM 一直是人工地下水回灌研究的热点和重点。

补给过程中溶解性有机物通过生物吸附作用被去除。生物降解主要由附着在滤料表面的微生物完成。Quanrud 等研究了美国亚利桑那州的 SAT 系统对溶解性有机碳（DOC）的去除，研究表明：DOC 的去除主要发生在渗滤池底部以下 3m 范围内，去除的 DOC 组分主要为亲水性强、易生物降解的溶解性有机物。Rauch-Williams 等研究了 SAT 系统生物膜含量与可生物降解有机碳（BOC）之间的关系，研究表明：在所调查的 3 个 SAT 系统以及模拟实验中生物膜含量与可生物降解有机碳均表现出良好的正相关关系，说明再生水中 BOC 的含量限制了土壤生物膜的生长，从而达到稳定状态。所调查的 3 个 SAT 系统对于 BOC 的去除均主要发生在 30cm 土壤深度范围内，这里也是土壤生物膜含量最高的层位，生物降解是溶解性有机物的主要去除机制。$0\sim10m$ 的范围则是 BOC 去除的关键区域，特别是对胶体形式有机碳的去除。Lin 等研究了以色列 Dan Region 工程 SAT 系统长期土壤渗滤介质有机质的变化规律，结果表明：经过 20 年的运行，渗滤池下部有机质的积累主要出现在渗滤池底部以下 0.9m 的范围内；$0\sim0.3m$ 的范围内有机质积累速度初始很快，然后会缓慢下降；运行 $10\sim15$ 年后，有机质含量达到一个稳定状态，长期运行过程中再生水输入的有机质大部分在土壤介质中被降解去除，$0\sim2.1m$ 范围内土壤有机质积累量仅相当于再生水输入 24 年总量的 4%；SAT 系统垂向入渗对于 DOC 的去除达到了 $70\%\sim90\%$，而含水层中的水平径流仅去除了 10% 左右。

在好氧环境中，完全生物降解的最终产物主要包括二氧化碳、硫酸盐、硝酸盐、磷酸盐和水。在厌氧环境中，最终降解产物主要包括二氧化碳、氮气、硫化物和甲烷。在典型地下水环境中，难降解有机物的去除机理还有待进一步研究。另外，有机物的生物降解可能是不彻底的，有研究表明生物降解后会产生不能进一步降解的有机物，而且这样的代谢通常难以识别和检测。

3. 再生水中病原微生物的去除及风险

再生水中的病原微生物是再生水回灌中所关心的问题。在地下水入渗过程中对病原微生物的关注包括寄生虫、细菌、病毒转移及归趋。由于地下没有已知的病原微生物的寄主，病原微生物基本不在地下运移过程中增加。许多科学家对多种病原微生物在地下迁移过程进行了研究。

去除病原微生物和许多因素有关，如土壤的物理、化学、生物特性及微生物的大小特征、环境状况等。非饱和带土壤比饱和带有更明显的去除效果，这可能是因为非饱和带的气—水两相相互作用使病毒颗粒更靠近固体颗粒表面的原因。一系列的实验室研究取得了比较一致的成果，即影响微生物在土壤和地下生存最主要的因素是温度。在 4℃ 以下，微生物可以长时间存活；随着温度升高，死亡率增加。Powerlson 在美国亚利桑那州的 Tuc-son 市进行了有关研究，试验选用 MS2 和 PRD1 两种病毒作为研究对象，同时采用 KBr 作为示踪剂，结果表明，在地表以下 4.3m 处，病毒的去除率为 37%～99.7%，并且病毒的运移不受进水水质的影响。

4. 再生水无机水化学组分的变化

污水中常见的无机物主要包括氮、磷、重金属以及其他无机物。氮和磷是造成水体藻类暴发的主要营养元素。重金属污染物主要有汞、铬、镉、铅、锌、镍、铜、钴、锰、钛、钒、钼和铋等，其中前几种对水生生态及人体健康的危害较大。

再生水利用对地下水影响程度与包气带岩性和结构、地下水埋深、灌溉制度、工程布置有关。目前国内主要研究集中在氮、磷、重金属等污染物的迁移转化规律方面，再生水入渗补给地下水过程中发生离子交换反应，导致地下水中盐分增加。采用 $\delta^{15}N$ 示踪方法研究得出污水利用导致地下水中硝氮含量增加，由于黏土土壤通透性较差，再生水灌溉时反硝化速率显著增加，土壤氮素利用率下降，但这可以减少氮素渗漏对地下水的威胁。土壤对磷具有较强的吸附能力，避免了磷向深层包气带的迁移。地下水埋深较浅的地区通过水资源优化配置可以减少潜水蒸发引起的土壤次生盐渍化，再生水利用先在上层土壤产生淋溶，到 7～8m 的深度淋溶作用基本消失。北京市北野厂灌区试验表明，5m 与 12m 土壤包气带对 TN 的去除效果分别达到 83% 和 97%，对 TP 的去除效果分别达到 95.5% 和 98%，典型包气带结构定点监测发现再生水利用引起地下水多环芳烃污染的风险极小。

地下水数值模拟是对真实地下水系统的仿真和模拟，目前数值模拟方法主要有有限差分法、有限单元法、边界元法和有限分析法等。在人机交互、计算机图形学和科学可视化等计算机技术的推动下，带有可视化功能的地下水模拟软件 Visual MODFLOW、GMS、FEFLOW 等迅速发展，已占据了国际地下水数值模拟软件的主流地位。地下水系统数值模拟模型结合地表水文模型、作物模型、流域生态模型、区域气候模型、分布式水文模型、水平衡模型和随机法模型等优势，扩展模型的应用范围，综合集成地下水管理模式，在国家制定区域水政策和方针中将发挥越来越重要的作用。我国该领域科学家也做了大量的工作，在建立地下水系统数值模拟模型中发现问题，在理论和方法上不断创新，通过数值模型理论与相关研究方向的理论结合，不断提高模拟结果的可靠性。针对数值模拟过程中需要处理的地面标高、初始水位、边界条件、源汇项和水文地质参数等问题，采取数字高程模型及各种耦合模型，结合地球动力学、地质统计、逆问题理论和三维空间拾取技术等来提高模拟效果。在运用地下水系统数值模拟软件以及地理信息系统的强大功能，并结合相邻学科的模型方面，也做了积极的探索。

6.1.2.3 再生水入渗补给地下水安全性研究概况

地下水对人体健康的影响、经济可行性、自然条件、法律规定、水质条件以及再生水的可用性成为地下水补给的限制条件。这些条件中，健康问题是最重要的限制条件，特别是长期暴露于低浓度污染物所产生的健康影响以及由病原体或有毒物质造成的急性毒性问题都必须慎重考虑。

人们有意识或无意识地利用再生水补给饮用水蓄水层，但是对于这种补给方式的健康分析评价，只有少数地区开展了研究，美国洛杉矶县是其中之一。1978 年 11 月，洛杉矶卫生局设立了健康影响研究项目，主要目的是评估处理后的再生水补给地下水所造成的健康影响，这项研究主要针对位于加利福尼亚州洛杉矶县中心的地下水补给工程。具体研究任务包括：①研究再生水补给水源和补给地下水后的水质特点（微生物和化学组分）；②确定再生水补给水源和地下水的毒性和化学组分，分离和鉴别再生水中对人体健康有重大影响的有机组分；③通过现场试验评价土壤去除再生水中化学物质的效率；④利用水文地质学研究方法确定再生水通过土壤层的迁移规律和再生水对市政供水的相对贡献；⑤开展流行病学研究，比较和评价再生水利用人群的健康状况与其他人群健康状况的差异。在项目的研究过程中，一个技术咨询委员会和一个评论委员会对研究结果进行了总结工作。据 Nellor 等在 1985 年的报告可知，这项研究结果并没有发现饮用该区域地下水的人们有任何负面健康影响。

6.2 研究区概况

6.2.1 自然地理与水文地质条件

6.2.1.1 自然地理

研究区位于北京市东北部，面积 $621km^2$。区北部狭窄，南部开阔，地形由北向南倾斜，海拔一般在 50.00m，其东北、西北和北部三面环山，南面地势平坦。

研究区地处温暖半湿润大陆性季风区，四季分明。春季干旱多风，夏季高温多雨，秋季凉爽湿润，冬季寒冷干燥。区域多年平均降水量 656.5mm，其中 1999—2009 年的年均降水量为 488.9mm。降水年内、年际分配极不均匀。由于三面环山，南接平原，降水呈现一定的变化规律。山区与山麓降水量大，平原降水量小，北部平原降水量大于南部平原区。从历年降水量资料看，区内最大年份高达 801.6mm，最小年份仅 360mm。

6.2.1.2 水文地质条件

1. 第四系分布

研究区第四系沉积物广布于平原和山间沟谷。岩性由北往南表现为由粗颗粒到细颗粒，层次由较单一到多层；垂直表现出多旋回；岩层厚度由北部溪翁庄、东北部河南寨的 $20\sim50m$，韩庄河槽的 $80\sim100m$ 到中部大胡家庄营的 200m 以上，而到南部进入北京断陷盆地北端，第四系沉积厚度达 500m 以上。

2. 水文地质概况

研究区含水层主要由砂、砾石、卵石组成，从北往南介质粒径由粗变细，含水层由单一层过渡到多层，岩层厚度由薄变厚。区域内含水层结构东西方向差异较大，东部为潮白河主河道滚动区，含水层巨厚，层次少、粒径大、孔隙大；西部为怀河、雁栖河、小中河滚动区，含水层薄，层次多、粒径较小、透水性相对较差。

根据岩性、富水性及埋藏条件，第四系含水层分为 4 个大区和 5 个亚区。

Ⅰ区。Ⅰ区为导水性极好区，分布在潮白河冲洪积扇中、上部，密云新城西至牛栏山向阳村一带。水位降深 3m 单井出水量大于 $5000m^3/d$，渗透系数为 $200\sim300m/d$。Ⅰ区按含水层岩性可分为 3 个亚区，即 $Ⅰ_1$ 亚区、$Ⅰ_2$ 亚区、$Ⅰ_3$ 亚区。

$Ⅰ_1$ 亚区。$Ⅰ_1$ 亚区为单层砂卵石区，分布在密云城关、西田各庄、十里铺一带。该区基岩埋藏较浅，第四系厚度为 40～80m。区内砂卵石埋藏很浅，甚至直接裸露地表。该区为潮白河冲洪积扇顶部补给区，易接受地表水及大气降水补给，地下水位埋深较大。

I_2 亚区。I_2 亚区分布在统军庄、大胡家营一带，含水层为 2～3 层砂卵石。该区基岩埋深变化大，小罗山、平头一带基岩直接出露地表，而大胡家营附近基岩埋深达 200m 以上。100m 以上富水性较好，100m 之下透水性较差，呈半胶结状态。该区为潮白河冲洪积扇中下部，系地下水径流排泄区，地下水位埋深小。

I_3 亚区。I_3 亚区分布在王化村、赵各庄一带，位于怀河冲洪积扇上，为多层砂卵石层。该区在 45～120m 段含水层，渗透系数为 80～270m/d，导水系数为 5300～16200m²/d；120m 以下含水层，渗透系数为 40～120m/d，导水系数为 5200～20000m²/d。该区基岩埋深大，达 300m，含水层层次多，地下水位埋深较小。

Ⅱ区。Ⅱ区为导水性中等区，位于 Ⅰ 区以北、以南的环形地带。水位降深 3m 单井出水量 2000～5000m³/d，渗透系数 100～200m/d。Ⅱ区可分为 2 个亚区，即 Ⅱ₁ 亚区、Ⅱ₂ 亚区。

II_1 亚区。II_1 亚区为层次不稳定的砂卵石含水区，分布在 Ⅰ 区之外的北部及西部。该区基岩埋深北部为数十米，南部彩各庄一带达 300m。该区由白河、沙河及雁栖河交错沉积而成，含水层层次变动大，颗粒粗细不均一。

II_2 亚区。II_2 亚区为多层砂砾卵石含水区，分布在南部 Ⅰ 区的两侧。该区基岩埋深变化大，牛栏山东出露地表，而东南侧鲁各庄一带埋深达 230m。该区含水层在潮白河以东以砂层、砂砾居多；潮白河以西则以砂砾卵石为主。

Ⅲ区。Ⅲ区为导水性较差的承压水区，分布在顺义东南侧的二级阶地上。该区潜水含水层的渗透系数为 40～80m/d，承压含水层的渗透系数为 20～60m/d。水位降深 3m 单井出水量小于 2000m³/d。

Ⅳ区。Ⅳ区分布在山前及山间沟谷地带，为坡洪积物构成。含水层极不稳定，富水性变化大，水位埋深大，水位降深 3m 单井出水量小于 1000m³/d，渗透系数小于 50m/d。

3. 地下水的补径排条件

(1) 地下水补给。研究区浅层水主要接受大气降水入渗、侧向径流、地表水体渗漏和灌溉回归补给。

研究区属于山前地带，潜水含水层广泛分布，大气降水能直接或间接补给地下水，成为地下水的主要来源之一。北部是潮白河等河流的冲洪积扇顶部，砂卵石裸露地面，第四系地层渗透性非常强。

潮白河水系各条河流（包括怀河、雁栖河、小中河、箭杆河等）河床宽阔，砾、卵石裸露于河床之中，河床普遍高于地下水潜水面，当河道有水时，河水透过河床补给地下水。

山前基岩裂隙侧向补给是研究区地下水来源之一。本区北部、西北部和东北部均有大量震旦系灰岩出露，裂隙发育，透水性较强。基岩裂隙水一般以地下径流形式侧向补给平原区孔隙水，由山前流入冲洪积扇，入山前有阻水现象存在时则往往以泉水形式出现。

(2) 地下水径流。研究区地下水总流向由东北流向西南，到顺义附近转向正南。决定径流方向的因素与地貌、地质条件等有关。地下水位坡降差异较大，山前地带如中富乐以西为 2‰～3‰，溢出带以下平原区为 0.9‰。总的来说东部径流条件比西部好，在冲洪积扇中上部地区径流条件比其南部地区优越。

（3）地下水排泄。研究区浅层水的第一含水层的排泄方式主要有两种：一是自然排泄；二是人工排泄。自然排泄主要是指地下水的溢出、蒸发及流向下游的地下径流。怀柔、高家两河、南房、小罗山以北地区各河河道，除雨季有一些未被水库截获的小股山洪通过外，常年基本干涸无水；而其以南地区各河河道则常年有基流，这主要是地下水沿河道溢出的结果。如王化、南房、两河、杨宋庄、大林庄、北府、东府及汉石桥一带，均为冲洪积扇中部地区的潜水溢出带，每年有相当一部分地下水溢出后汇入怀河、潮白河。经计算，溢出带年溢出水量为 0.47 亿 m³；由于地下水位在庙城、杨宋、怀柔一带比较浅，所以地下水蒸发比较强烈。人工排泄主要包括农业开采和农村居民用水，其中的第一含水层以农业开采为主，第二含水层为集中水源地开采和工业自备井开采。

（4）地下水动态变化。根据研究区内 38 眼地下水监测井 1999—2009 年的监测资料，区域地下水位呈现持续下降趋势，其中顺义下降趋势最为明显，密云地下水位下降趋势最缓慢。这主要是由于顺义地下水连年超采，且又没有大的补给来源；而密云地下水一方面有山前侧向补给；另一方面还受密云水库入渗补给，因此地下水位下降趋势缓慢，尤其是靠近山前地区及密云水库邻近地区，地下水位呈现出平缓趋势。怀柔地下水位介于顺义和密云之间，其山前侧向补给也较大，且怀柔水库入渗对区域地下水位下降也有一定缓解。

顺义和密云地下水位受降水和农业开采的季节性影响，区内地下水位在年内表现出下降—上升—下降趋势。3—6 月为农业集中开采期，地下水位持续下降，为开采下降期；6—10 月随着雨季大量的降雨入渗，地下水位逐步回升，为补给上升期；11 月到第二年 2 月，地下水位上升达到峰值，3 月又进入农业集中开采期，地下水位又开始下降。其中顺义地下水位随农业灌溉、降雨的变化反映明显，密云也呈现出了一定趋势，但反映不明显。研究区地下水位动态变化曲线如图 6-1 所示。

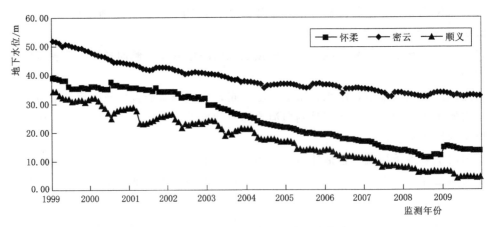

图 6-1　研究区地下水位动态变化曲线

（5）地下水质变化趋势。研究区的地下水水化学类型单一，大部分地区为 HCO_3 - $Ca \cdot Mg$ 型，只有南法信一带为 HCO_3 - $Ca \cdot Na \cdot Mg$ 型，西丰乐一带为 $HCO_3 \cdot SO_4$ - Ca 型。

受人类活动影响，研究区地下水质呈现出逐年恶化趋势，目前大部分区域的地下水质量较好，属于Ⅲ类，局部地区水质已经达到Ⅳ类，主要分布于密云区域内的潮河和白河周边，主要污染物为硝酸盐氮、氨氮、亚硝酸盐氮、总硬度和溶解性总固体。

6.2.1.3 水源地概况

研究区内共有2个大型地下水源地，分别为怀柔应急水源地和第八水厂水源地。

怀柔应急水源地水源井主要分布在怀河、沙河和雁栖河两岸，共21组42眼井，为深浅结合开采井，浅层水源井取水深度45～120m，深层承压水取水深度120～250m。2003年8月，怀柔应急水源地开始运行，截止2007年6月，应急水源地地带潜水水位下降15～19m，周边地带下降10～15m；浅层承压水下降17～19m，周边下降15～17m；深层承压水下降20m左右。

第八水厂水源地位于潮白河冲积扇中下部，1982年建成，共有37眼开采井，沿潮白河东岸呈东北向展布。该水源地主要含水层有3层，第一层深度从地表至40m，主要岩性为卵砾石，由于水位下降，该含水层部分被疏干；第二层取水深度40～70m，岩性主要由砾石、卵石组成；第三层取水深度70～250m，岩性以砂砾石、粗砂为主，该层是水源地的主要开采层。

6.2.2 水质监测基本情况

6.2.2.1 监测网的布设

通过大量调研及分析研究区实际情况，确定建立地下水环境监测网的基本依据。

（1）在总体上和宏观上应用控制研究区不同的水文地质单元，反映所在区域地下水的环境质量状况和地下水质量空间变化。

（2）监控地下水重点污染区及可能产生污染的地区，监视污染源对地下水的污染程度及动态变化，以反映所在区域地下水的污染特质。

（3）能反映地下水补给源和地下水与地表水（再生水）的水力联系。

（4）监控地下水位下降的漏斗区以及本区域的特殊水文地质问题。

（5）监测点网布设密度的原则。研究重点区即再生水入渗影响区密，一般区稀；城区密，农村稀；地下水污染严重地区密，非污染区稀。尽可能以最少的监测点获取足够的有代表性的环境信息。

在市级监测网及区县监测网的基础上，根据以上原则进行加密。并借助Googleearth系统建立地下水监测网，共设置监测井58眼，监测密度1眼/15km^2，在再生水影响区，监测密度达到1眼/10km^2，形成垂直于流场与河道的断面5条，加密新建地下水监测网如图6-2所示。

监测断面Ⅰ：南菜园-潮汇大桥-新开凿井1-新开凿井2-新开凿井3-新开凿井4。作用：沿流场方向布设，对比密云再生水入渗与二级出水入渗对地下水的影响，以及密云再生水厂再生水入渗与二级出水入渗补给地下水的水质变化规律。

监测断面Ⅱ：靳各寨-十里堡-潮汇大桥-北单家庄-潮白河管理处监测井。作用：垂直于河道断面，监测密云再生水入渗对地下水影响。

监测断面Ⅲ：河漕水厂-东户部庄-开发区西-新开凿井4。作用：垂直于河道断面，监测二级出水入渗对地下水影响。

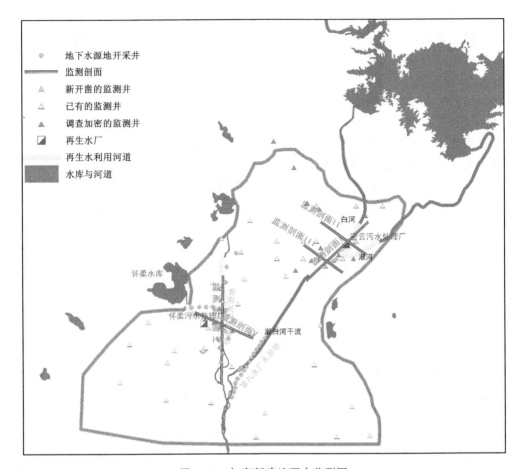

图 6-2　加密新建地下水监测网

　　监测断面Ⅳ：庙城-小杜两河-刘两河-肖两河-仙台-太平庄。作用：沿流场方向布设，监测怀柔再生水厂出水入渗对地下水影响。

　　监测断面Ⅴ：葛各庄-李两河-刘两河-赵各庄。作用：垂直于河道断面，监测怀柔再生水厂出水入渗对地下水影响。

6.2.2.2　地下水水质监测

1. 常规水质监测

　　常规水质监测点选择 5 条剖面的地下水监测井。监测井名称为南菜园、潮汇大桥、新开凿井 1、新开凿井 2、新开凿井 3、新开凿井 4、靳各寨、十里堡、北单家庄、潮白河管理处监测井、河漕水厂、东户部庄、开发区西、庙城、小杜两河、刘两河、肖两河、仙台、太平庄、葛各庄、李两河、刘两河、赵各庄。对于另外 35 眼监测井，再生水对这些监测井的影响很小，但由于建立地下水溶质运移模型的需要，每年监测 2 次，时间安排在每年的 4 月及 9 月。

　　2009 年 10 月—2011 年 12 月，常规水质监测点每月监测 1 次。监测项目参考《再生水水质标准》(SL 368—2006)，主要指标包括：

　　(1) 常规指标。指标包括色度、浊度、嗅和 pH 值。

（2）有机污染物指标。指标包括溶解氧、五日生化需氧量（BOD_5）和化学需氧量（COD_{Cr}）。

（3）无机污染物指标。指标包括总硬度、氨氮、亚硝酸盐氮、溶解性总固体、汞、镉、砷、铬、铁、锰、氟化物和氰化物。

（4）生物学指标。指标包括粪大肠菌群。

2．地下水水位监测

所有地下水环境监测井的地下水水位埋深每月开展 1 次统测，与地下水采样时间同步。

6.2.2.3　地表水水质监测

地表水水质监测点为怀柔再生水排放口、怀河 2 号橡胶坝、怀河 3 号橡胶坝、密云污水处理厂白河排放口、密云污水处理厂潮河排放口、潮汇大桥橡胶坝、潮汇大桥排放口。监测指标除上 20 项之外，还包括叶绿素 a。监测频率为每月监测 1 次。

研究区内的地下水环境监测网建设经历了不断完善的过程。自北京市水文总站成立以来，就开始对研究区内的地下水水位和水质进行了监测。1999—2003 年，研究区内地下水水质监测仅有 3 个点。2004—2005 年，研究区内监测点增加至 10 眼。2006—2009 年，监测井增加至 33 眼。为了深入细致地研究再生水排放对地下水资源环境的影响，通过区县水务局的协助，在研究区内利用现有开采井增加了 17 眼监测井，同时，在密云再生水河道排放口下游实施 1#、2#、3# 和 4# 共 4 眼地下水监测井，因此，研究区的第四系地下水水质监测井共有 54 眼。

6.2.3　再生水出厂水质

6.2.3.1　再生水厂基本情况

研究区内再生水厂主要有密云再生水厂和怀柔再生水厂，密云再生水厂位于白河的左岸，怀柔再生水厂位于怀河的上游，靠近庙城橡胶坝。

怀柔再生水厂前身是怀柔污水处理厂，最初污水设计处理规模 1.5 万 m^3/d，出水水质为《污水综合排放标准》（GB 8978—2002）中的二级标准。2002 年怀柔污水处理厂升级改造并更名为怀柔再生水厂，日处理规模达到 5 万 m^3/d。2007 年怀柔再生水厂一期改造工程完成，工程采用除磷脱氮功能的 3AMBR 工艺（图 6-3），设计规模为 3.5 万 m^3/d。经过升级改造，怀柔再生水厂总污水处理能力为 7 万 m^3/d，出水水质标准满足北京市《水污染排放标准》（DB11/307—2013）中的一级 A 排放标准，具体设计进水、出水水质见表 6-1，出水主要用于怀河景观用水及市政杂用，2010 年再生水入河量 1700 万 m^3。

表 6-1　　　　　　　　　　怀柔再生水厂设计进水、出水水质

序号	水 质 指 标	设计进水水质	设计出水水质
1	pH 值	6.0～9.0	6.0～9.0
2	色度	—	≤10
3	COD_{Cr} 浓度/（mg/L）	≤500	≤40
4	BOD_5 浓度/（mg/L）	≤230	≤5
5	NH_4-N 浓度/（mg/L）	≤30	≤1

续表

序号	水　质　指　标	设计进水水质	设计出水水质
6	总磷浓度/(mg/L)	≤40	≤0.5
7	总氮浓度/(mg/L)	≤10	≤15
8	阴离子表面活性剂浓度/(mg/L)	—	≤0.5
9	粪大肠菌群/(个/L)	—	≤3
10	悬浮物浓度/(mg/L)	≤300	≤10

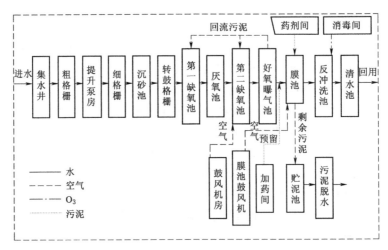

图 6-3　怀柔再生水厂工艺流程图

密云再生水厂的前身是檀州污水处理厂，2006 年由清华大学环境工程系膜技术研发与应用中心提供技术支持和设计，北京碧水源科技发展有限公司承接施工，升级改造后更名为密云再生水厂。该厂采用膜生物反应器（MBR）处理工艺（图 6-4），膜组件的清洗维护和整个系统运行全部实现自动控制，是我国首个日处理规模达万立方米级以上的 MBR 工程。项目设计规模为 4.5 万 m³/d，处理能力 1600 万 m³/年，出水水质标准满足

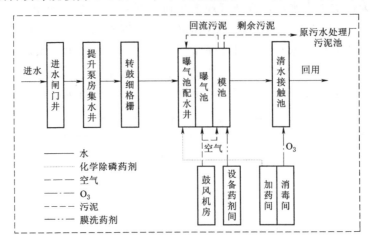

图 6-4　密云再生水厂工艺流程图

北京市《水污染排放标准》（DB11/307—2013）中的一级 A 排放标准，具体设计进水、出水水质见表 6-2，出水主要用于潮白河景观用水及市政杂用，2010 年密云再生水厂实际处理污水 919 万 m³。

表 6-2 密云再生水厂设计进水、出水水质

序号	水 质 指 标	设计进水水质	设计出水水质
1	pH 值	6.0～9.0	6.0～9.0
2	色度	≤50	≤30
3	嗅	—	无不快感
4	浊度/(NTU)	—	≤5
5	COD_{cr} 浓度/(mg/L)	≤100	—
6	BOD_5 浓度/(mg/L)	≤40	≤6
7	NH_4-N 浓度/(mg/L)	≤25	≤5
8	总磷浓度/(mg/L)	≤1.5	≤0.5
9	阴离子表面活性剂浓度/(mg/L)	≤5	≤0.5
10	DO 浓度/(mg/L)	—	≥1.0
11	粪大肠菌群/(个/L)	—	≤3
12	SS 浓度/(mg/L)	≤80	≤10
13	石油类浓度/(mg/L)	≤5	≤1.0

比较两再生水厂设计出水水质指标，怀柔再生水厂的色度、BOD_5 和 NH_4-N 低于密云再生水厂对应指标；而 pH 值、总磷、SS、阴离子表面活性剂和粪大肠菌群与密云再生水厂对应指标相同。密云再生水厂与怀柔再生水厂设计出水水质比较见表 6-3。

表 6-3 密云再生水厂与怀柔再生水厂设计出水水质比较

类别	水 质 指 标	设 计 出 水 水 质	
		密云再生水厂	怀柔再生水厂
不同限值	色度	≤30	≤10
	BOD_5/(mg/L)	≤6	≤5
	NH_4-N/(mg/L)	≤5	≤1
相同限值	pH 值	6.0～9.0	6.0～9.0
	总磷/(mg/L)	≤0.5	≤0.5
	阴离子表面活性剂/(mg/L)	≤0.5	≤0.5
	粪大肠菌群/(个/L)	≤3	≤3
	SS/(mg/L)	≤10	≤10

6.2.3.2 再生水厂出水无机组分特征

1. 怀柔再生水厂

2009 年 9 月—2010 年 11 月，共采集了 10 个怀柔再生水厂出水水样，每个水样共检测了 31 项指标，包括 pH 值、氨氮、硝酸盐氮、亚硝酸盐氮、总氮、总磷、总硬度、总

溶解固体及高锰酸盐指数等，其中 pH 值最大为 8.30，最小为 7.59，均值为 7.87，色度检出范围在 10～30 之间，锰、铁、铝、钡、砷、挥发性酚及阴离子表面活性剂含量低，出水浑浊度小，无异味。

出水中总氮和硝酸盐氮含量呈波动性变化，其中总氮绝大多数在 10mg/L 以上，最高值达 23.3mg/L，而硝酸盐氮含量为 5.08～13.2mg/L，均值为 8.40mg/L；氨氮、亚硝酸盐氮和总磷含量较低，其中氨氮大多在 0.7mg/L 以下，仅 2009 年 2 个水样中氨氮浓度大于 1.0mg/L；亚硝酸盐氮含量为 0.003～0.66mg/L，均值为 0.22mg/L，总磷含量为 0.05～0.61mg/L，均值为 0.26mg/L。怀柔再生水厂出水中各类氮及磷检出分析如图 6-5 所示。

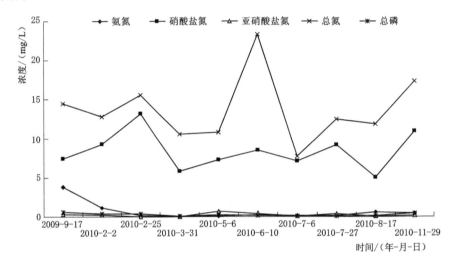

图 6-5　怀柔再生水厂出水中各类氮及磷检出分析图

出水中钾、镁离子含量较为稳定，前者大多在 17.0mg/L 左右，后者大多维持在 27mg/L 上下；钠离子含量总体呈先降后升之势，最低值为 110mg/L，最高值为 175mg/L，均值为 137.7mg/L；钙离子含量呈波动性变化，含量为 40.3～91.5mg/L，均值为 74.3mg/L。比较此四种阳离子含量，按大小排列顺序为：钠离子、钙离子、镁离子、钾离子。怀柔再生水厂出水中钾、钠、钙和镁离子检出分析如图 6-6 所示。

出水中氯离子含量相对较为稳定，在 150mg/L 上下变化；碳酸氢根离子呈降—升—稳定趋势，最大值为 390mg/L，最小值为 198mg/L，2010 年 6 月后基本稳定在 320mg/L 左右；硫酸根离子在 2010 年 2 月 2 日后总体呈现先降后升的趋势，最大值 282mg/L，最小值 65.7mg/L，均值为 109.4mg/L，但大多数含量在 100mg/L 以下。比较此三者阴离子含量，按大小排列顺序为：碳酸氢根离子、氯离子、硫酸根离子。怀柔再生水厂出水中氯离子、硫酸根离子和碳酸氢根离子检出分析如图 6-7 所示。

出水中总硬度和溶解性总固体变化基本趋势一致，其中总硬度 2010 年 2 月 2 日检出值最大，为 466mg/L，其他检出值多在 300mg/L 左右；溶解性总固体检出最大值也出现在 2010 年 2 月 2 日水样中，为 1060mg/L，其他检出值多在 700～800mg/L 间变化。怀柔再生水厂出水中总硬度和溶解性总固体检出分析如图 6-8 所示。

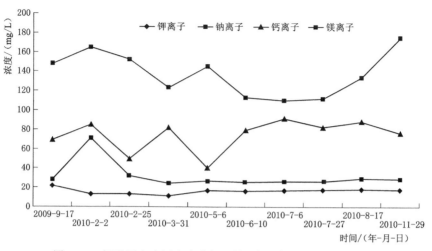

图 6-6 怀柔再生水厂出水中钾、钠、钙和镁离子检出分析图

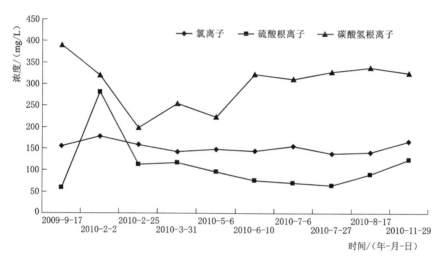

图 6-7 怀柔再生水厂出水中氯离子、硫酸根离子和碳酸氢根离子检出分析图

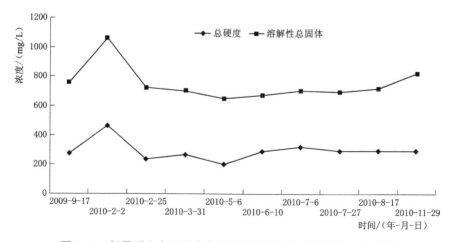

图 6-8 怀柔再生水厂出水中总硬度和溶解性总固体检出分析图

出水中高锰酸钾指数呈现先升后降的趋势，最大检出值为 15.3mg/L，最小检出值为 5.38mg/L，均值为 8.1mg/L；溶解氧在 5.9～15.5mg/L，但大多集中在 7mg/L 左右；BOD_5 共检测了 7 次，一般在 2.0mg/L 以下，最大值达到 15.8mg/L。怀柔再生水厂出水中溶解氧、BOD_5 和高锰酸盐指数检出分析如图 6-9 所示。

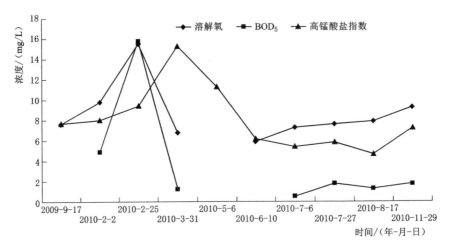

图 6-9　怀柔再生水厂出水中溶解氧、BOD_5 和高锰酸盐指数检出分析图

2. 密云再生水厂出水无机组分特征

2009 年 9 月—2010 年 11 月，共采集了 11 个密云再生水厂出水水样，每个水样共检测了 31 项指标，其中 pH 值最大为 8.04，最小为 7.18，均值为 7.57，色度检出范围在 15～30 之间，锰、铁、铝、钡、砷、挥发性酚及阴离子表面活性剂含量低，出水浑浊度小，无异味。

出水中总氮和硝酸盐氮含量呈现波动型变化，其中总氮含量为 59.6～89.6mg/L，均值为 67.63mg/L；硝酸盐氮含量在 35.9～83mg/L 之间变化，均值为 57.5mg/L；氨氮含量为 0.02～0.93mg/L，均值为 0.26mg/L；亚硝酸盐氮含量多在 10^{-2} 数量级；总磷含量在 1.35～6.32mg/L 之间，均值为 2.53mg/L。密云再生水厂出水中各类氮及总磷检出分析如图 6-10 所示。

出水中钾、镁离子含量较为稳定，前者多在 22～29mg/L 变化，均值为 25.6mg/L，后者检出值多在 30mg/L 左右；钠离子含量在 107～197mg/L 波动，均值为 162.5mg/L；钙离子含量尽管也有一定波动，但范围较小，其均值为 82.3mg/L。比较此四种阳离子含量，按大小排列顺序为：钠离子、钙离子、镁离子、钾离子。密云再生水厂出水中钾、钠、钙和镁检出分析如图 6-11 所示。

出水中氯离子含量总体相对稳定，在 170mg/L 上下变化；碳酸氢根离子含量总体呈先升后降趋势，最大值为 2010 年 7 月 5 日的检测结果 362mg/L，最小值为 2010 年 11 月 29 日的检测结果 124mg/L，均值为 211mg/L；硫酸根离子在 2010 年后变幅不大，检出值在 64.1～113mg/L，均值为 79.3mg/L。比较此三者阴离子含量，按大小排列顺序为：碳酸氢根离子、氯离子、硫酸根离子。密云再生水厂出水中氯离子、硫酸根离子和碳酸氢根离子检出分析如图 6-12 所示。

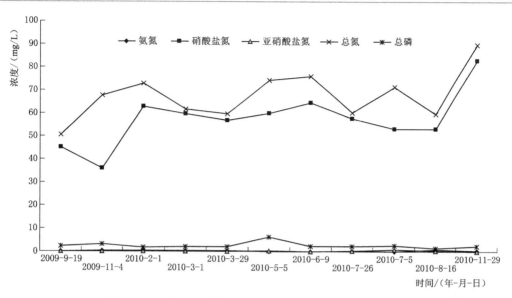

图 6-10 密云再生水厂出水中各类氮及总磷检出分析图

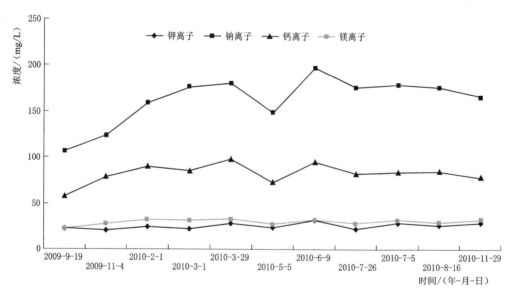

图 6-11 密云再生水厂出水中钾、钠、钙和镁检出分析图

出水中总硬度值基本稳定，大多数在 300mg/L；溶解性总固体含量在 2010 年 7 月 26 号前水样中呈现较大波动性，检出值在 634～1180mg/L 变动，其后趋于稳定，检出值均在 1020mg/L 左右。密云再生水厂出水中总硬度和溶解性总固体检出分析如图 6-13 所示。

出水中高锰酸盐指数呈现锯状变化，最大检出值为 10.4mg/L，最小检出值为 2.32mg/L，均值为 7.19mg/L；溶解氧总体呈先降后升的趋势，变幅较小，在 6.6～10.3mg/L；BOD_5 共检测了 8 次，一般在 2.0mg/L 以下，最大值为 6.6mg/L。密云再生水厂出水中溶解氧、BOD_5 和高锰酸盐指数检出分析如图 6-14 所示。

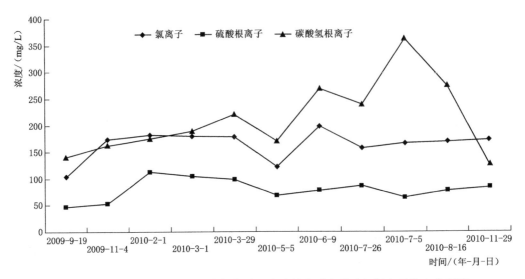

图 6-12 密云再生水厂出水中氯离子、硫酸根离子和碳酸氢根离子检出分析图

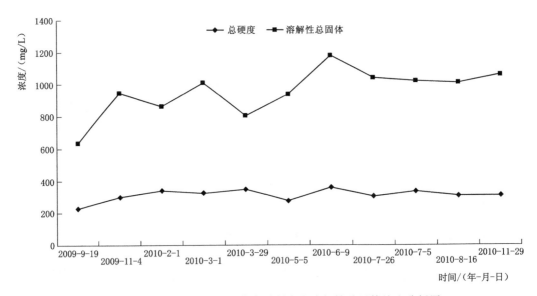

图 6-13 密云再生水厂出水中总硬度和溶解性总固体检出分析图

6.2.3.3 再生水厂出水有机组分特征

2009—2010 年，对怀柔再生水厂和密云再生水厂出水的有机组分各检测了 3 次，第一次检测组分为挥发性有机物（VOCs，共 54 个指标）；第二次和第三次检测组分除 54 个 VOCs 组分外，还有多环芳烃（PAHs，16 个指标）、有机氯农药（OCPs，14 个指标）和邻苯二甲酸酯（PAEs，6 个指标），共 90 个指标。

1. 再生水厂出水挥发性有机物（VOCs）

检测的 VOCs 组分包括卤代烃和苯系物两类，其中卤代烃组分 30 个，包括氯乙烯、1,1-二氯乙烯、二氯甲烷、反-1,2-二氯乙烯、1,1-二氯乙烷、顺-1,2-二氯乙烯、

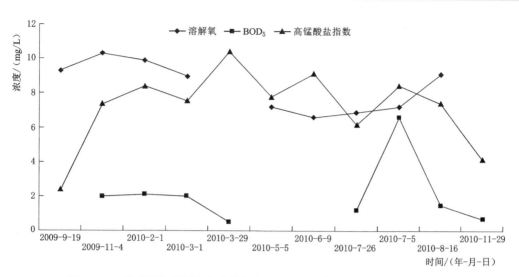

图 6-14　密云再生水厂出水中溶解氧、BOD₅ 和高锰酸盐指数检出分析图

2,2-二氯丙烷、三氯甲烷、溴氯甲烷、1,1,1-三氯乙烷、1,2-二氯乙烷、1,1-二氯丙烯、四氯化碳、三氯乙烯、1,2-二氯丙烷、二溴甲烷、一溴二氯甲烷、顺-1,3-二氯丙烯、反-1,3-二氯丙烯、1,1,2-三氯乙烷、1,3-二氯丙烷、二溴一氯甲烷、四氯乙烯、1,2-二溴乙烷、1,1,1,2-四氯乙烷、三溴甲烷、1,1,2,2-四氯乙烷、1,2,3-三氯丙烷、1,2-二溴-3-氯丙烷、六氯丁二烯；苯系物组分 23 个，分别是苯、甲苯、乙苯、间＋对二甲苯、苯乙烯、邻二甲苯、异丙苯、正丙苯、1,3,5-三甲苯、叔丁基苯、1,2,4-三甲苯、异丁基苯、对异丙基甲苯、正丁基苯、氯苯、溴苯、邻氯甲苯、对氯甲苯、间二氯苯、对二氯苯、邻二氯苯、1,2,4-三氯苯、1,2,3-三氯苯。

两座再生水厂出水 54 种 VOCs 组分中仅有少数检出，其中密云再生水厂出水 3 次均检出三氯甲烷，浓度依次为 $3.14\mu g/L$、$3.61\mu g/L$ 和 $0.69\mu g/L$，但第一次和第二次除三氯甲烷检测外，其他 VOCs 组分无检出，而第三次检出了二氯甲烷、三氯甲烷、四氯乙烯和 1,2-二氯丙烷等 4 种 VOCs 组分；怀柔再生水厂出水每次检出 VOCs 组分不尽相同，第一次检出 1,2-二溴-3-氯丙烷和 1,2,4-三氯苯，第二次检出四氯化碳、三氯甲烷和 1,2-二氯乙烷，而第三次检出的是二氯甲烷、三氯甲烷、1,2-二氯乙烷和 1,2-二氯丙烷，除四氯化碳检出浓度较高为 $18\mu g/L$ 外，其他检测组分浓度均在 10^{0} 数量级。根据 US EPA 癌症危害评价，检出的 VOCs 组分中四氯化碳、二氯甲烷、三氯甲烷、1,2-二氯乙烷、1,2,4-三氯苯和 1,2-二氯丙烷等 6 种 VOCs 组分癌症危害为 B₂ 类，1,2,4-三氯苯的癌症危害为 D 类，四氯乙烯的癌症危害没有给出类别。

说明：US EPA 将致癌物分为 5 类：A 类为人类致癌物；B 类为很可能人类致癌物，其中 B₁ 类为人类资料为"证据有限"但动物资料为"致癌证据充分"，B₂ 类为动物"致癌证据充分"但人类资料"无"或"不足"；C 类为可能人类致癌物；D 类为不能确定是否为人类致癌物；E 类为对人类致癌性无证据。

2. 再生水厂出水多环芳烃（PAHs）

PAHs 为分子中包括 2 个或 2 个以上苯环类结构以稠环、联苯环等形式连接在一起，分子量为 178～300 的碳氢化合物。按照物理化学性质多环芳烃主要分为两大类。

两座再生水厂出水水样中每个水样均检测了 16 种 PAHs 组分，包括萘、苊烯、二氢苊、芴、菲、蒽、屈、荧蒽、芘、苯并（α）蒽、苯芘（b）荧蒽、苯并（k）荧蒽、苯并（α）芘、茚并（1，2，3-cd）芘、二苯并（a，h）蒽、苯并（g，h，i）芘。第一次检测结果显示，两座再生水厂出水中各有 5 种 PAHs 检出，密云再生水厂的为菲、蒽、芘、荧蒽和苯并（α）蒽，怀柔再生水厂的为菲、蒽、芘、屈和苯并（α）蒽，总体上密云再生水厂 PAHs 组分检出浓度高于怀柔再生水厂的相应检出组分。第二次检测结果中，密云再生水厂仅检出菲和蒽，而怀柔再生水厂 PAHs 组分无检出。根据 US EPA 癌症危害评价，检出的组分中菲、屈和苯并（α）蒽的癌症危害为 B_2 类，蒽、荧蒽和芘的癌症危害为 D 类。

3. 再生水厂出水有机氯农药（OCPs）

两座再生水厂出水每个水样检测了 14 种 OCPs 组分，包括 α-六六六、β-六六六、δ-六六六、γ-六六六、4，4′-DDE、2，4′-DDT、4，4′-DDD、4，4′-DDT、七氯、六氯苯、艾氏剂、异狄剂、异狄氏剂和七氯环氧。

第一次检测中，密云再生水厂出水中共检测出 6 种 OCPs 组分，分别为 β-六六六、γ-六六六、4，4′-DDE、4，4′-DDD、七氯和艾氏剂，检出浓度绝大多数在 100 数量级，怀柔再生水厂出水检测出 4，4′-DDD、七氯和艾氏剂等 3 种组分，检出浓度也在 100 数量级。第二次检测时，两座再生水厂的 OCPs 检出组分与第一次比明显减少，其中密云再生水厂检出 β-六六六、七氯和艾氏剂，而怀柔再生水厂无 OCPs 检出。在所有检出组分中 β-六六六、γ-六六六癌症危害为 A 类，七氯和艾氏剂癌症危害为 B_2 类。

4. 再生水厂出水邻苯二甲酸酯（PAEs）

两座再生水厂出水每个水样检测了 6 种 PAEs 组分，包括邻苯二甲酸二甲酯（DMP）、邻本二甲酸二乙酯（DEP）、邻苯二甲酸二正丁酯（DnBP）、邻苯二甲酸丁基苄基酯（BBP）、邻苯二甲酸二正辛酯（DnOP）、邻苯二甲酸二（2-乙基己基）酯（DEHP）。第一次检测中，密云再生水厂出水检测出 DMP、DEP 和 DEHP 等 3 种组分，怀柔再生水厂检测出 DEP 和 DEHP 组分。两座再生水厂 DEHP 的检出浓度较大，在 10^3 数量级。第二次检测时，密云再生水厂出水检出 DEHP 和 DnOP，怀柔再生水厂仅检出 DEHP，此次检出的 DEHP 浓度较第一次的小。检出组分癌症危害最大的组分为 DEHP，为 B_2 类。

6.2.3.4　再生水厂出水主要组分评价

由于两座再生水厂出水主要作为景观环境用水，因此依据《城市污水再生利用　景观环境用水水质》（GB/T 18921—2002）和《地表水环境质量标准》（GB 3838—2002），对两座再生水厂出水主要组分开展评价，评价组分包括 pH 值、BOD_5、DO、高锰酸盐指数、粪大肠菌群、浊度、色度、总磷、总氮、氨氮、阴离子表面活性剂，且各组分评价值以检出均值表示。评价结果表明：密云再生水厂出水除总磷和总氮外，其他组分均符合 GB/T 18921—2002 要求，其中总磷值为河道类规定限值 2.5 倍，总氮值超过规定限值的 4 倍。密云再生水厂出水主要组分检出值与 GB 3838—2002 标准比较，高锰酸盐指数属于 Ⅳ，总磷值为 2.53mg/L，超过地表水 Ⅴ 类标准（0.3mg/L）的 8 倍，属于劣 Ⅴ 类，总氮值为 67.63mg/L，超过地表水 Ⅴ 类标准（2mg/L）的 32 倍，属于劣 Ⅴ 类，pH 值、

BOD_5、DO、氨氮和阴离子表面活性剂等组分评价结果均在地表水Ⅲ类标准以内。怀柔再生水厂出水主要检出组分均符合 GB/T 18921—2002 要求，与 GB 3838—2002 标准比较，高锰酸盐指数属于Ⅳ类，总磷值为 0.26mg/L，属于Ⅴ类，总氮值为 13.71mg/L，超过地表水Ⅴ类标准（2mg/L）的 8 倍，属于劣Ⅴ类，pH 值、BOD_5、DO、氨氮和阴离子表面活性剂等组分评价结果均满足地表水Ⅲ类标准。密云及怀柔再生水厂出水主要检出指标评价见表 6-4。

表 6-4 密云及怀柔再生水厂出水主要检出指标评价结果

组　　分	密云再生水厂出水	怀柔再生水厂出水	GB/T 18921—2002（再生水）	GB 3838—2002（地表水）
pH 值	7.58	7.87	6～9	6～9
BOD_5 浓度/(mg/L)	1.43	1.92	≤10（观赏河道）≤6（其他类）	≤3（Ⅰ、Ⅱ类）
DO 浓度/(mg/L)	8.36	8.63	≥1.5（观赏类）≥2.0（娱乐类）	≥7.5（Ⅰ类）
高锰酸盐指数/(mg/L)	7.19	8.09	—	≤10（Ⅳ类）
浊度/(NTU)	2.22	1.50	5.0（娱乐类）	—
色度	28	17	≤30	—
总磷浓度/(mg/L)	2.53	0.26	≤0.5（湖泊、水景类）≤1.0（河道类）	≤0.3（Ⅴ类）
总氮浓度/(mg/L)	67.63	13.71	≤15	≤2（Ⅴ类）
氨氮浓度/(mg/L)	0.26	0.70	≤5	≤0.5（Ⅱ类）≤1（Ⅲ类）
阴离子表面活性剂浓度/(mg/L)	0.09	0.08	≤0.5	≤0.2（Ⅰ～Ⅲ类）
四氯化碳浓度/(mg/L)	—	0.018	0.03（以日计）选择性指标	—
三氯甲烷浓度/(mg/L)	2.3×10^{-3}	1.4×10^{-3}	0.3（以日计）选择性指标	—
四氯乙烯浓度/(mg/L)	0.29×10^{-3}	—	0.1（以日计）选择性指标	—
邻苯二甲酸酯浓度/(mg/L)	0.21×10^{-3}		0.1（以日计）选择性指标	

　　两个标准中没有规定 DEHP 的限值，但 DEHP 在两座再生水厂出水中每次均有检出，而且浓度相对较大。DEHP 是一类能起到软化作用的化学制品，普遍应用于玩具、食品包装材料、医用血袋和胶管、乙烯地板和壁纸、清洁剂、润滑油、个人护理用品（如指甲油、头发喷雾剂、香皂和洗发液）等数百种产品中。DEHP 主要有以下两方面的危害：①危害儿童的肝脏和肾脏，引起儿童性早熟；②在人体和动物体内发挥着类似雌性激素的作用，可干扰内分泌，使男子精液量和精子数量减少，精子运动能力低下，精子形态异常，严重的会导致睾丸癌，是造成男子生殖问题的"罪魁祸首"。因此，对研究区有机物的监测结果一定要引起重视。

6.3　典型再生水入渗区地下水质变化规律分析

6.3.1　水质监测剖面水质变化规律

6.3.1.1　南菜园-1#井-2#井-4#井-3#井-平头剖面

该剖面为密云再生水厂河道排放口处平行地下水水流剖面。由于再生水与地下水之间的水质差异主要表现为氯离子（Cl^-）、钠离子（Na^+）、钾离子（K^+）、氨氮（NH_3-N）、硝态氮（NO_3-N）、亚硝态氮（NO_2-N）、高锰酸盐指数（COD_{Mn}）、硬度（TH）等，因此标识再生水入渗对地下水的影响程度，主要根据这些指标的浓度变化进行判断。

根据6眼井2009年9月、2010年5月和2010年9月剖面上 Cl^-、Na^+、K^+、NH_3-N、NO_3-N、NO_2-N、COD_{Mn}、TH 等8种水质指标的浓度分布（图6-15～图6-22），可以看出，Cl^-、Na^+、K^+、NH_3-N、NO_2-N、COD_{Mn} 的浓度均表现为 1#～4#井的浓度显著高于南菜园和平头监测井，而 1#～4#井的总硬度（TH）则明显低于南菜园和平头。硝态氮的浓度对比则不显著，一方面，6眼井的硝态氮浓度均较高；另一

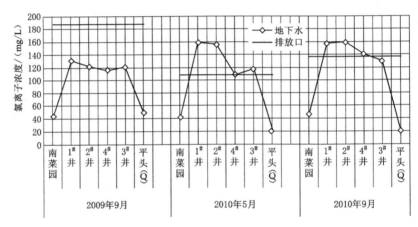

图6-15　不同时刻剖面上氯离子浓度分布

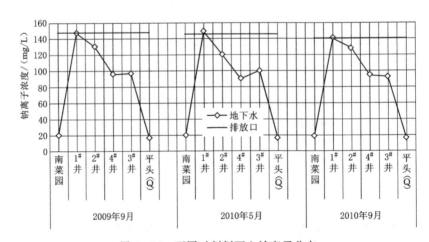

图6-16　不同时刻剖面上钠离子分布

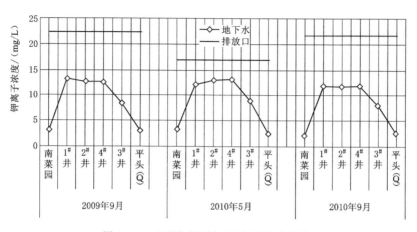

图 6-17 不同时间剖面上钾子浓度分布

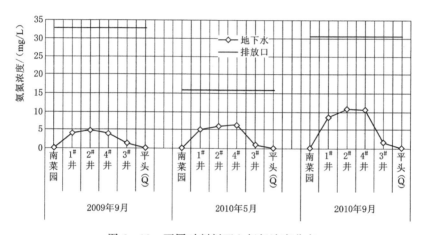

图 6-18 不同时刻剖面上氨氮浓度分布

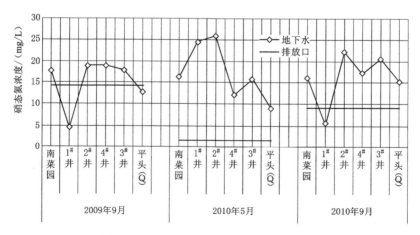

图 6-19 不同时间剖面上硝态氮浓度分布

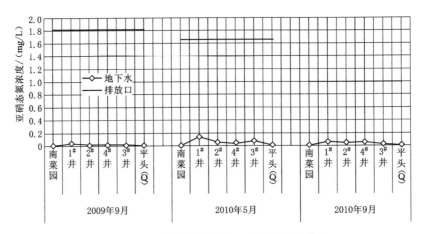

图 6-20 不同时刻剖面上亚硝态氮浓度分布

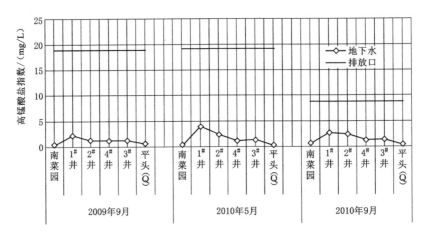

图 6-21 不同时刻剖面上高锰酸盐指数分布

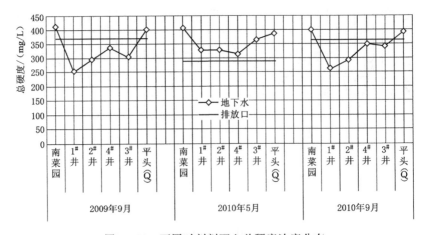

图 6-22 不同时刻剖面上总硬度浓度分布

方面，再生水入渗过程中受到硝化作用的影响。但根据其余 7 种组分的浓度对比，可以判断出 1#～4# 井明显受到再生水的影响，南菜园和平头受再生水入渗的影响可能性较小。

南菜园位于再生水排放口的北部，即地下水流向的上游，不可能受再生水入渗影响，而平头位于地下水流向下游，存在受影响的可能性。根据南菜园和平头上述 8 种水质指标的长期监测数据，可判断再生水入渗是否对它们产生影响。

从再生水排放口上游南菜园监测井中上述 8 种指标的水质历史变化曲线（图 6-23）可知，2009 年 4 月—2010 年 11 月，各水质指标的浓度变化非常平稳，不论从地下水流向，还是从各水质指标浓度变化趋势的角度看，南菜园均未受到再生水入渗的影响。

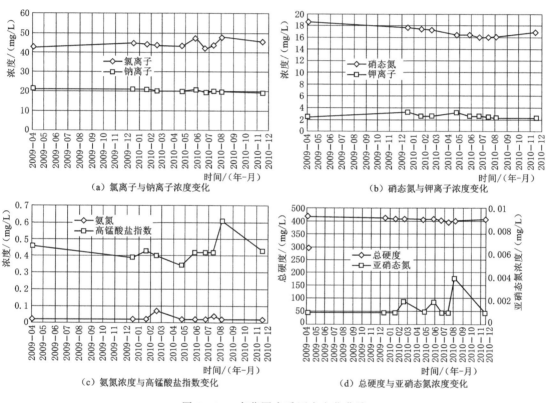

图 6-23　南菜园水质历史变化曲线

根据平头 4 年（2006 年 4 月—2010 年 7 月）上述 8 种指标的水质历史变化曲线（图 6-24）可知，各指标浓度变幅虽然较大，但水质浓度未在波动过程中呈现升高的变化趋势，表明河道再生水入渗至地下后，尽管各无机组分随水流向下游迁移，但尚未影响到平头。

6.3.1.2　靳各寨浅井-排山公司-河槽 1-河槽 2-3# 井-1# 井-潮白河管理所-北单家庄

该剖面垂直于地下水流向。为反映潮白河再生水排放对两侧地下水环境的影响，该剖面涵盖河道两侧 2.5km 范围内的水质监测井。根据剖面上各监测井 Cl^-、Na^+、K^+、NH_3-N、NO_3-N、NO_2-N、COD_{Mn}、TH 等 8 种组分浓度的变化（图 6-25）可

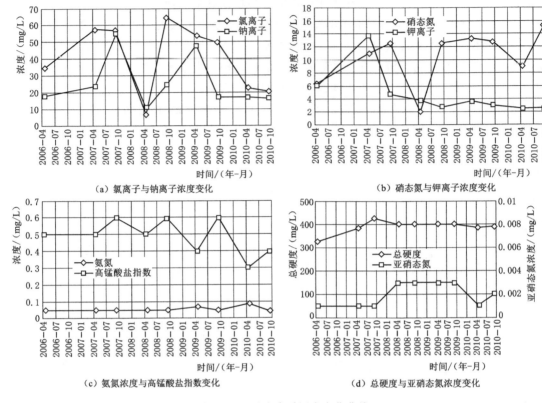

图 6-24　平头水质历史变化曲线

以看出：

（1）1#井和 3#井的 Cl^-、Na^+、K^+、$NH_3 - N$、$NO_2 - N$、COD_{Mn} 的浓度明显高于两侧监测井，而其总硬度明显低于两侧监测井。

（2）根据 2009 年 2 月—2010 年 11 月将近 2 年各水质指标的浓度变化可知，河道两侧的监测井水质浓度变化较为平稳，尤其是可以表征再生水与地下水水质差异性的 Na^+、Cl^-、K^+、COD_{Mn} 的浓度非常稳定，未呈现出浓度上升的趋势，两侧井的总硬度（TH）也未呈现出下降的趋势。

（3）2009 年 2 月—2011 年 2 月，2 年的监测数据对于判定水质变化趋势而言虽然较短，但其平稳变化可表明：再生水入渗很可能未影响到两侧监测井，在地下水水流作用下，再生水入渗地下后将会沿流线向下游迁移，而向两侧扩散有限，即使已对两侧监测井产生影响，其影响程度较小。

密云区内靳各寨剖面长期水质监测井只有 3 个，即沙河（1999 年至今）、西田各庄（2003 年至今）和十里堡（2003 年至今）。其中，十里堡监测井据再生水排放河道最近，约 1.3km。根据 3 个监测井的水质浓度历史变化可知，十里堡 $NH_4 - N$、COD_{Mn} 变化较为平稳，而 Cl^-、$NO_3 - N$、Na^+ 和总硬度则表现出显著的升高态势。据已有资料，密云再生水厂的前身为檀州污水处理厂，建于 1991 年，SBR 二级出水直接排入河道，入渗进入地下水，十里堡水质浓度升高的态势可能与再生水的排放密切联系。沙河监测井早

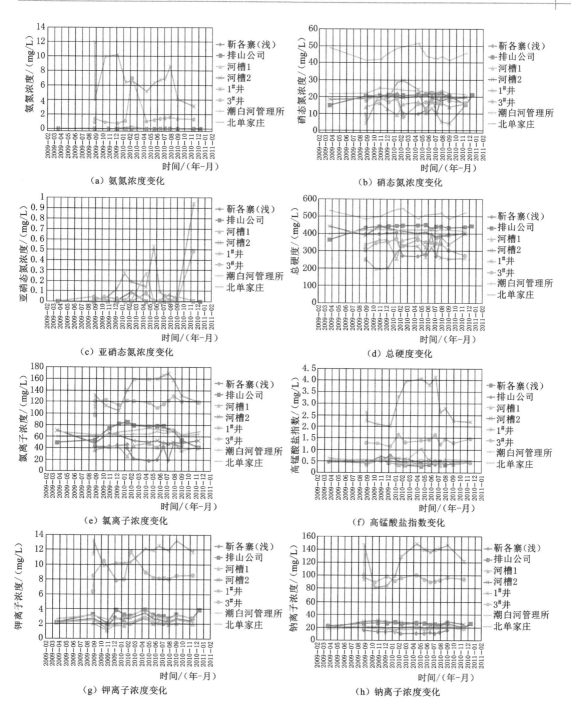

图 6-25 剖面上各监测井不同指标浓度变化

期明显受到污染,其 Cl^-、NO_3-N、Na^+ 和总硬度浓度经过初期的升高后已进入平稳状态。西田各庄监测井水质良好,但 Cl^-、NO_3-N、Na^+ 和总硬度浓度在长期变化中呈现升高态势,但升幅较小。靳各寨剖面水质历史变化曲线如图 6-26 所示。

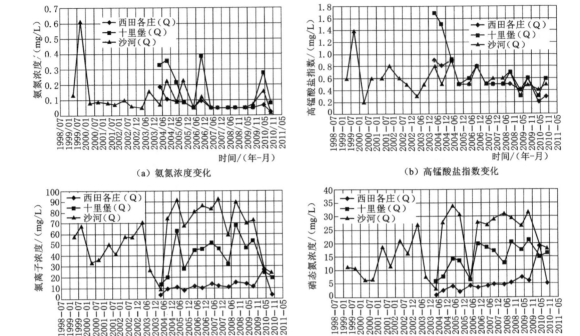

（a）氨氮浓度变化　　　　　　　　　　　　（b）高锰酸盐指数变化

（c）氯离子浓度变化　　　　　　　　　　　　（d）硝态氮浓度变化

图 6-26　靳各寨剖面水质历史变化曲线

6.3.2　地下水质量评价

6.3.2.1　地下水质量现状评价成果

采用研究区内 43 眼监测井 2010 年丰、枯两季的水质监测平均值开展评价，评价指标选用 pH 值、溶解性总固体、氯化物、硫酸盐、总硬度、高锰酸盐指数、氨氮、硝酸盐氮、亚硝酸盐氮、氟化物、砷、挥发酚、阴离子表面活性剂、铁、锰等 15 项指标，评价标准选用《地下水质量标准》（GB/T 14848—2017）。2010 年地下水水质综合评价分区如图 6-27 所示。

首先开展单项组分评价，划分组分所属质量类别；然后在此基础上，开展地下水质量综合评价。评价结果见表 6-5。

表 6-5　　　　　　　　　　　　地下水质量综合评价结果汇总表

序号	所属行政区	取样点	$\overline{F}$	F_{max}	F	地下水质量级别
1		庙城	0.40	1	0.76	优良
2		前辛庄	0.33	3	2.13	良好
3	怀柔	兴怀水厂	0.40	3	2.14	良好
4		桃山	0.47	3	2.15	良好
5		杨宋庄	0.47	3	2.15	良好
6		王化水厂	0.53	3	2.15	良好

续表

序号	所属行政区	取样点	$\overline{F}$	$F_{\max}$	F	地下水质量级别
7	怀柔	前桥梓	0.60	3	2.16	良好
8		梭草	0.60	3	2.16	良好
9		雁栖水厂	0.60	3	2.16	良好
10		大杜两河奶牛场	0.87	3	2.21	良好
11		群英昊	0.87	3	2.21	良好
12		小杜两河菜园	0.87	3	2.21	良好
13		怀北庄	0.93	3	2.22	良好
14		肖两河菜园	0.93	3	2.22	良好
15		小杜两河养殖区	1.13	3	2.27	良好
16		大杜两河果园	1.33	3	2.32	良好
17	密云	葡萄园	0.40	3	2.14	良好
18		十里堡	1.00	6	4.30	较差
19		沙河	1.07	6	4.31	较差
20		西田各庄	0.47	3	2.15	良好
21		东白岩	0.73	3	2.18	良好
22		平头	0.80	3	2.20	良好
23		靳各寨	0.80	3	2.20	良好
24		南菜园	1.00	3	2.24	良好
25		排山公司	1.27	6	4.34	较差
26		潮白河管理所	1.80	6	4.43	较差
27		3#井	2.00	10	7.21	极差
28		北单家庄	2.07	10	7.22	极差
29		4#井	2.20	10	7.24	极差
30		2#井	2.73	10	7.33	极差
31		1#井	3.33	10	7.45	极差
32	顺义	马辛庄	0.73	3	2.18	良好
33		树行	0.73	3	2.18	良好
34		赵全营	0.73	3	2.18	良好
35		姚店	0.80	3	2.20	良好
36		第八水厂水源地	0.87	3	2.21	良好
37		小段	0.87	3	2.21	良好
38		东府	0.93	3	2.22	良好
39		西田各庄	1.00	3	2.24	良好
40		陈各庄	0.73	3	2.18	良好
41		西小营	1.00	6	4.30	较差

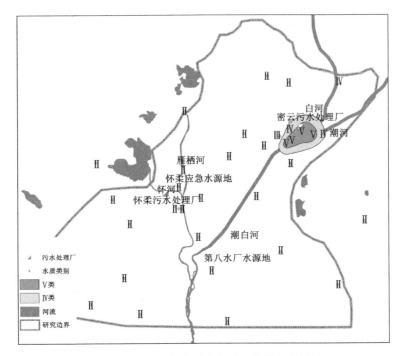

图 6-27　2010 年地下水水质综合评价分区图

　　从评价结果可以看到，怀柔目前地下水质普遍较好，水质均为Ⅱ类；顺义大部分地区水质属于Ⅱ类，局部地区地下水质为Ⅳ类；密云潮白河干流、潮河、白河周边地下水水质普遍较差，尤其是潮白河干流处水质为Ⅴ类，属于极差水。

　　从水质评价过程来看，研究区内地下水中的主要污染物为氨氮、硝酸盐氮、亚硝酸盐氮、总硬度、锰等，由于锰浓度高的原因一般为天然形成，因此针对硝酸盐氮、氨氮、亚硝酸盐氮和总硬度进一步开展了单项组分评价，并绘制了单项组分评价分区图，如图 6-28～图 6-31 所示。

　　由评价结果可以看到，密云地下水的主要污染物为氨氮、硝酸盐氮、亚硝酸盐氮、总硬度，其中亚硝酸盐氮和硝酸盐氮主要污染范围为潮河和白河交汇处，氨氮主要污染范围为潮白河干流密云段，总硬度主要污染范围为沙河、十里堡，以及北单家庄周边。顺义局部地区存在氨氮和总硬度超标现象，氨氮主要超标范围为西小营地区，总硬度主要超标范围为第八水厂水源地周边。怀柔水质则相对较好，地下水水质指标均满足地下水质量标准Ⅲ类标准。

6.3.2.2　舒卡列夫分类

　　根据水样中各宏量组分的毫克当量百分数（相对值），运用舒卡列夫分类法可判断地下水的水化学类型。毫克当量百分数分别以阴阳离子的毫克当量为 100%，求取各阴阳离子所占的毫克当量百分比。舒卡列夫分类根据地下水中的阳离子 Na^+、Ca^{2+}、Mg^{2+} 和地下水中的阴离子 HCO_3^-、Cl^-、SO_4^{2-} 的毫克当量百分数，将含量大于 25% 的毫克当量的阴离子和阳离子进行组合，划分水化学类型。

　　经毫克当量计算，并按照舒卡列夫分类，可知研究区受再生水回补影响的地下水监测

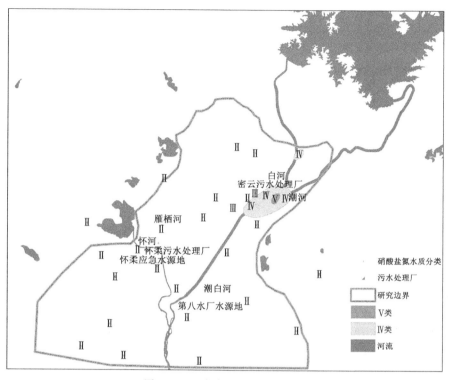

图 6-28　硝酸盐氮评价分区图

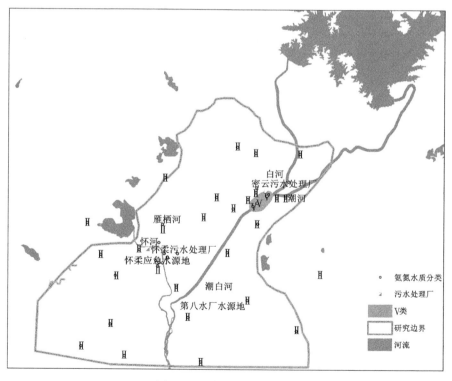

图 6-29　氨氮评价分区图

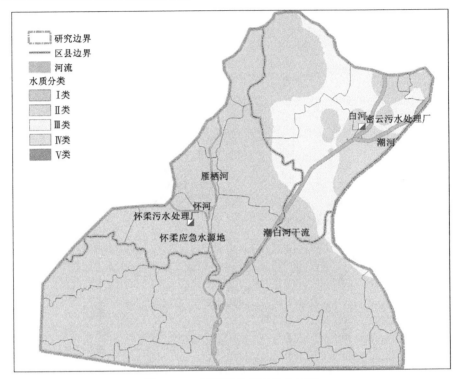

图6-30 亚硝酸盐氮评价分区图

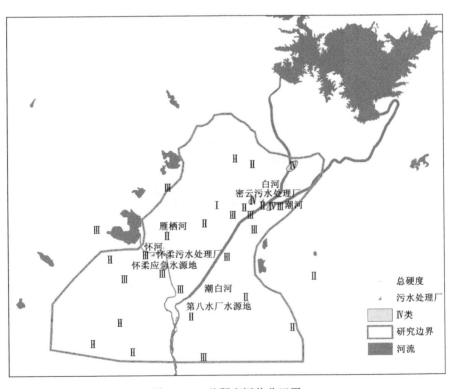

图6-31 总硬度评价分区图

井的水化学类型主要是 $HCO_3 \cdot Cl - Ca \cdot K$ 型与 $HCO_3 \cdot Cl - Ca \cdot K \cdot Mg$ 型，而未受再生水回补影响的地下水监测井的水化学类型则主要是 $HCO_3 - Ca$ 型与 $HCO_3 - Ca \cdot Mg$ 型。水化学类型见表 6-6。

表 6-6　　　　　　　　　　　　水　化　学　类　型

取样点	水化学类型	取样点	水化学类型	取样点	水化学类型
北房自来水	$HCO_3 - Ca \cdot Mg$	南菜园	$HCO_3 - Ca \cdot Mg$	桥梓广场	$HCO_3 - Ca \cdot Mg \cdot K$
白岩村	$HCO_3 - Ca$	驸马庄	$HCO_3 - Ca \cdot Mg$	群英昊	$HCO_3 \cdot Cl - Ca \cdot Mg$
河槽水厂西面	$HCO_3 - Ca \cdot Mg$	十里堡	$HCO_3 - Ca \cdot Mg$	前辛庄	$HCO_3 - Ca \cdot K$
杨辛庄	$HCO_3 - Ca \cdot Mg$	王化水厂	$HCO_3 - Ca \cdot Mg$	范各庄	$HCO_3 - Ca \cdot Mg$
十里堡统军庄	$HCO_3 - Ca \cdot Mg$	桃山	$HCO_3 - Ca \cdot Mg$	肖两河	$HCO_3 \cdot Cl - Ca \cdot Mg \cdot K$
王各庄 19 号	$HCO_3 - Ca \cdot Mg$	梭草	$HCO_3 - Ca \cdot Mg$	大杜两河河东	$HCO_3 \cdot Cl - Ca \cdot Mg \cdot K$
潮白河管理所	$HCO_3 - Ca \cdot Mg$	范各庄	$HCO_3 - Ca \cdot Mg$	1#井	$HCO_3 \cdot Cl - Ca \cdot K$
葛各庄	$HCO_3 - Ca \cdot Mg$	兴怀水厂	$HCO_3 - Ca$	2#井	$HCO_3 \cdot Cl - Ca \cdot K \cdot Mg$
河槽	$HCO_3 - Ca \cdot Mg$	前桥梓村东	$HCO_3 - Ca$	3#井	$HCO_3 \cdot Cl - Ca \cdot Mg$
北单家庄	$HCO_3 - Ca \cdot Mg$	沙河	$HCO_3 - Ca \cdot Mg$	4#井	$HCO_3 \cdot Cl - Ca \cdot K$
西田各庄	$HCO_3 - Ca \cdot Mg$	怀北庄	$HCO_3 - Ca$		
备用水源井	$HCO_3 - Ca$	杨宋庄	$HCO_3 - Ca \cdot Mg$		

6.3.2.3　Piper 三线图

研究区的水质类型可用 Piper 三线图（图 6-32）表示。

再生水入渗影响区地下水中的阳离子主要为 Na^+ 和 K^+，阴离子主要为 HCO_3^- 和 Cl^-，为溶滤作用和外来水源入渗的地下水，地下水与大气降水、地表水具有密切的水力联系，容易受到地表污染源的影响。

Piper 三线图直观反映出了不同位置的水化学类型的变化趋势。自近再生水排放口至远再生水排放口，近再生水排放口取样点和远再生水排放口取样点的集中分布区域明显不同，位于再生水排放口中间位置取样点处于过渡状态。

近再生水排放口地下水中的 Cl^- 和 SO_4^{2-} 的毫克当量百分比明显高于深层地下水，表明近再生水排放口地下水受到再生水影响较大，已受到一定程度的污染。

6.3.3　地下水位动态变化规律

采用研究区内 38 眼地下水位监测井 1999—2010 年数据开展分析。

6.3.3.1　研究区地下水位变化规律分析

1. 顺义

顺义共收集了 10 眼地下水监测井的水位监测数据，1999—2009 年 10 眼地下水位监测井的地下水位动态变化曲线如图 6-33 所示。

从图中可以看出，顺义地下水位随时间呈现出持续快速下降趋势，1999—2009 年，地下水水位平均下降了约 30m。

从降水量与地下水位变化关系来看，顺义大部分监测井受降水影响明显，基本呈现出春季下降，秋季上升的趋势，说明降水是大部分地区的主要补给来源。只有寺上监测井的

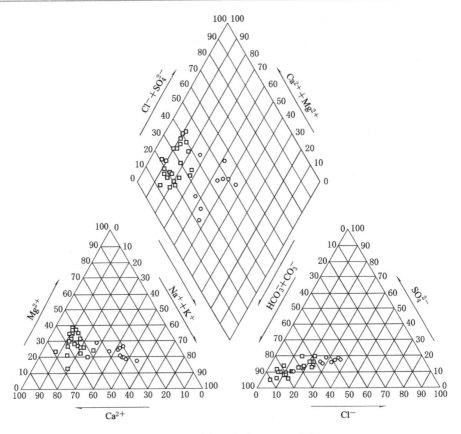

图 6-32 研究区水质 Piper 三线图

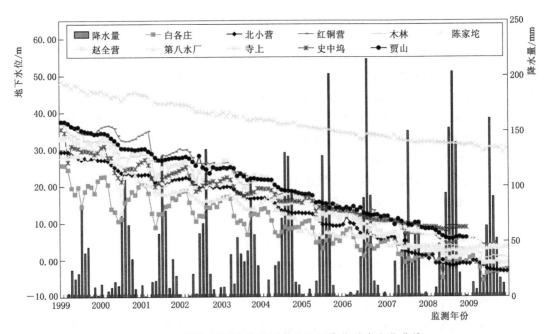

图 6-33 顺义地下水位监测井的地下水位动态变化曲线

水位随降水量曲线变化不明显，且地下水位下降幅度较小，分析其中原因，主要是由于寺上位于顺义北石槽镇，属于山前地下水补给区，侧向地下水补给在一定程度上减缓地下水位的下降趋势。

2. 怀柔

怀柔地下水位监测井的地下水位动态变化曲线如图6-34所示，由图可知大多数监测井的地下水位呈现出明显下降趋势，但桥梓、新丰和桃山监测井的地下水位下降速率较小。这主要是由于桥梓、新丰和桃山监测井位于山前地区，山区侧向补给在一定程度上减缓了地下水位的下降速率。此外，怀柔水库的渗漏对缓解地下水位下降速率也起到了一定作用。

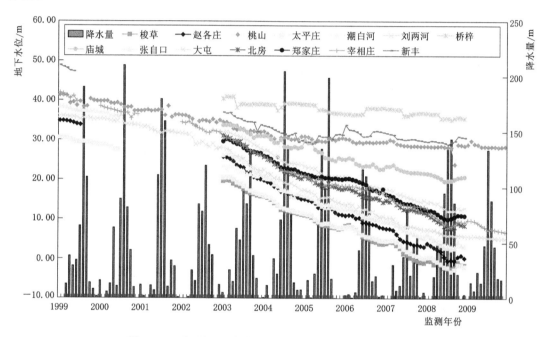

图6-34　怀柔地下水位监测井的地下水位动态变化曲线

3. 密云

密云的地下水位变化趋势呈现出明显的两个变化趋势：①河槽、大辛庄、统军庄、平头监测井的地下水位呈现持续下降趋势；②其他监测井的地下水位则基本处于比较平缓的趋势，分析其中原因，可能是由于其他监测井距离密云水库较近，地下水受到密云水库渗漏补给，因此没有明显下降趋势。密云地下水位监测井的地下水位动态变化曲线如图6-35所示。

从降水量与地下水位变化关系来看，密云地区地下水位随降水量呈现出一定的变化规律，由于该区开采强度相对于怀柔与顺义较小，同时还接受山区补给，部分监测井地下水水位变化较为平缓。

6.3.3.2　研究区地下水位等值线变化规律分析

对比分析研究区38眼地下水监测井不同年份数据，可以看到，研究区地下水位总体流向基本保持不变，为从东北至西南，但研究区地下水位总体呈现下降趋势，其中第八水

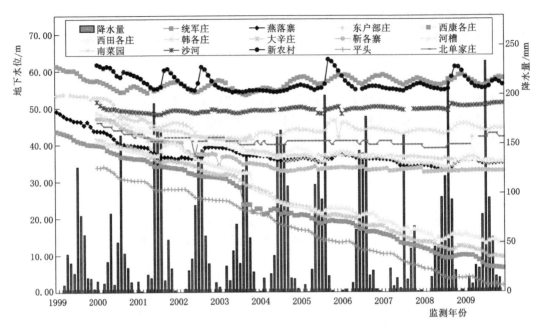

图 6-35　密云地下水位监测井的地下水位动态变化曲线

厂水源地、怀柔应急水源地和顺义牛栏山周边地区地下水位下降速率最快。第八水厂水源地地下水位下降主要受第八水厂、东府水源地和北小营水源地开采的影响，怀柔应急水源地地下水位下降主要受水厂应急开采影响，牛栏山水源地地下水位下降主要受顺义第二水源地、顺义第三水源地和赵全营水源地的开采所造成。

6.3.4　地下水水质动态变化规律

收集研究区地下水质监测井的监测数据并进行分析，监测时间为 2000—2010 年。研究区地下水质监测井分布如图 6-36 所示。

6.3.4.1　区域历史水质综合评价分析

由于研究区于 1999 年开始利用再生水作为景观用水，为了更好分析评价再生水对地下水的影响，十分有必要对研究区历史地下水水质情况进行分析评价，因此采用单因子指标法对受水区浅层地下水进行评价。为全面评价研究区地下水水质现状，本项目以《地下水质量标准》（GB/T 14848—2017）中检测项目为基础，结合地下水模型所需，并参考地下水质全样分析结果，共计检测项目 18 项，包括砷、氟化物、氯化物、硝酸盐氮、硫酸盐、pH 值、氨氮、氰化物、挥发酚、总硬度、亚硝酸盐、溶解性总固体、高锰酸盐指数、阴离子合成洗涤剂、肉眼可见物、嗅、浊度、色度。

1. 评价方法

对研究区地下水的质量现状评价分别采用单项组分评价方法和地下水质量综合评价方法。具体方法如下：

首先根据《地下水质量标准》（GB/T 14848—2017），进行单项组分评价，划分组分所属质量类别。对各类别按规定，分别确定单项组分评价分值 F_i。F_i 取值参考见表 6-7。

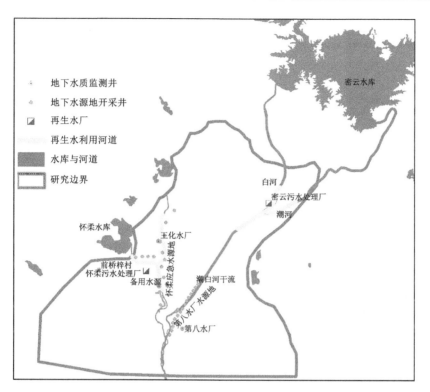

图 6-36　研究区地下水质监测井分布图

表 6-7 F_i 取 值 参 考

类别	Ⅰ	Ⅱ	Ⅲ	Ⅳ	Ⅴ
F_i	0	1	3	6	10

然后计算地下水质量综合评价分值 F，即

$$F = \sqrt{\frac{\overline{F}^2 + F_{\max}^2}{2}} \tag{6-1}$$

$$\overline{F} = \frac{1}{n} \sum_{i=1}^{n} F_i \tag{6-2}$$

式中　$\overline{F}$——各单项组分评分值 F_i 的平均值；

　　　$F_{\max}$——单项组分评价分值 F_i 的最大值；

　　　n——项数。

根据计算到的地下水质量综合评价分值 F，按规定划分地下水质量级别。地下水质量级别划分标准见表 6-8。

表 6-8 地下水质量级别划分标准

级别	优良	良好	较好	较差	极差
F	<0.80	0.80~2.50	2.50~4.25	4.25~7.20	>7.20

2. 综合评价成果

采用以上方法，对 2003 年、2005 年、2007 年的地下水水质进行了综合评价，如图 6-37～图 6-39 所示。

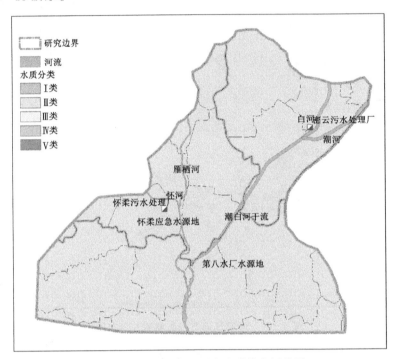

图 6-37 2003 年地下水水质综合评价图

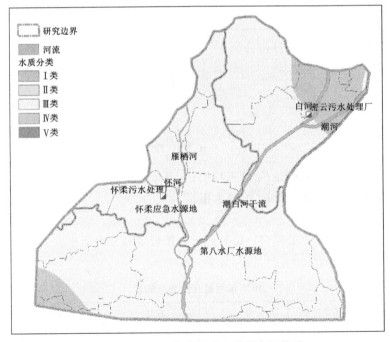

图 6-38 2005 年地下水水质综合评价图

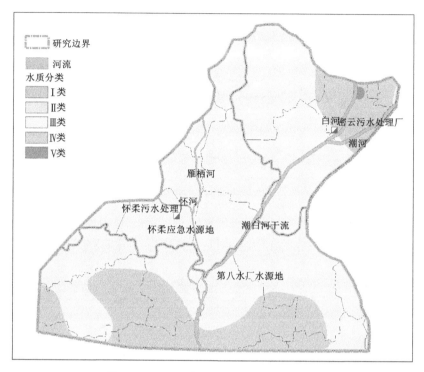

图 6-39　2007 年地下水水质综合评价图

分析综合评价结果，研究区的水质有逐渐变差的趋势。但可以看出 2003 年、2005 年、2007 年再生水影响区对地下水未产生显著影响。但不能说明再生水对地下水未产生影响。从地质环境条件分析，研究区缺乏具有隔污能力强的隔污层，属于地质环境脆弱、防污性能极差的区域。但从水文地质环境考虑，含水层岩石颗粒粗，孔隙大，地下水径流畅通，交替循环速度快，污染物难于滞留、积累。在再生水入渗补给地下水周边并无太多历史监测井，因此，为了更好地评价再生水对地下水环境的影响，对再生水利用区周边的地下水监测井进行加密显得十分重要。

6.3.4.2 典型监测井的水质变化规律分析

项目主要研究怀河，以及潮河、白河再生水入渗对周边地下水的影响，因此项目分别在怀河、潮河和白河周边选择典型监测井的长期地下水质监测数据进行水质变化规律分析。

1. 潮河及白河周边典型监测井地下水水质变化规律分析

主要选择时间序列比较长的十里堡、西田各庄和沙河监测井，对潮河、白河周边的地下水质变化规律进行分析，污染物主要选择了氯化物、硝酸盐氮、氨氮、亚硝酸盐氮、总硬度和高锰酸盐指数。各监测井不同污染物变化趋势如图 6-40～图 6-45 所示。

可以看到，无论是十里堡、西田各庄，还是沙河，监测井中的氯化物、总硬度和硝酸盐氮近年来均呈现出上升趋势，说明潮河、白河周边地下水近年来呈现出水质恶化趋势。监测结果显示，监测井中的高锰酸盐指数呈现出下降趋势，说明潮河和白河周边地下水环境主要处于氧化环境。氨氮和亚硝酸盐氮则没有明显的变化趋势，这可能与氨氮和亚硝酸盐氮检出浓度低有关。

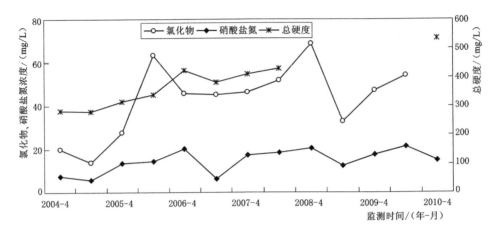

图 6-40   十里堡监测井氯化物、硝酸盐氮、总硬度变化趋势

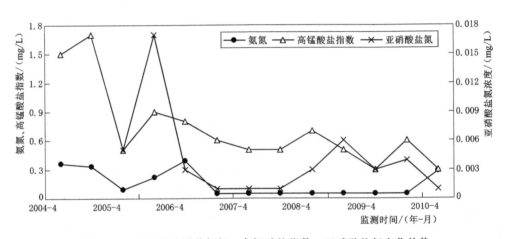

图 6-41   十里堡监测井氨氮、高锰酸盐指数、亚硝酸盐氮变化趋势

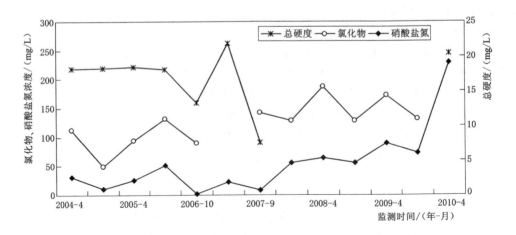

图 6-42   西田各庄监测井氯化物、硝酸盐氮、总硬度变化趋势

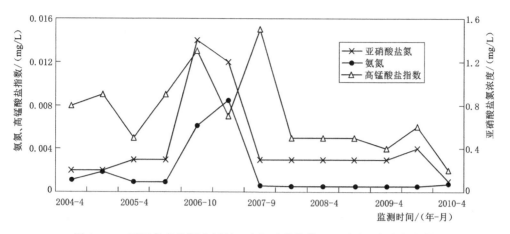

图 6-43 西田各庄监测井氨氮、高锰酸盐指数、亚硝酸盐氮变化趋势

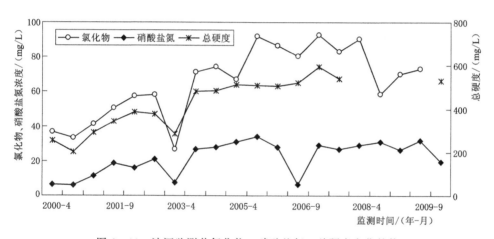

图 6-44 沙河监测井氯化物、硝酸盐氮、总硬度变化趋势

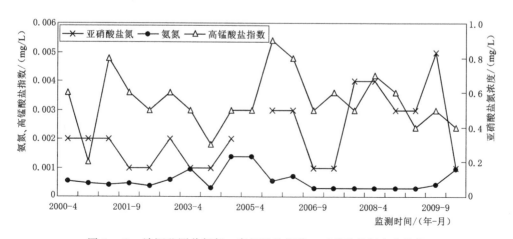

图 6-45 沙河监测井氨氮、高锰酸盐指数、亚硝酸盐氮变化趋势

2. 怀河周边典型监测井地下水水质变化规律分析

分别选择怀河周边的杨宋庄和梭草监测井，对怀河周边的地下水质变化规律进行分析，污染物主要选择了氯化物、硝酸盐氮、氨氮、亚硝酸盐氮、总硬度和高锰酸盐指数，各监测井不同污染物变化趋势如图 6-46～图 6-49 所示。

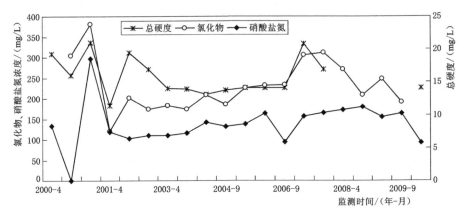

图 6-46　杨宋庄监测井氯化物、硝酸盐氮、总硬度变化趋势

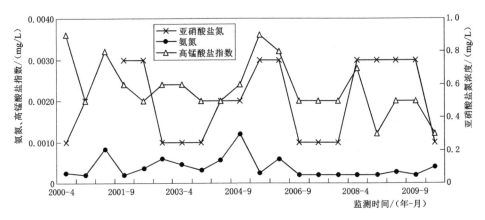

图 6-47　杨宋庄监测井氨氮、高锰酸盐指数、亚硝酸盐氮变化趋势

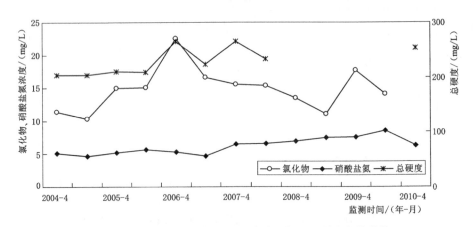

图 6-48　梭草监测井氯化物、硝酸盐氮、总硬度变化趋势

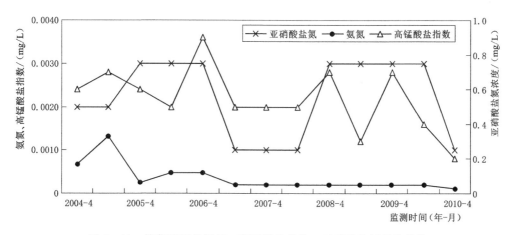

图6-49 梭草监测井氨氮、高锰酸盐指数、亚硝酸盐氮变化趋势

从污染物的浓度变化趋势来看，怀河周边监测井中的污染物浓度基本表现为反复的上升—下降趋势，没有明显的变化规律，这与水文地质调查结果相符。潮河和白河周边的含水层介质基本为单一的砂卵砾石层，因此污染物较容易渗入地下水中，而怀河周边的含水层介质为多层结构，在含水层之间夹有多层黏土层，这些黏土层在一定程度上阻滞了污染物向地下水中的迁移。

6.4 再生水入渗补给地下水同位素示踪研究

为进一步摸清再生水入渗对地下水的影响，拟采用同位素示踪对再生水补给地下水过程进行研究。

运用环境同位素（$\delta^{18}O$，δD，^3H 或 CFC）和水化学等，研究区域大气降水、再生水、地下水中环境同位素和水化学的组成，揭示流域水循环机理，为建立流域水量转换、溶质运移和水流系统模拟模型及流域水资源管理的决策支持系统奠定基础。具体研究内容为：①含水介质结构研究，即收集研究区有关取样孔资料，分析不同深度土样的物质组成、密度，以揭示含水介质的空间结构；②水循环要素观测和取样，即通过气象、水文观测点以及地下水观测孔，观测河流水位/流量、地下水位、大气降水，并采集水样样品；③室内试验，试验分析水样中化学组分（包括水化学常规、同位素）。

通过流域内大气降水、地表水和地下水样品采集，获取其环境同位素信息，研究流域大气降水、地表径流和地下水以及不同的地下水体之间的形成与变化规律。结合气象观测（降水前后大气温度、降水量），采集不同高程、不同时期的大气降水、地表水及不同含水层地下水水样，在室内进行环境同位素（$\delta^{18}O$，δD，^3H 或 CFC）及水化学分析，从时空域上分析降水量与环境同位素的关系，分析大气降水中稳定同位素（$\delta^{18}O$，δD）组成及分布规律。在同位素方法应用研究的基础上，结合区域气象、水文、水文地质等资料，从流域角度，分析水文循环过程、空间转换规律：①研究引水、调水、蓄水、灌溉等强烈人类活动作用条件下区域内不同水体（大气降水、地表水、地下水及不同含水层地下水）的转化路径、过程、转化单元；②揭示不同水体的转换规律、内在补给机理和流域地下水补给更新能力。

6.4.1 技术原理

6.4.1.1 水源组分比分割原理

自然界水循环中，不同水体之间的相互转化复杂，为了更好地利用和开发有限的水资源，必须了解它们之间相互转化关系和转化量。通过示踪剂研究水体的不同来源混合比例是目前比较实用且有效的方法，而量化不同来源混合比例的前提是确定水体的补给来源及有效准确的示踪剂。

确定一种水体由不同种水体混合时，通常所应用示踪剂种类比混合水体种类少一种，但为了更精确的量化不同来源的混合比，需要尽可能地利用较多种类的示踪剂，使其足够多的超过混合水体的组分种类，按照质量守恒原理，再确定有效的示踪剂和水体混合的组分，即

$$\begin{cases} f_1 + f_2 + \cdots + f_m = 1 \\ C_{11}f_1 + C_{21}f_2 + \cdots + C_{m1}f_m = C_{1s} \\ C_{12}f_1 + C_{22}f_2 + \cdots + C_{m2}f_m = C_{2s} \quad n \geqslant m-1 \\ \qquad\qquad\vdots \\ C_{1n}f_1 + C_{2n}f_2 + \cdots + C_{mn}f_m = C_{ns} \end{cases} \tag{6-3}$$

式中　f——构成水体不同混合成分所占的百分比；

　　　C——示踪剂的含量。

将式（6-3）写成矩阵的形式，即

$$Cf = C_s \tag{6-4}$$

通过对矩阵 C 进行线性变换，根据结果最终确定有效的示踪剂及混合来源的组分。

6.4.1.2 同位素测年基本原理

利用氢氧稳定同位素计算地下水在含水层中的滞留时间时，设含水层是均质的，含水层由大气降水补给，属潜水含水层。假设在常温下水与岩石之间没有同位素交换反应，出口处的同位素含量等于均质含水层中水的同位素含量，则含水层中同位素含量 δ_v 在给定的时间内表示为

$$\frac{\mathrm{d}\delta_v}{\mathrm{d}t} + \frac{Q}{V}\delta_v = \frac{Q}{V}\delta_p \tag{6-5}$$

式中　V——水体积；

　　　δ_v——同位素含量；

　　　Q——入口流量；

　　　δ_p——入口处同位素含量；

　　　δ_s——出口处同位素含量。

如果研究区大气降水存在季节性效应，在一年内大气降水信号的变化可能与正弦曲线相似，为

$$\delta_p = K + A\cos 2\pi t \tag{6-6}$$

式中　K——大气降水的同位素年平均含量；

　　　A——与年平均同位素含量相比偏差的最大幅度。

由定义知，水在含水层中的停留时间为

$$T = \frac{V}{Q} \quad\quad (6-7)$$

对于时间 t 为 $3/12\alpha$，将式（6-5）、式（6-6）代入式（6-7）就可以得到

$$\frac{A}{\alpha} = \frac{1+4\pi^2 T^2}{2\pi T - e^{-0.25/T}} \quad\quad (6-8)$$

$$\alpha = \delta_{v_{max}} - K \quad\quad (6-9)$$

式中　α——与平均值相比含水层中水的同位素含量偏差最大幅度，即出口处信号的最大幅度。

由此可见，只要推测出入口处大气降水信号和在一个井内或一个泉水产生的信号（即出口信号），那么就可以估算出水在含水层中停留的时间。

如前所述，任何放射性同位素的原子核都服从于放射性衰变规律，自发地进行衰减，利用这一特性可测定任一天然放射性同位素物质的年龄。根据放射性衰变规律，得同位素测年的基本方程为

$$t = \frac{1}{\lambda} \ln \frac{A_0}{A} \quad\quad (6-10)$$

式中　A_0——样品的初始（$t=0$）放射性同位素浓度（或放射性比度）；

　　　A——t 时刻样品的放射性同位素浓度（或放射性比度）；

　　　λ——衰变常数；

　　　t——样品的年龄。

6.4.2　试验设计

本书通过进行大量现场观测和采样工作，对样品进行室内试验分析，综合运用多种同位素技术和多学科交叉研究方法，揭示区域水循环机理和再生水入渗对地下水影响过程。

研究框架和技术路线如图 6-50 所示。

1. 文献及资料收集

收集、整理、分析历史资料和前人研究成果，掌握水资源和水环境状况，不仅为水循环演化规律分析提供历史数据支持，也为现场观测、试验的观测、取样点的布设提供依据。

2. 现场观测及试验和取样

采用人工与先进自计仪器观测结合的方法，对降水量、径流量、地下水位进行观测，同时进行降

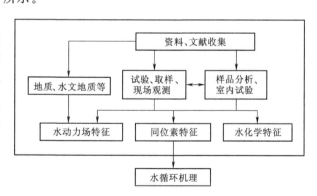

图 6-50　研究框架和技术路线图

水（每次降水）、地表水、地下水系统采样（1 次/月），进行水体中环境同位素（δD、$\delta^{18}O$、T/CFC）和水化学常规分析。分析不同水体相互转化关系、水资源量和环境同位素特征，这是流域水循环机理研究的必须前提。

3. 室内试验及样品分析

分析测试采集的样品化学组分（包括水化学常规、同位素）。结合野外现场观测试验数据、不同水体氢氧同位素和水化学特征，可研究降水—地表水—地下水相互转换关系；利用 T/CFC 可分析地下水可更新性以及地下水受到污染的时期；综合地质、水文地质等文献资料分析水动力场特征。最终揭示水循环机理。

6.4.3　结果与分析

6.4.3.1　密云地区再生水和地下水同位素变化分析

1. 研究区水体 δD-$\delta^{18}O$ 关系

研究区水体 δD-$\delta^{18}O$ 关系如图 6-51 所示，可以看出，大部分水体位于当地降水线以下，说明水体的补给源可能受到蒸发的影响。地表水监测点一部分远离大气降水线，这些监测点主要是中加公司地表水监测点，可以明显地看出其受到强烈的蒸发的影响，同位素明显富集，而地表水的潮汇大桥监测点则与中加公司明显不同，主要与浅层地下水同位素值接近。由于监测点皆位于降水线下方，且水体同位素值较接近，表明再生水、污水和地下水之间可能存在联系，因此需要进一步通过同位素变化分析和水化学手段进行研究。

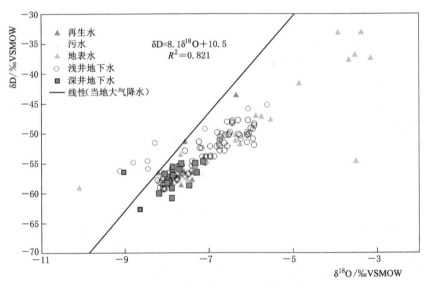

图 6-51　研究区水体 δD-$\delta^{18}O$ 关系

2. 研究区水体 δD 和 $\delta^{18}O$ 空间分布

2010 年 3 月和 9 月 $\delta^{18}O$ 空间分布如图 6-52 所示，可以看出，3 月和 9 月 $\delta^{18}O$ 空间分布很类似。在河道附近的空间同位素表现为富集，而在远离地区表现为贫化。1# 井、2# 井、4# 井和 3# 井地下水监测点处可以明显地看出同位素都很富集，表明这几个监测点之间水力联系可能很密切，这与监测井同时受到再生水的影响有关。而其他远离河道的监测点同位素比较贫化，表明可能受到再生水影响较弱，或是不受影响，需要根据下面的同位素变化和水化学进一步分析。

对比时间变化可看出，3 月和 9 月时 $\delta^{18}O$ 的空间分布和数值接近，说明雨季时，降水可能对地下水补给作用较弱，附近地下水还是主要受再生水影响为主。

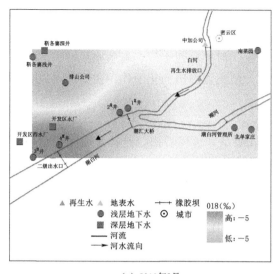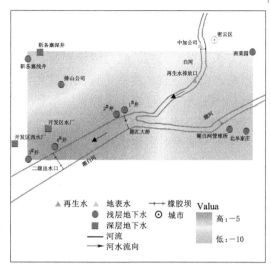

（a）2010年3月 （b）2010年9月

图 6-52 2010 年 3 月和 9 月 δ^{18}O 空间分布图

3. 研究区水体 Gibbs 图

旱季与雨季时水体 Gibbs 图如图 6-53 所示，对比看出，在旱季和雨季监测点的分布

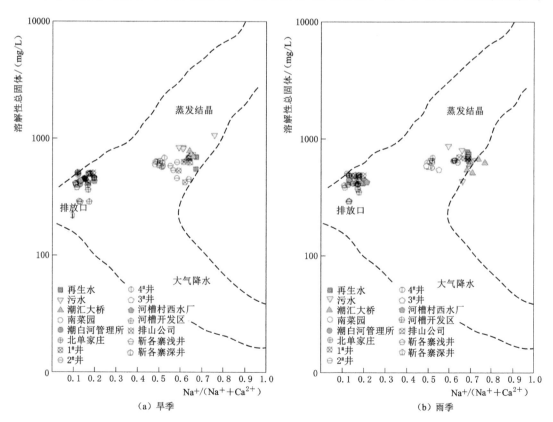

（a）旱季 （b）雨季

图 6-53 旱季与雨季时水体 Gibbs 图

具有类似的结果。再生水排放口、河槽开发区、1#井、2#井、3#井、4#井归于一类，主要受到蒸发—结晶作用影响。说明浅层地下水的补给来源可能是受到蒸发作用影响以后补给地下水。潮汇大桥、潮白河管理所、河槽开发区、河槽村西水厂、靳各寨浅井、北单家庄监测点归为一类，主要受到岩石风化作用影响，监测点经历的化学作用主要还是以自然的风化作用为主，可能未受到再生水影响。

4. 研究区水体水化学类型

旱季与雨季时水体水化学 Piper 图如图6-54所示，可以看出，水体水化学类型明显分为4类。第一类为 Na-K-Cl-HCO₃ 型，主要包括的监测点为再生水、潮汇大桥、污水、1#井、2#井、3#井，这些监测点的水化学类型一致，表明 1#井、2#井和 3#井可能受到再生水入渗影响，导致监测点的水化学类型与再生水、潮汇大桥和污水一致。第二类为 Na-K-Cl 型，主要是 4#井，这可能是由于 4#井还有其他补给来源导致。第三类为 Ca-HCO₃ 型，主要监测点包括中加公司、北单家庄、潮白河管理所、南菜园、河槽开发区、河槽村西水厂和靳各寨浅井，主要是由于监测点位于再生水排放口上游，如南菜园，或是地下水监测点很深，如河槽的 2 个监测点，或是距离排放点距离很远如靳各寨浅井和潮白河管理所。从水化学类型上可说明这几个监测点不受再生水入渗的影响。

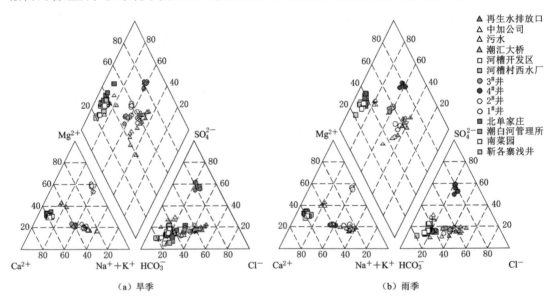

图6-54 旱季与雨季时水体水化学 Piper 图

5. 研究区水体电导率空间分布

2010 年 3 月和 9 月电导率空间分布如图 6-55 所示，可以看出，2010 年 3 月和 9 月时，浅层地下水监测井电导率的空间分布具有类似规律，电导率高值主要集中在潮白河主河道两侧，说明河道两侧可能受再生水影响程度较高；而深层井的电导率值则很低，说明可能不受再生水影响。

6. 研究区水体氯离子空间分布

由于氯离子具有保守性，且再生水中氯离子含量远高于其他水体，因此氯离子可以作

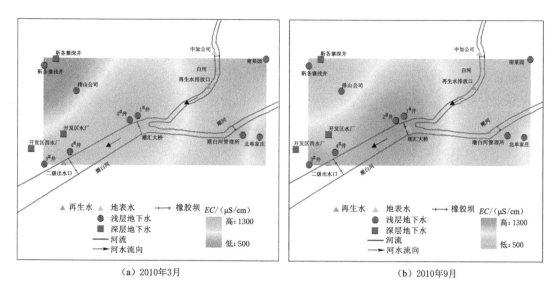

（a）2010年3月　　　　　　　　　　　（b）2010年9月

图6-55　2010年3月和9月电导率空间分布示意图

为示踪再生水的离子。氯离子空间分布图如图6-56所示，可以看出，2010年3月和9月氯离子的空间分布规律类似，这些规律与电导率和同位素的结果相似，进步证实了目前再生水的影响范围主要是河道两侧，且深度上主要是浅层井；深层井的氯离子浓度很低，如河槽的监测井，说明深层井不受再生水影响。

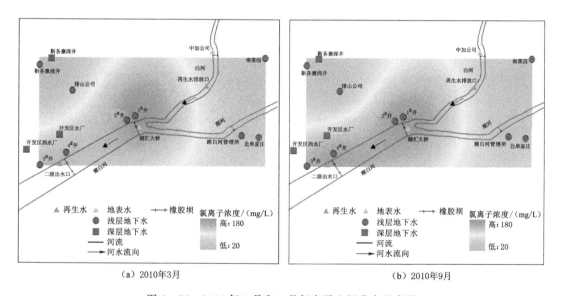

（a）2010年3月　　　　　　　　　　　（b）2010年9月

图6-56　2010年3月和9月氯离子空间分布示意图

从时间变化上看，3月时氯离子高浓度值范围要略高于8月时，这主要是由于雨季时降水的影响。降水中氯离子浓度值很低（4mg/L），降水的入渗在一定程度上降低了地下水中氯离子的浓度。

7. 沿河流方向上监测点特征

沿河流方向上各监测点 δD 和 δ¹⁸O 随时间波动不大，再生水排放口和污水排放口监测点较为贫化。雨季期间（6—9 月）1#井，2#井，及 3#井同位素值十分接近且变化规律十分相似。δD 及 δ¹⁸O 随时间变化曲线如图 6-57、图 6-58 所示。温度随时间变化曲线图如图 6-59 所示。

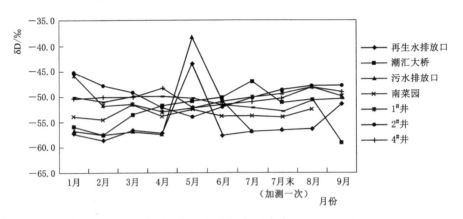

图 6-57　δD 随时间变化曲线图

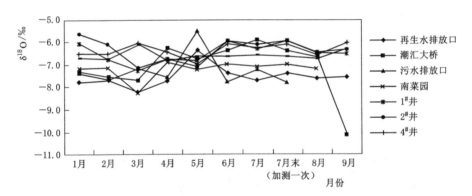

图 6-58　δ¹⁸O 随时间变化曲线图

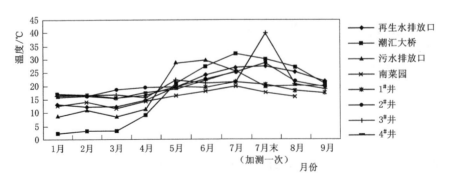

图 6-59　温度随时间变化曲线图

位于地下水流程上游的南菜园电导率普遍低于其他监测点，说明南菜园不受再生水影响。1#井、2#井、3#井和4#井电导率介于南菜园井点和再生水排放口之间，普遍受到影响，朝汇大桥监测点雨季受到潮河支流来水稀释，其电导率降低。电导率随时间变化曲线如图6-60所示。

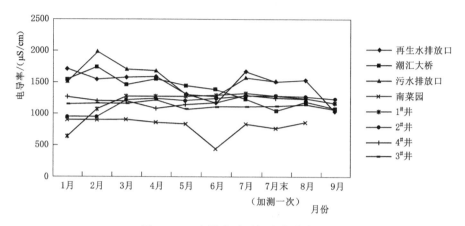

图6-60 电导率随时间变化曲线图

枯水期，地下水1#井、2#井、3#井、4#井的离子含量特征与再生水排放口相近，表明受到再生水的影响，从Cl离子浓度来分析，受影响的程度从大到小为1#井、2#井、4#井、3#井；丰水期，地下水1#~4#井的Cl和Ca离子含量高于再生水排放口，而1#井、2#井的Na离子含量高于再生水排放口，3#井，4#井的小于再生水排放口。2010年3月、9月离子变化曲线分别如图6-61、图6-62所示。

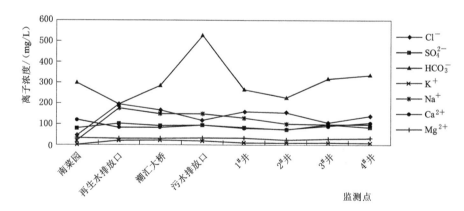

图6-61 2010年3月离子变化曲线图

8. 垂向河流方向上监测点特征

垂直河流方向上各监测点δD随时间波动不大；δ^{18}O在3月有一突然下降趋势，4月又有略微上升趋势，随后几月变化幅度不大，地表水潮汇大桥监测点整体上最为富集，并在主要雨季期间更为富集，潮汇大桥监测点在9月的突然贫化，说明可能有其他低同位素值水体的混入。δD及δ^{18}O随时间变化曲线如图6-63、图6-64所示。

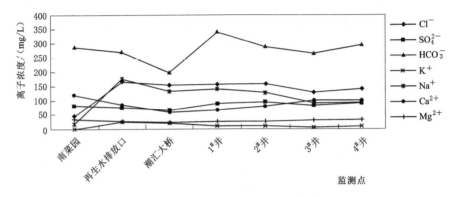

图 6-62　2010 年 9 月离子变化曲线图

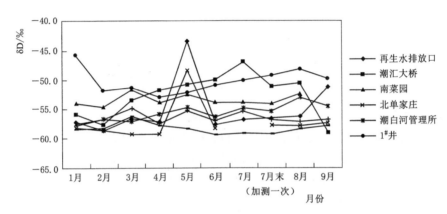

图 6-63　δD 随时间变化曲线图

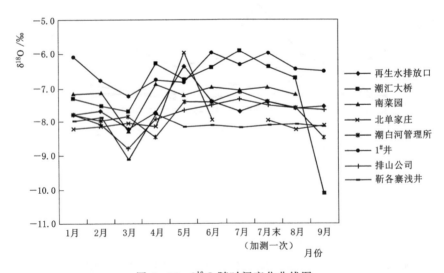

图 6-64　δ^{18}O 随时间变化曲线图

再生水排放口和潮汇大桥监测点在 6 月之前，电导率变化类似，6 月以后由于受到降水的稀释作用，导致电导率降低。南菜园监测点和靳各寨浅井两者变化类似，且电导率值最低，说明两者未受到再生水影响。排山公司、北单家庄和潮白河管理所电导率值介于最高值和最低值之间，说明受到了再生水影响，但由于距离河道较远，且位于垂直于地下水流方向，因此受到影响程度较弱。

电导率随时间变化曲线如图 6-65 所示。

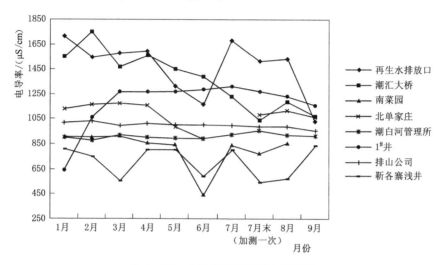

图 6-65　电导率随时间变化曲线图

9. 深层地下水监测点特征

河槽开发区、河槽村西水厂两监测点 δD 及 $\delta^{18}O$ 随时间波动不大，且同位素与再生水相比表现为贫化。说明具有稳定的地下水补给源，未受到再生水影响。δD 及 $\delta^{18}O$ 随时间变化曲线如图 6-66、图 6-67 所示。

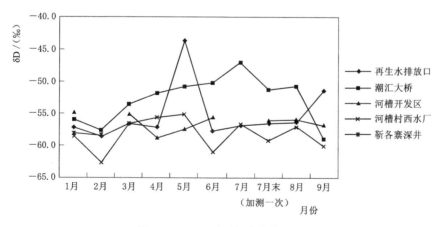

图 6-66　δD 随时间变化曲线图

电导率随时间变化曲线如图 6-68 所示。深层地下水电导率时间变化不明显，数值较稳定，说明未有其他水源补给。表明未受到再生水影响。再生水排放口与潮汇大桥监测

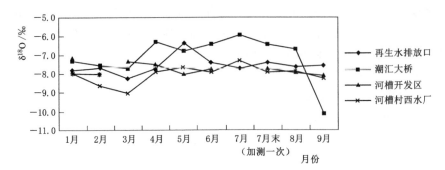

图 6-67　$\delta^{18}O$ 随时间变化曲线图

点的时间变化类似，但是在 6 月以后由于降水的稀释作用导致了潮汇大桥监测点处电导率的降低。温度随时间变化曲线如图 6-69 所示。

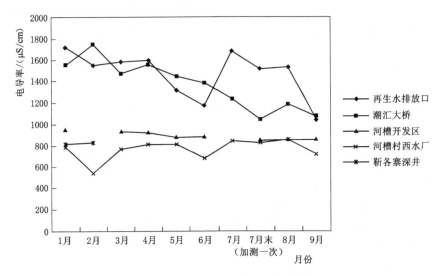

图 6-68　电导率随时间变化曲线图

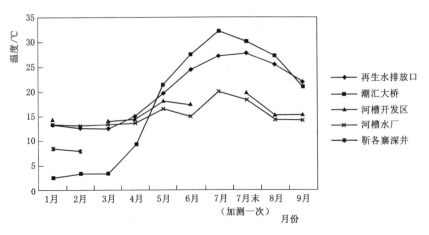

图 6-69　温度随时间变化曲线图

　　枯水期，再生水的 Cl、SO$_4$、Na、K 离子含量都高于深层地下水，而 HCO$_3$、Ca 离子含量小于地下水，深层地下水离子特征与再生水差异大，未受到再生水的影响；丰水期，再生水的 Cl、Na、K 离子含量都高于深层地下水，而 HCO$_3$ 和 Ca 离子含量小于地下水。深层地下水丰水期的离子特征与再生水差异大，未受到再生水影响。枯水期 SO$_4$ 离子含量比丰水期差异更明显，而 Ca 离子含量丰水期比枯水期差异明显。枯水期 Cl、Na 离子高于丰水期，这可能是因为降水的稀释作用。

　　2010 年 3 月、9 月离子变化曲线如图 6-70、图 6-71 所示。

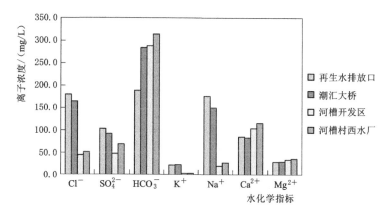

图 6-70　2010 年 3 月离子变化曲线图

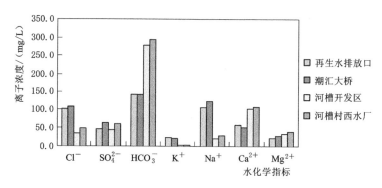

图 6-71　2010 年 9 月离子变化曲线图

10. 混合比例估算

　　旱季与雨季受影响地下水补给源混合比例见表 6-9。

表 6-9　　　　　　　　　　旱季与雨季受影响地下水补给源混合比例

监测点	旱　季		雨　季		
	再生水比例/%	当地地下水比例/%	再生水比例/%	当地地下水比例/%	降水比例/%
1$^\#$井	81	19	79	5	16
2$^\#$井	70	30	78	5	17
3$^\#$井	61	39	73	12	15
4$^\#$井	70	30	49	41	10

监测点	旱　季		雨　季		
	再生水比例/%	当地地下水比例/%	再生水比例/%	当地地下水比例/%	降水比例/%
潮白河管理所	11	89	14	83	3
排山公司	21	79	18	78	4
北单家庄	17	83	16	80	4

11. 小结

（1）深层地下水包括靳各寨深井、河槽开发区和河槽村西水厂，南菜园和靳各寨浅层地下水均未受再生水影响。

（2）1#井、2#井、3#井和4#井均受到再生水严重影响，随着丰枯水期影响程度不同。

（3）北单家庄、潮白河管理所、排山公司监测点均受到再生水的影响，影响程度相对较轻，且随着距离河道距离的增加，受再生水影响的程度在减少。

（4）影响深度以 80m 以上的浅层井为主，水平远达距离河道 1.8km。

6.4.3.2　怀柔地区再生水和地下水同位素变化分析

1. 研究区水体 $\delta D - \delta^{18}O$ 关系

研究区水体 $\delta D - \delta^{18}O$ 关系如图 6-72 所示，可以明显地看出，大部分水体位置都位于当地降水线以下，表明大部分水体均受到了蒸发的影响。其中地表水体部分监测点位于或是接近大气降水线，说明其来源可能是大气降水，这主要是由于这个监测点为 1#橡胶坝处监测点，为再生水排放口上游的水体，主要是来自大气降水，且受到一定程度上的蒸发作用的影响。而再生水，虽然浅层井和深层井位置接近，但是同位素值的变化范围较大，说明共同受到蒸发的作用的影响，而部分浅层井和再生水的同位素值的接近，说明水体之间可能存在联系，需要进一步进行分析。

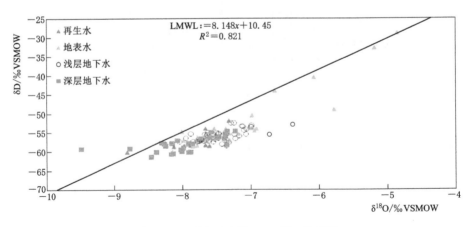

图 6-72　研究区水体 $\delta D - \delta^{18}O$ 关系图

2. 研究区水体 δD 和 $\delta^{18}O$ 空间分布

δD 和 $\delta^{18}O$ 空间分布特征表现为深层井同位素贫化，浅层井同位素富集，同样说明深层地下水可能未受到再生水影响，而浅层井可能受到再生水影响。δD 和 $\delta^{18}O$ 空间分布分别如图 6-73、图 6-74 所示。

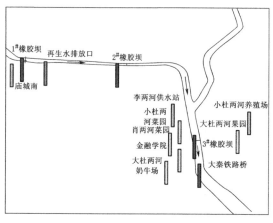

图 6-73 δD 空间分布图

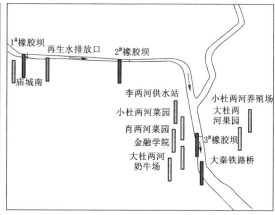

图 6-74 δ¹⁸O 空间分布图

3. 研究区水体 Gibbs 图

旱季和雨季时监测点明显分为 2 组，第一组包括 1#橡胶坝、再生水排放口、2#橡胶坝、3#橡胶坝、大秦铁路桥、小杜两河养殖场、大杜两河果园、金融学院；第二组为剩余监测点。第一组的监测点与再生水和地表水经历的水化学作用都是蒸发—结晶，表明这些地下水的补给来源可能是再生水和地表水，即可能受到了再生水的影响；第二组主要是经历自然的岩石风化作用的影响，表明未受到再生水的影响。旱季与雨季时水体 Piper 图如图 6-75 所示。

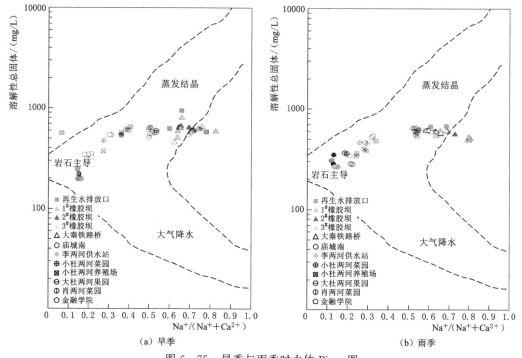

（a）旱季 　　（b）雨季

图 6-75 旱季与雨季时水体 Piper 图

4. 研究区水体水化学类型

从水化学类型上来看，水体的水化学类型主要分为 3 类。第一类为 Na - K - Cl 型，主要包括再生水、1#橡胶坝、2#橡胶坝、3#橡胶坝和大秦铁路桥，主要为再生水和地表水监测点，因为河道里水体的主要来源是再生水，所以其水型一致，也说明再生水排放到河道以后，未有改变水化学成分的化学作用的发生；第二类为 Ca - Na - K - Cl - HCO₃ 型，主要包括大杜两河果园、肖两河菜园和大杜两河奶牛场；第三类为 Ca - HCO₃ 型，主要包括李两河供水站、金融学院、小杜两河养殖场和小杜两河菜园。第二类水型明显介于第一类和第三类之间，可以明显看出第二类监测点受到了再生水的影响，造成了离子成分中引入了 Na - K - Cl，而第三类水体中 Na - K - Cl 则相对较少，说明第二类监测点明显受到再生水影响，而第三类中部分监测点可能受到再生水影响的程度较小，在第三类中可看出李两河供水站与其他水体距离较远。旱季与雨季时水体水化学 Piper 图如图 6 - 76 所示。

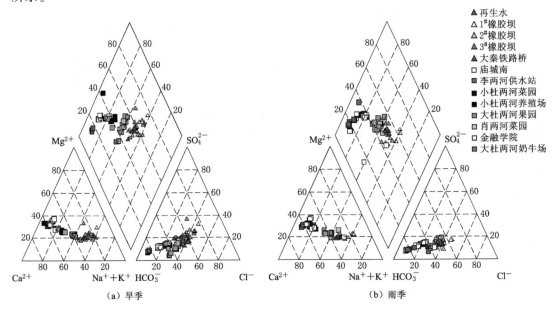

图 6 - 76　旱季与雨季时水体水化学 Piper 图

5. 研究区水体电导率空间分布

2010 年 3 月，地表水体之间电导率值接近，尤其是在再生水排放口下游的地表水监测点和再生水电导率值之间，说明下游的监测点水体的主要来源是再生水。而位于再生水排放口上游的庙城南监测点的电导率浓度值较低，表明其未受到再生水影响，一方面是由于位于再生水排放口的上游，地下水流场的上方，另一方面也是由于井深达二百多米，地层岩性上中间有很多的黏土层，渗透系数小。李两河供水站电导率值与庙城南接近，说明同样未受到再生水影响，原因同上，虽然其距离河道距离较近。其他监测点的电导率与再生水和河道地表水监测点接近，说明受到了再生水的影响，一方面是由于距离河道距离较近，另一方面是这些监测点主要为浅层井，容易受到再生水补给影响。2010 年 9 月时，规律与 3 月一致，但是监测点和河道地表水的电导率有所降低，这是由于受到降水稀释作用的影响。2010年3月和9月电导率空间分布如图6-77所示。

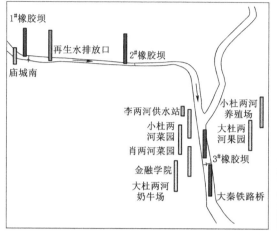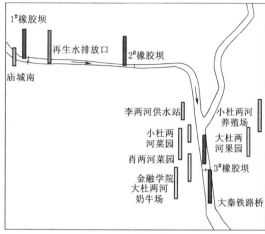

（a）2010年3月　　　　　　　　　　（b）2010年9月

图6-77　2010年3月和9月电导率空间分布图

6. 研究区水体氯离子空间分布

2010年3月和9月，氯离子空间分布特征具有类似规律，不同的是旱季时浓度要略高与雨季，这是由于降水入渗稀释作用的影响。氯离子空间分布图如图6-78所示，可以看出，深层的庙城南监测点、李两河供水站的氯离子明显低于其他监测点和地表水，这表明深层地下水未受到再生水入渗的影响，而浅层地下水氯离子与再生水和地表水数值接近，说明浅层地下水可能是受到了再生水的影响。

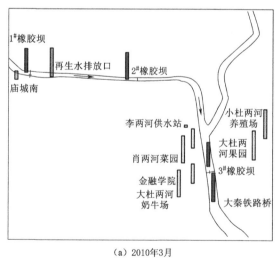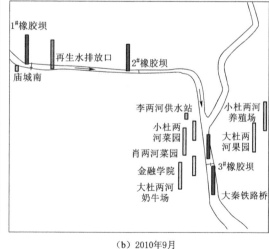

（a）2010年3月　　　　　　　　　　（b）2010年9月

图6-78　2010年3月和9月氯离子空间分布图

7. 浅层地下水监测点特征

研究区浅层监测点除3#橡胶坝、大秦铁路桥两地表水监测点 δD 及 $\delta^{18}O$ 在4月、5

月有显著富集现象,其余各监测点在观测期间随时间波动不大。再生水排放口的地表水监测点 δ^{18}O 在 3 月有一显著贫化趋势,可能原因为外来水体混入。δD 及 δ^{18}O 随时间变化曲线如图 6-79、图 6-80 所示。

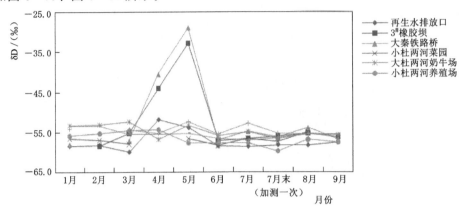

图 6-79 δD 随时间变化曲线图

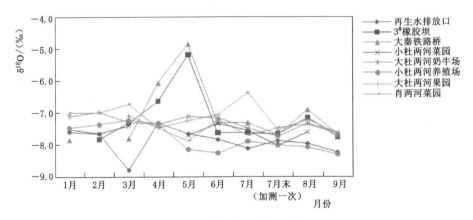

图 6-80 δ^{18}O 随时间变化曲线图

8. 深层地下水监测点特征

怀柔 3$^{\#}$橡胶坝监测点 δD 及 δ^{18}O 在 4 月、5 月有显著富集现象,深层地下水井监测点在 7 月末也有一显著富集。δD 及 δ^{18}O 随时间变化曲线如图 6-81、图 6-82 所示。

1$^{\#}$橡胶坝、再生水排放口和 2$^{\#}$橡胶坝电导率变化类似,主要原因为河道水主要是再生水,同时电导率值一直很高。金融学院的电导率在 5—8 月时较低,可能是由于受到降水影响,有降水补给。庙城南台球厅和李两河供水站两者电导率一直较低,在 6 月时电导率都有所降低,同样表明其接受降水补给。因此,庙城南台球厅监测点和李两河供水站未受再生水影响,而金融学院可能受一定影响。电导率随时间变化曲线如图 6-83 所示。

深层地下水中离子皆低于再生水和地表水,且深层地下水在 2010 年 3 月和 9 月数值稳定,变化不大,表明深层地下水不受再生水影响,但其中金融学院的地下水中氯离子数值介于再生水和其他地下水之间,说明金融学院可能受到再生水一定程度的影响。2010年 3 月、9 月离子变化曲线分别如图 6-84、图 6-85 所示。

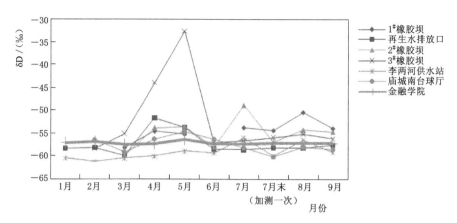

图 6-81 δD 随时间变化曲线图

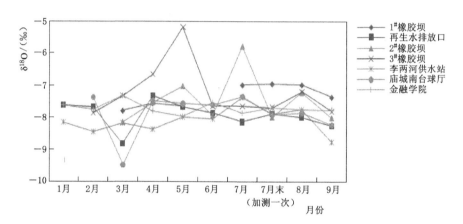

图 6-82 δ¹⁸O 随时间变化曲线图

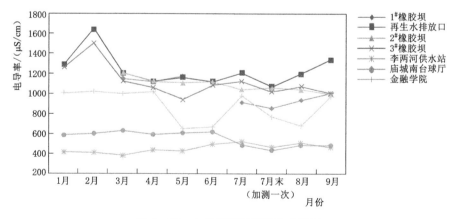

图 6-83 电导率随时间变化曲线图

9. 混合比例估算

旱季与雨季受影响地下水补给源混合比例见表 6-10。

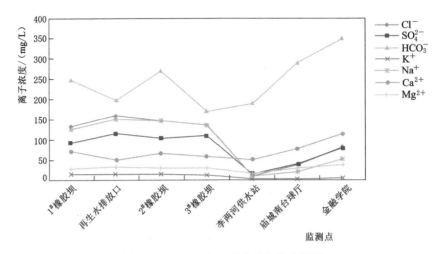

图 6-84 2010 年 3 月离子变化曲线图

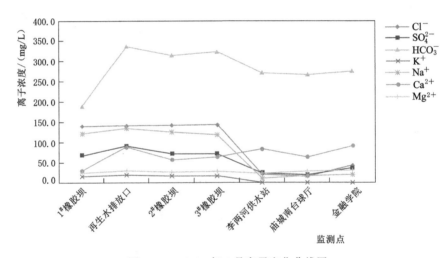

图 6-85 2010 年 9 月离子变化曲线图

表 6-10　　　　　　　旱季与雨季受影响地下水补给源混合比例

监测点	旱 季		雨 季		
	再生水比例/%	当地地下水比例/%	再生水比例/%	当地地下水比例/%	降水比例/%
小杜两河菜园	47	53	23	76	1
大杜两河奶牛场	65	35	76	19	5
小杜两河养殖场	60	40	23	76	1
大杜两河果园	75	25	81	13	6
肖两河菜园	71	29	87	7	6
金融学院	25	75	29	69	2

10. 小结

（1）浅层地下水基本上均受到再生水影响，影响深度主要在 80m 左右。

（2）小杜两河菜园和小杜两河养殖场受到再生水的影响是季节性的，1—5月受到影响，而6—9月主要接受降水入渗补给的影响。

（3）深层监测点庙城南台球厅、李两河供水站不受再生水影响，金融学院在1—5月时受到再生水一定影响。

6.5 再生水入渗对地下水水质影响数值模拟研究

在对大量的气象、水文、地质和水文地质资料综合分析的基础上，采用有限单元法建立研究区地下水三维非稳定流数值模拟模型，对模型进行识别、检验。

建模的目的为：①充分认识研究区的地下水水流动规律，摸清典型溶质运移规律；②进行不同开采方案下的情景模拟，在定量对比不同方案对地下水位影响的基础上，预测再生水入渗对下游地下水水源地的影响。地下水建模基本流程如图6-86所示。

6.5.1 概念模型的建立

地下水概念模型是地下水流系统的一种图示方法，通常采用框图和剖面图的形式表示，其目的是简化实际的水文地质条件和组织相关的数据，以便能够较系统地分析地下水系统。本研究建立概念模型的目的主要是为建立地下水流数值模拟提供依据，主要内容包括边界条件的概化、含水层结构的概化，以及地下水均衡要素分析等。

概念模型的建立主要是利用前人工作成果、收集已有资料的基础上，综合水文地质条件，确定模型的范围和边界条件、水文地质结构和水文地质参数、源汇项和径流特征等。

1. 边界条件的概化

（1）侧向边界。根据模拟区的地质条件、水文地质条件和地下水开发利用特点，结合行政分区、水文地质单元，将地下水系统模拟区边界类型确定为潜水含水层、浅层承压含水层及深层承压含水层。

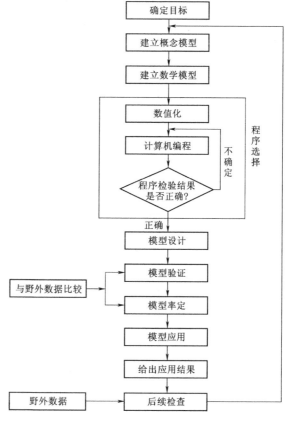

图6-86 地下水建模基本流程图

潜水含水层。模拟区东部、北部和西北部，接受山区侧向补给，定为流量流入边界；南部为流量边界，模型的东南部和平谷西部的边界大致与等水位线基本垂直，为零通量边界，总面积$621km^2$。

浅层承压含水层。浅层承压含水层是模拟区的集中开采层，补给量来自上游侧向补给和潜水含水层越流补给，南部边界为地下水流出边界，作为流量边界。

深层承压含水层。深层承压含水层是模拟区应急水源地深井和农村改水井开采层，补给量来自上游侧向补给和浅层承压含水层越流补给，南部边界主要为地下水流出边界，作为流量边界。

（2）垂向边界。潜水含水层自由水面为系统的上边界，通过该边界，潜水与系统外发生垂向水量交换，如田间入渗补给、大气降水入渗补给等。研究区再生水补给地下水主要方式主要有两种，一种通过天然的河道补给，另外一种是通过渗坑进行补给。

（3）水力特性。地下水系统符合质量守恒定律和能量守恒定律；含水层分布广、厚度大，在常温常压下地下水运动符合达西定律；考虑浅、深层之间的流量交换以及软件的特点，地下水运动可概化成空间三维流；地下水系统的垂向运动主要是层间的越流，三维立体结构模型可以很好地解决越流问题；地下水系统的输入、输出随时间、空间变化，故地下水为非稳定流；参数随空间变化，体现了系统的非均质性，但没有明显的方向性，所以参数概化上 x、y、z 方向上的参数在数值上相等。

综上所述，模拟区可概化成非均质各向异性、空间三维结构、非稳定地下水流系统，即地下水系统的概念模型。

2. 含水层结构的概化

分析收集研究区钻孔 159 眼，部分钻孔柱状图如图 6-87 所示。

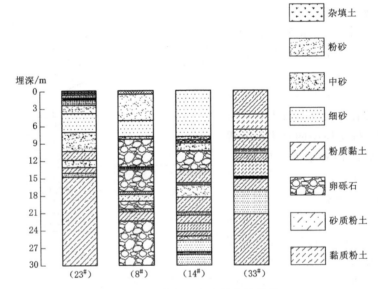

图 6-87 研究区部分钻孔柱状图

综合研究区水文、水文地质条件进行分析和总结，并结合地下水的开采利用现状，参照含水层发育程度、含水层渗透性、地下水水力性质、水文地球化学特征，以及分布全区钻井资料综合分析，将研究地层结构划分成 3 个含水层和 2 个弱透水层。研究区单井分层示意如图 6-88 所示。

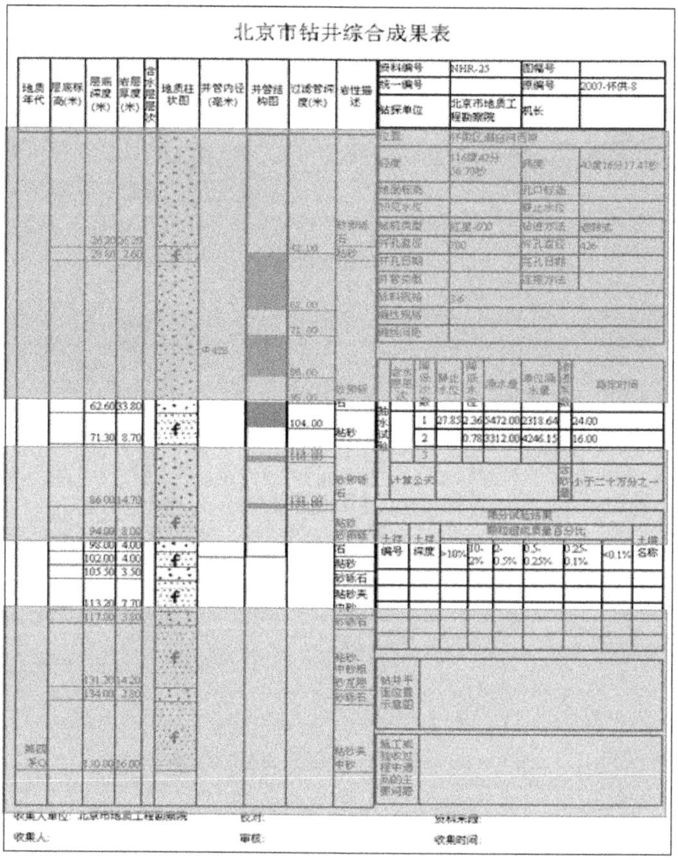

图 6-88 研究区单井分层示意图

研究区第四系沉积物广泛分布于平原和山间沟谷，沉积层的特征为：北薄南厚，东薄西厚；由北向南颗粒由粗变细；层次由单一到多层，层厚度由薄变厚（图 6-89）。根据松散层的沉积规律和埋藏条件，研究区可分为 3 个含水层，由上到下分别为潜水含水层、浅层承压含水层和深层承压含水层组（图 6-90）。

为适应 FEFLOW 软件建模对模型结构的要求，将各冲洪积扇的中上部单一砂砾石含水层分布区，在垂向上也虚拟为 5 层，分别对应上述 5 层。虚拟层的参数取值为单一含水层的参数值。

3. 地下水均衡要素分析

地下水系统的均衡要素是指其补给和排泄项，它包括降水入渗、灌溉回渗、河渠渗漏、蒸发、农业开采等。根据收集的资料，初步对研究区 2007 年的水均衡要素进行了分析，如图 6-91 所示。

6.5.2　数学模型的建立

地下水数学模型，就是刻画实际地下水流在数量、空间上的一组数学关系式，它具有复制和再现实际地下水流运动的能力，常用偏微分方程及其定解条件构成。根据研究区水文地质条件，通过研究模拟区地下水补排和动态变化特征，将研究区的地下水流概化成非

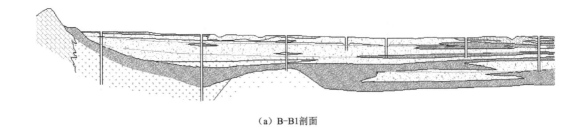

（a）B-B1剖面

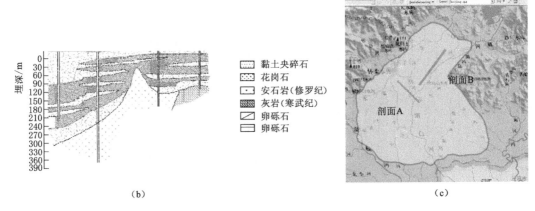

（b）

図例：
- 黏土夹碎石
- 花岗石
- 安石岩（修罗纪）
- 灰岩（寒武纪）
- 卵砾石
- 卵砾石

（c）

图 6-89　研究区地质剖面分层示意图

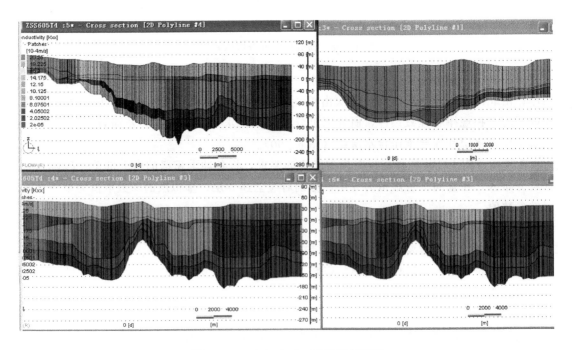

图 6-90　FEFLOW 三维地质剖面图

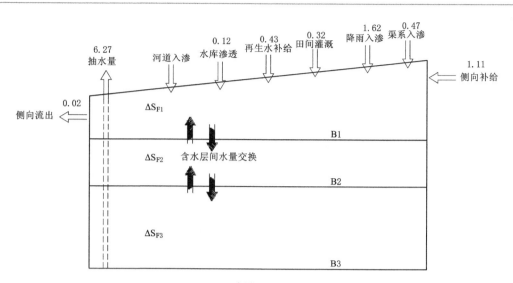

图 6-91 2007 年水均衡要素分析

均质各向同性、空间三维结构、非稳定地下水流系统，可用地下水流连续性方程及其定解条件式来描述。

研究区地下水渗流及溶质运移数学模型是数值模型的基础，根据前述研究区含水层特征及边界条件和源汇项，研究区地下水渗流的数学模型及其定解条件为

$$
\begin{cases}
\dfrac{\partial}{\partial x}\left[K(H-Z)\dfrac{\partial H}{\partial x}\right]+\dfrac{\partial}{\partial y}\left[K(H-Z)\dfrac{\partial H}{\partial y}\right]+\dfrac{\partial}{\partial z}\left[K(H-Z)\dfrac{\partial H}{\partial z}\right]+\varepsilon=\mu\dfrac{\partial H}{\partial t} \\[3mm]
\dfrac{\partial}{\partial x}\left(KM\dfrac{\partial H}{\partial x}\right)+\dfrac{\partial}{\partial y}\left(KM\dfrac{\partial H}{\partial y}\right)+\dfrac{\partial}{\partial z}\left(KM\dfrac{\partial H}{\partial z}\right)+W+p=SM\dfrac{\partial H}{\partial t} \\[3mm]
H(x,y,z)|_{t=0}=H_0(x,y,z) \\[2mm]
H(x,y,z,t)|_{\Gamma_1}=H_1(x,y,z,t) \quad x,y,z\in\Gamma_1 \quad t>0 \\[2mm]
KM\dfrac{\partial H}{\partial n}\bigg|_{\Gamma_2}=q(x,y,t) \quad x,y,z\in\Gamma_2 \quad t>0
\end{cases}
\tag{6-11}
$$

式中　H——水位，m；

　　　Z——第一潜水含水层底板高程，m；

　　　K——含水层渗透系数，m/d；

　　　ε——降雨入渗及农业回归强度，m/d；

　　　μ——第一潜水含水层给水度；

　　　M——承压含水层厚度，m；

　　　W——越流强度，m/d；

　　　p——单位面积含水层开采强度，m/d；

　　　S——承压含水层贮水率，1/m；

　　　H_0——初始水头，m；

　　　Γ_1——一类水头边界；

H_1——一类边界水位，m；

Γ_2——二类流量边界；

q——边界流量，m^2/d。

6.5.2.1　模拟软件的选取及网格剖分

1. FEFLOW 软件简介

本书根据多种计算软件及开发的经验，针对项目实际情况，决定采用由德国 WASY 公司开发的基于有限元法的 FEFLOW（Finite Element Subsurface Flow System）软件。FEFLOW 是一款交互式的基于图形界面的地下水运动模拟系统，该系统是由德国 WASY 公司开发，是迄今功能最为齐全的地下水模拟软件包之一，可用于复杂的层压、潜水二维或三维的稳定、非稳定区域或断面、流体密度耦合，以及化学物质的运移和热传导方面的模拟。该软件具有交互式图形输入输出和地理信息系统数据接口，能自动或人工离散研究区产生空间有限元网格、空间参数区域化、快速精确的数值算法和先进的图形可视化技术等。

FEFLOW 带有标准数据输入输出接口，数据输入格式既可以是 Shape 格式文件和 ASC Ⅱ 格式的点、线、多边形、注记等 ARC/INFO 和 ARCView 格式文件，也可以是 TIFF 等栅格文件。通过标准数据输入接口，用户既可以直接利用已有的空间多边形数据生成有限单元网格，也可以用通过人机对话设计和调整有限元网格的几何形状，增加和放疏网格密度。在建立地下水模型时用户可以对不同的边界条件，根据实测资料增加附加约束条件，以用来避免异常的出现。FEFLOW 提供了 Kriging、Akima、IDW 3 种空间插值方法对离散的空间抽样数据进行内插和外延，并配备了直接快速求解法、皮卡-牛顿迭代法等先进数值求解方法。FEFLOW 还提供了开放性外部程序接口，用户可以连接和调用第三方的已有程序。FEFLOW 的模拟结果既可以用 ASC Ⅱ、Shape 即 efile、DXF、HpGL 等文件格式输出，也可直接显示合成图。

FEFLOW 采用加辽金法为基础的有限单元法来求解和控制优化求解过程，内部集成了若干先进的数值求解方法模块。快速直解法，如 PCG、BICGSTAB、CGS、GMREs 以及带预处理的再启动 ORTHOMIN 法；灵活多变的 Up-wind 技术，如流线 Up-wind、奇值捕捉法（Shock Capturing）以减少数值弥散；皮卡和牛顿迭代法求解非线性流场问题，自动调节模拟时间步长；模拟污染物迁移过程包括对流、水动力弥散、线性及非线性吸附、一阶化学非平衡反应；为非饱和带模拟提供了多种参数模型，如指数式、Van Genuchten 式和多种形式的 Richard 方程；垂向滑动网格（BASD）技术处理自由表面含水系以及非饱和带模拟问题；适应流场变化强弱的有限单元自动加密放疏技术，以获得最佳数值解。FEFLOW 可以用于下列领域模拟地下水区域流场及地下水资源规划和管理方案：①模拟矿区露天开采或地下开采对区域地下水的影响及其最优对策方案；②模拟由于近海岸地下水开采或者矿区抽排地下水引起的海水或深部盐水入侵问题；③模拟非饱和带以及饱和带地下水流及其温度分布问题；④模拟污染物在地下水中迁移过程及其时间空间分布规律（分析和评价工业污染物及城市废物堆放对地下水资源和生态环境的影响，研究最优治理方案和对策）；⑤结合降水-径流模型联合动态模拟"雨-地表水-地下水"资源系统（分析水资源系统各组成部分之间的相互依赖关系，研究水资源合理利用以及生态环境保护的影响方案等）。

FEFLOW 的缺点是没有专门的处理降水入渗以及蒸发的程序包，而是集中在了"IN or OUT"模块中，这给模型的调参带来了一定的难度。但可以灵活利用 FEFLOW 边界条件来弥补源汇项调参的不足。

2. 网格剖分

建立研究区地下水流数值模拟模型，首先要对模拟区进行三角剖分。采用不规则三角剖分时除了遵循一般的剖分原则外（如三角形单元内角尽量不要出现钝角，相邻单元间面积相差不应太大），还应充分考虑如下实际情况：①充分考虑工作区的边界、岩性分区边界、行政分区边界等；②观测孔尽量放在剖分单元的结点上；③集中开采水源地，放在结点上；④对再生水回灌区，在剖分时进行加密处理。在本模型中，剖分单元加密地段主要为再生水入渗区井，将观测孔尽量放在剖分单元的结点上，各水源地的开采井放在节点上。剖分后的模拟区有 27912 个节点，44620 个单元。

6.5.2.2 地下水均衡要素的计算

地下水系统的均衡要素是指其补给和排泄项。均衡区为模拟范围，根据获得的长观孔水位资料，识别期为 2007 年 1—12 月 1 个日历年。2008 年 1 月—2009 年 12 月为验证期，均衡要素计算的目的是确定地下水的各项补排项随时间和空间的变化规律，为建立地下水模拟模型准备数据。

1. 地下水侧向径流量

边界径流补给是研究区地下水补给的重要来源之一，综合考虑研究区含水层地下水的流场及其水力坡度、含水层渗透系数和厚度、边界长度，可估算出边界侧向径流量。根据达西定律，各个断面的侧向径流量为

$$Q_{侧补} = KMIL8.64 \times 10^{-4} \tag{6-12}$$

式中　$Q_{侧补}$——地下水侧向量（正为流入量，负为流出量），$10^4 \mathrm{m^3/}$年；

　　　　K——断面附近的含水层渗透系数，$\mathrm{m/d}$；

　　　　I——垂直于断面的水力坡度；

　　　　B——断面宽度，$10^3 \mathrm{m}$；

　　　　M——含水层厚度，m；

　　　　ΔT——计算时间，年。

经计算，研究区地下水总的侧向径流量为 $9754.8 \times 10^4 \mathrm{m^3/}$年。

地下水侧向补给边界如图 6-92 所示，侧向补给量估量见表 6-11。

表 6-11　　　　　　　　　　　　地下水侧向补给量估量

边界编号	含水层厚度 /m	边界长度 /m	渗透系数 /(m/d)	水力坡度 /（10^{-4}）	侧向补给量 /(m³/d)
1	33	32238	73.44	1.23	9610.04
2	35	8868	96.768	1.21	3634.197
3	34	5786	60.48	3.23	3842.699
4	65	8979	95.04	5.03	43543.05

续表

边界编号	含水层厚度 /m	边界长度 /m	渗透系数 /(m/d)	水力坡度 /（10⁻⁴）	侧向补给量 /(m³/d)
5	69	8503	108	7.85	49739.73
6	61	10912	116.64	5.02	38976.01
7	53	12315	155.52	8.33	84558.18
8	45.1	10423	100.7424	9.2	43569.01
9	43	11310	130.464	1.13	7169.814
10	48	10531	103.68	0.35	1834.28

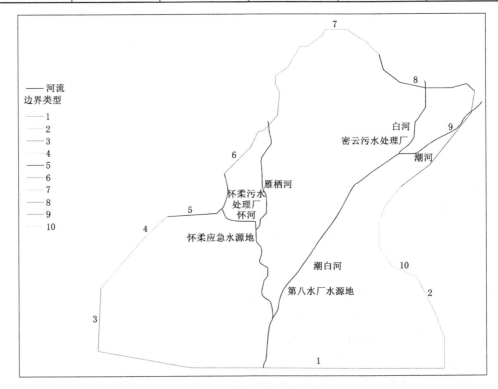

图 6-92　地下水侧向补给边界

2. 降水入渗补给量

降水入渗补给是研究区主要的补给源，其入渗量与降水量、潜水水位埋深和包气带岩性有关。

降水入渗计算式为

$$Q_j = \alpha F X \tag{6-13}$$

式中　Q_j——降水入渗补给量，万 m³/年；

　　　α——年降水入渗系数；

　　　F——计算区面积，10^6m^2；

　　　X——年降水量，m/年。

依据上式可得研究区降水入渗补给量为 16200 万 m³/年。

研究区岩性分区如图 6-93 所示，降水入渗补给系数见表 6-12。

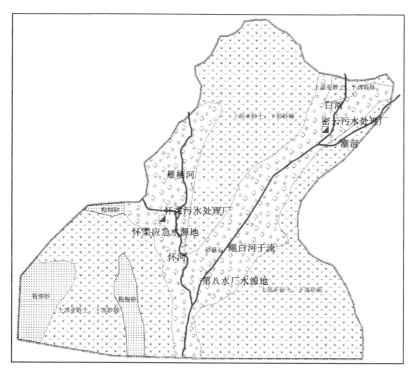

图 6-93 研究区岩性分区图

表 6-12 研究区降水入渗补给系数

岩 性 分 区	降水入渗系数 α	面积 F/km²
砂砾石	0.59	177.5
粉细砂	0.5	143.5
上部亚砂土、下部砂砾	0.39	300.6

3. 再生水入渗量

再生水入渗主要分为两个部分：一部分是密云再生水厂入渗量；另一部分是怀柔再生水厂入渗量。

（1）密云再生水厂入渗量。密云再生水主要由三个部分组成：一是滞留于河道形成的地表景观；二是蒸发；三是向地下渗漏，其渗漏主要位于潮汇大桥橡胶坝以下。

密云再生水厂前身檀州污水处理厂主要采用 SBR 工艺，部分二级出水排入潮汇大桥下；密云再生水厂采用 MBR 工艺出水排入白河。二者在潮白河汇合口橡胶坝上形成有水河段，其水面面积约为 1.2km²。根据水量平衡分析，2007 年再生水入渗量为 819 万 m³。

（2）怀柔再生水厂入渗量。怀柔再生水主要由三个部分组成，一是滞留于河道形成地表景观；二是蒸发；三是向地下渗漏，其渗漏范围位于 3# 橡胶坝以下。

怀柔再生水厂采用氧化沟与 MBR 工艺，出水排入怀河。在怀河 3# 橡胶坝上形成水面，水面面积约为 1.4km^2。根据水量平衡分析，2007 年再生水入渗量为 1200 万 m^3。

4. 灌溉入渗量

北京市农业灌溉期一般是在旱季。因旱季土壤、包气带含水量低，灌溉水入渗在包气带中的损耗较大，且灌溉期土壤水蒸发量一般大于非灌溉期，故北京地区的灌溉回归系数一般小于降雨入渗系数。另外，灌溉方式不同，灌溉回归系数也是不同的，漫灌入渗率较大，喷灌入渗率较小。

田间灌溉入渗量包括地表水和地下水灌溉入渗量，它受地下水位埋深、包气带岩性及灌溉水量大小等因素的控制。

$$Q_t = Q_g \beta \tag{6-14}$$

式中　Q_t——灌溉水回渗补给量，万 m^3/年；

　　　Q_g——实际的灌溉水量，万 m^3/年；

　　　β——灌溉回归系数。

根据上式可计算出研究区灌溉入渗量为 3200 万 m^3/年。β 值主要参考科研成果和海滦河流域片的实测资料，研究区灌溉回渗系数选值见表 6-13。

表 6-13　　　　　　　　　　研究区灌溉回渗系数选值表

类别	灌水定额 /(m^3/亩次)	不同地下水埋深的 β 值				
		1～2m	2～3m	3～4m	4～6m	>6m
井灌	40～50		0.20	0.15	0.13	0.1
渠灌	50～70		0.25	0.2	0.17	0.15

5. 潜水蒸发量

蒸发量主要与潜水位埋深、包气带岩性、地表植被和气候因素有关，一般认为水位埋深大于 4m 的地区潜水蒸发量很小。

潜水蒸发量由下式计算

$$Q_e = F\varepsilon_0 \left(1 - \frac{\Delta}{\Delta_0}\right)^n \tag{6-15}$$

式中　Q_e——地下水蒸发排泄量，万 m^3/年；

　　　Δ——埋深小于 4m 的平均水位埋深，m；

　　　Δ_0——地下水蒸发极限埋深 4m，m；

　　　F——地下水位埋深小于 4m 的区域面积，万 m^2；

　　　ε_0——液面蒸发强度（自然水体水面蒸发强度即实际水面蒸发强度，直径为 20cm 的蒸发皿测得蒸发强度的 60%），mm/年；

　　　n——与岩性有关的指数（粉土、粉质黏土取 0.5，粉砂取 1.0）。

由于研究区地下水埋深均大于蒸发极限埋深 4m，因此 2007 年研究区潜水蒸发量为零。

6. 地下水开采量

研究区内的地下水排泄主要为各水源地开采、城区工业自备井开采以及农业开采，经统计，2007 年研究区地下水开采量见表 6-14，总计 6.27 亿 m^3。

表 6-14	2007 年研究区地下水开采量		单位：万 m³
水源地	引潮入城	水源八厂	应急水源地水厂
开采量/万 m³	3500	9000	12063
水源地	农业机井	其他	
开采量/万 m³	32000	6137	
开采量合计/万 m³		62700	

6.5.2.3 定解条件的处理

初始条件为 2007 年 1 月统测的地下水位，采用 IDW（反距离插值）方法获得潜水含水层的初始水位。由于研究区由北到南由单一含水层逐渐过渡为多层地下水，缺少分层水位观测数据，故各层采用相同的初始流场。研究区浅层地下水及深层地下水初始流场如图 6-94、图 6-95 所示。

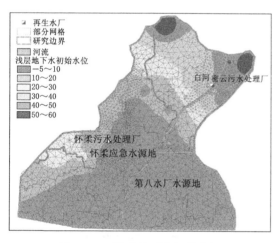

图 6-94 浅层地下水初始流场

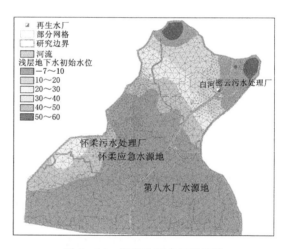

图 6-95 深层地下水初始流场

边界条件。根据相关资料与调查分析，在研究区东北、西北和北部三面环山，初步确定为侧向流入边界，根据监测资料可知：2005 年前西南、东南与南部边界浅层潜水为侧向流出边界，2005 年后是侧向流入边界，深层承压水则是侧向流出边界。

6.5.2.4 模拟期的处理

模拟时期为 2007 年 1—12 月，以 1 个月作为 1 个时间段，每个时间段内包括若干时间步长，时间步长为模型自动控制，严格控制每次迭代的误差。

6.5.2.5 源汇项的处理

源汇项包括降水入渗、再生水入渗、灌溉回渗、渠道渗漏、蒸发、农业开采等。按照软件要求，首先将各项均换算成相应分区的开采强度，然后分配到相应的单元格中。

6.5.2.6 水文地质参数的处理

水文地质参数是表征含水介质储水能力、释水能力和地下水运动能力的指标。对于研究区，水文地质条件相对简单，但是考虑到空间变异性，将研究区划分成 28 个水文地质参数分区，含水层水文地质参数分区如图 6-96 所示。不同参数分区的水文地质参数初值根据已有的经验值并参考研究区地下水资料评价报告及各个勘察和研究阶段所进行的抽水试验成果给出。

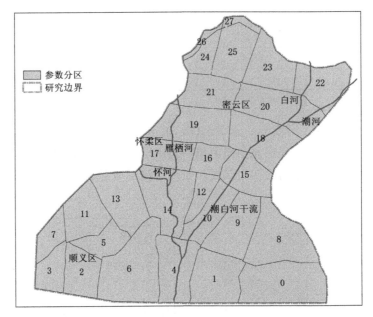

图 6-96　含水层水文地质参数分区

6.5.2.7　模型的识别与验证

模型的识别与验证过程是整个模拟中极为重要的一步工作，通常要进行反复地识别才能达到较为理想的拟合结果。模型的这种识别与验证的方法也称试估-校正法，它属于反求参数的间接方法之一。

运行计算程序，可得到这种水文地质概念模型在给定水文地质参数和各均衡项条件下的地下水时空分布，通过拟合同时期的流场和长观孔的历时曲线，识别水文地质参数、边界值和其他均衡项，使建立模型更加符合研究区的水文地质条件，以便更精确地定量研究模拟区的补给与排泄，预报给定水资源开发利用方案下的地下水位变化。

模型的识别与验证主要遵循以下原则：①模拟的地下水流场要与实际地下水流场一致，即要求地下水计算等值线与实测等值线形状吻合；②模拟地下水的动态过程要与实测的动态过程基本吻合，即要求模拟与实际地下水位过程线形状相似；③从均衡的角度出发，模拟的地下水均衡变化与实际基本相符；④识别的水文地质参数要符合实际水文地质条件。根据不同参数分区的含水层特征不断调整水文地质参数，可获得符合研究区的水文地质参数，即渗透系数、给水度或弹性贮水率、孔隙度、纵横向弥散度。识别后的第一、第三含水层水文地质参数见表 6-15、表 6-16。

在三个含水层中，均衡项的分配为：第一含水层补给方式主要为侧向流入补给，排泄方式为农业灌溉和部分农村生活用水；第二含水层补给方式主要为侧向流入，排泄方式以农业灌溉、工业用水、农村生活用水为主；第三含水层接受补给的主要方式为接受侧向补给，排泄方式为城镇生活用水。

表 6-15 第一含水层水文地质参数

分区号	渗透系数 K /(10^{-4}m/s)	给水度 μ	纵向弥散度 α_L/m	横向弥散度 α_T /m
1	6.00	0.16	13.50	1.35
2	14.99	0.18	9.90	0.99
3	8.91	0.18	11.70	1.17
4	7.94	0.17	11.79	1.18
5	10.13	0.15	12.60	1.26
6	11.75	0.15	8.10	0.82
7	5.80	0.18	12.15	1.22
8	12.15	0.19	7.20	0.72
9	9.83	0.16	7.38	0.74
10	12.31	0.19	14.67	1.47
11	11.61	0.17	9.90	0.99
12	13.77	0.15	8.64	0.86
13	6.69	0.18	6.12	0.61
14	14.58	0.13	9.00	0.90
15	13.18	0.13	12.87	1.26
16	14.90	0.14	11.07	0.11
17	13.77	0.16	8.10	0.81
18	12.15	0.15	16.20	1.62
19	16.20	0.17	12.15	1.22
20	14.09	0.17	12.87	1.29
21	17.01	0.18	13.68	1.37
22	15.80	0.17	11.70	1.21
23	17.82	0.19	14.40	1.44
24	18.79	0.20	13.68	1.37
25	20.25	0.19	15.30	1.53
26	19.85	0.21	16.20	1.62
27	18.69	0.22	12.78	1.28
28	18.13	0.23	12.15	1.22

表 6-16 第三含水层水文地质参数

分区号	渗透系数 K /(10^{-4}m/s)	弹性贮水率 S/(1/m)	纵向弥散度 α_L /m	横向弥散度 α_T /m
1	2.40	1.15×10^{-3}	3.00	0.30
2	2.41	1.27×10^{-3}	2.20	0.22
3	2.29	1.10×10^{-3}	2.60	0.26

分区号	渗透系数 K /(10^{-4} m/s)	弹性贮水率 S/(1/m)	纵向弥散度 α_L /m	横向弥散度 α_T /m
4	1.97	7.50×10^{-4}	2.62	0.26
5	2.48	1.43×10^{-3}	2.80	0.28
6	2.97	1.20×10^{-3}	1.80	0.18
7	2.36	1.25×10^{-3}	2.70	0.27
8	2.68	8.75×10^{-4}	1.60	0.16
9	3.04	9.00×10^{-4}	1.64	0.16
10	3.06	1.65×10^{-3}	3.26	0.33
11	3.33	1.80×10^{-3}	2.24	0.22
12	3.49	1.00×10^{-3}	1.92	0.19
13	2.75	1.60×10^{-3}	1.36	0.14
14	3.63	1.10×10^{-3}	2.00	0.20
15	2.53	1.25×10^{-4}	2.80	0.03
16	3.65	8.75×10^{-4}	2.46	0.02
17	3.49	1.40×10^{-3}	1.80	0.18
18	3.09	1.10×10^{-3}	3.60	0.36
19	3.45	1.60×10^{-3}	2.10	0.21
20	2.67	1.50×10^{-3}	3.20	0.32
21	0.77	7.71×10^{-4}	1.56	0.16
22	0.92	7.79×10^{-4}	1.45	0.15
23	0.73	1.01×10^{-3}	1.38	0.14
24	0.83	1.06×10^{-3}	2.54	0.25
25	0.94	8.10×10^{-4}	2.30	0.23
26	0.95	9.96×10^{-4}	2.56	0.26
27	1.03	8.41×10^{-4}	1.70	0.17
28	0.75	5.27×10^{-4}	1.65	0.16

　　根据模型识别与验证结果，可绘制部分监测井地下水拟合及验证曲线（图6-97）以及浅层含水层、深层含水层水位等值线拟合图（图6-98与图6-99）。

6.5.2.8　地下水水位预报

1. 现状开采条件下地下水水位变化趋势

　　现状开采条件下的数值模拟预测是在建立的地下水数值模型的基础上进行的，但需要对定解条件和源汇项重新进行界定。本次根据1999—2010年10年水文气象观测资源进行预测，整体来看，这期间降水量偏枯，一定程度上反映未来趋势，据此预测未来水资源变化趋势具有一定的代表性。

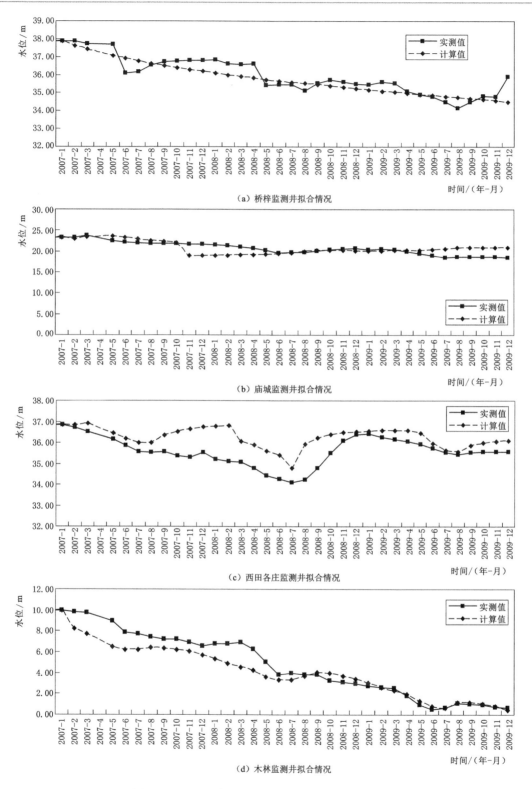

图 6-97（一） 部分监测井地下水拟合及验证曲线

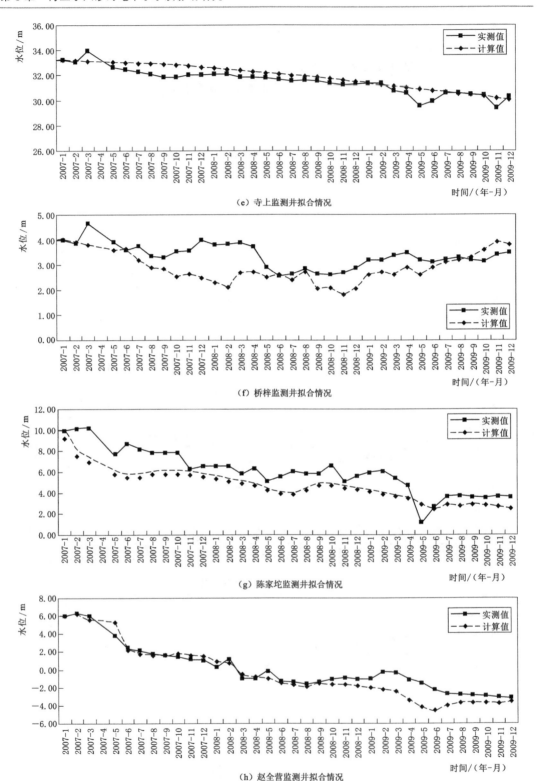

图 6-97（二）　部分监测井地下水拟合及验证曲线

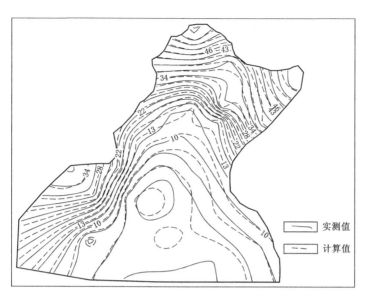

图 6 - 98 浅层含水层水位等值线拟合图

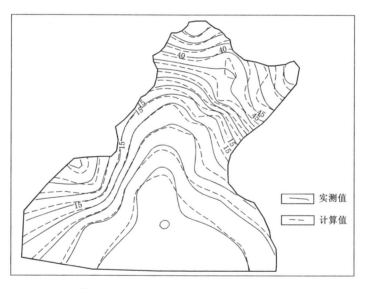

图 6 - 99 深层承压水水位等值线拟合图

利用建立的地下水数值模型，在平均水文、气象及现状开采量条件下，预测2010—2019年的地下水位变化。

因地下水超采，研究区地下水资源处于负均衡状态，现状开采条件下，潜水水位不断降低，研究区南部水源地更为明显。预测潜水水位平均下降13.5m。至2019年，北部西田各庄监测井地下水位下降8m，平均每年下降0.8m。2013年最先在开采量较大的水源八厂附近出现较大面积的疏干，继而在范各庄、小胡营、北小营、北太平庄等地陆续出现疏干现象。2019年潜水水位预报如图6-100所示。

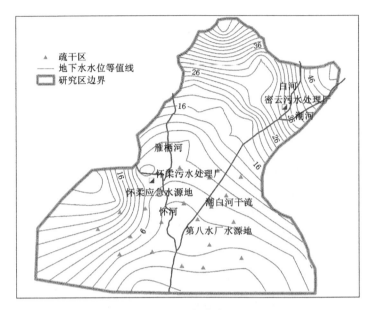

图 6-100 2019 年潜水水位预报

在预测时段，承压水水位北部变化较小，南部变化较大。承压水在北部平均下降
3.2m，在南部下降 7.5m。在大量潜水、承压水混合开采水井的作用下，天然状态的承压
水和潜水含水层之间的区域隔水层正失掉隔水功能，承压水和潜水在研究区内的许多地段
已融为一体。承压水的水力属性由于水位下降正在逐渐改变。2019 年浅层承压水预报如
图 6-101 所示。

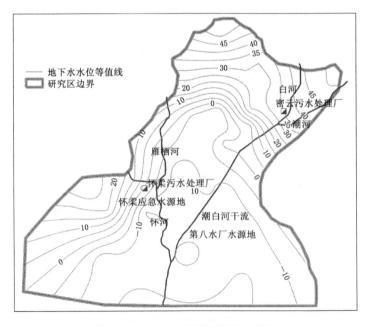

图 6-101 2019 年浅层承压水预报

2. 南水北调进京条件下地下水水位变化趋势

根据南水北调来水后水资源调度的原则和水资源可持续开发原则，提出在严重超采区停止和限制开采地下水的方案，达到蓄养地下水资源、保护生态环境的目的。根据这一原则，结合研究区实际情况，模拟停采怀柔应急水源地水厂与第八水厂水源地情景下研究区地下水位变化情况。

由于怀柔应急水源地与第八水厂水源地停采，研究区多年平均地下水开采与补给基本平衡。在地下水流场的作用下，潜水含水层北部地下水位有小幅下降，而在第八水厂水源地水位上升幅度为 $0.3 \sim 8m$。南水北调进京条件下 2019 年地下水潜水水位预报如图 6-102 所示。

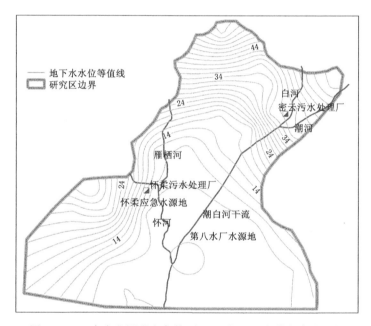

图 6-102　南水北调进京条件下 2019 年地下水潜水水位预报

同样由于怀柔应急水源地与第八水厂水源地停采，在地下水流场的作用下，浅层承压含水层北部地下水位有小幅下降，而在第八水厂水源地水位上升幅度为 $1.2 \sim 4.5m$。南水北调进京条件下 2019 年浅层承压水水位预报如图 6-103 所示。

6.5.3　地下水溶质运移数值模拟

氯离子的数值模拟主要考虑了氯离子的对流、弥散作用。氯离子运移的数学模型为

$$\begin{cases} \dfrac{\partial}{\partial x_i}\left(D_{ij}\dfrac{\partial C}{\partial x_j}\right) - V_i\dfrac{\partial C}{\partial x_j} + \dfrac{WC_w}{Mn} - \dfrac{\rho C}{Mn}\delta(x-x_i, y-y_i, z-z_i) = \dfrac{\partial C}{\partial t} \\ C(x,y,z)|_{t=0} = C_0(x,y,z) \\ C(x,y,z,t)|_\Gamma = C_1(x,y,z,t) \quad (x,y,z)\in\Gamma \quad t>0 \end{cases}$$

$$(6-16)$$

式中　C——浓度，mg/L；

　　　D——弥散系数，m^2/d；

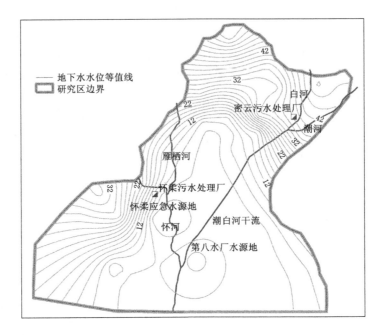

图 6-103 南水北调进京条件下 2019 年浅层承压水水位预报

V——地下水流速，m/d；

C_w——越流或降雨、农业回归入渗水的浓度，mg/L；

n——孔隙度；

δ——狄拉克函数；

C_0——初始浓度，mg/L；

C_1——边界浓度，mg/L。

6.5.3.1 均衡项要素计算

研究区离子主要均衡要素包括氯离子侧向通量、河渠及湖泊入渗补给、大气降水入渗补给、灌溉回归、垃圾填埋淋滤补给、管网入渗、潜水蒸发、地下水开采等。计算方法为

$$M = QC \tag{6-17}$$

式中　M——氯离子溶质通量；

　　　Q——总水量；

　　　C——氯离子浓度。

1. 氯离子侧向通量

主要考虑研究区的流入边界，氯离子浓度与所在边界的浓度本底值一致，氯离子浓度为 $10 \sim 20 \, \text{mg/L}$。

2. 河渠及湖泊入渗补给

计算的河渠湖泊和水量模型一致，浓度值采用实测浓度。研究区河渠湖泊氯离子入渗浓度见表 6-17。

表 6-17		研究区河渠湖泊氯离子入渗浓度		
河渠湖泊	密云再生水厂	怀柔再生水厂	向阳闸	白河上游
氯离子入渗浓度/(mg/L)	174	163	20	18.5

3. 大气降水入渗补给

大气降水中的氯离子含量极小，可以忽略。

4. 灌溉回归

在研究区的其他地区都存在灌溉回归补给，研究区主要采用地下水进行灌溉。污灌区氯离子浓度为地下水监测井的实测数据。

5. 潜水蒸发

研究区不存在潜水蒸发量，因此也不存在溶质浓缩作用。

6. 地下水开采

各均衡区地下水开采的氯离子浓度采用地下水监测井的实测数据。

6.5.3.2 定解条件处理

初始条件。模拟区的潜水含水层和承压含水层的初始浓度场由 2007 年 4 月统测的地下水氯离子等值线图，按照内插法和外推法得到各单元浓度。根据浅层与深层地下水水质资料分析显示，目前再生水未对深层地下水水质产生显著影响，因此本研究主要针对潜水与浅层含水层进行水质模拟研究。研究区潜水氯离子初始浓度场如图 6-104 所示。

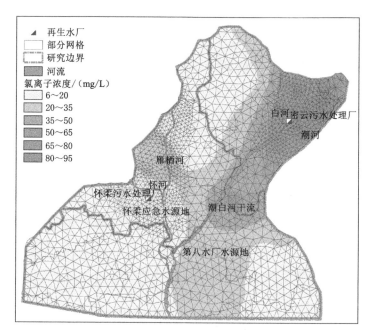

图 6-104 研究区潜水氯离子初始浓度场（2007 年 4 月）

6.5.3.3 模型的识别与验证

1. 模拟期的选择

由于历史资料的限制，本研究收集到研究区地下水水质数据监测频是 2 次/年，因此模拟期选择与水量模型一致，只对 2007 年 4 月、2007 年 9 月、2008 年 4 月、2008 年 9 月、2009 年 4 月、2009 年 9 月 6 个时段的地下水水质数据进行参数率定。

2. 水质识别及验证

经模型识别及验证，可绘制出各监测井氯离子浓度拟合及验证曲线，如图 6 - 105 所示。

3. 模型参数

运移的主要模型参数为弥散度。通过室内试验和参照相关资料，并参照研究区水文地质条件，确定含水层介质的弥散度。

从拟合及验证曲线可以看出，各监测井氯离子浓度变化曲线拟合较好，且计算值能较好地反映监测井氯离子浓度变化的趋势，这进一步表明构建的地下水渗流与溶质运移相耦合的三维模型符合研究区的实际情况，可利用该模型预测地下水水位及水质的长期变化，以反映出河道受水对不同层位含水层的水环境影响。

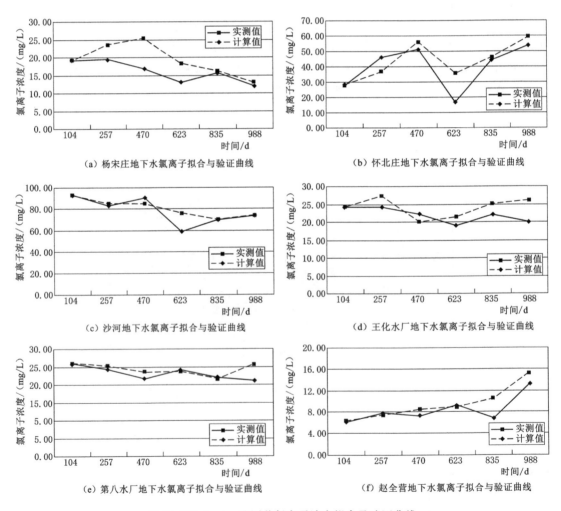

（a）杨宋庄地下水氯离子拟合与验证曲线　　（b）怀北庄地下水氯离子拟合与验证曲线

（c）沙河地下水氯离子拟合与验证曲线　　（d）王化水厂地下水氯离子拟合与验证曲线

（e）第八水厂地下水氯离子拟合与验证曲线　　（f）赵全营地下水氯离子拟合与验证曲线

图 6 - 105（一）　监测井氯离子浓度拟合及验证曲线

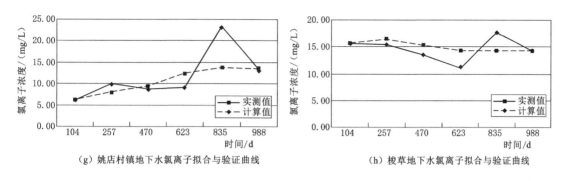

（g）姚店村镇地下水氯离子拟合与验证曲线　　　（h）梭草地下水氯离子拟合与验证曲线

图 6-105（二）　监测井氯离子浓度拟合及验证曲线

6.5.3.4　地下水氯离子变化趋势

经模型预测，现状条件下，2017 年前后平头监测井氯离子浓度在上升后趋于平稳，表明在此期间再生水入渗影响到平头区域。水源八厂距平头区域有 2.5km，从水源八厂浅层承压含水层氯离子浓度变化可以看出，氯离子浓度变化较为平稳，呈轻微下降趋势，表明水源八厂受到再生水入渗补给很小。平头与水源八厂监测井氯离子预测浓度历史变化如图 6-106 所示。

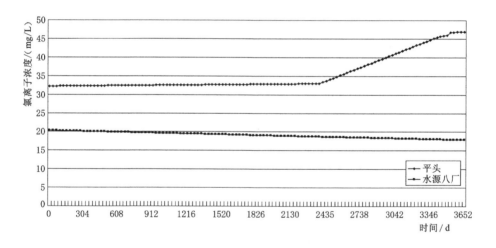

图 6-106　平头与水源八厂监测井氯离子预测浓度历史变化

根据模型预测的不同含水层层位的氯离子浓度分布，可绘制出 10 年后不同层位的氯离子浓度等值线图，并与 2009 年末各层氯离子浓度等值线图进行对比（图 6-107～图 6-110）。从图上可以看出：①密云再生水厂附近再生水影响潜水和承压水的范围和趋势基本一致，这是因为在该地区潜水与浅层承压水在实质中就是同一含水层；②2019 年再生水入渗对第八水厂水源地影响极小，但会对怀柔应急水源地浅层承压水产生一定的影响；③从氯离子浓度高于 50mg/L 的等值线范围可以看出，河道受水后在水平方向上的影响范围主要位于再生水入渗河道的两侧，但影响范围较 2009 年末有所扩大。

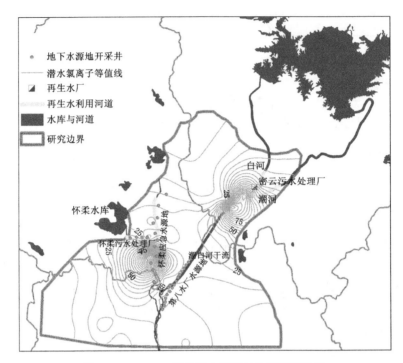

图 6 - 107　2009 年末潜水氯离子浓度等值线图

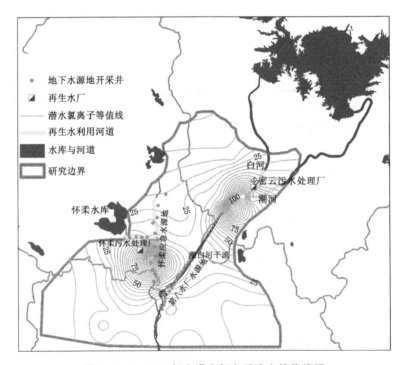

图 6 - 108　2019 年末潜水氯离子浓度等值线图

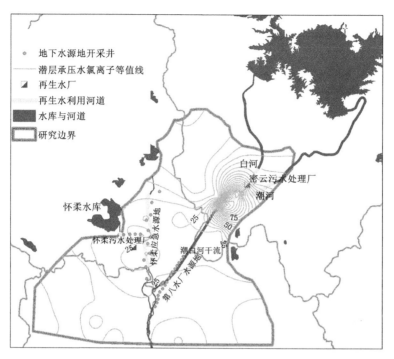

图 6-109 2009 年末浅层承压水氯离子浓度等值线图

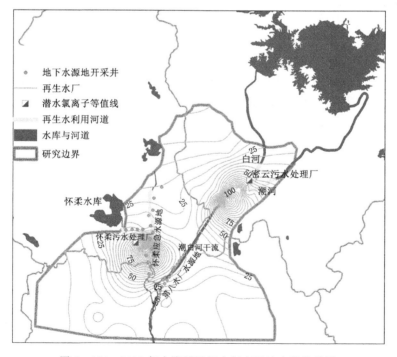

图 6-110 2019 年末浅层承压水氯离子浓度等值线图

6.6 本章小结

近年来，我国城市污水处理能力得到了突飞猛进的增长，但是我国污水再生利用率依旧相当低。根据城市污水再生利用规划，2015年北方地区缺水城市污水再生利用率达到20%～25%，南方沿海缺水城市达到10%～15%。按照发达国家的水平计算，污水再生利用率如果能够达到70%，我国每年还有近150亿 m^3 的再生水资源可以得到开发利用，潜力非常巨大。但再生水与其他水源相比，物理、化学性质有显著差异，如何避免再生水规模应用水环境产生的影响是目前急需解决的问题。

污水资源化用于河道，河道的天然下渗补充地下水，对于水资源可持续利用、水资源的优化配置意义深远。再生水深度处理回补地下水、土壤对于不同污染物的吸收、净化效果，国内外不同领域的学者、研究人员开展过大量的室内试验进行研究，取得了部分研究成果，但仍属于探索阶段，不能很好地用于生产实际，不能作为政府决策的依据和参考，因此，研究再生水涵养地下水的处理和回补方式、污染物的实际迁移转化规律等，对于大幅度提高再生水利用率和缓解具有地下水超采带来的系列问题具有重要的现实意义。

（1）建立了研究区地表水、地下水和再生水利用监测体系，对研究区地下水水质进行了评价。通过历史钻孔资料收集、野外物探和现场监测井施工，探明了研究区地质和水文地质条件。通过3年的连续监测表明，密云再生水厂排放的再生水，已对部分区域地下水造成污染，主要超标污染物是硝酸盐氮、氨氮，其中地下水水质为Ⅳ类与Ⅴ类面积为11.2km²，主要分布于河道周边。怀柔再生水厂排放的再生水，对浅层潜水含水层产生影响。鉴于研究区位于北京市重要地下水水源地——水源八厂上游，建议全面建立密云再生水排放与地下水环境监管体系，同时对密云再生水厂进行升级改造，增加 A^2O 与臭氧活性炭工艺。

（2）全面检测了再生水和地下水中的无机、有机组分及主要特征污染物，确定了再生水用于水源区河道景观水质标准的范围与准则。结合北京再生水水质实际情况选择水质控制指标138项，重点控制氨氮、硝酸盐氮、亚硝酸盐氮、总磷、三氯甲烷、邻苯二甲酸二（2-乙基己酯）6项指标。在综合对比分析国内外相关标准，充分考虑研究区水文地质条件的基础上，确定其限值。本研究首次提出了适合水源区环境景观的再生水水质安全控制标准及再生水利用制度建议，为北京市再生水安全利用提供相关技术支持。

（3）再生水中有机物检出45项，根据美国EPA标准，三氯甲烷与邻苯二甲酸二（2-乙基己酯）超标。再生水排放口附近的地下水监测井检出有机物10项，根据EPA标准，均未超标，说明研究区非饱和带对有机物有一定的吸附作用。

（4）采用同位素技术与地下水模型技术综合分析确定地下水补给源中再生水、大气降水比例，确定密云再生水入渗区对地下水的影响范围约14km²，怀柔再生水入渗区对地下水影响范围约12km²。

（5）构建了地下水渗流及溶质运移数值模型，经识别和验证，模型可用于地下水环境预测；模型预测在现状受水条件下，河道受水10年后，两个再生水入渗区尚未影响到第八水厂水源地。怀柔再生水入渗区对怀柔应急水源地的源水有一定影响，但未造成水质恶化的趋势。利用模型预测在南水北调进京的条件下，地下水水位持续下降，下降趋势有所缓和。

第7章

地下水防污性能与污染风险评价研究及应用

7.1 国内外研究进展

1. 地下水防污性能评价

1968 年 Margat 首次提出"地下水脆弱性"这一术语,但在其后的二十几年间,有关"地下水脆弱性"概念的定义问题基本上处于众说纷纭的状态,许多学者从不同的角度给"地下水脆弱性"以不同的定义。美国国家科学研究委员会于 1993 年给予地下水脆弱性如下定义:地下水脆弱性是污染物到达最上层含水层之上某特定位置的倾向性与可能性。目前我国给出了地下水脆弱性更为广义的概念,所谓"脆弱性"是指存在的相关问题对地下水产生的潜在影响、可能影响、趋势性影响以及后果影响等。地下水脆弱性评价是从地下水的"问题"入手,对地下水进行的一种评价和论证方法,与我国的水资源传统评价目标是一致的。国内关于地下水脆弱性的研究开始于 20 世纪 90 年代中期,此时期我国还没有制定地下水脆弱性评价的统一原则和标准。

地下水防污性离不开水文地质内部因素,因而地下水固有防污性评价是地下水防污性评价的一项基础性工作。但地下水系统是一个开放系统,地下水与人类活动等外部因素的关系愈来愈密切、复杂,因而地下水特殊防污性评价愈来愈引起人们的重视。

影响地下水防污性能的环境因素较多,概括起来可分为自然因素和人为因素两类。自然因素是指地形、地貌、地质及水文地质条件以及与污染物运移有关的自然因子;人为因素主要指可能引起地下水污染的各种行为因子。地下水防污性能影响因素见表 7-1。

表 7-1   地下水防污性能影响因素

分类	参数	主 要 参 数	次 要 参 数
固有防污性	土壤	成分、结构、厚度、有机质含量、黏土矿物含量、透水性	阳离子交换容量、解吸与吸附能力、硫酸盐含量、体积密度、容水量、植物根系量
	包气带	厚度、岩性、水运移时间	风化程度、透水性

分类	参数	主　要　参　数	次　要　参　数
固有防污性	含水层	岩性、有效孔隙度、导水系数、流向、地下水年龄与驻留时间	容水量、不透水性
	补给量	净补给量、年降水量	蒸发、蒸腾、空气湿度
	地形	地面坡度变化	植物覆盖程度
天然防污性	下伏地层	透水性、结构与构造、补给排泄潜力	
	与地表水联系	入出河流、岸边补给潜水	
特殊防污性	—	土地利用状态、人口密度、污染物在包气带中运移时间、土壤包气带稀释与净化能力	污染物在含水层中驻留时间、人工补给量、灌溉量、排水量、污染物运移性质

目前国外常用的地下水防污性能评价方法有 GOD 指标法、DIVERSITY 评价方法、SIGA 评价方法以及 DRASTIC 评价方法，其中 DRASTIC 评价方法应用最为广泛。DRASTIC 评价方法由美国环保署于 1987 年提出，在美国、加拿大、南非及欧共体已被广泛地应用在地下水脆弱性研究中。目前，DRASTIC 评价方法在国内部分地区地下水防污性评价中也得到应用。

地下水作为一种重要的自然资源，日益匮乏，使得其合理利用和保护作用日益凸显。地下水污染具有复杂性、隐蔽性和难以恢复的特点，一旦遭受污染，其恢复和治理过程是漫长的，而且修复技术难度大，治理费用高，这就要求地下水应以保护、预防为主。地下水防污性能评价反映在自然条件下，地下水遭受污染的可能性，开展地下水固有防污性能评价工作可以为合理利用和保护地下水资源提供理论依据。

2. 地下水污染风险评价研究进展

地下水防污性能仅反映了地层对地下水保护性的强弱，没有考虑到外界环境因素的影响和人类对地下水价值功能的需求，难以准确反映地下水系统的污染风险水平。地下水固有防污性能、污染负荷与污染风险之间存在着极其复杂的关系：具有较弱防污性能的地区如果没有明显的污染负荷，则不存在污染风险；在防污性能较强，污染负荷高的地区也会存在较大的污染风险；防污性能低且污染负荷高的地区污染风险最大。在地下水固有防污性能基础上，纳入污染物的特性、人类活动因素，考虑地下水供水能力、水质状况和社会对地下水源保护要求，"地下水防污性能评价"便发展成为"地下水污染风险评价"。

早期的地下水污染风险评价是将地下水固有防污性能与人类土地利用活动影响处理为简单的叠加关系。经研究发现，将这种复杂的相互作用关系简化成单一的叠加关系，掩盖了许多问题。20 世纪 80 年代，Varnes 提出了"风险＝脆弱性×灾害性"的模式，将"灾害理论"引入到地下水污染风险评价系统中。在实际应用中，这种风险表征方式有时被简单处理为"风险＝本质脆弱性×污染物超过标准的概率"，真正应用灾害风险理论的地下水污染风险研究依旧比较少。

我国地下水污染风险评价研究刚刚起步，缺乏相应的体系和方法。张雪刚等在地下水防污性能评价的基础上，考虑土地利用情况，对张集地区地下水污染风险进行了评价。周磊等选择地下水易污性、地下水质、水源保护区价值和地下水污染非点源作为地下水污染风险评价指标。张伟红提出地下水污染风险评价需要综合考虑含水层固有防污性能、污染源荷载风险和污染危害性 3 个方面。这些指标体系对进一步发展完善地下水污染风险评价指标体系是十分有用的，但还存在一些不足之处：

（1）对建立指标体系的原则和方法阐述不够明确。

（2）对现有的指标反映不够全面。以往评价中虽然也涉及到人类活动影响指标，如土地利用、污染荷载，但缺乏人类开采对自然流场的影响。此外，以往的风险评价中未考虑地下水系统的预期损害性，即地下水价值功能的变化。指标体系作为一个有机的整体是多种因素综合作用的结果，因此，指标体系应反映出影响地下水污染风险的各个方面。

7.2 地下水防污性能 DRASTIC 评价方法及应用

7.2.1 DRASTIC 评价方法指标体系

7.2.1.1 评价指标

DRASTIC 评价方法的基本思想是：影响含水层防污性能的内因是水文地质单元的物理特性，可用不同的反映含水层介质及其特性的水文地质参数来综合反映含水层的防污性能。选取影响含水层防污性能的 7 个因子为评价指标，分别是地下水埋深 D（depth of water‐table）、净补给量 R（net recharge）、含水层介质 A（aquifer media）、土壤介质 S（soil media）、地形坡度 T（topography）、包气带影响 I（impact of the vadose）、渗透系数 C（hyraulic conductivity of the aquifer）。按每个因子的英文大写字头，命名为 DRASTIC 评价方法（钟佐燊，2005）。

1. 地下水埋深 D

地下水埋深是指地表至潜水位的深度或地表至承压含水层顶部（即隔水层顶板底部）的深度，它是一个很重要的因子，因为它决定污染物到达含水层前要迁移的深度，它有助于确定污染物与周围介质接触的时间。一般来说，地下水埋深越大，污染物迁移的时间越长，污染物衰减的机会越多。

2. 净补给量 R

补给水使污染物垂直迁移至潜水并在含水层中水平迁移，控制着污染物在包气带和含水层中的弥散和稀释。潜水含水层垂直补给快，比承压含水层易受污染；在承压含水层地区，由于隔水层渗透性差，污染物迁移滞后，对承压含水层的污染起到一定的保护作用。补给水是淋滤、传输固体和液体污染物的主要载体，入渗水越多，由补给水带给潜水含水层的污染物越多。

3. 含水层介质 A

含水层介质既控制污染物渗流途径和渗流长度，也控制污染物衰减作用（如吸附、降解、物理化学反应等）、可利用的时间及污染物与含水层介质接触的有效面积。污染物渗透途径和渗流长度受含水层介质性质的强烈影响。一般来说，含水层中介质颗粒越大、裂隙或溶隙越多，渗透性越好，污染物的衰减能力越低，防污性能越差。

4. 土壤介质 S

土壤介质是指包气带顶部具有生物活动特征的部分，它明显影响渗入地下的补给量，所以也明显影响污染物垂直进入包气带的能力。在土壤带很厚的地方，入渗、生物降解、吸附和挥发等污染物衰减作用十分明显。一般来说，土壤防污性能明显受土壤中的黏土类型、黏土胀缩性和颗粒大小的影响，黏土胀缩性小、颗粒小的，防污性能好。此外，有机质含量也是一个重要影响因素。

5. 地形坡度 T

地形坡度小于 2‰ 的地区，由于雨水基本不产生地表径流，污染物入渗的机会多；相反，地形坡度大于 18‰ 的地区，地表径流大，入渗小，地下水受污染的可能性也小。

6. 包气带影响 I

包气带是指潜水位以上非饱水带。在评价承压含水层时，评价深度包括包气带和承压含水层以上的饱水带。承压水的隔水顶板是其防污性能评价的最重要的影响介质。包气带介质的类型决定着土壤层以下、水位以上地段内污染物衰减速率。生物降解、中和、机械过滤、化学反应、挥发和弥散是包气带内可能发生的作用，生物降解和挥发通常随深度而降低。

7. 渗透系数 C

在一定的水力梯度下渗透系数控制着地下水流速，同时也控制着污染物离开污染源场地的速度。渗透系数受含水层中的粒间孔隙、裂隙、层间裂隙等所产生的空隙的数量和连通性影响。渗透系数越大，防污性能越差。

7.2.1.2　指标权重

按各因子对防污性能影响的大小分别给予权重值，影响最大的权重值为 5，影响最小的为 1，权重值是不变的常数（表 7-2）。

表 7-2　　　　　　　　　　　**DRASTIC 评价方法指标权重**

评 价 因 子	权 重 值	评 价 因 子	权 重 值
地下水埋深（D）	5	地形坡度（T）	1
净补给量（R）	4	包气带影响（I）	5
含水层介质（A）	3	渗透系数（C）	3
土壤介质（S）	2		

7.2.1.3　评分体系

DRASTIC 评价方法将每一项指标划分为不同级别，同一级别内的指标赋予相同的评分值（表 7-3），这样对不同级别便有了定量的区别，以此来反映对含水层防污性能的影响，对含水层的防污性能进行排序。防污性能评分值越高，表示含水层越容易受污染；反之，越不易受污染。

2006 年 2 月中国地质调查局针对"全国地下水资源及其环境问题调查评价"项目专门制定了《地下水脆弱性评价技术要求》，对 DRASTIC 评价方法评分体系进行了改进（表 7-4），使其更适合第四系地下水防污性能评价。利用该评分体系评价的成果便于与全国其他地区成果进行对比。

表 7-3　　　　　　　　　　　　　　　DRASTIC 指标评分体系

地下水埋深		净补给量		含水层介质		土壤介质		地形坡度		包气带影响		渗透系数	
埋深/m	评分	净补给量/mm	评分	介质	评分	介质	评分	地形坡度/‰	评分	介质	评分	渗透系数/(m/d)	评分
0~1.5	10	0~51	1	块状页岩	2	薄层或缺失	10	0~2	10	淤泥/黏土	1	0.05~4.89	1
1.5~4.6	9	51~102	3	变质岩/火成岩	3	砾石层	10	2~6	9	页岩	3	4.89~14.67	2
4.6~9.1	7	102~178	6	风化变质岩/火成岩	4	砂层	9	6~12	5	灰岩	6	14.67~34.23	4
9.1~15.2	5	178~254	8	冰碛层	5	泥炭土	8	12~18	3	砂岩	6	34.23~48.93	6
15.2~22.9	3	>254	9	层状砂岩、灰岩和页岩序列	6	胀缩性或团块状黏土	7	>18	1	层状砂岩、灰岩、页岩	6	48.93~97.86	8
22.9~30.5	2			块状砂岩	6	砂质壤土	6			含较多淤泥或黏土的砂砾	6	>97.86	10
>30.5	1			块状灰岩	6	亚黏土	5			变质岩/火成岩	4		
				砂砾石层	8	淤泥质黏土	4			砂砾	8		
				玄武岩	9	黏土	3			玄武岩	9		
				岩溶灰岩	10	腐殖土	2			岩溶灰岩	10		
						非张缩或非团块状黏土	1						

表 7-4　　　　　　　　　　　　　　　DRASTIC 指标改进评分体系

地下水埋深		净补给量		含水层介质		土壤介质		地形坡度		包气带影响		渗透系数	
埋深/m	评分	净补给量/mm	评分	介质	评分	介质	评分	地形坡度/‰	评分	介质	评分	渗透系数/(m/d)	评分
0~1.5	10	0~51	1	黏土	1	非膨缩和非凝聚性黏土	1	0~2	10	黏土	1	0~4.1	1
1.5~4.6	9	51~71.4	2	亚黏土	2	垃圾	2	2~4	9	亚黏土	2	4.1~12.2	2
4.6~6.8	8	71.4~91.8	3	亚砂土	3	黏土质亚黏土	3	4~7	8	亚砂土	3	12.2~20.3	3
6.8~9.1	7	91.8~117.2	4	粉砂	4	粉砾质亚黏土	4	7~9	7	粉砂	4	20.3~28.5	4
9.1~12.1	6	117.2~147.6	5	粉细砂	5	亚黏土	5	9~11	6	粉细砂	5	28.5~34.6	5

续表

地下水埋深		净补给量		含水层介质		土壤介质		地形坡度		包气带影响		渗透系数	
埋深 /m	评分	净补给量 /mm	评分	介质	评分	介质	评分	地形 坡度 /‰	评分	介质	评分	渗透系数 /(m/d)	评分
12.1~15.2	5	147.6~178	6	细砂	6	砾质亚黏土	6	11~13	5	细砂	6	34.6~40.7	6
15.2~22.9	4	178~216	7	中砂	7	膨缩或凝聚性黏土	7	13~15	4	中砂	7	40.7~61.1	7
22.9~26.7	3	216~235	8	粗砂	8	泥炭	8	15~17	3	粗砂	8	61.1~71.5	8
26.7~30.5	2	235~254	9	砂砾石	9	砂砾石	9	17~18	2	砂砾石	9	71.5~81.5	9
>30.5	1	>254	10	卵砾石	10	卵砾石	10	>18	1	卵砾石	10	>81.5	10

7.2.1.4　评价指数

DRASTIC 评价方法地下水防污性能评价指数 DI 为

$$DI = 5D + 4R + 3A + 2S + T + 5I + 3C \tag{7-1}$$

DI 值范围为 $23 \sim 230$，DI 值越高，防污性能越差，反之防污性能越好。

7.2.2　DRASTIC 评价方法的应用

选择平原区为典型区，应用 DRASTIC 评价方法开展防污性能评价。

7.2.2.1　DRASTIC 评价指标

1. 地下水埋深 D

根据 2009 年 6 月潜水水位监测资料，按照 DRASTIC 评分体系绘制典型区地下水埋深分区示意图，如图 7-1 所示。

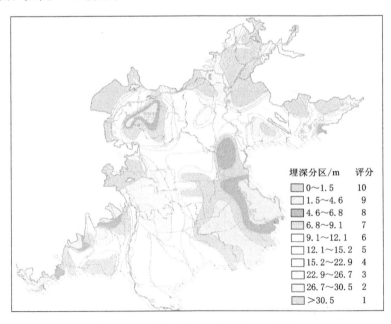

图 7-1　典型区地下水埋深分区示意图

2. 净补给量 R

利用 MAPGIS 软件将平原区多年平均降水等值线图与大气降水入渗系数分区图进行叠加计算，得到典型区含水层净补给量分区示意图，如图 7-2 所示。

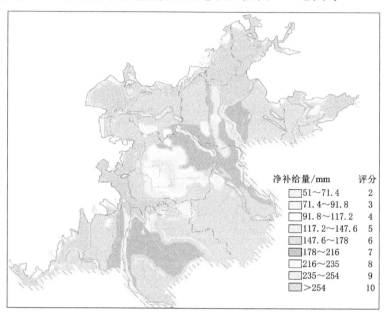

净补给量/mm	评分
51～71.4	2
71.4～91.8	3
91.8～117.2	4
117.2～147.6	5
147.6～178	6
178～216	7
216～235	8
235～254	9
>254	10

图 7-2 典型区含水层净补给量分区示意图

3. 含水层介质 A

依据浅层地下水含水层岩性的不同，绘制典型区浅层含水层介质分区示意图，如图 7-3 所示。

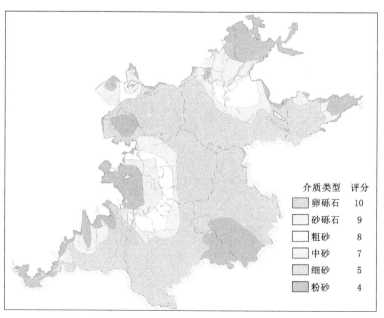

介质类型	评分
卵砾石	10
砂砾石	9
粗砂	8
中砂	7
细砂	5
粉砂	4

图 7-3 典型区浅层含水层介质分区示意图

4. 土壤介质 S

本书所指土壤层为距地表平均厚度 2m 或小于 2m 的地表风化层。根据 2m 深度范围内钻孔资料，绘制典型区土壤介质分区示意图，如图 7-4 所示。

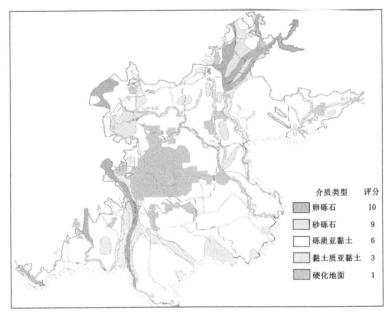

图 7-4　典型区土壤介质分区示意图

5. 地形坡度 T

典型区除山前地区外，一般地势平坦，地面坡度为 2‰左右，地形坡度分区示意图，如图 7-5 所示。

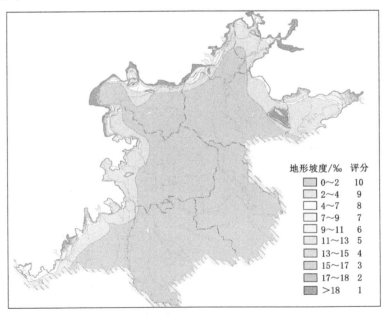

图 7-5　典型区地形坡度分区示意图

6. 包气带影响 I

利用钻孔资料，并参考北京市地质图和北京地区古河道变迁图，绘制典型区包气带介质分区示意图，如图 7-6 所示。

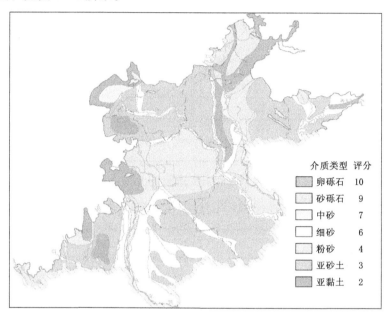

图 7-6　典型区包气带介质分区示意图

7. 渗透系数 C

根据典型区潜水含水层分区图及其渗透性，绘制潜水含水层渗透系数分区示意图，如图 7-7 所示。

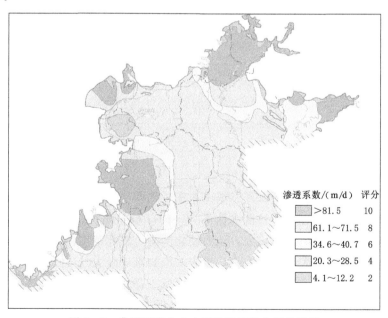

图 7-7　典型区潜水含水层渗透系数分区示意图

7.2.2.2 评价结果与分析

采用 DRASTIC 评价方法，依据评价中各单项指标因子的评分值，结合相应的权重，计算地下水防污性能指数，并利用 MAPGIS 软件拓扑处理和空间分析等功能完成要素图层的叠加，对防污性能进行分区。地下水防污性能分区按照指数大小由高到低，可划分为5个级别（表7-5）。

表7-5 地下水防污性能分级

防污性能指数	防污性能级别	防污性能指数	防污性能级别
23～64	好	146～187	较差
64～105	较好	187～230	差
105～146	中等		

根据评价结果，典型区潜水防污性能综合指数为67～210，可分为4个区。潜水含水层防污性能分区示意图如图7-8所示。

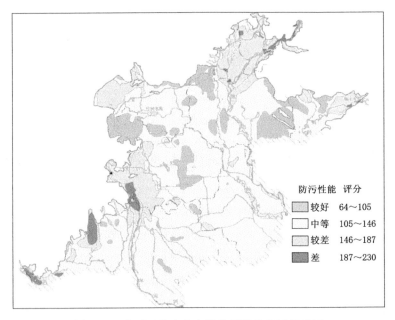

图7-8 典型区潜水含水层防污性能分区示意图

1. 防污性能较好区

防污性能较好区主要分布于以人工填土为主、地面硬化的中心城区以及地层岩性以黏性土为主或山前地下水位埋深大且富水性不均一的区域，面积约681km²。其中城区为城市建设用地，道路和建筑覆盖面积大，地面硬化严重，在此范围内，大气降水大多排入市政管网，仅有绿地可接受大气降水入渗，地表污染物难以随大气降水淋滤入渗进入地下含水层。土壤介质和包气带介质以黏性土为主的区域主要有大兴采育与永乐店、房山窦店以北、顺义后李家桥与徐辛庄、海淀的苏家坨与永丰屯，这些区域防污性能较好；怀柔茶坞、平谷熊耳营、二十里长山以南及龙湾屯一带富水性不均一且埋深大，防污性能也较好。

2. 防污性能中等区

防污性能中等区主要分布在包气带岩性以亚砂土为主、地表岩性以砾质亚黏土为主的区域，面积约 $4135 km^2$。房山、大兴、通州、昌平、顺义、平谷等区均有分布。

3. 防污性能较差区

防污性能较差区主要分布于岩性以砂砾石、卵砾石为主的地区，包括密云、怀柔、顺义北部、平谷、昌平南口、海淀山前、房山山前，这些地区地处各大河流的冲洪积扇顶部，表层土厚度较薄，部分地区缺失，包气带岩性以卵砾石为主，为单一潜水区或单一潜水向承压水过渡的地区。永定河、潮白河河道岩性以砂砾石为主，表层黏土缺失，防污性能比较差。此外，平谷沟洳河中下游地区地层岩性以砂为主，由于地下水位埋深比较浅，故防污性能也比较差。

4. 防污性能差区

防污性能差区主要分布于岩性以卵砾石为主，且地下水位埋深相对浅的地区，如房山大石河山前部分地区。

7.3 地下水防污性能 RSVA 评价方法及应用

虽然 DRASTIC 是国际通用的评价方法，其评价结果也能较好的反映平原区地下水防污性能的实际情况，但评价结果仅有 4 个级别。同时，DRASTIC 评价方法在指标的选取上依然存在一些有待商榷之处。

（1）选取的指标之间存在关联性。例如渗透系数（C）与含水层介质（A）密切相关；净补给量（R）与包气带影响（I）相关。

（2）土壤实际上是包气带的一部分，且参数不易获取，若从岩性角度考虑，将土壤与包气带介质合在一起作为一个整体考虑更好。

（3）权重分配不尽合理。DRASTIC 评价方法中 7 项因子的权重值是一成不变的，实际应用中应根据具体的地质条件对权重作相应的调整。

因此，有必要根据北京市水文地质条件，构建适合北京城市发展的地下水防污性能评价体系。

7.3.1 RSVA 评价指标体系构建

7.3.1.1 指标体系构建原则

基于固有防污性能影响因素，结合北京所处山前冲洪积扇水文地质条件及资料情况，对 DRASTIC 评价方法进行改进，构建了适合山前冲洪积扇都市区的地下水防污性能 RS-VA 评价指标体系。

RSVA 指标选取从地下水固有防污性能的基本概念出发，以影响防污性能的各种因素为基础来选取指标因子。影响地下水防污性能的因素可以分成补给量 R、地表特征 S、包气带 V 以及含水层组 A 4 个一级指标，其中每个一级指标又根据各自的不同特点，进一步细化为具体的二级评价指标，RSVA 评价方法指标体系如图 7-9 所示。

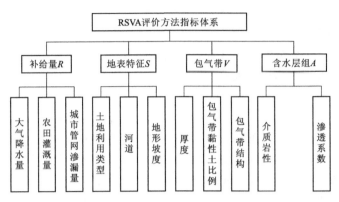

图 7 - 9　RSVA 评价方法指标体系

7.3.1.2　评价指标确定

1. 补给量 R

垂向补给地下水的各种水源会将水中溶解的污染物带入地下水中。作为污染物进入地下水的载体，垂向补给量的大小，决定地下水污染的可能性及污染程度。在传统的降水量基础上，考虑山前区域的特点，综合处理降水量与山前洪水的补给；鉴于都市区的特点，在城市覆盖范围内管网渗漏量作为一项稳定的补给源参与评价；由于农田覆盖面积较大，农田灌溉量作为一项重要的补给源也具有不可忽视的影响。

2. 地表特征 S

地表特征对于各种补给的汇集起到一定影响，从而间接影响地下水防污性能。地形坡度是一项直观反映不同区域汇水能力的指标，能够很好地反映汇水能力随坡度的变化；河道作为地表十分重要的汇水渠道，影响也十分明显；不同的土地利用类型（如林地，耕地等）对于各种补给的汇集作用也不尽相同，作为一项单独指标参与评价。

3. 包气带 V

包气带是衡量防污性能的重要指标，在污染物从地表进入地下水的过程中，起到了关键的作用。包气带对于污染物起到阻截作用的主要是颗粒较细的黏性土部分，包气带厚度可以直观地反映出污染物进入地下水需要经过的距离，所以将两项综合起来处理；考虑到沉积特征，即使包气带厚度相当，不同区域其结构特征不尽相同，因此，包气带结构也需一并考虑。

4. 含水层组 A

污染物在含水层中的运移主要受介质岩性和渗透系数的影响，综合考虑这两项因素以综合渗透系数对含水层进行评价。

7.3.1.3　指标权重确定

指标权重作为一个不易定量衡量的要素，以往多是凭经验和知识进行判断（如专家赋分法），但是当因素较多时，给出的权重会不够全面和准确。采用层次分析法，可分别分析各因素的相对重要性，确定目标层权重，并将其应用于评价模型。在给出相关未知函数项之后，就可以评价和预测地下水防污性能大小，地下水防污性能评价因子权重见表 7 - 6。

表 7 - 6   地下水防污性能评价因子权重

一级指标权重	二级指标权重	目标层权重（W_i）
补给量 R （0.15）	大气降水量（0.2）	0.03
	农田灌溉量（0.4）	0.06
	城市管网渗漏量（0.4）	0.06
地表特征 S （0.15）	土地利用类型（0.4）	0.06
	河道（0.4）	0.06
	地形坡度（0.2）	0.03
包气带 V （0.4）	累积黏性土厚度（0.6）	0.24
	包气带结构（0.4）	0.16
含水层组 A（0.3）	综合渗透系数（1.0）	0.3

7.3.1.4 评分体系确定

1. 补给量

（1）大气降水量。大气降水量是评价指标之一。对于降水量的评分，选用多年平均降水量，根据降水量值的范围，平均分为 10 级。与大气降水密切相关的山前洪水，虽然影响范围较小，但是水量较大，所以也需考虑。降水量越大，将地表污染物带入地下水中的可能性也越大，故而评分越高。

（2）农田灌溉量。将各区的农业灌溉量平均分配到相应区的全部面积上，计算出每个网格的平均灌溉量，平均分为 10 级，由于城市覆盖区农业灌溉基本可以忽略不计，所以认为城市覆盖区评分为零。

（3）城市管网渗漏量。随着城市的不断发展，城市覆盖区输水管网密度及面积不断扩大，管网渗漏在城市覆盖区的补给量中不可忽视。根据北京城区不同区域的开发程度，将整个评价区域分为老城区、城近郊区、卫星城镇、其他地区 4 类，其中老城区管网老化，渗漏量较大，所以评分最高。

2. 地表特征

（1）土地利用类型。主要考虑土地利用类型在汇水方面的影响，在城市覆盖的范围雨水汇入管道，而耕地、荒地等处汇水能力较强，根据土地利用类型不同，把评价区域分为城镇、村镇、林地、园地、耕地、荒地几种类型。

（2）河道。评价区作为典型的山前平原地区，河流较多，河网密度大。考虑不同河道其汇水能力的差异，将各河道进行分级，如永定河、潮白河为一级支流，温榆河为二级支流。

（3）地形坡度。从山前到冲洪积扇下部的地形坡度变化也是山前区域较为明显的特点之一，地形坡度越小，越有利于水流的汇集，增大了补给地下水的可能性，所以地形坡度也作为一项评价指标。其评分值按照地形坡度由小到大分为 10 级，坡度越小，评分越高。

3. 包气带

（1）综合考虑包气带厚度和包气带岩性特征，重点考虑包气带中黏性土所占比例，计算出包气带中黏性土累计厚度值，用该值衡量包气带对污染物的截留影响，厚度越大，防污性能越好，评分越低。

（2）某些区域包气带中黏性土累计厚度虽然相近，但包气带垂向黏性土分布结构特征不同，其对污染物的阻截能力也不尽相同，因此，包气带评分除了考虑黏性土累计厚度外，还需要考虑其结构特征。

4. 含水层组

该指标体系综合考虑含水层介质岩性以及含水层渗透系数的影响，利用综合渗透系数来反映含水层在地下水固有防污性能中的作用。用每种岩性的厚度在含水介质总厚度的比例，乘上其相应的经验渗透系数，加权求和计算出含水层组的综合渗透系数。

RSVA 指标评分体系见表 7-7。

表 7-7　　　　　　　　　　　　RSVA 指标评分体系

| 补给量 R | | | | | | 地表特征 S | | | | | | 包气带 V | | | | 含水层组 A | |
| 大气降水量 | | 农田灌溉量 | | 城市管网渗漏量 | | 土地利用类型 | | 河道 | | 地形坡度 | | 累计黏性土厚度 | | 包气带结构 | | 综合渗透系数 | |
降水量/mm	评分	单位灌溉量/(万m³/km²)	评分	管网渗漏区域	评分	土地类型	评分	河道分布	评分	地形坡度/‰	评分	累计厚度/m	评分	结构	评分	综合渗透系数/(m/d)	评分
512.5~523.75	1	城市覆盖区	0	老城区	10	城镇	1	一级支流	10	0~2	10	0~1	10	单层砂卵砾石层	10	0~1	1
523.75~535	2	8~10.2	1	城近郊区	5	村镇	2	二级支流	8	2~4	9	1~2	9	2~3层砂卵砾石层	8	1~5	2
535~546.25	3	10.2~12.4	2	卫星城镇	3	林地	4	三级支流	6	4~7	8	2~3	8	多层砂砾石夹少数砂层	6	5~10	3
546.25~557.5	4	12.4~14.6	3	其他地区	0	园地	6	小支流及人工渠道	4	7~9	7	3~4	7	多层砂砾石夹少数砂砾石层	4	10~20	4
557.5~568.75	5	14.6~14.8	4			耕地	8	无河流	0	9~11	6	4~6	6	多层砂层	2	20~50	5
568.75~580	6	16.8~19	5			荒地	10			11~13	5	6~8	5			50~100	6
580~591.25	7	19~21.2	6							13~15	4	8~10	4			100~150	7
591.25~602.5	8	21.2~23.4	7							15~17	3	10~15	3			150~200	8
602.5~613.75	9	23.4~25.6	8							17~18	2	15~20	2			200~250	9
613.75~625	10	25.6~27.8	9							>18	1	>20	1			250~300	10
山前洪水区		27.8~30	10														

7.3.1.5　评价指数

RSVA 评价方法地下水防污性能评价指数 DI 为

$$DI = \sum_{i=1}^{n} \omega_i X_i \qquad (7-2)$$

式中　ω_i——指标因子权重；

　　　X_i——指标因子评分。

DI 值越高，防污性能越差；反之，防污性能越好。

7.3.2　RSVA 评价方法的应用

选择平原区为典型区，应用 RSVA 评价方法开展防污性能评价。

7.3.2.1　RSVA 评价指标

1. 大气降水量

根据多年平均降水量等值线图绘制典型区大气降水分区图，同时叠加山前洪水影响。典型区大气降水量分区如图 7-10 所示。

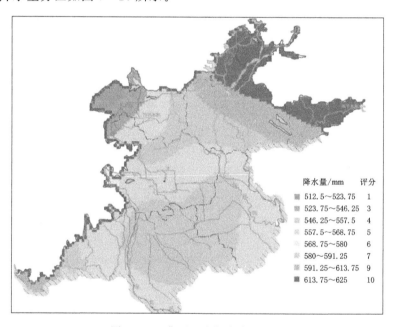

降水量/mm	评分
512.5～523.75	1
523.75～546.25	3
546.25～557.5	4
557.5～568.75	5
568.75～580	6
580～591.25	7
591.25～613.75	9
613.75～625	10

图 7-10　典型区大气降水分区图

2. 农田灌溉量

根据各地区农田灌溉量统计，绘制典型区农田灌溉分区图，如图 7-11 所示。

3. 城市管网渗漏量

根据老城区、卫星城镇的位置及范围，绘制典型区城市管网渗漏分区图，如图 7-12 所示。

4. 土地利用类型

根据各地不同的土地利用情况，绘制典型区土地利用类型分布图，如图 7-13 所示。

5. 河道

按照河道评分表，绘制典型区河道分布图，如图 7-14 所示。

6. 地形坡度

根据各地地形坡度的不同，绘制典型区地形坡度分区图（图 7-5）。

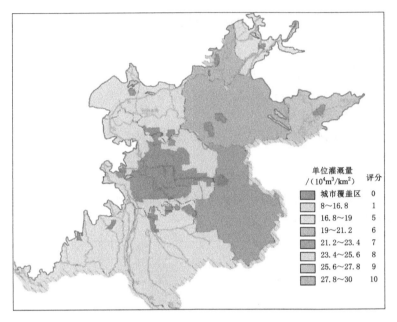

图 7－11　典型区农田灌溉分区图

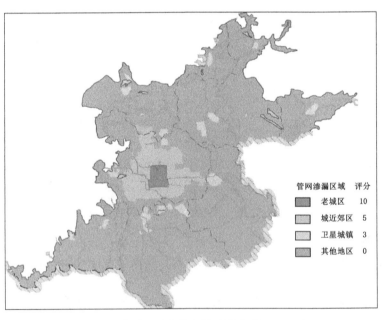

图 7－12　典型区城市管网渗漏分布图（2008 年）

7．累计黏性土厚度

依据计算出的数据，绘制典型区包气带累计黏性土厚度分布图，如图 7－15 所示。

8．包气带结构

根据各区域不同的包气带结构，依照评分标准，绘制典型区包气带结构分布图，如图 7－16 所示。

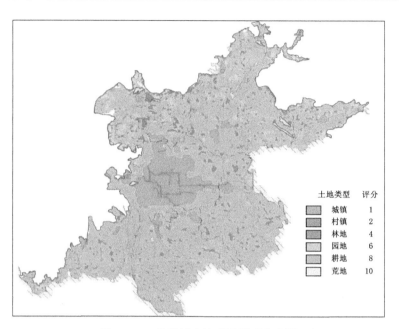

土地类型	评分
城镇	1
村镇	2
林地	4
园地	6
耕地	8
荒地	10

图 7-13 典型区土地利用类型分布图

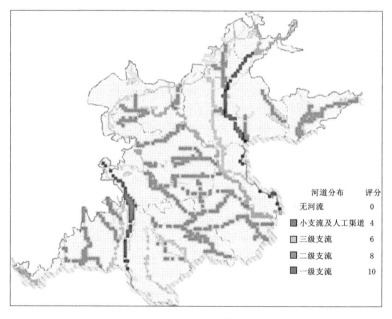

河道分布	评分
无河流	0
小支流及人工渠道	4
三级支流	6
二级支流	8
一级支流	10

图 7-14 典型区河道分布图

9. 综合渗透系数

依据计算出的钻孔含水层综合渗透系数数据,同时参考含水层介质类型分区图,绘制典型区含水层综合渗透系数分布图,如图 7-17 所示。

7.3.2.2 评价结果与分析

典型区潜水含水层防污性能 RSVA 评价结果如图 7-18 所示。

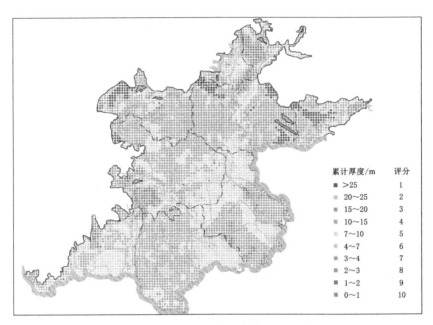

累计厚度/m		评分
■	>25	1
	20~25	2
	15~20	3
	10~15	4
	7~10	5
	4~7	6
	3~4	7
	2~3	8
	1~2	9
	0~1	10

图 7-15 典型区包气带累计黏性土厚度分布图

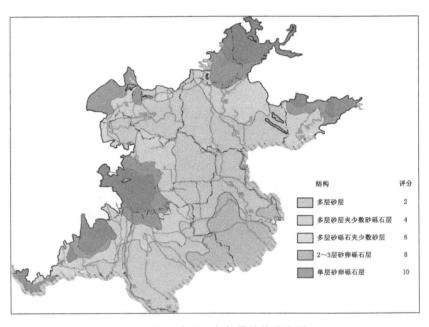

结构		评分
	多层砂层	2
	多层砂层夹少数砂砾石层	4
	多层砂砾石夹少数砂层	6
	2~3层砂卵砾石层	8
	单层砂卵砾石层	10

图 7-16 典型区包气带结构分布图

1. 防污性能好区

防污性能好区主要分布于以人工填土为主、地面硬化的中心城区以及地层岩性以黏性土为主或山前埋深大且富水性不均一的区域,如海淀山后、朝阳孙河、顺义北石槽、大兴礼贤西部等地,面积约 648km²。

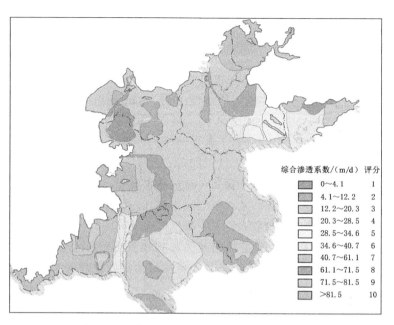

综合渗透系数/(m/d) 评分
0~4.1	1
4.1~12.2	2
12.2~20.3	3
20.3~28.5	4
28.5~34.6	5
34.6~40.7	6
40.7~61.1	7
61.1~71.5	8
71.5~81.5	9
>81.5	10

图 7-17 典型区含水层综合渗透系数分布图

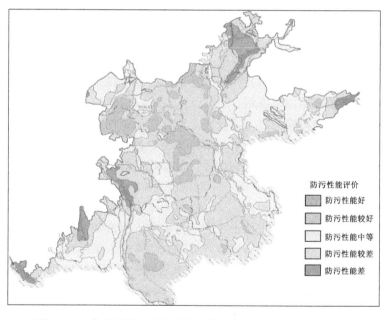

防污性能评价
防污性能好
防污性能较好
防污性能中等
防污性能较差
防污性能差

图 7-18 典型区潜水含水层防污性能 RSVA 评价结果示意图

2. 防污性能较好区

防污性能较好区主要分布在包气带岩性以亚砂土为主、地表岩性以砾质亚黏土为主的区域，分布范围比较广，大兴、通州、昌平、顺义等区均有分布，面积约 2178km²。

3. 防污性能中等区

防污性能中等区主要分布于各冲洪积扇中部地区，如房山和平谷的大部分地区、顺义东部、昌平南口地区以及近郊部分地区。此外，防污性能中等区还分布于永定河、潮白河河道和古河道地区，分布面积约 2009km²。

4. 防污性能较差区

浅层地下水防污性能较差区主要分布于岩性以砂砾石、卵砾石为主的地区，包括密云、怀柔、顺义北部、平谷、昌平南口、海淀山前、房山的山前地区，面积约 947km²。

5. 防污性能差区

浅层地下水防污性能差区主要分布于各大河流的冲洪积扇顶部，该区域表层土厚度较薄，部分地区缺失，包气带和含水层岩性以卵砾石为主，面积约 318km²。

对比 DRASTIC 评价方法和 RSVA 评价方法的结果发现，平原区地下水防污性能分布基本一致。但 DRASTIC 模型评价结果显示平原区不存在防污性能好区，且 DRASTIC 评价方法中防污性能中等区的面积比例较大，不能很好地体现平原区防污性能的区域差异。

而 RSVA 评价方法不仅避免了指标相互关联和权重分配不合理的缺陷，且其评价结果很好地体现了平原区防污性能的区域差异，能更好地指导管理者制定有效的地下水保护管理措施。

7.4　地下水污染风险评价

7.4.1　评价指标体系构建

7.4.1.1　构建原则

地下水污染风险评价指标体系不仅要考虑含水层的自然属性特征，还要考虑人类活动和污染源对地下水污染负荷的影响，以及表征风险受体可接受的水平，即地下水价值功能的变化。构建指标体系遵循如下原则：

（1）影响地下水污染风险的因素比较多，所选择的指标应尽量全面地反映影响地下水环境污染风险，又要求其相对独立，避免信息重复，影响评价结果。

（2）尽量选择关键性、易于获取的指标，使得建立的指标体系简洁明确，易于计算和分析。

7.4.1.2　指标体系的建立

地下水污染风险是指含水层中地下水由于其上的人类活动而遭受污染到不可接受的水平的可能性。可以看出，地下水污染风险评价不仅要考虑人类活动产生的污染负荷的影响和含水层系统的固有抵御污染的能力，还要考虑污染受体（地下水系统）的预期损害性。即在没有供水需求的地区，即使地下水遭受严重污染，但其带来的预期损害性却相对较低；而对于重要的供水水源地，即使地下水遭受轻微污染，其带来的预期损害性也很高。因此，地下水污染风险评价需考虑两个方面：①地下水系统遭受污染的可能性，可用地下水特殊防污性能和开采条件下地下水循环交替强度来表征；②污染受体地下水资源预期损害性，可用地下水价值水平来表征。地下水污染风险评价指标体系如图 7-19 所示。

1. 地下水遭受污染的可能性

（1）地下水特殊防污性能。地下水防污性能离不开水文地质内部因素，同时，地下水系统是一个开放系统，地下水与人类活动等外部因素的关系愈来愈密切、复杂，因而地下

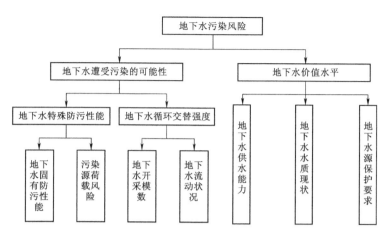

图 7-19　地下水污染风险评价指标体系

水防污性能评价还应考虑人类活动对地下水中污染负荷的影响。

地下水固有防污性能。含水层固有防污性能是指在天然状态下含水层对污染所表现出的内部固有的敏感属性（李志萍等，2008），不考虑人类活动和污染源的影响，只考虑水文地质内部因素，是静态和人为不可控制的。

污染源荷载风险。污染源荷载风险是指各种污染源对地下水产生污染的可能性，主要针对受人类活动影响比较大的浅层地下水。污染源荷载风险取决于污染源的类型、位置、规模以及污染物的迁移转化等。

（2）地下水循环交替强度。地下水的循环交替强度影响到含水层中污染物的迁移、扩散方向和速度，它主要与地下水流动状况和人类开采强度有关，前者可用地下水流动状况表示，后者可用地下水开采模数反映。

2. 地下水价值水平

地下水价值水平反映了地下水资源预期损害性，主要体现在地下水的生态/健康服务功能及其社会经济服务功能，包括水量、水质和水源保护要求三个方面。

地下水供水能力从量的角度反映了地下水资源社会经济服务功能，地下水水质现状从质的角度直接反映地下水资源社会经济服务功能，地下水源保护要求从供水需求角度反映了不同区域地下水利用价值的差异。

7.4.2　评价指标赋值

将参与浅层地下水污染风险评价的每一项指标划分为不同级别，同一级别内的指标赋予相同的评分值，这样对不同级别便有了定量的区别，以此反映指标对地下水污染风险的影响。浅层地下水污染风险评价指标见表 7-8。

从地下水遭受污染的可能性角度分析，地下水固有防污性能反映了自然条件下地下水系统抵抗外来污染的能力，防污性能越强，地下水遭受污染的可能性越低。污染源荷载风险是指各种污染源对地下水产生污染的可能性，荷载风险越低，地下水遭受污染的可能性就越小。地下水循环交替强度影响到含水层中污染物的迁移、扩散方向和速度。地下水开采模数越大，水力梯度越大，地下水流速越大，污染源扩散稀释速度越快，地下水受污染的可能性越大。

表 7 - 8　　　　　　　　　　　　浅层地下水污染风险评价指标

地下水固有防污性能		污染源荷载风险		地下水开采模数		地下水流动状况		地下水供水能力		地下水水质现状		地下水源保护要求	
防污性能级别	评分	风险级别	评分	开采模数/〔万 m^3/(km^2·年)〕	评分	水力梯度/‰	评分	供水能力/(m^3/d)	评分	浅水水质	评分	级别划分	评分
差	5	风险高	5	＞200	5	10~23	5	＞5000	5	优良区Ⅰ	5	市级防护区	5
较差	4	风险较高	4	80~200	4	5~10	4	3000~5000	4	良好区Ⅱ	4	区县级防护区	4
中等	3	风险中等	3	40~80	3	3~5	3	1500~3000	3	一般区Ⅲ	3	补给区	3
较好	2	风险较低	2	20~40	2	1~3	2	500~1500	2	差区Ⅳ	2	单一潜水分布区	2
好	1	风险低	1	＜20	1	0~1	1	＜500	1	极差区Ⅴ	1	承压水分布区	1

从地下水价值角度分析，供水能力强，地下水质量好，水源保护要求高的地区，地下水价值自然很高，在相同遭受污染的可能性条件下，其预期损害性相对要大。

由于地下水使用目的不同，北京地区地下水开发利用程度和开采方式差异较大，可分为集中开采区和分散开采区。集中开采区为北京市城镇地下水水源地分布区，直接关系到城镇的供水安全，依据《北京市城市自来水厂地下水源地保护管理办法》的相关规定，对市区地下水源地的防护区、保护区分别赋予相应的评分值；而分散开采区，则依据水文地质条件，分为单一潜水分布区和承压水分布区，分别赋予相应的评分值。

7.4.3　评价指标权重

基于灾害风险理论，地下水污染风险（R）可定义为污染概率与预期损害性的乘积。污染概率可用地下水遭受污染的可能性（A）表征，预期损害性可用地下水价值水平（B）表征，因此，地下水污染风险是地下水系统遭受污染的可能性与其价值水平的积函数，即

$$R = AB \qquad\qquad (7-3)$$

地下水遭受污染的可能性（A）是地下水特殊防污性能（A_1）与地下水循环交替强度（A_2）的积函数。其中：地下水特殊防污性能（A_1）是地下水固有防污性能（A_{1-1}）与污染源荷载风险（A_{1-2}）的积函数；地下水循环交替强度（A_2）是地下水开采模数（A_{2-1}）与地下水流动状况（A_{2-2}）相叠加的结果。浅层地下水污染风险评价因子权重见表 7 - 9。

表 7 - 9　　　　　　　　　　　　浅层地下水污染风险评价因子权重

属　性　层	要素指标层	权重 ω_i
地下水循环交替强度	地下水开采模数	0.6
	地下水流动状况	0.4
地下水价值水平	地下水供水能力	0.333
	地下水水质现状	0.333
	地下水源保护要求	0.333

地下水价值水平可采用指标叠加法进行计算，即各指标评分值与其各自权重的乘积迭加得出的综合指数值，即

$$A = \sum_{i=1}^{n} \omega_i X_i \qquad\qquad (7-4)$$

式中 ω_i——指标因子权重；

$\quad\quad X_i$——指标因子评分。

7.4.4 评价结果与保护管理建议

7.4.4.1 评价过程

1. 地下水固有防污性能

利用 RSVA 评价方法对典型区浅层地下水固有防污性能进行评价。

2. 污染源荷载风险

从污染源本身的污染特性来说，污染源荷载等级主要取决于污染的可能性和污染的严重性两个方面。污染的可能性指污染源产生的污染物到达地下水并且污染地下水的概率，包括污染物产生量和污染物释放可能性；污染的严重性指污染物的毒性和对人体健康的危害，其与污染源的类型、行业类别有关。根据北京市平原区污染源的特征，利用层次分析法建立污染源荷载等级评价指标体系，如图 7-20 所示。

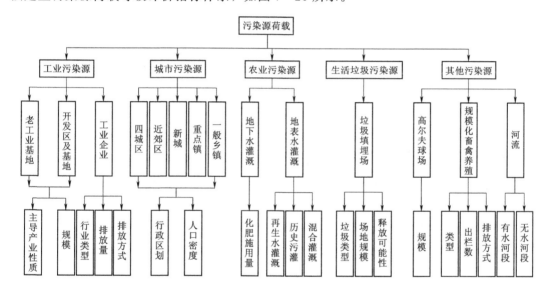

图 7-20 污染源荷载等级评价指标体系

为了计算污染荷载，首先将面状或线状污染源数据分配到 1km×1km 网格点上，依据网格点内分布的工业污染源、城市污染源、农业污染源、生活垃圾场污染源和其他污染源，计算出每个单元网格上的污染荷载综合指数。其次，依据各网格单元计算结果划分典型区污染荷载等级。计算公式为

$$R = A_r A_w + B_r B_w + C_r C_w + D_r D_w + E_r E \qquad (7-5)$$

式中 A，B，C，D，E——工业污染源、城市污染源、农业污染源、生活垃圾污染源和
其他污染源；

$\quad\quad r$——指标评分等级；

$\quad\quad w$——指标权重；

$\quad\quad R$——污染荷载综合指数，R 值越高，地下水遭受污染的可能性
越大。

应用 GIS 的空间分析功能，对典型区内所有污染源的荷载风险进行叠加计算，浅层地下水污染源荷载分布示意如图 7-21 所示。

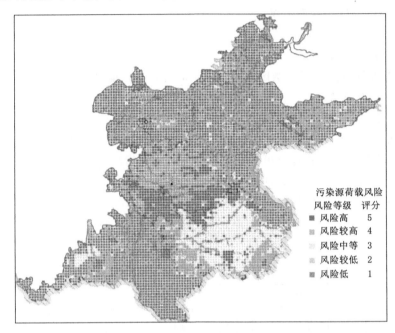

图 7-21　典型区浅层地下水污染源荷载分布示意图

3. 地下水开采模数

利用地下水开发利用调查资料，绘制典型区地下水开采模数分区示意图，如图 7-22 所示。

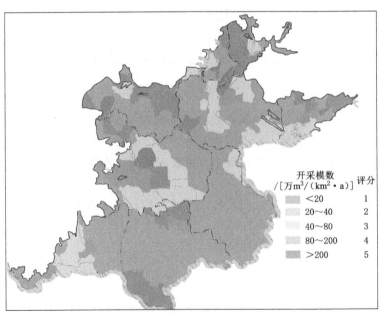

图 7-22　典型区地下水开采模数分区示意图

4. 地下水流动状况

在潜水水位等值线图的基础上，计算并绘制典型区潜水水力梯度分布示意图，如图7-23所示。

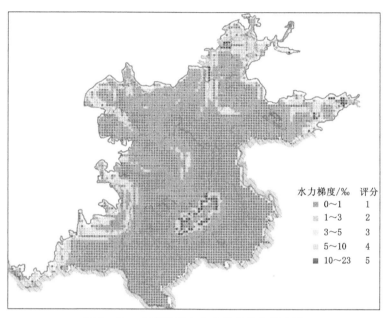

图 7-23 典型区潜水水力梯度分布示意图

5. 地下水供水能力

地下水供水能力从量的角度反映了地下水资源社会经济服务功能，典型区供水能力分区示意图，如图7-24所示。

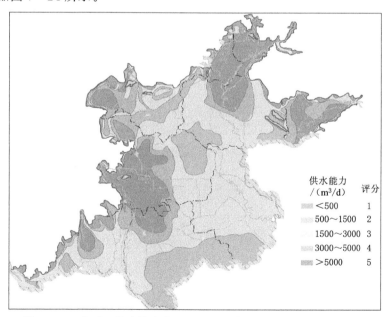

图 7-24 典型区供水能力分区示意图（降深 5m 时的单井出水量）

6. 地下水质量现状

地下水质量现状从质的角度直接反映地下水资源社会经济服务功能，典型区浅层地下水质量分布示意图，如图7-25所示。

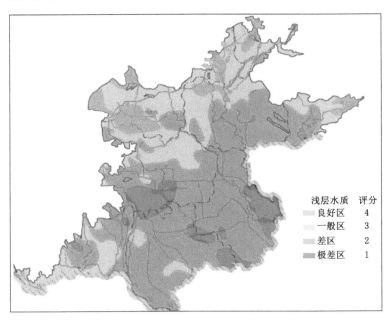

图7-25　典型区浅层地下水质量分布示意图

7. 地下水源保护要求

根据水源保护要求绘制典型区水源保护分级区划示意图，如图7-26所示。

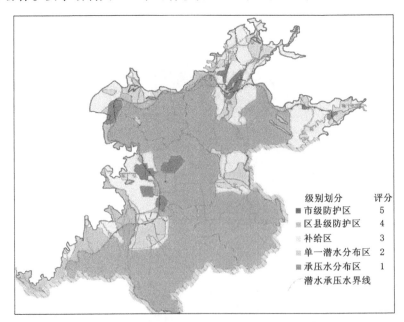

图7-26　典型区水源保护分级区划示意图

7.4.4.2 评价结果及建议

1. 评价结果

基于 GIS 系统，分别计算浅层地下水遭受污染的可能性指数和浅层地下水价值指数，并绘制分布图，如图 7-27、图 7-28 所示。

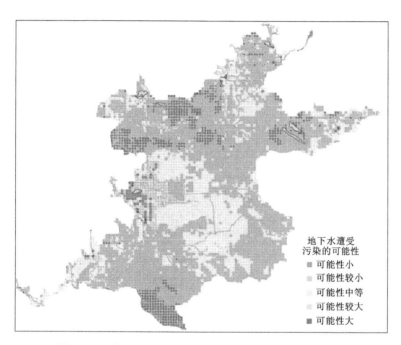

图 7-27 典型区浅层地下水遭受污染可能性分布示意图

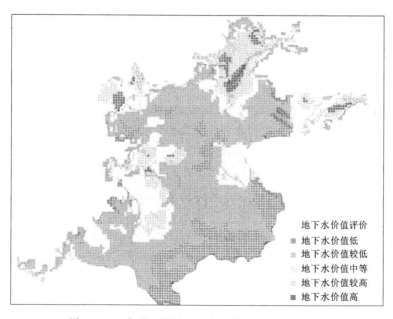

图 7-28 典型区浅层地下水价值水平分布示意图

基于灾害风险理论可知，地下水污染风险是地下水系统遭受污染的可能性与其价值水平的积函数，计算并绘制浅层地下水污染风险分布示意图，如图 7-29 所示。

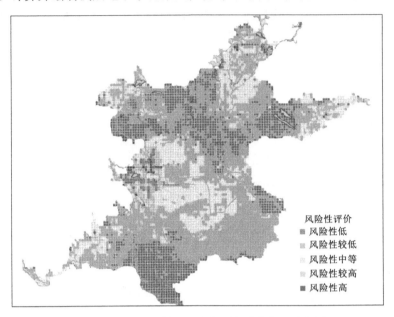

风险性评价
■ 风险性低
▨ 风险性较低
░ 风险性中等
▤ 风险性较高
■ 风险性高

图 7-29 典型区浅层地下水污染风险分区示意图

综上分析，平原区浅层地下水污染风险评价得出以下结论：

（1）地下水污染高风险区，面积约 317km^2。高风险区主要分布于永定河冲洪积扇顶部地区以及潮白河、大石河冲洪积扇顶部部分地区，上述地区地层岩性以砂卵砾石为主，地下水固有防污性能差，人类活动影响强度大，污染源荷载风险高，所以地下水遭受污染的可能性就大；同时该区含水层富水性好，是重要供水水源地，地下水价值水平高、污染可能性大，地下水污染风险高。

（2）地下水污染中等风险区，面积约 1673km^2。中等风险区主要分布于各冲洪积扇中上部地区，如怀柔应急水源保护区、第八水厂水源保护区、昌平南口水源保护区、平谷应急水源保护区、房山西北部等地，这些区域地下水固有防污性能较差、含水层富水性较好、水质较好；其次，分布于海淀、丰台、朝阳和通州西部等地，这些区域地下水防污性能中等，含水层富水性中等，但污染源荷载风险较高。

（3）地下水污染低风险区，面积约 4110km^2。低风险区主要分布于昌平和顺义部分地区、大兴和通州的大部分地区，以及房山东南部地区，上述区域含水层岩性以细砂为主，地下水固有防污性能好，污染源以农业面状污染源为主，污染荷载风险相对较低，所以该区地下水遭受污染的可能性相对较小，同时含水层富水性相对较差，地下水供水能力较小，地下水价值水平较低。价值水平低且污染可能性小的地区地下水污染风险自然很低。

2. 地下水保护与管理建议

（1）高风险区。地下水污染高风险区主要分布于西郊地下水源保护区，该区属永定河冲洪积扇中上部地区。目前本区浅层地下水质量较差，硝酸盐氮含量较高。本区污染荷载类型复杂，工业废水和生活污水排放量大，且管网设备相对陈旧，渗漏损失较多。特别是西南部地区的生活垃圾非正规填埋场数量多、填埋量大，对地下水的威胁较大。因此，必须积极开展水源地修复治理，控制污染，严格监控地下水水质。应严禁随意利用砂石坑、低洼地建设垃圾堆放和填埋点。

（2）中等风险区。地下水污染中等风险区位于冲洪积扇中上部的怀柔应急水源保护区、第八水厂水源保护区、昌平南口水源保护区、平谷应急水源保护区等地，承担着北京城市及各区新城的供水任务，地下水质的好坏直接影响到居民的饮水健康和城市的供水安全，因而本区是地下水重点保护区。目前本区地下水总体水质良好，大部分地区地下水水质符合地下水Ⅱ类水或Ⅲ类水标准。该区位于冲洪积扇中上部地区，地下水防污性能差，自净能力弱。尽管目前本区内污染源荷载风险较低，但该区地层特点决定了其地下水与地表水水力联系密切，因此，本区应进一步完善新城及小城镇的污水处理系统，通过完善配套市政设施来杜绝工业和生活污水的直接排放。在农业上，调整农业种植结构，大力推广绿色种植农业，提高化肥的利用率，减少化肥在土壤、包气带环境中的残余量。

位于冲洪积扇中下游的海淀、丰台、朝阳、通州等地区，目前浅层地下水质较差。该区地下水防污性能中等或较差，污染源荷载风险较高或中等，应结合城市污水治理规划，重点整治凉水河、北运河等污染河流。扩大污水处理厂的规模，增大污水处理的区域和能力，恢复河道的环境功能。在农业灌溉中，应避免使用未经处理的排放污水，科学使用农药化肥，提高化肥利用率。

（3）低风险区。地下水污染低风险区主要分布在昌平、顺义、通州、大兴、房山等地区，该区地下水防污性能较好，地下水质较差。这些地区企事业单位相对较少，但仍需加强地下水的保护。昌平、顺义新城应加强对现有工厂、企业等单位的环境监督和管理，进一步完善新城污水排放与处理系统。通州和大兴区应加强农业、生活、工业开采井的统一管理，依据地下水的用途，合理划分地下水的开采层位，避免混层开采而污染深层地下水。

7.5 本章小结

（1）综合考虑地下水埋深、净补给量、含水层介质、土壤介质、地形坡度、包气带影响、渗透系数等因素的影响，采用国际通用的 DRASTIC 评价方法对全市平原区地下水防污性能进行了评价，分为防污性能较好区、中等区、较差区和差区，面积分别为 681km^2、4135km^2、1162km^2、122km^2。

（2）对 DRASTIC 评价方法进行了改进，构建了适合山前冲洪积扇都市区的地下水防污性能 RSVA 评价指标体系。该方法选择补给量 R、地表特征 S、包气带 V 以及含水层组 A 4 个一级指标，并进一步细化为具体的二级评价指标。采用 RSVA 评价方法将全市地下水防污性能划分为 5 类，即好、较好、中等、较差、差 5 个级别，各区面积分别为 648km^2、2178km^2、2009km^2、947km^2、318km^2。RSVA 评价方法不仅避免了指标相互关联和权重分配不合理的缺陷，而且其评价结果很好地体现了平原区防污性能的区域差异。

（3）在地下水防污性能评价的基础上，进一步考虑地下水遭受污染可能性、地下水价值 2 个主要方面，建立涵盖地下水固有防污性能、污染源荷载风险、地下水开采模数、地下水流动状况、地下水供水能力、地下水质量现状、地下水源保护要求等 7 个指标的地下水污染风险评价指标体系，将全市划分为高、中、低 3 类地下水污染风险区。其中高风险区面积 317km²，中等风险区面积 1673km²，低风险区面积 4110km²。针对地下水污染风险分区成果，分别提出保护与管理建议，该项成果可为地下水保护管理提供科学依据。

第 8 章

地下水系统环境容量研究与应用

8.1　国内外研究进展

　　环境容量的概念最早是由比利时数学家、生物学家弗胡斯特于 1938 年根据马尔萨斯的人口论提出的。该理论随后被应用到人口研究、环境保护、土地利用、移民等领域。一般认为环境容量是指某环境单元所允许承纳污染物质的最大数量，是基本环境容量（稀释容量）和变动环境容量（自净容量）之和。环境容量变化具有明显的地带性规律与地区性差异。通过人为调节控制环境单元的物理、化学及生物过程，改善物质的循环转化方式和能量投入数量，可以提高环境容量，改善环境的污染状况。

　　我国在 20 世纪 70 年代后期引入环境容量的概念，并应用到水环境的研究中。20 世纪 90 年代后期至今，我国不少学者对河流水环境容量的计算方法进行了深入的探讨和研究，然而对于自然界重要水体之一的地下水的环境容量，目前研究甚少。

　　地下水环境容量是水环境容量的一个重要组成部分，地下水循环、储存及其环境效应与其他水体存在着明显的不同，其环境容量的内涵及计算方法与其他环境单元的环境容量存在很大区别，目前对地下水环境容量的理解有三类。

　　（1）第一类将地下水环境容量作为反映地下水综合承受能力的一个指标体系。日本学者柴崎达雄先生曾提出用容许界限水位或容许抽水量表征地下水环境容量。我国最早由任福宏和阴正宙提出了地下水环境容量的概念，把地下水环境容量理解为表征其对自然或人类活动影响所能承受的能力，对地下水要研究水量和水质"双环境容量"，强调了地下水环境容量也是一种资源，应该作为地下水资源评价的内容加以研究。蔡鹤生等从地质结构与状态变化的临界值、地质资源的阈限量、有害物的阈限值来衡量地质环境容量。在此基础上，魏子新等建立了城市地质环境容量评价指标体系，其中，大多指标涉及到地下水相关的要素。邢立亭等采用地下水临界水位、可持续开采量、TDS、水温、纳污能力等单项指标或多项综合指标作为地下水环境容量评价指标。

　　（2）第二类是沿用了传统地表水环境容量的含义，表征地下水自净或纳污能力。甄习春认为地下水环境容量是指满足地下水环境质量标准要求的最大容许污染负荷。李振峰依据地下水环境质量标准，以区域地下水接纳污染物的最大允许入渗量作为区域地下水环境容量。左其亭提出地下水环境容量是一定时期内，一定范围地下水系统在给定的环境目标下，所能容纳污染物的最大量。《地球科学大辞典》中定义地下水环境容量为：在满足水资源质量标准条件下，地下水体对污染物质的最大承纳量。目前国内外关于这类地下水环境容量的有关计算并不多见。

（3）第三类是指特定污染点的最大污染物排放量，这类定义类似于河流排污点最大排污量和大气环境容量模型。

8.2　地下水环境容量的概念与影响因素

8.2.1　地下水环境容量的概念

结合国内外研究现状，从狭义角度讲，地下水赋存于含水层中，含水层环境容量即地下水环境容量，即在一定时期内，一定范围含水层，一定水质条件下，满足给定的环境目标下，含水层所能容许承纳的污染物最大数量。

从广义角度讲，地下水不同于地表水，其上部有包气带作为防护层，因此，广义的地下水环境容量应包括两部分：一是包气带环境容量，即一定时限内，在现状条件下，包气带环境单元，遵循环境质量标准，保证其下部含水层中水体满足给定的环境目标时，包气带所能允许承纳的污染物的最大负荷量；二是含水层环境容量。由于污染物从地表经包气带迁移进入含水层的过程，是一个伴随着物理、化学和生物等作用的复杂过程，因此，在计算地下水环境容量的过程中，这二者并非简单的叠加关系。

从地下水自净和纳污能力角度给出地下水环境容量的定义：一定时期内和一定空间范围内，在给定的地下水水质目标条件下，地下水体所能容纳某种污染物的最大量。

为便于控制污染物排放量，有效的保护地下水环境，计算评价的环境容量为再分配容量，即污染物在现状背景浓度和环境标准浓度之间的容量，相当于允许污染负荷。

从地下水资源可持续利用角度出发，本书将一定时期确定为 20 年；一定空间范围确定为平原区浅层地下水；一定水质条件指现状（2008 年）溶质浓度；水质目标要求地下水源保护区水质标准应不低于国家标准的Ⅲ类水标准值，现状水质优于Ⅲ类水时，以维持现状水质为目标，其他地区以地下水Ⅲ类标准为目标浓度；典型污染物为 $NH_4 - N$、$NO_3 - N$、Cl^-。

8.2.2　包气带环境容量及影响因素

8.2.2.1　包气带环境容量表征

包气带对污染物的截留去除能力可用净化率 R、截污值 S、截污容量 S_{dm} 等指标来表示。

1. 净化率 R

净化率 R 是一个衡量包气带截污净化能力的重要指标，计算式为

$$R = \frac{C_{原} - C_{出}}{C_{原}} \times 100\% \tag{8-1}$$

式中　$C_{原}$——原状污染水体中污染物的浓度；

$C_{出}$——污染水体渗过包气带地层后进入含水层时污染物的浓度。

净化率 R 是一个衡量黏性土对污染物阻隔或净化能力的重要指标。当土壤对污染物净化率 R 为 0% 时，说明土壤已经不再对污染物有净化能力。在实际使用时，为更有效地保护环境，土壤不再对污染物有净化能力的标准可根据具体情况而定，一般认为 R 可以定在 $0\sim25\%$。

2. 截污值 S

截污值 S 指污染水体经过包气带后，留在包气带中的污染物的量，计算式为

$$S = C_{原} V_{原} - C_{出} V_{出} \qquad (8-2)$$

式中　$V_{原}$——原状污染水体体积；

　　　$V_{出}$——污染水体渗过包气带地层后进入含水层时的体积。

为便于在工程实践中的应用，引入单位重量土体截污值 S_d 的概念，即用黏性土对污染物截污值 S 除以土体重量 W，计算式为

$$S_d = \frac{S}{W} \qquad (8-3)$$

3. 截污容量 S_{dm}

单位重量土体截污值 S_d 表明每单位重量的土体截留了多少重量的污染物，就同一种土来说，是一个不定值，它的大小与渗滤液的量、污染物的浓度、经过土体的时间有关，也与土本身的性质有关。同一种土对污染物的吸附、过滤、离子交换等作用并非是无限制的，换句话说，到一定程度后，土中污染物达到饱和，这时单位重量土体截污值为单位重量土体最大截污值或土的饱和截污值，所累积的污染物的总量就是所谓的土的截污容量（用 S_{dm} 来表示），它只与土壤性质（土的颗粒组成、密实度、矿物成分、有机物成分、渗透性等）有关，而与渗滤液的量、污染物的浓度、经过土的时间等参量无关。当包气带中的污染物达到饱和时，截污值就是最大截污值，所累积的污染物总量就是所谓的包气带截污容量。

8.2.2.2　包气带环境容量的影响因素

包气带土层防护污染物进入地下水的实质，主要为该土层借助其中的吸附、生物作用，以及由土层持水量所影响的运移中断、滞留或驻留作用等对运移污染物的阻截与消散效应。影响包气带环境容量的因素包括：

（1）土壤质地。土体的颗粒结构越细，土体越密实，孔隙、孔隙度越小，渗透性能就越差，防护能力就越强；土质成分中矿物晶格物质组成越接近溶质成分，吸附作用就越强，且黏土矿物含量越多、岩土的吸附性越强及黏滞透水性越差，就越有利于土层防护。

（2）微生物作用。微生物作用是某些污染物转化的主要力量。

（3）水土淋溶时间。土层厚度越大，水土淋溶时间越长，防护能力也越强；土层渗透性越大，水土淋溶时间越短，防护能力就越弱。

（4）土壤持水量。土层持水量越大，污染物迁移受到的阻滞就越强。而当入渗水量小于土层持水量与原始持水量差值时，入渗水易发生运移中断。且这个差距越大，中断位置就越浅，防护力就越强。

（5）水分运移零通量面。土层颗粒越粗、孔隙越大、连通性越好，水分运移零通量面

埋深就越大；气温越高、气压越小、风力越强，蒸发量就越大，水分运移零通量面也越深。且当入渗水量小于土层持水量与原始持水量正差值时，水分运移零通量面埋深越大，防护作用就越强；而当入渗水量大于土层持水量与原自然持水量之差值时，则水分运移零通量面埋深越大，防护作用就越弱。

（6）土层孔隙气体。入渗水运移将对土中气体产生压缩作用，土中一定部位的受压气体将产生对下渗水的顶托作用，减缓水的入渗速率和深度，增大了蒸发耗损量，加大了防护作用。当更大下渗水压到来或得到排气疏通时，顶托作用就会被打破，减小了防护能力。

（7）包气带污染物本底值。对于某个范围内的包气带，在一定时期内，对污染物的截污净化作用并不是无限的。当包气带中的污染物达到饱和时，包气带不再对污染物有净化能力。包气带环境容量实际上是包气带污染物的现状本底值和最大负荷量之差。包气带污染物现状本底值越高，包气带环境容量相对越小。

因为包气带具有特殊物质组成、结构及空间位置，使得包气带既对地下水具有防污能力，同时，也可能成为地下水的"二次污染源"。一方面，包气带具有缓冲性和净化性，污染物进入包气带后，通过土体对污染物质的物理吸附、过滤阻留、胶体的物理化学吸附、化学沉淀、生物吸收等过程，污染物不断在包气带中积累，使得地下水免于遭受污染；另一方面，已经受到不同程度污染的包气带，污染物在其内部富集，在含水层接受大气降水补给的过程中，一定含量的污染物被淋溶，将随着土壤水分运移，迁移至地下水中，污染地下水。

由此可见，污染物在包气带迁移过程中，会产生一系列复杂的物理、化学和生物作用，在不同的环境条件及不同的地质结构中，其对污染物缓冲蓄积作用和转化的过程及充分程度差异极大。由于包气带介质类型、结构和人类影响活动强度的不同，平原区不同地区包气带污染物现状本底值差异很大。同时，大气降水的随机性，以及不同雨强引起包气带污染物淋溶强度的不确定性，都对确定污染物经包气带迁移后带入地下水中的总量带来困难。鉴于此，应重点研究含水层环境容量，即狭义的地下水环境容量。

8.2.3　含水层环境容量及其影响因素

8.2.3.1　含水层环境容量的组成

含水层环境容量由稀释容量、自净容量和迁移量三个部分组成。

稀释容量。稀释容量为地下水污染物浓度低于目标水质时，只考虑从现有水质状态到目标水质状态的剩余容纳空间，而不考虑污染物因物理、化学、生物等作用发生的降解和地下水的流动所带出的污染物，依靠稀释作用达到水质目标所能承纳的污染物量。

自净容量。自净容量为一定时期内，不考虑地下水流动，保持现有水质或达到地下水水质目标条件下，含水层通过自净所能消纳某种污染物的最大量。

迁移量。迁移量为地下水通过泉、径流或人工抽水等形式排出，被水流带出的污染物量。

8.2.3.2　含水层环境容量的影响因素

含水层环境容量与环境单元的体积或容积有关，一般而言，地下水系统的体积越大，地下水循环量越大，在相同初始污染物浓度的条件下，其环境容量越大。再者，含水层环境容量还与环境单元中污染物的初始含量或浓度有关，初始含量或浓度越高，则环境容量越低。当初始浓度大于设定的环境目标值时，则该含水层系统的环境容量为零。

与地表水环境容量相同，含水层环境容量的大小，还与污染物种类和水质目标有关。对于同一个水质标准而言，不同用途水的质量标准差异很大，如地下水三类水标准，要求硝酸盐氮小于 20mg/L，而要求氰化物含量小于 0.05mg/L，因而不同的污染物其含水层环境容量可能差异很大。即使同一种污染物，不同用途的地下水对水质的要求不尽相同，如农田灌溉用水对硝酸盐氮没有上限要求，氰化物要求低于 0.5mg/L 即可，因而基于不同的用途，即使对于同一种污染物，其环境容量也不相同，制定的质量标准也不同，在一般情况下，地下水的环境容量一般是指对人体健康产生的影响是否达到允许极限值。

地下水的储存和循环条件与地表水有着明显的差异，因而环境容量影响因素有其特点：

（1）与含水介质类型有关。地下水储存并运动于地质体的孔隙、裂隙或溶隙之中，介质的特性对污染物有着很大的影响，相对而言，裂隙和溶隙介质的比表面小，污染物与介质的相互作用相对较弱，而溶洞中的地下水更类似于地表水；孔隙介质相对比表面大，地下水与介质发生物理、化学和生物化学作用要明显得多。松散孔隙介质组成和结构差异也很大，如颗粒粗大的砂卵砾石含水层对污染物的过滤作用效果较差，而粉细砂甚至更细的介质对地下水中的污染物有很好的吸附和降解等作用，例如弱碱性土对酸雨有很好的中和作用。因此，黏土层是很好的吸附过滤层。

（2）与地下水埋藏条件和循环深度有关。一般而言，地下水循环缓慢的深层承压水不易受到污染，而积极参与现代水循环且受人类活动影响较大的潜水容易受到污染，是地下水环境容量计算和评价的主要层位。地下水循环深度越深，即潜水含水层的厚度越大，相应地下水的体积越大，则地下水环境容量越大。

（3）与地下水动力条件有关。一般而言，地下水的流动速度（地下暗河除外）比地表河流慢得多，而且不同的含水层其流速差异也很大。对于规模相当的含水层，地下水的流速大小，反映了地下水在含水层中的停留时间长短，流速越慢，水力停留时间越长，地下水与介质的作用越充分，净化作用越明显。地下水流速还反映了地下水更新能力，一般流速快更新能力强，则地下水环境容量中的溶质迁移量越大。因而，在计算地下水环境容量时，要充分考虑水文地质单元及相应的地下水流速。

（4）与污染物的地下水化学作用条件有关。不同的污染物与介质的相互作用差异很大，有些污染物（如大部分重金属）极易被细颗粒表面吸附；有些污染物在微生物的作用下极易降解（如 COD、BOD）；而有些污染物（如 Cl^-）则不易吸附和降解；有些污染物在地下水中有不同的存在形式，转化关系极为复杂，如地下水中"三氮"的迁移和转化。因而，在计算地下水环境容量时，要针对不同的污染物选择相应的计算参数。此外，地下水所处的氧化还原条件等对污染物的转化和降解也有很大影响。

8.3 地下水环境容量评价方法研究

地下水环境容量是水环境容量的一个重要组成部分，地下水循环、储存及其环境效应与其他水体存在着明显的不同，其环境容量的内涵及计算方法与其他环境单元的环境容量有很大区别。

（1）地下水的特点之一是它在含水介质中的运移速度非常缓慢，所以地表水（例如河流、湖泊）环境容量的计算方法并不完全适用于地下水。相对于地表水，地下水流速缓慢。平原区冲洪积扇上部地区，含水层以砂卵砾石为主，渗透系数较大，约为 300m/d，水力坡度约 2‰，依据达西定律，地下水平均流速约 219m/年，砂砾石有效孔隙度约0.28，理论上地下水实际流速约 728m/年。冲洪积扇中下部地区，含水层以砂为主，渗透系数相对较小，因此地下水流速更缓慢。

（2）地下水在含水层多孔介质内运移的过程中，含水层介质与地下水发生一系列地球化学反应，多孔介质对污染物有一定的吸附、降解等作用，能使污染物浓度减小。

针对地下水流缓慢这一特点，结合对已有成熟理论（大气环境容量、土壤环境容量、河流环境容量、湖泊水库环境容量）分析，采用完全混合模型计算含水层系统的环境容量。含水层环境容量包括稀释环境容量、自净环境容量和迁移量。

8.3.1　稀释环境容量

稀释环境容量指在给定区域的地下水污染物浓度低于出水目标时，依靠稀释作用达到水质目标所能承纳的污染物量。计算公式为

$$W_1 = \frac{10^{-3}}{T} \sum_{i=1}^{n} (C_s^i - C_0^i) V_i \tag{8-4}$$

式中　W_1——区域或单元地下水的总稀释容量，kg/d；

　　　i——计算区内的计算顺序号，$i=1, 2, \cdots, n$，n 为计算单元总数；

　　　V_i——第 i 单元地下水储存量，m^3；

　　　T——所定义的时期，d；

　　　C_s^i——第 i 单元所给定的污染物的目标浓度，mg/L；

　　　C_0^i——第 i 单元地下水中该污染物的初始浓度，mg/L。

由上式可以看出，含水层体积越大、污染物初始浓度越低、目标浓度越高，则该单元的地下水稀释容量越大，反之越小。当 C_s 小于等于 C_0 时，则无稀释容量。还应注意到给定的时期 T，一般是指环境单元的使用年限，如水库的环境容量计算，可考虑水库的使用年限为 20 年或 50 年，对地下水而言，如果考虑地下水可持续利用的原则，则 T 趋于无限长，因而可以认为地下水没有稀释容量，而只有自净容量，这也是对地下水环境容量的另一种理解。当然，如果考虑计算单元地下水的使用年限，则地下水可能有一定的稀释容量。通常可考虑将地下水环境容量中的时期 T 定义为 20～50 年。

8.3.2　自净环境容量

自净环境容量，又称同化环境容量，是指该环境单元依靠自净能力达到水质目标所能消纳的污染物量。假设地下水自净作用基本上都符合一级不可逆反应方程，在反应速率常数很小的情况下（一般不大于 10^{-2}），自净环境容量计算公式为

$$W_2 = 10^{-3} \sum_{i=1}^{n} K_i (C_s^i - C_0^i) V_i \tag{8-5}$$

式中　W_2——自净环境容量，kg/d；

　　　K_i——第 i 单元的污染物的衰减系数，1/d；

V_i——第 i 单元地下水的体积，m^3；

C_s^i——第 i 单元所给定的污染物的目标浓度，$\mathrm{mg/L}$。

8.3.3　迁移量

迁移量主要由垂向迁移量（人工抽取地下水带出的污染物）和水平迁移量（地下水径流带出的污染物）两部分组成，计算公式为

$$W_3 = \sum_{i=1}^{m} C_s^i p_i + C_s q_{\text{out}} \tag{8-6}$$

式中　W_3——计算单元地下水迁移量，$\mathrm{kg/d}$；

$\quad\quad p_i$——第 i 分区地下水开采量，m^3/d；

$\quad\quad q_{\text{out}}$——流出本单元地下水的流量（包括侧向流出），$\mathrm{m}^3/\mathrm{d}$；

$\quad\quad C_s$——流出量所在分区的污染物的标准值。

8.3.4　区域地下水环境容量

区域地下水的环境容量为以上三部分之和，即

$$W_{\text{total}} = \frac{10^{-3}}{T} \sum_{i=1}^{n} (C_s^i - C_0^i) V_i + 10^{-3} \sum_{i=1}^{n} K_i C_s^i V_i + \sum_{i=1}^{m} C_s^i p_i + C_s q_{\text{out}} \tag{8-7}$$

W_{total} 代表计算区地下水环境容量，其中包括通过各种途径已进入到地下水中的污染物含量。

8.4　研究区地下水环境容量评价结果

8.4.1　研究区范围

选取平原区为研究区，开展地下水环境容量评价。

8.4.1.1　研究区浅层地下含水层结构

研究区潜水含水层岩性分布特点是：单一砂砾石层主要分布在冲洪积扇顶部，面积以永定河、潮白河地区最大，砂砾石埋藏较浅一般埋深为 2～3m 或直接裸露于地表，永定河、大石河冲洪积扇顶部第四系厚度 30～50m，潮白河顶部地区第四系厚度 30～70m。2～3 层结构的砂砾石层主要分布在各冲洪积扇中上部，为砂砾石与黏性土互层，含水层岩性由粗颗粒向细颗粒过渡，第一层含水层顶板埋藏深度在 20m 左右，局部地区如南口土楼一带大于 20m，含水层累计厚度 30～50m，第二层黏性土在 50m 左右。多层结构的砂砾石夹少数砂层主要分布于各冲洪积扇中部大部分地区，含水层一般由 3～6 层砂砾石、砂组成，单层厚度 5～10m。多层结构砂夹少数砂砾石层主要分布在北京东南部，地处永定河和潮白河中下游，沉积物颗粒较细，分层较多，单层最大厚度不超过 10m，含水层顶板埋藏深度在 20～70m。多层结构砂层主要分布在北京南部和东南部，岩性为中细纱、粉砂层，层数多而薄，含水层顶板埋藏深度在 20～50m。

为进一步研究潜水含水层结构特征，利用地质统计学方法，建立了浅层地下水三维水文地质结构模型（图 8-1），模型切割剖面 44 条（图 8-2），绘制了多个相对连续隔水层埋深分区图（图 8-3）。

可以看出：处于永定河与潮白河冲洪积扇下部交汇部位，第一隔水层埋深较小，一般

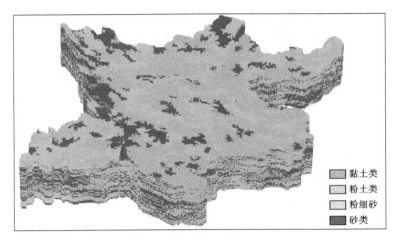

图 8-1　研究区浅层地下水三维水文地质结构模型

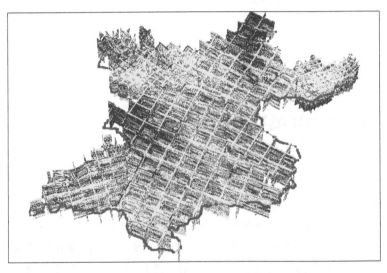

图 8-2　研究区模型切割剖面

在 15～35m，含水层岩性特征为中细粉砂层，渗透性差。冲洪积扇中上游地区地下水埋深较大，水位以下相对连续隔水层埋深为 40～55m，局部地区大于 60m。整个平原区的含水层结构呈现多层特征，浅层地下水位以下第一隔水层连续性和稳定性较差。

8.4.1.2　评价深度的确定

单一结构含水层区。根据地下水开采条件确定评价深度，主要取决于开采井深和取水层位。第四系厚度大于 100m 的单一结构区取 100m 为评价底界；第四系厚度小于 100m 的单一结构区以基岩面为底界。

多层结构含水层区。以地下水积极交互（接受大气降水补给能力强，与地表水联系密切）深度为依据，浅层地下水含水层结构特征的研究成果表明，平原区浅层地下水含水层没有相对连续的隔水底板。根据以往研究成果和现状监测资料，确定多层含水层评价的深度为 40m，但含水层加权厚度因单元位置不同而不同。

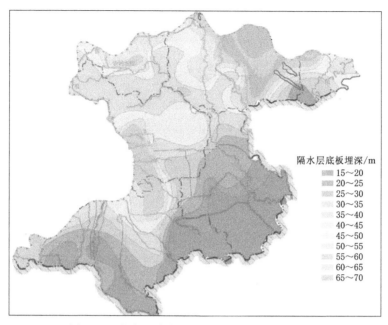

图 8-3 研究区多个相对连续隔水层埋深分区图

8.4.2 计算单元划分

按照地下水系统和含水层分布规律划分计算单元，如图 8-4 所示。一般情况下，计算单元越小，计算的环境容量结果越准确。由于计算公式为完全混合模型，模拟范围过大则不能保证溶质完全混合。研究成果显示，在溶质运移模拟中，15 年后污染晕最大扩散

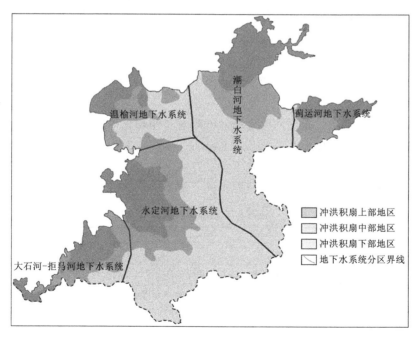

图 8-4 研究区计算单元划分图

范围为 1.5～3km。本书将 1km×1km 网格内的地下水体作为完全混合体，比较符合实际。研究区网格剖分如图 8-5 所示。

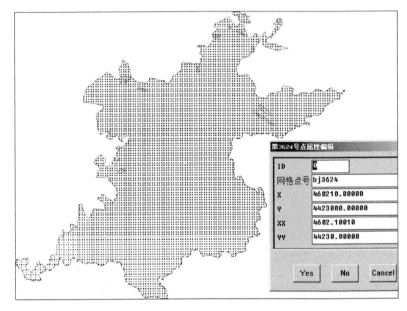

图 8-5　研究区网格剖分图

8.4.3　评价参数确定

8.4.3.1　*初始浓度 C_0*

对于较大范围的地下水系统来说，将整个系统内部的地下水溶质浓度取平均值显然是不合适的，因为地下水流速非常缓慢，在几百甚至上千平方公里的范围内，不同位置的地下水水质不同，不能将区域地下水溶质浓度混合值看作是相同的。在研究中，采用了取样点浓度实测资料进行数据插值，使每个 1km×1km 网格上都有一个独立的浓度值。2008年 6 月研究区浅层地下水典型污染物浓度分布示意图如图 8-6～图 8-8 所示。

8.4.3.2　*目标浓度 C_s*

地下水有不同的用途，而不同用途的地下水对其所含化学组分有不同的要求，因而在计算地下水环境容量时，地下水的水质目标不尽相同。2005 年，中华人民共和国水利部开展全国地下水功能区划分工作，将地下水赋存区划分为开发区、保护区和保留区，对于不同的地下水功能区，相对应的环境目标不同，地下水功能区水质目标见表 8-1。

表 8-1　　　　　　　　　　　　　地下水功能区水质目标

一级功能区	二级功能区	不同地下水功能区水质目标
开发区	集中式供水水源区	Ⅲ类水的标准值，现状水质优于Ⅲ类水以现状水质为控制目标
	分散式开发利用区	具有生活供水功能的区域，同集中式供水水源区；工业供水功能区域，不低于Ⅳ类水的标准值，现状水质优于Ⅳ类时，以现状水质作为保护目标；地下水仅作为农田灌溉的区域，现状水质或经治理后的水质符合农田灌溉有关水质标准，现状水质优于Ⅴ类水时，以现状水质作为保护目标

续表

一级功能区	二级功能区	不同地下水功能区水质目标
保护区	生态脆弱区和地质灾害易发区	水质良好区,维持现有水质状况,受到污染的地区,原则上以污染前该区域天然水质作为保护目标
	地下水资源涵养区	水质良好区,维持现有水质状况,受到污染的地区,原则上以污染前该区域天然水质作为保护目标
保留区	储备区和应急开采区	维持地下水现状,一般情况下严禁开采,严格保护
	不宜开采区	基本维持地下水现状

注 Ⅲ类、Ⅳ类水是指《地下水质量标准》(GB/T 14848—2017)中Ⅲ类、Ⅳ类水质标准。

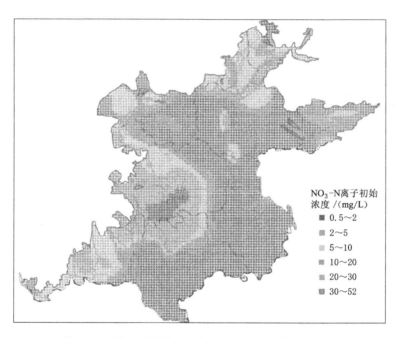

NO₃-N离子初始浓度/(mg/L)
- 0.5~2
- 2~5
- 5~10
- 10~20
- 20~30
- 30~52

图 8-6 研究区浅层地下水 NO₃-N 浓度分布示意图

从地下水资源可持续利用角度考虑,地下水源保护区水质标准应不低于国家标准的Ⅲ类水标准值,若现状水质优于Ⅲ类水时,以维持现状水质为目标,其他地区以地下水Ⅲ类标准为目标浓度。

8.4.3.3 时间段 Δt 和 n

计算时间步长 Δt 为 1 个月,计算期 n 为 20 年。

8.4.3.4 地下水体积 V

地下水体积为

$$V = SH\mu \tag{8-8}$$

式中 H——评价深度内的有效含水层厚度;

S——各个计算单元面积之和;

μ——各个计算单元有效孔隙度。

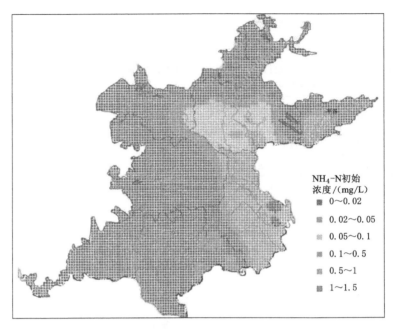

图 8-7　研究区浅层地下水 NH₄-N 浓度分布示意图

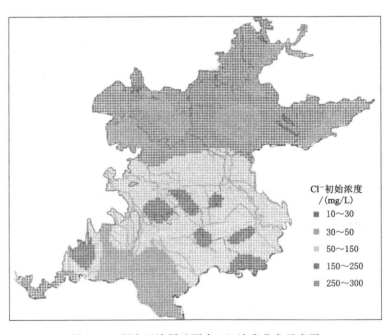

图 8-8　研究区浅层地下水 Cl⁻ 浓度分布示意图

8.4.3.5　衰减系数 K

降解是指污染物在含水层迁移过程中因发生物理、化学及生物等作用而衰减的过程。衰减系数 K 是反应这个过程的一个综合系数。

根据平原区地下水水质现状和污染源特征，选取 Cl^-、NH_4-N、NO_3-N 作为典型污染物，评价其对应的地下水环境容量。

Cl^- 在含水层中几乎不参与任何地球化学作用，是迁移性最强的元素之一。

NH_4-N 和 NO_3-N 是氮素在含水层中的不同存在形态。NH_4-N 在含水层中主要发生吸附作用和硝化反应，含水层介质对 NH_4-N 吸附在较短的时间内即可达到相对平衡，且是可逆的，因此，NH_4-N 的吸附可以忽略，仅考虑硝化反应对 NH_4-N 造成衰减，硝化作用的反应符合一级反应动力学。NO_3-N 的减少与反硝化作用有关，且符合一级反应动力学。

地下水中氮的转化明显受环境因素及地质因素的影响。

1. 温度

硝化作用的适宜温度为 $16\sim35℃$，温度太高和太低对硝化作用都不利，当温度低于 $0℃$ 或高于 $40℃$ 时，硝化作用很弱。$35℃$ 和 $20℃$ 相比，前者的硝化速率约为后者的 8 倍。反硝化作用的最佳温度为 $35\sim65℃$，$35℃$ 时即达到最高的反硝化速率，从 $35\sim60℃$，其反应速率几乎一样。在 $3\sim85℃$ 范围内，均可发生反硝化作用，但低于 $11℃$ 时，反硝化速率就很低了。

2. pH 值

硝化作用最佳的 pH 值范围是 $6.4\sim7.9$，在 $5.1\sim7.9$ 的范围内均可能发生硝化作用。pH 值大于 7.9 时，一般只产生 NH_4^+ 氧化为 NO_2^- 反应，pH 值小于 5.1 时基本上不发生硝化作用。产生反硝化作用的 pH 值范围是 $3.5\sim11.2$，低于 3.5 或高于 11.2 均不发生反硝化作用。反硝化作用最佳 pH 值为 $8\sim8.6$。

3. 土壤含水量

当土壤含水量为最大持水度的 $1/2\sim2/3$ 时，硝化作用最强，虽然长期干旱或淹水时也存在硝化细菌，但由于硝化菌发育缓慢，所以硝化作用也很弱。一般来说，硝化作用随 Eh 增加而增加，而反硝化作用则随 Eh 降低而增加。所以在淹水土壤中容易产生反硝化作用。因为在淹水条件下，只有表层不到 1cm 的土壤的氧化层，其下即为还原层，Eh 值一般小于 300mV。

4. 土壤中的有机质

因为硝化菌为自养型菌，它们的细胞合成可以不需要有机碳作为能源，所以其作用的强弱和有机质的多少关系不大。但是，反硝化菌必须以有机碳作为细胞合成的能源。所以，即使是厌气还原环境，如果没有或只有很少量有机碳时，反硝化作用也不明显。

5. 含水层岩性及地质结构

一般来说，颗粒粗、透水性好的地层有利于硝化作用，因为它有利于大气与土壤空气的交换。除了岩性外，地层岩性结构也是一个重要影响因素。粗细相间的地层结构有利于反硝化作用，而粗粒的单层结构有利于硝化作用。

6. 含水层类型

由于潜水含水层中硝化作用强烈（若包气带透水性好），所以大部分的氮污染发生于潜水含水层；而承压含水层由于隔水层的保护，不利于硝化作用，而有利于反硝化作用，所以承压含水层很少受 NO_3^- 的污染。

根据室内试验和相关文献资料，结合平原区水文地质条件，确定研究区不同区域含水层中氮转化速率（硝化系数 k_1 和反硝化系数 k_2）。

冲洪积扇顶部地区（单层砂卵砾石区），硝化系数 k_1 为 0.05/d，反硝化系数 k_2 为 4.32×10^{-5}/d。

冲洪积扇中部地区（2~3层砂卵砾石区和多层砾石及少数砂层地区），硝化系数 k_1 为 0.025/d，反硝化系数 k_2 为 $8.64 \times 10^{-5} \sim 69.1 \times 10^{-5}$/d。

冲洪积扇下部地区（多层砂及少数砾石地区和多层砂层地区），硝化系数 k_1 为 0.01/d，反硝化系数 k_2 为 $8.64 \times 10^{-4} \sim 69.1 \times 10^{-4}$/d。

研究区含水层硝化、反硝化系数分区如图 8-9、图 8-10 所示。

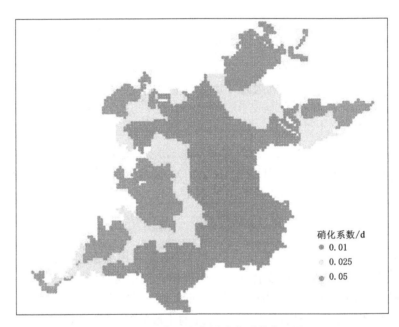

硝化系数/d
- 0.01
- 0.025
- 0.05

图 8-9　研究区含水层硝化系数分区图

8.4.4　评价结果与分析

8.4.4.1　稀释环境容量

含水层稀释环境容量的物理意义为：不考虑污染物因物理、化学、生物等作用发生的降解和地下水的流动所带出的污染物，只考虑从现有水质状态到目标水质状态的污染物剩余容纳空间。在污染物浓度超过目标水质的地区和水源保护区内没有稀释容量。

1. $NO_3 - N$

研究区浅层地下水 $NO_3 - N$ 稀释环境容量分布示意如图 8-11 所示，昌平、顺义北石槽，稀释环境容量较大，达 $15 \sim 20 kg/(d \cdot km^2)$，其原因是地下水体积相对较大；除城近郊区、密云河南寨以及大兴北部地区地下水中 $NO_3 - N$ 浓度超标（大于 20mg/L）外，其他地区 $NO_3 - N$ 浓度多小于 10mg/L，因此，稀释环境容量的大小基本由计算单元中地下水体积决定；在地下水体积较小的房山、大兴和海淀永丰镇地区，其稀释环境容量相应也比较小，多小于 $5 kg/(d \cdot km^2)$。

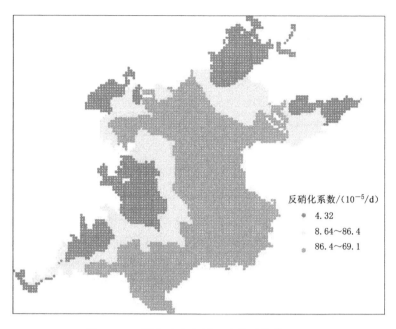

图 8-10 研究区含水层反硝化系数分区图

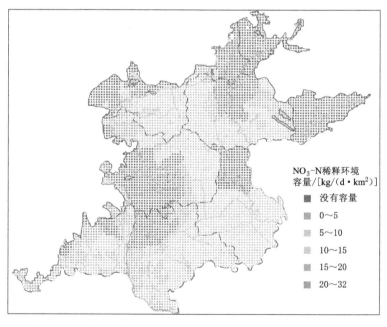

图 8-11 研究区浅层地下水 NO_3-N 稀释环境容量分布示意图

2. NH_4-N

研究区浅层地下水 NH_4-N 稀释环境容量分布示意如图 8-12 所示,昌平、顺义北石槽和海淀聂各庄、门头沟永定等地区,因地下水体积相对较大,稀释环境容量较大;顺义高丽营和杨镇地区,因 NH_4-N 初始浓度较大,稀释环境容量较小;大兴南部、昌平马池口、房山北部等地区，因地下水体积较小，稀释环境容量相应也较小。

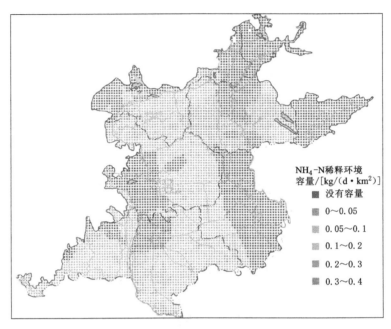

图 8-12　研究区浅层地下水 NH_4-N 稀释环境容量分布示意图

3. Cl^-

研究区浅层地下水 Cl^- 稀释环境容量分布示意如图 8-13 所示，昌平、海淀北安河、顺义北石槽等地区，因地下水体积较大，稀释环境容量相应较大，达 $200\sim300kg/(d \cdot km^2)$；

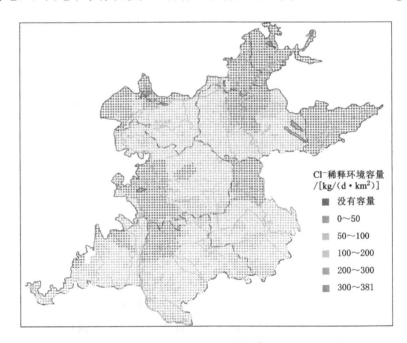

图 8-13　研究区浅层地下水 Cl^- 稀释环境容量分布示意图

在地下水体积较小的房山、大兴南部和昌平永丰镇地区，以及 Cl^- 初始浓度相对较高的丰台南苑、朝阳十八里店、通州永乐店、柴厂屯等地区，其稀释环境容量相应比较小，多小于 $50kg/(d \cdot km^2)$。

8.4.4.2 自净环境容量

自净环境容量与降解系数、地下水体积成正比，与初始浓度成反比。

1. NO_3-N

研究区浅层地下水 NO_3-N 自净环境容量分布示意如图 8-14 所示，在反硝化系数较小的冲洪积扇顶部地区和地下水体积较小的大兴地区，NO_3-N 自净环境容量较小；在反硝化系数较大、初始浓度较小的朝阳东部、通州南部等地区和反硝化系数较大、地下水体积较大的北石槽地区，NO_3-N 自净环境容量较大。

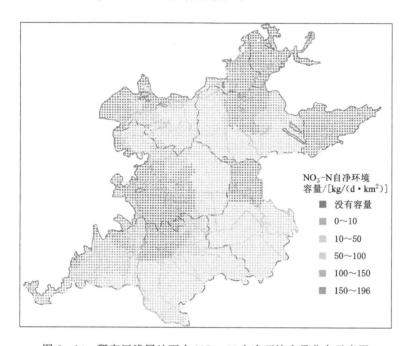

图 8-14 研究区浅层地下水 NO_3-N 自净环境容量分布示意图

2. NH_4-N

研究区浅层地下水 NH_4-N 自净环境容量分布示意如图 8-15 所示，在硝化系数较大、初始浓度较低的门头沟地区和昌平，NH_4-N 自净环境容量较大；在污染物浓度未超过目标水质，且硝化系数较小的冲洪积扇中下部地区，NH_4-N 自净环境容量较小，多小于 $10kg/(d \cdot km^2)$。

8.4.4.3 迁移量

1. 水平迁移量

水平迁移量只能按相对独立的水文地质分区或整个水文地质单元为单位进行计算，而不能剖分成众多的网格来计算，这样可避免大量的系统内部交换量的计算。如以完整水文地质单元为计算区的，只需要统计系统边界点上的流入流出量即可，q_{out} 基本可以忽略。

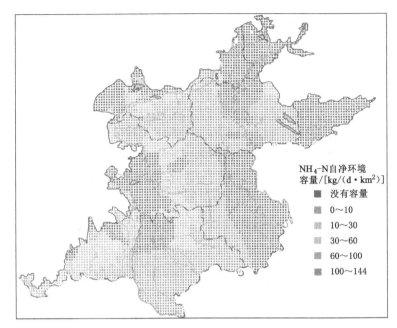

图 8-15　研究区浅层地下水 NH_4-N 自净环境容量分布示意图

2．垂向迁移量

垂向迁移量主要包括：①因地下水开采而被带出污染物的量；②污染物垂向渗流经包气带进入含水层的总量（主要指现状未被控制排放的污染源，包括大气降水对已污染包气带进行淋洗而进入含水层的污染物总量、垃圾填埋场淋滤液渗漏和河道污水渗漏等）。

近年来，平原区地下水质量相对比较稳定，降水或其他垂向补给（如灌溉等）引起的污染非常微弱。因此，在平原区浅层地下水环境容量评价中基本不考虑垂向迁移量。

8.4.4.4　区域地下水环境容量

区域地下水环境容量是稀释环境容量、自净环境容量和迁移量之和。

1．NO_3-N

研究区浅层地下水 NO_3-N 区域地下水环境容量分布示意如图 8-16 所示，反硝化系数大、地下水体积大、初始浓度较低的顺义北石槽地区，NO_3-N 区域地下水环境容量相应较大，达 $150\sim200kg/(d \cdot km^2)$；反硝化系数较小的冲洪积扇中上部地区，$NO_3$-N 区域地下水环境容量相应较小，多小于 $50kg/(d \cdot km^2)$。

2．NH_4-N

研究区浅层地下水 NH_4-N 区域地下水环境容量分布示意如图 8-17 所示，由于 NH_4-N 稀释环境容量远小于自净环境容量，所以 NH_4-N 区域地下水环境容量的分布与自净环境容量一致。在硝化系数较大、初始浓度较低的门头沟地区和昌平，NH_4-N 区域地下水环境容量较大，达 $60\sim100kg/(d \cdot km^2)$；在污染物浓度未超过目标水质，且硝化系数较小的冲洪积扇中下部地区，NH_4-N 区域地下水环境容量较小，多小于 $10kg/(d \cdot km^2)$。

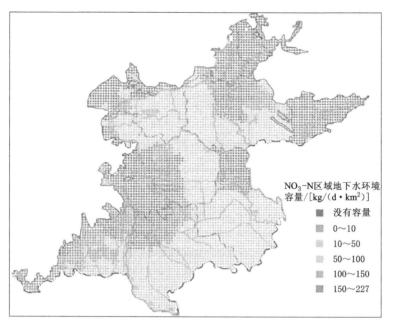

图 8-16　研究区浅层地下水 NO_3-N 区域地下水环境容量分布示意图

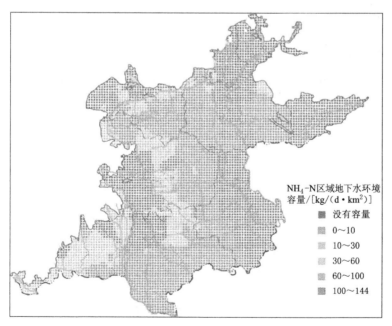

图 8-17　研究区浅层地下水 NH_4-N 区域地下水环境容量分布示意图

　　根据地下水环境容量计算结果，结合地下水环境中典型污染物分布特征，地下水源保护区内应严禁污染物直接排放，冲洪积扇顶部地区严格控制硝酸盐氮排放，冲洪积扇中下部地区严格控制氨氮排放。

8.5　典型区多污染源地下水环境容量应用实例

8.5.1　水文地质概念模型

8.5.1.1　模型范围

选择永定河中上游冲洪积扇某地下水源地作为典型区，开展地下水排污限值研究。

8.5.1.2　含水层结构

典型区含水层由单一的砂卵砾石潜水含水层过渡到砂、砾石层和黏土层交替出现的多层含水层。典型区模型范围示意图如图 8-18 所示。

单层砂卵石含水层。单层砂卵石含水层主要分布在永定河河床、河漫滩及一级阶地，位于大兴黄村-莲花池-昆明湖以西。含水层主要由单层或 1～2 层砂卵石组成，厚度不一，含水层渗透性能好，渗透系数为 300～500m/d，大部分地区没有或有少量黏性土覆盖。

2～3 层含砂卵砾石含水层。2～3 层含砂卵砾石含水层主要分布在门头村-八里庄-陶然亭-马家堡一带，含水层内包含有透镜状的砂黏夹层，单层厚度为 10～20m，累计厚度约 30～50m，渗透系数为 50～300m/d，表层黏性土一般厚 1～5m，个别地区 5～10m。

多层中细砂含砾石含水层。多层中细砂含砾石含水层主要分布在上述地区以东的广大地区。上覆黏土厚度 10～15m，有 4～10 层含水层，岩性主要为砂砾石及砂层。单层含水层厚度一般小于 10m，仅部分地区大于 10m，累计厚度 40m 左右，局部地段大于 50m，渗透系数为 30～50m/d。

根据含水层结构特征，将该区含水层在垂向上划分为 4 个含水岩组，即 1 个潜水含水岩组和 3 个承压含水岩组。第一含水层组埋深 20～60m，平均含水层厚度约为 50m；第二含水层组埋深 60～120m，平均含水层厚度约为 65m；第三含水层组埋深 120～200m，平均含水层厚度约为 35m；第四含水层组埋深为 180m 以下至基底。目前，第一、第二含水岩组是主要开采层，第三承压含水岩组尚未大规模开采。

8.5.1.3　地下水流场

地下水径流条件与所处地貌部位及岩性有关。天然条件下，在冲洪积扇的中上部，含水层颗粒粗大，径流条件好；往下游颗粒变细，径流条件变差。地下水径流方向与地形地貌变化一致，即主径流方向由西北向东南。

随着城市建设，城市人口数量增加及工农业的迅速发展，地下水的开采量也急剧增加，地下水位大幅度下降，使地下水的埋藏条件显著改变，流态逆转，形成数个地下水漏斗区。

8.5.1.4　边界条件

侧向边界。根据区内地下水流场特征及对地层结构的分析，将侧向边界定为流量边界。研究区西部山区与平原自然分界线为流入边界，模型第一层经过此边界接受山区侧向补给。北侧为温榆河地下水系统，东侧为潮白河地下水系统，西南侧为大石河—拒马河地下水系统，从流场形态判断，北边界交换量较小，南侧可以视为隔水边界，东侧为流出边界。

垂向边界。潜水含水层自由水面为系统的上边界，通过该边界，潜水与系统外界发生垂向水量交换，如接受大气降水入渗补给、灌溉入渗补给、蒸发排泄等。潜水和承压含水层通过越流进行水量交换，其越流量由潜水、承压含水层的水位差和垂向上的渗透系数和厚度决定。

模型底部边界以基底作为底界，为隔水边界。在海淀西郊、西北郊和西苑地区，第四系与奥陶系直接接触，接受下伏岩溶水顶托补给，确定为零流量边界。

8.5.1.5 地下水水力特征

考虑浅、深层之间的流量交换以及软件的特点，地下水运动可概化成空间三维流；地下水系统的垂向运动主要是层间越流，三维立体结构模型可以很好地解决越流问题；地下水系统的输入、输出随时间、空间变化，故地下水为非稳定流；参数随空间变化，体现了系统的非均质性，但没有明显的方向性，所以参数概化成各向同性。

综上所述，研究区可概化成非均质、各向同性、空间三维结构、非稳定地下水流系统，即地下水系统的概念模型。

8.5.1.6 源汇项的处理

1. 大气降水入渗补给量

大气降水入渗补给量为

$$Q_i^k = 10^3 \alpha_i P_i^k F_i \tag{8-9}$$

式中　Q_i^k——第 i 区第 k 个月降水入渗补给量，m^3；

　　　α_i——第 i 区对应的降水入渗系数；

　　　P_i^k——第 i 区第 k 个月降水量，mm；

　　　F_i——第 i 区的计算区面积，km^2。

降水量的确定。根据研究区范围内的 8 个气象站的观测数据，利用泰森多边形法，将研究区划分为若干个子区域，每个子区域范围内降水量采用该区域所包含的气象站的降水观测数据。典型区降水量见表 8-2。

表 8-2　　　　　　　　　　典型区降水量（2000 年）

气象站	降水量/mm	气象站	降水量/mm
海淀	396.6	门头沟	479.3
通州	295.1	石景山	428.6
朝阳	364.1	大兴	322.6
北京站	371.4	丰台	411.6

2. 农田灌溉入渗回归量

农田灌溉入渗回归量主要取决于灌溉定额、灌溉方式、耕地面积和包气带岩性。根据《北京市地下水》，在砂类土（包括砂卵石及砂）地区灌溉入渗系数按降水入渗系数的三分之二计算，黏性土（包括黏砂、砂黏及黏土）地区按二分之一计算，农田灌溉入渗量为 0.98 亿 m^3。

3. 山前侧向补给和河谷潜流量

山区和平原区之间的自然边界，其断面产生侧向径流补给量。研究区侧向径流补给断面有城近郊、昌平和房山的一部分自然边界。根据《北京市地下水》计算结果，研究区山前侧向补给和河谷潜流量分别为 0.8 亿 m^3 和 0.34 亿 m^3。

4. 渠系管网渗漏及岩溶水补给

渠系管网渗漏量的大小取决于渠道沿途的岩性及防渗衬砌结构、放水量及放水方式等，根据《首都地区地下水资源和环境调查评价》提供的资料，研究区渠系管网渗漏及人工回灌量为 0.12 亿 m^3。在海淀部分地区，奥陶系与第四系直接接触，第四系接受下伏岩溶水顶托补给，2000 年研究区顶托补给量为 0.37 亿 m^3。

5. 开采量的分配

研究区主要的开采量有农业用水、城镇生活用水、人畜用水、开采强度比较大，尤其是水厂和集中开采区取水量较大，其他量的分配主要根据农田和城镇的分布，按一定的比例分配到不同的层位，根据统计的乡镇开采量数据，2000 年研究区的总开采量为 6.55 亿 m^3。

8.5.2　地下水数值模拟模型

在水文地质概念模型基础上，运用地下水模型软件 Visual Modflow 建立研究区地下水流数学模型，通过流场和典型孔水位过程线的拟合，识别水文地质参数，并对典型区地下水均衡进行分析。

8.5.2.1　水流模型

对非均质、各向同性、空间三维结构、非稳定地下水流系统，可用如下方程的定解问题来描述，即

$$
\begin{cases}
S\dfrac{\partial h}{\partial t}=\dfrac{\partial}{\partial x}\left(K_L\dfrac{\partial h}{\partial x}\right)+\dfrac{\partial}{\partial Y}\left(K_L\dfrac{\partial h}{\partial y}\right)+\dfrac{\partial}{\partial z}\left(K_z\dfrac{\partial h}{\partial z}\right)+\varepsilon & x,y,z\in\Omega,t\geqslant 0\\[2mm]
\mu\dfrac{\partial h}{\partial t}=K_L\left(\dfrac{\partial h}{\partial x}\right)^2+K_L\left(\dfrac{\partial h}{\partial y}\right)^2+K_z\left(\dfrac{\partial h}{\partial z}\right)^2-\dfrac{\partial h}{\partial z}(K_z+p)+p & x,y,z\in\Gamma_0,t\geqslant 0\\[2mm]
h(x,y,z,t)\big|_{t=0}=h_0 & x,y,z\in\Omega,t\geqslant 0\\[2mm]
K_n\dfrac{\partial h}{\partial\vec n}\bigg|_{\Gamma_1}=q(x,y,z,t) & x,y,z\in\Gamma_1,t\geqslant 0\\[2mm]
\dfrac{h}{\sigma}-K_n\dfrac{\partial h}{\partial\vec n}\bigg|_{\Gamma_2}=0 & x,y,z\in\Gamma_2,t\geqslant 0
\end{cases}
$$

$$(8-10)$$

式中　Ω——渗流区域；

$\quad h$——含水层的水位标高，m；

K_L，K_z——水平和垂向渗透系数，m/d；

$\quad\varepsilon$——含水层的源汇项，1/d；

$\quad h_0$——含水层的初始水位分布，m；

$\quad S$——含水介质的储水率，1/m；

$\quad\mu$——含水介质的给水度；

$\quad p$——潜水面的蒸发和降水等，m/d；

$\quad\Gamma_0$——渗流区域的上边界，即地下水的自由表面；

$\quad K_n$——边界面法向方向的渗透系数，m/d；

$\quad\Gamma_1$——渗流区域的侧向和下边界；

$\quad q$——Γ_1 边界的流量（流入为正，流出为负，隔水边界为 0），m/d；

Γ_2——渗流区域混合边界；

n——边界面的法线方向。

1. 模型结构

（1）空间离散。根据研究区含水层结构特征、边界条件和地下水流场等，在垂向上分为 4 个含水层组，其中第一层为潜水含水层组，第二、第三、第四层为承压含水层组。在平面上剖分成 $200m \times 200m$ 的正方形单元，各层均剖分为 240 行、290 列，其中 4 层有效单元格共为 97218 个。

（2）模拟期和时间离散。从地下水资源评价的角度，最好选 1 个水文年或 1 个日历年作为模拟期，以利于地下水均衡分析和地下水资源评价。模型的模拟期为 2000 年 1—12 月，共分为 12 个应力期，应力期单位为月，每个应力期内包括若干计算时间步长，由模型根据迭代的误差标准，自动控制时间步长。

（3）验证期。验证期为 2001 年 1 月—2005 年 12 月，以 1 个月作为应力期，每个应力期内包括若干时间步长，由模型根据迭代的误差标准自动控制时间步长。

（4）定解条件。定解条件包括初始条件及边界条件。

初始条件。以 2000 年 1 月水位作为初始水位，根据已有 4 层的水位观测资料，通过内插法和外推法获得各层的初始水位。

边界条件。模型边界条件根据实际水文地质条件得出，外部边界按二类和三类边界处理，内部边界通过水文地质参数控制。流入边界是西侧山前的侧向补给边界，处理为第二类流量边界；流出边界主要是模型东侧边界，处理为第三类边界，即通用水头边界；流入流出量根据达西定律得到。北侧和南侧流入流出量可以忽略，处理为隔水边界。

潜水含水层自由水面为系统的上边界，通过该边界，潜水与周围环境发生垂向水量交换，如接受河渠补给、田间入渗补给、大气降水入渗补给、蒸发排泄等。各个含水岩组之间也存在着垂向的交换量，是承压含水层的主要补给方式。

（5）源汇项。研究区源汇项可以分为点、线、面三种要素。点状要素由水厂、自备井的集中开采和农业开采等源汇项组成；线状要素包括引水渠、灌渠等补给项；面状要素由降水入渗、灌溉入渗和城市管网渗漏等补给项和排泄项蒸发构成。降水入渗量、灌溉回渗及城市管网渗漏等面状补给通过 RCH 模块处理，蒸发通过 EVT 模块处理，流出边界通过 GHB 模块处理，其余源汇项（包括侧向流入、底部顶托补给、各种开采）资料均处理成开采或者补给井，通过 WELL 模块带入模型计算。

（6）水文地质参数。将渗透系数、给水度、储水率等含水层参数以区的形式，处理成 shp 格式的文件直接输入模型，通过拟合地下水流场和典型孔的动态曲线，识别校正含水层的参数。第一层渗透系数分区见表 8-3。

表 8-3　　　　　　　　　　　第一层渗透系数分区表

分区编号	1	2	3	4	5	6	7	8	9	10	11
渗透系数/(m/d)	10	40	40	45	60	80	50	60	80	150	50
分区编号	12	13	14	15	16	17	18	19	20	21	
渗透系数/(m/d)	150	150	150	150	100	200	300	100	300	300	

2. 模型的识别与验证

模型的识别与验证过程是整个模拟中极为重要的一步工作，要进行反复修改参数和调整某些源汇项的流场形态才能达到较为理想的拟合结果。模型的这种识别与检验的方法也称试估—校正法，它属于反求参数的方法之一。

运行计算程序，可得到这种水文地质概念模型在给定水文地质参数和各均衡项条件下的地下水位时空分布，通过拟合同时期的流场和长观孔的历时曲线，识别水文地质参数、边界值和其他均衡项，使建立的模型更加符合研究区的水文地质条件，以便更精确地定量研究模拟区的补给与排泄，预报给定水资源开发利用方案下的地下水位。

采用2001—2005年实测资料对模型进行验证，从模拟结果分析，第一含水层流场拟合较好，第二、三层流场拟合基本趋势一致。所建立的模拟模型比较准确地反映了地下水系统的水力特征，可利用模型进行地下水流模拟及预测。

8.5.2.2　水质模型

1. 模型范围的确定

在研究区地下水流模型的基础上，利用质点追踪技术，确定水源地的补给范围。质点追踪程序包 MODPATH 是确定给定时间内稳定或非稳定流中质点运移路径的三维示踪模型，它根据 MODFLOW 计算出来的流场追踪一系列虚拟的质点，模拟从污染末端开始出现的污染物运移情况。这种追溯跟踪方法可以用来描述给定时间内的截获区、质点运移路径的长度和到达指定位置的时间。

质点追踪包括正向追踪和反向追踪。质点正向追踪可以用来考察地下水流的方向、垃圾淋滤液的运动轨迹、到达指定位置的时间和影响的范围等。质点反向追踪可以用来计算水力捕获带范围，了解水源地的补给来源，判断是否有水质点来自固体废弃物填埋场区域等。首先采用质点反向追踪判定典型区捕获带范围，然后在捕获带范围内进行污染源调查，再对所调查的固体废弃物填埋场进行正向追踪，判断固体废弃物填埋场对典型区的影响以及相互之间的关系。

此次反向追踪在典型区范围内设置24个追踪质点，由反向质点追踪轨迹获得水力捕获带范围，并由此确定溶质模型范围，其面积为 84.08km²。

2. 污染源及污染因子的确定

（1）污染现状。随着人口的增加和经济的快速发展，各类废弃物的排放量日益增多，地表水污染加剧，城市环境日益遭到污染和破坏，致使地下水水质均有不同程度的污染。典型区西部局部地区总硬度已达 V 类标准，$NO_3 - N$ 浓度在局部地区达 IV 类和 V 类，Cl^- 浓度多以 II 类、III 类标准为主。

与硬度有关的 Ca^{2+} 和 Mg^{2+} 同时受矿物溶解和阳离子交换作用影响，地下水中总硬度升高并非完全因人类活动引起，选择 $NO_3 - N$ 作为污染因子比较合适。Cl^- 是最接近与 NO_3^- 同源的离子，它们都是典型受人类活动影响的离子。另外，Cl^- 是典型的保守离子，从地表进入地下水很少由于吸附作用或植物吸收而滞留在包气带中，也不会发生化学变化使其价态和质量发生改变。因此选择 Cl^- 作为 $NO_3 - N$ 输入强度和分布的参照离子。

（2）污染源调查。首先，城市生活污染是一项主要污染源，质点追踪所确定的溶质模型范围基本上处于城市区；其次，研究区内存在多处固体废弃物填埋场及工业污染源。通过对典型区及其补给带污染源实地调查，将污染源归为两类，一类是以生活污水和工业废水组成的城市污水，均通过市政管网排放，污染地下水的途径是市政管网渗漏；另一类是固体废弃物填埋场，通过垃圾渗滤液下渗或垃圾的浸泡污染地下水。典型区主要固体废弃物填埋场情况见表8-4，固体废弃物填埋场分布及质点追踪轨迹如图8-18所示。

表8-4　　　　　　　　　　典型区主要固体废弃物填埋场情况

编　号	防护措施	坑深/m	地下水埋深/m
1	无防护	20	＞40
2	无防护	15	30～40
3	无防护	15	20～30
4	无防护	6	20～30
5	无防护	20	20～30

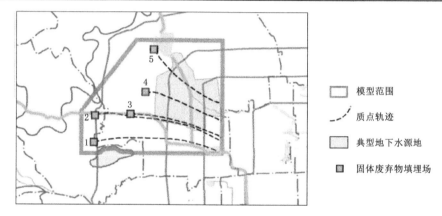

图8-18　典型区固体废弃物填埋场分布及质点追踪轨迹图

典型区工业及生活污染源通过市政管网渗漏对地下水造成威胁，根据实际的市政管网渗漏情况在模型中将污染按照行政分区大致分为2个区域，面状污染分区如图8-19所示。

（3）污染源特征。固体废弃物填埋场对地下水的影响分两种情况，一种情况是回填物中的污染组分随着垃圾淋滤液渗入含水层污染地下水；另一种情况是在丰水年份或其他原因地下水位抬升，回填物受到地下水不同程度的浸泡，产生大量的垃圾浸出液，浸出液中污染物进入地下含水层污染地下水。一般年份以第一种情况居多，该类污染源在研究区以点状分布，因此，可以看作点状污染源。据以往调查结果，北京市各类型垃圾淋滤液化学成分较为复杂，生活垃圾、建筑垃圾淋滤液主要成分调查表见表8-5、表8-6。

表8-5　　　　　　　　　　北京市生活垃圾淋滤液主要成分调查表

成　分	地下水Ⅲ类标准	某垃圾填埋场	
		淋滤液化学成分1	淋滤液化学成分2
pH值	6.5～8.5		
COD浓度/(mg/L)		22134	2745.2
Cl⁻浓度/(mg/L)	≤250	11685	7484

续表

成　　分	地下水Ⅲ类标准	某垃圾填埋场	
		淋滤液化学成分1	淋滤液化学成分2
NH_3^- 浓度/(mg/L)	≤0.2	2720	3388
NO_3-N 浓度/(mg/L)	≤20	223.74	257.19
NO_2-N 浓度/(mg/L)	≤0.02	0.00304	0.00122
TDS 浓度/(mg/L)	≤1000		
Cu^{2+} 浓度/(mg/L)	≤1	0.304	0.404
Zn^{2+} 浓度/(mg/L)	≤1	<0.01	<0.01
Fe^{3+} 浓度/(mg/L)	≤0.3	17	18.01
Cd^{2+} 浓度/(mg/L)	≤0.01	<0.005	<0.005
Pb^{2+} 浓度/(mg/L)	≤0.05	0.1174	0.1274
As^{2+} 浓度/(mg/L)	≤0.05	0.098	0.088
Hg^{2+} 浓度/(mg/L)	≤0.001	0.0001	0.0003

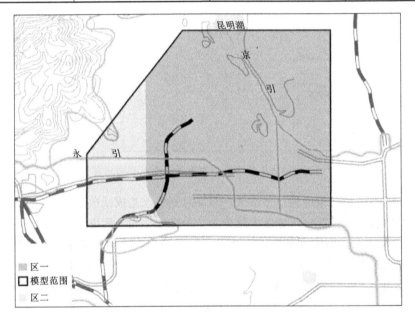

图 8-19　典型区面状污染分区图

表 8-6　　　　　　北京市建筑垃圾淋滤液主要成分调查表

成　　分	地下水Ⅲ类标准	某建筑垃圾填埋场	
		淋滤液化学成分1	淋滤液化学成分2
pH 值	6.5~8.5	8.3	8.5
COD 浓度/(mg/L)		142.8	47
Cl^- 浓度/(mg/L)	≤250	215.3	145.4
NH_3^- 浓度/(mg/L)	≤0.2	1.4	4

续表

成　　分	地下水Ⅲ类标准	某建筑垃圾填埋场	
		淋滤液化学成分1	淋滤液化学成分2
NO_3-N 浓度/(mg/L)	≤20	21.7	15.5
NO_2-N 浓度/(mg/L)	≤0.02	5.78	13.69
TDS 浓度/(mg/L)	≤1000	710	
Cu^{2+} 浓度/(mg/L)	≤1		<0.02
Zn^{2+} 浓度/(mg/L)	≤1		<0.01
Fe^{2+} 浓度/(mg/L)	≤0.3		<0.03
Cd^{2+} 浓度/(mg/L)	≤0.01		0.006
Pb^{2+} 浓度/(mg/L)	≤0.05		0.0049
As^{2+} 浓度/(mg/L)	≤0.05		<0.01
Hg^{2+} 浓度/(mg/L)	≤0.001		<0.0001

注 引自水质标准为《地下水质量标准》（GB/T 14848—2007）。

由表8-5、表8-6可看出，垃圾场淋滤液的化学成分极为复杂，既有有机污染组分，又有无机污染组分，此外还有一些微量重金属，表现出很强的综合污染特征；垃圾场淋滤液成分和浓度受垃圾种类的影响，生活垃圾中COD、Cl^-、NH_4^+、NO_3-N、TDS含量都极高，比建筑垃圾淋滤液中的相应成分的浓度要高；建筑垃圾淋滤液中 NH_4^+ 浓度为 1.4～4mg/L，NO_2-N 浓度为5.78～13.69mg/L，都已超过地下水Ⅲ标准；在相同条件下，生活垃圾对地下水水质的影响较大，建筑垃圾对环境造成的危害小于生活垃圾。

城市生活污水的排放在市政管网覆盖区主要是统一排入市政管网，以管网渗漏的形式污染地下水。工业污水一般按规定标准排入市政管网，最终也通过管网渗漏污染地下水。该类污染源在典型区一般以点状或线状形式分布，可以采用面状形式概化处理。

凉水河是研究区城市污水排泄通道，多年来河水污染严重，因此可以用凉水河水样化验结果代表城市污水成分。7—10月凉水河取样化验结果见表8-7。

表8-7 凉水河取样化验结果

取样日期	NO_3-N 浓度/(mg/L)	Cl^- 浓度/(mg/L)
7月9日	3.64	177
8月1日	10.57	138
8月4日	11.9	135
8月5日	11.04	136
8月11日	7.27	135
8月17日	1.05	110
8月27日	0.97	111
8月31日	1.93	156
9月2日	7.34	163
9月7日	4.83	138

取样日期	NO$_3$-N 浓度/(mg/L)	Cl$^-$浓度/(mg/L)
9 月 11 日	2.44	140
9 月 16 日	10.97	150
9 月 21 日	18.7	163
10 月 2 日	5.17	170
10 月 8 日	2.53	177

从表中可以看出，7—10 月不同时间取的 15 个水样中，NO$_3$-N 平均浓度为 6.69mg/L，属于Ⅲ类水标准的占 53.3%，其余优于地下水Ⅲ类标准。用 Cl$^-$浓度确定的地下水类别为优于Ⅲ类水标准的占 53.3%，其余均符合Ⅲ类水标准，Cl$^-$平均浓度为 146.6mg/L。

结合污染源特征确定溶质模型中主要的污染是面状的城市污水，包括工业废水及生活污水，通过市政管网渗漏污染地下水。固体废弃物填埋场则以点状污染源处理，并且由质点追踪情况可知，对典型地下水源地可能造成影响的固体废弃物填埋场为 3、4、5 号 3 个固体废弃物填埋场。

8.5.2.3　溶质运移模型

1. 溶质运移概念模型

在水流模型的基础上，以 2008 年 6 月的污染物浓度作为初始浓度。潜水含水层自由水面为系统的上边界，通过该边界，潜水与环境发生垂向上的溶质交换，如接受污染物入渗补给等。地下水中污染物主要来源为垃圾淋滤液的入渗、城市管网渗漏；主要排泄方式为随着地下水流动流出，另外假定侧向流入研究区的地下水污染物浓度均为零。地下水NO$_3$-N、Cl$^-$等值线如图 8-20、图 8-21 所示。

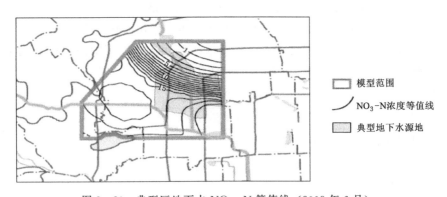

图 8-20　典型区地下水 NO$_3$-N 等值线（2008 年 6 月）

典型区主要面状污染源为城市管网渗漏，渗漏量按污水排放量的 4% 计算，管网渗漏强度为

$$M = \frac{T \times 10^4 \times 4\%}{A \times 10^6 \times 365} \tag{8-11}$$

入渗强度 MI 为多年降水入渗强度与管网渗漏强度之和，最终入渗浓度 CI 为

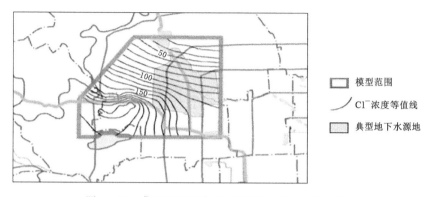

图 8-21 典型区地下水 Cl⁻ 等值线（2008 年 6 月）

图例：
模型范围
Cl⁻ 浓度等值线
典型地下水源地

$$CI = \frac{MC}{MI} \qquad (8-12)$$

式中　M——管网渗漏强度，m/d；

　　　T——污水排放量，万 m³/年；

　　　A——区域面积，km²；

　　　C——管网渗漏污水浓度，mg/L；

　　MI——多年降水入渗强度与管网渗漏强度之和；

　　CI——入渗浓度，mg/L。

模型中固体废弃物填埋场污染物通过淋滤方式污染地下水，淋滤渗漏强度控制为 100m³/d，溶质模型所用水文地质参数根据以往的研究经验确定，纵向弥散度为 30，横向弥散度为 6，孔隙度为 0.3。由于研究区内主要是颗粒粗大的砂卵砾石含水层，渗透系数大，NO_3^- 的吸附可忽略，衰减系数为一级反应动力学系数，参考值为 4.32×10^{-5}/d。

2. 溶质运移数学模型

根据实际情况，含有对流、弥散和源汇项、一级动力学衰减作用的溶质运移可用以下微分方程的定解问题表示，即

$$
\begin{cases}
R\dfrac{\partial C}{\partial t} = \dfrac{\partial}{\partial x_i}\left(D_{ij}\dfrac{\partial C}{\partial x_j}\right) - \dfrac{\partial}{\partial x_i}(u_i C) + \dfrac{q_s}{n}C_s - \lambda C & x,y,z \in \Omega, t \geqslant 0 \\
C(x,y,z,t)\big|_{t=0} = C_0(x,y,z) & x,y,z \in \Omega, t \geqslant 0 \\
C(x,y,z,t)\big|_{\Gamma_1} = C_1(x,y,z) & x,y,z \in \Gamma_1, t \geqslant 0 \\
-D_{ij}\dfrac{\partial C}{\partial x_j}\bigg|_{\Gamma_2} = f_i(x,y,z) & x,y,z \in \Gamma_2, t \geqslant 0
\end{cases} \qquad (8-13)
$$

式中　Ω——渗流区域；

　　　C——污染组分浓度，mg/L；

　　　u_i——三个方向下水实际流速，m/d；

　　D_{ij}——水动力弥散张量的 9 个分量；

　　　R——阻滞因子，其值常大于 1；

C_0——污染组分的初始浓度，mg/L；

Γ_1——一类边界；

C_1——一类浓度边界值，即在该边界上浓度值已知，mg/L；

Γ_2——二类边界；

f_i——二类边界值，即通过该边界的溶质通量已知，mg/m²；

q_s——源汇项单位流量；

C_s——源汇项溶质浓度；

λ——一级反应系数。

8.5.3　典型污染物环境容量的确定

研究区存在的污染源主要有点状与面状两种污染源。假定面状污染物排放量稳定，仅优化固体废弃物填埋场的污染物排放限值。采用优化算法对溶质运移模型进行多方案试算，最终得到在典型区地下水中有害物质保持一定目标浓度条件下，污染源所允许的最大排污总量限值。

同大气环境容量模型和河流污染物总量控制模型类似，特定区域地下水环境容量要通过地下水溶质运移模型来模拟不同污染源对目标位置的污染程度，可利用优化算法确定目标位置（如饮用水水源地）地下水污染物不超过标准值的最大污染物排放量。

近年来，基于生物学、物理学和人工智能，发展了一些全局优化性能好，且通用性强的智能算法，受到各领域广泛的关注和应用，包括遗传算法、人工神经网络、模拟退火法、禁忌搜索算法等。这些算法都是基于人工智能的全局最优化方法，且都是并行算法，尤其适合于处理传统最优化方法难以解决的高度复杂的非线性、多峰和不连续函数的优化问题。近年来，这类算法在工程技术、管理科学、计算机科学等领域空前活跃并得到广泛的应用。在水资源研究领域，解决地下水管理问题，尤其求解饱和—非饱和地下水溶质运移这类复杂的、高度非线性系统的识别和管理模型，现代智能优化方法无疑提供了一条有效途径。

但在处理规模大、更加复杂的问题时，单一智能算法的优化能力大大降低，并且确定合适的参数也比较困难。为了提高优化性能和效率，近年来发展了一些新的混合搜索算法，这些混合算法的出发点就是使单一算法互相取长补短，产生更好的优化能力和效率。其中 1992 年 Duan 等在求解概念性降雨径流模型参数自动率定优化问题时，针对问题的多线性、多极值、没有具体函数表达式、区间型约束等特点，提出了 SCE（Shuffled Complex Evolution）算法。SCE 算法结合了单纯形算法、随机搜索和遗传算法中生物进化思想等方法的优点，可以有效快速的搜索全局最优解。

通过采用数值模拟和 SCE 算法相耦合的方法，可以实现快速求解典型区域地下水环境容量问题。

8.5.3.1　优化方法

1. SCE 算法

SCE 算法的主要特征是通过竞争进化和定期洗牌来确保每个复形获得的信息能在整个问题空间获得共享，从而使算法快速收敛于全局最优解的同时，避免陷入局部最优。相对于其他智能优化算法，SCE 算法更有利于求解复杂、非线性、不可导、非突的高维优

化问题。相对于遗传算法和单纯形算法，SCE 优化效果最佳，收敛速度较快，稳定性好，能一致、高效地收敛到全局最优解。

2. 计算流程和步骤

SCE 算法流程如图 8-22 所示，具体步骤如下：

步骤 1：初始化。选取参与进化的 40 个复合型样本和每个复合型包含的 5 个顶点，计算样本点数目供给 200 个。

步骤 2：产生样本点。在可行域内随机产生 200 个样本点，分别计算每一点 x 的适应度。

步骤 3：样本点排序。把生成的 200 个样本点按适应度值升序排列。

步骤 4：划分复合型群体。将 200 个样本点分为 40 个复合型，$A_1, \cdots, A_k$，$k=1,2,\cdots,40$。复合型按照如下标准划分：按照排序，第一个复合型包含 $40 \times (k-1)+1$，$k=1,2,\cdots,5$ 位置处的样本点，第二个复合型包含 $40 \times (k-1)+2$，$k=1,2,\cdots,5$ 位置处的样本点，以此类推。

步骤 5：复合型进化。按复合型进化算法（CCE）分别进化各个复合型。

步骤 6：复合型混合。把进化后的每个复合型的所有顶点组合成新的点集，再次按适应度值排列。

步骤 7：收敛性判断。如果满足收敛条件或者累计循环次数达到总循环次数，终止循环，否则返回步骤 4。若累计循环次数达到总循环次数，但未得到优化结果，终止循环后提示用户调整参数重新进行计算。

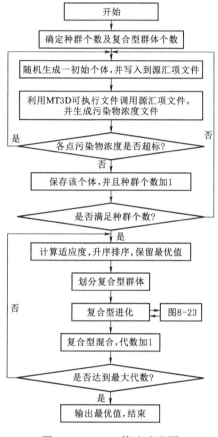

图 8-22 SCE 算法流程图

其中 SCE 算法复合型进化流程如图 8-23 所示，基本步骤如下：

步骤 1：初始化。设定子复合型顶点个数 q 以及参数 a、b，$2 \leqslant q \leqslant m$，$a \geqslant 1$，$b \geqslant 1$。

步骤 2：分配权重。计算复合型 A_k 中各个体的选择概率。

$$P_i = \frac{2(m+1-i)}{m(m+1)} \quad i=1,2,\cdots,m \tag{8-14}$$

步骤 3：根据权重在复合型 A_k 中选择 q 个父个体，$u_1 \sim u_q$ 记作集合 B，并将父个体在 A_k 中的相对位置记作集合 L。

步骤 4：产生子个体。

1）将集合 B 升序排列并相应变换位置矩阵 L 保证准确记录 B 中个体在原复合型中的位置，并据下式计算 $u_2 \sim u_q$ 的形心 g，即

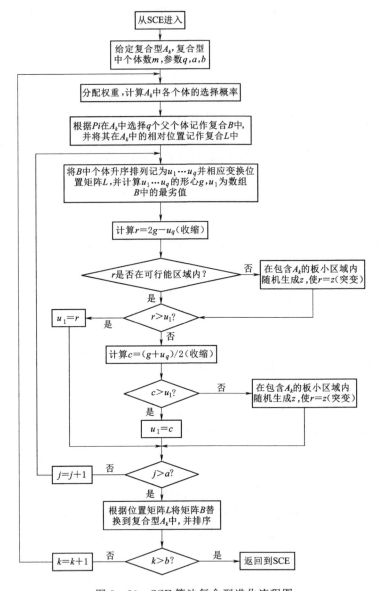

图 8-23　SCE 算法复合型进化流程图

$$g = \frac{1}{q-1} \sum_{j=2}^{q} u_j \qquad (8-15)$$

2) 计算新个体 $r = 2g - u_q$（反射）。

3) 如果 r 在可行解区域内，进入步骤 4，否则在包含复合型 A_k 的极小区域内随机产生新个体 z，使 $r = z$（突变）。

4) 如果 $r > u_1$，将 u_1 重新赋值为 r，进入步骤 6，否则计算 $c = (g + u_q)/2$（收缩）。

5) 如果 $c > u_1$，将 u_q 重新赋值为 c，进入步骤 6，否则在包含复合型 A_k 的极小区域内随机产生新个体 z，使 $u_q = z$（突变）。

6）重复步骤 1～步骤 5 a 次。

步骤 5：将以上步骤产生的 B 按照集合 L 中记录的位置取代复合型 A_k 中的元素，并将复合型 A_k 中的元素重新排序。

步骤 6：迭代计算步骤 2～步骤 5 b 次，满足条件后回到 SCE 过程中。

本实例中设定 $q=3$、$a=5$、$b=5$，由于优化对象有 3 个，即问题为三维问题，在反射、收缩及突变操作时，随机选择其中一维作为进化对象，而保持其他 2 个不变。这样既方便于算法的编码实现又能保证算法有效的寻求全局最优解。

8.5.3.2 优化方案

1. 优化目标

溶质模型计算期为 20 年，因此优化分析即为 20 年内不使典型地下水源地水质超标情况下（NO_3-N 浓度不超过 20mg/L，Cl^- 浓度不超过 250mg/L），各污染源所允许的总的最大排污量。

2. 优化成果

根据优化方案所确定的目标，利用 SCE 优化算法与 MT3DMS 耦合程序，计算得出 20 年内各固体废弃物填埋场淋滤液允许最大渗滤量，污染源 Cl^-、NO_3-N 总排放量进化过程如图 8-24、图 8-25 所示，SCE 算法各污染源污染物排放优化结果见表 8-8。

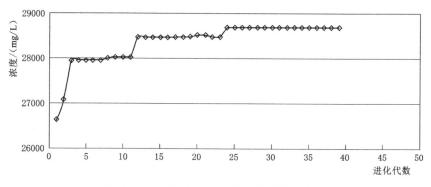

图 8-24 污染源 Cl^- 总排放量进化过程图

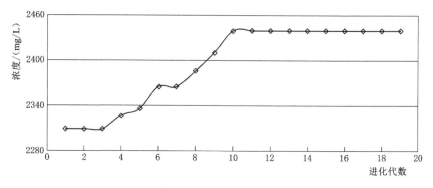

图 8-25 污染源 NO_3-N 总排放量进化过程图

表8-8 SCE算法各污染源污染物排放优化结果

污染源	NO₃-N临界浓度 /(mg/L)	NO₃-N最大排放量 /(t/年)	Cl⁻临界浓度 /(mg/L)	Cl⁻最大排放量 /(t/年)
3号填埋场	509.41	18.59	6456.36	235.66
4号填埋场	1164.23	42.29	12085.77	441.13
5号填埋场	587.64	21.45	7400.72	270.13

将上表中各污染源排放组合代入模型中，经模拟计算，典型区地下水源地保护区内，最大 NO_3-N 浓度为 19.99mg/L，Cl^- 最大浓度为 249.13mg/L，接近于Ⅲ类水标准，说明 SCE 算法得到的污染物排放组合能够满足要求。

8.6 本章小结

（1）研究提出地下水环境容量的概念及分析方法。地下水含水层环境容量由稀释环境容量、自净环境容量、迁移量三部分组成，主要与含水介质类型、埋藏条件和循环深度、动力条件、污染物的水化学作用条件有关。在分析含水层分布规律的基础上，将全市地下水分为蓟运河、潮白河、温榆河、永定河、拒马河 5 个地下水系统开展了评价研究。

（2）评价结果表明，对于 NO_3-N 而言，含水层反硝化系数较小的冲洪积扇中上部地区 NO_3-N 区域地下水环境容量较小，主要分布在冲洪积扇中上游水源区；对于 NH_4-N 而言，由于 NH_4-N 稀释环境容量远小于自净环境容量，所以 NH_4-N 区域地下水环境容量的分布与自净环境容量分布情况基本一致，在冲洪积扇中下游地区 NH_4-N 区域地下水环境容量较小。从全市水环境容量计算结果看，冲洪积扇顶部地区应侧重控制硝酸盐氮排放，冲洪积扇中下部地区应侧重控制氨氮排放。

（3）选择典型区域，利用质点追踪技术，确定区域地下水补给范围和研究范围，采用地下水模型软件 Visual MODFLOW 建立模拟区地下水流及其三维溶质运移模型，并将其应用于典型区地下水目标浓度下的各污染源最大允许排污量研究，提出了各类污染物排放限值，为区域地下水保护与污染治理提供了科学依据。

（4）在模型求解上，SCE 算法结合了单纯形算法、随机搜索和遗传算法中生物进化思想等方法的优点，可有效快速的搜索全局最优解，实现了数值模拟与 SCE 算法的有机结合，显著提升模拟计算速度。

第 9 章

地下水源地保护区划分技术及应用

9.1 地下水源地保护区划分的数值模拟法

数值模拟法是求解大型地下水源地问题的主要方法。其要点是将渗流区分割成若干个小单元，各单元近似看作是均质的，结合地质条件选择合适的水文地质参数，得到与实际相近的计算机模型，将变量离散化并建立方程，用数值法求解每个单元流动方程，模拟研究区内的水流状态，最后结合质点运动轨迹与时间等条件划定各级保护区。

数值模拟法发展过程中，学者们的关注点很多。其中，水文地质参数取值问题是对保护区结果可信度影响最大的因素之一，对该问题的研究可以分为两类，即水文地质参数确定和不确定情况下的保护区划分方法研究。前者是以根据抽水试验或经验等手段获取确定的水文地质参数作为前提进行模拟计算；后者是在水文地质参数无确定值的情况下，判断出各参数的合理取值范围，并在该范围内取值、组合，依照一定的限制条件（如观测水头）排除不可能实现的组合方式，对剩余情景的模拟结果进行叠加，根据统计和风险评价得到保护区范围。

采用数值模拟法来计算水源地保护区范围，可以客观并较为详细地刻画实际含水层结构与水文地质条件，适用于各种背景的水源地研究，尤其对于大型地下水源地保护区的划分，能得到比其他方法更为可靠的结果。《饮用水水源保护区划分技术规范》（HJ 338—2018）中对于大型地下水源地保护区，明确提出要采用计算机数值模拟方法来评价与划分。数值模拟法将是未来保护区划分的最主要方法，本研究采用数值模拟法进行代表性水源地保护区划分。

弄清数值模拟的关键技术和应用在水源地保护区划分中的技术要点，对提高保护区结果的可信度有重要意义。

9.1.1 数值模拟技术要点

数值模拟法划分地下水源地保护区，其结果可靠性高低取决于数值模拟技术应用的好坏。地下水数值模拟技术应用好坏的几个焦点如下：

实测数据的代表性。例如在盆地排泄区深部地下水水位往往高出地面，如何在二维地下水水流模型中概化和应用。

水文地质参数的尺度效应。例如对于一个地下水污染模型，在没有进行现场相应尺度规模条件的弥散试验的条件下，需要对地下水污染模拟的关键参数——弥散度合理取值。

现场试验结果的客观解释。水文地质参数是在一定的模型假定条件下获得的，例如野外的稳定流抽水试验获得的含水层渗透系数。将现场抽水试验所获取的水文地质参数应用到数值模型中时需要进行参数调整。

数值模拟结果的可靠性。检验数值模拟结果的可靠性通常是比较计算结果与实测数据（例如地下水水位）的拟合程度。通过调整参数的分区可以得到理想的拟合结果。单纯的追求拟合效果并不代表数值模拟结果的可靠性提高了。

总之，模拟结果的好坏除了模型方法本身之外，主要取决于水文地质模型的合理概化（包括含水层结构、边界条件、补给与排泄条件、参数分区等），这对操作者要求较高。

9.1.2 数值模拟法划分保护区技术要点

除了数值模拟方法本身所需的关键技术，在将其应用到地下水源地保护区划分过程中，还需要客观刻画与抽水井相关的主要特征，包括井口半径、含水层穿透情况、滤管位置和长度等。

为更加准确地把握各因素对水源地保护区划分结果的影响，以平谷盆地为例，以Visual MODFLOW为计算软件，对盆地内水源地进行了保护区划分。在保护区划分过程中，发现诸多因素对保护区划分精度影响明显，例如含水层穿透情况，要明确水源地内各取水井穿越含水层情况。若在单个含水层且地质结构变化不大的情况下，可以采用二维流模型求解；若非穿越单一含水层，则需考虑地下水垂向上的流动分量，采用三维流计算。

9.2 地下水源地保护区划分关键技术研究

9.2.1 并行算法研发

由于数值模拟法能准确地刻画复杂水文地质条件，能得到比其他方法更为可靠的结果，故适用于各种背景的水源地研究。因此，不论水源地规模大小，抽水井分布如何，所处地质单元结构复杂与否，在有条件的情况下，建议尽量采用数值模拟法，力求得到可信度最高的各级保护区范围。

为了高精度地刻画复杂地下水含水层结构，解决运算量和运算速率的问题，研究基于高性能的计算机集群平台，引入并行计算方法来快速求解地下水流动方程，大量节省模型运行时间（Dong et al.，2009）。因此可以不用考虑计算容量的限制，详细地刻画水文地质概念模型，使得模型精度、模型预测的精度大大提高，同时也增强了模型使用者的信心。

9.2.1.1 高性能并行计算方法

高性能并行计算的目标是为了求解大规模问题和复杂系统。早期并行计算以加速求解问题为目的，这来源于单处理机的计算速度受到物理上的限制，光速是其上限。随着计算在科学研究和实际应用中发挥越来越大的作用，人们对计算已经产生了依赖，将数值模拟作为许多决策的依据。现在人们已经习惯将计算作为科学研究的第三种手段，与传统的科学研究的理论方法和实验方法并列。

并行算法是一些可同时执行的进程的集合，这些进程相互作用和协调动作从而完成给定问题的求解。并行算法可以从不同的角度分类：①根据运算的基本对象的不同，可以将并行算法分为数值计算的和非数值计算的并行算法；②根据进程之间的依赖关系，可以分为同步并行算法（步调一致）、异步并行算法（步调进展互不相同）和纯并行算法（各部分之间没有关系），对于同步并行算法，任务的各个部分是同步向前推进的，有一个全局的时钟来控制各个进程的步伐，而对于异步并行算法，各部分的步伐是互不相同的，它们根据计算过程的不同阶段决定等待、继续或者终止；③根据并行计算任务的大小，可以分为粗粒度并行算法（一个并行任务包含较长的程序段和较大的计算量）、细粒度并行算法（一个并行任务包含较短的程序段和较小的计算量）以及介于二者之间的中粒度并行算法，一般而言，并行的粒度越小就越有可能开发更多的并行性，提高并行度，这是有利的方面，但是另一个不利的方面就是并行的粒度越小，通信次数和通信量就相对增多，这样就增加了额外的开销，因此合适的并行粒度需要根据计算量、通信量、计算速度、通信速度进行综合平衡，这样才能取得高效率。对于相同的并行计算模型，可以有很多种不同的并行算法来描述和刻画。由于并行算法设计的不同，可能对程序的执行效率有很大的影响。不同的算法，有几倍、几十倍，甚至上百倍的性能差异是完全正常的。基本的并行算法有区域分解方法、功能分解方法、流水线技术、分而治之方法、同步并行算法、异步并行算法。

9.2.1.2 OpenMP 并行编程方法

OpenMP 是由 OpenMP 标准委员会（OpenMP Architecture Board）于 1997 年推出的支持共享存储并行编程的工业标准。该标准委员会的目标是利用工业界、政府和学术界的通力协作，为共享存储多处理机的程序设计提供一个开放的说明规范。OpenMP 标准通过定义编译指导语句、运行时库函数和环境变量规范的方法，为程序员提供了支持 Fortran 和 C/C++语言的一组功能强大的高层并行结构，而且支持增量并行。

最初，不同厂商提供不同的指导语句集，尽管语法和语义很相似，但是各自采用的注释或 pragma 注解给程序的移植带来了很大的困难。而 OpenMP 规范得到了软硬件厂商的一致支持，所以很快成为支持共享存储并行编程的实际工业标准。该标准克服了以前共享存储指导语句只处理细粒度并行，不能很好地支持粗粒度并行的缺点。该编程模型能满足很大范围的应用需求。目前，OpenMP 完全支持循环级并行（Loop - level Parallelism）、部分支持嵌套并行（Nested Parallelism）和任务并行（Task Parallelism）。

OpenMP 为共享存储平台提供了一个统一的标准，为其并行编程建立了一套简单的编译指导语句。有时仅仅使用三四种编译指导语句就可以得到显著的并行效果。OpenMP 在很多专业、行业都有成功的应用。

1. 执行模型

OpenMP 的执行模型采用 fork - join 的形式，其中 fork 即创建新线程或者唤醒已有线程，join 即多线程的会合。fork - join 执行模型在刚开始执行的时候，只有一个称为"主线程"的运行线程存在。主线程在运行过程中，当遇到需要进行并行计算的时候，派生出线程来执行并行任务。在并行执行的时候，主线程和派生线程共同工作。在并行代码执行结束后，派生线程退出或者阻塞，不再工作，控制流程回到单独的主线程中。

OpenMP 的编程者需要在可并行工作的代码部分用制导指令向编译器指出其并行属性，而且这些并行域可以出现嵌套的情况。对并行域（Paralle Region）作如下定义：在成对的 fork 和 join 之间的区域，称为并行域，它既表示代码也表示执行时间区间。对 OpenMP 线程作如下定义：在 OpenMP 程序中用于完成计算任务的一个执行流的执行实体，可以是操作系统的线程也可以是操作系统上的进程。

2. 编程要素

OpenMP 编程模型以线程为基础，通过编译制导指令来显式地指导并行化，OpenMP 为编程人员提供了 3 种编程要素来实现对并行化的完善控制，它们是编译制导、API 函数集和环境变量。

加入编译制导的语句，可以使支持 OpenMP 的编译器能识别、处理这些制导指令并实现其功能。其中指令或命令是可以单独出现的，而子句则必须出现在制导指令之后。制导指令和子句按照功能可以大体上分成并行域控制类、任务分担类、同步控制类 3 类。

并行域控制类指令用于指示编译器产生多个线程以并发执行任务，任务分担类指令指示编译器如何给各个并发线程分发任务，同步控制类指令指示编译器协调并发线程之间的时间约束关系等。

例如，OpenMP 规范中的指令有以下这些：

parallel。parallel 用在一个结构块之前，表示这段代码将被多个线程并行执行。

for。for 用于 for 循环语句之前，表示将循环计算任务分配到多个线程中并行执行，以实现任务分担，必须由编程人员自己保证每次循环之间无数据相关性。

parallel for。parallel 和 for 指令的结合，也是用在 for 循环语句之前，表示 for 循环体的代码将被多个线程并行执行，它同时具有并行域的产生和任务分担两个功能。

sections。sections 用在可被并行执行的代码段之前，用于实现多个结构块语句的任务分担，可并行执行的代码段各自用 section 指令标出。

single。single 用在并行域内，表示一段只被单个线程执行的代码。

critical。critical 用在一段代码临界区之前，保证每次只有一个 OpenMP 线程进入。

barrier。barrier 用于并行域内代码的线程同步，线程执行到 barrier 时要停下等待，直到所有线程都执行到 barrier 时才继续往下执行。

除上述编译制导指令之外，OpenMP 还提供了一组 API 函数用于控制并发线程的某些行为。部分 API 函数如下：

OMP_SET_NUM_THREADS。OMP_SET_NUM_THREADS 为设置并行区域的线程数。

OMP_GET_NUM_THREADS。OMP_GET_NUM_THREADS 为返回当前并行区域中活动的线程数。

OMP_GET_MAX_THREADS。OMP_GET_MAX_THREADS 为返回最大线程数。

OMP_GET_THREAD_NUM。OMP_GET_THREAD_NUM 为返回线程 ID，主线程为 0。

OMP_GET_NUM_PROCS。OMP_GET_NUM_PROCS 为返回处理器数目。

OMP_IN_PARALLEL。OMP_IN_PARALLEL 用来确定执行区域是否为并行。

OpenMP 规范定义了一些环境变量，可以在一定程度上控制 OpenMP 程序的行为。以下是开发过程中常用的环境变量：

OMP_SCHEDULE。OMP_SCHEDULE 用于 for 循环并行化后的调度，它的值就是循环调度的类型。

OMP_NUM_THREADS。OMP_NUM_THREADS 用于设置并行域中的线程数。

OMP_DYNAMIC。OMP_DYNAMIC 通过设定变量值，来确定是否允许动态设定并行域内的线程数。

OMP_NESTED。OMP_NESTED 指出是否可以并行嵌套。

9.2.1.3　MODFLOW 的并行 PCG 计算方法

研究中选用美国地质调查局（以下简称 USGS）的 MODFLOW（Harbaugh et al.，2002）程序作为地下水流动模型计算软件，将其串行程序进行并行化。因为 MODFLOW 是世界上使用最广泛的地下水模型，因此保证并行化后的模型输入、输出文件与原程序一致是非常重要的，这会使得模型使用者更加容易地利用并行计算技术。MODFLOW 程序的结构易于扩展，因此大部分结构均可保留，并行程序则通过修改 MODFLOW 调用的求解包来实现。

OpenMP 的编译指导语句、库函数及环境变量看似简单，但是编写 OpenMP 程序并不轻松，对它的正确性调试和性能调试都需要耗费大量的时间，需要对程序有深入的理解。OpenMP 中任务之间的通信是通过共享的变量隐式的进行的，程序员更多的是指定程序中的并行性。由于 OpenMP 中需要控制对共享变量的访问次序，共享存储模型的程序中需要更多对的同步操作，同时由于存储器系统层次的存在，要获得高性能的程序，仍然需要程序员进行大量的工作。

在 PCG 的并行化过程中，主要考虑粒度、流程控制结构及数据共享判断程序中对模型层、行、列的三层循环结构操作。

1. 粒度

对于该三层循环结构，3 个循环都可以并行执行。要尽量使并行执行的程序粒度最大化，这样才能得到好的并行效果，因此对最外层循环并行化可能取得最好的效果。同时，如果选择最内层循环并行化，那么程序将在外重循环的每次迭代中都进行 fork – join 操作。由于 fork – join 需要一定的开销，这种并行选择可能会使 fork – join 的开销大于线程并行节省的时间。反之，如果对最外层循环并行化，只需引入 1 次 fork – join 操作，这是一个好的选择。

如果对于二维的 MODFLOW 模型，并行最外层循环并不能取得好的并行效果，针对二维的模型就需要对第二层循环进行并行化。

2. 流程控制结构

为使编译器能够成功地将顺序执行的循环转化为并行执行，在分析控制子句时运行系统必须能够得到所需信息以确定循环迭代的次数。因此 DO 循环的控制子句必须具备规范格式。并且，在循环之中不能有 BREAK、RETURN、EXIT 以及 GOTO 等语句直接退出循环，如果有此类语句就需要对程序结构进行调整。

3. 数据共享判断

在 DO 循环并行执行的过程中，主线程创建若干子线程，所有这些线程协同工作共同完成循环的所有迭代。每个线程有各自的执行上下文：一个囊括所有这个线程将访问的变量的地址空间。执行上下文包括静态变量、堆中动态分配的数据结构以及运行时堆栈中的变量。执行上下文包括线程本身的运行时堆栈，这个堆栈保存着调用函数的框架信息。其他变量或者是共享的，或者是私有的。共享变量在所有线程的执行上下文中的地址不同。一个线程可以访问自己的私有变量，但是不能访问其他线程的私有变量。

在 PARALLEL DO 编译指导语句，变量默认设置为共享，而循环号变量除外，它是私有变量。对于并行区域中，需要正确判断变量是共享变量还是私有变量。

9.2.1.4　并行性能分析

在 P‑PCG 支持下，使用 8 核心的并行计算机进行了测试。测试中不仅使用了 USGS 标准的算例，且更多使用了前期研究中的应用实例。模型的规模最大达到 1000 行、1000 列和 100 层，总单元数高达 1 亿个。该模型的计算需要约 8G 的内存，这对于 PC 来说是不可能完成的。这也反映出高性能计算在地下水大规模计算中的必要性和优势。

同时使用 P‑PCG 和 MODFLOW 最常用方法 MICCG 进行了全面比较。综合多种因素，使用 8 核心的并行计算机可以获得 1.40～5.31 的加速比。对于中小规模的模型，P‑MICCG 是最好的选择，而对于大规模的模型，P‑POLCG 是效率最高的算法。P‑PCG 在提高速度的同时，并没有以牺牲内存为代价，P‑PCG 比 PCG 多使用的内存与模型本身相比可以忽略，充分反映了并行化的成功。

P‑PCG 需要的 MODFLOW 输入文件与原 MODFLOW 一致，并且输出文件等均无变化，大大提高了并行程序的可用性。更重要的是，P‑PCG 计算结果与原 PCG 程序计算结果没有任何差别，因此具有强大的实用性。

并行化中采用了 OpenMP 并行编程方法，其并行化通过编译指导语句实现。对于普通 PC，可以在编译时不加 OpenMP 编译选项，也可以编译生成串行的 PCG 程序，且与原 MODFLOW 程序一致。而对于并行环境下，通过增加 OpenMP 编译选项，即可将其编译为支持并行的 P‑PCG 程序。也就是说，对于 P‑PCG 源代码可以和 MODFLOW 的整体源代码完全整合，只需在 MODFLOW 中保留一份 P‑PCG 的程序，即可实现串行、并行 2 种编译方式，这对于 MODFLOW 的源代码维护和管理工作也是非常有利的。

9.2.2　面状通量模拟方法

农业开采是地下水开采的主要组成部分，而农业开采井数量多、分布广、难于统计。此外，如果在数值模型中大量使用点井的方式进行农业开采井的处理，则会影响保护区划分时粒子追踪的结果。现有通用的 MODFLOW 程序中关于面状源汇项的处理，只能通过 RCH 子程序（Recharge Package）实现降水入渗补给地下水的面状表达，且只能对 1 个模拟层进行 1 次赋值，而对于农业多层开采、灌溉回归还没有恰当的数值表达方法。开发适合于 MODFLOW 模型的面状补给和排泄程序包，使之可以接受多层、多次赋值，采用面状补给或排泄的方法解决农业开采量及灌溉回归等问题具有重要意义，也可提高基于粒子追踪划分保护区的精度。

1. MODFLOW 的通量处理方法

作为应用最广泛的地下水模型，MODFLOW 可以处理一系列的源汇项，如井、降水、蒸发、排水沟以及河流。根据这些源汇项的几何特点，可以划分为点状、线状和面状三种类型。WEL 程序包可以模拟点状通量，如井，而 GHB、RIV、DRN 程序包可以模拟流入或流出地下水系统的线状通量、面状通量，包括降水、蒸发程序包如 RCH 和 ET。相对于点状与线状通量，MODFLOW 缺乏面状通量的通用处理包。RCH 包虽然可以处理面状补给或排泄，但是 RCH 是针对降雨开发的，它不允许补给和排泄同时在多个层面上发生，并且在模型中 RCH 的面状通量处理也只能使用 1 种类型，补给或排泄，而不能同时进行补给和排泄。

补给模块（RCH）是 MODFLOW 中处理面状通量的子程序包，主要用来模拟地下水系统中降水入渗补给地下水的过程。RCH 中面状补给的层位选项（NRCHOP）有 3 种，即模型第一层位（NRCHOP＝1）、任意指定层位（NRCHOP＝2，使用 IRCH 指定层位）和模型中每一个垂向柱体中最顶部的活动单元（Active cell，NRCHOP＝3）。不管采用哪种层位选项，对于模型剖分中的每一个垂向柱体来说，只能有 1 个单元可以设置补给量。这是由于 RCH 主要目的是用于降水补给的面状处理，而非地下水开采量的面状表达，因此在补给层位选择上受到限制。

传统方法中对于地下水人工排泄的处理，是采用抽水井子程序包（Well Package）完成的，即只能以 1 个单元格内 1 个点井的方式完成。而在实际应用中，地下水的人工排泄情况复杂，包括用于集中供水的生产、生活自备井，还有大量的农业灌溉开采井，前者可以通过资料收集获取准确的开采井信息，而后者因其数量多、统计不全等原因难以准确获得。实际统计到与农业开采相关的资料，往往是以区县为单位的含水层各层面的开采总量以及灌溉回归的面状补给总量等。在这种条件下，如果使用抽水井子程序包完成农业开采量的表达，会因为实际开采信息的缺失而增加模型调试的工作量，并带来极大的不确定性。此时，采用面状排泄来代替点井是合理方便的。

2. ARD 面状通量模拟方法设计与实现

MODFLOW 程序设计结构的最大特点是模块化，它包括 1 个主程序和若干个相对独立的子程序包（Package），每个子程序中有数个模块，各个模块用以完成数值模拟的一部分。由于其模块化设计，用户可以方便的增加所需的功能和程序模块。

为增加 1 个面状补排功能，可以采取两种方法，第一种方法是，修改原有 RCH 程序模块，以实现所需功能；第二种方法是应用代码复用思想，通过进行 RCH 的重用来实现。比较两种方法，第二种方法可以很好地保证原程序的整体性，且维持输入文件的格式，因此采用代码复用的方式进行程序的开发实现。

为在模型中能同时处理降水补给、大面积农业开采及回灌渗漏等，基于 MODFLOW 开发出 1 个新的面状补给和排泄子程序包 ARD（Areal Recharge and Discharge Package）（Dong et al.，2012；徐海珍等，2011），新的模块称为 MF2K‐ARD。该程序包可以实现同时在模型的多个层位进行面状补排处理，并且可以在同一层位进行多次不同的面状补排处理。ARD 基于 RCH 子程序包，建立多层位的面状补给且在层位选项上以选择指定层位的方式，通过修改 MODFLOW 的主程序在计算中对于所有层位循环计算，实现多层位、多次面状补给或排泄。ARD 子程序包计算流程如图 9-1 所示。

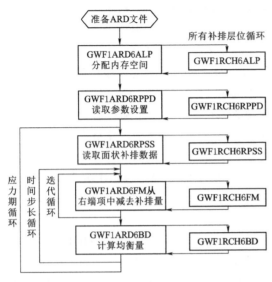

图 9-1　ARD 子程序包计算流程

ARD 子程序包的输入文件格式与 RCH 一致，只需对对应的开采层位建立 RCH 输入文件，并且将层位选项设置为指定层位（NRCHOP=2），最终形成 ARD 输入文件，即全部层位的 RCH 输入文件。采用 ARD 子程序的计算步骤如下：

步骤 1：进入 MODFLOW 程序，通过主程序调用 GWF1ARD6ALP 函数，为 ARD 子程序分配内存空间。

步骤 2：在主程序中调用 GWF1AR-D6RPPD 函数，读取每个补排层的参数设置。

步骤 3：在每个应力期循环开始时，调用 GWF1ARD6RPSS 函数，读取每个层位的面状补排数据，该数据在一个应力期内保持不变。

步骤 4：在每一时间步长循环的迭代循环求解开始时，调用 GWF1ARD6FM 函数，从整个 MODFLOW 求解方程的右端项中减去补排量，之后交给求解包进行求解。

步骤 5：每次迭代循环收敛结束后，调用 GWF1ARD6BD 进行均衡量的计算。

ARD 中的函数都是通过循环调用 RCH 子程序包中的相应函数实现的，同时输入文件格式保持与 RCH 一致。这种处理方式的优点是可以保持 MODFLOW 的完整性、计算的精确度，同时有较好的易用性。用户只需对每个需要的层建立相应的 RCH 输入文件，即可通过 ARD 包完成多层、多次的面状补给、排泄过程模拟。

9.3　地下水源地保护区划分技术应用实例

以平谷应急备用水源地为典型水源地，开展地下水保护区划分技术研究及应用。

9.3.1　典型水源地概况

9.3.1.1　典型水源地基本情况

1. 自然地理概况

典型水源地位于北京市郊最东部，西邻顺义，北邻密云，东与河北省兴隆县、天津市蓟县相接，南连河北省三河市。典型区地处燕山山脉东段的南麓，华北平原的北端。典型水源地是断陷盆地，其东、北、西和东南为中、低山与丘陵环抱，仅西南有一出口，与华北平原相连接，出口处东西宽度仅 10.5km。

该地区西南部为第四系平原区，处于洵河、洳河冲积扇，向北、向东陡然抬高为山地，总的地势东北高、西南低。北部和东北部山区地表分水岭与密云、河北省兴隆县分界。山区峰峦迭起，东北部最高点高程为 1234.00m。沟谷、河流强烈切割，山势陡峻发育，地形高度由北向盆地逐渐递减至 80.00m 以内，相对最大切割深度 550m 以上，山前沟谷发育呈南北向为主；西为顺义东部丘陵及串珠状二十里长山；东及东南部地形起伏相对平缓较低，一般高程为 100.00～350.00m，以盘山-大旺务南山为分水岭，地形高度由北东向南西逐渐降低到 50.00m，沟谷发育方向朝向盆地，短而开阔。山区沟谷及河道都为季节性水流。

2. 气象

典型区属暖温带大陆性季风气候，其特点是四季分明，春季干旱多风，夏季炎热多雨，秋季短促凉爽，冬季严寒干燥（贺国平等，2005）。据气象站观测资料可知，多年平均气温 11.5℃，冬夏两季温度变化较大；极端最高气温为 40.2℃，极端最低气温为 −26.6℃；最大冻土深度 0.74m；多年平均蒸发量为 1693.8mm。典型区多年平均降水量和蒸发量如图 9−2 所示。

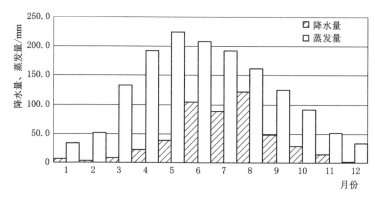

图 9−2　典型区多年平均降水量和蒸发量（1956—2005 年）

据气象站 1956—2005 年 50 年系列观测资料，多年平均降水量为 624.7mm。降水量年际变化大，极丰水年降水量是极枯水年的 3.3 倍。降水量年内分配极不均匀，6—9 月汛期平均降水量占全年降水量的 82.6%，其中 7—8 月占年降水量的 60.9%。降水量的年内分配特征与冬小麦等农作物需水相矛盾，春季农灌期降水量小，农灌用水量大，主要开采地下水，夏季降水量虽然大，除入渗补给地下水外，大部分从地表流失，难以充分利用。

由于受地形影响，降水量的地区分布不均匀，总的分布规律是山区大于盆地。据 1960 年以后各气象站降水量资料，典型区降水量从东北方向向西南方向逐渐减小。最近几年该地区降水量偏少，明显低于多年平均降水量。

9.3.1.2　水文地质条件

典型区内广泛发育新生界第四系地层，以沟河和泃河冲洪积成因为主，沉积厚度由山前地区至盆地中心由薄变厚，最厚为盆地中心的赵各庄达 550m 以上。在沟河、泃河冲洪积扇顶部至中下部马坊，沉积物颗粒由粗变细，即由卵漂石逐渐变成砂卵石层，在龙家务和中桥附近，由单层结构变为多层结构，上部 35～50m 主要由粉土和粉质黏土组成，下部为巨厚的砾卵石、砂卵石层。地质主要包括：①中下更新统（Q_{1-2}）：埋藏于盆地地面 150m 以下，厚度约 400m，岩性为卵砾石含漂石，风化程度高，易碎，含 4 层粉土；

②上更新统（Q₃）：分布在盆地中部，上段以黄土状粉土、砾砂、砂层为主，中下段砾卵石为主；③全新统（Q₄）：主要分布在沟河、洳河两岸和山前局部地区，厚度为40m。典型区地质剖面如图9-3所示。

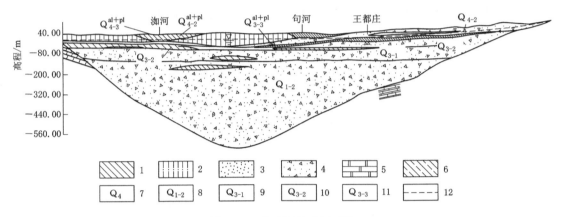

图9-3　典型区地质剖面图

1—黏土；2—黄土状粉质黏土；3—砂；4—砂砾石；5—白云岩；6—粉质黏土；7—全新统；8—中下
更新统；9—晚更新统下段；10—晚更新统中段；11—晚更新统上段；12—地下水位线

1. 含水层组

典型区以丰富的松散层孔隙水为主，其邻近山区和盆地基底也有一定量的岩溶裂隙水。

第四系松散层孔隙水主要分布于沟、洳河冲洪积作用形成的含水层中。第四系沉积厚度受基岩影响相差悬殊，在南独乐河以东小于125m，到马各庄一带为407m，西部许家务为240m，赵各庄一带厚度最大，为556.86m；其含水层厚度在韩庄至南独乐河大于100m，王都庄一带150m，西部许家务一带120m，门楼庄一带为80～100m；含水层岩性在王都庄以东和许家务以北为单层巨厚卵石含漂石、砾卵石层，盆地中部地区为多层砂砾卵石层。各含水层间存在着密切的水力联系。

典型区东部自山东庄-夏各庄一线以东为沟河山前冲洪积扇潜水，西南的西沥津和龙家务为由潜水转承压水的地下水溢出带。盆地之西自许家务以北为洳河山前冲洪积扇潜水，许家务—中桥一带为地下水溢出带。地下水溢出带向南逐步变为承压水区。

2. 地下水补径排条件

典型区东部和北部山区是地下水的补给区，东南部甘营-大旺务山区和盆地出口处是地下水的排泄边界。

典型区地下水主要补给来源是大气降水直接入渗补给、洪水入渗补给、海子水库渗漏、渠系和井灌回渗补给等，其中大气降水在山区入渗补给后，除当地工农业用水外，其余部分以侧向径流的形式补给盆地平原区，为盆地平原区的主要补给源。

东部和北部山区地下水、洪水等顺着各沟谷、河流、断裂、破碎带等不断地向典型区山前的强透水性砾卵石、漂石层及碳酸盐岩地层径流补给盆地第四系含水层。盆地内地下水的主要径流方向与沟河和洳河相一致。王都庄水源地东部地区（南独乐河-陈太务一线）

沟河冲洪积扇开阔，含水层厚度稳定，成分单一，透水性好，地下水径流方向自东北流向西南，水力坡度山前地区大于盆地中心。

典型区地下水的排泄主要是生活、工农业开采用水，地下水溢出和侧向径流也是排泄的重要途径。

9.3.2　地下水模型及应用

9.3.2.1　概念模型

从地下水流动系统的观点看，典型区冲洪积孔隙含水系统的补给、排泄与径流条件清楚，冲洪积孔隙含水系统岩相变化与分布规律明显。典型区为一个复杂的多层含水系统。地下水自东北部丘陵山前的冲洪积扇向西南部流动，除了在水平方向上发生交换外，垂向上的交换也是必然的。从水文地质特征看：在冲洪积扇顶部的补给区，地下水流动方向向下；河流、水库底部的地下水存在明显的垂向流动；含水层间弱透水层中的地下水也以垂向流动为主；非完整抽水井附近的地下水流存在垂直流速分量。可见典型区地下水流动的垂直流速分量不能忽略，具有明显的三维流动特征，采用三维地下水模型刻画典型区的地下水流动系统将大大提高模型的仿真性。通过详细的钻孔资料分析，将第四系孔隙含水系统概化为自上向下的弱透水层与含水层相间的含水系统。典型区模拟范围与典型区第四系孔隙含水系统的范围基本一致（图 9－4）。

典型区第四系孔隙地下水的形成受水系发育和周边地质构造的控制。其边界为：

东界。东界以海子水库山前部分与第四系含水层分界面为界，为 GHB 边界，即一般水头边界，该边界类似于定水头、河流等一类边界，但又可以表现为随时间、空间变化的动态水头边界。

西界。根据水文信息提取结果，西界以平谷盆地的西边界为界，为流量边界。

北界、西北界及东南界。北界、西北界及东南界以基岩与第四系含水层分界面为界，部分地段（如河流冲洪积扇顶部砂

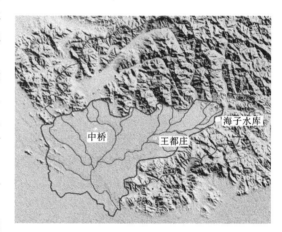

图 9－4　典型区模拟范围示意图

砾石层分布地段以及周边基岩为雾迷山组和高于庄组灰岩分布地段）为流量边界；而周边基岩为石英砂岩、火山岩和碎屑岩等的分布地段为零通量边界。

西南界。西南界为地下水侧向排泄边界。

顶部边界。顶部边界即潜水面，除海子水库为一类水位边界外，其余为有降水和地表水入渗补给的边界。

底部边界。底部边界东段（南独乐河以东）取第四系与蓟县系雾迷山组灰岩的分界面，其余的大部分地段以中下更新统冲洪积层（Q_{1+2}）的顶板为底界；由于雾迷山组灰岩和中下更新统冲洪积层的渗透性远小于上部含水层的渗透性，因此可近似视为零通量边界。

9.3.2.2　数值模拟模型

1. 模型单元剖分与分层

结点设置和单元剖分中，开采井和观测孔尽可能设置结点，大流量井必须设置结点；用于拟合的观测孔设置结点，角点上设有观测孔的单元内不得有开采井；单元、结点总数适中，与基础资料的占有程度和精度相匹配。

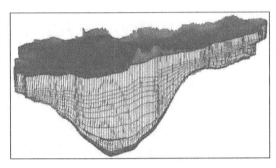

图 9-5　模型剖分示意图

按照上述原则及所掌握的基础资料，将典型区在平面上（即每一模拟层）剖分为 390 行和 380 列，模型垂向上共分 10 层，总单元数为 1482000 个（390×380×10）。模型剖分示意图如图 9-5 所示。

2. 模型识别时段及步长

根据所掌握的水位长观井、开采量统计等资料，选取 2003 年 1 月—2006 年 12 月为模型识别时段，2007 年 1 月—2008 年 12 月作为校正期，其他时段的资料作为参考。

模拟时间步长 Δt 取 30 天，共计 72 个时间步长。

3. 基础数据

根据典型区的水文地质条件及建立的数学模型确定水文地质参数，为此，需要输入计算机的基础数据包括：

（1）结点处各模拟层的顶底面标高。对于地面标高，根据典型区的 DEM 数据底图，并结合 ArcGIS 等高线图，利用 Kring 插值法生成模型各个结点的地面标高值，使所得到的各结点地面标高的等值线图与 DEM 底图吻合。

依据典型区钻孔及其分层资料可以得到钻孔在各层的顶底面标高，进而求得各层的厚度，再通过 Kring 插值得出各结点的厚度。根据地面标高及厚度计算出各结点处各模拟层的顶底面标高值。

（2）初始水头值。本模型在垂向上有 10 个模拟层，依地下水数值模拟的要求，必须给出各结点每个模拟层的初始水头值。本研究采用"参数-初始水头迭代法"来确定各层的初始水头分布。具体处理办法是：首先取 2003 年 1 月为模拟的初始时间，用水文地质参数初始估计值开始模拟，至 2008 年 12 月将模拟所得的该月水头值与实测值较好地拟合，粗略确定模拟时段的初始水头（2003 年 1 月）；再以此初始水头按常规方法求参，迭代求解。当拟合达到一定程度之后，必须全面地检验模型是否符合基本规律，若不符合则要再次重新调整，直至满足要求。

（3）第二类边界流量。模型的北边界、西边界、西北界、东南界均为第二类边界，这些边界均需在模型识别过程中通过对边界附近观测孔水头的拟合而调试得出相应的地下水侧向补给或排泄量。

本次模拟区范围为典型区的第四系孔隙含水系统，其北部和东部是大面积的山区，大气降水在山区入渗补给后，除当地开采用水外，其余部分以侧向径流的形式补给平原区第四系地下水，成为本区第四系地下水的重要补给来源。本研究中参照地表产流模型及其在我国半干旱地区应用的研究成果，根据降水量、汇水面积和产流系数等因素初步估算边界流量，其动态规律依据降水的动态特征，如此较好地体现了地表水—地下水的水力联系，更为客观地确定模型的边界流量，提高了模型的精度。

边界侧向补给量的计算式为

$$Q_c = \alpha AP \tag{9-1}$$

式中　Q_c——边界侧向补给量；

　　　A——该段边界对应流域的汇水面积；

　　　α——汇流区内的降水入渗系数；

　　　P——有效降水量。

汇水面积 A 的确定，是在 DEM 数据基础上首先提取研究区内的流网信息，然后划分成不同的流域，分别计算面积，并将该面积内的降水汇流量作为边界补给量输入。流域汇水区提取结果示意如图 9-6 所示。

经计算，平原区 2003—2008 年的年均侧向径流量为 6000 万 m³。

（4）河流渗漏补给量。典型区主要的河流为泃河和洳河，在数值模型中，使用河流子程序包（River Package）来处理。

在降水平水年，6—9 月属汛期，河流水位高于地下水位，河水补给地下水，但近些年来，平谷降水持续偏枯，河流干枯，仅在上游部分汛期涨水，对地下水起到补给作用，但补给量逐年减少。

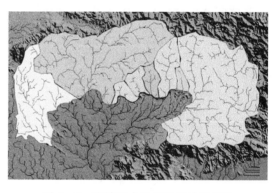

图 9-6　流域汇水区提取结果示意图

（5）降水入渗补给。降水入渗是典型区的主要补给源，其入渗量与降水量、包气带岩性和潜水水位埋深等有关。一般认为埋深大于 8m 时，降水入渗可忽略不计。

降水入渗系数为

$$Q_P = \alpha AP \tag{9-2}$$

降水入渗系数 α 按照包气带岩性和水位埋深进行分区。在冲洪积平原上部，现代河床带降水易于入渗，入渗系数取 0.3～0.6；在平原中下部，由于黏土层的覆盖，入渗系数较小，一般为 0.15～0.3；在城区，由于建筑物覆盖及水泥硬化面积增大，入渗系数多在 0.1 以下。

依据上式可得，2003—2008 年期间，典型区降水入渗补给量年均为 8000 万 m³。

（6）农业灌溉入渗补给量。典型区农业用水占全区用水的 60% 以上，农灌期一般在每年的 4—5 月和 10—11 月。由于农灌期属于旱期，包气带含水量低，灌溉水入渗在包气带中的损耗较大，且灌溉期土壤水蒸发量大于汛期，因此灌溉回归系数通常小于降水入渗系数。另外，灌溉方式不同，其回归系数也不同，漫灌的入渗比例较大，而喷灌属节约用水灌溉，入渗率低。典型区以果树种植为主，喷灌面积大，入渗量较小。

（7）地下水开采量。典型区内地下水开采井数量很多，且分布比较分散，而开采量资料多为按乡镇总用水量统计。本研究模型中有明确资料的少数大流量开采井按点井处理，其余大部分井的开采量难以一一统计（分散开采），按面井处理，单位面积开采强度分配到所在单元内。

（8）观测孔地下水位动态。选取的典型区系统观测地下水位的动态资料时间为 2003 年 1 月—2008 年 12 月，共 72 个月。

经过模型识别、参数校正、参数确定等工作，最终得到了研究区的流场和观测孔水位动态变化，计算流场和观测流场吻合较好，典型观测孔的水位动态变化拟合结果理想，计算所得水均衡结果与常年观测统计值基本一致。

9.3.2.3　模型校准与验证

根据地下水测年数据，可有效地估算地下水流速，进而获取有关的水文地质参数，这对于数值模型的校正有着重要作用和意义。要完成这项工作，首先需要设计合理的样品采集方案，样品测试完成后还需对数据进行分析处理。

经过多次野外实地调查和取样，进行了大量样品的采集和测试。典型区采样中，考虑到山前侧向补给对平原区地下水的影响明显，故采样点沿山前设 1 个剖面，其余在盆地内均匀分布典型区采样点位置分布示意如图 9-7 所示。

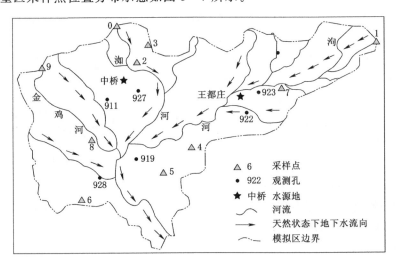

图 9-7　典型区采样点位置分布示意图

在各项水文地质参数中，含水层的渗透系数对流场影响最大。目前渗透系数一般都是基于野外抽水试验获得。在进行地下水流数值模拟时，通常以实测水位与计算水位的良好拟合来校正与识别渗透系数，进行参数分区，但在实践中往往难以客观地反映渗透系数的真实取值。因为在野外实际状态下，水文地质条件复杂，特别是像平谷这样的山前小盆地，面积小，水力梯度大，水流动快，且含水介质连续性较差，高度非均质化，这都制约了传统实验方法的使用。

研究中利用地下水 CFCs 测年数据所反映出来的丰富信息，根据地下水平均流速推算渗流速率，在此基础上，计算含水层的渗透系数，为渗透系数的获取提供可靠保证。

根据 CFCs 测年数据，在地下水流向方向，选择代表性测点，可推求运移速度为

$$u = \frac{L}{t} \qquad (9-3)$$

根据达西定律有

$$V = KI \qquad (9-4)$$

$$V = un \qquad (9-5)$$

综合以上公式可得

$$K = \frac{Ln}{It} \qquad (9-6)$$

式中　L——两采样点之间的距离，m；

　　　t——两取样点地下水 CFCs 年龄之差，d；

　　　u——地下水实际流速，m/d；

　　　V——渗透流速，m/d；

　　　K——含水层渗透系数，m/d；

　　　I——垂直于剖面的水力坡度；

　　　n——有效空隙度。

　　根据以上计算原理，以采样点 2 王辛庄许家务点为例，地下水流向基本是从泃河出山口到达该点，二者间距离约为 4.6km，流动时间为 14 年，推出实际流速约为 0.92m/d。山前地带岩性为卵砾石，孔隙度约为 0.2，水力坡度 5‰，根据式（9-6）求得含水层渗透系数约为 37m/d。同理可根据另外 3 个采样点间距和流动时间推算出不同地区渗透系数。根据 CFCs 测年数据估测渗透系数结果见表 9-1。

表 9-1　　　　　　　　　　　　　根据 CFCs 测年数据估测渗透系数结果

采样点编号	采样点	年龄/年	距离/m	流动时间/年	流速/(m/d)	达西流速/(m/d)	水力坡度/‰	渗透系数/(m/d)
2	王辛庄	14	4639	14	0.92	0.184	5	37
0	泃河出山口	0						
0	泃河出山口	0	3234	22	0.41	0.082	8	10.3
3	乐政务	22						
4	东高村镇	18	5193	14	1.03	0.206	5	41
5	鲍家庄	32						
4	东高村镇	18	10025	12	2.32	0.464	10	46.4
7	南独乐河	10						
1	洵河出山口	0	10369	10	4.8	0.96	15	64
7	南独乐河	10						
8	王各庄	19	5206	13	1.11	0.22	5	44
6	马坊	32						
8	王各庄	19	9092	19	1.33	0.27	5	54
9	金鸡河出山口	0						

可以看出，典型区整体渗透性较好，含水层渗透系数在 $10\sim60\text{m/d}$。估算结果符合实际水文地质情况，在泇河和沟河出山口及山前地带，岩性多为上更新统卵石、砾石，渗透性强；在盆地中下部，地势平坦，且含水层中分布有弱透水的透镜体，渗透系数相对小些。另外，部分地区零星分布弱透水性的黏土含砂，出现小范围的低渗透区，例如 3 号采样点处。

根据 CFCs 测年数据估测的含水层渗透性分区规律，与通过钻孔分析得出的地层分区结果一致。参数识别过程中，结合 CFCs 测年数据所估测渗透系数和钻孔分析结果，确定水平渗透系数，垂向渗透系数为水平渗透系数的 $1/4\sim1/10$。

经过识别后的典型区代表性含水层渗透系数分区如图 9-8 所示。

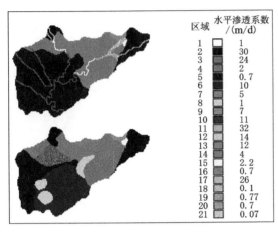

区域	水平渗透系数/（m/d）
1	1
2	30
3	24
4	2
5	0.7
6	10
7	5
8	1
9	7
10	11
11	32
12	14
13	12
14	4
15	2.2
16	1
17	26
18	1
19	0.77
20	0.7
21	0.07

图 9-8　典型区代表性含水层渗透系数分区图

9.3.2.4　情景分析

1. 模拟结果

典型区内共有 30 个观测孔，观测孔的地下水位主要用于模型的校正。经非稳定流模型识别后，得到典型区地下水位波动曲线拟合图，如图 9-9 所示。典型区内地下水位呈

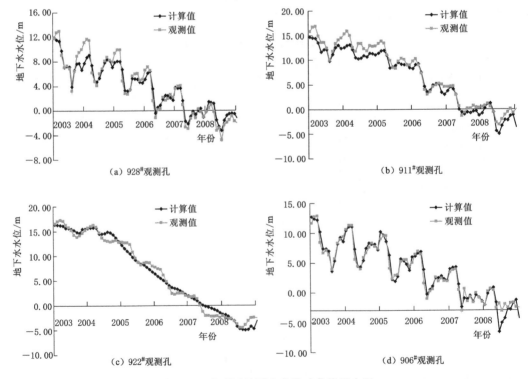

（a）928#观测孔

（b）911#观测孔

（c）922#观测孔

（d）906#观测孔

图 9-9　典型区地下水位波动曲线拟合图

明显下降趋势，尤其是自 2005 年末王都庄水源地投入使用以后，水源地周围水位下降尤其明显。

利用非稳定流模型计算典型区 2003—2008 年的地下水均衡量，绘制了典型区地下水年均衡量变化过程，如图 9 - 10 所示。

可以看出，在水源地投入使用前，2003—2004 年典型区地下水基本处于补排平衡状态；2005 年开始，王都庄水源地投入使用，地下水出现负均衡；2006 年以后，中桥水源地也正式开始运营，由于 2 个水源地的持续开采，加之北京市处于连续的降水偏枯年，地下水补给量远低于开

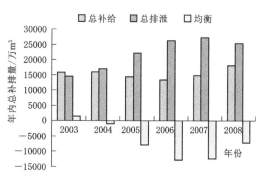

图 9 - 10　典型区地下水年均衡量变化过程图

采量，每年地下水亏损量持续增加，造成了地下水储量的大幅减少。

2. 情景预测与分析

经过识别和校正的地下水流模型，除了可以对未来短时期内的流场变化进行预测，还可以对多种情景下的水文及开采条件进行长期预测，为可能出现的枯水期或者超采导致的地质危害进行预测，并通过流场分析调整现有开采方案，选择最优的开采深度、开采区和开采量分配，为管理者决策提供支持。

南水北调是我国为解决水资源空间分布不足的一项大工程。北京市是中线工程的重点受水区之一。2014 年完成南水北调引水进京后，大大改变现有的北京市采水状况，大幅度减轻对典型区地下水的依赖。典型区作为向北京供水的最重要水源地，其用水结构也将发生变化，在引水量充足的情况下，典型应急水源地具备停采条件，可按照设计要求进行水源涵养，以期恢复地下水位。

（1）第一阶段：南水北调引水进京前（2009—2013 年）。在南水北调引水进京前的 5 年时间里，对研究区进行情景预测分析，分别对 5 种最可能出现的情景进行计算，并分析了计算结果。为表示水源地及典型地区的水位变化，分别选取代表性观测孔水位计算曲线进行分析。927# 和 911# 观测孔位于中桥水源地南部和西南部，922# 和 923# 观测孔分别位于王都庄水源地南部和东部，分别以这两组观测孔的水位变化来表示水源地附近的地下水位波动情况。919# 和 928# 观测孔分别位于典型区中下部，926# 观测孔位于典型区上部。

1）情景 1：平水年保持正常开采状态。假设 5 年一直属于降水平水年，在当地农作物种类不变的情况下，当地农业和生活用水量不变，水源地继续运营。2013 年末典型区主要开采层流场分布如图 9 - 11 所示，可以看出，典型区中下部水位整体下降明显，尤其是水源地附近地下水位下降到 −12m 以下，地下水位在 −8m 以下的面积扩大到典型区中部。

在平水年保持正常开采的情况下，由于多年持续大量开采，在未来 5 年时间里，中桥和王都庄两个水源地附近水位下降都非常严重，其中中桥水源地附近水位下降达 20m，王都庄附近水位下降略小，为 16m 左右。盆地中下部和上部地区水位下降约为 10m，这

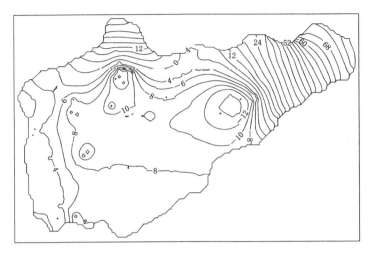

图 9-11　典型区主要开采层流场分布图（2013 年末）

主要是因为王都庄水源地处于山前地带，且位于河谷附近，补给条件良好，因此，降水入渗和山前侧向补给会减弱水源地开采带来的水位下降；中桥水源地也位于山前附近，但由于存在零星分布的透镜体，影响了山前侧向补给，故而水位下降稍大；距离应急水源地较远的盆地上部和中下部地区，仅正常开采，供生产和生活所用，水位属多年开采引起的正常下降。

2）情景 2：枯水年开采量增大。假定在南水北调引水进京前的 5 年时间里，出现 1 个枯水年 2010 年，其余时间为降水平水年，根据典型区多年降水量数据统计分析结果，枯水年的降水量约为平水年的 0.7 倍。在出现枯水年情况下，增大开采量为现有 1.25 倍时中桥和王都庄水源地水位下降约 0.5m；增大开采量到 1.5 倍时，前者水位下降约 2m，后者下降约 3m，变化稍大。这主要是因为王都庄水源地接受大量的上游补给和山前渗透补给，在降水量减少时，山前和上游补给减少，对其水位影响更为明显。盆地中下部和上游的典型观测孔水位也出现明显下降，但与水源地附近不同的是，当增大开采量到 1.25 倍和 1.5 倍情况相比，水位下降幅度呈等幅增加。

3）情景 3：丰水年开采量减小。在 2009—2013 年内，假设出现 1 个丰水年 2010 年，其余时间为降水平水年，根据典型区多年降水量数据统计分析结果，丰水年的降水量约为平水年的 1.4 倍。在出现 1 个降水丰水年情况下，将开采量减为现有的 50％和 75％，所有观测孔水位都出现短期回升，甚至高于 2009 年初水位，然后又开始下降。与平水年水位相比，王都庄水源地的水位明显升高，其变化幅度远大于中桥水源地。

不同情景下典型区地下水位模拟预测结果（2009—2013 年）如图 9-12 所示。

为表示降水及开采量变化对水位影响的大小，以平水年正常开采情况下的水位模拟值作为标准，其他情景模拟结果与之比较，用变化系数 C 表示为

$$C = \sqrt{\frac{\sum_{i=1}^{n}(y_i - x_i)^2}{n}} \tag{9-7}$$

式中　y_i——当前情景中第 i 个时间步长的水头模拟值；

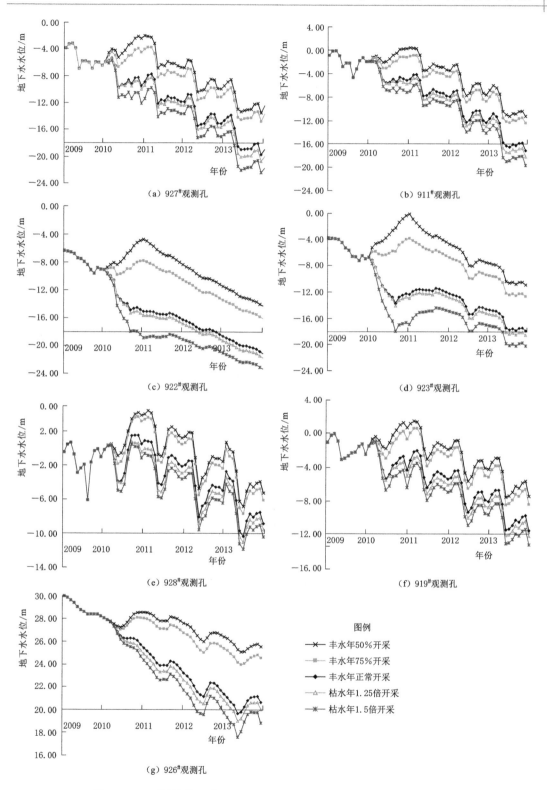

图 9-12 不同情景下典型区地下水位模拟预测结果（2009—2013 年）

x_i——标准情景中第 i 个步长的水头模拟值；

n——步长数量。

本书模拟时段为 5 年，时间步长为 1 个月，所以 n 取值为 60。

不同情景下变化系数 C 计算结果见表 9-2。

表 9-2　　　　　　　　　　不同情景下变化系数 C 计算结果

水源地	代表性观测孔	变化系数 C				
		平水年正常开采	枯水年 1.25 倍开采	枯水年 1.5 倍开采	丰水年 75%开采	丰水年 50%开采
王都庄	922#	标准	0.48	2.34	4.73	6.61
	923#	标准	0.49	2.59	5.19	7.24
中桥	927#	标准	0.63	1.28	3.21	3.86
	911#	标准	0.60	1.61	3.09	4.08
盆地中下部	928#	标准	0.57	1.87	3.52	4.70
	919#	标准	0.56	1.34	2.42	3.22
盆地上部	926#	标准	0.45	1.17	2.88	3.58

根据以上模拟结果可以分析出，与平水年正常开采情况相比，枯水年增采 25% 时，盆地各区水位变化系数 C 较小，而增大开采至原来的 1.5 倍时，变化系数 C 明显增大，尤其是王都庄水源地附近变化更加明显，盆地上部变化最小。这说明在出现降水偏枯的情况下，如需增大地下水开采量满足用水要求，增采 25% 时尚不会引起大幅度的地下水位下降，但不可增加超过 50%，否则将导致地下水位突降，有可能引起地面沉降等严重的地质灾害。另外，如果增采 25% 仍不能满足需要时，可以考虑在盆地上游的山前地带取水。此处位于冲洪积扇上部，补给来源丰富，易于在超采后恢复地下水位。

与枯水年相比，丰水年减采条件下的水头变化格外明显。减采 25% 或 50% 时，变化系数 C 都大于 2，变化最大的是王都庄水源地，C 值大于 4，其次是中桥水源地，变化最小的是盆地最下部和上部。王都庄水源地位于冲洪积扇中上部，东部接受上游降水汇流补给，南部接受山前侧向渗透补给，因此，降水量增大对其水位影响明显。盆地最下部主要受上部降水入渗影响，而该区分布黏土透镜体会大大减弱降水对地下水的影响，因此变化系数相对不大。

对整个盆地而言，丰水年减采比枯水年增采导致的变化系数更大。这说明，北京长期降水偏枯的现状，加之地下水开采量增加，已经使得地下水位下降到一定极限。而一旦出现降水偏丰年，由于典型区三面环山，加之盆地内大部分地区岩性多为砂砾石，富水性良好，且开采后地下水极易获得补给，因此水位会出现明显回升。

（2）第二阶段：南水北调引水进京后 5 年（2014—2018 年）。南水北调引水进京后，成为北京市新的用水来源，极大地缓解北京市水资源供需矛盾，从而典型区的 2 个应急水源地会减采甚至关闭。

本研究对南水北调引水进京后的 5 年时间进行模拟，即 2014—2018 年，在 2009—2013 年按照平水年正常开采的假设情景下，假设未来 5 年为降水平水年，改变水源地的开采量，预测典型区地下水位变化情况。

1）情景1：保持现有开采量状态。未来5年研究区内开采量保持现状，水源地也保持现状开采，各个地区的水位继续下降。中桥水源地水位下降最明显，最大下降量达到30m，其次为王都庄水源地和盆地中下部，上部山前地带下降量最小，主要是因为降水补给最充分。

2）情景2：应急水源地开采量减小一半。典型区内部供水保持不变，将水源地开采量减小50％，中桥水源地附近水位继续下降，而王都庄水源地水位基本稳定，说明水源地减采50％的开采量，王都庄水源地是可以承受的，但对中桥水源地而言仍然偏大。919#和928#观测孔显示水位继续下降，表明中下部补给条件有限，开采量超出地下水承受能力。洪积扇上部观测孔水位稳定不变，说明水源地减采对上部水源涵养起着重要作用。

3）情景3：应急水源地停采。将水源地关闭，停止向北京城区供水。模拟结果显示，王都庄水源地水位大幅回升，中桥水源地水位略有下降，但基本稳定。因此，若要恢复中桥水源地附近的地下水水位，仅关闭水源地是不够的，还需对周围地区控制开采。盆地中下部观测孔水位持续下降，说明该地区开采量超出地下水补给能力，地下水连年处于负均衡状态，应从其他地区采水并调水满足盆地中下部用水需求。而洪积扇顶部的水位显示回升。

4）情景4：应急水源地关闭，区内其他开采量减为正常开采的75％。模拟结果表明，中桥水源地附近地下水位略有回升，但上升速度缓慢。王都庄水源地和上部水位明显回升，且王都庄仅用5年时间水位即可恢复水源地开采之前状态。盆地中下部受补给不畅的影响，水位仍然持续下降，因此，减采25％还不足以恢复该部分水位。

不同情景下典型区地下水位模拟预测结果（2014—2018年）如图9-13所示。

通过以上4种情景对比分析得出，南水北调引水进京后，为保护典型区生态环境和地下水安全，需关闭应急水源地以涵养水源。

水源地关闭后，王都庄水源地附近水位大幅度回升，上游水位也呈上升趋势。但中桥水源地水位仍呈现明显下降，即使在关闭水源地基础上再将区内供水减采25％，仍仅能保证水位稍有回升，因此对于北部山前地区来说，需要大幅度减小开采才能保证水位恢

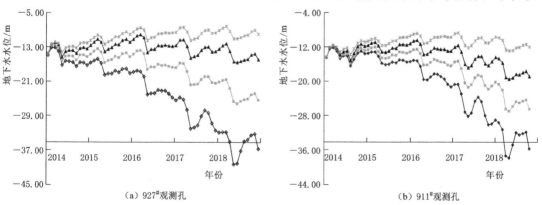

图9-13（一）　不同情景下典型区地下水位模拟预测结果（2014—2018年）

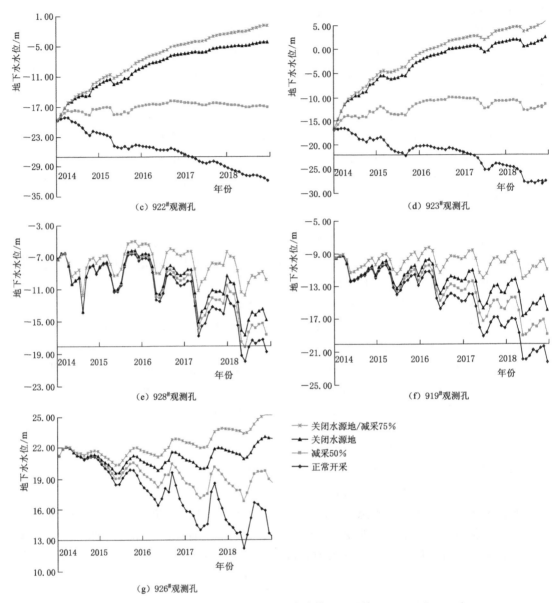

图 9-13（二）　不同情景下典型区地下水位模拟预测结果（2014—2018 年）

复，而王都庄水源地附近关闭水源地即可大大增加地下水储量。

盆地中下部在减采条件下，水位仍持续降低，因此减采 25% 并不足以保证洪积扇下游的水位出现回升，还应继续减小开采量。盆地中下部减采后，可以通过增大上游开采来满足其需水量。而在减采 50% 的情况下，即可以保证王都庄水源地及其上游地区水位不再下降，因此可从上部引水到下游，缓解下游开采压力。

（3）结论及建议。典型区在 2004 年以前基本保持地下水的采补平衡。为缓解北京市区的用水紧张现状，从 2005 年典型区建成 2 个应急水源地，开始向北京城区供水。由于这几年的连续大量开采，已造成严重的地下水超采。为研究典型区地下水现状，并考虑南水北调引水进京对典型区的影响，本研究采用数值模拟方法，建立三维非稳定流模型，并使用 6 年的数据进行识别和校正。利用校正过的数值模型，对引水进京前 5 年和后 5 年时间里可能出现的多种开采方案进行了模拟研究，并根据预测结果进行分析，得出以下主要结论：

1）王都庄水源地及其上游地区，位于冲洪积扇中上部，补给条件优越，除了接受上部降水补给外，还可以大量接受周边山区的侧向渗透补给。中桥水源地附近和盆地下部则补给条件略差，主要是由于分布较大面积的黏土层，阻碍了降水入渗。

2）南水北调引水进京前的 5 年时间里，若出现降水偏丰年，则水位会有明显回升，而降水偏枯年的影响略小。主要原因是典型区现已处于超采状态，地下水位低，降水量偏少或开采量增大在一定程度上不会引起水位大幅度下降，如阶段一情景 2 中的增采 25％。但增采量也是有极限的，例如增采至 1.5 倍就会引起大规模的水位下降。

3）王都庄地区易采易补，因此水源地停采后水位回升较快，在平水年条件下仅 5 年时间即可恢复原有水位。而中桥水源地和盆地中下部地区补给条件不佳，若要恢复水位，除关闭水源地外，还应限制当地开采。

4）南水北调引水进京后，为促进水资源的可持续利用，可关闭应急水源地。而盆地中下部和中桥附近地区，还应限制当地开采量，且减采量至少在 25％以上，才能保证水位回升。当地的用水差额部分，可以从王都庄及上游开采，通过输水管道运送到当地。在管道建设成本可以承受的前提下，水务部门宜考虑调整开采量分配方案，避免出现局部严重超采导致地质灾害的发生。

9.3.3 地下水源地保护区划分成果

9.3.3.1 确定性模拟法划分水源地保护区

经过识别和校正的数值模型，可以高精度地刻画地下水流动状态，在此基础上，利用 MODPATH 模块中的粒子反向追踪功能，按照水质点流入水源井的时间，画出各级水源地保护区范围。其中，一级保护区时间为 100 天，二级为 1000 天，准保护区相当于水源井的水流捕获区，得到了各级保护区范围初步结果。

在三维流状态下，t 时间的保护区是指在 t 时间内，从污染点到水源地的迹线组所包含的体积。若忽略垂向流速分量，则截获区为污染物从污染点出发，在运移时间 t 内，到水源地的水平迹线组所包含的面状区域。亦即，保护区是指在某时间内，污染质可降解到符合国家饮用水水质标准，该时间段内污染物的运移范围就是保护区，即为地下水保护的范围。从迹线反向示踪出发，引入各级保护区内水流运移对时间的不同要求，根据环保部相关规定，水源地一级、二级保护区的降解时间分别确定为 100 天、1000 天，必要时将水源地的汇水区域划为三级保护区。用数值方法计算出开采井形成的与时间变量相关的保护区的立面或平面几何形状，采用 MODPATH 模块完成。典型区水源地保护区划分如图 9-14 所示。

9.3.3.2 基于 OLHS 随机模拟法划分水源地保护区

现阶段我国的地下水源地保护区划分通常采用确定的数值模型，将输入变量平均化，并得到一个确定的保护区范围，忽略了由模型概化、输入参数（包括模型源汇项、水文地质参数等）引起的保护区变化。而平均化的、确定的保护区划分结果往往会导致因水源地

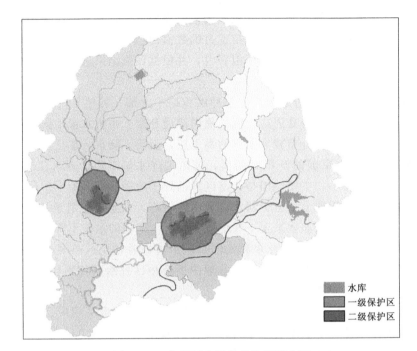

图 9 - 14　典型区水源地保护区划分图

源汇项（如降水补给、抽水量）波动引起的保护不足或过保护问题。

　　实际模型建立过程中，鉴于水文地质参数和源汇项等因素的时间和空间变化，加之研究者对系统认识的不全面，必然导致计算结果带有一定的不确定性。基于地下水流场数值模拟的水源地保护区划分，也必将出现由数值模型的不确定性而导致的保护区分布随机性。为表达由含水层系统的随机性所引起的结果不确定性，Dagan 等最早提出并发展了随机理论的研究方法。地下水随机模拟方法主要有矩方程法和随机抽样法，如 Monte Carlo 随机模拟法，前者通过求解有关均值和协方差的随机偏微分方程获得随机问题的解，而后者则是通过一系列反映含水层实际性质的确定性问题来模拟随机过程的一种计算机模拟方法。

　　目前，随机模拟方法已成为研究非均质含水层中地下水流动问题的重要手段，其研究的一个重要分支是考虑输入参数分布的不确定性。输入参数不确定性研究又分为两类，一类是在参数分区情况下，对不同的分区参数进行随机抽样赋值并组合模拟，即分区随机模拟；另一类是在掌握全区参数统计特征基础上实现的单元随机模拟。前者通常是先根据岩性进行分区，然后完成分区随机赋值和计算；后者是对已知点信息进行特征统计，在全区参数分布满足特征条件的基础上（包括非均质性强弱、相关尺度等），对整个参数场实现完全随机。两种随机模拟均有其各自适用范围。本书采用基于参数分区的随机模拟方法划分保护区。

　　1. 随机抽样理论

　　对于具有多套输入参数的复杂模型，Monte Carlo 随机模拟法（以下简称 M - C 法）是评价其输出结果不确定性的常用方法。M - C 法的可信度依赖于样本数，即模拟次数，因此对计算成本的要求较高。正交拉丁超立方取样方法（Orthogonal Latin Hypercube

Sampling，以下简称 OLHS 法）在继承 M-C 法优点的基础上，可以有效地避免因样本数巨大引起的计算成本问题（任哲等，2010），其良好的随机均匀性和代表性使之具有更强的搜索能力，从而在小样本数模拟基础上获得精确度更高的统计结果。

拉丁超立方取样（LHS）是一种多维分层抽样方法，由 McKay 在 1979 年提出，后由 Iman 进一步阐述。LHS 法最初是为解决从多维分布的数据中产生有代表性的参数集而提出的，后被用作计算参数传递不确定性的数值方法，可用于估计参数 X 不确定性所导致预测结果 Y 的不确定性。与基于完全随机的 M-C 法相比，若获得同等水平的统计效果，LHS 法所需模拟次数仅为 M-C 法的三分之一；稳定且良好的结果所需模拟次数取决于模型的性质，对大多数模型来说，300～500 次运行即可。而 OLHS 法是 LHS 法的进一步完善。下面以二维分层抽样为例，说明 OLHS 法的样本特点。

（1）完全随机抽样中（如 M-C 法），新样本与已产生样本无关，其产生不考虑已有样本的分布，仅符合总体分布形态 [图 9-15（a）]。

（2）LHS 法需先确定样本总数，且每个新样本的产生与已有样本分布相关，且样本满足每行每列均匀分布特点 [图 9-15（b）]。

（3）OLHS 法是把样本空间分为多个相等的子空间，在样本总体符合 LHS 法抽样分布特征的条件下，确保每个子空间样本分布密度相同 [图 9-15（c）]。

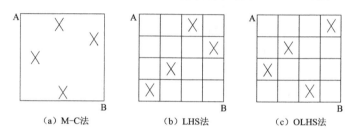

（a）M-C 法   （b）LHS 法   （c）OLHS 法

图 9-15　不同抽样方法对应样本分布示意图

可以看出，OLHS 法保证了样本总体能更好地反映真实空间，具有更强的遍历性和散布均匀性，加之其是随机的，其搜索能力更强。

2. 随机模拟过程

利用 OLHS 法产生足够多组服从给定分布规律的随机变量，然后对每组随机变量分别依次运行数值模型和质子反向追踪，再用统计的方法评价这些随机变量所对应的模拟结果，即可获得水源地保护区分布范围及不同位置属于保护区的概率分布图。本次随机模拟的基本过程分为以下 4 步：

（1）对每个不确定性输入变量的取值范围按假定的概率密度函数以等概率（取值为 $1/n$）分为 n 个互不重叠的区间，在每个间区内的取值按各自的概率密度分布随机抽样。

（2）对 X_1 的 n 个取值与 X_2 的 n 个取值随机组合成 n 个双参数组，然后这 n 个双参数组再与 X_3 的 n 个取值随机组合成 n 个三参数组，依此类推，可得一组 n 个抽样的 k 维变量组值，OLHS 法得到的 k 维变量组的总数为

$$\prod_{k=0}^{n-1}(n-k)^{k-1}=(n!)^{k-1} \qquad (9-8)$$

（3）对每个 k 维变量组值的实现分别、依次调用 MODFLOW 和 MODPATH 程序，求解地下水流场和一定时间标准下对应的保护区范围。

（4）基于地下水流场计算的残差，对所有实现的保护区范围进行加权统计。每个实现的权重系数为

$$W_i = \alpha^{\frac{ME - E_i}{SD}} \qquad (9-9)$$

式中　W_i——第 i 个实现的权重；

α——自定义系数，一般取值为 $1.2 \sim 2$，α 取值越大，残差值越小的实现所占权重越大；

ME——所有实现对应水流方程求解的残差平均值；

E_i——第 i 个实现的残差；

SD——所有实现对应残差的标准偏差。

通过以上4步完成一个 OLHS 法随机模拟。其中，前两步是完成 k 个不确定性输入变量 $X_1, X_2, \cdots, X_3$ 的 n 次 OLHS 抽样，后两步是完成 n 次抽样实现下的地下水流场计算和保护区划分，并对保护区结果进行加权统计。

3. 保护区划分

地下水源地保护区划分是基于长期、稳定的开采条件下完成的。而长时间范围内，在水源地抽水速率稳定的情况下，气象条件引起的补排变化是除水文地质参数以外的另一不确定性因素。因此，选取水源地所处的降水入渗补给量分区 R_1、R_2、渗透系数分区 K_{11}、K_2 为随机模拟的抽样变量。其中，第一模拟层渗透系数分为 K_{11}、K_{12}、K_{13} 3 个区，自山前向平原渗透性减弱。K_{11} 为水源地所在渗透系数分区；K_2 为主要开采层即第二模拟层的渗透系数；R_1 与 R_2 为水源地所处泰森多边形 4 个分区的赋值，由于降水量和对应岩性相近，故归为 2 个降水入渗补给量分区。

假设所选参数相互独立，不确定性输入参数的统计特征见表 9 - 3。

表 9 - 3　　　　　　　　　**不确定性输入参数的统计特征**

参　　数	均值/(m/d)	取值范围/(m/d)	假设分布
K_{11}	20	$10 \sim 40$	对数正态
K_2	35	$20 \sim 60$	对数正态
R_1	0.00048	$0.00028 \sim 0.00068$	正态
R_2	0.00056	$0.00036 \sim 0.00076$	正态

在随机模拟过程中，根据 OLHS 法生成 600 套随机参数样本，并完成 600 个数值模型计算。在地下水流场计算基础上，完成粒子反向追踪模拟。对 600 个随机模拟结果加权统计，确定保护区分布范围及概率。为了和传统的确定性参数分区划分保护区结果相比较，用确定性模型进行了求解（简称确定法），并在确定法计算流场基础上划分保护区。每个参数分区内的渗透系数取单一值，其取值为不确定性输入参数的均值。王都庄应急水源地一级（a）、二级（b）保护区分布如图 9 - 16 所示。

由图 9 - 16 可以看出，随机模拟法所得保护区范围均大于确定法所得结果。对于一级

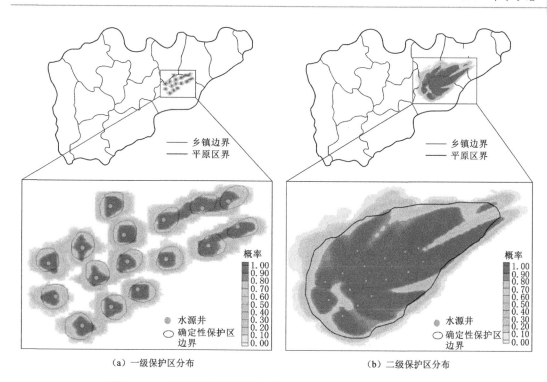

图 9-16　王都庄应急水源地一级（a）、二级（b）保护区分布图

保护区而言，确定法划分结果中各水源井的保护区尚隔一定距离，保护区形状近似是以抽水井为中心的圆形，但偏向地下水流场的高水头方向；随机模拟法所得保护区结果中，概率分布大于 $50\%\sim70\%$ 的范围与确定法的结果相近。对于二级保护区，两种方法所得井群保护区均已连接起来，确定法对应的保护区范围大致相当于随机模拟结果中 50% 概率以上的范围。

9.4　本章小结

（1）数值模拟法是划分地下水源地保护区的一种重要方法。在调查分析基础上，对研究区域的含水层结构、边界条件、补径排条件、参数分区等进行概化，采用 Visual MODFLOW 软件建立地下水数值模拟模型，并将其应用于典型地下水水源地开采量预测和保护区划分。

（2）在数值模型求解上，通过 OpenMP 并行编程方法整合 P-PCG 源代码和 MODFLOW 源代码，实现了模型串行编译方式、并行编译方式的有机结合，便于程序的管理维护，同时提高了计算效率。与传统方法相比，本次开发的以并行计算为基础的地下水数值模拟模型计算效率提高了 $1.40\sim5.31$ 倍。同时应用 ARD 和 RCH 子程序，修改 MODFLOW 的主程序循环计算过程，实现多层位、多次面状补给或排泄，有效提高了模型精度。

（3）应用地下水数值模拟技术开展典型地下水源地不同情景下的地下水位模拟预测。

分别分析了地下水源地在保持现有开采状态、枯水年开采量增大、丰水年开采量减小、应急水源地开采量压减等多种情景下的水位变化，预测分析了因地下水超采可能导致的地质危害。根据不同情景的模型运行结果，对水源地最优开采位置、开采深度、开采量提出调整方案，为地下水压采及水源地涵养提供了重要支撑。

（4）分别采用确定性模拟法和随机模拟法划分地下水源地保护区，结果表明：采用随机模拟法划定的水源地保护区中，概率分布大于 $50\%\sim70\%$ 的范围与确定法划分的一级保护区相近，概率分布大于 50% 的范围与确定法划分的二级保护区近似。由于随机模拟法考虑了水文地质参数和源汇项等因素的时间和空间变化，克服了数值模型的不确定性而导致的保护区划分的随机性，因而更有利于地下水源地的精细化管理。

第 10 章

地 下 水 功 能 区 划 定

10.1 划定方法和标准

10.1.1 划定方法

10.1.1.1 地下水功能区划体系

为便于地下水资源的分级管理和监督，根据区域地下水自然资源属性、生态与环境属性、经济社会属性、规划期水资源配置对地下水开发利用的需求、生态与环境保护的目标要求，地下水功能区按两级划分。

1. 一级功能区

地下水一级功能区划分为开发区、保护区、保留区 3 类，主要协调经济社会发展用水与生态环境保护之间的关系，体现国家对地下水资源合理利用和保护的总体部署。

2. 二级功能区

在地下水一级功能区的框架内，根据地下水资源的主导功能，划分为 8 类地下水二级功能区，主要协调地区之间、用水部门之间和不同地下水功能之间的关系。其中：开发区划分为集中式供水水源区和分散开发利用区；保护区划分为生态脆弱区、地质环境问题易发区和地下水水源涵养区；保留区划分为不宜开采区、储备区和应急水源区。地下水功能区划分体系见表 10-1。

表 10-1　　　　　　　　地下水功能区划分体系

一级功能区		二级功能区	
名称	代码	名称	代码
开发区	1	集中式供水水源区	P
		分散式开发利用区	Q
保护区	2	生态脆弱区	R
		地质环境问题易发区	S
		地下水水源涵养区	T

续表

一级功能区		二级功能区	
名称	代码	名称	代码
保留区	3	不宜开采区	U
		储备区	V
		应急水源区	W

10.1.1.2　地下水功能区划定基本原则

（1）地下水功能区划分以完整的水文地质单元界线为基础，地下水二级功能区边界不宜跨水资源二级区、地级行政区以及山丘区和平原区的界线。

（2）某一区域地下水有多种使用功能时，统筹考虑地下水资源及其开发利用状况、区域生态与环境保护目标要求，合理确定其主导功能，以主导功能划分地下水功能区，同时考虑其他功能的要求，不同地下水功能区之间不能重叠。

10.1.2　划定标准

根据水利部《地下水功能区划分技术大纲》（水资源〔2005〕386 号）要求，结合北京市具体情况确定划分标准。

10.1.2.1　开发区

开发区指地下水补给、赋存和开采条件良好，地下水水质满足开发利用的要求，当前及规划期内（2030 年）地下水以开发利用为主且在多年平均采补平衡条件下不会引发生态与环境恶化现象的区域。开发区应同时满足以下条件：①补给条件良好，多年平均地下水可开采量模数不小于 2 万 $m^3/(年 \cdot km^2)$；②地下水赋存及开采条件良好，单井出水量不小于 $10m^3/h$；③地下水矿化度不大于 $2g/L$；④地下水水质能够满足相应用水户的水质要求；⑤多年平均采补平衡条件下，一定规模的地下水开发利用不引起生态与环境问题；⑥现状或规划期内具有一定的开发利用规模。

按地下水开采方式、地下水资源量、开采强度、供水潜力和水质等条件，开发区划分为集中式供水水源区和分散式开发利用区 2 类二级功能区。

1. 集中式供水水源区

集中式供水水源区指现状或规划期内供给生活饮用或工业生产用水为主的地下水集中式供水水源地，且满足以下条件：①地下水可开采量模数不小于 10 万 $m^3/(年 \cdot km^2)$；②单井出水量不小于 $30m^3/h$；③含有生活用水的集中式供水水源区，地下水矿化度不大于 $1g/L$，地下水现状水质不低于《地下水质量标准》（GB/T 14848—2007）规定的Ⅲ类水的标准值或经治理后水质不低于Ⅲ类水的标准值，工业生产用水的集中式供水水源区，水质符合工业生产的水质要求；④集中式供水水源区的范围根据规划地下水供水量、地下水可开采量模数和水源地保护区范围确定。

2. 分散式开发利用区

分散式开发利用区指现状或规划期内以分散的方式供给农村生活、农田灌溉和小型乡镇工业用水的地下水赋存区域，一般为分散型或者季节性开采。开发区中除集中式供水水源区外的其余部分为分散式开发利用区。

10.1.2.2 保护区

保护区指区域生态与环境系统对地下水水位、水质变化和开采地下水较为敏感，地下水开采期间应始终保持地下水水位不低于其生态控制水位的区域。保护区划分为生态脆弱区、地质环境问题易发区和地下水水源涵养区3类二级功能区。

1. 生态脆弱区

生态脆弱区指有重要生态保护意义且生态系统对地下水变化十分敏感的区域。生态脆弱区包括具有重要生态保护意义的湿地和自然保护区等。

2. 地质环境问题易发区

地质环境问题易发区指地下水水位下降后，容易引起地面塌陷、地下水污染等灾害的区域。

3. 地下水水源涵养区

地下水水源涵养区是为了保持重要泉水一定的喷涌流量或为了涵养水源而限制地下水开采的区域。地下水水源涵养区包括：观赏性名泉或有重要生态保护意义泉水的泉域；有重要开发利用意义的泉水的补给区；有重要生态意义且必须保证一定的生态基流的河流或河段的滨河地区。除局部有开发利用功能或易发生地质灾害地区外，山丘区（包括山丘区内的自然保护区）原则上划分为地下水水源涵养区。

10.1.2.3 保留区

保留区为当前及规划期内由于水量、水质和开采条件较差，开发利用难度较大或虽有一定的开发利用潜力但规划期内暂时不安排一定规模的开采，作为储备水源的区域。保留区划分为不宜开采区、储备区和应急水源区3类二级功能区。

1. 不宜开采区

不宜开采区指由于地下水开采条件差或水质不能满足使用要求，现状或规划期内不具备开发利用条件或开发利用条件较差的区域。符合下列条件之一区域，划分为不宜开采区：①多年平均地下水可开采量模数小于2万 $m^3/($年·$km^2)$；②单井出水量小于10m^3/h；③地下水中有害物质超标导致地下水使用功能丧失的区域。

2. 储备区

储备区指有一定的开发利用条件和开发潜力，但在当前和规划期内尚无较大规模开发利用活动的区域。符合下列条件之一的区域划分为储备区：①地下水赋存和开采条件较好，当前及规划期内人类活动很少，尚无或仅有小规模的地下水开采的区域；②地下水赋存和开采条件较好，当前及规划期内，当地地表水能够满足用水的需求，无须开采地下水的区域。

3. 应急水源区

应急水源区指地下水赋存、开采及水质条件较好，一般情况下不宜开采，仅在突发事件或特殊干旱时期应急供水的区域。

10.2 北京市地下水功能区划定成果

根据地下水功能区划分标准，结合北京市地下水资源开发利用现状、水资源开发利用规划和未来社会发展对地下水资源的要求，北京市地下水功能区按两级划分，地下水一级功能区划分为开发区、保护区、保留区 3 类。地下水二级功能区划分为 5 类，其中：开发区划分为集中式供水水源区和分散式开发利用区 2 种二级功能区；保护区划分为生态脆弱区和地下水水源涵养区 2 种二级功能区；保留区划分为应急水源区 1 种二级功能区。北京市地下水功能区划分区图如图 10 - 1 所示，成果见表 10 - 2。

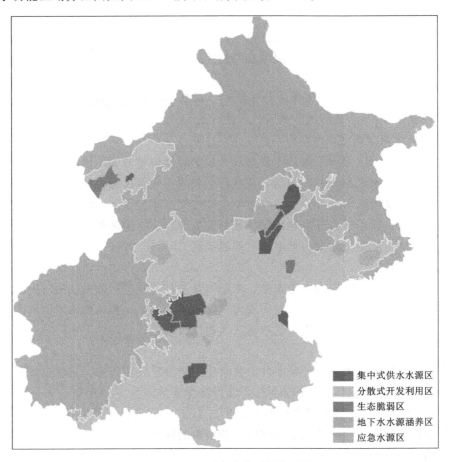

图 10 - 1　地下水功能区划分区图

表 10 - 2　　　　　　　　　　北京市地下水功能区划分成果表

一级功能区	二级功能区	数量/个	面积/km²	分 布 位 置
开发区	集中式供水水源区	9	479	中心城与新城集中式供水水源地
	分散式开发利用区	11	5986	开发区中除集中式供水水源区外的地区
保护区	生态脆弱区	2	51	湿地
	地下水水源涵养区	10	9510	山丘区
保留区	应急水源区	8	384	平谷中桥、王都庄、怀柔、马池口、张坊等应急水源地
全市合计		40	16410	

北京市地下水功能区总面积 16410km²，划分为 3 类地下水一级功能区。其中开发区面积约为 6465km²，占全市面积的 39.4%；保护区面积约为 9561km²，占全市面积的

58.3%；保留区面积约为 384km²，占全市面积的 2.3%。北京市地下水一级功能区面积构成比例如图 10-2 所示。

在一级功能区分区的基础上，北京市地下水功能区进一步划分为 5 类地下水二级功能区。其中集中式供水水源区面积约为 479km²，占全市面积的 2.9%；分散式开发利用区面积约为 5986km²，占全市面积的 36.5%；生态脆弱区面积约为 51km²，占全市面积的 0.3%；地下水水源涵养区面积约为 9510km²，占全市面积的 58.0%；应急水源区面积约为 384km²，占全市面积的 2.3%。北京市地下水二级功能区面积构成比例如图 10-3 所示。

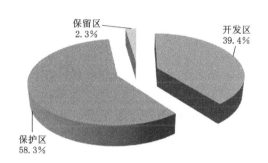

图 10-2　北京市地下水一级功能区面积构成比例图

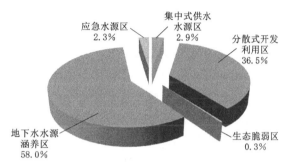

图 10-3　北京市地下水二级功能区面积构成比例图

10.2.1　开发区

开发区划分为集中式供水水源区和分散式开发利用区 2 类二级功能区，20 个子区，面积约为 6465km²。

1. 集中式供水水源区

集中式供水水源区包括海淀区中心城集中式供水水源区、石景山区中心城集中式供水水源区、大兴新城集中式供水水源区、顺义区八厂集中式供水水源区、顺义新城集中式供水水源区、怀柔新城集中式供水水源区、密云新城集中式供水水源区、通州新城集中式供水水源区、延庆新城集中式供水水源区 9 个大规模的集中供水水源区子区，面积约为 479km²。

集中式供水水源区的水源为第四系孔隙水，水质类别为Ⅲ类以上，多年平均总补给量模数为 9.3 万～126.9 万 m³/(年·km²)，多年平均可开采量模数为 6.0 万～126.9 万 m³/(年·km²)。2010 年实际开采模数为 35 万～672 万 m³/(年·km²)。北京市集中式供水水源区见表 10-3。

表 10-3　　　　　　　　　　北京市集中式供水水源区一览表

名　　　称	地下水类型	面积/km²	矿化度/(g/L)	水质类别	年均总补给模数/[万 m³/(年·km²)]	年均可开采模数/[万 m³/(年·km²)]
海淀区中心城集中式供水水源区	孔隙水	150.81	≤1	Ⅲ	69.9	62.9
石景山区中心城集中式供水水源区	孔隙水	61.05	≤1	Ⅲ	47.1	31.8
大兴区新城集中式供水水源区	孔隙水	55.20	≤1	Ⅲ	21.3	20.6

名　称	地下水类型	面积/km²	矿化度/(g/L)	水质类别	年均总补给模数/[万 m³/(年·km²)]	年均可开采模数/[万 m³/(年·km²)]
顺义区八厂集中式供水水源区	孔隙水	23.86	≤1	Ⅲ	126.9	126.9
顺义新城集中式供水水源区	孔隙水	39.03	≤1	Ⅲ	41.5	41.5
怀柔新城集中式供水水源区	孔隙水	32.19	≤1	Ⅲ	37.5	27.3
密云新城集中式供水水源区	孔隙水	61.56	≤1	Ⅲ	34.1	25.1
通州新城集中式供水水源区	孔隙水	21.33	≤1	Ⅲ	22.0	21.0
延庆新城集中式供水水源区	孔隙水	34.35	≤1	Ⅲ	9.3	6.0
合计		479.38				

2. 分散式开发利用区

分散式开发利用区为开发区中除集中式供水水源区外的地区，以分散的方式供给农村生活、农田灌溉和小型乡镇工业用水。

分散式开发利用区以行政区为单位划分，包括城六区、延庆、门头沟、密云、大兴、通州、顺义、平谷、昌平、怀柔和房山分散式开发利用区共 11 个子区，面积约为 5986km²。

分散式开发利用区水源为第四系孔隙水，水质类别为Ⅲ～Ⅴ类，多年平均总补给量模数为 22 万～54.4 万 m³/(年·km²)，多年平均可开采量模数为 21 万～44.9 万 m³/(年·km²)，2010 年实际开采模数为 11 万～47 万 m³/(年·km²)。

10.2.2　保护区

保护区为生态与环境系统对地下水水位、水质变化和开采地下水较为敏感，地下水开采期间应始终保持地下水水位不低于其生态控制水位的区域，面积约为 9561km²，包括生态脆弱区和地下水水源涵养区 2 类二级功能区，12 个子区。

1. 生态脆弱区

生态脆弱区包括延庆野鸭湖湿地保护区、顺义汉石桥湿地保护区 2 个子区，面积约为 51km²。其中延庆野鸭湖湿地保护区面积约为 32km²，汉石桥湿地保护区面积约为 19km²，地下水水质为Ⅲ～Ⅳ类，超标组分为氨氮。

2. 地下水水源涵养区

地下水水源涵养区主要分布于山丘区，山丘区以行政区为单位划分，包括延庆、门头沟、城六区、怀柔、密云、顺义、昌平、平谷和房山地下水水源涵养区共 10 个子区，总面积约为 9510km²。

10.2.3　保留区

保留区包含应急水源区 1 类二级功能区，8 个子区，面积约为 384km²。

应急水源区地下水赋存、开采及水质条件较好，一般情况下禁止开采，仅在突发事件或特殊干旱时期应急供水。1999 年以来，北京遭遇连续干旱，为缓解水资源严重紧缺的局面，减轻密云水库的供水压力，保证北京市的供水安全，2002 年起北京市先后建设了中桥和王都庄、怀柔、马池口以及张坊 4 个应急水源地。怀柔应急水源工程 2003 年 8 月投入运行，设计开采期限 2 年，供水能力 33.5 万 m³/d，年开采量 1.1 亿 m³；张坊应急水源工程 2004 年 6 月投入运行，设计开采期至 2008 年；平谷应急水源工程 2004 年 8 月投入运行,设计开采期限 3 年,供水能力 27.4 万 m³/d,年开采量 1.0 亿 m³,其中王都庄水源地供水能力 16 万 m³/d,中桥水源地第四系地下水供水能力 7 万 m³/d,基岩水 4.4 万 m³/d;马池口地下水源地 2003 年 11 月开始建设,2006 年初完成,规划开采期限 3 年,设计供水能力 11 万 m³/d,年开采量 4000 万 m³。

此外,北京市自来水集团一、二、四、五、七厂由于地下水水质下降,已退出中心城主力水厂的行列。为了水厂的基本运转和高峰期弥补城区供水管网压力,目前仅维持着少量开采,本次将它们调整为城市备用水源。北京市应急备用水源区见表 10-4。

表 10-4　　　　　　　　北京市应急备用水源区一览表

名　　　称	流域	位置	年开采能力 /万 m³	面积 /km²	含水介质	供水对象
怀柔应急水源区	潮白河	怀柔	11000	122.25	浅层孔隙水	九厂
中桥应急水源区/ 王都庄应急水源区	蓟运河	平谷	10000	71.68	浅层孔隙水、 基岩水	八厂、九厂
张坊应急水源区	拒马河	房山	10000	20.78	地表水、基岩水	燕化等
马池口应急水源区	北运河	昌平	4000	76.91	浅层孔隙水	京密引水渠
一、二、五厂应急水源区	北运河	朝阳	1127	47.64	浅层孔隙水	一、二、五厂
四厂应急水源区	北运河	丰台	390	27.86	浅层孔隙水	四厂
七厂应急水源区	北运河	丰台	141	16.60	浅层孔隙水	七厂
合计			36658	383.72		

10.3　地下水功能区水资源开发利用

基准年全市地下水开采 24.31 亿 m³,其中平原区地下水开采 23.16 亿 m³。

按功能区分,地下水开采主要集中在开发区,基准年开发区地下水开采量为 21.12 亿 m³,占基准年地下水开采总量的 86.9%;保护区开采地下水 0.78 亿 m³,占基准年地下水开采总量的 3.2%;保留区开采地下水 2.41 万 m³,占基准年总量的 9.9%。基准年地下水一级功能区开采量构成比例如图 10-4 所示。

按超采区统计,基准年严重超采区开采地下水 14.42 亿 m³,超采 3.83 亿 m³。一般超采区开采地下水 8.79 亿 m³,超采 1.39 亿 m³。全市未超采区开采地下水 1.1 亿 m³。超采主要集中于集中式供水水源区和应急水源区。基准年二级功能区地下水开发利用情况见表 10-5。

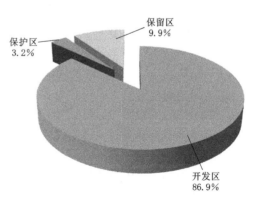

图 10-4　基准年地下水一级功能区 开采量构成比例图

表 10 - 5   基准年二级功能区地下水开发利用情况

一级功能区	二级功能区	地下水开采分区	面积/km²	年均可开采量/万 m³	基准年开采量/万 m³	基准超采量/万 m³
开发区	集中式供水水源区	严重超采区	237	12378	23392	11014
		一般超采区	242	7923	12576	4653
		合计	479	20301	35968	15667
	分散式开发利用区	严重超采区	2586	85159	100252	15093
		一般超采区	3046	63000	72228	9228
		未超采区	354	20963	2773	0
		合计	5986	169122	175253	24321
	开发区小计		6465	189423	211221	39988
保护区	生态脆弱区	严重超采区	19	761	761	0
		未超采区	32	1701	565	0
		合计	51	2462	1326	0
	地下水水源涵养区	未超采区	9510	17800	6500	0
	保护区小计		9561	20262	7826	0
保留区	应急水源区	严重超采区	271	7622	19796	12174
		一般超采区	92	3057	3057	0
		未超采区	21	2136	1200	0
		合计	384	12815	24053	12174
	保留区小计		384	12815	24053	12174
全市合计			16410	222500	243100	52162

注 超采量为开采量与年均可开采量之差。

严重超采区地下水埋深为 15～64m，一般超采区为 8～45m，未超采区为 9～23m。

集中式供水水源区地下水水质均好于Ⅲ类；分散式开发利用区中，优于Ⅲ类水的分布面积约占分散式开发利用区面积的 17.0%，Ⅳ类水的分布面积约占 51.0%，Ⅴ类水的分布面积约占 32.0%。

10.3.1 开发区

北京市开发利用区总面积约为 6465km²，包括集中式供水水源区和分散式开发利用区 2 类二级功能区。集中式供水水源区面积约为 479km²，占开发利用区面积的 7.4%，集中式供水水源区中除延庆新城集中式供水水源区处于山间盆地外，均位于平原区；分散式开发利用区面积约为 5986km²，占开发利用区面积的 92.6%，分散式开发利用区中平原区面积约为 5552km²，山间盆地面积约为 434km²。

1. 集中式供水水源区

集中式供水水源区中严重超采区主要分布在海淀区中心城集中式供水水源区（水源三厂）、石景山区中心城集中式供水水源区（杨庄水厂）、顺义水源八厂，顺义新城、怀柔新城和密云新城集中式供水水源区，总面积 237km²，年均总补给量 14111 万 m³，年均可开采量 12378 万 m³，基准年开采量 23392 万 m³，超采系数 0.89。以怀柔新城集中式供水水源区超采最为严重，超采系数 1.96，其次为顺义水源八厂，超采系数 1.24。

一般超采区主要分布在海淀区中心城集中式供水水源区（水源三厂）、石景山区中心城集中式供水水源区（杨庄水厂）、大兴、密云、通州和延庆新城集中式供水水源区，面积 242km²，年均总补给量 9233 万 m³，年均可开采量 7923 万 m³，基准年开采量 12576 万 m³，超采系数 0.59。其中以通州新城集中式供水水源区超采最为严重，超采系数 1.41，其次为大兴新城集中式供水水源区，超采系数 1.25。

2. 分散式开发利用区

分散式开发利用区中严重超采区主要分布于平谷区、密怀顺平原中北部地区、昌平区西部和南部地区、海淀西北部地区、朝阳大部分地区和大兴南部地区，总面积 2586km²，年均总补给量 99461 万 m³，年均可开采量 85159 万 m³，基准年开采量 100252 万 m³，超采系数 0.18。其中城六区分散式开发利用区超采最为严重，超采系数为 0.52，其次为怀柔和通州分散式开发利用区。

一般超采区面积 3046km²，年均总补给量 73622 万 m³，年均可开采量 63000 万 m³。基准年一般超采区地下水开采 72228 万 m³，超采系数 0.15。其中城六区分散式开发利用区超采最为严重，超采系数为 0.29，其次为房山和通州分散式开发利用区。

未超采区主要分布在延庆和房山的局部地区，面积 354km²，年均总补给量 26187 万 m³，年均可开采量 20963 万 m³，基准年开采量 2773 万 m³，开采系数 0.13。

10.3.2 保护区

北京市保护区包括生态脆弱区和地下水水源涵养区 2 类二级功能区，总面积 9561km²，其中 99.5% 的面积分布于地下水水源涵养区。地下水水源涵养区位于山丘区，不涉及地下水超采等问题，不是本次规划重点。

北京市生态脆弱区分布在延庆野鸭湖湿地保护区和顺义汉石桥湿地保护区，面积约为 51km²，其中严重超采区面积 19km²，年均可开采量 761 万 m³，基准年开采量 761 万 m³。未超采区面积 32km²，年均可开采量 1701 万 m³，基准年开采量 565 万 m³。基准年生态脆弱区地下水已达采补平衡。

10.3.3 保留区

北京市保留区仅包括应急水源区 1 类二级功能区，总面积 384km²，包括怀柔应急水源区、中桥、王都庄应急水源区、马池口应急水源区、张坊应急水源区和城区的一、二、五厂应急水源区、四厂和七厂应急水源区，8 个应急水源区均位于平原。其中一、二、五厂应急水源区、四厂和七厂应急水源区位于一般超采区，由于水质问题已退出中心城主力水厂，仅维持少量开采，基准年共开采 3057 万 m³；怀柔应急水源区、中桥及王都庄应急水源区、马池口应急水源区均位于严重超采区。其中中桥、王都庄应急水源区面积 72km²，年均总补给量 3902 万 m³，年均可开采量 3219 万 m³，基准年开采量 8100 万 m³，超采系数 1.52；怀柔应急水源区面积 122km²，年均总补给量 4582 万 m³，年均可开采量 3339 万 m³，基准年开采量 9696 万 m³，超采系数 1.90；马池口应急水源区面积 77km²，年均总补给量 1265 万 m³，年均可开采量 1064 万 m³，基准年开采量 2000 万 m³，超采系数 0.88。

10.4　地下水功能区保护目标与达标评价

10.4.1　地下水功能区保护目标

地下水功能区保护目标是指地下水功能区在规划期内能够正常发挥其供水和生态与环境功能时应该达到的目标要求。在地下水功能区划分的基础上，根据其主导功能，兼顾其他功能用水的目标要求，结合区域生态与环境特点，确定地下水功能区的保护目标。

10.4.1.1　基本原则

确定地下水功能区保护目标时，遵循以下原则：

（1）地下水系统具有脆弱性，制定地下水功能区保护目标应从严掌握。

（2）某一地下水功能区的地下水资源有多种使用功能时，按照对水量水质要求最高的功能来确定该功能区的保护目标。

（3）地下水功能区保护目标应定量化，并便于监测、考核和监督管理。

（4）一个水文地质单元内同一种属性的地下水二级功能区的保护目标应协调一致。

10.4.1.2　目标体系

地下水功能区的保护目标包括水量目标和水质目标。目标的确定以平原区、有开发利用与保护意义的山丘区为重点。

平原区水量目标依据可开采量和开采区地下水补给条件合理确定，实现区域地下水的采补平衡；山丘区水量目标根据现状开采状况、经济社会发展对地下水的需求、生态与环境保护要求等合理确定。

水质目标根据主导功能的水质要求确定，避免地下水水质恶化。

10.4.1.3　保护目标

根据地下水功能区的功能属性、区域水文地质特征、规划期水资源配置对地下水开发利用和保护的要求，结合地下水开发利用和保护中存在的问题等，确定地下水功能区具体保护目标。

1. 集中式供水水源区及分散式开发利用区

水量标准。水量标准为：年均开采量不大于可开采量。

水质标准。水质标准为：①具有生活供水功能的区域，水质标准不低于《地下水质量标准》（GB/T 14848—2007）的Ⅲ类水标准值，现状水质优于Ⅲ类水时，以现状水质作为保护目标；②工业供水功能的区域，水质标准不低于《地下水质量标准》（GB/T 14848—2007）的Ⅳ类水标准值，现状水质优于Ⅳ类水时，以现状水质作为保护目标；③地下水仅作为农田灌溉的区域，现状水质或经治理后的水质要符合农田灌溉有关水质标准，现状水质优于Ⅴ类水时，以现状水质作为保护目标。

2. 生态脆弱区

水量标准。水量标准为：年均开采量不大于可开采量。

水质标准。水质标准为：①水质良好的地区，维持现有水质状况；②受到污染的地区，原则上以污染前该区域天然水质作为保护目标。

3．地下水水源涵养区

水量标准。水量标准为：限制地下水开采量，维持较高的地下水水位，始终保持泉水出露区一定的喷涌流量或维持河流的生态基流。

水质标准。水质标准为：①现状水质良好的地区，维持现有水质状况；②受到污染的地区，原则上以污染前该区域天然水质作为保护目标。

4．应急水源区

应急水源区一般情况下严禁开采，需严格保护。

北京市地下水二级功能区保护目标见表 10-6。

表 10-6　　　　　北京市地下水二级功能区保护目标

二 级 功 能 区	水量目标/万 m³	水质目标
集中式供水水源区	20300	Ⅲ
分散式开发利用区	166895	Ⅲ～Ⅳ
生态脆弱区	1326	Ⅲ
地下水水源涵养区	10500	Ⅱ～Ⅲ
应急水源区	10679	Ⅲ

注　水量目标为地下水各二级功能区水量目标的合计值。

10.4.2　地下水功能区达标评价

根据浅层地下水功能区开发利用现状及功能区保护目标，进行功能区现状达标分析。达标的判别标准为：当现状开采量不大于水量目标时视为水量达标，当现状水质优于水质目标时视为水质达标。

在参加评价的 40 个功能区中，水量达标的个数为 16 个，达标率为 40%。按功能区类别统计，水量达标率最高的是生态脆弱区和地下水水源涵养区，达标率为 100%；达标率最低的是集中式供水水源区，达标率为零。

在参加评价的 30 个功能区中（地下水水源涵养区位于山丘区，无水质监测资料），水质达标的个数为 21 个，达标率为 70%。按功能区类别统计，水质达标率最高的是集中式供水水源区和生态脆弱区，达标率均为 100%；达标率最低的是分散式开发利用区，达标率为 36.5%。

北京市地下水功能区现状达标情况见表 10-7。

表 10-7　　　　　北京市地下水功能区现状达标情况

二级功能区	水量达标情况			水质达标情况		
	参评个数	达标个数	达标率/%	参评个数	达标个数	达标率/%
集中式供水水源区	9	0	0	9	9	100
分散式开发利用区	11	1	9.1	11	4	36.5
生态脆弱区	2	2	100	2	2	100
地下水水源涵养区	10	10	100			
应急水源区	8	3	37.5	8	6	75
全市	40	16	40	30	21	70

10.5　本章小结

地下水功能评价是实现地下水可持续利用和有效保护生态及地质环境的重要基础。水功能区划定是实现水资源综合开发、合理利用、积极保护、科学管理的基础工作，是实现运用法律的、行政的、经济的手段强化水资源目标管理工作的保证条件，是防治水污染、保护水资源的重要措施。华北平原 75% 以上的用水需求靠地下水支撑，加强地下水保护工作的顶层设计，特别是完善地下水功能区划对于保护水资源和水生态具有极其重要的战略意义。

（1）根据地下水功能区划分标准，结合北京市地下水资源开发利用现状、水资源开发利用规划和未来社会发展对地下水资源的要求，北京市地下水功能区按两级划分：一级功能区划分为开发区、保护区、保留区 3 类，二级功能区划分为 5 类。北京市地下水一级功能区中，开发区面积约为 6465km²，保护区面积约为 9561km²，保留区面积约为 384km²。在二级功能区中，集中式供水水源区面积约为 479km²，分散式开发利用区面积约为 5986km²，生态脆弱区面积约为 51km²，地下水水源涵养区面积约为 9510km²，应急水源区面积约为 384km²。

（2）从各地下水功能区开发利用情况看，集中式供水水源区中严重超采区面积 237km²，一般超采区面积 242km²；分散式开发利用区中严重超采区面积 2586km²，一般超采区面积 3046km²，未超采区面积 354km²。应急水源区中严重超采区面积 271km²。其余区域地下水已基本实现采补平衡。

（3）以地下水功能区的水量目标和水质目标为依据，开展地下水功能区达标评价。在参加水量评价的 40 个功能区中，水量达标的个数为 16 个，生态脆弱区和地下水水源涵养区达标率较高，集中式供水水源区达标率较低。在参加水质评价的 30 个功能区中（山丘区无水质监测资料），水质达标的个数为 21 个，集中式供水水源区和生态脆弱区达标率较高，分散式开发利用区达标率较低。

第 11 章

地下水管理与保护研究

11.1　国内外地下水管理与保护经验

11.1.1　国外地下水资源管理

1. 美国

为加强地下水管理与保护，美国政府制定了一系列的法律法规和规章制度。美国环境保护署 2000 年颁布的《地下水规程》主要对地下水污染、与地下水有关的生态环境保护和人体健康问题进行规范。并颁布《安全饮水法》《资源保护与恢复法》《综合环境反应、补偿和责任法》等一系列针对性强的法律，为有效控制地下水污染提供有力的法律保障。为减少煤炭开采对地下水的影响，美国颁布了《地表开矿控制和恢复法》，其中规定：如果开矿活动破坏土壤和水资源，应尽快在该区域采取恢复措施，有条件的地区处理采矿污水。此外，该法还实行地表采煤和恢复许可制度，规定申请者必须提供有关开矿和恢复工作对地下水质和水量影响的信息。恢复计划要包括确保地下水质和水量的措施，应将恢复施工对地下水的干扰降低到最低程度。对于具体的地下水管理与保护工作而言，以各州制定的地下水管理法律、法规为主导。美国地下水相关法律主要管理目标摘录见表 11-1。

表 11-1　　　　　　　　美国地下水相关法律主要管理目标摘录表

序号	法　　规	立法目标	地下水保护相关内容
1	《地下水规程》	关注地下水水质污染，对地下水安全性保障做出详细规定	地下水水质法规，对地下水水量管理几乎不涉及
2	《联邦水污染法》	主要为控制水体污染而设立的法律	针对非点源污染造成地下水污染进行研究、评估及修复等
3	《安全饮水法》	调节自来水水质	有关条款涉及地下水资源
4	《清洁水法》	限制污染物排入地表水	间接保护地下水
5	《资源保护和恢复法》	批准有害废弃物的处理技术和设备、贮存等	强调各个环节不能污染地下水

序号	法　规	立法目标	地下水保护相关内容
6	《地表开矿控制和恢复法》	通过控制煤矿开采带来的不利影响保护环境	控制开矿和恢复工作对地下水质和水量的影响
7	《综合环境反应、补偿和责任法》	控制有毒物质释放到环境中	特别强调对地下水的影响
8	《铀厂废渣辐射性控制法》	治理确定不再使用的铀加工点的残余放射性污染	要求无限期延长在废弃点修复受污染的地下水
9	《食品安全法》	坚持农业生产中的环境保护政策	间接保护地下水
10	《水资源和发展法》	保证国家水系统完整性	涉及与水有关工程
11	《水资源研究法》	建立以大学为基础的水资源研究机构体系	促进水资源研究和技术进步
12	《联邦杀虫剂、杀真菌剂和杀啮齿动物剂法》	管理和保护食物链、农业人员及各种野生生物	有效控制杀虫剂扩散后污染地下水
13	《有毒物质控制法》	控制新化学物质的使用	防止地下水被新化学物质污染

在美国，地下水水权的获得须经州政府主管部门的批准。弗吉尼亚州地下水取水许可制度的管理机构是水资源控制委员会、任何人在该州内任何地方抽取地下水，不论是否属于地下水管理区，都需要向水资源控制委员会提交取水许可申请，经批准并颁发地下水取水许可证后方可抽取用地下水。其中规定：①水资源控制委员会可以根据保护公众福利、安全和健康所必需的期限、条件和限制发行地下水取水许可证；②申请地下水取水许可应当按照水资源控制委员会规定的形式，提交地下水取水许可申请、地下水使用的有关信息、节约用水对水资源影响的分析报告；③地下水取水许可的有效期最长不超过 10 年，有效期满取水许可证自行失效。需要延长取水期限的，必须按照水资源控制委员会的规章要求及时提交新的许可申请；取水许可证持有人应当按照取水要求取水。如需变更取水许可证载明的事项的，应当按照有关规定向水资源控制委员会提交申请，办理有关变更手续。

在地下水污染调查防控方面，美国现有两万多眼地下水观测井，五千余个水质测量站点，在全国组成了 250 多个水质监测网，对 26 个州的地下水污染状况进行了全面调查及专门性区域地下水污染的监测工作。同时，还建立了水质资料数据库。美国地质调查局的水资料储存和检索系统（WATSTORE）于 1971 年开始运转，下设上百个终端，用户直接从终端获得资料。其中水质档案（WQFILE）储存有包括地表水和地下水的一百多种生物的、化学的、物理的和放射性化学特征值的 140 万个分析样资料。这些资料对分析地下水水质动态，预报地下水污染发展趋势大有帮助。美国地质调查局 1991—2001 年实施了国家水质评价计划，用 10 年时间完成了 59 个地下水盆地与地表水流域的首轮水质评价。2001—2012 年，进一步实施第二轮国家水质评价计划，集中瞄准 42 个地下水盆地与地表水流域，评价重点由无机污染转向有机污染。美国在加油站、垃圾填埋场等地下水污染源治理方面开展了大量实验和科研工作，为地下水污染防治提供了重要技术支撑。

2. 日本

日本工业化中前期因过量开采地下水造成大范围的地面沉降和海水入侵等突出问题。日本专为限制地下水的开采而制定的法律有两部，一部是 1956 年制定的《工业用水法》，旨在限制地面沉降严重地区的工业企业对地下水的开采，包括 10 个都府县；另一部是《关于限制建筑物取用地下水的法律》，限制对象是地面沉降极端严重的地区，涉及 4 个都府县。在限制对象区域内，建造和使用动力抽水井，均须经过地方政府批准，只有充分证明确实无其他水源可利用，申请才会被批准。此外，针对 3 个地面沉降严重的地区，日本还专门编制了《防止地面沉降对策大纲》，提出了各区域地下水开采总量限制目标。日本通过立法手段限制地下水的开采，收到了较好的效果。

3. 以色列

以色列《水法》规定，每一种用水都要求许可。《水法》将地下水严格界定为公共资源，从法律上排除任何许可之外开发利用的可能性，甚至即使仅仅用于其生活用途也不例外。打井、抽取、供给、消费、地下水回灌和水处理，都以许可为前提来开展。每年审批 1 次许可，这种许可并不自动延伸到下一年度。许可中规定的事项包括水量、水质、生产和供应水的程序和相关安排、提高用水效率和防止水污染等。以色列的地下水管理法律法规主要包括《水井控制法》《量水法》《水法》。这几部法律法规，对地下水的用水权、用水额、水费征收、水质控制等做了详细规定。加上水资源委员会制定的各种法规条例对地下水管理的基本内容和管理程序建立起一套完善的法律法规体系。

以色列实行用水许可证和计划用水分配制度，对各用水单位实行定额分配，不仅有年总限量，还有月限量和日限量；在水费征收上，规定包括农户在内的所有用水户实行计量收费、按计划供水和超计划用水处罚等措施。实行差别水价和超配额加价，农业、工业和生活用水的价格不同。

以色列设有国家水质检测中心，下设 50 多家监测站，负责全国上千个水质监测点的水样检测。一方面实时监测水源点水质状况，另一方面从积累的数据中得到不同区域水质变化的趋势，进而分析原因，制定相应对策。以色列不仅严格控制水污染，而且非常重视废水的回收利用，并通过低水价鼓励用户使用处理后污水。以色列的主要污水处理厂均临海修建，污水处理产生的高浓度污泥通过深海埋藏避免二次污染。以色列限制使用对水源污染较大且难以净化的洗涤用品，并通过进口牙膏、电池等化工产品来保护本地水环境，对于废旧电池有严格的回收处理措施。

4. 荷兰

荷兰的有关法律明确规定，水资源开发利用以及环境保护必须制定相关规划。编制和执行规划成为协调社会各相关利益集团关系的重要手段。在荷兰的水资源规划体系中，全国水资源管理的战略规划由中央政府负责制定；省政府负责制定地区性的地表水和地下水的战略规划。为促进地下水资源的可持续利用，省政府组织编制的规划中要有明确的规划目标，省级规划必须与全国的规划目标相一致。就地下水开采总量控制而言，国家制定地下水开发利用管理总体规划，将地下水可开采总量分到各省，各省级政府据此制定本地区的地下水开采规划。

荷兰涉及地下水的法律主要有《水法》《地下水法》和《土壤保护法》。1984 年实施的《地下水法》规定，省政府负责地下水的规划和管理，签发许可证和收取用于研究活动等的专门经费，该法主要涉及水量管理，在水质方面，只涉及到含水层回灌。其他方面的水质管理由《土壤保护法》规定，该法对取水许可证的获取进行了详细规定。《土壤保护法》主要控制土壤退化和地下水污染，废水排入土壤和抽取地下水被认为是影响土壤生产力和质量的主要根源。省级政府负责制定地下水水质保护规划，圈定地下水保护区，有限制的使用土地。

荷兰地下水位档案建立于 1948 年。全国现有约 2.5 万个地下水监测点。这些监测点根据目的的不同可分为四类：一是为政府管理服务，政府管理部门使用这些信息帮助制订水管理规划和监测地下水位和水质的变化；二是为用水工业和供水公司服务，监测抽取地下水产生的影响；三是为土地管理服务；四是 ITC 自己用于研究目的的监测工作。通常每月监测 2 次，所有监测数据经过严格质量检查后储存在 ITC 的地下水档案中心数据库中，用户可通过计算机联网查询或要求 ITC 提供。

荷兰国家水管理政策文件由水管理机关、相关单位、个人关于未来水管理想法汇集而成。公众咨询过程显示，不但需要更有广度、更有深度的水政管理整合，也需要更积极的推动公众参与。

11.1.2　我国地下水资源管理

1. 石羊河流域

在流域地下水综合治理方面，石羊河流域强化了管理、工程、经济、执法等四项措施。在管理措施上，一是要强化取水许可管理，严格取水许可申请制度，规范申请审批程序，严把取水许可审批关和年检关；二是要加强凿井登记管理，在源头上杜绝未经批准违法打井的行为。在工程措施上，加快实施田间节水改造工程，对全流域的机井安装计量设施，实现量化管理，计量收费。在执法措施上，建立以流域管理与区域管理相结合，区域管理服从流域管理的执法机制。

为有效治理地下水超采问题，遏制因地下水过量开采导致的生态环境恶化，石羊河流域专门出台了流域地下水专项规划。划定石羊河流域地下水限采区、禁采区，明确限采区的开采深度和允许开采量，合理地调整机井布局，并根据地下水开采总额控制目标核定每眼机井的开采量，逐步削减地下水的开采量，实现地下水资源的采补平衡。

在具体操作中，严格把握"审批前、施工时、成井后"三个环节，是石羊河流域治理工作采取的重要举措。石羊河流域禁止新打机井和开荒，只允许进行旧井改造。牢牢把握机井更新审批前的现场勘查、施工时的监督以及成井后旧井的回填这三个环节。审批前的现场勘查，着重了解机井是否已报废，拟更新的地点是否存在开荒；施工时，加强对打井机组的监督，看打井机组是否在批准的地点作业、开凿井深是否超过批准的深度；成井后，监督用水户对旧井进行回填和安装计量设施。通过实施严把"三个环节"，有效控制了石羊河流域地下水的开采量。

2. 江苏省

江苏省对地下水资源保护的立法紧密结合地方实际，并在国家立法中关于地下水资源保护的规定基础上进一步作出具体规定，如《江苏省水资源管理条例》第十三条规定："地下水禁止开采区、限制开采区划定和调整方案由省水行政主管部门会同同级有关部门，根据地下水开采状况、地下水位变化、地面沉降及其他地质灾害、地表水源替代等情况编制，报省人民政府批准，并予以公告。"此条规定作了有效的补充，具体规定了在地下水超采区内应采取的保护措施。鉴于国家地下水资源保护立法在某些领域的不足，《江苏省水资源管理条例》第九条规定"优先开发利用地表水，合理开采浅层地下水，严格控制开采深层地下水。"此外，《关于在苏锡常地区限期禁止开采地下水的决定》《关于加强全省浅层地下水管理的通知》《关于进一步加强地下水管理的通知》中，对地下水超采区管理制度、地下水取水许可制度作了相关规定，在《水法》的基础上加强了可操作性，为其他地方提供了借鉴。

3. 河北省

为逐步压缩深层地下水开采量，河北省对浅层地下水和深层承压含水层进行分层的水资源评价，根据水资源供需平衡分析，制订地下水控制开采方案，编制了《河北省地下水资源开发利用规划》，实行地下水计划开采。

除此之外，河北省还在 2018 年出台了《河北省地下水管理条例》。《河北省地下水管理条例》包括 6 章 62 条，分别从地下水管理总则、利用与保护、节约与治理、监督管理、法律责任等方面规范了地下水开发利用活动，为地下水的可持续开发与管理提供了法律依据。

从国内外地下水管理实践和取得的经验看，各地取得的较好的地下水管理经验包括：①比较注重法律制度建设，实行地下水取水许可审批，以从根本上预防和消除地下水不合理开发利用及地下水污染；②许多国家非常重视地下水监测工作，建立了科学、完善的地下水动态监测体系，为地下水资源科学管理与有效保护的重要基础和决策依据；③各个国家均比较重视公众参与和宣传教育，充分发挥、调动公众的力量和积极性，让更多民众参与地下水管理监督和保护工作。

11.1.3　北京市地下水管理及存在的问题

11.1.3.1　地下水管理与保护基本情况

自 2004 年北京市水务局成立以后，北京市水资源管理水平较以前显著提高。逐步制定或完善了水资源规划制度、水量分配制度、取水许可制度、计划用水制度、用水定额管理制度、用水分类计量收费和超定额累进加价制度、节水产品认证和市场准入制度、产业准入制度、"三同时"制度等多项水资源管理制度，初步建立了水资源管理制度体系，从地下水涵养、取水、用水、排水、保护等各个环节加强了地下水保护。北京市地下水资源管理流程如图 11-1 所示。

2002 年，《北京市水资源税征收管理办法》出台；2004 年 5 月北京市人大常务委员会第十二次会议通过北京市实施《中华人民共和国水法》办法；2011 年 3 月，《北京市水污染防治条例》正式颁布实施。在这些法律规章制度的基础上，北京市结合水资源管理实际需要，制订和出台了一系列地方法规及规范性文件，对推进首都依法治水、依法管水、依法用水的法制化进程起到了重要推动作用。

北京市依据新《水法》和《水污染防治法》的要求，紧密结合实际工作需要，制定和完善了水资源论证制度和取水许可制度等地下水管理保护核心制度。

1. 水资源论证制度

根据《建设项目水资源论证管理办法》（水利部、国家计委令第 15 号）规定，北京市结合地方实际情况，进一步完善了水资源论证制度，明确和细化了论证资质管理、报告书评审专家管理、论证报告书审查管理及报告书批复管理等职能。北京市建设项目水资源论证管理流程如图 11-2 所示。

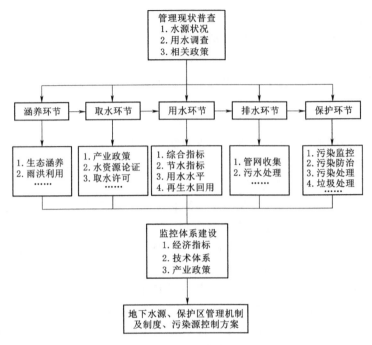

图 11-1　北京市地下水资源管理流程

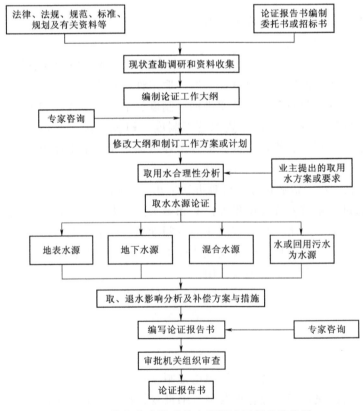

图 11-2　北京市建设项目水资源论证管理流程图

2. 取水许可制度

（1）凿井许可管理。凿井许可管理是取水许可制度中一项重要内容。凿井工程的审批分为三个阶段：第一阶段，建设单位向水行政主管部门提出申请；第二阶段，业主就井位及附属建筑物向规划部门征询意见；第三阶段，在前两项审批完后，由水行政主管部门发凿井工程许可证。

申报时，建设单位需先填写"凿井工程申报表"并按该表背面"申报要求"所列内容准备好有关文档及图纸，根据规定的管理范围向市水行政主管部门或（区）县水行政主管部门进行申报。经审查符合申报要求，发给建设单位"凿井工程立案表"，作为审批程序记录和取件凭证。

凿井工程完工后，建设单位需报送"成井验收单"和竣工报告 1 套，并通知水行政主管部门会同节水主管部门验收。验收合格后发放取水许可证，由节水主管部门进行管理。

北京市水利局《关于确定水源井审批权限的通知》（京水资〔2000〕6 号）规定了全市有关打井审批程序、权限。北京市现行凿井许可管理流程如图 11-3 所示。

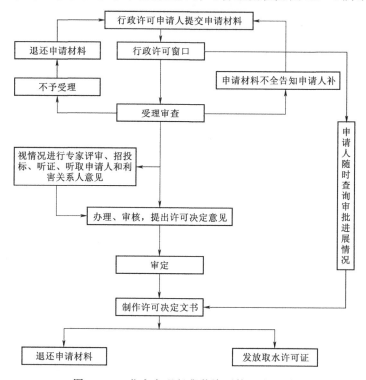

图 11-3　北京市现行凿井许可管理流程图

（2）取水许可管理。取水许可管理包括：取水许可申请与审批管理；取水许可的延续与变更；取水许可监督管理；取水计划管理；取水总结管理等功能。取水许可业务包括取水许可申请与审批的管理、取水单位的管理、取水单位用水量的管理等。取水许可管理流程如图 11-4 所示。

北京上述法规文件的颁布实施和地下水管理制度的建立，标志着北京市地下水资源开发利用管理、地下水污染防治及水资源费征收使用等多项工作已逐步进入法制化轨道。

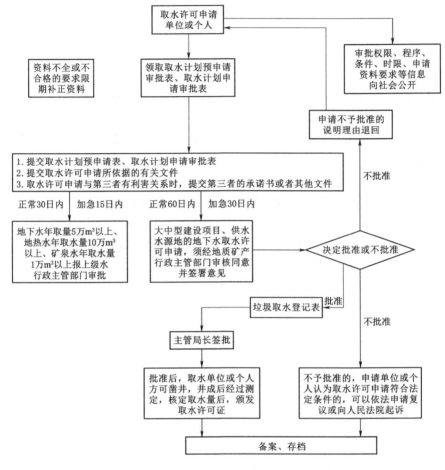

图 11-4　取水许可管理流程图

　　2011 年和 2012 年，北京市连续发布了《中共北京市委 北京市人民政府关于进一步加强水务改革发展的意见》（京发〔2011〕9 号）、《北京市人民政府关于实行最严格水资源管理制度的意见》（京政发〔2012〕25 号）等水资源管理政策文件，对全市地下水开发利用总量、地下水超采区管理、机井审批等做出了规定。为遏制地下水污染严峻形势，加强地下水污染防治工作，保证首都供水安全，北京市政府于 2013 年发布了《北京市人民政府关于印发北京市地下水保护和污染防控行动方案的通知》（京政发〔2013〕30 号）文件（以下简称《行动方案》），确定了全市地下水污染防控的总体思路、工作目标和主要任务，对治理生活污水污染、清除非正规垃圾填埋场、控制工业污染、防控点面源污染、封填废弃机井、建设生态清洁小流域、整合优化地下水监测网络等项工作做出了具体工作部署。《行动方案》实施以后，北京市地下水水质恶化趋势得到了有效遏制，地下水环境质量得到提升。此后，北京市先后编制了《北京市地下水利用与保护规划》《北京市南水北调受水区地下水开发利用现状调查及压采规划》《北京市南水北调受水区地下水压采规划实施方案》等技术文件，指导全市地下水压采工作的顺利开展。

11.1.3.2 存在问题

总体而言，近年来，随着北京市地下水问题的凸显，北京市地下水在地下水管理与保护方面开展了大量卓有成效的工作，地下水管理工作取得显著成效和进展。但是，由于诸多原因，北京市地下水超采和污染问题尚未得到完全遏制，地下水形势仍然十分严峻。究其原因，除了水资源短缺和污染物排放量增加等客观因素外，北京市目前的地下水管理工作中尚存在一些问题和不足之处。主要包括如下几方面：

（1）缺少系统地下水开发利用与保护规划。地下水开发利用与保护是一项长期的工作，需要制定系统的地下水开发利用与保护规划，科学指导地下水开发利用、保护和管理。但是，长期以来，北京市一直缺乏系统的地下水开发利用与保护规划，给地下水总量控制和地下水污染防控落实带来了困难。致使地下水开发利用与保护管理工作的计划性不强，缺乏系统性，在一定程度上导致了地下水超采、地下水污染等问题日趋严重。

（2）地下水总量控制工程和管理体系尚未建立。20世纪60年代，北京市平原区浅层地下水埋深一般不超过5m，承压水水头多高出地表面。由于地下水的长期超采，平原区地下水位持续下降。2010年底平原区地下水平均埋深已降至24.9m，比1980年末地下水位下降17.7m。地下水位的持续下降，改变了地下水的天然补排环境，包气带厚度增加。目前永定河冲洪积扇顶部潜水几乎被疏干，潜水位已接近含水层底板。东部地区浅层承压水头降低，改变了地下水天然流场，同时，由于潜水位及浅层承压水头下降，使浅层孔隙水垂向补给源部分消耗在包气带中，相应减少了部分浅层地下水的垂向补给量，导致地下水补排关系进一步失衡。

（3）地下水污染控制工程和管理机制尚待研究。地下水的过量开采，改变了地下水的天然流场，引起地表废污水污染部分浅层地下水。北京市地下水主要污染指标为总硬度、溶解性总固体、硝酸盐氮。其污染原因、污染程度不仅与人类活动有密切联系，同时还受水文地质条件、地下水流场等多种因素制约。地下水水质较差区主要分布于城市及其下游地区，其中近郊区地下水污染范围已逐渐趋于稳定，远郊区地下水污染有加重趋势。

（4）需要继续完善地下水监测体系建设。北京市现有地下水位监测井共885眼，包括人工监测井729眼，自动监测井156眼。地下水监测网自动化水平低，监测系统信息资源缺乏必要的整合与共享，不能适应地下水管理信息化、智能化发展的需要和地下水资源开发利用精细化管理要求。

（5）地下水管理责任制和考核机制有待完善。目前地下水管控指标尚未完全落实，各级管理部门管理责任未能压实，地下水管理、督查、考核机制尚未完全确立。

11.2 北京市地下水管理与保护框架研究

11.2.1 北京市地下水管理与保护框架构建

地下水资源管理保护应深入贯彻落实生态文明思想，坚持地下水资源合理开发、科学管理和有效保护，促进经济社会发展与水资源承载能力相协调，实现地下水资源可持续利用。在管理理念上，依据地下水资源承载能力确定区域地下水资源开采总量；在技术方法上，要坚持"保护中开发，开发中保护"的方针，统筹资源开发与生态环境保护，依托规划和审批开展源端管理，以技术为依托，以政策为保障，以监测考核为驱动力，宣传和号召社会参与，积极遏制地下水超采，预防监控地下水污染发展态势，有效控制次生地质灾害，以水资源可持续利用保障经济社会可持续发展。

地下水管理保护的核心宗旨是考虑地下水开发利用所产生的社会和经济影响，寻求人口、资源、环境与经济社会协调发展的平衡点。地下水开发利用的正面影响，诸如，保证粮食安全、提高生产力、创造就业机会、促进生活多样化以及经济和社会的进步；而负面影响则表现在水位永久性降低、水质恶化、生态环境恶化等方面。因此需要制定一种可以将长期的负面影响减至最小，而又不会对短期和中期的利益造成影响的管理模式，地下水资源管理制约关系图如图 11-5 所示。

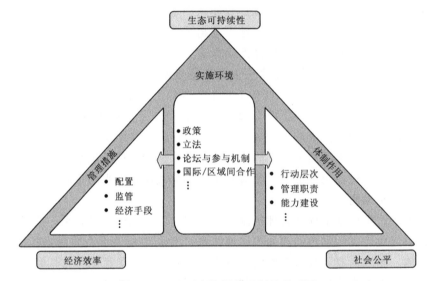

图 11-5　地下水资源管理制约关系图

地下水管理与保护体系建设，以地下水资源保护规划为引领，围绕地下水用水总量和水质安全 2 条主线，提出水量压减与水质保护结合、后期治理与源头预防结合、工程措施与管理措施结合的总体思路，以地下水资源节约、保护、管理为优先方向，建立地下水管理与保护框架体系。地下水管理与保护框架体系示意如图 11-6 所示。

11.2.2　地下水利用与保护规划

11.2.2.1　规划编制原则

以地下水功能要求、现状情况、水资源配置方案以及地下水未来利用与保护的需要与可能，结合北京市的实际情况，合理制定地下水利用与保护方案。

开发区是地下水利用与保护规划的重点，针对地下水超采现状，结合南水北调工程配套规划和相关工程进度计划，以保障供水安全和生态安全为目标，体现开发中保护的理念，控制地下水开采，压减超采区地下水超采量。按照先压城区后压郊区、先压严重超采区后压一般超采区、先压生产用水后压生活用水的压采次序，分阶段实施地下水压采工程，逐步推进超采区地下水压采工作。近期以城区和为城区供水的水源地为重点，结合北京市城区自备井置换工作，逐步实现城区地下水采补平衡。远期将工作重点从城区转移到

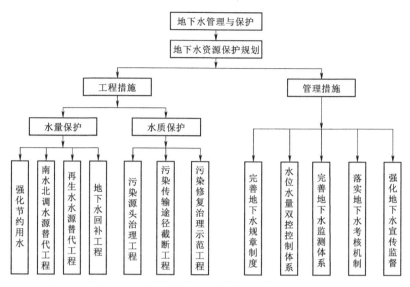

图 11-6　地下水管理与保护框架体系示意图

郊区，通过建设相应的地下水压采替代水源工程，实施水源置换，逐步推进郊区超采区地下水压采工作。开发区中有开采潜力的区域，在采补平衡的前提下，根据需要与可能合理确定规划开采量。同时地下水水质满足水功能区要求，地下水水位保持在合理范围内，在规划期内不新增超采区。

保护区以加强资源保护为目标，控制开发利用期间的开采强度，保持年均开采量不大于可开采量，近期水平年达到采补平衡。

保留区以加强资源储备为目标，地下水开采基本维持现状，一般情况下不容许大规模的开采和导致地下水污染的行为，严格保护。

针对地下水资源的水量和水质属性，本规划地下水利用与保护方案包括地下水合理开发利用、地下水水质保护等方面。

11.2.2.2　地下水控制开采总量

北京市地下水开发利用程度较高，地下水的超采主要集中在集中式供水水源区和应急水源区，这两类功能区是本次规划的重点。针对各功能区超采状况，参考可开采量制定地下水开采控制目标，确定不同水平年地下水合理的开采量（规划开采量）和压采量，制定地下水合理利用方案。

1. 地下水总量控制指标

地下水规划开采量的确定是制定地下水资源配置方案的关键，规划开采量是否合理直接关系到方案的可行性和实施效果。按照水利部技术大纲要求，在北京市水资源综合规划、北京市南水北调水资源配置规划，以及北京市南水北调中线受水区地下水压采实施方案成果的基础上，充分考虑北京市地下水环境恢复和改善目标，确定规划开采量和压采量。

平原区是地下水开采总量控制的重点区域，以城六区和郊区为分析单元，参考可开采量，确定平原各区县不同水平年地下水规划开采量。延庆盆地由于没有南水北调水替代水源，供水水源结构基本维持现状，地下水开采只在区域内做局部调整，即超采区减采，未超采区维持现状开采。山区各区县规划开采量按照可开采量确定，在现状开采量小于可开采量的地区，规划开采量按现状开采量确定，有条件的地区在不产生新的环境地质问题前提下，可适当增加开采。压采量即为各区县地下水现状开采量与规划开采量的差值。

2030 年远期水平年，全市浅层地下水规划开采 20.97 亿 m^3，较基准年开采量减少 3.34 亿 m^3，减小幅度 13.7%。地下水开采量的进一步压减，使平原区地下水位得到一定回升，基本实现采补平衡。通过水资源的联合调度和科学管理，使地下水资源储备和抗旱能力得到明显提高，逐步实现生态环境健康和地下水系统的良性循环。

2. 开发区

开发区是北京市地下水利用与保护规划的重点，也是地下水超采比较集中、对社会经济影响较大的区域。

开发区地下水合理开发利用方案的重点为控制开采量。以平原区各区县规划开采量为目标，近期水平年重点压减城六区和为城区供水的应急水源区地下水开采量，郊区地下水开采维持现有规模，保持地下水位下降速率不再增加。远期水平年开发区所有功能区均达到采补平衡。具体开采方案如下：

（1）城六区。城六区除市自来水集团一厂、二厂、五厂、四厂、七厂应急水源区外，均为开发区。城六区开发区地下水开采井 5805 眼，占城六区地下水开采井总数的 97.5%。基准年城六区开发区开采地下水 4.83 亿 m^3，占城六区地下水开采量的 94%，其中集中式供水水源区开采地下水 1.72 亿 m^3，分散式开发利用区开采地下水 3.11 亿 m^3。南水北调工程通水后，按照规划将建成团城湖至九厂输水工程、新建郭公庄水厂、长辛店第二水厂、扩建城子水厂和改造第三水厂，城区地表水厂供水能力将大大提高，城市自来水供水普及率达到 100%，中心城市政管网覆盖率达 90%。

需要说明的是，北京市城区地下水压采将结合城区自备井置换工作开展。对于像北京市这样城市生活和工业用水占较大比重的国际化大都市，地下水压采并非要废除现有的开采井，而是减少开采井的开采量或在一段时期内停止部分开采井开采，但仍需保留这些井以作备用。尤其是对城区自备井，必须保留适当的备用能力，以应对突发的供水事件，确保北京市供水安全。

（2）郊区。郊区开发区地下水开采井 38601 眼，基准年开采地下水 16.29 亿 m^3，其中集中式供水水源区开采地下水 1.88 亿 m^3，分散式开发利用区开采地下水 14.41 亿 m^3。根据南水北调来水后郊区水源配置格局和需求分析，未来地下水压采的重点在两个方面，一是压减再生水灌区农业地下水开采量；二是压减城镇工业生活地下水开采量。

2030 年郊区地下水规划开采量 15.26 亿 m^3，在现状开采量的基础上，减少地下水开采量 2.51 亿 m^3，其中集中式供水水源区规划减少地下水开采量 0.99 亿 m^3，分散式开发利用区减少 1.52 亿 m^3。

3. 保护区

保护区包括生态脆弱区、地下水水源涵养区 2 类 12 个二级功能区，其中生态脆弱区位于平原区，地下水水源涵养区位于山丘区。地下水合理开发利用中应加强资源保护。

生态脆弱区现状条件下不超采，故规划开采量维持现状开采水平。

地下水水源涵养区均位于山区，现状均不超采，2030 年地下水规划开采量 1.05 亿 m^3，为保障供水，在有条件的地区适当加大开采，在现状开采量的基础上增加 0.4 亿 m^3，且在规划期内保证不产生新的环境地质问题。

4. 保留区

保留区为应急水源区 1 类 8 个二级功能区。地下水合理开发利用中应注重资源储备。应急水源区包括平谷、怀柔、昌平马池口以及房山张坊 4 个应急水源区，一般情况下不宜开采，仅在突发事件或特殊干旱时期应急供水。2030 年地下水规划开采量 1.19 亿 m^3，地下水得到涵养，水位有所回升。

11.2.2.3 地下水保护方案

北京市地下水在超量开采的同时，地下水质量不断降低，地下水污染不断加剧。平原区地下水污染呈现出由城区向郊区扩散、由浅层向深层发展、污染指标增多、污染程度加重的趋势。地下水作为北京市城市主要供水水源，其水质的好坏，直接影响到人民的身体健康和饮水安全，地下水保护是北京市社会经济可持续发展的重要基础。

本书以北京市水资源综合规划、北京市地下水资源普查及水环境评价等成果为依据，按照地下水二级功能区水质保护目标要求，以保护为主、治理为辅、防治结合为原则，制定地下水水质保护方案。

1. 开发区

地下水水质保护方案主要包括保护区划分、水质目标确定、周边卫生防护、地下水重要补给区保护、城市周边地区点源调查和治理、农田面源管理等内容。

地下水保护方案的重点是开发区中的集中供水水源区。

（1）集中式供水水源区的保护范围划分、水质保护目标及保护措施如下：

1）保护范围划分。根据《北京市城市饮用水水源地安全保障规划》成果可知，保护区是以环保部门的方法及标准划分的，分为核心区、防护区和补给区。其中核心区为井群外围各单井半径 30～50m 的外切线所包含的区域，防护区为核心区外围 60～100m 的范围。

规划北京市重要集中式供水水源区共 9 个，且大部分都已划分了相应的水源保护区，并得到人民政府的批准。规划水源地保护区范围主要依据《北京市城市饮用水水源地安全保障规划》和《北京市地下水利用与保护规划》成果，对于上述成果中已有水源地，直接采用原水源地保护区划分成果，对于上述成果中未划分保护区的集中式供水水源区，根据保护区划分细则进行划分。北京市集中式供水水源区保护区划分成果见表 11-2。

表 11-2　　　　　　北京市集中式供水水源区保护区划分成果　　　　　单位：km^2

序号	名　　称	一级保护区面积	二级保护区面积
1	海淀区中心城集中式供水水源区	1.03	30
2	石景山区中心城集中式供水水源区	0.19	6
3	大兴区新城集中式供水水源区	0.40	14
4	顺义区八厂集中式供水水源区	0.37	40
5	顺义新城集中式供水水源区	0.43	47

续表

序号	名　　称	一级保护区面积	二级保护区面积
6	怀柔新城集中式供水水源区		32
7	密云新城集中式供水水源区	0.14	7
8	通州新城集中式供水水源区	0.13	7
9	延庆新城集中式供水水源区	0.20	10

2）水质保护目标。9 个集中式供水水源区的地下水水质现状均达到Ⅲ类水，符合保护目标要求，水质保护目标为继续保持现状。

3）保护措施。按照《北京市城市自来水厂地下水源保护管理办法》，在水源防护区内采取如下措施：①在核心区内禁止建设取水构筑物以外的其他建筑、堆放垃圾粪便和其他废弃物，禁止其他污染地下水源的行为；②在防护区内不准排放污水，对现有的污染水源或者可能污染水源的排污单位，应当搬迁或者限期治理；③禁止使用剧毒和高残留农药；④控制并逐步削减化肥、农药的施用量；⑤停止水源补给区的污水灌溉，慎用再生水灌溉；⑥在补给区内施工各种建筑物必须得到卫生防疫部门和水资源管理部门的同意才可进行，严格防止渗坑、渗井等向地下排污的方法，清除无用的、损坏的及不合理的开采井，防止地下污水管道出现渗漏现象。

（2）分散式开发利用区。分散式开发利用区分布面积比较大，平原区大部分地区均位于此区。

1）保护范围划分。该区以分散方式分布着供给农村生活、农田灌溉和小型乡镇工业用水的水源井。根据《北京市郊区集约化水源地保护规划》，对于农村饮用水井，按照核心区和防护区划分饮水井保护区范围：核心区为以开采井为中心，半径 50m 范围；防护区为核心区外半径 1km 范围。

2）水质保护目标。昌平、怀柔和延庆的分散式开发利用区的地下水为Ⅲ类水质，门头沟区地下水为Ⅱ类水质，水质目标维持现状水平。

城六区、顺义、平谷、密云、房山的分散式开发利用区的地下水水质为Ⅳ类，大兴和通州的分散式开发利用区的地下水水质为Ⅴ类，上述区域中具有生活供水功能的地区，水质目标不低于Ⅲ类水标准；具有工业供水功能的区域，水质目标不低于Ⅳ类水标准，现状水质优于Ⅳ类水时，以现状水质作为保护目标；地下水仅作为农田灌溉的区域，现状水质或经治理后的水质要符合农田灌溉有关水质标准，现状水质优于Ⅴ类水时，以现状水质作为保护目标。

3）保护措施。采取的保护措施包括：①对所有饮水井实施造册登记，加强管理。按照生活饮用水质标准，实行每月 1 次的定期化验水质、监测水量工作；②核心区内禁止建设除取水构筑物以外的其他建设项目，禁止从事一切污染或者可能污染水源的行为；③防护区内不准排放污水，禁止倾倒垃圾；④垃圾实行集中后送垃圾处理站处理，修建小型污水处理设施，使生活污水集中处理排放；⑤禁止使用剧毒和高残留农药；⑥削减化肥、农药的施用量；⑦完善厕所等防渗措施。

2. 保护区

保护区中生态脆弱区水质普遍较好，维持现有水质状况。对于局部受到污染的地区，禁止污染物的排放，逐步改善水质状况。

地下水水源涵养区现状水质较好，维持现有水质状况。

3. 保留区

地下水储备区广泛分布于山区，现状水质较好，维持现有水质状况。

应急水源区现状水质为Ⅲ类或Ⅲ类以上，维持现有水质状况，严格保护。

11.3 工程措施

按照地下水开发利用现状和不同规划水平年地下水开发利用与保护修复的目标要求，结合当地经济社会发展水平和水资源条件，提出地下水开发利用与保护修复的工程措施。

本书中地下水保护工程措施分为地下水超采治理工程、地下水污染控制工程两大类。

11.3.1 地下水超采治理工程

本书在各功能区地下水开发利用现状评价的基础上，按照地下水合理开发利用方案，制定浅层地下水合理利用工程措施。对于地下水有开采潜力的区域，根据不同水平年的地下水规划开采量和地下水可开采量，适当增加开采量；对于地下水超采区，限制地下水开采量，确定合理规划开采量，制定地下水压采工程措施。

地下水超采治理采取综合措施：一是要通过强化节约用水，抑制对地下水的需求，防止用水过度增长，控制地下水开采；二是要加快推进南水北调主体工程、配套工程建设，合理调配各种水源，为实现超采区地下水用户水源置换创造条件；三是要提高污水处理水平，增加再生水利用量，为地下水压采提供替代水源。

在强化节水和南水北调中线一期主体工程建设完成的条件下，保障地下水压采目标实现的工程措施主要包括强化节约用水、南水北调配套工程、再生水利用工程、地下水回补工程等。

1. 强化节约用水

强化节约用水包括：全面落实最严格水资源管理制度；强化行业节水，提高重点领域节水水平；强化设施建设，提高水资源综合利用效率；强化创新驱动，提升节水型社会建设效果。

实施用水管控。严格水资源开发利用红线管理，按照生活用水控制增长、生产用新水负增长、生态用水适度增长的原则，将用水总量逐年分解到各区、各行业，控制用水强度，发挥水资源的约束引导作用。

强化重点行业节水。大力推进农业节水，实现农业高效节水设施和农用机井计量设施全覆盖。工业加快调整产业结构，提高冷凝水、冷却水循环利用率，加大工业用水重复利用率和废水深度处理回用，实现用新水零增长。建筑工程严格控制新水取用量，大力推广使用再生水，优先采取帷幕隔水等新技术、新手段限制施工降水。园林绿化加强节水技术推广应用和集雨型绿地林地建设，扩大城市园林绿地再生水利用规模，城六区公共绿地使用非常规水资源灌溉比例不低于50%。生活及公共服务业开展生活用水产品有效提升行动，实现机关、学校、医院等用水单位高效节水型生活用水器具全覆盖，农村地区基本实现生活用水全部计量收费。

加强社会节水。年用水量 5 万 m^3 以上用水户远传计量设施安装，实现用水远程监控。完成节水载体创建 5000 个，节水教育基地创建 20 个，加强节水文化培育和公众参与，在全社会营造爱水护水惜水节水的良好氛围。开展以各区政府为责任主体的节水型区创建工作，全市所有行政区全部达到节水型区创建考核标准。

2. 南水北调配套工程

南水北调中线一期工程由长江支流汉江上的丹江口水库引水至北京团城湖，全长 1276km，输水至北京的时间为 10～15 天；沿线各类交叉建筑物超过 1700 座，从 2014 年起向北京供水，多年平均供水量为 10.52 亿 m^3。

北京市南水北调工程包括南水北调中线总干渠和市内配套工程。南水北调中线总干渠北京段，南起北京市与河北省交界处的拒马河，北至团城湖调节池，全长 80km，途径房山、丰台、海淀，沿线可向房山新城、长辛店、中心城、门头沟新城、海淀山后等地区直接供水。

依据《北京市南水北调配套工程总体规划》，北京市南水北调工程分 3 个阶段。第一阶段：2008 年 4 月前，完成南水北调干线北京段工程和北京市南水北调相关配套工程建设，具备接纳年调水 4 亿 m^3 的能力。第二阶段：2014 年前，完成北京市南水北调配套工程阶段建设任务，基本形成以 2 大动脉、6 大水厂、2 个枢纽、1 条环路和 3 大应急水源地构成城市供水网络体系的供水格局，具备接纳年调水 10 亿 m^3 的能力。第三阶段：全面完成北京市南水北调配套工程建设任务，具备接纳年调水 14 亿 m^3 的能力，北京市可持续发展水资源支撑能力进一步增强。

通过南水北调中线一期配套工程建设，可以为北京市超采区地下水压采提供直接替代水源，加快地下水超采治理进度。

3. 再生水利用工程

再生水是平原区地下水压采的替代水源之一。充分利用再生水是北京市降低新水需求、减少地下水开采量、改善生态环境的重要措施之一。将再生水利用于城市绿化、公共用水、河道生态以及郊区农业灌溉，减少自来水和地下水的使用，为地下水压采创造条件。

加快建设城镇污水管道，形成覆盖城乡的污水收集体系；采用集中与分散相结合的原则建设再生水厂，形成覆盖中心城、新城、乡镇及水源保护区重点村的污水处理及资源化体系；将再生水作为北京市的重要水源，纳入水资源统一调配，通过建设再生水管道系统及再生水调水的重点项目，形成布局合理、设施完善的再生水利用体系。

扩大再生水管网覆盖范围，全市新建再生水管线 472km。对全市再生水进行统一调度，逐步增加城乡结合部地区河湖、湿地的再生水补水量，进一步扩大全市生态环境、市政市容、工业生产、居民生活等领域的再生水利用量。通过工程利用高品质再生水 12 亿 m^3，年替代新水 4 亿 m^3。

4. 地下水回补工程

按照"补得进、存得住、取得出、有保障、低投入"的原则，以南水北调来水调入密云水库调蓄工程为输水干线，选择密怀顺水源地、西郊南旱河地区和昌平马池口应急水源地三片区为地下水主回补区，充分利用沿线十三陵、桃峪口、怀柔、北台上和密云等多座水库的调蓄功能，近期形成"一线、三片、多库"的回补工程格局，年回补地下水 2.5 亿~5 亿 m^3，年增加地下水资源战略储备 2 亿~4 亿 m^3；远期利用南水北调东线水源回补平谷地下水源地。

输水干线团城湖至怀柔水库设置 6 个分水口，分别在西郊南旱河地区、昌平和密怀顺地下水源地分水回补地下水。输水干线在怀柔水库上游沿线设置 3 个分水口，为密怀顺地下水源地上游进行补水。

11.3.2 地下水污染控制工程

北京市地下水治理必须从源头开始控制，以保障城乡居民饮水安全为核心，按照"以防为主、防治结合"的原则，加强部门联动、条块结合、齐抓共管，坚持地下水污染防治与地表水污染防治相结合，坚持地下水污染防治与土壤污染防治相结合，坚持控制地表污染源头与切断污染传输途径相结合，坚持强化地下水污染防治责任与完善政府督查监管相结合，构建地下水污染防治监管体系，确保北京市供水安全。

针对地下水污染的具体问题，北京市编制出台《行动方案》，其主要理念：一是控制污染源头，治理生活污水、治理工业污染、治理农业点面源污染、治理非正规垃圾填埋场；二是截断污染传输途径，封填废弃机井、建设生态清洁小流域；三是污染治理修复示范工程。《行动方案》的重点是污水治理和垃圾治理，难点是截污导污、"五小"企业治理。

1. 污染源头整治工程

（1）污水处理。结合《北京市人民政府关于印发北京市加快污水处理和再生水利用设施建设三年行动方案（2013—2015 年）的通知》（京政发〔2013〕14 号），本着先上游、后下游和因地制宜的原则，按照分流制排水体制建设和改造污水系统，配套完善污水处理与雨水排除设施。

加强功能区划内重点工业行业地下水环境监管。定期评估有关工业企业及周边地下水环境安全隐患，检查地下水污染区域内重点工业企业的污染治理状况。建立工业企业地下水影响分级管理体系，以石油炼化、焦化、黑色金属冶炼及压延加工业、电力热力的生产和供应业、化学工业等排放重金属和其他有毒有害污染物的工业行业为重点，公布污染地下水重点工业企业名单，实施关停、搬迁、转产及技术改造等措施。对于限制储备区工业产业园的企业要执行 30mg/L 的污水排放限值。

对为减少区域水污染物排放自愿关闭、搬迁、转产以及进行技术改造的企业，通过财政、信贷、政府采购等措施予以鼓励和扶持，鼓励流域排放水污染物的企业投保环境污染责任保险，并通过劳动技能培训、纳入社会保障体系等方式，保障涉及人员基本生活。

加强餐饮、旅游景点等点源污染治理和有序建设。对各郊区餐饮、旅游景点等因地制宜建立污水处理设施，统一规划，有序建设。采用 MBR、CWT 智能型一体化小型污水处理工艺和设备等，确保废污水达标排放。

（2）固体垃圾治理。建设城乡兼顾、布局合理、技术先进、资源得到有效利用的现代化生活垃圾治理体系。配套改造和完善垃圾收运、处理与处置系统设施，实现垃圾密闭化管理，清运已堆放在河道及砂石坑的固体废弃物及生活垃圾。

按照"治理既有，杜绝新生"的原则，进一步规范生活垃圾全过程管理，杜绝新增非正规垃圾填埋场。新建的生活垃圾填埋场应严格按照相关标准设置防渗层，建设雨污分流系统和垃圾渗滤液收集处理设施。对于已治理的生活垃圾填埋场，应继续做好封场后的日常维护工作。

基本形成生活垃圾减量化、资源化、无害化和产业化治理体系，健全和完善以生活垃圾分类收集处理为主的管理系统、收集系统和处理设施系统。中心城生活垃圾无害化处理率达到 99% 以上，新城及乡镇生活垃圾无害化处理率达到 90%，混合垃圾不再进入填埋场。

制定原有非正规垃圾填埋场污染治理规划。查清污染性质和污染机理；建立统一的污染动态监测系统，确定污染性质、范围和程度，对其污染程度进行前期预报；按照污染影响程度顺序制定非正规垃圾填埋场污染治理实施方案。基于污染集中控制和规模效益的原则，构建"村收集，镇运输，区处理"的模式，北京市垃圾转运模式如图 11-7 所示。根据垃圾场适宜性区划建设新的垃圾填埋场，实现居民生活垃圾密闭收集、压缩转运、集中无害化处理与利用。

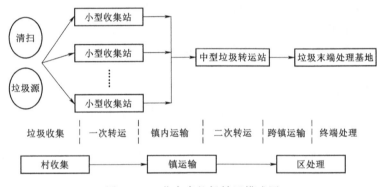

图 11-7　北京市垃圾转运模式图

鼓励垃圾综合利用技术的开发与应用。提高垃圾焚烧、堆肥和厌氧发酵等技术的无害化处理水平；积极推进中转运输收集系统的产业化，并引进配有焚烧发电装置及尾气净化系统；确保固体废弃物经过预处理，提高垃圾热处理和机械、生物处理能力。

（3）农村污染源治理。减少农药、化肥的施用量，发展生物防治技术，控制农业面源污染。提倡科学使用化肥、农药，禁止使用高毒、高残留的农药种类，发展以虫治虫，以菌治虫等生物防病虫害技术等。

科学利用污水灌溉，加强污灌水管理，制定污灌政策、制度、标准，指导污水灌溉，减缓土壤和地下水的污染。在地下水补给区和覆盖层较薄的地区禁止污水灌溉，在大兴、通州等灌区，加强灌溉水质监测。

全面治理畜禽养殖业，推行清洁生产，控制发展规模。饮用水源保护区的畜禽养殖业全部迁出或关闭，其他规模化畜禽养殖场的污水全部实现达标排放，畜禽粪便无害化处理率达 90%。

从现代农业发展的视角布局节水灌溉，发展以喷灌、微灌和管道输水灌溉技术为主要措施的现代农业，实现农业规模化、专业化生产、标准化作业、区域化布局和产业化经营的目标。建成高标准的水源和固定的管网工程的"田间自来水"。有效管理灌溉水源、灌溉制度，监督农业种植结构调整，做好现代农田节水保肥工作。

农业面源污染应采取的对策措施包括以下几方面：

1）制定化肥、农药合理施用，控制污染的法规。制定农药、化肥施用的国家标准和范围，如：制定化肥、农药施用限额（例如，氮肥的使用量不能超过作物的吸收量，有机肥的最高使用量 N 为 $250kg/hm^2$，耕作 4 年以上的农田应减为 $170kg/hm^2$ 等）；在硝酸盐脆弱区设置禁止施肥的封闭期，如在汛期禁止施肥；在水涝和冻结状态下禁止施用氮肥，在陡坡地禁止施用氮肥，在靠近河道的 10m 内禁止施用氮肥等。

2）制定环境税种、实现绿色税制。政府部门、政策制定者可以通过某种方式强加一些环境成本，合理引导农民对化肥有效使用，使其投入产出接近最佳水平。对有机肥料、无公害农产品用肥实施补贴和税收优惠政策。可结合农村税费改革，改为对农民直接补贴。

3）推广成熟的高效施肥技术。开展典型区域面源污染控制替代技术及示范研究，如配方施肥、缓释肥和复混肥、生物肥料、有机肥料、生物农药、生物防治、固体废弃物堆肥、开发沼气等。根据田间试验，建议在小麦季节施氮量为 150kg/ha，在玉米季为 100kg/ha。

4）建设高效的技术推广体系。测土配方、因土因作物施肥措施尚未被农民所接受和采用。影响农民采用节肥技术的主要原因是知识和技术普及问题，其次是农业政策。应积极推进农户参与研究及定点氮肥管理，即农民加技术人员加科学家的模式，鼓励农民根据当地情况使用和改进因土施氮技术。

科技人员除开发和推广有机肥料、农药新品种、新技术外，还应该积极探索肥料、农药减量化的途径和方法，为农民提供培训和咨询服务，提高农民安全使用肥料、农药的意识，使他们能够科学、合理、安全地使用肥料、农药。

5）加强宣传，增强全民生态意识和参与意识。建立提高农民环保意识和可持续性发展观的绿色培训制度。

2. 污染传输途径截断工程

（1）废弃机井封填工程。严禁混层开采，以防被污染的地下水通过井管"天窗"越流污染地下水。扩大自来水管网的覆盖范围，逐步减少自备井数量。封存废弃井，完善厕所、积肥场等场所的防渗措施。

根据超采区地下水压采目标和任务，结合替代水源建设情况，对纳入压采范围的地下水开采井，在充分考虑地下水保护、应急与战略备用、特殊需求等情况下，按照分类指导、区别对待、妥善处理的原则，采取限期封填、限制开采等措施，进行永久填埋和封存备用处理。"封"是指封存备用，并进行定期维护，应急时可以启用；"填"是指永久填埋。

对城镇公共供水管网覆盖范围内的自备井，在有替代水源的条件下，应尽快完成水源替换，取缔开采，限期完成自备井封填；确因特殊用途需要保留使用的井，要对其取水量进行慎重复核并加强监管。

考虑到城区在首都的战略地位和作用，城区自备井置换后仍然是城市供水的重要补充，合理使用置换后的自备井对于水源保护和城市供水安全具有重要作用。置换后自备井有 4 种处置模式：

1）单位供水井。在自来水供水管网覆盖范围以外的区域仍需依靠自备井供水。从分质供水角度考虑，保留部分自备井用于绿化、生产等低水质用途。

2）自来水管网调节补压井。作为自来水供水能力的补充，由自来水集团负责将水质符合国家饮用水标准的自备井改造成为城区自来水来水管网调节补压井。

3）应急备用井。要保持一定的依靠当地水源供水的应急备用能力，自备井是最有效、可靠的应急备用设施。从战备考虑，党政机关、军队、消防、医院等重要部门和单位也需要保留自备井作为应急备用井。

4）地下水调节井。城区地下水位调控，对地下水合理蓄养与开采，依靠自备井进行面上分散的开采比仅靠自来水厂局部集中开采更为有效。

对年久失修、水源条件差，或由于混合开采导致越流污染的水井要永久封填；对水源条件好、出水量大、配套设施完好的水井可封存，作为备用水源井，并建立封存备用井的登记、建档、管理、维护和监督制度，确保在特殊干旱或应急情况下，按照规定程序启用并发挥应急供水作用。

全面启动废弃机井封填专项工作，按照分类指导、区别对待、规范处理的原则，市区联动，3 年完成全部 4216 眼废弃机井封填，其中永久填埋 3349 眼、封存备用 867 眼，防止污水、污染物通过废弃机井进入地下，消除污染隐患。杜绝新增废弃机井，强化属地责任，出现一眼，封填一眼。严格落实工程施工降水井封填工作。

（2）生态清洁小流域建设工程。坚持以小流域为单元，同步治理污水、垃圾、厕所、河道、环境。坚持以水源保护为中心，采取封山育林、生态移民、生态补偿等措施，构筑水源地生态修复防线；采取节水、治理污水垃圾、调整产业结构等措施，构筑水源地生态治理防线；采取清理河道障碍物、保育湿地、保护水源等措施，构筑水源地生态保护防线，完成 1200km² 生态清洁小流域建设工作，确保水源地水源安全，全面截断污水汇入途径，实现山区流水下山，清水入地。

3. 污染治理修复示范工程

地下水污染治理修复技术方面的研究工作在我国还处于起步阶段，目前地下水污染治理修复技术主要有物理处理法、水动力控制法、抽出处理法、原位处理法等。对于地下水受到污染的地区，在查明水文地质条件的基础上，确定污染的来源及污染途径，及时采取多种控制污染的措施，综合治理。一般在治理初期，先使用物理法或水动力控制法将污染区封闭，然后尽量收集纯污染物，最后再使用抽出处理法或原位处理法进行治理。

针对地下水污染现状，开展典型污染物在包气带中的污染控制研究，开展修复试验，提出地下水污染防控方案与技术措施，建设不同类型污染控制示范工程，为今后大规模实施地下水污染防治提供技术方法，积累经验。

11.4　管理措施

11.4.1　完善地下水规章制度并强化水资源论证

建立健全可操作的地下水管理规章制度，加快《地下水资源管理条例》立法工作。抓紧出台《地下水凿井许可管理条例》《地下水计量管理条例》《超采区地下水资源管理办法》等系列法规。明确没有许可审批的机井取水和没有计量的地下取水等行为的民事责任和刑事责任。规范地下水开发、利用、保护、配置等行为，制定地下水配置政策标准，划定鼓励、限制、禁止利用地下水的区域等。

基于水资源综合规划制定规划水平年地下水用水总量、用水效率及水环境状态指标，经行政主管部门批准，将其作为区县指标分配和用水审批的依据，实行规划水平年用水控制指标制度。地下水资源评价成果确定的地下水可开采量，经市水行政主管部门审定，作为地下水开采总量控制指标下达给区县。

将水资源论证与水量分配方案相结合，不仅要论证项目本身的合理性，还要论证其是否符合区域水资源总量控制方案。区县水务部门完成的水资源论证必须在市级水行政部门备案，接受市级水务部门的审核和稽查。水资源论证要进行统一管理，在地下水监测系统中实时动态累加。

建立规划水资源论证制度。编制国民经济和社会发展规划、城市发展总体规划和重大建设项目布局时必须进行水资源论证。发挥水行政部门在城市建设、产业规划等宏观布局的引导作用。

11.4.2 建立水位水量双控体系

做好顶层设计，确定地下水管控指标是地下水监督管理特别是地下水超采治理的重要抓手。划定地下水红黄蓝区，科学化的制定地下水取总量、控制水位指标，有利于推动实现地下水合理开发和可持续利用，保障区域供水安全和生态安全。

根据地下谁特点和管理要求，对应于地下水管理分区，按照地下水的开发利用状态及存在问题的紧急程度可划分为红区、黄区和蓝区等3种状态的管理级别。其中红区为紧急程度最高级别；黄区为紧急程度中等级别；蓝区为紧急程度一般级别。以此三种分区来表征地下水开发利用状态的警示（紧急）程度和管理级别。

按照本行政区用水总量控制指标和已批复的有关规划，明确地下水取用水总量和水位双控制体系，制订年度地下水开采计划，建立地下水水位预警体系，防止出现新的超采区。要根据本行政区域地下水赋存条件、水源类型、资源量等，设立红、蓝、黄3条地下水位（埋深）预警线，达到或超过预警线时，及时发布相应级别的预警信息，限制或停止开采地下水。

11.4.3 完善地下水监测体系

加快完成国家地下水监测工程建设，整合优化水务、地勘、环保等部门地下水监测网络，强化水源地及补给区地下水监测，形成覆盖全市及周边地区的浅层水、深层水和基岩水立体化监测体系，在重点工业区、垃圾填埋场、高尔夫球场、再生水灌区、加油站及历史遗留污染场地等重点污染源布设专项监测井，加强重金属、有机污染物监测。重点做好地下水水质超标地区饮用水水质监测工作，进一步完善地下水污染监测预警及应急处置机制，加大监测网络建设和运行维护保障力度，逐步形成水务部门牵头、分工负责、财政支持、数据共享的监测工作格局。

充分利用现代信息技术，深入开发和广泛利用信息资源，包括地下水信息的采集、传输、存储、处理和服务，全面提升地下水管理监测的效率和效能。开展机井调查，实现井—证—户—量的数据信息关联，建立地下水管理信息系统。加强基础信息建设和取水监管，推进机井管理规范化、制度化。形成"取用水权人申报用水信息，基层水管员复核校验，水行政管理部门审定"的地下水逐级监督管理体系。

11.4.4 落实地下水考核机制

落实责任制为重点的地下水管理制度，层层分解和逐级落实节水责任，充分发挥现有四级水务管理体系的作用。针对地下水资源的特点，建立水务系统四级管理、三级督察、两级考核的地下水资源管理机制。

明确区县水行政部门是区域地下水资源总体控制的第一责任主体，施行区县用水分类分级动态管理。区县水行政部门按照全市统一配置的地下水用水指标要求控制区域内地下水开采总量，负责用水效率保持在全市水资源总体规划框架范围内，负责区域内地下水生态系统的可持续性，每年向市级水行政管理部门全面报告各项相关工作。完善乡镇（小流域）、水管站、专业服务队和农民用水协会"三位一体"的基层水利服务体系。

市级水行政部门全面督察市域范围内地下水资源状况，并对区县地下水管理工作进行检查，负责区县水行政部门业务考核工作。明确地下水取水许可制度、水资源有偿使用制度和水资源论证制度执行反馈情况。在地下水区域管理中实施绩效管理尤其是预算绩效评估和绩效审计。绩效管理得出的绩效考核结果与行政问责挂钩，以此考察区县政府和领导干部的工作业绩，奖惩、升迁等均与考核结果挂钩。

11.4.5 强化地下水社会化管理与监督

加强公益性水务管理和政策宣传。开展多层次、多形式的地下水保护知识宣传教育，通过加大水利普法工作，调动全社会参与水资源管理的积极性，发挥新闻媒体的作用，如在电视台和北京日报、晚报及一些期刊上建立水务专栏，加大《水法》等法律法规和现阶段北京市基本水情的宣传教育，增强全社会的水资源节约保护意识，倡导节约用水的社会风尚。

完善水资源的社会化管理，建立群众监督奖励机制。充分发挥各种社会团体、新闻媒体、人民群众的监督作用，其形式多种，如公开各种信息、征询各方意见、接受公众监督。强化舆论监督，公开曝光、严肃处理乱采地下水等违法行为。对在开发、利用、节约、保护、管理地下水资源等方面成绩显著的单位和个人给予表彰和奖励。

11.5　本章小结

（1）本章在借鉴和吸收国内外地下水管理经验的基础上，结合北京市实践，分析了北京市地下水管理存在的问题，提出水量压减与水质保护结合、后期治理与源头预防结合、工程措施与管理措施结合的地下水保护框架体系。

（2）介绍了北京市地下水保护规划中的地下水控制开采总量方案、水质保护方案，并提出了对应的工程措施和管理建议。地下水保护的工程措施，在地下水超采治理方面主要为强化节约用水、南水北调配套工程、再生水利用工程、地下水回补工程等；在地下水污染控制方面主要为污染源头整治工程、污染传输途径截断工程、污染修复治理示范工程等。地下水保护的管理措施，主要为完善规章制度、建立双控体系、夯实监测基础、落实考核机制、强化社会化管理等。

（3）从规划实施效果看，随着南水北调水、再生水等水源工程作用的发挥以及地下水管理措施的逐步到位，北京市地下水供水压力有所缓解，地下水污染控制也取得初步成效，未来的主要工作是加强地下水保护管理立法建设，将相关工作成果和制度建设加以固化，推进地下水管理法制化、制度化建设进程。

参 考 文 献

［1］ 北京市水利规划设计研究院. 地下水资源管理制度研究报告［R］. 2012.

［2］ 北京市水利规划设计研究院. 北京市水资源保护规划［R］. 2014 年.

［3］ 张安京. 北京地下水［M］. 北京：中国大地出版社，2008.

［4］ 沈大军. 水管理学概论［M］. 北京：科学出版社，2004.

［5］ 刘培斌. 北京饮用水水源地保护与管理研究［J］. 中国水利，2007（10）：138－140，134.

［6］ 杜强，马良英，范锐平，等. 以色列地下水资源利用与管理现状［J］. 南水北调与水利科技，2007，5（2）：101－104.

［7］ 郭孟卓，赵辉. 世界地下水资源利用与管理现状［J］. 中国水利，2005（3）：59－62.

［8］ 李春. 国外地下水资源的保护与管理研究动态［J］. 中国人口·资源与环境，2001，51（11）：163－164.

［9］ 马东春，段天顺，于国厚，等. 北京市地下水可持续发展体系的构建［J］. 北京水务，2007（4）：16－19.

［10］ 马丁·格里菲斯. 欧盟水框架指令手册［M］. 水利部国际经济技术合作交流中心，译. 北京：中国水利水电出版社，2008.

［11］ 地下水管理条例. 中华人民共和国国务院令〔2021〕第 748 号. 2021 年.

［12］ AGGARWAL P K. Isotope hydrology at the International Atomic Energy Agency［J］. Hydrological Processes，2002，16（11）：2257－2259.

［13］ SCANLON B R，HEALY R W，COOK P G. Choosing appropriate techniques for quantifying groundwater recharge［J］. Hydrogeology Journal，2002，10（1）：18－39.

［14］ CHEN Z Y，NIE Z L，ZHANG G H，et al. Environmental isotopic study on the recharge and residence time of groundwater in the Heihe River Basin，northwestern China［J］. Hydrogeology Journal，2006，14（8）：1431－2174.

［15］ CHEN Z Y，NIE Z L，ZHANG Z J，et al. Isotopes and sustainability of ground water resources，North China Plain［J］. Ground Water，2005，43（4）：485－493.

［16］ CORNATON F，PERROCHET P. Groundwater age，life expectancy and transit time distributions in advective－dispersive systems：1. Generalized reservoir theory［J］. Advances in Water Resources，2006，29（9）：1267－1291.

［17］ ANTON D J. Thirsty Cities：Urban Environments and Water Supply in Latin America［M］. Ottawa：IDRC，1993.

［18］ ENTEKHABI D，ASRAR G R，BETTS A K，et al. An agenda for land surface hydrology research and a call for the second international hydrological decade［J］. Bulletin of the American Meteorological Society，1999，80（10）：2043－2058.

［19］ EDMUNDS W，FERRONSKY V，HUSSEIN M，et al. Isotope techniques in water resource investigations in arid and semi－arid regions［R］. Austria：IAEA，2001.

［20］ EDMUNDS W M，SMEDLEY P L. Residence time indicators in groundwater：the East Midlands Triassic sandstone aquifer［J］. Applied Geochemistry，2000，15（6）：737－752.

［21］ EDMUNDS W M. Geochemistry's vital contribution to solving water resource problems［J］. Applied Geochemistry，2009，24（6）：1058－1073.

[22] EDMUNDS W M. Renewable and non – renewable groundwater in semi – arid and arid regions [J]. Developments in water science, 2003, 50: 265 – 280.

[23] VÖRÖSMARTY C, LETTENMAIER D, LEVEQUE C. Humans transforming the global water system [J]. EOS: Earth&Space Science News, 2004, 85 (48): 509 – 514.

[24] GEE G W, HILLEL D. Groundwater recharge in arid regions: Review and critique of estimation methods [J]. Hydrological processes, 1988, 2 (3): 255 – 266.

[25] KAZEMI G A, LEHR J H, PERROCHET P. Groundwater age [M]. New Jersey: John Wiley & Sons, Inc. , 2006.

[26] GLYNN P D, PLUMMER L N. Geochemistry and the understanding of ground – water systems [J]. Hydrogeology journal, 2005, 13 (1): 263 – 287.

[27] HENDRICKX J M H, WALKER G R. Recharge from precipitation [M]//Recharge of phreatic aquifers in (semi) arid areas. Rotterdam: AA Balkema, 1997.

[28] HINSBY K, PURTSCHERT R, EDMUNDS W M. Groundwater age and quality [M]//QUEVAUVILLE P. Groundwater science and policy: an international overview. Cambridge: The Royal Society of Chemistry, 2008: 217 – 239.

[29] DE VRIES J J, SIMMERS I. Groundwater recharge: an overview of processes and challenges [J]. Hydrogeology journal, 2002, 10 (1): 5 – 17.

[30] KARL T R, MELILLO J M, PETERSON T C, et al. Global Climate Change Impacts in the United States: Highlights [M]. New York: Cambridge University Press, 2009.

[31] MARGAT J, FRENKEN K, FAURÉS J M. Key water resources statistics in AQUASTAT, FAO's Global Information System on Water and Agriculture [C]. Vienna: IWG – Env, International Work Session on Water Statistics, 2005.

[32] OLLI V, PERTTI V. China's 8 challenges to water resources management in the first quarter of the 21st Century [J]. Geomorphology, 2001, 41 (2/3): 93 – 104.

[33] PIAO S L, CIAIS P, HUANG Y, et al. The impacts of climate change on water resources and agriculture in China [J]. Nature, 2010, 467 (7311): 43 – 51.

[34] AGGARWAL P K, ARAGUAS – ARAGUAS L J, GROENING M, et al. Global hydrological isotope data and data networks [M]//West B J, BOWEN G J, DAWSON T E, et al. Isoscapes: understanding movement, pattern, and process on Earth through isotope mapping. Berlin: springer, 2010: 33 – 50.

[35] Presidency of Meteorology and Environment of the Kingdom of Saudi Arabia. Millennium ecosystem assessment [R]. Jeddah: Island Press, 2010: 1 – 14.

[36] HEALY R W, COOK P G. Using groundwater levels to estimate recharge [J]. Hydrogeology Journal, 2002, 10 (1): 91 – 109.

[37] SCANLON B R, COOK P G. Preface Theme issue on groundwater recharge [J]. Hydrogeology Journal, 2002, 10 (1): 3 – 4.

[38] SONG X F, LIU X C, XIA J, et al. A study of interaction between surface water and groundwater using environmental isotope in Huaisha River basin [J]. Science in China, 2006, 49 (12): 1299 – 1310.

[39] SOPHOCLEOUS M. Groundwater recharge and sustainability in the High Plains aquifer in Kansas, USA [J]. Hydrogeology Journal, 2005, 13 (2): 351 – 365.

[40] STEPHEN F, DANIEL P. Non – renewable groundwater resources, a guidebook on socially sustainable management for water – policy makers [R]. Paris: UNESCO, 2006: 13 – 97.

[41] THEIS C V. Amount of ground – water recharge in the southern High Plains [J]. EOS: Transac-

tions, American Geophysical Union, 1937, 18 (2): 564 - 568.

[42] THEIS C V. The source of water derived from wells: essential factors controlling the response of an aquifer to development [J]. Civil Eng, 1940, 10 (5): 277 - 280.

[43] VERHAGEN B. Isotope hydrology and its impact in the developing world [J]. Journal of Radioanalytical Nuclear Chemistry, 2003, 257 (1): 17 - 26.

[44] VOROSMARTY C J, GREEN P, SALISBURY J, et al. Global water resources: Vulnerability from climate change and population growth [J]. Science, 2000, 289 (5477): 284 - 288.

[45] VOROSMARTY C J, MCINTYRE P B, GESSNER M O, et al. Global threats to human water security and river biodiversity [J]. Nature, 2010, 467 (7315): 555 - 561.

[46] WANG S Q, SONG X F, WANG Q X, et al. Shallow groundwater dynamics in North China Plain [J]. Journal of Geographical Sciences, 2009, 19 (2): 175 - 188.

[47] SANFORD W. Recharge and groundwater models: an overview [J]. Hydrogeology Journal, 2002 (10): 110 - 120.

[48] WINTER T C. The concept of hydrologic landscapes [J]. JAWRA Journal of the American Water Resources Association, 2001, 37 (2): 335 - 349.

[49] World Water Assessment Programme. Water in a changing world, the United Nation's world water development report 3 [R]. Paris: UNESCO, 2009: 1 - 32.

[50] ZHAI Y Z, WANG J S, ZHANG B T, et al. Physical, hydrochemical and isotopic characteristics of springs in Beijing, China, compared to historical properties [J]. Journal of Radioanalytical and Nuclear Chemistry, 2014, 300 (1): 315 - 323.

[51] ZHAI Y Z, WANG J S, BAI Y Y, et al. Hydrochemical and Isotopic Characteristics of Spring Water in Beijing and Their Environmental Implications [C] // 2011 5th International Conference on Bioinformatics and Biomedical Engineering. Wuhan, 2011.

[52] ZHANG Z H, SHI D H, REN F H, et al. Evolution of Quaternary groundwater system in North China Plain [J]. Science in China Series D: Earth Sciences, 1997, 40 (3): 276 - 283.

[53] 北京市地质矿产勘查开发局，北京市水文地质工程地质大队. 北京地下水 [M]. 北京：中国大地出版社，2008.

[54] 陈崇希. 滞后补给权函数——降雨补给潜水滞后性处理方法 [J]. 水文地质工程地质，1998 (6)：22 - 24.

[55] 陈宗宇，陈京生，费宇红，等. 利用氚估算太行山前地下水更新速率 [J]. 核技术，2006，29 (6)：426 - 431.

[56] 陈宗宇，聂振龙，张荷生，等. 从黑河流域地下水年龄论其资源属性 [J]. 地质学报，2004，78 (4)：560 - 567.

[57] 陈宗宇，王莹，刘君，等. 近 50 年来我国北方典型区域地下水演化特征 [J]. 第四纪研究，2010，30 (1)：115 - 126.

[58] 储开凤，汪静萍. 中国水文循环与水体研究进展 [J]. 水科学进展，2007，18 (3)：468 - 474.

[59] 翟盘茂，潘晓华. 中国北方近 50 年温度和降水极端事件变化 [J]. 地理学报，2003，58 (21)：1 - 10.

[60] 翟远征，王金生，苏小四，等. 地下水数值模拟中的参数敏感性分析 [J]. 人民黄河，2010，32 (12)：99 - 101.

[61] 翟远征，王金生，苏小四. 正交试验法在地下水数值模拟敏感性分析中的应用 [J]. 工程勘察，2011，39 (1)：46 - 50.

[62] 翟远征，王金生，滕彦国，等. 北京市泉水的水化学、同位素特征及其指示作用 [J]. 地质通报，2011，30 (9)：1442 - 1449.

[63] 翟远征，王金生，滕彦国，等. 地下水更新能力评价指标问题刍议——更新周期和补给速率的适用性 [J]. 水科学进展，2013（1）：56-61.

[64] 翟远征. 地下水更新能力研究——以北京市平原区地下水为例 [D]. 北京：北京师范大学，2011.

[65] 冯功堂，由希尧，李大康，等. 干旱区潜水蒸发埋深及土质关系实验分析 [J]. 干旱区研究，1995（3）：78-84.

[66] 冯绍元，丁跃元，姚彬. 用人工降雨和数值模拟方法研究降雨入渗规律 [J]. 水利学报，1998（11）：17-20，25.

[67] 甘治国，蒋云钟，鲁帆，等. 北京市水资源配置模拟模型研究 [J]. 水利学报，2008，39（1）：91-95，102.

[68] 高淑琴. 河南平原第四系地下水循环模式及其可更新能力评价 [D]. 长春：吉林大学，2008.

[69] 贾绍凤，张士锋. 海河流域水资源安全评价 [J]. 地理科学进展，2003，22（4）：379-387.

[70] 贾秀梅，孙继朝，陈玺，等. 银川平原承压水氢氧同位素组成与14C年龄分布特征 [J]. 现代地质，2009，23（1）：15-22.

[71] 李金柱. 降水入渗补给系数综合分析 [J]. 水文地质工程地质，2009，36（2）：29-33.

[72] 林学钰，廖资生. 地下水资源的本质属性、功能及开展水文地质学研究的意义 [J]. 天津大学学报（社会科学版），2004，6（3）：193-195.

[73] 林学钰，廖资生. 地下水资源的基本属性和我国水文地质科学的发展 [J]. 地学前缘，2002，9（3）：93-94.

[74] 林学钰，王金生. 黄河流域地下水资源及其可更新能力研究 [M]. 郑州：黄河水利出版社，2006.

[75] 刘昌明，何希吾，任鸿遵. 中国水问题研究 [M]. 北京：气象出版社，1996.

[76] 刘昌明，何希吾. 中国21世纪水问题方略 [M]. 北京：科学出版社，1996.

[77] 刘存富，王佩仪，周炼. 河北平原地下水氢、氧、碳、氯同位素组成的环境意义 [J]. 地学前缘，1997（2）：267-274.

[78] 刘心彪，周斌，魏玉涛. 基于环境同位素的陇东盆地地下水分析 [J]. 干旱区研究，2009，26（6）：804-810.

[79] 陆桂华，何海. 全球水循环研究进展 [J]. 水科学进展，2006，17（3）：419-424.

[80] 马柱国，华丽娟，任小波. 中国近代北方极端干湿事件的演变规律 [J]. 地理学报，2003，58（21）：69-74.

[81] 聂振龙，陈宗宇，张光辉，等. 黑河流域民乐山前隐伏构造带地下水补给与更新 [J]. 水文地质工程地质，2010，37（2）：6-9.

[82] 聂振龙. 黑河干流中游盆地地下水循环及更新性研究 [D]. 北京：中国地质科学院研究生部，2004.

[83] 齐登红. 系统响应分析在降水入渗补给计算中的应用 [J]. 地质科技情报，2006，25（6）：82-86.

[84] 齐仁贵. 用地下水动态资料分析降雨入渗对地下水的补给 [J]. 武汉水利电力大学学报，1999（3）：58-62.

[85] 乔晓英. 准格尔盆地南缘地下水环境演化及其更新能力研究 [D]. 西安：长安大学，2008：1-151.

[86] 邵景力，赵宗壮，崔亚莉，等. 华北平原地下水流模拟及地下水资源评价 [J]. 资源科学，2009，31（3）：361-367.

[87] 史良胜，蔡树英，杨金忠. 次降雨入渗补给系数空间变异性研究及模拟 [J]. 水利学报，2007，38（1）：79-85.

[88] 束龙仓，陶玉飞，刘佩贵. 考虑水文地质参数不确定性的地下水补给量可靠度计算 [J]. 水利学报，2008，39（3）：346-350.

［89］ 宋献方，李发东，于静洁，等. 基于氢氧同位素与水化学的潮白河流域地下水水循环特征［J］.
地理研究，2007，26（1）：11－21.

［90］ 苏小四，林学钰. 包头平原地下水水循环模式及其可更新能力的同位素研究［J］. 吉林大学学
报（地球科学版），2003，33（4）：503－508，529.

［91］ 苏小四，林学钰. 银川平原地下水循环及其可更新能力评价的同位素证据［J］. 资源科学，
2004，26（2）：29－35.

［92］ 苏小四. 同位素技术在黄河流域典型地区地下水可更新能力研究中的应用——以银川平原和包
头平原为例［D］. 长春：吉林大学，2002.

［93］ 苏永红，朱高峰，冯起，等. 额济纳盆地浅层地下水演化特征与滞留时间研究［J］. 干旱区地
理，2009，32（4）：544－551.

［94］ 王金星，张建云，李岩，等. 近50年来中国六大流域径流年内分配变化趋势［J］. 水科学进展，
2008，19（5）：656－661.

［95］ 王文科，王雁林，段磊. 关中盆地地下水环境演化与可更新维持途径［M］. 郑州：黄河水利出
版社，2006.

［96］ 王焰新，马腾，郭清海，等. 地下水与环境变化研究［J］. 地学前缘，2005，12（21）：14－21.

［97］ 文冬光. 用环境同位素论区域地下水资源属性［J］. 地球科学（中国地质大学学报），2002，
27（2）：141－147.

［98］ 谢平，陈广才，韩淑敏，等. 从潮白河年径流频率分布变化看北京市水资源安全问题［J］. 长
江流域资源与环境，2006，15（6）：713－717.

［99］ 徐宗学，张玲，阮本清. 北京地区降水量时空分布规律分析［J］. 干旱区地理，2006，29（2）：
186－192.

［100］ 杨湘奎. 基于同位素技术的松嫩平原地下水补给及更新性研究［D］. 北京：中国地质大学（北
京），2009.

［101］ 于淑秋. 北京地区降水年际变化及其城市效应的研究［J］. 自然科学进展，2007，17（5）：
632－638.

［102］ 张光辉，陈宗宇，聂振龙，等. 黑河流域地下水同位素特征及其对古气候变化的响应［J］. 地
球学报，2006，27（4）：341－348.

［103］ 张光辉，费宇红，申建梅，等. 降水补给地下水过程中包气带变化对入渗的影响［J］. 水利学
报，2007，38（5）：611－617.

［104］ 张光辉，聂振龙，谢悦波，等. 甘肃西部平原区地下水同位素特征及更新性［J］. 地质通报，
2005，24（2）：149－155.

［105］ 张光辉，杨丽芝，聂振龙，等. 华北平原地下水的功能特征与功能评价［J］. 资源科学，2009，
31（3）：368－374.

［106］ 张建云，章四龙，王金星，等. 近50年来中国六大流域年际径流变化趋势研究［J］. 水科学进
展，2007，18（2）：230－234.

［107］ 张长春，邵景力，李慈君，等. 华北平原地下水生态环境水位研究［J］. 吉林大学学报（地球
科学版），2003，33（3）：323－326，330.

［108］ 张宗祜，施德鸿，沈照理，等. 人类活动影响下华北平原地下水环境的演化与发展［J］. 地球
学报（中国地质科学院院报），1997（4）：337－344.

［109］ 张宗祜，张光辉. 大陆水循环系统演化及其环境意义［J］. 地球学报，2001，22（4）：
289－292.

［110］ 朱芮芮，刘昌明，郑红星. 无定河流域地下水更新时间估算［J］. 地理学报，2009，64（3）：
315－322.

［111］ 北京师范大学，北京市水文总站，中国地质环境监测院，等. 地下水循环再生能力研究

［R］. 2012.

［112］ ALLER L，BENNET T T，LEHR J H，et al. DRASTIC：A Standardized System for Evaluating Ground Water Pollution Potential Using Hydrogeologic Settings ［R］.

［113］ ANTONIOU P，HAMILTON J，KOOPMAN B，et al. Effect of temperature and pH on the effective maximum specific growth rate of nitrifying bacteria ［J］. Water Research，1990，24（1）：97－101.

［114］ BAVER L D. Soil physics ［J］. Soil Science，1956，81（4）：337.

［115］ BRAVO－GARZA M R，BRYAN R B，VORONEY P. Influence of wetting and drying cycles and maize residue addition on the formation of water stable aggregates in Vertisols ［J］. Geoderma，2009，151（3）：150－156.

［116］ STE－MARIE C，PARE D. Soil，pH and N availability effects on net nitrification in the forest floors of a range of boreal forest stands ［J］. Soil Biology and Biochemistry，1999，31（11）：1579－1589.

［117］ CHRISTIANE W，ANDREA T，ANTJE W，et al. Horizon－Specific Bacterial Community Composition of German Grassland Soils，as Revealed by Pyrosequencing－Based Analysis of 16S rDNA Genes ［J］. Applied and Environmental Microbiology，2010，76（20）：6751－6759.

［118］ LOVLEY D R，PHILLIPS E J. Novel Processes for Anaerobic Sulfate Production from Elemental Sulfur by Sulfate－Reducing Bacterial ［J］. Applied and Environmental Mrcrobiology，1994，60（7）：2394－2399.

［119］ DESIMONE L A，HOWES B L. Nitrogen transport and transformation in a shallow aquifer receiving wastewater discharge：A mass balance approach ［J］. Water Resources Research，1998，34（2）：271－285.

［120］ Л. С. ЭРНЕСТОВА，И. В. СЕМЕНОВА，马腾. 水体的生态状态指标——天然水的自净能力 ［J］. 地质科学译丛，1995，12（3）：86－89.

［121］ KHAN F I，HUSAIN T，HEIAZI. An overview and analysis of site remediation technologies ［J］. Journal of Environmental Management，2004，71（2）：95－122.

［122］ FIERER N，SCHIMEL J P. Effects of drying－rewetting frequency on soil carbon and nitrogen transformations ［J］. Soil Biology and Biochemistry，2002，34（6）：777－787.

［123］ CHAPELLE F H，BRADLEY P M. Selecting remediation goals by assessing the natural attenuation capacity of groundwater systems ［J］. Bioremediation Journal，1998，2（3/4）：227－238.

［124］ GILLHAM R W，CHERRY J A. Filed evidence of denitrification in shallow groundwater flow systems ［J］. Water Quality Research Journal，1978，13（1）：53－72.

［125］ GOGU R C，DASSARGUES A. Current trends and future challenges in groundwater vulnerability assessment using overlay and index methods ［J］. Environmental Geology，2000，39（6）：549－559.

［126］ GREEN M，FRIEDLER E，RUSKOL Y，et al. Investigation of alternative method for nitrification in constructed wetlands ［J］. Water Science and Technology，1997，35（5）：63－70.

［127］ GROENEWEG J，SELLNER B，TAPPE W. Ammonia oxidation in nitrosomonas at NH_3 concentrations near k_m：Effects of pH and temperature ［J］. Water Research，1994，28（12）：2561－2566.

［128］ GUO L B，GIFFORD R M. Soil carbon stocks and land use change：a meta analysis ［J］. Global Change Biology，2002，8（4）：345－360.

［129］ GUPTA A B. Thiosphaera pantotropha：a sulphur bacterium capable of simultaneous heterotrophic nitrification and aerobic denitrification ［J］. Enzyme and Microbial Technology，1997，21（8）：

589 - 595.

[130] HOUGHTON R A. The worldwide extent of land - use change [J]. BioScience, 1994, 44 (5): 305 - 313.

[131] LAKE I R, LOVETT A A, HISCOCK K M, et al. Evaluating factors influencing groundwater vulnerability to nitrate pollution: developing the potential of GIS [J]. Journal of Environmental Management, 2003, 68 (3): 315 - 328.

[132] JARVIS S C, BARRACLOUGH D, WILLIAMS J, et al. Patterns of denitrification loss from grazed grassland: Effects of N fertilizer inputs at different sites [J]. Plant and Soil, 1991, 131 (1): 77 - 88.

[133] SCOW K M, HICKS K A, Natural attenuation and enhanced bioremediation of organic contaminants in groundwater [J]. Current Opinion in Biotechnology, 2005, 16 (3): 246 - 253.

[134] HEYLEN K, VANPARYS B, WITTEBOLLE L, et al. Cultivation of Denitrifying Bacteria: Optimization of Isolation Conditions and Diversity Study [J]. Applied and Environmental Microbiology, 2006, 72 (4): 2637 - 2643.

[135] LAI R. Soil erosion and land degradation: the global risks [J]. Advances in Soil Science, 1990 (11): 129 - 172.

[136] LAMONTAGNE M G, SCHIMEL J P, HOLDEN P A, et al. Comparison of subsurface and surface soil bacterial communities in California grassland as assessed by terminal restriction fragment length polymorphisms of PCR - amplified 16S rDNA genes [J]. Microbial Ecology, 2003, 46 (2): 216 - 227.

[137] PHILIPPOT L, PIUTTI S, MARTIN - LAURENT F, et al. Molecular Analysis of the Nitrate - Reducing Community from Unplanted and Maize - Planted Soils [J]. Applied and Environmental Microbiology, 2002, 68 (12): 6121 - 6128.

[138] LÜDEMANN H, ARTH I, LIESACK W. Spatial changes in the bacterial community structure along a vertical oxygen gradient in flooded paddy soil cores [J]. Applied and Environmental Microbiology, 2000, 66 (2): 754 - 762.

[139] MCALLISTER P M, CHIANG C Y. A practical approach to evaluating natural attenuation of contaminants in ground water [J]. Groundwater Monitoring & Remediation, 1994, 14 (2): 161 - 173.

[140] MERCHANT J W. GIS - Based Groundwater Pollution Hazard Assessment: A Critical Review of the DRASTIC Model [J]. Photogrammetric Engineering & Remote Sensing, 1994, 60 (9): 1117 - 1127.

[141] MOIR J W, WEHRFRITZ J M, SPIRO S, et al. The biochemical characterization of a novel non - haem - iron hydroxylamine oxidase from Paracoccus denitrificans GB17 [J]. Biochemical Journal, 1996, 319 (3): 823 - 827.

[142] MUYZER G, WAAL E C, UITTERLINDEN A G. Profiling of complex microbial populations by denaturing gradient gel electrophoresis analysis of polymerase chain reaction - amplified genes coding for 16SrRNA [J]. Applied and Environmental Microbiology, 1993, 59 (3): 695 - 700.

[143] MUYZER G, BRINKHOFF T, NÜBEL U, et al. Denaturing gradient gel electrophoresis (DGGE) in microbial ecology [J]. Molecular microbial ecology Manual, v.1, 1998, 3 (44): 1 - 27.

[144] National Research Council (U. S.). Committee on intrinsic remediation, natural attenuation for groundwater remediation. National Academies Press, 2000 - 2740.

[145] NICOLE D, BRUNO G, STEFFEN K. Methanotrophic Communities in Brazilian Ferralsols from

Naturally Forested, Afforested, and Agricultural Sites [J]. Applied and Environmental Microbiology, 2010, 76 (4): 1307 – 1310.

[146] OBENHUBER D C, LOWRANCE R. Reduction of nitrate in aquifer microcosms by carbon additions [J]. Journal of Environmental Quality, 1991, 20 (1): 255 – 258.

[147] PAINTER H A, LOVELESS J E. Effect of temperature and pH value on the growth – rate constants of nitrifying bacteria in the activated – sludge process [J]. Water Research, 1983, 17 (3): 237 – 248.

[148] POSEN P, LOVETT A, HISCOCK K, et al. Incorporating variations in pesticide catabolic activity into a GIS – based groundwater risk assessment [J]. Science of the Total Environment, 2006, 367 (2/3): 641 – 652.

[149] PESARO M, NICOLLIER G, ZEYER J, et al. Impact of soil drying – rewetting stress on microbial communities and activities and on degradation of two crop protection products [J]. Applied and Environmental Microbiology, 2004, 70 (5): 2577 – 2587.

[150] GROFFMAN P M, HOWARD G, GOLD A J, et al. Microbial Nitrate processing in shallow groundwater in a riparian forest [J]. Journal of Environmental Quality, 1996, 25 (6): 1309 – 1316.

[151] ROBERTSON L A, KUENEN J G. Thiosphaera pantotropha gen. nov. sp. nov. , a facultatively anaerobic, facultatively autotrophic sulphur bacterium [J]. Journal of General Microbiology, 1983, 129 (9): 2847 – 2855.

[152] ROBERTSON W D, BLOWES D W, PTACEK C J, et al. Long – Term Performance of In Situ Reactive Barriers for Nitrate Remediation [J]. Groundwater, 2000, 38 (5): 689 – 695.

[153] ROHLF F J, NTSYS – PC: Numerical taxonomy and multivariate analysis system version 2. 0 University of New York: Stony Brook. 1992.

[154] SELIM S, NEGREL J, GOVAERTS C. et al. Isolation and Partial Characterization of Antagonistic Peptides Produced by Paenibacillus sp. Strain B2 Isolated from the Sorghum Mycorrhizosphere [J]. Applied and Environmental Microbiology, 2005, 71 (11): 6501 – 6507.

[155] SOUTHWICK L M, WILLIS G H, JOHNSON D C, et al. Leaching of Nitrate, Atrazine, and Metribuzin from Sugarcane in Southern Louisiana [J]. Journal of Environmental Quality, 1995, 24 (4): 684 – 690.

[156] CUMMINGS S P, JAMES GILMOUR D, The effect of NaCl on the growth of a Halomonas species: accumulation and utilization of compatible solutes [J]. MICROBIOLOGY, 1995, 141 (6): 1413 – 1418.

[157] GREEN S J, PRAKASH O, GIHRING T M, et al. Denitrifying Bacteria Isolated from Terrestrial Subsurface Sediments Exposed to Mixed – Waste Contamination [J]. Applied and Environmental Microbiology, 2010, 76 (10): 3244 – 3254.

[158] VOLOKITA M, BELKIN S, ABELIOVICH A, et al. Biological denitrification of drinking water using newspaper [J]. Water Research, 1996, 30 (4): 965 – 971.

[159] VRBA J, ZAPOROTEC A. Guidebook on mapping groundwater vulnerability [M]//In IAH International Contribution for Hydrogegology, Vol. 16/94. Heise, Hannover, 1999.

[160] WIEDEMEIER T H, LUCAS M A, HAAS P E. Designing monitoring programs to effectively evaluate the performance of natural attenuation [M]. San Antonia (TX): U. S. Air Force Center for Environmental Excellence, 1999.

[161] WILD H E, JR, SAWYER C N, et al. Factors affecting nitrification kinetics [J]. Journal (Water Pollution Control Federation), 1971, 43 (9): 1845 – 1854.

[162] WILLIAMS B L, BUTTLER A, GROSVERN IER D, et al. The fate of NH_4 NO_3 added to Sphagnum magellanicum carpets at five European mire sites [J]. Biogeochemistry, 1999, 45 (1): 73 – 93.

[163] 陈登美. 生活污水土地处理过程中氮的迁移转化 [D]. 贵阳：贵州师范大学，2008.

[164] 陈冠华. 北京城市生活垃圾状况预测及效益评价 [D]. 北京：北方工业大学，2009.

[165] 陈效民，潘根兴，沈其荣，等. 太湖地区农田土壤中硝态氮垂直运移的规律 [J]. 中国环境科学，2001, 21 (6): 481 – 484.

[166] 董姝娟. 北京城区地下水氮自净能力数值模拟 [D]. 北京：中国地质大学，2010.

[167] 傅利剑. 反硝化微生物生物学特性及其固定化细胞对硝态氮去除的研究 [D]. 南京：南京农业大学，2004.

[168] 冯绍元，张瑜芳，沈荣开，等. 淹水土壤中氮素运移与转化试验及其数值模拟 [J]. 农业工程学报，1994 (4): 50 – 56.

[169] 冯绍元，张瑜芳，沈荣开. 非饱和土壤中氮素运移与转化试验及其数值模拟 [J]. 水利学报，1996 (8): 8 – 15.

[170] 冯绍元，郑耀泉. 农田氮素的转化与损失及其对水环境的影响 [J]. 农业环境保护，1996 (6): 277 – 280.

[171] 冯绍元，张瑜芳. 粉砂壤土对铵离子的吸附特性 [J]. 中国农业大学学报，1996 (6): 11 – 13.

[172] 冯绍元，张瑜芳，沈荣开. 排水条件下饱和土中氮肥转化与运移模拟 [J]. 水利学报，1995 (6): 16 – 22.

[173] 郝汉舟，靳孟贵，李瑞敏，等. 重金属的土水分配行为研究——根际土壤溶液采样器的应用 [J]. 土壤，2009, 41 (4): 577 – 582.

[174] 纪其光，王碧泉，吴水木. 桂林市地下水自净能力评价方法 [J]. 南方国土资源，2007 (6): 38 – 40.

[175] 金赟芳. 城市（杭州）地下水污染源解析与修复技术研究 [D]. 杭州：浙江大学，2004.

[176] 卢修元，魏新平，邱习，等. 粉黏土夹层对砂的减渗规律试验分析 [J]. 水资源与工程学报，2009, 20 (2): 22 – 25.

[177] 鲁如坤. 土壤-植株营养学原理和施肥 [M]. 北京：化学工业出版社，1998.

[178] 李久生，杨风艳，栗岩峰. 层状土壤质地对地下滴灌水氮分布的影响 [J]. 农业工程学报，2009, 25 (7): 25 – 31.

[179] 李俊梅. 温榆河周边包气带剖面中氮素分布规律研究 [D]. 北京：中国地质大学（北京），2010.

[180] 林沛. 北京市城近郊区地下水水质评价与趋势分析 [D]. 长春：吉林大学，2004.

[181] 刘宏斌，李志宏，张云贵，等. 北京平原农区地下水硝态氮污染状况及其影响因素研究 [J]. 土壤学报，2006, 43 (3): 405 – 413.

[182] 刘鲜民，王现国. 洛阳市区包气带中污染物自净规律初步研究 [J]. 地下水，2009, 31 (5): 79 – 82.

[183] 雷静. 地下水环境脆弱性的研究 [D]. 北京：清华大学，2002.

[184] 马成有. 地下水环境质量评价方法研究 [D]. 长春：吉林大学，2009.

[185] 倪余文，区自清. 土壤优先水流及污染物优先迁移的研究进展 [J]. 土壤与环境，2000, 9 (1): 60 – 63.

[186] 阮晓红，王超，朱亮. 氮在饱和土壤层中迁移转化特征研究 [J]. 河海大学学报（自然科学版），1996 (2): 51 – 55.

[187] 邵明安，王全九，黄明斌. 土壤物理学 [M]. 北京：高等教育出版社，2006.

[188] 束善治，梁宏伟，袁勇. 轻非水相液体在非均质地层包气带中运移和分布特征数值分析 [J].

水利学报, 2002 (11): 31-37.

[189] 孙佐辉, 廖资生, 李同斌. 延吉市地下水系统污染现状及包气带自净规律试验研究 [J]. 水文, 2003, 23 (2): 25-28.

[190] 王艾荣, 罗汉金, 梁博, 等. 硝化细菌在 3 种沉积土壤中的变化规律研究: Ⅰ硝化细菌与土壤种类的关系 [J]. 农业环境科学学报, 2008, 27 (2): 665-669.

[191] 王发刚, 王启基, 王文颖, 等. 土壤有机碳研究进展 [J]. 草业科学, 2008, 25 (2): 48-54.

[192] 吴俊锋, 王燕枫, 李勇. 低铵污水灌溉下土壤中硝化作用试验研究 [J]. 江苏环境科技, 2003, 16 (2): 4-5.

[193] 王禄, 喻志平, 赵智杰. 人工快速渗滤系统氨氮去除机理 [J]. 中国环境科学, 2006, 26 (4): 500-504.

[194] 王文焰, 张建丰, 汪志荣, 等. 黄土中砂层对入渗特性的影响 [J]. 岩土工程学报, 1995 (5): 33-41.

[195] 王春颖, 毛晓敏, 赵兵. 层状夹砂土柱室内积水入渗试验及模拟 [J]. 农业工程学报, 2010, 26 (11): 61-67.

[196] 吴耀国, 王卫, 王超, 等. 非饱和 RBF 中氮转化及其环境效应的实验研究 [J]. 西北工业大学学报, 2004, 22 (5): 609-613.

[197] 吴登定. 地下水含水层天然防污性能评价方法研究: 以北京平原区为例 [D]. 北京: 中国地质大学 (北京), 2006.

[198] 蔚辉. 北京城近郊"三氮"特殊防污性能评价 [D]. 北京: 中国地质大学 (北京), 2007.

[199] 谢华, 王康, 张仁铎, 等. 土壤水入渗均匀特性的染色示踪试验研究 [J]. 灌溉排水学报, 2007, 26 (1): 1-4.

[200] 徐明峰, 李绪谦, 金春花, 等. 尖点突变模型在地下水特殊脆弱性评价中的应用 [J]. 水资源保护, 2005, 21 (5): 19-22.

[201] 杨绒, 周建斌, 赵满兴. 土壤中可溶性有机氮含量及其影响因素研究 [J]. 土壤通报, 2007, 38 (1): 15-18.

[202] 杨旭东, 孙建平, 魏玉梅. 地下水系统脆弱性评价探讨 [J]. 安全与环境工程, 2006, 13 (1): 1-4.

[203] 姚文锋. 基于过程模拟的地下水脆弱性研究 [D]. 北京: 清华大学, 2007.

[204] 朱磊, 周清, 王康. 土壤水非均匀流动网络特性实验 [J]. 武汉大学学报 (工学版), 2009, 42 (5): 618-621, 625.

[205] 朱霞, 韩晓增, 乔云发, 等. 外加可溶性碳、氮对不同热量带土壤氨挥发的影响 [J]. 环境科学, 2009, 30 (12): 3465-3470.

[206] 钟佐燊. 地下水防污性能评价方法探讨 [J]. 地学前缘, 2005, 12 (21): 3-13.

[207] 周磊. 北京城近郊区地下水脆弱性研究 [D]. 长春: 吉林大学, 2004.

[208] 郑西来, 吴新利, 荆静. 西安市潜水污染的潜在性分析与评价 [J]. 工程勘察, 1997 (4): 22-25.

[209] 张春辉, 裴元生. 氨氮在大厚度包气带土层中迁移转化的数学模拟 [J]. 甘肃环境研究与监测, 2001, 14 (1): 3-5, 8.

[210] 张政, 付融冰, 顾国维, 等. 人工湿地脱氮途径及其影响因素分析 [J]. 生态环境, 2006, 15 (6): 1385-1390.

[211] 张红兵, 贾来喜, 李潞, 等. SPSS 宝典 [M]. 北京: 电子工业出版社, 2007.

[212] 张虎成, 俞穆清, 田卫, 等. 人工湿地生态系统中氮的净化机理及其影响因素研究进展 [J]. 干旱区资源与环境, 2004, 18 (4): 163-168.

[213] 中国地质大学 (北京), 北京市水文总站. 地下水系统中污染物迁移转化规律与自净能力研究

[R]. 2012.

[214] 罗兰. 我国地下水污染现状与防治对策研究 [J]. 中国地质大学学报（社会科学版），2008，8（2）：72-75.

[215] KELLY W R. Long - Term Trends in Chloride Concentrations in Shallow Aquifers near Chicago [J]. Ground Water，2008，46（5）：772-781.

[216] JEONG C H. Effect of land use and urbanization on hydrochemistry and contamination of groundwater from Taejon area，Korea [J]. Journal of Hydrology，2001，253（1-4）：194-210.

[217] GAT J R，GONFIANTINI R. Stable isotope hydrology：deuterium and oxygen-18 in the water cycle. Technical reports series No. 210 [R]. Vienna：International Atomic Energy Agency，1981：339.

[218] CLARK I D，FRITZ P. Environmental Isotopes in Hydrogeology [M]. New York：Lewis Publisher，1997.

[219] KENDALL C. Tracing nitrogen sources and cycling in catchments [M]//KENDALL C，MCDONNELL J J. Isotope Tracers in Catchment Hydrology. Amsterdam：Elsevier Science，1998：519-576.

[220] PANNO S V，HACKLEY K C，HWANG H H，et al. Determination of the sources of nitrate contamination in karst springs using isotopic and chemical indicators [J]. Chemical Geology，2001，179（1-4）：113-128.

[221] UMEZAWA Y，HOSONO T，ONODERA S，et al. Sources of nitrate and ammonium contamination in groundwater wnder developing Asian megacities [J]. Science of the Total Environment，2009，407（9）：3219-3231.

[222] ROBINSON B W，BOTTRELL S H. Discrimination of sulfur sources in pristine and polluted New Zealand river catchments using stable isotopes [J]. Applied Geochemistry，1997，12（3）：305-319.

[223] BRENOT A，CARIGNAN J，FRANCE-LANORD C，et al. Geological and land use control on δ^{34}S and δ^{18}O of river dissolved sulfate：The Moselle river basin，France [J]. Chemical Geology，2007，244（1/2）：25-41.

[224] OTERO N，SOLER A，CANALS A. Controls of δ^{34}S and δ^{18}O in dissolved sulphate：Learning from a detailed survey in the Llobregat River（Spain）　[J]. Applied Geochemistry，2008，23（5）：1166-1185.

[225] DOGRAMACI S S，HERCZEG A L，SCHIFF S L，et al. Controls on δ^{34}S and δ^{18}O of dissolved sulfate in aquifers of the Murray Basin，Australia and their use as indicators of flow processes [J]. Applied Geochemistry，2001，16（4）：475-488.

[226] SPENCE M J，BOTTRELL S H，THORNTON S F，et al. Isotopic modelling of the significance of bacterial sulphate reduction for phenol attenuation in a contaminated aquifer [J]. Journal of Contaminant Hydrology，2001，53（3/4）：285-304.

[227] BARBIERI M，BOSCHETTI T，PETITTA M，et al. Stable isotope（^{2}H，^{18}O and ^{87}Sr/^{86}Sr）and hydrochemistry monitoring for groundwater hydrodynamics analysis in a karst aquifer（Gran Sasso，Central Italy）[J]. Applied Geochemistry，2005，20（11）：2063-2081.

[228] KATZ B G，EBERTS S M，KAUFFMAN L J. Using Cl/Br ratios and other indicators to assess potential impacts on groundwater quality from septic systems：A review and examples from principal aquifers in the United States [J]. Journal of Hydrology，2011，397（3/4）：151-166.

[229] 叶成明，李小杰，郑继天，等. 国外地下水污染调查监测井技术 [J]. 探矿工程（岩土钻掘工程），2007，34（11）：57-60.

［230］ 中国城镇供水协会. 1997 年城市供水统计年鉴 ［R］. 北京：中国城镇供水协会，1998.

［231］ 陈兵，赵洪宾，袁一星，等. 城市配水系统漏失问题研究 ［J］. 哈尔滨建筑大学学报，2000，33（6）：74 - 78.

［232］ 北京市水利规划设计研究院，中国地质大学（北京）. 地下水水质变化对供水安全影响研究 ［R］. 2012.

［233］ 杨益. 我国再生水利用潜力巨大 ［J］. 经济，2010（4）：64 - 65.

［234］ 新一轮全国地下水资源评价结果 ［EB/OL］. http：//www. cigem. gov. cn/qingbao/No1/keyanchenguo/3. htm.

［235］ 范庆莲，戴岚，刘文光，焦志忠，等，2009 年北京市水资源公报，北京：北京市水务局，2010.

［236］ FOX P. Soil Aquifer Treatment：An Assessment of Sustainability ［M］// Mangement of Aquifer Recharge for Sustainability. Florida：CRC Press，2002：21 - 26.

［237］ American Water Works Association Research Foundation （AWWARF）. 2001. "An Investigation of Soil Aquifer Treatment for Sustainable Water Reuse. " Order Number 90855.

［238］ MINOR E，STEPHENS B. Dissolved organic matter characteristics within the lake superior watershed ［J］. Organic Geochemistry，2008，39（11）：1489 - 1501.

［239］ DREWES J E，FOX P. Fate of natural organic matter （NOM） during groundwater recharge using reclaimed water ［J］. Water Science and Technology，1999，40（9）：241 - 248.

［240］ SKJEMSTAD J O，HAYES M H B，SWIFT R S. Changes in Natural Organic Matter During Aquifer Storage ［M］// Management of Aquifer Recharge for Sustainability. Florida：CRC Press，2002：149 - 154.

［241］ QUANRUD D M，HAFER J，KARPISCAK M M，et al. Fate of organics during soil - aquifer treatment：sustainability of removals in the field ［J］. Water Research，2003，37（14）：3401 - 3411.

［242］ RAUCH - WILLIAMS T，DREWES J E. Using soil biomass as an indicator for the biological removal of effluent - derived organic carbon during soil infiltration ［J］. Water Research，2006，40（5）：961 - 968.

［243］ LIN C Y，ESHEL G，NEGEV I，et al. Long - term accumulation and material balance of organic matter in the soil of an effluent infiltration basin ［J］. Geoderma，2008，148（1）：35 - 42.

［244］ 美国环保局（USEPA）. 污水再生利用指南 ［M］. 胡洪营，魏东斌，王丽莎，等译. 北京：化学工业出版社，2008.

［245］ 北京市环境科学研究院，北京市水文总站，北京市勘察设计院. 北京市平原地区地下饮用水源保护及防治技术指南 ［R］. 2000.

［246］ 于开宁，郝爱兵，李铎，等. 石家庄市地下水盐污染的分布及污染机理 ［J］. 地学前缘，2001，8（1）：151 - 154.

［247］ 王东胜，沈照理，等. 氮迁移转化对地下水硬度升高的影响 ［J］. 现代地质，1998（3）：431 - 436.

［248］ 唐莲，张晓童. 再生水灌溉土壤污染物运移规律的试验研究——以宁夏回族自治区大武口市森林公园为例 ［J］. 农业科学研究，2007，28（1）：29 - 31.

［249］ 罗泽娇，靳孟贵. 地下水三氮污染的研究进展 ［J］. 水文地质工程地质，2002，29（4）：65 - 69.

［250］ 闫芙蓉，邓清海，潘国营. 陕西省冯家山灌区三氮转化机理实验研究 ［J］. 西部探矿工程，2003，15（12）：163 - 165.

［251］ 姜翠玲，夏自强，刘凌，等. 污水灌溉土壤及地下水三氮的变化动态分析 ［J］. 水科学进展，1997（2）：183 - 188.

［252］ 邱汉学，刘贯群，焦超颖. 三氮循环与地下水污染——以辛店地区为例［J］. 青岛海洋大学学报（自然科学版），1997，27（4）：533-538.

［253］ 杨维，郭毓，王泳，等. 氨氮污染地下水的动态实验研究［J］. 沈阳建筑大学学报（自然科学版），2007，23（5）：826-831.

［254］ 高秀花，陈鸿汉，李海明，等. 不同岩性对氨氮吸附影响的实验研究［J］. 环境与可持续发展，2006（5）：55-57.

［255］ 何星海，马世豪. 再生水补充地下水水质指标及控制技术［J］. 环境科学，2004，25（5）：61-64.

［256］ 郭瑾，彭永臻. 城市污水处理过程中微量有机物的去除转化研究进展［J］. 现代化工，2007，27（21）：65-69.

［257］ AMMARY B Y. Wastewater reuse in Jordan：Present status and future plans［J］. Desalination，2007，211：164-176.

［258］ BIXIO D，THOEYE C，DEKONING J，et al. Wastewater reuse in Europe［J］. Desalination，2006，187：89-101.

［259］ ASANO T，COTRUVO J A. Groundwater recharge with reclaimed municipal wastewater：health and regulatory considerations［J］. Water Research，2004，38（8）：1941-1951.

［260］ ANGELAKIS A N，MARECOS DO MONTE M H F，BONTOUX L，et al. The status of wastewater reuse practice in the Mediterranean basin：need for guidelines［J］. Water Research，1999，33（10）：2201-2217.

［261］ 李春光. 美国污水再生利用的借鉴［J］. 城市公用事业，2009，23（2）：25-28.

［262］ BIXIO D，THOEYE C，WINTGENS T，et al. Water reclamation and reuse：implementation and management issues［J］. Desalination，2008，218：13-23.

［263］ US Environmental Protection Agency. Guidelines for water reuse［M］. Washington，D. C.：EPA/625/R-04/108，2004.

［264］ 中华人民共和国国家质量监督检验检疫总局，中国国家标准化管理委员会. 城市污水再生利用 地下水回灌水质：GB/T 19772—2005［S］. 北京：中华人民共和国住房和城乡建设部，2005.

［265］ ZHU Z L. Nitrogen balance and cycling in agroecosystems of China［M］//ZHU Z L，WEN Q X，FRENEY J R. Nitrogen in Soils of China. London：Kluwer Academic Publishers，1997：323-338.

［266］ PYNE R D G. Groundwater Recharge and Wells：A Guide to Aquifer Storage Recovery［M］. Florida：Lewis Publishers，1995.

［267］ SHENG Z P. An aquifer storage and recovery system with reclaimed wastewater to preserve native groundwater resources in El Paso，Texas［J］. Journal of Environmental Management，2005，75（4）：367-377.

［268］ XING G X，YAN X Y. Direct nitrous oxide emissions from agricultural fields in China estimated by the revised 1996 IPDC guidelines for national greenhouse gases［J］. Environmental Science & Policy，1999，2（3）：355-361.

［269］ LI Q，HARRIS B，AYDOGAN C，et al. Feasibility of Recharging Reclaimed Wastewater to the Coastal Aquifers of Perth，Western Australia［J］. Process Safety and Environmental Protection，2006，84（4）：237-246.

［270］ CAZURRA T. Water reuse of south Barcelona's wastewater reclamation plant［J］. Desalination，2008，218：43-51.

［271］ KANAREK A，MICHAIL M. Groundwater recharge with municipal effluent：Dan region reclamation project，Israel [J]. Water Science and Technology，1996，34 (11)：227 - 233.

[272] KOPCHYNSKI T，FOX P，ALSMADI B，et al. The effects of soil type and effluent pre - treatment on soil aquifer treatment [J]. Water Science and Technology，1996，34 (11)：235 - 242.

[273] IDELOVITCH E，ICEKSON - TAI N，AVRAHAM O，et al. The long - term performance of Soil Aquifer Treatment (SAT) for effluent reuse [J]. Water Supply，2003，3 (4)：239 - 246.

[274] RICE R C，BOUWER H. Soil - aquifer treatment using primary effluent [J]. Journal (Water Pollution Control Federation)，1984，56 (1)：84 - 88.

[275] DREWES J E，REINHARD M，FOX P. Comparing microfiltration - reverse osmosis and soil - aquifer treatment for indirect potable reuse of water [J]. Water Research，2003，37 (15)，3612 - 3621.

[276] FOX P，NARAYANASWAMY K，GENZ A，et al. Water quality transformations during soil aquifer treatment at the Mesa Northwest Water Reclamation Plant，USA [J]. Water Science & Technology，2001，43 (10)：343 - 350.

[277] FOX P，ABOSHANP W，ALSAMADI B. Analysis of soils to demonstrate sustained organic carbon removal during soil aquifer treatment [J]. Journal of environmental，2005，34 (1)：156 - 163.

[278] QUANRUD D M，HAFER J，KARPISCAK M M，et al. Fate of organics during soil - aquifer treatment：sustainability of removals in the field [J]. Water Research，2003，37 (14)：3401 - 3411.

[279] RAUCH - WILLIAMS T，DREWES J E. Using soil biomass as an indicator for the biological removal of effluent - derived organic carbon during soil infiltration [J]. Water Research，2006，40 (5)：961 - 968.

[280] PAGED，DILLON P，TOZE S，et al. Valuing the subsurface pathogen treatment barrier in water recycling via aquifers for drinking supplies [J]. Water Research，2010，44 (6)：1841 - 1852.

[281] KORTELAINEN N M，KARHU J A. Tracing the decomposition of dissolved organic carbon in artificial groundwater recharge using carbon isotope ratios [J]. Applied Geochemistry，2006，21 (4)：547 - 562.

[282] 刘培斌. 北京市再生水开发利用问题与对策 [J]. 中国水利，2007 (6)：37 - 39.

[283] 周军，杜炜，张静慧，等. 北京市再生水行业的现状与发展 [J]. 中国建设信息 (水工业市场)，2009 (9)：12 - 14.

[284] LIN C，ESHEL G，NEGEV I，et al. Long - term accumulation and material balance of organic matter in the soil of an effluent infiltration basin [J]. Geoderma，2008，148 (1)：35 - 42.

[285] DIAZ - CRUZ M S，BARCELO D. Trace organic chemical contamination in ground water recharge [J]. Chemosphere，2008，72 (3)：333 - 342.

[286] ZHANG H，QU J，LIU H. Isolation of dissolved organic matter in effluents from sewage treatment plant and evaluation of the influences on its DBPs formation [J]. Separation and Purification Technology，2008，64 (1)：31 - 37.

[287] MAHJOUB O，LECLERCQ M，BACHELOT M，et al. Estrogen，aryl hysdrocarbon and pregnane X receptors activities in reclaimed water and irrigated soils in Oued Souhil area (Nabeul，Tunisia) [J]. Desalination，2009，246：425 - 434.

[288] WESTERHOFF P，PINNEY M. Dissolved organic carbon transformations during laboratory - scale groundwater recharge using lagoon - treated wastewater [J]. Waste Management，2000，20 (1)：75 - 83.

[289] 何星海，马世豪. 再生水补充地下水水质指标及控制技术 [J]. 环境科学，2004，25 (5)：

61 - 64.

[290] JOHNSON J S, BAKER L A, FOX P. Geochemical transformations during artificial groundwater recharge: soil - water interactions of inorganic constituents [J]. Water research, 1999, 33 (1): 196 - 206.

[291] VANDENBOHEDE A, VANHOUTTE E, LEBBE L. Water quality changes in the dunes of the western Belgian coastal plaindue to artificial recharge of tertiary treated wastewater [J]. Applied Geochemistry, 2009, 24 (3): 370 - 382.

[292] GRESKOWIAK J, PROMMER H, MASSMANN G, et al. The impact of variably saturated conditions on hydrogeochemical changes during artificial recharge of groundwater [J]. Applied Geochemistry, 2005, 20 (7): 1409 - 1426.

[293] 北京市水利科学研究所,中国科学院地理科学与资源研究所. 再生水入渗对水源地水质影响评价及预测 [R]. 2012.

[294] JARO SLAV V RBA, A LEXANDER ZAPO ROZEC. Guidebook on mapping groundwater vulnerability [A]. Castany G, Groba E, Romijn E. International Contributions to Hydrogeology Founded [C]. 1968: 186.

[295] DUIJVENBOODEN W., VAN WAEGENGH H G. Vulnerability of soil and groundwater to pollutants [C]. Proceedings. International Conference. Steasdrukkerij, Gravenhage, Netherlands, 1987.

[296] 孙才志,潘俊. 地下水脆弱性的概念、评价方法与研究前景 [J]. 水科学进展, 1999 (4): 444 - 449.

[297] 孙才志,林山杉. 地下水脆弱性概念的发展过程与评价现状及研究前景 [J]. 吉林地质, 2000, 19 (1): 30 - 36.

[298] 张昕,蒋晓东,张龙. 地下水脆弱性评价方法与研究进展 [J]. 地质与资源, 2010, 19 (3): 253 - 258.

[299] 姜桂华. 地下水脆弱性研究进展 [J]. 世界地质, 2002, 21 (1): 33 - 38.

[300] 孙才志,左海军,栾天新. 下辽河平原地下水脆弱性研究 [J]. 吉林大学学报 (地球科学版), 2007, 37 (5): 943 - 948.

[301] 方樟,肖长来,梁秀娟,等. 松嫩平原地下水脆弱性模糊综合评价 [J]. 吉林大学学报 (地球科学版), 2007, 37 (3): 546 - 550.

[302] 姚文锋,张思聪,唐莉华,等. 海河流域平原区地下水脆弱性评价 [J]. 水力发电学报, 2009, 28 (1): 113 - 118.

[303] 朱恒华,徐华,徐建国. 山东省南四湖流域平原区地下水防污性能评价 [J]. 勘察科学技术, 2007 (6): 40 - 43.

[304] 赵德君,刘正平,熊启华. 江汉平原浅层地下水污染脆弱性评价 [J]. 资源环境与工程, 2007 (S1): 64 - 67.

[305] 黄冠星,孙继朝,荆继红,等. 珠江三角洲地区浅层地下水天然防污性能评价方法探讨 [J]. 工程勘察, 2008 (11): 44 - 49.

[306] 姜桂华,王文科,杨泽元. 关中盆地潜水含水层脆弱性评价 [J]. 西北农林科技大学学报 (自然科学版), 2004, 32 (10): 111 - 115.

[307] 曲文斌,王欣宝,钱龙,等. 石家庄城市区地下水脆弱性评价研究 [J]. 水文地质工程地质, 2007, 34 (6): 6 - 9.

[308] 张永良. 水环境容量及其开发利用展望. 环境科学论文集 [M]. 北京:中国环境科学出版社, 1990.

[309] 张永良. 水环境容量基本概念的发展 [J]. 环境科学研究, 1992 (3): 59 - 61.

[310] 万国江. 环境容量的基本概念和表述 [J]. 环境保护, 1982 (7): 7 - 9.

[311] 李蜀庆，李谢玲，伍溢春，等．我国水环境容量研究状况及其展望 [J]．高等建筑教育，2007，16 (3)：58-61.

[312] 赵跃龙，张玲娟．脆弱生态环境定量评价方法的研究 [J]．地理科学，1998 (1)：73-79.

[313] 王满堂，王晓平．水环境中有机物环境容量评价方法研究 [J]．陕西环境．1999 (4)：10-12.

[314] 周孝德，郭瑾珑，程文，等．水环境容量计算方法研究 [J]．西安理工大学学报，1999，15 (3)：1-6.

[315] 王宁，程林，林剑，等．环境影响评价中空气污染物环境容量计算模式的研究 [J]．地质地球化学，2003，31 (3)：43-46.

[316] 中国科学院大气物理研究所大气边界层物理和大气化学国家重点实验室．空气污染数值预报模式系统 [M]．北京：气象出版社，1999.

[317] 薛含斌．水环境重金属的化学稳定性及其吸附模式 [J]．环境化学，1985，4 (3)：9-20.

[318] 朱小娟，黄平．水库水环境容量计算中未确知信息的数学处理 [J]．水资源研究，2004，25 (3)：44-45，49.

[319] 孙秀玲，霍太英，褚君达．水环境容量的不确定性分析计算 [J]．人民黄河，2005，27 (3)：34-36.

[320] 徐贵泉，褚君达，吴祖场，等．感潮河网水环境容量影响因素研究 [J]．水科学进展，2000，11 (4)：375-380.

[321] 梁博，王晓燕，曹利平．我国水环境非点源污染负荷估算方法研究 [J]．吉林师范大学学报（自然科学版），2004，25 (3)．58-61.

[322] 毛学文，王进．河流水功能区动态纳污能力综合评价方法 [J]．中国水利，2004 (3)：30-32.

[323] 李志萍，张金炳，屈吉鸿，等．污染河水中氨氮对浅层地下水的影响 [J]．地球科学（中国地质大学学报）．2004，29 (3)：363-368.

[324] 李蜀庆，李谢玲，伍溢春，等．我国水环境容量研究状况及其展望 [J]．高等建筑教育，2007，16 (3)：58-61.

[325] 蒲向军，徐肇忠．城市可持续发展的环境容量指标及模型建立研究 [J]．武汉大学学报（工学版），2001，34 (6)：12-16，26.

[326] [日] 柴崎达雄，王秉忱，等．地下水盆地管理 [M]．北京：地质出版社，1981：46-47.

[327] 任福弘，殷正宙．持续发展的环境战略与地下水环境 [J]．水科学进展，1992 (2)：149-154.

[328] 蔡鹤生，唐朝晖，周爱国，等．地质环境容量评价指标初步研究 [J]．水文地质工程地质，1998 (3)：23-25.

[329] 魏子新，周爱国，王寒梅，等．地质环境容量与评价研究 [J]．上海地质，2009 (1)：40-44.

[330] 邢立亭，武强，徐军祥，等．地下水环境容量初探——以济南泉域为例 [J]．地质通报，2009，28 (1)：124-129.

[331] 甄习春．论地下水环境背景值的应用及研究意义 [C]．河南省科学技术委员会，河南省首届青年学术年会论文集，北京：科学技术出版社，1995：129-131.

[332] 李振峰．氧化铝赤泥堆场渗滤液污染的评价与防治 [J]．工业安全与环保，2002，28 (8)：37-38.

[333] 左其亭，谈戈．可持续发展与地下水资源管理研究 [J]．工程勘察，1999 (6)：24-27.

[334] DICKINSON W R, VALLONI R. Plate set tings and provenance of sands in modern oceans [J]. Geology, 1980, 82-86.

[335] DICKINSON W R. Provenance of Nort h American Phanerozoicsandstones in relation to tectonic set ting [J]. Bull. Geol. Soc. Am., 1983, 94：222-235.

[336] 杨申谷．三端元黏土矿物分析方法及应用 [J]．江汉石油学院学报，2004，26 (2)：26-28.

[337] 赵志中，田明中，曹佰勋，等．第四纪沉积环境重建中多元统计方法的应用——以周口店新发

现的更新世洞穴堆积为例 [J]. 成都理工学院学报, 1998 (2): 296 - 302.

[338] 吴世敏, 陈汉宗. 沉积物物源分析的现状 [J]. 海洋科学, 1999 (2): 35 - 37.

[339] 韩晓飞, 朱长生, 张玉芬, 等. 关于聚类和诊断模型在物源分析中的应用 [J]. 广西轻工业, 2009, 25 (8): 106 108.

[340] 王珊珊, 刘凯, 刘飞, 等. 聚类分析在土地工程能力评价中的应用 [J]. 中国地质灾害与防治学报, 2009, 20 (3): 112 - 117.

[341] GALY, A., FRANCE - LANORD, C. Higher erosion rates in the Himalaya: geochemical constrains on riverine fluxes. Geology. 2001. 29: 23 - 26.

[342] 杜德文, 孟宪伟. 沉积物物源组成的定量判识方法及其在冲绳海槽的应用 [J]. 海洋与湖沼, 1999, 30 (5): 532 - 539.

[343] BRIJRAJ K D, ALMIKHLAFI A S, KAUR P. Geochemistry of Man2sar Lake sediment s, J ammu, India: Implication for source areaweat hering, provenance and tectonic setting [J]. J ournal of Asian Earth Sciences. 2006, 26: 649 - 668.

[344] 鲍亦冈, 刘振锋, 王世友, 等. 北京地质百年 [M]. 北京: 地质出版社, 2001: 7 - 26, 144 - 154.

[345] 蓝先洪, 张宪军, 赵广涛, 等. 南黄海 NT1 孔沉积物稀土元素组成与物源判别 [J]. 地球化学, 2009, 38 (2): 123 - 132.

[346] ROSER B P, KORSCH R J. Determination of tectonic setting of sandstone mudstone suites using SiO2content and K2O/Na2O ratio [J]. Journal of Geology, 1986, 94 (5): 635 - 650.

[347] NESBITT H W, YOUNG G M. Formation and diagenesis of weat hering profiles [J]. J. Geol, 1989, 97 (2): 129 - 147.

[348] 李长青, 邵景力, 靳萍, 等. 基于条件模拟技术的平原区水文地质结构三维建模研究 [J]. 工程勘察, 2009, 37 (5): 45 - 48, 52.

[349] 王仁铎, 胡光道. 线性地质统计学 [M]. 北京: 地质出版社, 1988.

[350] 杭小帅, 王火焰, 周健民. 电镀厂下游水体中重金属的分布特征及其风险评价 [J]. 环境科学, 2008, 29 (10): 2736 - 2742.

[351] 崔学慧, 李炳华, 陈鸿汉. 太湖平原城近郊区浅层地下水中多环芳烃污染特征及污染源分析 [J]. 环境科学, 2008, 29 (7): 1806 - 1810.

[352] 毛媛媛. 张集地区地下水污染风险评估方法研究及地下水源保护区划分 [D]. 南京: 南京大学, 2006.

[353] 赵勇胜. 地下水污染场地污染的控制与修复 [J]. 吉林大学学报 (地球科学版), 2007, 37 (2): 303 - 310.

[354] 中国地质调查局. 地下水脆弱性评价技术要求 [Z]. 北京: 中国地质调查局, 2006.

[355] 张丽君. 地下水脆弱性和风险性评价研究进展综述 [J]. 水文地质工程地质, 2006, 33 (6): 113 - 119.

[356] BRIAN MORRIS, STEPHEN FOSTER. Assessment of Groundwater Pollution risk [M/OL]. [2006 - 05 - 06]. http: //www. lnweb18. worldbank. org/essd/essd. nsf.

[357] 李志萍, 许可. 地下水脆弱性评价方法研究进展 [J]. 人民黄河, 2008, 30 (6): 52 - 54.

[358] 周仰效, 李文鹏. 地下水水质监测与评价 [J]. 水文地质工程地质, 2008, 35 (1): 1 - 11.

[359] 刘长礼, 王秀艳, 张云. 城市垃圾卫生填埋场黏性土衬垫的截污容量及其研究意义 [J]. 地质论评, 2000, 46 (1): 79 - 85.

[360] 刘长礼, 张云, 叶浩, 等. 包气带黏性土层的防污性能试验研究及其对地下水脆弱性评价的影响 [J]. 地球学报, 2006, 27 (4): 349 - 354.

[361] 张云, 张胜, 刘长礼, 等. 包气带土层对氮素污染地下水的防护能力综述与展望 [J]. 农业环

境科学学报，2006，25（21）：339-346.

[362] 宗芳. 垃圾渗滤液污染物在含水层中的自然衰减及其强化自然衰减研究 [D]. 长春：吉林大学，2007.

[363] 张文静. 垃圾渗滤液污染物在地下环境中的自然衰减及含水层污染强化修复方法研究 [D]. 长春：吉林大学，2007.

[364] 陈冬琴. 杭嘉湖地区地下水流场模拟及污染物迁移规律分析 [D]. 武汉：中国地质大学（武汉），2007.

[365] 薛禹群. 中国地下水数值模拟的现状与展望 [J]. 高校地质学报，2010，16（1）：1-6.

[366] 杨金忠，蔡树英，黄冠华，等. 多孔介质中水分及溶质运移的随机理论 [M]. 北京：科学出版社，2000.

[367] 赵常兵，陈萍，赵霞则，等. 溶质运移理论的发展 [J]. 水利科技与经济，2006，12（8）：502-504.

[368] Chunmiao Zheng, Gordon D. Benneit. 地下水污染物迁移模拟 [M]. 孙晋玉，卢国平，译. 2版. 北京：高等教育出版社，2009.

[369] 陈南祥，荆国强. 基于人工神经网络的地下水流数学模型参数识别 [J]. 灌溉排水，2002，21（3）：36-38，49.

[370] 邓颂霖，梁秀娟，肖长来，等. 基以 GA 优化的地下水水质评价法 [J]. 东北水利水电，2009（9）：55-58.

[371] 靳蕃，范俊波. 神经网络理论与应用研究 [J]. 1996 中国神经网络学术大会论文集. 成都西南交通大学出版社. 1996.

[372] 焦李成. 神经网络计算 [M]. 西安：西安电子科技大学出版社，1993.

[373] 孔祥龙，朱国荣，江思珉. 应用改进并行遗传算法反求水文地质参数研究 [J]. 高校地质学报，2008，14（1）：126-132.

[374] 刘丽波，姜谱布. 改进遗传神经网络模型在地下水化学特征组分识别中的应用 [J]. 有色矿冶，2006，22（1）：3-5，49.

[375] 李向阳，程春田，武新宇，等. 水文模型模糊多目标 SCE-UA 参数优选方法研究 [J]. 中国工程科学，2007，9（3）：52-57.

[376] 马海波，董增川，张文明，等. SCE-UA 算法在 TOPMODEL 参数优化中的应用 [J]. 河海大学学报（自然科学版），2006，34（4）：361-364.

[377] 宋星原，舒全英，王海波，等. SCE-UA、遗传算法和单纯形优化算法的应用 [J]. 武汉大学学报（工学版），2009，42（1）：6-9，15.

[378] 魏连伟. 基于人工智能算法的地下水水文地质参数识别研究 [D]. 北京：中国地质大学，2005.

[379] 姚磊华. 用改进的遗传算法和高斯牛顿法联合反演三维地下水流模型参数 [J]. 计算物理，2005，22（4）：311-318.

[380] 徐冬梅，邱林，王文川. SCE-UA 算法有效估计马斯京根模型参数 [J]. 人民黄河，2008，30（11）：31-32，35.

[381] 北京市水文地质工程地质大队，中国地质大学（北京）. 地下水防污性能及环境容量评价 [R]. 2012.

[382] VRBA J, ZAPOROZEC A. Guidebook on mapping groundwater vulnerability [M]//International Association of Hydrogeologists. Heise, 1994.

[383] CASTANY G, GROBA E, ROMIJN E. International Contributions to Hydrogeology Founded [C]. 1968：186.

[384] DUIJVENBOODEN W., VAN WAEGENGH H G. Vulnerability of soil and groundwater to pollutants [C]. Proceedings. International Conference. Steasdrukkerij, Gravenhage, Netherlands，1987.

［385］ 张永良. 水环境容量及其开发利用展望；环境科学论文集［M］. 北京：中国环境科学出版社，1990.

［386］ 李志萍，张金炳，屈吉鸿，等. 污染河水中氨氮对浅层地下水的影响［J］. 地球科学（中国地质大学学报），2004，29（3）：363-368.

［387］ 李蜀庆，李谢玲，伍溢春，等. 我国水环境容量研究状况及其展望［J］. 高等建筑教育，2007，16（3）：58-61.

［388］ 左其亭，谈戈. 可持续发展与地下水资源管理研究［J］. 工程勘察，1999（6）：24-27.

［389］ DICKINSON W R，VALLONI R. Plate set tings and provenance of sands in modern oceans［J］. Geology，1980，8（2）：82-86.

［390］ DICKINSON W R，BEARD L S，BRAKENRIDGEG R，et al. Provenance of North American Phanerozoic sandstones in relation to tectonic setting［J］. Geological Society of America Bulletin，1983，94（2）：222-235.

［391］ GALY A，FRANCE-LANORD C. Higher erosion rates in the Himalaya：Geochemical constraints on riverine fluxes［J］. Geology，2001，29（1）：23-26.

［392］ DAS B K，AL MIKHLAFI A S，KAUR P. Geochemistry of Mansar Lake sediments，Jammu，India：Implication for source-area weathering，provenance，and tectonic setting［J］. Journal of Asian Earth Sciences，2006，26（6）：649-668.

［393］ ROSER B P，KORSCH R J. Determination of Tectonic Setting of Sandstone-Mudstone Suites Using SiO_2 Content and K_2O/Na_2O Ratio［J］. The Journal of Geology，1986，94（5）：635-650.

［394］ NESBITT H W，YOUNG G M. Formation and Diagenesis of Weathering Profiles［J］. The Journal of Geology，1989，97（2）：129-147.

［395］ 李长青，邵景力，靳萍，等. 基于条件模拟技术的平原区水文地质结构三维建模研究［J］. 工程勘察，2009，37（5）：45-48，52.

［396］ 李琴. 安徽省水功能区划方法和几点认识［J］. 水资源保护，2002（2）：24-25，29.

［397］ 刘忠嫚，韩晓君. 黑龙江省水功能区划分方法概述［J］. 黑龙江水利科技，2006，34（1）：90.

［398］ 吴红燕. 山西省水功能区划方法综述［J］. 山西水利，2007，23（4）：22-23，25.

［399］ 郭宇欣. 大连市水功能区的划分［J］. 环境保护科学，2002，28（6）：45-46.

［400］ 许志荣. 地下水功能区划分初探［J］. 水文地质工程地质，1998（5）：41-42，57.

［401］ 张光辉，费宇红，刘克岩. 海河平原地下水演化与对策［M］. 北京：科学出版社，2004.

［402］ 张光辉，杨丽芝，聂振龙，等. 华北平原地下水的功能特征与功能评价［J］. 资源科学，2009，31（3）：368-374.

［403］ 张光辉，申建梅，聂振龙，等. 区域地下水功能及可持续利用性评价理论与方法［J］. 水文地质工程地质，2006，33（4）：62-66，71.

［404］ 张光辉，聂振龙，申建梅. 区域地下水功能可持续性评价理论与方法研究［M］. 北京：地质出版社，2009.

［405］ 闫成，聂振龙，张光辉，等. 疏勒河流域中下游盆地地下水功能区划［J］. 水文地质工程地质，2007，34（4）：79-83.

［406］ 聂振龙，张光辉，申建梅，等. 地下水功能评价可视化平台的开发及应用［J］. 地球学报，2007，28（6）：579-584.

［407］ 罗育池，魏秀琴，杜金龙，等. 基于 MapGIS 的河南省浅层地下水功能评价与区划［J］. 中国农村水利水电，2007（9）：36-40，42.

［408］ HARBAUGH A W，BANTA E R，HILL M C，et al. MODFLOW-2000，the U. S. Geological Survey modular groundwater model-User guide to modularization concepts and the groundwater flow process［R］. USGS，USGS Open-File Report 00-92，2000.

［409］ 国务院法制办公室编. 中华人民共和国水污染防治法 ［S］. 北京：中国法制出版社，2008.

［410］ 中华人民共和国环境保护总局，卫生部，建设部等. 饮用水水源保护区污染防治管理规定 ［S］. 北京：中国环境科学出版社，1991.

［411］ 中华人民共和国国家环境保护总局. 饮用水水源保护区划分技术规范：HJ/T 338—2007 ［S］. 北京：中国环境科学出版社，2007.

［412］ U. S. Environmental Protection Agency. Guidance for delineation of wellhead‐protection areas. EPA 440/6‐87‐010. U. S. EPA，Office of Groundwater Protection. Washington，DC. 1987.

［413］ 李建新. 我国生活饮用水水源保护区的问题研究 ［J］. 环境保护科学，2000，26（4）：21‐22.

［414］ 李建新，唐登银. 生活饮用水地下水源保护区的划定方法——英国的经验值法与实例 ［J］. 地理科学进展，1999，18（2）：153‐157.

［415］ 宋吉明. 辽宁省水库饮用水水源保护区的设置与划分 ［J］. 环境科技（辽宁），1992，12（3）：23‐24.

［416］ 徐明峰，马振洲. 长春市区地下水源地保护区划分研究 ［J］. 东北水利水电，2006，24（9）：22‐24.

［417］ 杨松茂，薛迎春，洪发鑫. 洛阳市饮用水地下水源保护区划分研究 ［J］. 环境科学研究，1997（2）：28‐31.

［418］ 李力争. 划分地下水水源地保护区的研究 ［J］. 中国环境科学，1995，15（5）：338‐341.

［419］ 张丽君，曹红，马颖. 地下水源保护区划分方法的探讨 ［J］. 辽宁城乡环境科技，2006，26（2）：9‐13.

［420］ 高秀娟，褚全家. 饮用地下水源保护区划分界线的探讨 ［J］. 山西水利科技，1996（S1）：22‐26.

［421］ THOMAS H. . Delineating groundwater sources and protection zones. Davis：University of California，2002.

［422］ SPAYD S E，JOHNSON S W. Guidelines for Delineation of Well Head Protection Areas in New Jersey ［M］. New Jersey state：New Jersey Department of Environmental Protection，2003.

［423］ MUSKAT M. The Flow of Homogeneous Fluids through Porous Media ［J］. Soil Science，1938，46（2）：169.

［424］ TODD D K. Groundwater Hydrology ［M］. New York：John Wiley & Sons，1959.

［425］ BAIR E S，SAFREED C A，BERDANIER B W. CAPZONE：An Analytical Flow Model for Simulating Confined，Leaky Confined，or Unconfined Flow to Wells with Superposition of Regional Water Levels ［R］. The Ohio StateUniv. ：Ohio EPA，Dept. of Geological Sciences，1991.

［426］ SHAFER J M. GWPATH：Interactive ground‐water flow path analysis ［M］. Illinois：Illinois State Water Survey，1987.

［427］ SCOTT BAIR E，SPRINGER A E，ROADCAP G S. Delineation of Traveltime‐Related Capture Areas of Wells Using Analytical Flow Models and Particle‐Tracking Analysis ［J］. Ground Water，1991，29（3）：387‐397.

［428］ BHATT K. Uncertainty in wellhead protection area delineation due to uncertainty in aquifer parameter values ［J］. Journal of Hydrology，1993，149（1‐4）：1‐8.

［429］ BLANDFORD T. N. ，HUYAKORN P. S. . WHPA：An integrated semi‐analytical model for delineation of wellhead protection areas. Washington，D. C. ：U. S. EPA Office of Ground Water Protection，1989.

［430］ BONN B，ROUNDS S. DREAM‐Analytical Groundwater Flow Programs ［M］. Chelsea：Lewis Publishers，1990.

［431］ EVERS S，LERNER D N. How Uncertain Is Our Estimate of a Wellhead Protection Zone ［J］.

GroundWater, 1998, 36 (1): 49 - 57.

[432] ROCK G, KUPFERSBERGER H. Numerical delineation of transient capture zones [J]. Journal of Hydrology, 2002, 269 (3/4): 134 - 149.

[433] FADLELMAWLA A A, DAWOUD M A. An approach for delineating drinking water wellhead protection areas at the Nile Delta, Egypt [J]. Journal of Environmental Management, 2006, 79 (2): 140 - 149.

[434] TAYLOR J Z, PERSON M. Capture Zone Delineations on Island Aquifer Systems [J]. GroundWater, 1998, 36 (5): 722 - 730.

[435] MCDONALD M G, HARBAUGH A W. A modular three - dimensional finite - difference ground - water flow model [M]. Washington: United States Government Printing Office, 1988.

[436] POLLOCK D. W.. User's Guide for MODPATH/MODPATH - PLOT: A particle tracking post - processing package for MODFLOW, Virginia: the U. S. Geological Survey, Earth Science Information Center, 1994.

[437] 王金生, 王澎, 刘文臣, 等. 划分地下水源地保护区的数值模拟方法 [J]. 水文地质工程地质, 2004, 31 (4): 83 - 86.

[438] 王澎. 用数值模拟的方法划分地下水水源地保护区 [J]. 山西焦煤科技, 2003 (21): 10 - 12.

[439] 黄勇, 周志芳, 王锦国. 基于抽水试验的水文地质参数三维进化反演 [J]. 河海大学学报 (自然科学版), 2002, 30 (6): 26 - 29.

[440] KINZELBACH W., LI GUOMIN. Use of Groundwater Models in Sustainable Management of Groundwater Resources [C]. The Third Gulf Water Conference, Muscat, Sultanate of Oman, Keynote Address, 1997.

[441] CAMP C V, OUTLAW JR J E. Stochastic Approach to Delineating Wellhead Protection Areas [J]. Journal of Water Resources Planning & Management, 1998, 124 (4): 199 - 209.

[442] VAN LEEUWEN M, TESTROET C B M, BUTLER A, et al. Stochastic Determination of the Wierden (Netherlands) Capture Zones [J]. GroundWater, 1999, 37 (1): 8 - 17.

[443] VARLJEN M D, SHAFER J M. Assessment of Uncertainty in Time - Related Capture Zones Using Conditional Simulation of Hydraulic Conductivity [J]. GroundWater, 1991, 29 (5): 737 - 748.

[444] BAIR E S, ROADCAP G S. Comparison of Flow Models Used to Delineate Capture Zones of Wells: 1. Leaky - Confined Fractured - Carbonate Aquifer [J]. GroundWater, 1992, 30 (2): 199 - 211.

[445] BAIR E S, SAFREED C M, STASNY E A. A Monte Carlo Based Approach for Determining Traveltime - Related Capture Zones of Wells Using Convex Hulls as Confidence Regions [J], GroundWater, 1991, 29 (6): 849 - 855.

[446] LI G M, VASSOLO S. Manual for STochastic Groundwater Flow (STGF): A 2D Finite Element Program for Flow Calculation Using Stochastic Methods. Heidelberg of German: Heidelberg University, 1995.

[447] VASSOLO S, KINZELBACH W, SCHAFER W. Determination of a well head protection zone by stochastic inverse modelling [J]. Journal of Hydrology, 1998, 206 (3/4): 268 - 280.

[448] ABRAHAM E. S., BAIR E. S. Comparison of flow models used to delineate capture zones of wells: 2. stratified - drift buried - valley aquifer. Ground Water, 1992, 30: 908 - 917.

[449] KINZELBACH W, MARBURGER M, CHIANG W H. Determination of groundwater catchment areas in two and three spatial dimensions [J]. Journal of Hydrology, 1992, 134 (1 - 4): 221 - 246.

[450] 姚治华，王红旗，李仙波，等．北京顺义区地下水饮用水源地安全评价 [J]．水资源保护，2009，25 (4)：91-94.

[451] 王红旗，陈美阳，李仙波．顺义区地下水水源地脆弱性评价 [J]．环境工程学报，2009，3 (4)：755-758.

[452] 刘记来．北京怀柔应急备用地下水源地开采两年后续采年限研究 [J]．城市地质，2008，3 (4)：13-15.

[453] 姚泰莲，刘文光．怀柔应急备用水源地及周边地区地下水动态分析 [J]．北京水利，2004 (5)：9-11.

[454] 地下水资源保护与合理利用战略研究课题．地下水资源保护与合理利用战略 [J]．国土资源通讯，2003 (1)：41-48.

[455] 丁跃元．以色列的农业用水管理与水价政策 [J]．北京水利，1998 (2)：51-54.

[456] 董雁飞．欧盟新水框架法令概述 [J]．中国水利，2004 (5)：63-65.

[457] 窦明，李重荣，马军霞，等．大武水源地水资源优化配置模型研究 [J]．人民黄河，2006，28 (8)：28-30，35.

[458] 窦明，王呈祥，左其亭．淄博市大武水源地水资源综合评价 [J]．水资源与水工程学报，2005，16 (4)：5-10.

[459] 杜强，马良英，范锐平，等．以色列地下水资源利用与管理现状 [J]．南水北调与水利科技，2007，5 (2)：101-104.

[460] 杜文堂．对地下水与地表水联合调度若干问题的探讨 [J]．工程勘察，2000 (2)：8-11.

[461] 樊勇，苗艳艳．郑州市中深层地下水开采引发的环境地质问题及对策研究 [J]．中国水运（学术版），2007，7 (1)：89-90.

[462] 广伟，其宽，有文．采取切实有效措施　加强地下水资源管理 [J]．江苏水利，1999 (1)：35-36.

[463] 国家环境保护局，卫生部，建设部，等．饮用水水源保护区污染防治管理规定 [S/OL]．mee. gov. cn/gzk/gz/202111/t20211125_961782. shtml.

[464] 国家环境保护总局．《全国饮用水水源地环境保护规划》编制技术大纲 [S/OL]．http：//www.foxitsoftware.com.

[465] 国外井源保护经验介绍．http：//www. Macrochina. com. cn/info. shtml.

[466] 洪玉锡．郑州市地下水开发利用与对策 [J]．河南水利与南水北调，2007 (5)：19-20.

[467] 黄俊杰，施铭权，辜仲明．水权管制手段之发展——以德国、日本及美国法制之探究为中心 [J]．厦门大学法律评论，2006 (1)：162-194.

[468] 建设部．城市地下水开发利用保护管理规定：建设部令第 30 号 [S]．北京：中华人民共和国住房和城乡建设部，1993.

[469] 金川相．欧盟地面、地下水保护管理的法规框架建议简介 [J]．全球科技经济瞭望，1997 (8)：46.

[470] 李春．国外地下水资源的保护与管理研究动态 [J]．中国人口·资源与环境，2001 (S1)：164-165.

[471] 李代鑫，叶寿仁．澳大利亚的水资源管理及水权交易 [J]．中国水利，2001 (6)：41-44.

[472] 李铎，宋雪琳，牛平山．大武水源地下水环境模拟与石油污染控制研究 [J]．北京地质，2001，13 (4)：20-24.

[473] 李戈．德国的水资源管理 [J]．中国水利，1998 (7)：45.

[474] 李桂荣，王现国，郭有琴，等．郑州市中深层地下水集中开发研究 [J]．人民黄河，2005，27 (5)：44-46.

[475] 李佩成．论新时期地下水开发利用与管理的新使命 [J]．地下水，2001，23 (1)：2-5.

[476] 廖永松，魏卓，鲍子云，等. 地下水资源管理制度、现状与后果 [J]. 水利发展研究，2005，5（8）：37-41.

[477] 林学钰，廖资生. 地下水管理 [M]. 北京：地质出版社，1995.

[478] 刘秀杰，韩彦杰，刘丽敏. 齐齐哈尔市地下水水质污染与保护 [J]. 地下水，2007，29（4）：107-108.

[479] 龙爱华，程国栋，樊胜岳，等. 我国水资源管理中的行政分割问题与对策 [J]. 中国软科学，2001（8）：17-21.

[480] 罗岳平，李宁，喻海雅，等. 美国对地下水资源的法制管理和利用 [J]. 给水排水，1999（10）：4-8.

[481] 美国土木工程学会地下水委员会. 地下水管理 [M]. 李连弟，译. 北京：中国建筑工业出版社，1981.

[482] 孟伟，赫英臣，郑丙辉. 地下水水源保护带确定的理论原则 [J]. 中国环境科学，1998，18（2）：176-179.

[483] 能源部，水利部科技教育司，水利电力情报研究所. 各国水概况. 长春：吉林科学技术出版社，1989.

[484] 耿三方. 欧洲各国及美国饮用水集水建筑物的保护区划分 [J]. 水文地质工程地质，1991，18（1）：48-49.

[485] 齐学斌，庞鸿宾，赵辉，等. 地表水地下水联合调度研究现状及其发展趋势 [J]. 水科学进展，1999（1）：89-94.

[486] 邱志勇. 我国亟待加强和完善地下水资源保护 [C]//中国可持续发展研究会. 中国可持续发展研究会2006学术年会，2006.

[487] 任增平，李广贺. 淄博市大武水源地岩溶地下水的评价及开发利用规划 [J]. 地下水，2000，22（4）：173-177.

[488] 孙雪涛. 加强地下水管理控制地面沉降 [J]. 中国水利，2006（3）：43-44.

[489] 唐克旺，杜强. 地下水功能区划分浅谈 [J]. 水资源保护，2004，20（5）：16-19.

[490] 唐克旺. 应该加强地下水资源管理方面的基础工作 [J]. 地下水，1999，21（4）：139-140.

[491] 田春声. 试论地下水资源的保护和管理 [J]. 西安地质学院学报，1994，16（2）：70-74.

[492] 全国地下水情报网编选. 地下水开发利用与管理（第一辑） [M]. 北京：水利电力出版社，1991.

[493] 王国利，周惠成. 大连市地下水资源优化管理模型 [J]. 大连理工大学学报，2001，41（1）：112-115.

[494] 王岩. 欧洲新水政策及其对完善我国水污染防治法的启示 [J]. 法学论坛，2007，22（4）：137-140.

[495] 王宇，李丽辉. 德国岩溶水勘查技术与开发利用概况 [J]. 水文地质工程地质，2005，32（6）：91-95.

[496] 徐品，宋长清，丁慎怡. 淄博市大武水源地水环境问题及防治对策 [J]. 山东地质，2000，16（3）：36-40.

[497] 许烨霜，余恕国，沈水龙. 地下水开采引起地面沉降预测方法的现状与未来 [J]. 防灾减灾工程学报，2006，26（3）：352-357.

[498] 闫晓春. 澳大利亚的水权制度 [J]. 东北水利水电，2004，22（9）：61-62.

[499] 颜勇. 澳大利亚地下水资源管理的法律与政策 [J]. 地下水，2005，27（2）：75-77，83.

[500] 杨少林，孟菁玲. 澳大利亚水权制度的发展及其启示 [J]. 水利发展研究，2004，4（8）：52-55.

[501] 鲍新华，罗建男，辛欣. 地下水资源管理 [M]. 北京：中国水利水电出版社，2002.

［502］ 游进军. 以色列北部地区水资源 ［EB/OL］. http：//www. china water. net. cn，2003-10.

［503］ 张保祥，孙学东，刘青勇. 济南泉群断流的成因与对策探析 ［J］. 地下水，2003，25（1）：6-8，23.

［504］ 张健，王广垠. 浅析保护地下水源的措施 ［J］. 山东环境，2003（1）：42-43.

［505］ 张立杰. 地下水资源管理研究 ［J］. 低温建筑技术，2003（1）：75-77.

［506］ 张仁田，鞠茂森，ZHANG Z J. 澳大利亚的水改革、水市场和水权交易 ［J］. 水利水电科技进展，2001，21（2）：65-68.

［507］ 张瑞，吴林高. 地下水资源评价与管理 ［M］. 上海：同济大学出版社，1997.

［508］ 张毅婷. 浅析我国地下水超采区管理法律制度 ［C］//中国法学会. 2006年中国法学会环境资源法学研究会年会. 武汉，2006.

［509］ 中华人民共和国建设部令. 城市地下水开发利用保护管理规定. http：//www. law999. net/doc/law/c007/1993/12/04/00011701. html.

［510］ 朱玮. 日本的水资源管理与水权制度概略 ［J］. 中国水利，2007（2）：52-53.

［511］ 朱小勇. 浅析地下水资源的保护及其相关法律制度的完善 ［C］//中国法学会. 2003年中国法学会环境资源法学研究会年会论文集. 青岛，2003.

［512］ 左其亭，窦明，吴泽宁. 水资源规划与管理 ［M］. 北京：中国水利水电出版社，2005.

［513］ 黄丽丽. 磐石市地下水水源地保护区划分研究 ［D］. 长春：吉林大学，2007.

［514］ 孙玉琳，高焰，王悦江，等. 济南市水源保护区划分及保护对策 ［J］. 山东环境，1994（2）：7-9.

［515］ 中国科学院地质与地球物理研究所. 地下水功能区划与保护方案研究 ［R］. 2012.